Stoffübergangsprozesse
der chemischen Technologie

P. G. Romankov
N. B. Raškovskaja
V. F. Frolov

Stoffübergangsprozesse der chemischen Technologie

(Systeme mit einer festen Phase)

Bearbeitet und herausgegeben von

Prof. Dr. sc. techn. *Klaus Hartmann*
Merseburg

und

Prof. Dr. sc. techn. *Ernst-Otto Reher*
Merseburg

Mit 178 Abbildungen und 7 Tabellen

AKADEMIE-VERLAG · BERLIN
1979

П. Г. РОМАНКОВ, Н. Б. РАШКОВСКАЯ, В. Ф. ФРОЛОВ
„Массообменные процессы химической технологии“

Übersetzer:
Dr. Peter Sorber

Erschienen im Akademie-Verlag, DDR-108 Berlin, Leipziger Straße 3—4
Lektor: Fritz Schulz

Lizenznummer: 202 · 100/489/79
Gesamtherstellung: VEB Druckhaus „Maxim Gorki“, 74 Altenburg
Bestellnummer: 762 456 6 (6436) · LSV 1205, 1085
Printed in GDR
DDR 78,— M

Vorwort der Herausgeber

Die vorliegende Monographie „*Stoffübergangsprozesse der chemischen Technologie*“ stellt eine gelungene Zusammenfassung der Forschungsergebnisse dar, die in der international bekannten Schule des Korrespondierenden Mitgliedes der AdW der UdSSR *Prof. P. G. Romankov* im letzten Jahrzehnt erarbeitet wurde. Ausgehend von den theoretischen Grundlagen der Prozesse (Prozeßkinetik, Verweilzeitverhalten) werden verallgemeinerte Darstellungen einzelner Grundoperationen systematisch abgehandelt. Neben der ausführlichen Darstellung der mathematischen Prozeßmodelle, die auf den Grundgleichungen des Impuls-, Wärme- und Stofftransportes basieren, wurde angestrebt, die Ergebnisse bis zu ingenieurtechnischen Berechnungsvorschriften zu entwickeln, die eine praktische Handhabung gestatten. Ein kurzer Überblick ausgewählter moderner Apparate und Anlagen am Ende jedes Kapitels zeigen den Verfahrensingenieuren die Entwicklungstendenzen einiger Realisierungsmöglichkeiten der betriebenen Stoffübergangsprozesse.

Mit dieser Monographie wird — so hoffen die Herausgeber — ein weiterer wesentlicher Beitrag zur Darstellung und Entwicklung der Prozeßverfahrenstechnik geleistet, der in enger Beziehung zum Buch „*Grundlagen der Stoffübertragung*“ von W. W Kafarow, das im Akademie-Verlag 1977 erschien, steht.

Für die gute Zusammenarbeit mit den Autoren und dem Akademie-Verlag bedanken sich die Herausgeber recht herzlich.

Merseburg, November 1977 Die Herausgeber

Vorwort der Autoren

Die Intensivierung technologischer Prozesse und die Erhöhung der Effektivität chemischer Verfahren zählen gegenwärtig zu den wichtigsten Problemen der modernen chemischen Technologie. Eine Methode zur Lösung dieser Probleme besteht in einer auf das Apparatevolumen bezogenen Durchsatzsteigerung, d. h. in der Schaffung von Aggregaten großer spezifischer Leistung. Der Lösung dieser Aufgabenstellung müssen die Gesetzmäßigkeiten von Prozessen der chemischen Technologie, Methoden der mathematischen und physikalischen Modellierung, die automatisierte Projektierung und die Schaffung von Steuerungssystemen zugrunde liegen.

Bei den wichtigsten Prozessen der chemischen Technologie spielen Stoffaustauschprozesse in den Systemen Gas—Flüssigkeit, Dampf—Flüssigkeit, Flüssigkeit—Flüssigkeit, aber auch in den Systemen feste Phase—Gas, feste Phase—flüssige Phase und feste Phase — flüssige Phase — Gasphase eine entscheidende Rolle. Die theoretischen Grundlagen sowie Fragen der Intensivierung von Absorptions-, Destillations-, Rektifikations- und Flüssigphasenextraktionsprozessen wurden in der Monographie W. W. Kafarows „*Grundlagen des Stoffüberganges*" (Akademie-Verlag, Berlin 1977) abgehandelt.

Die Stoffaustauschprozesse in Systemen mit einer festen Phase (Adsorptions-, Desorptions-, Trocknungs-, Kristallisations-, Extraktions-, Löseprozesse u. a.) unterscheiden sich von den oben genannten Prozessen durch die äußeren hydrodynamischen Verhältnisse und die Bedingungen des inneren Stofftransports. Deshalb ist es sinnvoll, die theoretischen Grundlagen und die Methoden zur Erhöhung der Effektivität dieser Gruppe von Stoffaustauschprozessen von einem einheitlichen Gesichtspunkt aus zu betrachten und einige Verallgemeinerungen vorzunehmen.

Im vorliegenden Buch wird den allgemeinen Fragen des instationären Stofftransports unter Beteiligung einer festen Phase besondere Aufmerksamkeit geschenkt, während auf die hydrodynamischen Besonderheiten und die des äußeren Stoffübergangs nur kurz eingegangen wird. Bei der Analyse der einzelnen Prozesse werden die Physik der Transportvorgänge, die Kinetik des Prozesses und mathematische Modelle betrachtet. Die Konzeption einer einheitlichen kinetischen Betrachtungsweise wurde weiterentwickelt. Die Prozeßstatik (Gleichgewichts- und Bilanzbeziehungen) wurden nur in dem zur Darlegung der Kinetik erforderlichen Umfang behandelt.

Auf konstruktive Besonderheiten von Stoffaustauschapparaten wurde nur in geringem Umfang eingegangen, und zwar in Form der Angabe der geometrischen Kontur des Apparates in Fällen, in denen die Schaffung bestimmter hydrodynamischer Verhältnisse auf die Entwicklung des Stoffaustauschprozesses Einfluß besitzt.

In das vorliegende Buch fügten die Autoren Ergebnisse eigener Forschung ein, die im

Verlaufe der letzten Jahre am Lehrstuhl für Prozesse und Apparate des Leningrader Technologischen Instituts „Lensowjet“ unter Mitwirkung mehrerer wissenschaftlicher Mitarbeiter und Aspiranten durchgeführt wurden. Ihnen sprechen die Autoren ihren Dank aus.

Die Autoren sind dem Mitglied der AdW der UdSSR, Prof. Dr. W. W. KAFAROW und Dr. A. M. ROSEN für die wertvollen Hinweise zum Aufbau und Inhalt des Buches sowie Prof. Dr. W. N. KISELNIKOW für die Manuskriptdurchsicht und Dozentin N. W. OSEROWA für die Hilfe bei der Redaktion zu Dank verpflichtet.

Die Autoren

Inhalt

1. Allgemeine Fragen des Stoffaustausches

1.1. Grundbegriffe und Grundgleichungen der Hydrodynamik

Die Intensität eines äußeren Stoffaustauschprozesses wird in ganz bedeutendem Maße von den hydrodynamischen Verhältnissen im Flüssigkeitsstrom (Gas- oder Dampfstrom), der mit der Oberfläche des festen Körpers im Stoffaustausch steht, bestimmt.

Die hydrodynamischen Charakteristika einer Strömung werden durch die NAVIER-STOKESschen Gleichungen beschrieben, die den Impulserhaltungssatz, bezogen auf ein Flüssigkeitsvolumenelement darstellen. Für inkompressible Flüssigkeiten hat diese Gleichung folgende Form [1—4]:

$$\varrho \frac{d\boldsymbol{w}}{d\tau} = -\text{grad}\, P + \mu \nabla^2 \boldsymbol{w} + \boldsymbol{f}. \tag{1.1}$$

$\boldsymbol{w}(x,y,z,\tau)$ — Geschwindigkeitsvektor der Flüssigkeit, der im allgemeinen Fall eine Funktion der Raumkoordinaten und der Zeit ist.

$P(x,y,z,\tau)$ — hydrostatischer Druck

$\boldsymbol{f}(x,y,z,\tau)$ — Vektor der Massenkräfte (in der Regel ist $\boldsymbol{f} = \varrho \boldsymbol{g}$ — Gravitationskraft)

ϱ — Dichte der Flüssigkeit

μ — Viskosität der Flüssigkeit

Die Gesamtbeschleunigung $\frac{d\boldsymbol{w}}{d\tau}$ eines Flüssigkeitselements läßt sich in der Regel als Summe zweier Beschleunigungen angeben: Der lokalen Beschleunigung $\frac{\partial \boldsymbol{w}}{\partial \tau}$, die das instationäre Verhalten der Strömung angibt, und der Beschleunigung, die beim Transport der Flüssigkeit von einem Punkt des Raumes zu einem anderen (wobei an beiden Punkten verschiedene Geschwindigkeiten herrschen) auftritt: $(\boldsymbol{w}, \text{grad})\boldsymbol{w}$.

Für kompressible Flüssigkeiten nehmen die linke Seite und der zweite Summand in Gl. (1.1) eine kompliziertere Form an; in diesem Falle werden die Bewegungsgleichungen der Gasdynamik angewendet.

Die Form des zweiten Summanden in Gl. (1.1) ergibt sich aus der Proportionalität der Reibungskraft σ_{Reib} und des entsprechenden Geschwindigkeitsgradienten $\frac{\partial \boldsymbol{w}}{\partial n}$ mit einem konstanten Proportionalitätsfaktor μ:

$$\sigma_{\text{Reib}} = \mu \frac{\partial \boldsymbol{w}}{\partial n}, \tag{1.2}$$

wobei n senkrecht zu den parallel zueinander wirkenden Vektoren der Reibungskraft und der Flüssigkeitsgeschwindigkeit gerichtet ist.

Für nichtNEWTONsche Flüssigkeiten besitzt der zweite Summand in Gl. (1.1) eine wesentlich kompliziertere Form.

Die dynamische Gl. (1.1) wird durch die Kontinuitätsgleichung ergänzt, die das Gesetz zur Erhaltung der Masse einer strömenden Flüssigkeit beinhaltet. Für inkompressible Flüssigkeiten nimmt die Kontinuitätsgleichung für den Fall fehlender innerer Quellen folgende Form an:

$$\operatorname{div} \boldsymbol{w} = 0 \tag{1.3}$$

Sowohl bei der theoretischen Analyse, besonders aber bei der Verarbeitung experimenteller Ergebnisse wird oft die Ähnlichkeitstheorie angewendet, mit deren Hilfe sich Größen eines hydrodynamischen Systems durch die entsprechenden Größen eines zweiten, dem ersten ähnlichen System, ausdrücken lassen. Die Ähnlichkeit läßt sich durch Überführung von dimensionsbehafteten Größen in den Gln. (1.1) und (1.3) zu dimensionslosen Ausdrücken überprüfen. Als sog. Eigenmaßstab für die Koordinaten x_i und die Geschwindigkeitskomponenten w_i wählt man bestimmte charakteristische Größen, die charakteristische Länge L und die charakteristische Geschwindigkeit U_0 des hydrodynamischen Systems.

Die Bezugnahme der Raumkoordinaten und der Geschwindigkeiten auf ihren Eigenmaßstab liefert die sog. Simplexgrößen ($X_i = x_i/L$ und $W_i = w_i/U_0$), deren Einführung in die Gln. (1.1) und (1.3) nach einigen Umformungen zu folgendem, dem Ausgangssystem äquivalenten System führt, das ausschließlich dimensionslose Größen enthält:

$$\left.\frac{\partial W_i}{\partial (U_0\tau/L)} + \sum_k W_k \frac{\partial W_i}{\partial X_k} = -\frac{\partial\left(\dfrac{P}{\varrho U_0^2}\right)}{\partial X_i} + \frac{1}{U_0\varrho L/\mu} \sum_k \frac{\partial^2 W_i}{\partial X_k^2} + \frac{g_i L}{U_0^2} \sum_k \frac{\partial W_k}{\partial X_k} = 0\right\} \tag{1.4}$$

k — Summationsvariable über alle Koordinaten

Das System (1.4) enthält in dimensionsloser Form die gesuchten Funktionen W_i und $P/(\varrho U_0^2)$, die unabhängigen Variablen X_i und $U_0\tau/L$ (an Stelle von x_i und τ) und die Ähnlichkeitskennzahlen $U_0\varrho L/\mu$ und $g_i L/U_0^2$.

Bei der Untersuchung zweier oder mehrerer hydrodynamischer Systeme mit gleichen Kennzahlen $U_0\varrho L/\mu$ und $g_i L/U_0^2$ zeigt sich, daß diese Systeme durch dieselben Gln. (1.4) beschrieben werden. In analogen Punkten solcher Systeme, deren dimensionslosen Kennzahlen X_i und $U_0\tau/L$ die gleichen Werte besitzen, müssen auch die dimensionslosen Funktionen die gleichen Werte aufweisen. Somit existiert also eine Gruppe von Prozessen (im vorliegenden Fall hydrodynamische), die durch ein und dasselbe Gleichungssystem beschrieben werden. Die Struktur der dimensionslosen Kennzahlen ist nur von der Form der Gleichungen abhängig, die den betreffenden konkreten Prozeß beschreiben.

Der Übergang zu dimensionslosen Variablen führt aus mathematischer Sicht zu keinerlei Vereinfachung der Lösungsprozeduren; er gestattet jedoch eine wesentlich kompaktere und allgemeinere Darstellung der erhaltenen Lösungen.

Das partielle nichtlineare Differentialgleichungssystem zweiter Ordnung (1.4), das das Geschwindigkeits- und Druckfeld einer Flüssigkeitsströmung als Funktion des Raumes und der Zeit beschreibt, ist in allgemeiner Form analytisch nicht lösbar [5]. Deshalb baut auch die Analyse der Strömung einer inkompressiblen NEWTONschen Flüssigkeit auf einigen Vereinfachungen auf, die für konkrete praktische Problemstellungen durchaus gerechtfertigt sind. Ausgangspunkt derartiger Vereinfachungen müssen physikalische Vorstellungen sein, während die endgültige Zulässigkeit der gemachten Vereinfachungen durch eine Gegenüberstellung der auf theoretischem Wege erhaltenen Ergebnisse mit experimentell gewonnenen Daten überprüft wird.

Als wichtiger Schritt in der theoretischen, aber auch in der angewandten Hydrodynamik erwies sich die Einführung der Begriffe „ideale Flüssigkeit" und „Grenzschicht" [1—4].

Eine ideale Flüssigkeit zeichnet sich durch fehlende Reibungskräfte aus. Wie Versuche bewiesen, weist das Profil des Geschwindigkeitsfeldes in hinreichender Entfernung von festen Oberflächen nur eine geringe Krümmung auf, so daß bei hinreichend großen Werten für die REYNOLDS-Zahl $Re = U_0 \varrho L/\mu$ der zweite Summand in den NAVIER-STOKESschen Gleichungen (1.4) im Vergleich zu den anderen Summanden vernachlässigbar kleine Werte annimmt. Deshalb läßt sich die Flüssigkeit über den gesamten Strömungsquerschnitt mit Ausnahme der wandnahen Schichten als ideale Flüssigkeit annehmen.

Die Bewegungsgleichung einer idealen Flüssigkeit ist bei theoretischen Betrachtungen wesentlich einfacher zu handhaben und führt im Falle einer stationären Strömung als erstes Integral auf die BERNOULLIsche Gleichung:

$$\frac{\varrho U_0^2}{2} + P + \varrho g h = \text{const} \tag{1.5}$$

Bei einer nicht zu komplizierten Geometrie der Strömung ist eine analytische Lösung der hydrodynamischen Gleichungen möglich [3]. Die für ideale Flüssigkeiten erhaltenen Ergebnisse zeigen für viele in der Praxis auftretende Strömungen eine gute Übereinstimmung mit experimentell gewonnenen Daten. Die Einführung des Begriffs „ideale Flüssigkeiten" ermöglichte die rechnerische Ermittlung der Geschwindigkeits- und Druckverteilung beim Umströmen von Festkörpern verschiedenster geometrischer Gestalt und von Flüssigkeitsströmungen in Kanälen veränderlichen Querschnitts.

In unmittelbarer Nähe fester Oberflächen ist eine solche Betrachtungsweise jedoch unzulässig. Die als reibungsfrei angenommene Flüssigkeit müßte auch an der Wandung entlanggleiten, was aber im Widerspruch zu einem Postulat der Hydrodynamik steht, nach dem die Flüssigkeitsgeschwindigkeit an der Wand den Wert Null besitzt.

Zur Überwindung des aufgezeigten Widerspruchs führt man deshalb den Begriff der Grenzschicht ein. Dabei handelt es sich um eine dünne wandnahe Zone, in der sich die Flüssigkeitsgeschwindigkeit vom Werte Null unmittelbar an der Wand bis auf einen der Geschwindigkeit außerhalb der Grenzschicht naheliegenden Wert ändert [2]. Die äußere Grenze der Grenzschicht wird bis zu einem gewissen Grade willkürlich festgelegt. Experimentelle Untersuchungen und theoretische Überlegungen ergaben, daß die Dicke der Grenzschicht für gewöhnliche technologische Apparaturen in der Größenordnung von 10^{-4} bis 10^{-5} m liegt.

Ein großer Wert des Geschwindigkeitsgradienten senkrecht zur Wandung führt sogar für niedrigviskose Flüssigkeiten zu einem starken Anwachsen der Schubspannungen, d. h. innerhalb der Grenzschicht spielen die Reibungskräfte die dominierende Rolle. Das Flüssigkeitsverhalten innerhalb der Grenzschicht wird ebenfalls durch die NAVIER-STOKESsche Gleichung beschrieben, wobei sich wegen des geringen Strömungsquerschnittes der Grenzschicht wesentliche Vereinfachungen in Gl. (1.1) vornehmen lassen. So läßt sich in der dünnen Grenzschicht (Abb. 1.1) die räumliche Betrachtungsweise durch eine ebene ersetzen ($w_z = 0$, $w_y \ll w_x$). Im Bereich der Grenzschicht ist der Geschwindigkeitsgradient quer zur Strömung wesentlich größer als der in Längsrichtung.

Innerhalb der Grenzschicht besitzt die Gravitationskraft gegenüber den Reibungskräften einen vernachlässigbaren Einfluß. Der Druckgradient quer zur Grenzschicht ist ebenfalls vernachlässigbar, so daß man den statischen Druck in der Grenzschicht dem im übrigen Strömungsquerschnitt herrschenden statischen Druck gleichsetzen kann, wobei sich letzterer aus der Gleichung für eine ideale Flüssigkeit außerhalb der Grenz-

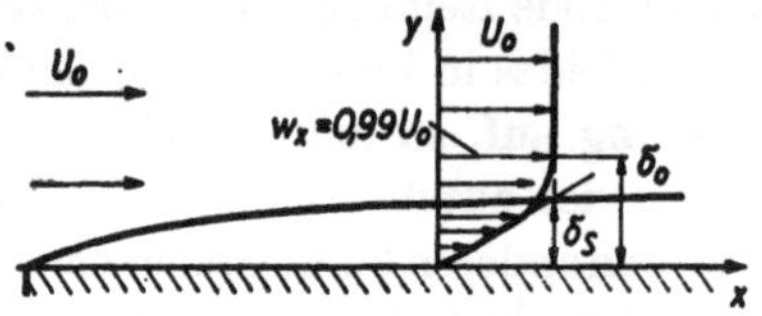

Abb. 1.1. Profil der Geschwindigkeitskomponente w_x in Längsrichtung und Dicke der Grenzschichten δ_0 und δ_S an der Oberfläche einer in Längsrichtung umströmten ebenen Platte.

schicht berechnen läßt. Ändert sich die Geschwindigkeit im Hauptstrom längs der Wandung nicht, so folgt aus der Bernoullischen Gleichung $P \neq P(x)$ und $\partial P/\partial x = 0$. Diese Annahmen führen zu folgenden Gleichungen für die Strömung in einer ebenen stationären Grenzschicht [1—4]:

$$\left.\begin{aligned} w_x \frac{\partial w_x}{\partial x} + w_y \frac{\partial w_x}{\partial_y} &= \nu \frac{\partial^2 w_x}{\partial y^2} \\ \frac{\partial w_x}{\partial x} + \frac{\partial w_y}{\partial y} &= 0 \end{aligned}\right\} \tag{1.6}$$

$\nu = \frac{\mu}{\varrho}$ — kinematische Viskosität der Flüssigkeit

Die Randbedingungen des Gleichungssystems (1.6) lauten:

$w_x = w_y = 0$ für $y = 0$ (an der Wand)

$w_x \to U_0$ für $y \to \infty$ (außerhalb der Grenzschicht)

Die Gleichungen der laminaren Grenzschicht (1.6) sind für den Fall des Umströmens eines unendlichen Halbkörpers (Platte) gelöst (Abb. 1.1). Dazu wurden eine neue komplexe Variable

$$\xi = \frac{y}{x} \sqrt{\frac{U_0 x}{\nu}} \tag{1.7}$$

und eine Stromfunktion der Form

$$\psi = \sqrt{\nu U_0 x}\, f(\xi) \tag{1.8}$$

$f(\xi)$ — unbekannte, zu bestimmende Funktion

eingeführt.

Die Stromfunktion wird durch folgende Beziehungen festgelegt:

$$w_x = \frac{\partial \psi}{\partial y}; \qquad w_y = -\frac{\partial \psi}{\partial x} \tag{1.9}$$

Durch Einsetzen von ξ und ψ wird das partielle Differentialgleichungssystem zweiter Ordnung (1.6) in ein gewöhnliches nichtlineares Differentialgleichungssystem dritter Ordnung überführt:

$$2f''' + ff'' = 0 \tag{1.10}$$

Nach dieser Umformung lauten die Randbedingungen:

$$f = f' = 0 \qquad \text{für } \xi = 0 \text{ (an der Wand)}$$

$$f' = 1 \qquad \text{für } \xi \to \infty \text{ (außerhalb der Grenzschicht)}$$

Gl. (1.10) ist nicht geschlossen integrierbar. Da aber sowohl in der Gleichung selbst, als auch in den Randbedingungen keinerlei Parameter auftreten, lassen sich über eine Näherungslösung $f(\xi)$, die entweder in Form einer endlichen Reihe oder als Ergebnis numerischer Berechnungen vorliegt, die Geschwindigkeitsprofile w_x und w_y in Abhängigkeit vom Wandabstand y und von der Entfernung x vom Plattenanfang berechnen.

Beim Wärme- und Stoffübergang besteht häufig die Forderung, die Dicke der Grenzschicht zu bestimmen. Für die Dicke der Grenzschicht existieren zwei verschiedene Definitionen [2, 3]. Nach der ersten Definition wird die äußere Grenze der Grenzschicht durch den geometrischen Ort aller Punkte bestimmt, in denen die Geschwindigkeitskomponente w_x noch 99% der Geschwindigkeit U_0 im Hauptstrom beträgt. Die numerische Lösung der Gl. (1.10) liefert für diesen Fall folgende Schichtdicke:

$$\delta_0 \approx 5\sqrt{\frac{\nu x}{U_0}} \tag{1.11}$$

Nach der zweiten Definition wird die Schicht durch den Schnittpunkt der Tangente an der Kurve des Geschwindigkeitsprofils $w_x(y)$ im Punkt $y = 0$ mit der Linie $w_x = U_0$ bestimmt (Abb. 1.1).

Aus der Abbildung folgt $\dfrac{U_0}{\delta_S} = \left.\dfrac{\partial w_x}{\partial y}\right|_{y=0}$. Aus Gl. (1.10) ergibt sich dann folgender Ausdruck für die Schichtdicke

$$\delta_S \approx 3\sqrt{\frac{\nu x}{U_0}} = \frac{3x}{\sqrt{Re_x}}, \tag{1.12}$$

wobei in die Reynolds-Zahl für die charakteristische Länge der axiale Koordinatenwert x, vom Plattenanfang aus betrachtet, eingeht.

Wie die Gln. (1.11) und (1.12) zeigen, unterscheiden sich beide Schichtdicken nur durch einen konstanten Faktor. Die Dicke der Grenzschicht wächst vom Wert Null am Anlaufpunkt der Strömung parabolisch.

Beim Umströmen einer ebenen Platte durch eine inkompressible Flüssigkeit ist die Form des Geschwindigkeitsprofils in Strömungsrichtung $w_x(y)$ in unmittelbarer Wandnähe innerhalb der Grenzschicht ($\xi \ll 1$) von besonderer Bedeutung. Für diesen Fall ergeben sich relativ einfache Ausdrücke für die Geschwindigkeitskomponenten:

$$w_x \approx U_0 \frac{y}{\delta_0}; \qquad w_y \approx \nu \frac{y^2}{\delta_0{}^3} \tag{1.13}$$

Bisher wurde nur die laminare Flüssigkeitsströmung betrachtet, bei der sich die einzelnen Flüssigkeitsschichten lediglich parallel zueinander bewegten. Ein Stoff- und Impulsaustausch erfolgt hier nur durch die molekulare Diffusion.

Die laminare Strömungsform wird jedoch instabil, wenn die Trägheitskräfte in der Strömung im Vergleich zu den Reibungskräften anwachsen. Bekanntlich stellt die REYNOLDS-Zahl ein Maß für das Verhältnis beider Kräfte dar, so daß der Charakter der Strömungsform durch den numerischen Wert der dimensionslosen Kennzahl $Re = w\varrho L/\mu$ bestimmt wird.

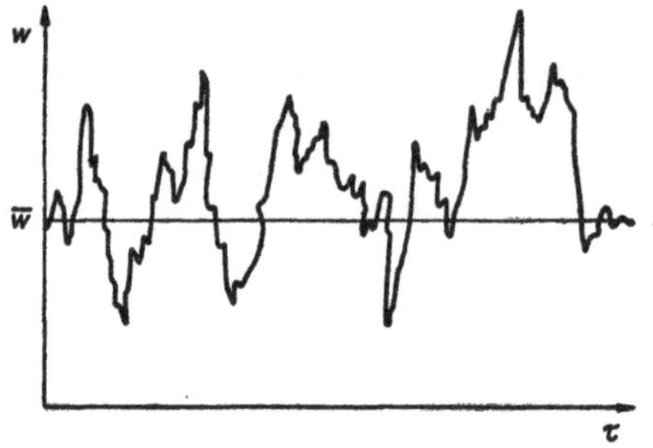

Abb. 1.2. Zeitliche Änderung der Momentanwerte der Phasengeschwindigkeit w in einer turbulenten Strömung.
$\overline{w}$ – mittlere Geschwindigkeit.

Bei turbulenter Strömung beginnen einzelne Flüssigkeitsteilchen in ungeordneter Form bezüglich ihrer mittleren Lage im Flüssigkeitsstrom zu schwanken (Pulsation). Diese Schwankungen vollziehen sich mit unterschiedlichen Geschwindigkeiten, die sich der mittleren Strömungsgeschwindigkeit überlagern (Abb. 1.2). Zu bestimmten Zeitpunkten kann dabei die Momentangeschwindigkeit eines Teilchens sogar die entgegengesetzte Richtung der mittleren Strömungsgeschwindigkeit besitzen. Die Pulsationsgeschwindigkeiten senkrecht zur mittleren Strömungsgeschwindigkeit sind von analogem Charakter, für einen hinreichend großen Zeitabschnitt beträgt ihr Mittelwert jedoch Null. Frequenz und Amplitude der Pulsationsbewegung nehmen mit dem Anwachsen der REYNOLDS-Zahl zu.

Da die Flüssigkeitsteilchen in der turbulenten Strömung eine völlig ungeordnete Bewegung vollführen, läßt sich die turbulente Flüssigkeitsströmung in Analogie zur Wärmebewegung der Moleküle in Gasen betrachten. In Analogie zur kinetischen Gastheorie läßt sich die durch turbulente Reibung hervorgerufene Schubspannung in Form des NEWTONschen Ansatzes (1.2) für Molekularreibung angeben:

$$\sigma_{\text{turb}} = \mu_{\text{turb}} \frac{\partial \overline{w}}{\partial n}$$

μ_{turb} – turbulenter Viskositätskoeffizient
$\overline{w}$ – mittlere Flüssigkeitsgeschwindigkeit

Das pulsierende Teilchen (Flüssigkeitsballen) hat eine unvergleichlich größere Masse als ein einzelnes Molekül, weshalb der durch das Teilchen übertragene Impuls und die Kräfte der turbulenten Reibung ein Vielfaches der Kräfte der Molekularreibung betragen ($\mu_{\text{turb}} \gg \mu$).

Die Grundgleichungen (1.1) und (1.3) der Hydrodynamik besitzen auch für turbulente Strömung Gültigkeit, da Impuls- und Massenerhaltungssatz von allgemeinem Charakter sind und das Reibungsgesetz, das die Reibungsanteile in der NAVIER-STOKESschen Gleichung festlegt, für laminare und turbulente Strömung die gleiche Form aufweist. Durch Einsetzen aller Geschwindigkeitskomponenten als Mittelwerte über einen hinreichend großen Zeitraum ($w_i \to \overline{w}_i$) der Schwankungsgeschwindigkeiten und Ersetzen des molekularen Viskositätskoeffizienten durch einen summarischen Viskositätskoeffizienten ($\mu \to \mu + \mu_{\text{turb}}$) sind die NAVIER-STOKESschen Gleichungen auch auf turbulente Strömungen anwendbar.

Die Hauptschwierigkeit bei der Analyse turbulenter Strömungen nach diesem Ansatz besteht darin, daß man zusätzliche Informationen über den turbulenten Viskositätskoeffizienten μ_{turb} benötigt, der im Gegensatz zum molekularen Viskositätskoeffizienten vom turbulenten Strömungszustand abhängig ist [3]. Recht einleuchtend erscheint die Annahme, daß die freie Weglänge des pulsierenden Teilchens sich proportional dem Wandabstand verringert [1, 3]. Diese zusätzliche Hypothese führt zu einem logarithmischen Profil der mittleren Geschwindigkeit in einer turbulenten Strömung:

$$w^* = 5{,}5 + 2{,}5 \ln y^* \qquad \text{für } y^* > 30 \tag{1.14}$$

$$w^* = \frac{w}{w_*}; \quad y^* = \frac{w_* y}{\nu};$$

$w_* = \sqrt{\sigma_{\text{Reib}}/\varrho}$ — sog. dynamische Geschwindigkeit

σ_{Reib} — durch die viskose Reibung verursachte Schubspannung an der Wand

y — Wandabstand

Die Konstanten in Gl. (1.14) werden experimentell ermittelt, was darauf hindeutet, daß die Theorie der turbulenten Strömung teilweise halbempirischen Charakter trägt.

Auch bei höchster Turbulenz existiert in unmittelbarer Nähe der festen Oberfläche stets eine Zone, in der die Geschwindigkeiten geringer sind und wo nach dem Wert der REYNOLDS-Zahl eine laminare Strömung herrscht. Diese dünne Unterschicht zeichnet sich durch ein lineares Geschwindigkeitsprofil aus:

$$w = \frac{\sigma_{\text{Reib}}}{\varrho \nu} y \qquad \text{oder } w^* = y^* \quad \text{für} \quad 0 < y^* < 5. \tag{1.15}$$

Eine unmittelbare Kopplung der Geschwindigkeitsprofile nach den Gln. (1.15) und (1.14) steht im Widerspruch zu experimentellen Werten. Man führte deshalb den Begriff einer sog. Zwischenschicht ein (Abb. 1.3), in der der merkliche Einfluß der molekularen Viskosität zu anderen Zahlenwerten der Koeffizienten für das logarithmische Geschwindigkeitsprofil führt:

$$w^* = 5 + 5 \ln y^* \tag{1.16}$$

Die Zahlenwerte der Koeffizienten in Gl. (1.16) und die Dicke der Zwischenschicht werden experimentell ermittelt:

$$5 \leqq y^* \leqq 30.$$

Bei einem turbulent umströmten festen Körper bildet sich anfangs eine laminare Grenzschicht aus (Abb. 1.4). Mit zunehmender Entfernung vom Anströmpunkt wächst die Dicke dieser Schicht. Ab $Re_x = U_0 x/\nu \approx 1500$ wird die laminare Strömung instabil es bildet sich eine turbulente Schicht mit einer laminaren Unterschicht aus. Die Geschwindigkeitsverteilung in der laminaren Unterschicht und in der turbulenten Grenz-

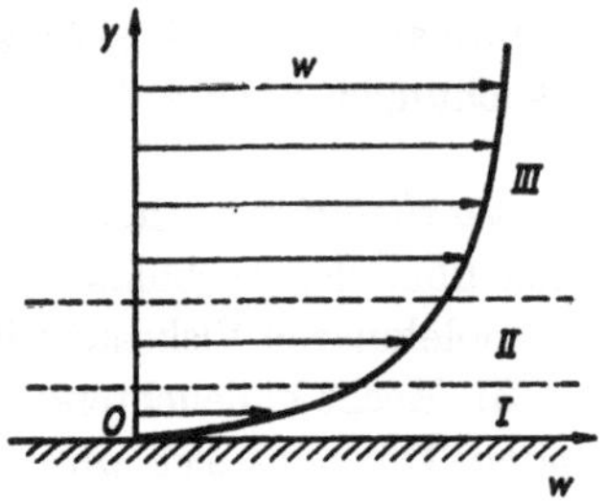

Abb. 1.3. Geschwindigkeitsverteilung in einer turbulenten Strömung.

I — laminare Unterschicht; *II* — Zwischenschicht; *III* — turbulente Kernströmung.

schicht entspricht der Geschwindigkeitsverteilung, die beim Umströmen einer unendlichen Platte auftritt. Die obere Grenze der turbulenten Schicht ist der Entfernung vom Plattenanfang proportional:

$$\delta_{\text{turb}} \sim \frac{w^*}{U_0} x$$

Die beim Umströmen einer ebenen Platte (äußeres Problem) erhaltenen Ergebnisse lassen sich in Anbetracht der relativ geringen Dicke der wandnahen Schichten auf turbulente Strömungen in Kanälen (inneres Problem) verschiedenen Querschnitts übertragen.

Die Mehrzahl der umströmten Körper besitzt jedoch keine ebene Oberfläche, sondern weist eine schlechtumströmbare Körperform auf. In dem Falle ändern sich Geschwindigkeit und Druck der äußeren Strömung nach der BERNOULLIschen Gl. (1.5) vom

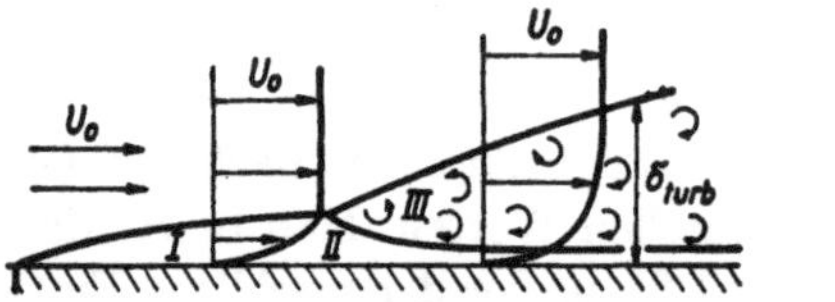

Abb. 1.4. Entwicklung der Grenzschicht an einer umströmten Platte.

I — laminare Grenzschicht; *II* — laminare Unterschicht; *III* — turbulente Grenzschicht.

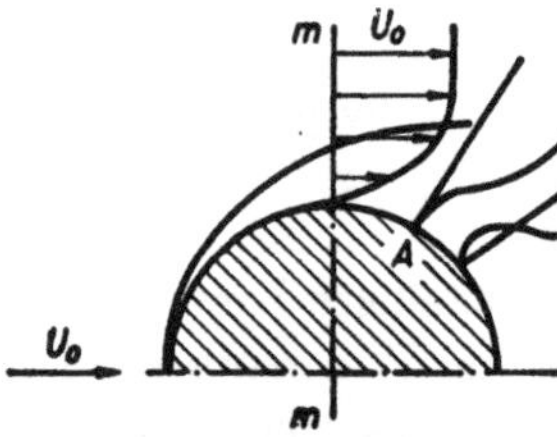

Abb. 1.5. Schematische Darstellung des Geschwindigkeitsprofils an der Oberfläche eines Körpers mit ungünstiger Strömungsform.

Anströmpunkt zur Ablösestelle hin. Im Bereich des Anströmpunktes (Abb. 1.5) unterscheidet sich die Umströmung nicht von der einer ebenen Platte. Die Strömung verläuft entlang der gekrümmten Oberfläche in Richtung abnehmenden Druckes. Nach Überschreiten der Linie $m-m$ muß die Strömung die entgegenwirkende Druckerhöhung überwinden, die das Geschwindigkeitsprofil in der Grenzschicht erheblich deformiert. Am meisten werden dabei die langsamsten an der Oberfläche anliegenden Flüssigkeitsschichten abgebremst. Unterhalb des Punktes A, wo die Ableitung der Geschwindigkeit an der Wand den Wert Null annimmt, bildet sich eine Rückströmung aus, so daß sich die Grenzschicht von der gekrümmten Oberfläche ablöst. Die Ablöseerscheinungen treten bei REYNOLDS-Zahlen von $Re \approx 20$ auf. Die abgelöste Schicht wird verwirbelt, und die gebildeten Wirbel, die durch die Hauptströmung nach unten gerissen werden, erzeugen die sog. hydrodynamische Spur hinter schlecht umströmten Körpern. Bei REYNOLDS-Zahlen von $Re > 100$ tritt auf der Rückseite eine ungeordnete instabile turbulente Bewegung auf, die theoretisch nicht beschreibbar ist.

Bei komplizierten Prozessen, bei denen Vereinfachungen, die zu einer analytischen Lösung führen, nicht statthaft sind, werden experimentelle Untersuchungsmethoden angewendet. Aber auch in solchen Fällen bildet das physikalische Modell des Prozesses in Form des Gleichungssystems (1.4) die Grundlage.

Die im Vergleich zur Anzahl der dimensionsbehafteten Ausgangsgrößen geringere Anzahl von Ähnlichkeitskennzahlen führt häufig zu einer erheblichen Verringerung des experimentellen Aufwandes. Der größte Wert der Ähnlichkeitstheorie besteht für die Praxis darin, daß sie die Untersuchung realer Prozesse an Modellen ermöglicht. Für die Ähnlichkeit des Modells und des Objekts ist es notwendig und hinreichend, daß die Kennzahlen aus den den Prozeß beschreibenden Gleichungen für das Modell und das Objekt den gleichen Wert annehmen. Dazu läßt sich beispielsweise ein Modell geringerer Abmessung benutzen, wobei unabdingbar ist, daß durch Änderung anderer Modellparameter die den Prozeß bestimmenden Kennzahlen unverändert bleiben [6, 7].

Bei der Untersuchung vieler Probleme der chemischen Technologie verwendet man experimentelles Material von Versuchsapparaturen und technischen Objekten, bei denen die Ähnlichkeitskennzahlen verschiedene Werte aufweisen. Die Versuchsergebnisse werden in der Regel als approximierte Abhängigkeiten zwischen den Ähnlichkeitskriterien dargestellt. Mit Hilfe der Ähnlichkeitstheorie ist es möglich, in solcher Form vorliegende Versuchsergebnisse zur Berechnung analoger Prozesse mit anderen Werten der Ähnlichkeitskennzahlen zu benutzen. Als Beispiele für eine solche Vorgehensweise möge eine Vielzahl von Kriterialgleichungen dienen, die in der Hydromechanik, der Wärmetechnik, der chemischen Technologie und auf anderen Gebieten von Wissenschaft und Technik Anwendung finden [4, 7—12].

Der Potenzcharakter der Kriterialbeziehungen folgt nicht aus der Ähnlichkeitstheorie, er hat sich jedoch in der Praxis als gut handbar bewährt. Da sich die Anzahl der Ähnlichkeitskriterien und deren Struktur eindeutig aus den Ausgangsgleichungen und den Eindeutigkeitsbedingungen ergeben und die Abhängigkeit zwischen den Kriterien experimentell ermittelt wird, stellen die Kriterialbeziehungen im Grunde genommen experimentell ermittelte Integrale der Ausgangsgleichungssysteme dar.

1.2. Äußerer Stoffaustausch

Die Intensität vieler Prozesse in der chemischen Technologie ist von der Geschwindigkeit des Stofftransports zwischen dem Feststoff und einer flüssigen oder gasförmigen (dampfförmigen) Phase abhängig. Solche Prozesse sind beispielsweise die Extraktion, die Adsorption, die Trocknung und die Kristallisation.

Der Prozeß eines zielgerichteten Stofftransports resultiert aus dem Nichtgleichgewichtszustand des Systems. Diese Feststellung trifft sowohl auf die Wechselwirkung an der Phasengrenze, als auch auf den Zustand im Innern jeder Phase zu. In der Regel gilt die Annahme, daß der von einer Phase in eine andere Phase übergehende Stoffstrom der Abweichung vom Gleichgewicht oder der sog. Triebkraft des Stofftransportprozesses in der ersten Potenz proportional ist. Alle anderen Faktoren, die auf die Intensität des Transportprozesses von Einfluß sind, lassen sich als Widerstände, die auf den Prozeß wirken, auffassen. Der übertragene Stoffstrom läßt sich als Quotient der Triebkraft des Prozesses und der dem Transportvorgang entgegenwirkenden Widerstände angeben.

Der Prozeß des Stofftransports besteht in der Regel aus einigen aufeinanderfolgenden Stadien, d. h. der von einer Phase in eine andere übergehende Stoffstrom hat nacheinander mehrere Widerstände zu überwinden. So überwindet beispielsweise bei der Kristallisation aus Lösungen der auskristallisierende Stoff zuerst den Widerstand der Flüssigkeitsschicht an der Kristalloberfläche, während anschließend dann erst die eigentliche Aufnahme des herangeführten Stoffes im Kristallgitter erfolgt. Bei der Extraktion wird die Zielkomponente aus der Porenstruktur des Feststoffes transportiert, und danach erst erfolgt der Abtransport von der Oberfläche in das Extraktionsmittel. Die Adsorption besteht in der Regel aus drei aufeinanderfolgenden Stadien: Der Zuführung des zu adsorbierenden Stoffes aus dem Strom des dampf- oder gasförmigen Gemischs an die Oberfläche des porösen Feststoffes, der Durchdringung der porösen Masse des Festkörpers und der Anlagerung der adsorbierten Moleküle in den aktiven Zentren der inneren Porenoberfläche des Feststoffes. Der Trocknungsprozeß besteht in einem Transport der Feuchte durch die kapillar-poröse Masse des Trockengutes, danach erfolgt der Weitertransport von der Oberfläche in die Strömung des Trockenmittels. Parallel zum Stofftransport erfolgt bei der thermischen Trocknung auch ein Wärmetransport. Jeder dieser aufeinanderfolgenden Schritte setzt der Triebkraft einen bestimmten Widerstand entgegen, dessen Gesamtgröße sich als Summe aller Einzelwiderstände ergibt.

Häufig tritt der Fall auf, daß der Widerstand eines Schrittes die der anderen an Größe bei weitem übertrifft. Die Gesamtgeschwindigkeit des Stofftransports ist dann in erster Linie nur vom Wert des überwiegenden Widerstandes abhängig. Man spricht dann vom geschwindigkeitsbestimmenden oder auch vom langsamsten Schritt. Letzterer Terminus muß als nicht sonderlich glückliche Formulierung angesehen werden, weil der Strom des zu transportierenden Stoffes im stationären Zustand in allen Einzelschritten gleich groß ist, und zwar wegen der den Einzelwiderständen der betreffenden Schritte proportionalen Aufteilung der gesamten Triebkraft des Prozesses.

Aus den angeführten Beispielen geht hervor, daß es sich bei den verschiedenen technologischen Prozessen um einen Stofftransport von der äußeren Oberfläche des Feststoffes zur Hauptmasse des umströmenden Mediums handelt. Eine Analyse solcher äußerer Stofftransportprozesse hat gezeigt, daß ihre charakteristischen Besonderheiten und ihre Intensität in erster Linie durch die hydrodynamischen Verhältnisse in der Nähe der Oberfläche des Feststoffes bestimmt werden und daß der Transport des betrachteten Stoffes innerhalb des Feststoffes praktisch keine Rolle spielt. Aus diesem Grunde erfolgte auch eine gesonderte Betrachtung des äußeren Stofftransportprozesses.

Die Gleichung der konvektiven Diffusion

Die Untersuchung des äußeren Stofftransportprozesses besteht in einer Analyse des Flüssigkeitsverhaltens (Gas- oder Dampfverhaltens) in der Nähe der festen Oberfläche, wo sich die Konzentration der Zielkomponente von der im Hauptstrom unterscheidet. Die Konzentrationsunterschiede in der wandnahen Flüssigkeitsschicht bestimmen die Geschwindigkeit des äußeren Stofftransports.

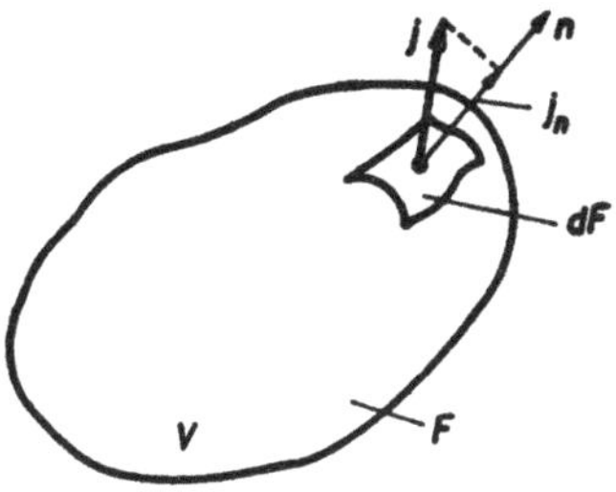

Abb. 1.6. Zur Ableitung der Differentialgleichung der konvektiven Diffusion.

Der Stofftransport in einem strömenden Medium wird durch zwei verschiedene Elementarmechanismen hervorgerufen.

1. Eine vorhandene Konzentrationsdifferenz bewirkt einen gerichteten Strom der Zielkomponente auf Grund der Molekulardiffusion. Die Molekulardiffusion wird durch das bekannte Fickscheche Gesetz

$$\mathbf{j}_D = -D \operatorname{grad} c \tag{1.17}$$

beschrieben, das sich streng genommen nur für ideale Gase ableiten läßt und in allen anderen Fällen als Versuchsergebnis aufzufassen ist.

2. Die in der Flüssigkeit verteilte Zielkomponente wird von ersterer im Verlaufe des Prozesses mitgeführt und so von einem Punkt des Raumes an einen anderen transportiert. Dabei ist die transportierte Stoffmenge der Konzentration in der Flüssigkeit und deren Strömungsgeschwindigkeit proportional:

$$\mathbf{j}_k = c\mathbf{w} \tag{1.18}$$

Die Überlagerung beider Elementarprozesse bezeichnet man als konvektive Diffusion. Der Gesamttransport wird als Summe des Diffusionstransports (1.17) und des konvektiven Transports (1.18) dargestellt:

$$\mathbf{j} = -D \operatorname{grad} c + c\mathbf{w} \tag{1.19}$$

Abb. 1.6 zeigt ein beliebiges Volumen V innerhalb der Flüssigkeit. Für dieses Volumen soll eine Stoffbilanz für die Zielkomponente aufgestellt werden. Die durch die Fläche F

des betrachteten Volumens in einer Zeiteinheit gehende Stoffmenge ist durch das Integral der normal gerichteten Komponente des Stoffstromes über die gesamte Fläche gegeben: $j_F = -\oint_F j_n dF$.

Als positive Richtung der äußeren Normalen wird dabei die Richtung von der Oberfläche nach außen festgelegt. Die Menge j_F stellt die Differenz zwischen der eintretenden und der austretenden Menge der Komponente dar, durch sie erhöht sich die Konzentration im Innern des Volumens mit der Zeit. Der partielle Differentialquotient $\frac{\partial c}{\partial \tau}$ gibt die Änderungsgeschwindigkeit der Menge an Zielkomponente pro Volumeneinheit an, so daß die Änderung der Stoffmenge im gesamten Volumen $\int_V \frac{\partial c}{\partial \tau} dV$ beträgt.

Durch Gleichsetzen der im Volumen aufgenommenen Stoffmenge und der Geschwindigkeit ihrer zeitlichen Änderung erhält man

$$\int_V \frac{\partial c}{\partial \tau} dV = -\oint_F j_n dF$$

Durch Umformen des Flächenintegrals in ein Raumintegral nach der Gleichung von GAUSS-OSTROGRADSKIJ ergibt sich

$$\int_V \left(\frac{\partial c}{\partial \tau} + \operatorname{div} \boldsymbol{j}\right) dV = 0$$

Die Größe des Volumens V war willkürlich gewählt worden, deshalb besitzt obige Gleichung Gültigkeit, wenn der Integrand den Wert Null annimmt:

$$\frac{\partial c}{\partial \tau} + \operatorname{div} \boldsymbol{j} = 0 \qquad (1.20)$$

Durch Einsetzen des Ausdruckes (1.19) für den Gesamtstrom der Zielkomponente in Gl. (1.20) ergibt sich

$$\frac{\partial c}{\partial \tau} + \operatorname{div} (-D \operatorname{grad} c + c\boldsymbol{w}) = 0 \qquad (1.21)$$

Bei konstantem Diffusionskoeffizienten D gilt

$$\operatorname{div} (D \operatorname{grad} c) = D \operatorname{div} \operatorname{grad} c = D\nabla^2 c$$

Die Operation der Divergenz vom Produkt einer skalaren Größe (c) mit einem Vektor ($\boldsymbol{w}$) wird in folgender Form angegeben:

$$\operatorname{div} (c\boldsymbol{w}) = (\boldsymbol{w}, \operatorname{grad} c) + c \operatorname{div} \boldsymbol{w}$$

Für inkompressible Flüssigkeiten hat Gl. (1.3) Gültigkeit. Der Massenerhaltungssatz für die Zielkomponente nimmt für einen beliebigen Punkt eines inkompressiblen Flüssigkeitsstromes folgende endgültige Form an:

$$\frac{\partial c}{\partial \tau} + (\boldsymbol{w}, \operatorname{grad} c) = D\nabla^2 c \tag{1.22}$$

Gl. (1.22) ist allgemein gültig und beschreibt das Konzentrationsfeld in einer inkompressiblen Flüssigkeit bei diffusions-konvektivem Transport der Zielkomponente. Der erste Summand dieser Gleichung beinhaltet die Geschwindigkeit der Konzentrationsänderung in einem beliebigen Punkt der Strömung, während der zweite Term den Massenzuwachs der Zielkomponente infolge Konvektion angibt. Die rechte Seite von Gl. (1.22) stellt den durch Molekulardiffusion bedingten Massenzuwachs dar.

Der Übergang von der vektoriellen Schreibweise zu einem dreidimensionalen karthesischen Koordinatensystem liefert

$$\frac{\partial c}{\partial \tau} + w_x \frac{\partial c}{\partial x} + w_y \frac{\partial c}{\partial y} + w_z \frac{\partial c}{\partial z} = D\left(\frac{\partial^2 c}{\partial x^2} + \frac{\partial^2 c}{\partial y^2} + \frac{\partial^2 c}{\partial z^2}\right) \tag{1.23}$$

Die Lösung der konvektiven Diffusionsgleichung (1.23) stellt die Konzentration der Zielkomponente in Abhängigkeit von den Raumkoordinaten und der Zeit dar: $c(x, y, z, \tau)$.

Dabei muß die Flüssigkeitsgeschwindigkeit $\boldsymbol{w} = w_x\boldsymbol{i} + w_y\boldsymbol{j} + w_z\boldsymbol{k}$, die in die Gl. (1.23) eingeht, als Lösung der bereits angeführten hydrodynamischen Gleichungen bekannt sein. Sie ist ebenfalls eine Funktion der Raumkoordinaten und der Zeit.

In Fällen, in denen die Dichte oder die Viskosität des strömenden Mediums in merklichem Maße konzentrationsabhängig sind, besteht die Notwendigkeit einer simultanen Betrachtung der NAVIER-STOKESschen Gleichung (1.1) und der konvektiven Diffusionsgleichung. Für den allgemeinen Fall läßt sich jedoch weder eine simultane Lösung dieser beiden partiellen Differentialgleichungen angeben, noch ist eine Analyse nur der Gl. (1.22) bei bekannter Geschwindigkeitsverteilung möglich.

Die Gleichung der konvektiven Diffusion vereinfacht sich wesentlich, wenn der Prozeß als stationär angenommen wird, d. h. wenn die Konzentration in jedem Punkt keiner zeitlichen Änderung unterworfen ist: $\frac{\partial c}{\partial \tau} = 0$. Gl. (1.22) vereinfacht sich dann wie folgt:

$$(\boldsymbol{w}, \operatorname{grad} c) = D\nabla^2 c \tag{1.24}$$

Eine andere wesentliche Vereinfachung ergibt sich bei der Betrachtung der Diffusion in einem ruhenden Medium, d. h. wenn $\boldsymbol{w} = 0$ wird. Für diesen Fall nimmt Gl. (1.22) folgende Form an:

$$\frac{\partial c}{\partial \tau} = D\nabla^2 c \tag{1.25}$$

Diese Gleichung wurde in der Theorie der instationären Wärmeleitung eingehend analysiert [10, 11].

Bei einer Klasse von Prozessen treten Quellen oder Senken für die Zielkomponente in der Flüssigkeit auf. Das kann beispielsweise in Form einer chemischen Reaktion, an der die Zielkomponente beteiligt ist, geschehen oder aber es vollzieht sich eine Phasenänderung der interessierenden Komponente. In solchen Fällen ist die Gleichung der konvektiven Diffusion durch einen Term, der Quellen oder Senken der Zielkomponente berücksichtigt, zu ergänzen:

$$\frac{\partial c}{\partial \tau} + (\boldsymbol{w}, \operatorname{grad} c) = D\nabla^2 c + m_V \tag{1.26}$$

m_V — die auf das Volumen bezogene Intensität der Quelle — trägt im Falle eines Verschwindens der Zielkomponente ein negatives Vorzeichen. Ergänzend sei bemerkt, daß Quellen und Senken an der Phasengrenze durch Gl. (1.26) nicht berücksichtigt werden, da letztere nur die Stoffbilanz der Zielkomponente im Flüssigkeitsvolumen beinhaltet.

Gl. (1.22) ist den Navier-Stokesschen Gleichungen (1.1) vom physikalischen Sinn und somit auch von der mathematischen Form her analog. Die Ursache hierfür ist darin zu suchen, daß beide Gleichungen physikalische Erhaltungsgesetze beschreiben: Die hydrodynamische Gleichung das Gesetz von der Erhaltung des Impulses und die konvektive Diffusionsgleichung das Gesetz von der Erhaltung der Masse der Zielkomponente.

Die Struktur der einzelnen Summanden in den Gl. (1.1) und (1.22) weist wegen der Analogie der Elementarprozesse ein hohes Maß an Übereinstimmung auf. So entsprechen die zweiten Ableitungen nach den Koordinaten für den Impulstransport dem Newtonschen Reibungsansatz (1.2) und für den Stofftransport dem Fickschen Diffusionsansatz (1.17). Der zweite Summand in Gleichung (1.22) ergibt sich aus der Analyse des konvektiven Stofftransports. Das von der Struktur her analoge Glied in den Navier-Stokesschen Gleichungen beinhaltet den Impulstransport infolge konvektiven Transportes der Flüssigkeit.

Ferner sei auf die allgemein bekannte Analogie mit der Gleichung der konvektiven Wärmeleitung hingewiesen, die das Temperaturfeld in einer strömenden Flüssigkeit beschreibt. Diese Gleichung drückt das Gesetz von der Erhaltung der Wärmeenergie aus und ist von der Form her der Gleichung der konvektiven Diffusion völlig analog [4, 9 bis 11, 14]:

$$\frac{\partial t}{\partial \tau} + (\boldsymbol{w}, \operatorname{grad} t) = a_t \nabla^2 t \tag{1.27}$$

a_t — Temperaturleitzahl

Die Beziehungen (1.23) und (1.26) stellen partielle Differentialgleichungen zweiter Ordnung dar; bei ihrer Integration ist die entsprechende Anzahl von Eindeutigkeitsbedingungen erforderlich. Die Rand- und Anfangsbedingungen, die die Eindeutigkeitsbedingungen darstellen, müssen für jeden konkreten Fall, ausgehend von unabhängigen physikalischen Vorstellungen, aufgestellt werden. In der Regel stellt eine bekannte Konzentrationsverteilung im zu untersuchenden Volumen zu Beginn der Betrachtungen eine solche Anfangsbedingung dar: $c|_{\tau=0} = c(x, y, z)$. Im einfachsten Falle wird eine gleichmäßige anfängliche Konzentrationsverteilung vorgegeben: $c|_{\tau=0} = c_0$.

Randbedingungen werden für bestimmte Flächen, in der Regel die den zu untersuchenden Strom begrenzenden Flächen, aufgestellt. Die räumliche Anordnung dieser Flächen muß dabei bekannt sein.

In der mathematischen Physik [5, 9, 10] unterscheidet man vier Arten von Randbedingungen, und zwar in Abhängigkeit davon, in welcher Form in ihnen die gesuchte Funktion (im vorliegenden Fall die Konzentration der Zielkomponente) vorkommt. Bei einer Randbedingung erster Art wird an einer bekannten Fläche der Wert der Funktion selbst vorgegeben: $c_{\text{Rand}} = c(\tau)$. Eine Vereinfachung ergibt sich für den Fall, daß die Konzentration an der Oberfläche zeitunabhängig ist: $c_{\text{Rand}} = \text{const}$. Da die Gleichung der konvektiven Diffusion nur Ableitungen der Konzentration enthält, die unabhängig von der Lage des Nullpunktes sind, läßt sich letztere Bedingung stets auf den einfacheren Ausdruck $c_{\text{Rand}} = 0$ zurückführen.

Bei Randbedingungen zweiter Art wird an der Phasengrenze ein Wert der ersten Ableitung der gesuchten Funktion vorgegeben. Für die konvektive Diffusionsgleichung ist die Ableitung der Konzentration nach dem FICKschen Gesetz (1.17) dem Stoffstrom der Zielkomponente proportional. Zum Aufstellen einer Randbedingung zweiter Art muß im vorliegenden Fall folglich der Stoffstrom der Zielkomponente zur Phasengrenze hin bekannt sein:

$$j_{\text{Rand}} = -D \left.\frac{\partial c}{\partial n}\right|_{\text{Rand}}.$$

Bei einer Randbedingung dritter Art handelt es sich um eine wertemäßige Vorgabe einer Kombination der gesuchten Funktion und deren Ableitung an der Grenzfläche. Für die Gl. (1.23) kann es sich dabei beispielsweise um das Gleichsetzen der an die reaktionsfähige Oberfläche herangeführten Stoffmenge $D \left.\frac{\partial c}{\partial n}\right|_{\text{Rand}}$ und der infolge chemischer Reaktion (oder irgendeines anderen physikalischen Prozesses) umgesetzten Stoffmenge $k \cdot c_{\text{Rand}}^m$ handeln:

$$D \left.\frac{\partial c}{\partial n}\right|_{\text{Rand}} = k \cdot c_{\text{Rand}}^m \tag{1.28}$$

m — Reaktionsordnung
k — Reaktionsgeschwindigkeitskonstante (unabhängig von der Konzentration)

Lediglich für eine Reaktion erster Ordnung ($m = 1$) besitzt die Beziehung (1.28) linearen Charakter, was zu einer wesentlichen Vereinfachung der Aufgabe führt. Im Falle sehr hoher Werte für die Reaktionsgeschwindigkeitskonstante ($k \to \infty$) strebt die Konzentration an der Grenzfläche gegen Null ($c_{\text{Rand}} \to 0$), weil rein physikalisch betrachtet der Diffusionsstrom keine unendlich großen Werte annehmen kann. Der maximal überhaupt mögliche Diffusionsstrom wird durch die chemische Reaktion praktisch momentan aufgebraucht. An die Stelle der chemischen Reaktion können auch andere Prozesse, so z. B. die Kondensation, treten.

Randbedingungen vierter Art treten bei Aufgabenstellungen für zwei einander benachbarte Bereiche, in denen die Zielkomponente verteilt ist, auf. Eine solche Randbedingung besteht im Gleichsetzen der Konzentrationen (oder der Vorgabe ihrer Gleichgewichtsbeziehungen) und im Gleichsetzen der Diffusionsströme an der Phasengrenzfläche:

$$c_I\Big|_{\text{Rand}} = c_{II}\Big|_{\text{Rand}}; \quad D_I \left.\frac{\partial c}{\partial n}\right|_{\text{Rand}} = D_{II} \left.\frac{\partial c_{II}}{\partial n}\right|_{\text{Rand}}$$

c_I, c_{II}, D_I, D_{II} — Konzentrationen und Diffusionskoeffizienten in den zwei Phasen

Die letztgenannte Randbedingung besitzt nur Gültigkeit, wenn die Grenzfläche die Zielkomponente nicht bindet. Anderenfalls ist dies durch einen zusätzlichen Term zu berücksichtigen. In Abhängigkeit von der Art der Randbedingung kann sich der Lösungscharakter für die konvektive Diffusionsgleichung ändern.

Bei den in diesem Abschnitt des Buches erfolgenden Untersuchungen über die Intensität des äußeren Stoffaustausches wird der Einfachheit wegen nur mit Randbedingungen erster Art gearbeitet.

Bei der Analyse der konvektiven Diffusionsgleichung und besonders bei der experimentellen Untersuchung von Prozessen des äußeren Stoffaustausches zwischen der Oberfläche eines Feststoffes und einem strömenden Medium erweist sich ein Übergang von den dimensionsbehafteten Größen in Gl. (1.23) zu dimensionslosen Variablen und Parametern als zweckmäßig.

Es wird erneut die sog. charakteristische Länge L des Systems eingeführt (bei einem durchströmten Kanal kann das der äquivalente Durchmesser sein, bei einer Strömung längs einer ebenen Wand — deren Länge, bei der Umströmung einer Kugel oder eines zylindrischen Körpers — deren Durchmesser). Ferner werden die für das System charakteristische Geschwindigkeit der Strömung U_0 und die charakteristische Konzentration c_0 eingeführt. Die entsprechenden Simplexgrößen nehmen dann folgende Form an:

$$W_x = \frac{w_x}{U_0}; \quad W_y = \frac{w_y}{U_0}; \quad W_z = \frac{w_z}{U_0}; \quad X = \frac{x}{L}; \quad Y = \frac{y}{L};$$

$$Z = \frac{z}{L}; \quad C = \frac{c}{c_0}$$

Das Einsetzen in den Ausdruck (1.23) liefert die konvektive Diffusionsgleichung in dimensionsloser Form:

$$\frac{\partial C}{\partial Fo} + Pe\left(W_x \frac{\partial C}{\partial X} + W_y \frac{\partial C}{\partial Y} + W_z \frac{\partial C}{\partial Z}\right) = \frac{\partial^2 C}{\partial X^2} + \frac{\partial^2 C}{\partial Y^2} + \frac{\partial^2 C}{\partial Z^2} \tag{1.29}$$

Dabei stellt das Fourier-Kriterium[1] $Fo = D\tau/L^2$ eine dimensionslose Zeit für den instationären Prozeß der Konzentrationsänderung dar.

Aus Gl. (1.29) folgt, daß man bei hinreichend großen Peclet-Zahlen $Pe = U_0L/D$ den rechten Teil dieser Gleichung, d. h. die durch die Molekulardiffusion transportierte Stoffmenge, im Vergleich zum konvektiven Stofftransport vernachlässigen kann. Umgekehrt läßt sich bei sehr kleinen Peclet-Zahlen ($Pe \ll 1$) der konvektive Term in Gl. (1.29) vernachlässigen, so daß die Konzentrationsverteilung nur durch den molekularen Stofftransport bestimmt wird. Somit dient die Peclet-Zahl als ein Maß für das Verhältnis zwischen den Geschwindigkeiten des konvektiven und des molekularen Stofftransports.

Es sei besonders auf den Umstand hingewiesen, daß die Peclet-Zahl nur in der Hauptströmung das Verhältnis des konvektiven und des molekularen Stoffstromes charakterisiert.

---

[1] Die Fourier-, Peclet-, Prandtl- und Nusselt-Kriterien für den Stofftransport werden hier und im folgenden nicht durch einen besonderen Index gekennzeichnet.

Der Quotient der PECLET-Zahl und dem hydrodynamischen REYNOLDS-Kriterium liefert die sog. PRANDTL-Zahl: $\frac{Pe}{Re} = \frac{U_0 L}{D} \cdot \frac{\nu}{U_0 L} = \frac{\nu}{D} = Pr$. In die PRANDTL-Zahl gehen nur physikalische Stoffwerte ein, die kinematische Viskosität ν und der molekulare Diffusionskoeffizient D.

Für Gase und Dämpfe gilt $\nu \approx D$, so daß deren PRANDTL-Zahlen einen Wert von ungefähr Eins besitzen. Für solche Medien muß folglich eine Ähnlichkeit zwischen den Prozessen des Impuls- und des Stofftransports bestehen. In den Regionen der Strömung, in denen die molekulare Reibung die entscheidende Rolle spielt, überwiegt der Stofftransport infolge der Molekulardiffusion. Bei der turbulenten Strömung von Gasen überwiegt der konvektive Stofftransport.

Für inkompressible Flüssigkeiten liegt der Wert der PRANDTL-Zahl in der Größenordnung von 10^3. In inkompressiblen Flüssigkeiten herrscht folglich keine Ähnlichkeit zwischen den Geschwindigkeits- und den Konzentrationsfeldern. An Stellen, an denen die Reibungskräfte größer als die Trägheitskräfte sind, kann der durch Konvektion bedingte Stofftransport von gleicher Größenordnung des durch Molekulardiffusion verursachten Transportes sein oder diesen sogar übertreffen.

Die Diffusionsgrenzschicht

Bei den für die chemische Technologie typischen Prozessen ist die PECLET-Zahl in der Regel wesentlich größer als Eins. Das trifft insbesondere für Flüssigkeiten mit einer hohen PRANDTL-Zahl zu. Das bedeutet, daß der konvektive Stofftransport im Hauptstrom den molekularen bei weitem übertrifft, so daß der rechte Teil der Gl. (1.23) vernachlässigbar ist. Die auf diese Art vereinfachte Gleichung der stationären konvektiven Diffusion

$$w_x \frac{\partial c}{\partial x} + w_y \frac{\partial c}{\partial y} + w_z \frac{\partial c}{\partial z} = 0$$

besitzt offensichtlich für $c = \text{const}$ in allen Punkten des Stromes eine Lösung. Diese Lösung befriedigt jedoch nicht die Randbedingungen, weil ohne einen Konzentrationsgradienten ein Stoffstrom zur festen Oberfläche nicht möglich ist. Dieser Umstand weist auf die Notwendigkeit hin, eine wandnahe Flüssigkeitsschicht einzuführen, für die der Diffusionsterm in der konvektiven Diffusionsgleichung nicht vernachlässigt werden darf.

Bei großen PECLET-Zahlen (analog, wie in der Hydrodynamik bei großen REYNOLDS-Zahlen) unterteilt man deshalb den in unmittelbarer Nähe der festen Oberfläche befindlichen Flüssigkeitsstrom in zwei Zonen: Den von der Oberfläche entfernten Hauptstrom mit konstanter Konzentration, in dem man den molekularen Stofftransport zu Gunsten des konvektiven vernachlässigen kann und eine relativ dünne, unmittelbar an der festen Oberfläche befindliche Grenzschicht, in der eine beträchtliche Konzentrationsänderung in Querrichtung auftritt, so daß hier die Intensität des molekularen Stofftransports in der gleichen Größenordnung des konvektiven Transports liegt.

Für die einzelnen Komponenten in Gl. (1.23) gilt:

$$\frac{\partial c}{\partial x} \sim \frac{c}{L}; \quad \frac{\partial c}{\partial y} \sim \frac{c}{\delta}; \quad \frac{\partial^2 c}{\partial x^2} \sim \frac{c}{L^2}; \quad \frac{\partial^2 c}{\partial y^2} \sim \frac{c}{\delta^2}$$

Unter Berücksichtigung der geringen Dicke δ der Diffusionsgrenzschicht gilt innerhalb dieser Schicht folgende Ungleichung:

$$\frac{\partial^2 c}{\partial y^2} \gg \frac{\partial^2 c}{\partial x^2}$$

Als stationäre Gleichung der konvektiven Diffusion ergibt sich für die Diffusionsgrenzschicht folgende Beziehung:

$$w_x \frac{\partial c}{\partial x} + w_y \frac{\partial c}{\partial y} = D \frac{\partial^2 c}{\partial y^2} \tag{1.30}$$

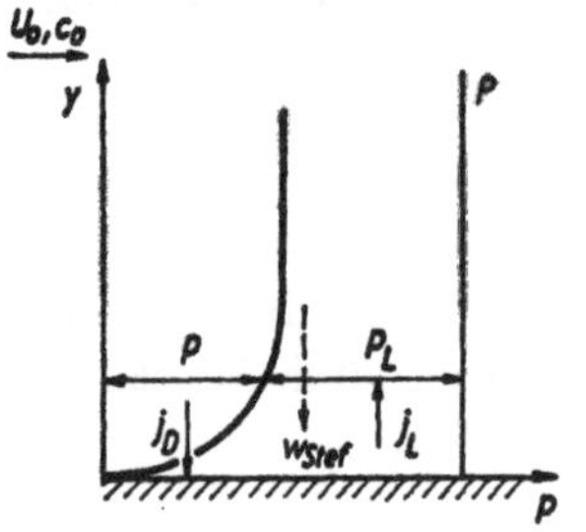

Abb. 1.7. Änderung des Partialdruckes der Zielkomponente p und der Luft p_L in der Nähe der aufnehmenden Oberfläche. Die Partialdruckänderung ist für die Ausbildung des STEFAN-Stromes verantwortlich.

j_D – Diffusionsstrom der Zielkomponente; j_L – Diffusionsstrom der Luft.

Ein Vergleich dieses Ausdruckes mit der ersten Gleichung des Systems (1.6) zeigt, daß beide für $\nu = D$ einander identisch sind, d. h. für gas- und dampfförmige Medien, für die $Pr \approx 1$ gilt. Die Bedingungen für eine hinreichende Entfernung von der Wand sind analog: $w_x\big|_{y\to\infty} = U_0$ und $c|_{y\to\infty} = c_0$. Ebenfalls gleich sind die Bedingungen für die Geschwindigkeitskomponente in Strömungsrichtung und die Konzentration direkt an der Oberfläche: $w_x\big|_{y=0} = 0$ und $c|_{y=0} = 0$. In der Hydrodynamik besitzt die normale Geschwindigkeitskomponente w_y für $y = 0$ den Wert Null. Wäre die Annahme $w_y\big|_{y=0} = 0$ zulässig, würde der stationäre Stoffaustausch für $Pr = 1$ formal und dem Wesen nach mit der Hydrodynamik übereinstimmen; das Konzentrationsprofil $c(x, y)$ in der Grenzschicht ergäbe sich dann aus dem Geschwindigkeitsprofil durch folgende Übergänge: $U_0 \to c_0$, $w_x \to c$ und $\nu \to D$.

Die Bedingung $w_y\big|_{y=0} = 0$ tritt jedoch beim Stoffaustausch nicht auf. Der Diffusionsstrom der Zielkomponente an die aufnehmende Oberfläche ist durch einen Konzentrationsgradienten bzw. durch einen ihm proportionalen Gradienten des Partialdrucks p dieser Komponente bedingt. Da aber der Gesamtdruck in Querrichtung (P) offensichtlich konstant bleiben muß, zieht die Existenz eines Konzentrationsgradienten der Zielkomponente einen Konzentrationsgradienten des Trägergases c_L (Luft) mit entgegengesetztem Vorzeichen nach sich (Abb. 1.7). Folglich existiert neben dem Strom an Zielkomponente $j_D = D \dfrac{\partial c}{\partial y}$ ein entgegengesetzter Diffusionsstrom an inertem Trägergas (Luft) $j_L = -D \cdot \partial c_L/\partial y$. Da die Dichte des Gemischs konstant bleiben soll ($c + c_L = \varrho =$ const), läßt sich die Größe j_L durch den Gradienten $\dfrac{\partial c}{\partial y}$ ausdrücken: $j_L = D \dfrac{\partial c}{\partial y}$.

Der Diffusionsstrom an Inertgas, der bei der in Abb. 1.7 gezeigten Betrachtungsweise von der Wand weg gerichtet ist, muß unter stationären Bedingungen den entgegengesetzten Massenstrom des gesamten Gemisches kompensieren, weil anderenfalls die randnahe Zone kontinuierlich an Inertgas verarmen würde [14]. Bezeichnet man die lineare Geschwindigkeit des normal zur Wand gerichteten Massenstromes an Gemisch mit w_{Stef}, so nimmt die Gleichheitsbedingung für die sich entgegengesetzt bewegenden Gasmengen die Form

$$D\frac{\partial c}{\partial y} + w_{Stef} c_L = 0$$

an, woraus sich für die Geschwindigkeit die sog. STEFAN-Strömung

$$w_{Stef} = -\frac{D}{c_L}\cdot\frac{\partial c}{\partial y} = -\frac{D}{\varrho - c}\frac{\partial c}{\partial y} \tag{1.31}$$

ergibt.

Der zusätzliche Stofftransport an Zielkomponente durch die STEFAN-Strömung überlagert sich der durch Diffusion transportierten Menge:

$$j = j_D + w_{Stef} c = -\frac{D}{1 - c/\varrho}\frac{\partial c}{\partial y} \tag{1.32}$$

Durch eine normal zur Oberfläche gerichtete Geschwindigkeit des Mediums vergrößert sich also der Gesamtstrom der Zielkomponente zur festen Wand hin.

Aus Gl. (1.32) folgt ferner, daß das durch die STEFAN-Strömung bedingte Korrekturglied c/ϱ bei im Vergleich zur Dichte ϱ des Gemischs geringen Konzentrationen c in der Regel vernachlässigt werden kann.

Betrachtet man in erster Näherung den normal zur Wand gerichteten Stoffstrom als unbedeutend im Vergleich zum Diffusionsstrom, so existiert eine völlige Analogie der Lösungen der hydrodynamischen und der Diffusionsgleichung für den Fall $Pr = 1$.

Die Gradienten der Geschwindigkeit in Wandrichtung sind dann den Konzentrationsgradienten zahlenmäßig gleich $\left[\left.\frac{\partial w_x}{\partial y}\right|_{y=0} = \left.\frac{\partial c}{\partial y}\right|_{y=0} = \frac{c_0}{3x}\sqrt{Re_x}\text{, siehe Gl. (1.12)}\right]$, und der lokale Diffusionsstrom zur Platte $j_D = -D\left.\frac{\partial c}{\partial y}\right|_{y=0}$ nimmt mit deren Länge umgekehrt proportional zum Wert $\sqrt{x}$ ab:

$$j_D = 0{,}333 D c_0 \sqrt{\frac{U_0}{\nu x}} \tag{1.33}$$

Der Mittelwert des Stromes zu einer Platte der Länge L beträgt:

$$\bar{j} = \frac{1}{L}\int_0^L j_D dx = 0{,}667 D c_0 \sqrt{Re_L}$$

Die Dicken der Diffusions- und der hydrodynamischen Grenzschicht sind in diesem Falle gleich groß.

Die Intensität des äußeren Stoffaustausches wird häufig durch den Stoffübergangskoeffizienten dargestellt, der als Proportionalitätsfaktor im Ausdruck für den spezifischen Strom an Zielkomponente in Form einer Stoffübergangsgleichung steht:

$$j = \beta(c_0 - c_{\text{Rand}}) \tag{1.34}$$

Für die bereits früher gemachte Annahme $c_{\text{Rand}} = 0$ folgt aus den Gl. (1.33) und (1.34):

$$\beta = \frac{j}{c_0} = 0{,}333 D \sqrt{\frac{U_0}{\nu x}}$$

Eine sehr verbreitete Form für die Darstellung der Intensität des äußeren Stoffaustauschs besteht in der Anwendung des NUSSELT-Kriteriums $Nu = \frac{\beta L}{D}$. Diese dimensionslose Kennzahl gibt das Verhältnis des tatsächlichen Stromes an Zielkomponente von der Flüssigkeit zur Wand und des quer zu einer unbewegten Flüssigkeitsschicht mit einer charakteristischen Dicke L und einer Konzentrationsdifferenz $c_0 - c_{\text{Rand}}$ gerichteten Stoffstromes an.

Mittelt man den veränderlichen Wert für den Stoffübergangskoeffizienten über die Länge der Platte und setzt diesen Wert in die Definitionsgleichung für die NUSSELT-Zahl ein, dann ergibt sich:

$$Nu = 0{,}667 \sqrt{Re_L} \tag{1.35}$$

Für $Pr \neq 1$ läßt sich die Diffusionsgleichung durch Umwandlung zu den gleichen komplexen Variablen führen, wie sie bei der Lösung der hydrodynamischen Gleichung in einer laminaren Grenzschicht eingeführt wurden. Die partielle Differentialgleichung für die Diffusionsgrenzschicht (1.30) wird dadurch in eine gewöhnliche Differentialgleichung umgewandelt:

$$\frac{d^2c}{d\xi^2} + \frac{Pr}{2} f(\xi) \frac{dc}{d\xi} = 0 \tag{1.36}$$

$f(\xi)$ — als unabhängige Lösung der hydrodynamischen Gl. (1.10) bekannte Funktion

Nimmt man an der Platte $w_y\big|_{y=0} \approx 0$ an, so läßt sich mit einer Näherungslösung für Gl. (1.36) folgende approximierte Abhängigkeit des Konzentrationsgradienten an der Wand vom einzigen Parameter in Gl. (1.36), der PRANDTL-Zahl, angeben ($Pr > 0{,}6$):

$$-\frac{dc}{d\xi}\bigg|_{\varrho=0} = 0{,}332 c_0 Pr^{1/3}$$

Der Koeffizient 0,332 und die Potenz 1/3 ergeben sich aus einer Analyse der numerischen Lösung von Gl. (1.36).

Für eine Dicke δ der Diffusionsgrenzschicht ergibt sich

$$\frac{c_0}{\delta} = -\frac{\partial c}{\partial y}\bigg|_{y=0} = \left|\frac{\partial c}{\partial \xi}\,\frac{\partial \xi}{\partial y}\right|_{\xi=0} = 0{,}332 c_0 Pr^{1/3} \sqrt{\frac{U_0}{\nu x}}.$$

Für den örtlichen Wert des Stoffübergangskoeffizienten erhält man

$$\beta(x) = \frac{D}{\delta(x)} = 0{,}332 D Pr^{1/3} \sqrt{\frac{U_0}{\nu x}} \tag{1.37}$$

woraus der Mittelwert für die NUSSELT-Zahl

$$Nu = 0{,}664 Pr^{1/3} Re_L^{1/2} \tag{1.38}$$

folgt.

Ein Vergleich der Ergebnisse für die Diffusionsgrenzschicht für die Fälle $Pr = 1$ und $Pr \neq 1$ zeigt, daß sich beide durch den potenzapproximierten Faktor $Pr^{1/3}$ voneinander unterscheiden.

Die hier angestellten Betrachtungen über den äußeren Stoffaustausch basieren alle auf der Annahme, daß die normal zur Oberfläche gerichtete Geschwindigkeitskomponente an der Oberfläche selbst den Wert Null besitzt[1].

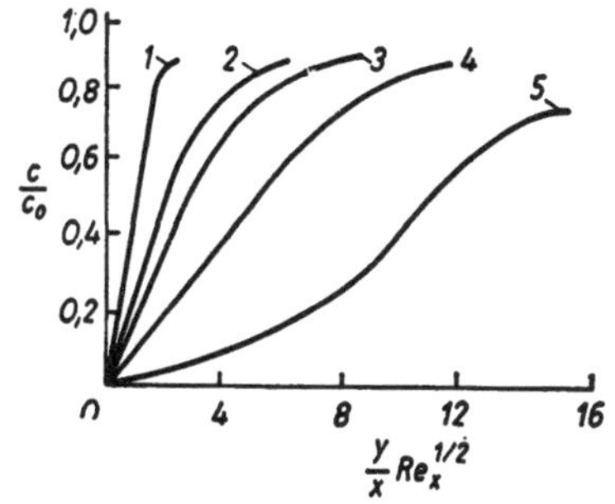

Abb. 1.8. Abhängigkeit des dimensionslosen Konzentrationsprofils in der Grenzschicht von der Intensität des STEFAN-Stromes.

Werte für $\frac{w_{Stef}}{U_0} Re_x^{1/2}$: *1*: −2,5; *2*: 0; *3*: +0,25; *4*: +0,5; *5*: +0,6.

Bei Berücksichtigung der realen Randbedingungen bei Diffusionsproblemen ist Gl. (1.30) für die Randbedingung $w_y\big|_{y=0} = w_{Stef}$ zu lösen. Der Übergang zu der Hilfsfunktion $f(\xi)$ liefert:

$$f\Big|_{\substack{y=0\\ \xi=0}} = -\frac{2 w_{Stef} x}{\sqrt{\nu U_0 x}}$$

Da $f' = \frac{w_x}{U_0}$ gilt, ergibt sich für $f'\Big|_{\substack{y=0\\ \xi=0}} = \frac{w_x}{U_0}\Big|_{y=0} = 0$, so daß $f|_{\xi=0}$ nicht eine Funktion der Längenkoordinate sein kann. Diese Schlußfolgerung führt zu folgender Abhängigkeit der normalgerichteten Geschwindigkeit w_{Stef} von der laufenden Länge der

[1] Physikalisch gesehen bedeutet diese Bedingung nicht, daß an der Wand kein Konzentrationsgradient existiert, wie man formal aus dem Ausdruck für die Geschwindigkeit des STEFAN-Stromes (1.31) folgern könnte. Das Nullsetzen der normalgerichteten Geschwindigkeitskomponente erfolgt vielmehr auf der Grundlage des vernachlässigbar kleinen Wertes des Stofftransports der Zielkomponente im Vergleich zur Menge des durch Molekulardiffusion transportierten Stoffes.

Platte [4, 14]:

$$w_{\text{Stef}} \sim \frac{1}{\sqrt{x}} \quad \text{oder} \quad w_{\text{Stef}} = U_0 \frac{\text{const}}{Re_x^{1/2}}$$

Die numerische Lösung von Gl. (1.30) erfolgt für verschiedene vorgegebene Werte der Konstanten [14]. Für $Pr = 1$ sind die Lösungen in Abb. 1.8 graphisch dargestellt. Ein positives Vorzeichen der Konstanten entspricht einer Stoffabgabe der Platte zur Strömung hin, während bei negativem Vorzeichen der Stoffstrom die umgekehrte Richtung aufweist. Die Intensität des Prozesses wird durch den Anstieg der Konzentrationskurven im Punkte $y = 0$ bestimmt. Die Kurve, bei der die Konstante den Wert Null aufweist, entspricht der bereits erwähnten Näherung $w_{\text{Stef}} = 0$. Da die in Abb. 1.8 gezeigten Ergebnisse für Funktionswerte $f(\xi)$ gewonnen wurden, die sich aus der Lösung der hydrodynamischen Gleichung bei $w_{\text{Stef}} = 0$ ergaben, sind sie für den allgemeinen Fall nur als allererste Näherungen an die realen Bedingungen anzusehen.

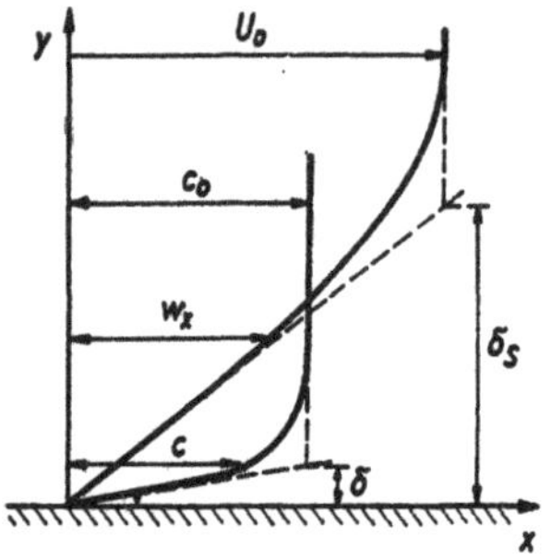

Abb. 1.9. Geschwindigkeits- und Konzentrationsprofil der Zielkomponente an einer umströmten Platte. Die Dicke der hydrodynamischen Grenzschicht δ_S und der Diffusionsgrenzschicht δ gelten für $Pr \gg 1$ (Flüssigkeiten).

In der chemischen Technologie ist der Stoffaustausch zwischen Feststoff und Flüssigkeiten (Kristallisation, Extraktion, Flüssigphasenadsorption usw.) von besonderem Interesse. In diesen Fällen liegt die PRANDTL-Zahl um einige Zehnerpotenzen höher als Eins. Daraus folgt, daß der konvektive Stofftransport bereits in Abständen zur Wand an Einfluß gewinnt, wo der Charakter der Flüssigkeitsströmung noch völlig durch die Reibungskräfte bestimmt wird. Aus diesem Umstand folgt, daß die hydrodynamische und die Diffusionsgrenzschicht unterschiedliche Dicken aufweisen müssen. Für Flüssigkeiten muß dabei die Diffusionsgrenzschicht offensichtlich wesentlich dünner als die hydrodynamische Grenzschicht sein. Damit lassen sich bei der Lösung der konvektiven Diffusionsgleichung (1.30) Vereinfachungen in der Form vornehmen, daß man für die Geschwindigkeitskomponenten w_x und w_y die Näherungswerte (1.13), die für geringe Wandabstände ($\xi < 1$) Gültigkeit besitzen, benutzt. Bei der folgenden und den weiteren Ableitungen wird der STEFAN-Strom wegen seines geringen Einflusses vernachlässigt.

Unter den erwähnten Annahmen läßt sich die Lösung der Gleichung für die Diffusionsgrenzschicht (1.30) in folgender geschlossener Form angeben:

$$c(x, y) = \frac{(0{,}22Pr)^{1/3}}{0{,}89} c_0 \int\limits_0^{\frac{1}{2}\sqrt{\frac{U_0}{\nu x}}\,y} \exp\left(-0{,}22Pr\chi^3\right) d\chi \tag{1.39}$$

Eine näherungsweise Berechnung des Integrals liefert das Konzentrationsprofil innerhalb der Diffusionsgrenzschicht, das schematisch in Abb. 1.9 dargestellt ist.

Der lokale Diffusionsstrom zur Platte ergibt sich durch Differentiation des Konzentrationsfeldes (1.39) im Punkte $y = 0$:

$$j = D \left.\frac{\partial c}{\partial y}\right|_{y=0} = 0{,}34 D c_0 \sqrt{\frac{U_0}{\nu x}}\, Pr^{1/3}$$

oder in anderer Form durch Einführen des Stoffübergangskoeffizienten

$$\beta(x) = 0{,}34 D Pr^{1/3} \sqrt{\frac{U_0}{\nu x}}$$

Diese Gleichung stimmt praktisch mit dem Ausdruck (1.37) überein, der ja die unmittelbare numerische Lösung der Gl. (1.36) darstellt. Der Mittelwert für die NUSSELT-Zahl läßt sich, wie bereits praktiziert, durch eine Mittellung von $\beta(x)$ über die gesamte Länge der Platte angeben.

Die Dicke der Diffusionsgrenzschicht für Flüssigkeiten läßt sich durch den Stoffstrom an Zielkomponente zur Wand hin bestimmen:

$$\delta = D \frac{c_0}{j} = 3 \sqrt{\frac{\nu x}{U_0}}\, Pr^{-1/3}$$

Ein Vergleich der Dicke der Diffusionsgrenzschicht δ mit dem Ausdruck für die hydrodynamische Grenzschicht δ_S führt auf das Verhältnis $\delta/\delta_S = Pr^{-1/3}$. Für PRANDTL-Zahlen in der Größenordnung 10^3 beträgt der Wert für die Dicke der hydrodynamischen Grenzschicht δ_S etwa das Zehnfache des Wertes von δ.

Der bei der Analyse von Prozessen des äußeren Stoffaustausches häufig benutzte Begriff der Diffusionsgrenzschicht hat folglich rein kinetischen Charakter. Ihre obere Grenze ist zwar relativ, doch ist in der Regel die Schichtdicke im Verhältnis zu den Abmessungen des umströmten Körpers sehr klein und nimmt nach der Gleichung einer Parabel vom Werte Null im Anströmpunkt in Strömungsrichtung zu. Die Dicken der hydrodynamischen und der Diffusionsgrenzschicht sind nur bei Gasen (Dämpfen) einander etwa gleich, da für sie die PRANDTL-Zahl den Wert $Pr \approx 1$ aufweist. Für Flüssigkeiten hingegen stellt die Diffusionsgrenzschicht in Abhängigkeit von der Größe der PRANDTL-Zahl nur einen Teil der hydrodynamischen Grenzschicht dar. Die Flüssigkeit in der Grenzschicht weist nicht nur eine in Längsrichtung, sondern auch eine normal zur Oberfläche gerichtete Geschwindigkeitskomponente auf. Bei der Diffusion mehrerer Komponenten muß man, da die Dicke der Diffusionsgrenzschicht vom Diffusionskoeffizienten abhängig ist, mehrere Grenzschichten unterschiedlicher Dicke einführen.

Sind in den NAVIER-STOKESschen Gleichungen (1.1) die Trägheitsglieder vernachlässigbar, so ergibt sich für das stationäre viskose Umströmen einer Kugel (STOKESsches Problem), daß sich die Flüssigkeitsgeschwindigkeit mit größer werdendem Abstand von der Oberfläche stetig verringert und daß keine hydrodynamische Grenzschicht existiert [3]. In diesem Falle wäre es falsch, von einer Übereinstimmung der hydrodynamischen Gleichung und der der konvektiven Diffusion zu sprechen; eine derartige Übereinstimmung existiert nur innerhalb der Grenzschicht für den Fall $Pr = 1$.

Eine Gesamtanalyse des Stoffaustausches an einer durch eine Flüssigkeit ($Pr \gg 1$) umströmten Kugel für $Re < 1$ ist nur für $Pe \gg 1$ möglich. Die Lösung des STOKESschen Problems besitzt nur bis $Re \approx 0{,}5$ Gültigkeit, so daß die PECLET-Zahl für Flüssigkeiten, deren PRANDTL-Zahlen in der Größenordnung von 10^3 liegen, im Bereich des viskosen Umströmens den Wert 1 durchaus übersteigen kann. Unabhängig vom Fehlen einer hydrodynamischen Grenzschicht rund um das Teilchen existiert jedoch eine Diffusionsgrenzschicht. Das Lösungsverfahren ist analog dem für das ebene Problem angewendeten: Im Bereich der dünnen Diffusionsgrenzschicht läßt sich auf einen vereinfachten Ausdruck für die Geschwindigkeitskomponenten in Wandnähe zurückgreifen, der durch Reihenentwicklung der Gesamtlösung des hydrodynamischen Problems nach der normal zur Oberfläche gerichteten Ordinate y erhalten wurde. In Anbetracht der im Vergleich zum Kugeldurchmesser geringen Schichtdicke läßt sich die Schicht als eben annehmen. Die Lösung der konvektiven Diffusionsgleichung (1.24) liefert bei Verwendung der vereinfachten Ausdrücke für w_x und w_y, die nur für $y \ll R$ Gültigkeit besitzen, folgende Konzentrationsverteilung der Zielkomponente innerhalb der Diffusionsgrenzschicht:

$$c(y, \theta) = \frac{c_0}{1{,}15} \int_0^z \exp\left(-\frac{4}{9}\chi^3\right) d\chi \qquad (1.40)$$

$$z = \sqrt[3]{\frac{3U_0}{4DR^2}} \frac{y \sin\theta}{\left(\theta - \frac{1}{2}\sin 2\theta\right)^{1/3}}$$

θ — Anströmwinkel

Die Schichtdicke ergibt sich durch Differentiation des Konzentrationsprofils (1.40):

$$\delta = \frac{1{,}15\left(\theta - \frac{1}{2}\sin 2\theta\right)^{1/3}}{\sin\theta} \sqrt[3]{\frac{4DR^2}{3U_0}}$$

Die Lösung (1.40) verliert für Zonen, in denen δ in der Größenordnung von R liegt, d. h. für $\theta \approx \pi$, ihre Gültigkeit. Beim laminaren Umströmen einer Kugel ist der Stoffstrom an der Rückseite im Vergleich zu dem an der Anströmseite, wo die Grenzschicht die Bedingung $\delta \ll R$ erfüllt, nur gering.

Durch Vernachlässigung des Stoffstromes im Bereich der Rückseite ergibt sich für den gesamten Stoffstrom zur Kugeloberfläche folgender Ausdruck:

$$\int_0^\pi j(\theta) \sin\theta \, d\theta = 7{,}98 c_0 D^{2/3} U_0^{1/3} R^{4/3}$$

oder in dimensionsloser Schreibweise

$$Nu = \beta \cdot 2R/D = 1{,}28 Pe^{1/3} \qquad (1.41)$$

Für den anderen Grenzfall $Pe \ll 1$ lassen sich die Konvektionsterme in Gl. (1.24) vernachlässigen. Die Problematik wird damit auf die stationäre Diffusion zur Kugeloberfläche aus einer sie umgebenden ruhenden Flüssigkeit zurückgeführt:

$$\frac{d^2c}{dr^2} + \frac{2}{r}\frac{dc}{dr} = 0 \tag{1.42}$$

Die Lösung von Gl. (1.42) muß zentral symmetrisch sein und an der Oberfläche die Bedingung $c|_{r=R} = 0$ sowie im Unendlichen die Bedingung $c|_{r\to\infty} = c_0$ erfüllen. Diese Bedingungen werden durch folgende einfache Funktion erfüllt:

$$c = c_0\left(1 - \frac{R}{r}\right) \tag{1.43}$$

Verständlicherweise existiert in diesem Falle keine Diffusionsgrenzschicht. Nach Differentiation der Gl. (1.43) ergibt sich für den Diffusionsstrom zur Kugeloberfläche $j = Dc_0/R$, bzw. in dimensionsloser Schreibweise

$$Nu = 2 \tag{1.44}$$

Die für die beiden Grenzfälle bezüglich der PECLET-Zahl erhaltenen Gl. (1.41) und (1.44) führen zu folgender Interpolationsbeziehung:

$$Nu = 2 + 1{,}28 Pe^{1/3} \tag{1.45}$$

die für Flüssigkeiten ($Pr \gg 1$) im Bereich viskosen Umströmens ($Re < 1$) Gültigkeit besitzt.

Stoffaustausch im turbulenten Strom

Bei der Untersuchung von Stoffaustauschprozessen wurde bisher eine laminare Strömungsform der Flüssigkeit angenommen. In der Praxis überwiegt jedoch die turbulente Strömungsform.

Die turbulenten Pulsationen bewirken, wie bereits früher ausgeführt wurde, einen Impulstransport aus einer Flüssigkeitsschicht in eine andere. Mit dem Impulstransport vollziehen die pulsierenden Teilchen gleichzeitig eine Übertragung von Enthalpie und von Masse der Zielkomponente. Der durch die turbulenten Pulsationen hervorgerufene Stofftransport ist wegen seiner statistischen Natur dem Stofftransport durch Molekulardiffusion vergleichbar, der durch die chaotische Wärmebewegung der Moleküle bedingt ist. Ein Konzentrationsgradient in einer turbulenten Strömung führt zu einem durch turbulente Diffusion bedingten gerichteten Stoffstrom:

$$j_{\text{turb}} = -D_{\text{turb}}\,\text{grad}\,c \tag{1.46}$$

Die Größe der turbulenten Pulsationen der Teilchen liegen um einige Zehnerpotenzen über der Größenordnung der freien Weglänge der Moleküle. Ungeachtet der geringen mittleren Schwankungsgeschwindigkeiten im Vergleich zur Wärmebewegung der Moleküle übersteigt der turbulente Stofftransport den durch Molekulardiffusion hervorgerufenen ganz beträchtlich ($D_{\text{turb}} \gg D$ und $j_{\text{turb}} \gg j$).

Der relativ große Wert von D_{turb} führt zu einem fast völligen Ausgleich der Konzentration der Zielkomponente im tubulenten Strom bis hin zu ganz geringen Entfernungen zur festen Oberfläche, die die Zielkomponente aufnimmt. Die feste Oberfläche hat einen dämpfenden Einfluß auf die Ausbildung der Pulsationsbewegung und verringert die freie Weglänge und die Geschwindigkeit der turbulenten Pulsationen. D_{turb} nimmt in der Nähe der festen Wandung, wie auch die kinematische turbulente Viskosität, ab.

Da die Impulsübertragung und der Transport von Enthalpie und Masse der Zielkomponente durch die gleichen pulsierenden Flüssigkeitsteilchen bedingt sind, herrscht im turbulenten Strom in hinreichender Entfernung vom bremsenden Einfluß der Wand, also dort, wo der molekulare Transport gegenüber dem turbulenten vernachlässigbar ist, eine Ähnlichkeit zwischen den Geschwindigkeits-, Temperatur- und Konzentrationsfeldern. Nimmt man zusätzlich zur REYNOLDS-Analogie der turbulenten Strömung eine PRANDTL-Zahl von $Pr = 1$ an, so gilt die Ähnlichkeit zwischen den Geschwindigkeits- und Konzentrationsfeldern auch in der Nähe der festen Oberfläche, wo der molekulare Transportmechanismus überwiegt. Im allgemeinen Fall für $Pr \neq 1$ existiert in Wandnähe keine Ähnlichkeit. Führt die Konzentrationsänderung der Zielkomponente in der Nähe der festen Oberfläche bei einer isothermen turbulenten Strömung zu keiner wesentlichen Dichte- und Viskositätsänderung der Flüssigkeit, so läßt sich die Geschwindigkeitsverteilung der Flüssigkeit durch Gl. (1.14) angeben. Es müssen folglich drei Schichten der strömenden Flüssigkeit betrachtet werden: Eine dünne laminare Schicht, in der kein turbulenter Transport stattfindet; die Kernströmung, in der der molekulare Transport vernachlässigbar ist und eine Übergangsschicht, in der molekularer und turbulenter Transport etwa die gleiche Größenordnung aufweisen.

Eine Ableitung führt zu folgendem Ausdruck für den normal zur ebenen Wand gerichteten stationären Stoffstrom der Zielkomponente:

$$\jmath = \frac{(c_0 - c_{\text{Rand}})\, w_*}{5Pr + 5\ln(5Pr + 1) + \dfrac{U_0}{w_*} - 5(1 + \ln 6)} \tag{1.47}$$

w_* — dynamische Geschwindigkeit

Die Summanden im Nenner dieses Ausdrucks sind den entsprechenden Diffusionswiderständen der einzelnen Schichten proportional: $5Pr$ — laminare Schicht; $5 \ln \times (5Pr + 1)$ — Übergangsschicht; $U_0/w_* - 5(1 + \ln 6)$ — turbulente Kernströmung.

An Stelle der Gl. (1.47) wird häufig die dimensionslose Schreibweise bevorzugt:

$$Nu = \frac{\dfrac{\zeta}{2}\, RePr}{1 + 5\sqrt{\dfrac{\zeta}{2}}\left[Pr - 1 + \ln\dfrac{5Pr + 1}{6}\right]} \tag{1.48}$$

$\varrho - \dfrac{2\sigma_W}{\varrho U_0^2}$ — Widerstandskoeffizient des festen Körpers im Flüssigkeitsstrom

ζ_W — Schubspannung an der Wand

Die Abhängigkeit des Nenners in Gl. (1.48) von der PRANDTL-Zahl läßt sich für praktische Berechnungen mit hinreichender Genauigkeit durch die Potenzfunktion $Pr^{2/3}$ approximieren, was zu folgendem Ausdruck für die Berechnung der Intensität des Stoffaustauschs der turbulenten Strömung mit der Wand über einen hydrodynamischen

Widerstandskoeffizienten führt:

$$Nu = \frac{\zeta}{2} RePr^{1/3} \tag{1.49}$$

Die Abhängigkeit des Widerstandskoeffizienten ζ von der REYNOLDS-Zahl ist aus hydrodynamischen Untersuchungen bekannt. Für eine Platte gilt $\zeta = 0{,}0307 Re^{-1/7}$, so daß Gl. (1.49) für diesen Fall folgende Form annimmt:

$$Nu = 0{,}0154 Re^{6/7} Pr^{1/3} \tag{1.50}$$

Eine Analyse der Gl. (1.48) weist aus, daß mit steigender PRANDTL-Zahl der Diffusionswiderstand der laminaren Schicht stärker ins Gewicht fällt, d. h. der Einfluß der Konstanten für den molekularen Stofftransport, also ν und D, auf den gesamten Transportprozeß steigt.

Die angegebenen Beziehungen besitzen bei ausgebildeter Turbulenz Gültigkeit und sind nicht nur bei Flüssigkeitsströmungen längs einer ebenen Wand (Umströmungsprobleme), sondern auch bei turbulenten Strömungen in Rohren (Durchströmungsprobleme) anwendbar.

Ein Vergleich der Ausdrücke für die Intensität des Stofftransports bei laminarer und turbulenter Strömung des Mediums, d. h. der Gln. (1.38), (1.41) und (1.50) weist auf den stärkeren Einfluß der Geschwindigkeit bei turbulenter Strömungsform hin (die REYNOLDS-Zahl geht hier mit einer Potenz von etwa 0,8 ein, bei laminarer Strömung nur 0,5 oder 0,33).

Der gesamte Diffusionsstrom zur Wand ergibt sich als Summe der Ströme zu den Flächenabschnitten, die der laminaren und der turbulenten Strömungsform der Flüssigkeit in der Grenzschicht entsprechen (Abb. 1.4).

Stoffaustausch an Körpern mit strömungstechnisch ungünstiger Form

In der industriellen Praxis kommen glatte ebene Platten oder Körper mit gut umströmbarer Form relativ selten vor. Häufig trifft man Körper mit strömungstechnisch ungünstiger Form an, bei denen sich die Grenzschicht ablöst (Abb. 1.5), so daß sich der Strömungscharakter an der Anströmseite des Körpers von dem an der Rückseite wesentlich unterscheidet. Bei nicht allzu großen Teilchen mit hydrodynamisch ungünstiger Form tritt in der Grenzschicht mit Zunahme ihrer Dicke bis zum Ablösepunkt keine Turbulenz auf, so daß sich der Diffusionsstrom an der Vorderseite des Teilchens nach den Beziehungen (1.37), (1.38) usw. für die laminare Grenzschicht berechnen läßt. Auf der Rückseite hinter dem Ablösepunkt ($\theta \approx \pi/2$) hat die Flüssigkeitsströmung einen ungeordneten Charakter.

Zur Abschätzung der Intensität des Stofftransportprozesses an der Rückseite lassen sich unter der Annahme, daß die charakteristische Geschwindigkeit hier etwa der Anströmgeschwindigkeit gleichgesetzt werden kann, die für turbulente Umströmung abgeleiteten Gleichungen für den Diffusionsstrom benutzen.

Die Intensität der Diffusionsströme an der Stirn- und an der Rückseite des umströmten Körpers sind etwa von gleicher Größenordnung, wobei mit wachsender Anströmgeschwindigkeit der Anteil des Diffusionsstromes an der Rückseite zunimmt, weil die

Geschwindigkeitsabhängigkeit des turbulenten Stoffaustauschs größer als die des laminaren ist.

Die Rauhigkeit der Oberfläche des umströmten Körpers kann den Charakter der Strömung und damit auch den Stoffstrom zur Oberfläche wesentlich beeinflussen. Übersteigt die Höhe der Unebenheit auf der Oberfläche die Dicke der Grenzschicht, so werden die Spitzen der Unebenheiten vom durch die Wandung ungebremsten Hauptstrom umströmt. Bei einer REYNOLDS-Zahl von $Re = U_0\delta_{äq}/\nu > 20$ bis 50 ($\delta_{äq}$ — ein äquivalentes Maß für die Rauhigkeit) wird das Umströmen der rauhen Oberfläche von einem Ablösen der Flüssigkeit und lokaler Turbulenz begleitet. Die sich hinter der Unebenheit bildende turbulente Spur kann allmählich abklingen, wenn der gesamte Körper laminar umströmt wird und der Abstand zwischen den einzelnen Unebenheiten den Wert von $\delta_{äq}$ wesentlich

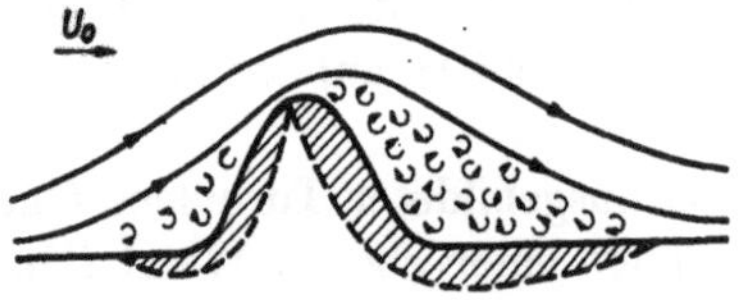

Abb. 1.10. Schematische Darstellung der Umströmung einer Unebenheit an einer ebenen Platte: Die unterbrochene Linie gibt die Form der Unebenheit bei ihrer Auflösung an.

übersteigt. Die lokale Turbulenz an der Rückseite der Unebenheit führt zu einer Vergrößerung des gesamten Diffusionsstromes an die rauhe Oberfläche. Lokale Turbulenz kann auch an der Anströmseite von Unebenheiten auf der Oberfläche auftreten, und zwar dann, wenn die Unebenheit steil aus der Fläche herausragt. Diese Tatsache konnte experimentell beim Auflösen von Feststoffen und der damit verbundenen Formänderung der Unebenheiten der Oberfläche nachgewiesen werden (Abb. 1.10). Der Charakter der turbulenten Strömung hinter den einzelnen Unebenheiten ist von der eingehenden Wirkung der festen Wand abhängig. Sind die Unebenheiten dicht benachbart, geht die hydrodynamische Spur von der vorhergehenden auf die folgende Unebenheit über.

1.3. Transportphänomene in kapillar-porösen Körpern

Elementare Transportprozesse

Bei der Mehrzahl technologischer Stoffaustauschprozesse zwischen Festkörpern und einem strömenden Medium weist die feste Phase eine kapillar-poröse Struktur auf (Ausnahmen bilden Löseprozesse von reinen Feststoffen und die Kristallisation). Zur selektiven Adsorption von Dämpfen (Gasen) oder bestimmter Komponenten aus der flüssigen Phase eingesetzte Stoffe (Adsorptionsmittel) werden speziell derart hergestellt, daß sie eine möglichst gut ausgebildete innere Porenstruktur aufweisen [15]. Bei der Extraktion werden die sich lösenden Stoffe aus den Poren des inerten Feststoffes ausgetrieben [16]. Materialien, die der Trocknung unterworfen werden, stellen unabhängig von ihrer Herkunft ebenfalls kapillar-poröse Stoffe dar, deren größte Feuchtemenge im Porenvolumen enthalten ist [17, 18].

Die Kapillarstruktur realer poröser Feststoffe unterliegt keiner streng geometrischen Anordnung [19, 20]. Die Kapillaren sind unregelmäßig verlaufende gekrümmte Kanäle veränderlichen Durchmessers. So unterscheidet man beispielsweise zwischen einer sich verzweigenden (baumartig) und einer Kornstruktur. Dabei sind beliebige Kombinationen zwischen der gegenseitigen Anordnung, der Vereinigung und der Form der Poren möglich, wobei auch sackgassenartig endende und völlig abgeschlossene Poren vorkommen können (letztere sind nur dann am Stoffaustauschprozeß beteiligt, wenn das Material des Feststoffes für die Zielkomponente durchlässig ist).

Kapillare und poröse Stoffe unterscheiden sich vor allem in der Wirkung der Gravitationskraft: Während die Schwerkraft in den Poren die Flüssigkeitsbewegung erheblich beeinflußt, ist das in Kapillaren nicht der Fall. Hier ist ihr Einfluß im Vergleich zu dem der Kapillarkräfte, bedingt durch die Oberflächenspannung, vernachlässigbar (auf diese Unterschiede wird im folgenden nicht weiter eingegangen; sie wurden lediglich zur besseren Erklärung der in der Literatur üblichen Terminologie angeführt).

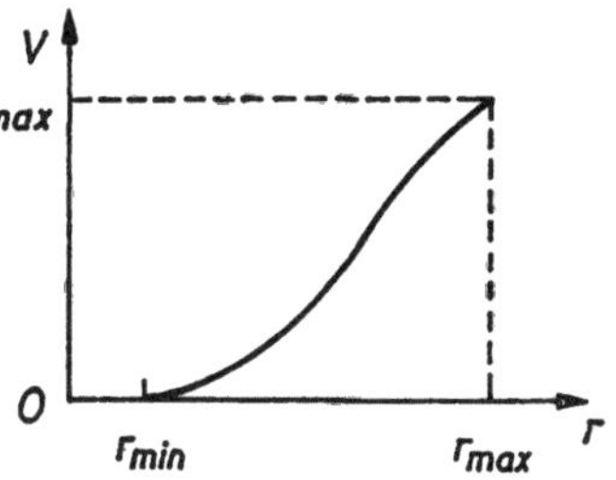

Abb. 1.11. Integrale Verteilungskurve des Porenvolumens über den Porenradius.

r_{min}, r_{max} — minimaler und maximaler Porenradius; v_{max} — auf das Volumen des porösen Stoffes bezogenes Porenvolumen (Porosität).

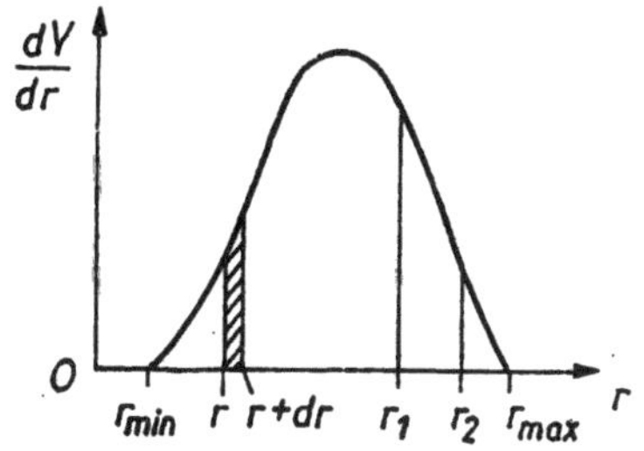

Abb. 1.12. Differentielle Verteilungskurve des Porenvolumens über den Porenradius

Experimentelle Untersuchungen zeigten, daß der Kapillardurchmesser in sehr weiten Grenzen schwanken kann: Von molekularer Größenordnung 10^{-10} m bis zu etwa 10^{-4} m. In der Regel zeichnet sich jeder kapillar-poröse Stoff durch eine bestimmte Verteilungsfunktion des Porenvolumens über den Porendurchmesser aus. Eine integrale Verteilungsfunktion des Porenvolumens über den Porendurchmesser ist in Abb. 1.11 dargestellt. Von der Anschaulichkeit her ist die differentielle Verteilungskurve des Porenvolumens über den Porendurchmesser (Abb. 1.12) vorzuziehen. Sie ergibt sich durch Differentation der integralen Verteilungskurve.

So gibt es kapillar-poröse Stoffe, deren Verteilungskurven nicht nur ein, sondern zwei oder mehrere Maxima aufweisen.

Stoffe biologischer Herkunft (in der Regel pflanzliche Materialien oder Produkte aus ihnen) weisen meistens eine anisotrope Porenstruktur auf, d. h. die einzelnen Kapillaren sind nach einer Vorzugsrichtung angeordnet. Die Zielkomponente kann sich in solchen anisotropen Stoffen in verschiedenen Richtungen nicht gleichmäßig bewegen.

Der Stofftransport der Zielkomponente innerhalb einer komplizierten kapillar-porösen Struktur erfolgt auf der Grundlage verschiedener gleichzeitig wirkender physikalischer Effekte.

Zur Untersuchung des Stoffaustausches dienen Modellvorstellungen über die Kapillare (Pore) derart, daß man sie als geraden zylindrischen Kanal konstanten Durchmessers betrachtet.

Es soll nun ein solcher Kanal betrachtet werden, dessen Durchmesser im Vergleich zur freien Weglänge der Moleküle der Zielkomponente hinreichend groß ist. Bei einer Konzentrationsdifferenz von $(c_1 - c_2)$ vollzieht sich der Transport der Zielkomponente durch die gewöhnliche Molekulardiffusion, wie sie durch das FICKsche Gesetz (1.17) beschrieben wird. Die Menge des diffundierenden Stoffes in axialer Richtung einer geraden zylindrischen Pore konstanten Durchmessers wird unter stationären Bedingungen durch folgenden Ausdruck wiedergegeben:

$$j = D \frac{c_1 - c_2}{L} \tag{1.51}$$

Eine Druckdifferenz an den Enden der Makrokapillare führt zu einem Transport der Gesamtmasse des strömenden Mediums, den man makroskopisch als gewöhnliche viskose Strömung auffassen kann. Die Geschwindigkeit einer derartigen Strömung ergibt sich aus den hydrodynamischen Gleichungen für die Bewegung viskoser Medien in geschlossenen Kanälen. Die Strömung ist selbst in Makrokapillaren $(r > 10^{-7}\,\text{m})$ in der Regel laminar. Der Massenstrom an inkompressiblem Medium läßt sich somit durch die bekannte hydrodynamische Beziehung [4, 18]

$$j = \frac{r^2}{8\nu} \frac{P_1 - P_2}{L} \tag{1.52}$$

angeben.

In Fällen, bei denen in den Poren keine Inertkomponente auftritt (Adsorption reiner Stoffe, Trocknung mit überhitztem Dampf), muß die durch die Aufnahme oder Abgabe von Zielkomponente verursachte wesentliche Druckänderung berücksichtigt werden. Der Massenstrom der betrachteten Komponente ergibt sich deshalb aus der folgenden, für laminare Strömung eines kompressiblen Mediums abgeleiteten Beziehung [15]:

$$j = \frac{r^2}{8\nu\varrho} \bar{P} \frac{P_1 - P_2}{L} \cdot \frac{M}{RT}$$

$\bar{P} = (P_1 + P_2)/2$ — mittlerer Druck in der Kapillare
M — Molmasse des Dampfes

Bei einem Kapillardurchmesser, der kleiner als die freie Weglänge der Moleküle ist, kann man das Medium in der Kapillare nicht mehr als Kontinuum betrachten, weil der überwiegende Teil der Zusammenstöße der Moleküle mit der Porenwand und nicht mehr untereinander erfolgt, was den Modellvorstellungen über ein Kontinuum widerspricht. Für diesen Fall sind das FICKSCHE Diffusionsgesetz und das NEWTONsche Reibungsgesetz nicht anwendbar. Mit Hilfe statistischer Methoden ergibt sich für diese sog. KNUDSEN-Strömung (Effusion) folgende Beziehung für einen isothermen Stoffstrom [15]:

$$j = \frac{4}{3} r \sqrt{\frac{2}{\pi} \frac{M}{RT}} \frac{P_1 - P_2}{L} \tag{1.53}$$

Ein Vergleich der transportierten Stoffmenge durch viskose Strömung und KNUDSEN-Bewegung bei gleichen Druckgradienten zeigt, daß der molekulare Transport ungefähr um eine Zehnerpotenz effektiver ist. Ist die Kapillare mit einem Gasgemisch gefüllt, so erfolgt der Transport beider Gase durch Effusion unabhängig voneinander (zwischen den Molekülen gibt es keine Zusammenstöße). In Gl. (1.53) sind in diesem Falle an Stelle der Gesamtdrücke die entsprechenden Partialdrücke zu setzen.

Bei der Bewegung von Dämpfen oder Gasen längs der Kapillare kann sich der Druck derart ändern, daß die Art der Strömung umschlagen kann, beispielsweise von einer viskosen Strömung am Anfang der Kapillare zu einer KNUDSEN-Strömung, wenn die Druckabnahme zu freien Weglängen führt, die größer als der Kapillardurchmesser sind. Bei Unterdruck liegt die freie Weglänge der Gasmoleküle in der Größenordnung des Kapillardurchmessers, die Gasströmung hat dann Übergangscharakter. Durch experimentelle Untersuchungen konnte nachgewiesen werden, daß die Durchlässigkeit der Kapillaren im Übergangsbereich geringer ist als bei viskoser Strömung oder Effusion [15].

Beim Stofftransport durch Kapillaren ist noch ein weiterer Elementarmechanismus zu beachten. Befindet sich im Porenvolumen eine kondensierte Phase, die an beiden Seiten durch Menisken verschiedener Krümmung begrenzt wird, so ist die durch den Kapillar-

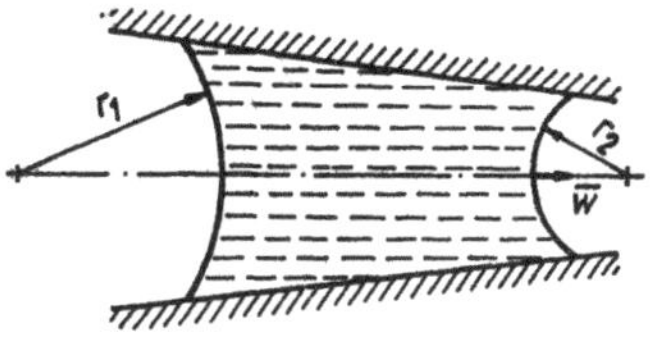

Abb. 1.13. Schema des Flüssigkeitstransports innerhalb einer benetzten Pore auf Grund verschiedener Krümmungen der Menisken.

druck hervorgerufene und auf die Flüssigkeit wirkende Kraft an beiden Seiten verschieden groß. Dadurch erfolgt eine Bewegung der Flüssigkeit von Poren größeren Durchmessers zu engeren Kapillaren (Abb. 1.13). Wird ein bestimmtes Dampfvolumen durch Flüssigkeitsmenisken verschiedener Krümmung begrenzt, so entsteht in der Dampfphase eine Druckdifferenz, die zu einer viskosen Strömung des Dampfes führt.

Für binäre Gemische ist bei Verdampfung der Flüssigkeit von der Meniskusoberfläche eine weitere Stofftransportart zu berücksichtigen. Da die Dampfabfuhr durch Diffusion in das inerte Medium erfolgt, entsteht von der Oberfläche der verdamfenden Flüssigkeit ein Konvektionsstrom des Dampf-Luft-Gemisches, d. h. ein STEFAN-Strom, siehe Gl. (1.31).

Bei zwei oder mehreren Komponenten mit verschiedenen Konzentrationen in den Poren kann natürliche Konvektion auftreten. Wie Nachrechnungen ergaben [18], ist die Intensität einer solchen Konvektion innerhalb der Poren gegenüber den anderen Arten des Stofftransports bis zu einem Porendurchmesser von 10^{-5} bis 10^{-4} m vernachlässigbar. Lediglich in weiten Poren spielt der Stofftransport infolge freier Konvektion im Gravitationsfeld eine Rolle.

Im weiteren werden die elementaren Vorgänge des durch Temperaturunterschiede in kapillar-porösen Körpern hervorgerufenen Stofftransports behandelt [18].

Existiert in einem gleichmäßig mit einem Gas ausgefüllten Raum ein Temperaturgradient, so bewegt sich das Gas infolge der molekularen Wärmebewegung in Richtung des Wärmestromes (Thermodiffusion). Die Größe des Thermodiffusionsstromes läßt sich durch den Diffusionskoeffizienten des gasförmigen Mediums D und den Temperaturgradienten angeben:

$$j_{TD} = -D\delta_{TD} \operatorname{grad} T \tag{1.54}$$

δ_{TD} — Thermodiffusionskoeffizient

Die kinetische Gastheorie liefert folgende Abhängigkeit des Thermodiffusionskoeffizienten von der Dichte des Mediums und der Temperatur:

$$\delta_{TD} = \frac{\varrho}{2T}$$

Bei einem Temperaturgradienten in einem Gasgemisch führt der Thermodiffusionseffekt dazu, daß sich das schwere Gas in Richtung des Wärmestromes und das leichtere in entgegengesetzter Richtung bewegen. Die Gleichung für den Thermodiffusionskoeffizienten lautet in diesem Falle

$$\delta_{TD} = a_{TD} \frac{c_1 c_2}{T}$$

c_1, c_2 — Gaskonzentrationen im Gemisch
a_{TD} — von der Wechselwirkung zwischen den Molekülen abhängige Konstante

Ein analoger Thermodiffusionstransport trifft auch auf flüssige Lösungen zu.

Ein Temperaturunterschied zwischen zwei Volumen, die durch eine Mikrokapillare, d. h. eine Kapillare, deren Durchmesser wesentlich geringer als die mittlere freie Weglänge $\bar{\Lambda}$ der Moleküle ist, verbunden sind, führt zu einer Differenz der statischen Drücke (Abb. 1.14). Die Moleküle bewegen sich ohne Zusammenstöße aufeinander zu, wobei es durch die Bedingung des mechanischen Gleichgewichtes im System nicht zu einer Gleichheit der Drücke kommt, wie es bei einem Kontinuum der Fall wäre, sondern zu einer Gleichheit der Anzahl der Moleküle in den aufeinandertreffenden Molekularströmen. Die Anzahl der Moleküle, die aus dem Volumen in die Kapillare gelangt, ist der Anzahl der im Volumen vorhandenen Teilchen und der mittleren Geschwindigkeit der Moleküle proportional, d. h. sie stellt das Produkt aus der Dichte und der Quadratwurzel der absoluten Temperatur dar: $\varrho \sqrt{T}$. Im Gleichgewichtsfall hat demnach folgende Beziehung Gültigkeit: $\varrho_1 \sqrt{T_1} = \varrho_2 \sqrt{T_2}$. Der Gasdruck ist der Dichte und der absoluten Temperatur proportional, so daß sich aus den mechanischen Gleichgewichtsbedingungen $P_1/\sqrt{T_1} = P_2/\sqrt{T_2}$ ergibt, d. h. die Drücke in den durch eine Mikrokapillare verbundenen Volumen sind einander nicht gleich, sondern der Quadratwurzel aus der absoluten Temperatur proportional. Ist demnach in einem kapillar-porösen Feststoff bei unterschiedlicher Temperatur der Druck überall gleich, so wird sich das Gas über die Mikrokapillaren zu den hohen Temperaturen hin bewegen. Die Intensität des gesamten Stoffstromes bei Druck- und Temperaturdifferenzen läßt sich nach der Knudsen-Gleichung (1.53) angeben, wobei neben den Drücken an den Kapillarenden auch die entsprechenden Temperaturen Eingang in die Gleichung finden:

$$j = \frac{8}{3} \sqrt{\frac{M}{2\pi R}} \frac{r}{L} \left(\frac{P_1}{\sqrt{T_1}} - \frac{P_2}{\sqrt{T_2}} \right) \tag{1.55}$$

Auch in Makrokapillaren ($r \gg \bar{\Lambda}$) ruft ein Temperaturgradient eine spezifische Gasbewegung hervor — die Wärmegleitung. Die an die Wand stoßenden Moleküle übertragen einen gewissen Impuls, der sich in eine normale und eine tangentiale Komponente aufspalten läßt. Die aus einer Zone hoher Temperatur kommenden Moleküle übertragen der Wand einen großen Impuls, dessen Tangentialkomponente einen entsprechend hohen Wert aufweist. Somit wird von einem ungleichmäßig erwärmten Gas ein resultierender tangentialer Impuls auf die Wand übertragen, der zur Seite der geringen Temperatur

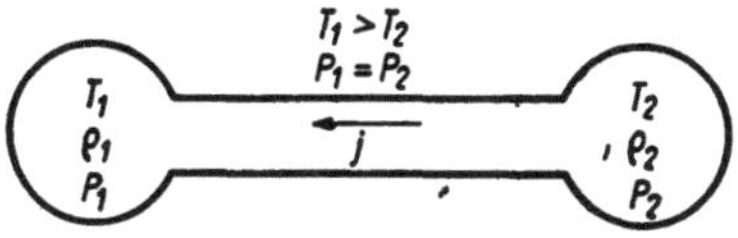

Abb. 1.14. Gastransport in Mikrokapillaren unter dem Einfluß einer Temperaturdifferenz.

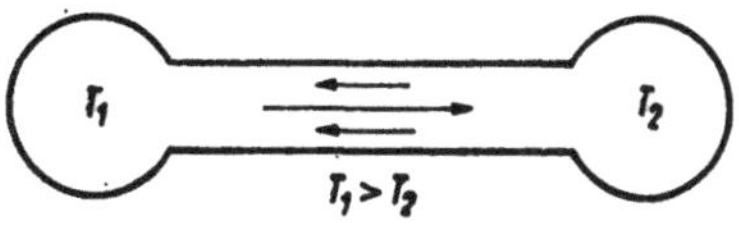

Abb. 1.15. Gaszirkulation in einer Makrokapillare auf Grund der Wärmegleitung.

gerichtet ist. Dadurch erhält das Gas von der Wand einen entgegengesetzt wirkenden tangentialen Impuls, der die Ursache für eine Gasbewegung längs der ungleichförmig erwärmten Wandung von kälteren Regionen zu wärmeren ist. Für die Geschwindigkeit der Wärmegleitung läßt sich folgende Näherungsgleichung angeben [18]:

$$w_{Wg} = \frac{2}{3} \frac{D}{T} \frac{\partial T}{\partial x} \tag{1.56}$$

x — in Wandrichtung verlaufende Koordinate

Da der Diffusionskoeffizient D dem Druck umgekehrt proportional ist, wird der Wärmegleiteffekt um so stärker, je niedriger der Gesamtdruck innerhalb des kapillarporösen Körpers ist.

Betrachtet man den einfachen Fall zweier durch eine Makrokapillare verbundenen Volumen unterschiedlicher Temperatur (Abb. 1.15), so führt der Wärmegleiteffekt zu einer längs der Kapillarwand gerichteten Gasbewegung und damit zu einer Druckdifferenz zwischen beiden Volumina ($P_1 > P_2$), die ihrerseits wiederum eine Bewegung der zentralen Gasschichten zur Seite der geringen Temperatur zur Folge hat. Das Geschwindigkeitsprofil in einer solchen Kapillare ist selbst bei konstantem Temperaturgradienten höchst kompliziert.

In groben Poren ($r = 10^{-5}$ bis 10^{-4} m) kann eine merkliche Gaszirkulation auftreten, die durch natürliche Konvektion infolge von Temperaturunterschieden der Porenwand und des in der Pore befindlichen Mediums verursacht wird. Die Zirkulation in abgeschlossenen Räumen läßt sich in quantitativer Form nur unzureichend beschreiben. Mit größer werdendem Porenradius wächst die Zirkulationsgeschwindigkeit und damit auch der durch sie bedingte Stofftransport.

Ein Temperaturgradient in einem kapillar-porösen Körper, der eine kondensierte Phase enthält, führt zu einer Veränderung des Kapillardruckes, da sich der Wert des Koeffizienten der Oberflächenspannung am Meniskus in der Zone höherer Temperatur verringert. Dadurch entsteht eine viskose Flüssigkeitsströmung in Richtung des Wärmestromes mit folgender Geschwindigkeit:

$$\bar{w} = -\frac{r \cdot \cos\theta}{8\mu} \frac{d\sigma}{dT} \frac{\Delta T}{L} \tag{1.57}$$

Eine weitere Art des in Richtung des Wärmestromes verlaufenden Flüssigkeitstransports in porösen Stoffen kann durch den Einschluß nichtkondensierter Gase (Luft) in den Poren hervorgerufen werden. Bei einer Temperaturerhöhung steigt der Gasdruck im abgeschlossenen Volumen an, wodurch die Flüssigkeit in den Poren in Richtung geringerer Temperaturen gepreßt wird.

Der Temperaturgradient läßt sich in der Regel nicht vorgeben, er ist von der Intensität des Wärmetransports innerhalb des porösen Materials abhängig. In einem kapillarporösen Feststoff vollziehen sich gleichzeitig alle drei elementaren Formen des Wärmetransports: Die Wärmeleitung, die Konvektion und die Wärmestrahlung. Der Wärmetransport im porösen Medium erfolgt durch Wärmeleitung über das Feststoffskelett und über das die Poren ausfüllende Medium. Außerdem tauschen die festen Porenwände bei vorliegenden unterschiedlichen Temperaturen Wärme durch Strahlung aus. Der Wärmestrom j_t durch eine einzelne abgeschlossene Pore wird in folgender Form angegeben:

$$j_t = \lambda_{äq} \frac{\Delta t}{d} \tag{1.58}$$

$\lambda_{äq}$ — äquivalente Wärmeleitfähigkeit der Pore

Δt — Temperaturdifferenz der gegenüberliegenden Porenwandungen

d — Porendurchmesser

Die äquivalente Wärmeleitfähigkeit der Pore ergibt sich aus:

$$\lambda_{äq} = \lambda + \lambda_k + \lambda_{st}$$

$\lambda_k = \alpha d$ — formaler Wärmeleitfähigkeitskoffizent, die die natürliche Konvektion im Porenvolumen berücksichtigt

λ_{st} — Koeffizient der effektiven Wärmestrahlung

α — Wärmeübergangskoeffizient von der Porenwandung zum Konvektionsstrom

Im Porenvolumen ist der Wärmeübergangskoeffizient α eine Funktion von Δt, den physikalischen Eigenschaften des Mediums sowie der Geometrie der Pore und läßt sich nur auf der Grundlage konkreter experimenteller Angaben ermitteln [19]. Wie die Praxis bewiesen hat, sind bei gewöhnlichen, in praktischen Stoffaustauschprozessen angewendeten porösen Materialien mit geringen Porenradien die durch natürliche Konvektion und durch Strahlung übertragenen Wärmemengen bei nicht zu großen Temperaturdifferenzen gegenüber der durch Leitung transportierten Wärmemenge vernachlässigbar klein.

Hätte das das Porensystem füllende Medium nicht die Möglichkeit, sich von einer Pore in eine andere zu bewegen, so ließe sich der Wärmetransport in einem kapillarporösen Körper durch die Wärmeleitfähigkeit in Verbindung mit der Wärmeübertragung durch natürliche Konvektion und Strahlung beschreiben. Der gerichtete Stoffstrom führt jedoch zu einem konvektiven Wärmetransport, dessen Charakter ebenso komplex ist, wie es beim summaren Stoffstrom der Fall ist.

Der Ausdruck für den Wärmestrom innerhalb eines kapillar-porösen Körpers hat in der Regel folgende Form:

$$\boldsymbol{j}_t = -\lambda_{\ddot{a}q} \operatorname{grad} t + \sum_i J_i \boldsymbol{j}_i \tag{1.59}$$

$J_i, \boldsymbol{j}_i$ — Enthalpie und Strom des infolge des Elementarprozesses übertragenen Stoffes

Der Wärmeaustausch in einem kapillar-porösen Körper steht folglich in einem untrennbaren Zusammenhang mit dem Stoffaustausch. Reale kapillar-poröse Materialien besitzen ein kompliziertes Porensystem, das durch eine große Anzahl von Kapillaren unregelmäßiger geometrischer Form gebildet wird. Eine theoretische Analyse der Bewegung des strömenden Mediums durch gekrümmte Kanäle veränderlichen Durchmessers ist nur auf der Grundlage von Modellvorstellungen möglich [19—22]. Diese Modellvorstellungen sind gewöhnlich nur dann sinnvoll anwendbar, wenn die Materialien hinreichend homogen in ihrer Porenstruktur sind, so daß der Strömungscharakter in allen Kapillaren etwa einheitlich ist.

Nach der kurzen Übersicht über die Elementarprozesse des Stoff- und Wärmetransportes in kapillar-porösen Körpern sei bemerkt, daß eine theoretische Berechnung der Stoff- und Wärmetransportprozesse unter Berücksichtigung aller möglichen elementaren Übertragungsprozesse gegenwärtig nicht möglich ist.

Gleichung der effektiven Diffusion

Bei isothermen Prozessen weisen allen elementaren Formen der Übertragung von Zielkomponente Gradientencharakter auf. Auf Grund dieser Feststellung läßt sich die Gesamtheit der partiellen Übertragungskomponenten durch einen äquivalenten Diffusionsprozeß in folgender Form angeben:

$$\boldsymbol{j} = -D_{\ddot{a}q} \operatorname{grad} c \tag{1.60}$$

In dieser Gleichung hat $D_{\ddot{a}q}$ die Bedeutung einer Konstanten für den summaren Stofftransport in einem realen porösen Körper (siehe Fickschen Gleichung (1.17) für die Molekulardiffusion). Der Gradient des Gehaltes an Zielkomponente (Konzentration) in Gl. (1.60) wird proportional dem Partialdruck (bei Anwesenheit eines inerten Mediums) oder dem Gesamtdruck angenommen.

Der äquivalente (auch effektive) Diffusionskoeffizient $D_{\ddot{a}q}$ ist nicht nur von den physiko-chemischen Eigenschaften des Mediums, der Temperatur und dem Gesamtdruck abhängig, wie es beim gewöhnlichen molekularen Diffusionskoeffizienten für Gase der Fall war, sondern in beträchtlichem Maße auch von der Art der kapillar-porösen Struktur des Feststoffes, was aus der bereits angeführten Abhängigkeit der elementaren Stofftransportprozesse vom Porendurchmesser erklärlich wird.

Der effektive Diffusionskoeffizient $D_{\ddot{a}q}$ in kapillar-porösen Materialien kann seinen Wert im Verlaufe eines instationären Stoffaustauschprozesses ändern, und zwar infolge der Intensitätsänderung der einzelnen Elementartransportprozesse bei Änderung der Menge der Zielkomponente innerhalb der kapillar-porösen Struktur.

Es soll nun ein Erhaltungssatz der Zielkomponente für poröse Materialien aufgestellt werden, innerhalb derer der Stofftransportprozeß der Zielkomponente nach Gl. (1.60) verläuft. Vereinfachend wird angenommen, daß das poröse Material isotrope Struktur aufweist und daß keine inneren Stoffquellen existieren. Man betrachtet ein endliches Volumen V (Abb. 1.6) innerhalb des porösen Stoffes, das eine hinreichend große Anzahl von Poren enthält, so daß es als repräsentativ für den gesamten kapillar-porösen Körper gelten kann. Die folgende Ableitung unterscheidet sich nicht von der bereits angeführten Ableitung von Gl. (1.20), wobei jedoch der Unterschied besteht, daß beim Transport der Zielkomponente innerhalb eines kapillar-porösen Körpers die konvektive Übertragung fehlt. Somit gilt

$$\frac{\partial c}{\partial \tau} + \operatorname{div} \boldsymbol{j} = 0 \qquad (1.61)$$

Unter Berücksichtigung der Beziehung (1.60) in der Bilanzgleichung ergibt sich

$$\frac{\partial c}{\partial \tau} + \operatorname{div}\left(-D_{\ddot{a}q} \operatorname{grad} c\right) = 0 \qquad (1.62)$$

Der Unterschied zwischen den Gl. (1.21) und (1.62) besteht im Grunde genommen nur darin, daß der effektive Diffusionskoeffizient $D_{\ddot{a}q}$ in der Gleichung für den porösen Stoff eine wesentlich komplexere Bedeutung aufweist, als das für den molekularen Diffusionskoeffizienten D in der konvektiven Diffusionsgleichung der Fall war.

Bei praktischen technischen Aufgaben stellt die Anfangsbedingung fast immer eine bekannte Konzentrationsverteilung im Raum des porösen Materials zu einem bestimmten Zeitpunkt, der als Anfang festgelegt wird, dar:

$$c|_{\tau=0} = c(x, y, z) \qquad (1.63)$$

Auf die verschiedenen Arten von Randbedingungen wurde bereits an anderer Stelle eingegangen.

Am häufigsten lassen sich in einem Stoffaustauschapparat Randbedingungen dritter Art realisieren, wenn der Austausch von Zielkomponente zwischen dem porösen Material und dem es umgebenden Medium nach der Gleichung für den konvektiven Stofftransport $j_{\mathrm{Rand}} = \beta(c_{fl} - c_{\mathrm{Rand}})$ verläuft. Dieser zur äußeren Oberfläche des Körpers herangeführte Stoffstrom wird in das Innere der Porenstruktur mittels der effektiven Diffusion transportiert: $j_{\mathrm{Rand}} = D_{\ddot{a}q} \left.\frac{\partial c}{\partial n}\right|_{\mathrm{Rand}}$. Durch Gleichsetzen beider Ausdrücke für ein und denselben Stoffstrom erhält man

$$\beta(c_{fl} - c_{\mathrm{Rand}}) = D_{\ddot{a}q} \left.\frac{\partial c}{\partial n}\right|_{\mathrm{Rand}} \qquad (1.64)$$

Die Bedingungen erster Art sind Grenzfälle von den Bedingungen dritter Art für $\beta \to \infty$.

Hierbei sind an der Oberfläche Randbedingungen vierter Art zu formulieren. Die auftretenden Schwierigkeiten bei einer derart allgemeinen Problemstellung führen jedoch dazu, daß die bisher erhaltenen Ergebnisse [9] in der Praxis der Berechnung von Stoffaustauschapparaten nicht anwendbar sind. Deshalb wendet man gegenwärtig nur Randbedingungen dritter Art bei der Berechnung des konvektiven Stofftransports an. Der Stoffübergangskoeffizient wird als bekannt vorausgesetzt; sie wird dabei auf theoretischem Wege oder an Hand von Experimenten ermittelt.

Methoden zur Lösung parabolischer Gleichungen mit konstantem kinetischen Transportkoeffizienten $D_{äq}$

$$\frac{\partial c}{\partial \tau} = D_{äq} \nabla^2 c \tag{1.65}$$

existieren für verschiedene Randbedingungen [5, 10, 22].

An dieser Stelle werden lediglich die Ergebnisse für das Evolutionsproblem nichtstationärer Konzentrationsfelder der Zielkomponente in Körpern klassischer Form bei Randbedingungen dritter Art angeführt.

1. Für eine symmetrische eindimensionale ebene Platte der Dicke $2R$ gilt:

$$C\left(\frac{x}{R}\, Fo, Bi\right) = 2 \sum_{n=1}^{\infty} \frac{\sin \mu_n}{\mu_n + \sin \mu_n \cos \mu_n} \cos \mu_n \frac{x}{R} \exp\left(-\mu_n{}^2 Fo\right)$$

$$C = \frac{c_{fl} - c(x, \tau)}{c_{fl} - c_0} \quad \text{für} \quad c_{fl} > c_0; \quad C = \frac{c(x, \tau) - c_{fl}}{c_0 - c_{fl}} \quad \text{für} \quad c_0 > c_{fl}; \tag{1.66}$$

$$Fo = \frac{D_{äq}\tau}{R^2}$$

c_0, c_{fl} — konstante Werte für die Anfangskonzentration und die Konzentration im umgebenden Medium

μ_n — charakteristische Werte, die sich als Wurzeln folgender transzendenter Gleichung ergeben:

$$\operatorname{ctg} \mu = \mu/\mathrm{Bi} \tag{1.67}$$

Die Biot-Zahl $Bi = \dfrac{\beta R}{D_{äq}}$ enthält den Stoffübergangskoeffizienten. Durch Integration von Gl. (1.66) im Bereich von $x = 0$ bis $x = R$ erhält man den mittleren Konzentrationswert für die Zielkomponente

$$\bar{C}(Fo, Bi) = 2 \sum_{n=1}^{\infty} \frac{\sin^2 \mu_n}{\mu_n(\sin \mu_n \cos \mu_n + \mu_n)} \exp\left(-\mu_n{}^2 Fo\right) \tag{1.68}$$

2. Für einen unendlichen axialsymmetrischen Körper zylindrischer Form gilt:

$$C\left(\frac{r}{R}, Fo, Bi\right) = 2\sum_{n=1}^{\infty} \frac{J_1(\mu_n)}{\mu_n[J_0^2(\mu_n) + J_1^2(\mu_n)]} J_0\left(\mu_n \frac{r}{R}\right) \exp(-\mu_n^2 Fo) \tag{1.69}$$

μ_n — Wurzeln der charakteristischen Gleichung

$$\frac{J_0(\mu)}{J_1(\mu)} = \frac{\mu}{Bi} \tag{1.70}$$

J_0, J_1 — BESSEL-Funktionen der Realteile nullter und erster Ordnung

Der mittlere Konzentrationswert beträgt

$$\bar{C}(Fo, Bi) = 4\sum_{n=1}^{\infty} \frac{J_1^2(\mu_n)}{\mu_n^2[J_0^2(\mu_n) + J_1^2(\mu_n)]} \exp(-\mu_n^2 Fo) \tag{1.71}$$

3. Für einen zentralsymmetrischen kugelförmigen Körper gilt

$$C\left(\frac{r}{R}, Fo, Bi\right) = 2R\sum_{n=1}^{\infty} \frac{\sin\mu_n - \mu_n\cos\mu_n}{\mu_n(\mu_n - \sin\mu_n\cos\mu_n)} \frac{\sin\mu_n \frac{r}{R}}{r} \exp(-\mu_n^2 Fo) \tag{1.72}$$

$$\operatorname{tg}\mu = \frac{\mu}{1 - Bi} \tag{1.73}$$

$$\bar{C}(Fo, Bi) = 6\sum_{n=1}^{\infty} \frac{(\sin\mu_n - \mu_n\cos\mu_n)^2}{\mu_n^3(\mu_n - \sin\mu_n\cos\mu_n)} \exp(-\mu_n^2 Fo) \tag{1.74}$$

Die Lösungen (1.66), (1.68), (1.69), (1.71), (1.72) und (1.74) gelten für eine gleichmäßige Verteilung der Zielkomponente zum Anfangszeitpunkt.

Bei beliebiger anfänglicher Konzentrationsverteilung im Feststoff nehmen die angegebenen Lösungen eine kompliziertere Form an [10].

Fehlt der äußere Diffusionswiderstand, so gehen die Randbedingungen dritter Art für $Bi \to \infty$ in solche erster Art über. Die charakteristischen Gln. (1.67), (1.70) und (1.73) vereinfachen sich, da $\sin\mu = 0$ (1.67), $J_0(\mu) = 0$ (1.70) und $\sin\mu = 0$ (1.73) wird und sich die Spektren der Eigenwerte verändern. Dies führt zu einer Vereinfachung der Lösungsgleichungen (1.66), (1.68), (1.69), (1.71), (1.72) und (1.74).

Für Körper, deren Form sich durch Kombination einfachster Formen ableitet (endliche Zylinder, Quader usw.), ergibt sich die Lösung der Diffusionsgleichung als Produkt der Lösungen für die Ausgangskörper.

Bei veränderlichem effektivem Diffusionskoeffizienten und bei Körpern stark unregelmäßiger Form läßt sich die Diffusionsgleichung nicht mit analytischen Methoden lösen. In solchen Fällen werden numerische Methoden unter Einsatz elektronischer Rechentechnik angewendet.

Experimentelle Methoden zur Bestimmung von D_{ef}

Die Anwendung analytischer Lösungen bei instationärer Diffusion macht die Kenntnis des Zahlenwertes des effektiven Diffusionskoeffizienten D_{ef} für jeden konkreten porösen Stoff erforderlich. D_{ef} läßt sich nach zwei grundlegenden Methoden bestimmen. Die erste Methode besteht in der Schaffung eines stationären Diffusionsstromes bei konstanten Konzentrationswerten für die Zielkomponente an beiden Seiten des zu untersuchenden kapillar-porösen Materials. Bei stationärem Regime vereinfacht sich Gl. (1.65) für D_{ef} = const wie folgt:

$$\nabla^2 c = 0 \tag{1.75}$$

Bei eindimensionaler Betrachtungsweise hat Gl. (1.75) die Form

$$\frac{d^2c}{dx^2} = 0 \tag{1.76}$$

mit der Lösung $j = D_{ef} \frac{c_1 - c_2}{L}$ bei Gültigkeit der Randbedingungen erster Art $c|_{x=0} = c_1$ und $c|_{x=L} = c_2$ (Abb. 1.16). L stellt die Länge der Stoffprobe in Richtung des Stromes j dar.

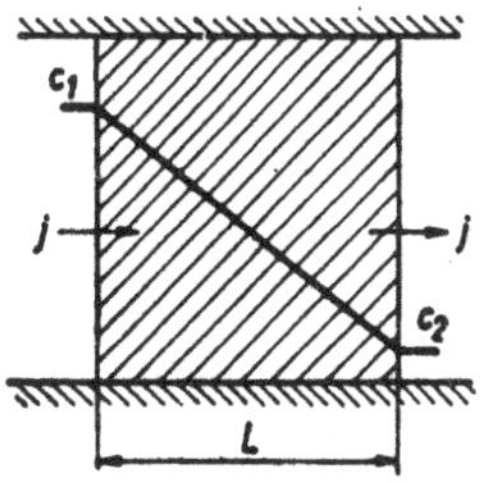

Abb. 1.16. Stationäres Konzentrationsprofil in einem ebenen Körper.

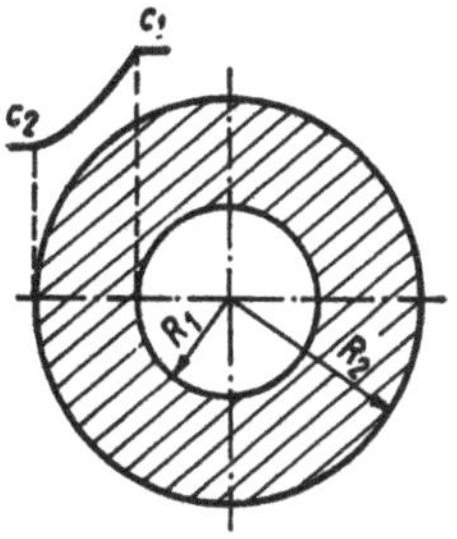

Abb. 1.17. Stationäres Konzentrationsprofil in einem Körper von der Form eines Hohlzylinders.

Während des Versuchs wird die durch den zu untersuchenden Feststoff gehende Stoffmenge gemessen. Diese an und für sich höchst einfache Methode weist jedoch einige technisch schwer zu überwindende Schwierigkeiten auf: So ist es nicht immer möglich, die diffundierende Stoffmenge zuverlässig zu messen. Ferner ist es mitunter problematisch, die konstanten Konzentrationswerte c_1 und c_2 über längere Zeit aufrechtzuerhalten. Bis sich der stationäre Zustand eingestellt hat vergeht eine mitunter recht lange Zeit. Die restlichen Flächen der Stoffprobe sind gegenüber der Flüssigkeit zu isolieren. Diese Maßnahme entfällt, wenn man einen Probekörper in Form eines Hohlzylinders wählt. Die stationäre Diffusionsgleichung für einen derartigen Körper lautet:

$$\frac{d^2c}{dr^2} + \frac{1}{r}\frac{dc}{dr} = 0$$

Die Lösung dieser Gleichung liefert ein logarithmisches Konzentrationsprofil im zylindrischen Körper, das bei Randbedingungen erster Art folgende explizite Form annimmt:

$$c(r) = c_1 - \frac{c_1 - c_2}{\ln (R_2/R_1)} \ln \frac{r}{R_1} \tag{1.77}$$

Der Diffusionsstrom durch die zylindrische Oberfläche ergibt sich nach dem Fickschen Gesetz durch Differentiation des Profils (1.77):

$$J = 2\pi L D_{ef} \frac{c_1 - c_2}{\ln (R_2/R_1)} \tag{1.78}$$

L — Länge des Zylinders

Gl. (1.78) dient als Grundlage zur experimentellen Bestimmung von D_{ef}, wobei die Größen J, c_1 und c_2 gemessen werden.

Die Lösungen von Problemen instationärer Konzentrationsfelder in Festkörpern, insbesondere die Beziehungen (1.68), (1.71) und (1.74), dienen als Grundlage der zweiten Methode zur Bestimmung des effektiven Diffusionskoeffizienten. Die instationäre Methode beruht auf der experimentellen Bestimmung der gesamten Stoffmenge, die von einem Körper bekannter Form an das umgebende Medium abgegeben wird. Die experimentell erhaltenen Kurven $\bar{C}(Fo, Bi)$ werden mit den entsprechenden analytischen Abhängigkeiten verglichen. Die numerische Wahl von D_{ef} gilt als abgeschlossen, wenn die theoretischen und die experimentellen Abhängigkeiten übereinstimmen. Eine Übereinstimmung experimenteller und analytischer Ergebnisse in einem breiten Zeitbereich bei verschiedenen Werten für Parameter, wie die Anfangskonzentration, die äußere Konzentration und die Teilchenabmessung stellt eine Bestätigung der Annahme eines konstanten effektiven Diffusionskoeffizienten dar.

Die Wahl von D_{ef} in den als Reihen dargestellten Lösungen [(1.68), (1.71) und (1.74)] ist äußerst kompliziert und aufwendig. Diese Unzulänglichkeit tritt bei der folgenden Methode zur Bestimmung von D_{ef}, die auf der Theorie des „regulären Regimes" beruht, nicht auf. Aus den Lösungsgleichungen (1.68), (1.71) und (1.74) folgt, daß bei größer werdender Fourier-Zahl Fo, d. h. bei größer werdender Zeit seit Prozeßbeginn, der zahlenmäßige Wert des folgenden Gliedes der Reihe gegenüber dem des vorhergehenden schneller abnimmt. Bei hinreichend großem Fourier-Kriterium lassen sich alle nach dem ersten Glied folgenden Glieder vernachlässigen. Beispielsweise verbleibt an Stelle der Lösung für die mittlere Konzentration in einem kugelförmigen Teilchen (1.74) im Falle von $Bi \to \infty$ folgender Ausdruck:

$$\bar{C}(\tau) \approx 6 \frac{\exp (\mu_1^2 \cdot D_{ef}/R^2)}{\mu_1^2} \tag{1.79}$$

Wie in der Theorie des regulären Regimes [23] bewiesen wird, ist die Konzentrationsänderung im Inneren eines Körpers von einem bestimmten Zeitpunkt an (Beginn des regulären Regimes) praktisch unabhängig von der anfänglichen Konzentrationsverteilung. Die Konzentrationsänderungsgeschwindigkeit an allen Punkten im Innern des Körpers wird gleich groß (Abb. 1.18) und hängt vom effektiven Diffusionskoeffizienten

D_{ef}, der Teilchengröße R und der Form des Körpers ab, wobei letztere Einfluß auf den Wert der charakteristischen Größen μ_j besitzt. Diese Aussagen folgen aus den Lösungsgleichungen (1.66), (1.69) und (1.72), wenn nur ihr jeweils erstes Glied betrachtet wird.

Die experimentell ermittelten Werte für die mittlere Konzentration in einem kugelförmigen Teilchen werden graphisch in halblogarithmischen Koordinaten $\ln \overline{C} - \tau$ dargestellt. Der Neigungswinkel der geraden Linie (d. h. im Bereich des regulären Regimes) ist nach Gl. (1.79) folgendermaßen mit dem effektiven Diffusionskoeffizienten D_{ef} verknüpft:

$$\operatorname{tg} \theta = \left(\frac{\mu_1}{R}\right) D_{ef} \tag{1.80}$$

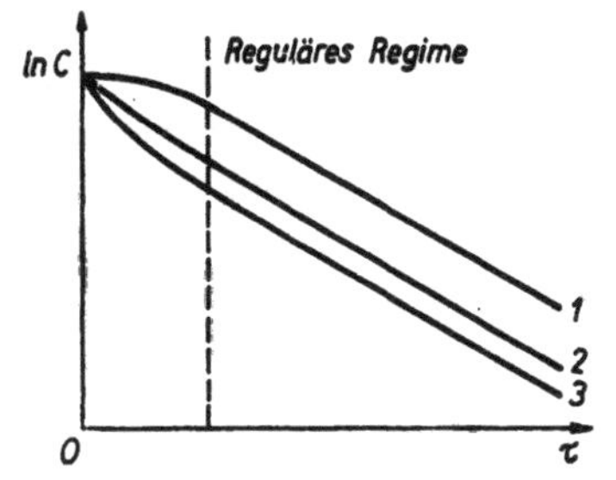

Abb. 1.18. Konzentrationsänderung der Zielkomponente beim Stoffaustausch eines festen Teilchens mit einem flüssigen Medium.

1 — Konzentration in der Teilchenmitte; *2* — mittlerer Konzentrationswert; *3* — Konzentration an der Teilchenoberfläche.

Durch Messen des Wertes $\operatorname{tg} \theta$ in der experimentell gewonnenen Kurve läßt sich D_{ef} nach Gl. (1.80) berechnen. Bei der experimentellen Bestimmung des effektiven Diffusionskoeffizienten ist man bestrebt, Randbedingungen erster Art einzuhalten, was praktisch bei $Bi \geqq 50$ stets gewährleistet ist (analytisch bestimmte Konzentrationswerte unterscheiden sich für $Bi \approx 50$ und $Bi \to \infty$ kaum voneinander). Eine gerade Linie der experimentell gewonnenen graphischen Darstellung in halblogarithmischen Koordinaten $\ln \overline{C} - \tau$ deutet auf einen konstanten Diffusionskoeffizienten D_{ef} hin. Die Auswertung der Versuchsdaten bestätigt jedoch häufig nicht die Annahme über die Unveränderlichkeit von D_{ef} bei Stoffaustauschprozessen, was besonders bei modernen hochintensiven Prozessen der Fall ist.

Schichtenweiser Abbau der festen Phase (*Schichtenmodell*)

Bei den Diffusionsprozessen gibt es einige Grenzfälle, für die die Konstanz des effektiven Diffusionskoeffizienten mit einer für die Praxis ausreichenden Genauigkeit bereits aus physikalischen Anschauungen erfolgt. Das trifft für den schichtenweisen Abbau der festen Phase zu, dessen Besonderheiten sich am folgenden Beispiel gut erklären lassen: Die Zielkomponente befindet sich im Innern des kapillar-porösen Materials in Form fester löslicher Einschlüsse und wird einem Lösungsprozeß unterworfen [16].

Bei isotroper Struktur des Materials und gleichmäßiger Anfangsverteilung der löslichen Phase ist die sich in das Innere des Körpers bewegende Abbauzone scharf begrenzt (Abb. 1.19). Ähnliche fortschreitende Fronten der Phasenumwandlung lassen sich bei der Adsorption, der Kristallisation und der Trocknung beobachten. Von Bedeutung ist dabei die Konstanz der Diffusionseigenschaften in der bereits abgebauten Materialzone (Zone *I*), da sich in ihr keine wesentliche Konzentrationsänderung der Zielkomponente mehr vollzieht.

Die Fortbewegungsgeschwindigkeit $\xi(\tau)$ der Front ist bei technologischen Prozessen in der Regel hinreichend gering, die Konzentrationsverteilung in der abgebauten Schicht (Zone *I*) läßt sich näherungsweise als quasistationär auffassen. Mit Hilfe dieser Annahmen läßt sich das Profil $c(x, \tau)$ für jede beliebige Lage der Front ξ innerhalb der abgebauten Schicht als stationär betrachten. Für einen ebenen Körper (Abb. 1.19) stellt das stationäre Profil eine Gerade dar.

Eine Behandlung der spezifischen Besonderheiten konkreter Prozesse mit schichtenweisem Abbau des Feststoffes erfolgt in den Kapiteln 3 bis 5. An dieser Stelle wird nur auf die grundlegenden Besonderheiten solcher Prozesse unter der Annahme quasistationären Verhaltens eingegangen, wobei die Ableitung von Gleichungen zur Berechnung der bereits abgebauten Stoffmenge in Abhängigkeit von der Zeit erfolgt.

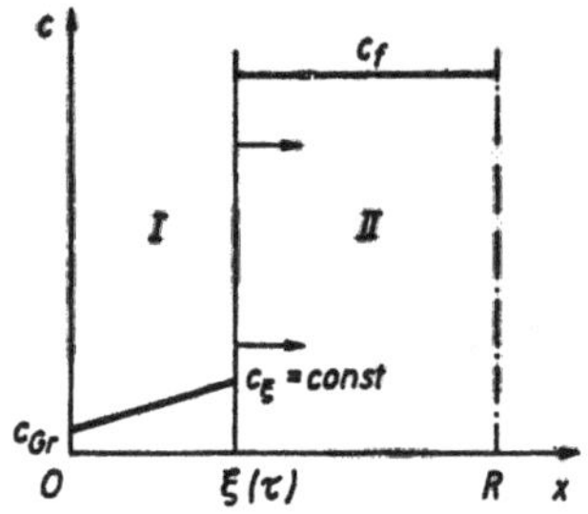

Abb. 1.19. Modellschema für den schichtweisen Abbauprozeß.

I — abgebaute Zone; *II* — Zone mit der Anfangskonzentration der Zielkomponente c_f; $\xi(\tau)$ — bewegte Front, an der sich die Phasenumwandlung der Zielkomponente vollzieht.

Für einen ebenen Körper ergibt sich die Gleichung für das Konzentrationsfeld in der abgebauten Schicht als Lösung der stationären Diffusionsgleichung (1.75): $c = Ax + B$.

Es wird nun eine symmetrische eindimensionale Platte der Dicke $2R$ betrachtet, auf deren Oberfläche eine konstante Konzentration c_{Gr} herrscht. An der wandernden Phasenumwandlungsgrenze wird die Konzentration c_ξ als unveränderlich angenommen (hierbei kann es sich bei der Adsorption oder Extraktion um einen Nullkonzentrationswert der Zielkomponente handeln, bei der Trocknung ist es der Druck des Sattdampfes usw.).

Da für jeden beliebigen Zeitpunkt die Randbedingungen

$$c|_{x=0} = c_{Gr} \tag{1.81}$$

$$c|_{x=\xi} = c_\xi \tag{1.82}$$

Gültigkeit besitzen, ergibt sich

$$c(x, \xi) = \frac{c_\xi - c_{Gr}}{\xi} x + c_{Gr} \tag{1.83}$$

Zur Vereinfachung wird die in der Zone *I* (Abb. 1.19) befindliche geringe Stoffmenge gegenüber der in der Zone *II* befindlichen vernachlässigt. Damit läßt sich der relative

Anteil der Zielkomponente (d. h. der im Vergleich zu der anfänglichen Menge im Feststoff verbliebene Anteil) zum Zeitpunkt τ mit Hilfe geometrischer Beziehungen in Abhängigkeit von der Lage der Front $\xi(\tau)$ wie folgt angeben:

$$\gamma(\tau) = \frac{c_f(R - \xi)}{c_f R} = 1 - \frac{\xi}{R} \tag{1.84}$$

Die Fortpflanzungsgeschwindigkeit $\frac{\partial \xi}{\partial \tau}$ der Front läßt sich aus einer Stoffbilanzgleichung (die in der Zeit $d\tau$ durch die Zone I diffundierende Stoffmenge muß gleich der aus dem Volumen $Sd\xi$ herausgelösten sein) ermitteln:

$$D_{ef} S \frac{\partial c}{\partial x}\, d\tau = c_f S d\xi \tag{1.85}$$

Der Konzentrationsgradient in der abgebauten Zone ist konstant und ergibt sich aus Gl. (1.83):

$$\frac{\partial c}{\partial x} = \frac{c_\xi - c_{Gr}}{\xi}$$

Durch Einsetzen dieses Ausdruckes für den Konzentrationsgradienten in die Differentialgleichung (1.85) und anschließende Integration bei Beachtung der Anfangsbedingung $\xi|_{\tau=0} = 0$ ergibt sich eine zeitliche Beziehung für die laufende Lage der Front:

$$\xi^2 = 2D_{ef} \frac{c_\xi - c_{Gr}}{c_f} \tau \tag{1.86}$$

Die Koordinate der Front ist laut Gl. (1.86) der Quadratwurzel der laufenden Zeit proportional

$$\xi = \sqrt{2D_{ef} \frac{c_\xi - c_{Gr}}{c_f} \tau}, \tag{1.87}$$

d. h. das Vordringen der Front in das Innere des porösen Körpers verlangsamt sich mit dem Abbau. Dieses Ergebnis ist aus physikalischer Sicht leicht deutbar, weil der Diffusionswiderstand der abgebauten Zone mit fortschreitender Verlagerung der Front in das Innere des Körpers zunimmt.

Durch Einsetzen der Gl. (1.87) in den Ausdruck (1.84) erhält man den relativen Anteil der im Körper verbliebenen Zielkomponente als Funktion der Zeit:

$$\gamma = 1 - \sqrt{2 \frac{D_{ef}}{R^2} \frac{c_\xi - c_{Gr}}{c_f} \tau} \tag{1.88}$$

Im Gegensatz zu sonstigen Diffusionsprozessen, für die sich keine endliche Zeit bis zum Prozeßabschluß angeben läßt [was beispielsweise aus den Gln. (1.68), (1.71) und (1.74) hervorgeht], existiert im vorliegenden Fall eine solche endliche Zeit, die sich für

$\gamma = 0$ aus Gl. (1.88) ergibt:

$$\tau_m = \frac{R^2}{2D_{ef}} \frac{c_f}{c_\xi - c_{Gr}} \tag{1.89}$$

Die Beziehung (1.88) kann übrigens zur experimentellen Ermittlung des effektiven Diffusionskoeffizienten D_{ef} dienen. Dabei wird der Abfall der relativen mittleren Konzentration als Funktion der Zeit gemessen, die Versuchsergebnisse werden graphisch in γ-$\sqrt{\tau}$-Koordinaten dargestellt. Eine sich ergebende Gerade bestätigt die Annahme über den schichtenweisen Abbau des Feststoffes. Der Anstieg beträgt $\sqrt{2 \frac{D_{ef}}{R^2} \frac{c_\xi - c_{Gr}}{c_f}}$, woraus sich D_{ef} ermitteln läßt.

In analoger Form lassen sich die Gleichungen für kugel- und zylinderförmige Körper ableiten. Bei gleichen Annahmen lassen sich die quasistationären Konzentrationsprofile in der abgebauten Schicht berechnen. Es ergeben sich hyperbolische Profile für kugelförmige und logarithmische Profile für zylindrisch geformte Körper (s. Kap. 4). Durch Differentiation dieser Konzentrationsprofile und Einsetzen der erhaltenen Beziehungen in die Stoffbilanzgleichung ergeben sich folgende Ausdrücke:

Für kugelförmige Körper:

$$\tau = \frac{c_f R^2}{D_{ef}(c_\xi - c_{Gr})} \left[\frac{1}{2}\left(\frac{\xi}{R}\right)^2 - \frac{1}{3}\left(\frac{\xi}{R}\right)^3\right]; \quad \gamma = \left(1 - \frac{\xi}{R}\right)^3 \tag{1.90}$$

Für zylindrische Körper:

$$\tau = \frac{c_f}{2D_{ef}(c_\xi - c_{Gr})} \left[\left(1 - \frac{\xi}{2R}\right)\frac{\xi}{R} + \left(1 - \frac{\xi}{R}\right)^2 \ln\left(1 - \frac{\xi}{R}\right)\right]; \quad \gamma = \left(1 - \frac{\xi}{R}\right)^2 \tag{1.91}$$

Die restlose Durchdringung des Körpers ist für $\xi = R$ erreicht. Die dazugehörigen Zeiten betragen

für die Kugel $\tau_m = \dfrac{c_f R^2}{6D_{ef}(c_\xi - c_{Gr})}$

und für den Zylinder $\tau_m = \dfrac{c_f R^2}{4D_{ef}(c_\xi - c_{Gr})}$.

1.4. Phasenbewegung in Stoffaustauschapparaten

Bei der Lösung von Problemen des Stoffaustauschs zwischen festen Teilchen und einem sie umströmenden Medium wird vorausgesetzt, daß die relative Geschwindigkeit zwischen beiden Phasen bekannt ist. In Stoffaustauschapparaten mit beweglicher disperser Phase ist die relative Geschwindigkeit der Phasen in der Regel eine komplizierte Funktion ihrer dynamischen Wechselwirkung.

Bewegungsgleichung für ein festes Teilchen in der Strömung

Bei hinreichend niedrigem Gehalt an aufgewirbelten festen Teilchen im Flüssigkeitsstrom läßt sich näherungsweise annehmen, daß die geringen Mengen an fester Phase keinen Einfluß auf die Geschwindigkeitsverteilung $\boldsymbol{w}$ der Flüssigkeit haben, so daß sich der Geschwindigkeitsvektor ($\boldsymbol{v}$) eines einzelnen festen Teilchens als Lösung der Näherungsgleichung seiner Bewegung im viskosen Medium angeben läßt:

$$m_f \frac{d\boldsymbol{v}}{d\tau} = m_{fl} \frac{d\boldsymbol{w}}{d\tau} + (m_f - m_{fl})\,\boldsymbol{g} + \frac{\zeta\,(Re)\varrho_{fl}S}{2}\,|v - w|\,(\boldsymbol{v} - \boldsymbol{w}) + m_{fl}\,\frac{d(\boldsymbol{v} - \boldsymbol{w})}{d\tau} \qquad (1.92)$$

ζ (Re) — Widerstandskoeffizient des Teilchens bei relativer Bewegung im viskosen Medium

$$Re = \frac{|v - w|\;d}{\nu}$$

Der linke Teil von Gl. (1.92) stellt den Ausdruck für die resultierende Kraft dar, die eine Bewegung des festen Teilchens der Masse m_f mit einer Beschleunigung $d\boldsymbol{v}/d\tau$ hervorruft. Der rechte Teil gibt die auf das Teilchen bei seiner beschleunigten Bewegung wirkende Kraft an. Den ersten Term der rechten Gleichungsseite bezeichnet man als mitreißende Wirkung der Strömung. Sie wirkt auf die Flüssigkeitsmasse m_{fl} im Teilchenvolumen, indem es der Flüssigkeit eine Beschleunigung $d\boldsymbol{w}/d\tau$ überträgt. Der zweite Term entspricht unter Berücksichtigung der ARCHIMEDESschen Auftriebskraft der Schwerkraft, während der dritte Summand der rechten Gleichungsseite die hydrodynamische Widerstandskraft darstellt, die von Seiten der viskosen Flüssigkeitsströmung auf das Teilchen einwirkt. Der letzte Term berücksichtigt schließlich die bei einer relativen Bewegung des Teilchens und der Flüssigkeit auftretende Beschleunigung und die daraus resultierenden Kräfte. Die Vektorgleichung (1.92) enthält lediglich die hauptsächlichsten auf das Teilchen einwirkenden Kräfte und ist selbst im Falle eines bekannten Geschwindigkeitsfeldes in der Flüssigkeit nur schwer lösbar.

Die Bestimmung der relativen Geschwindigkeit des Teilchens und der es umgebenden Strömung wird noch schwieriger, wenn es sich um sehr kleine Teilchen handelt, weil dann durch turbulente Pulsation die Teilchen mit der ihnen anhaftenden Flüssigkeitsschicht quasi als Ganzes fortbewegt werden. Je geringer die Dichtedifferenz zwischen flüssiger und fester Phase ist, um so größer ist die Gefahr einer derartigen Fortbewegung. Sind die Wirbelballen in ihrer Abmessung kleiner als die Teilchen, so besteht die Möglichkeit der Fortbewegung durch Pulsation nicht. Gegenüber derartigen Pulsationen verhält sich das Teilchen wie ein kompakter Körper, d. h. die Flüssigkeit, die im Mikrobereich Wirbelbewegungen vollführt, umströmt die Oberfläche des Teilchens.

Bewegungsgleichungen für die Zweiphasenströmung

Die Grundlage zur Bestimmung der Bewegung beider Phasen bilden allgemeine dynamische Gleichungen, die alle auf eine Phase wirkenden Kräfte, darunter auch die an der Phasengrenze wirkenden, berücksichtigen. Eine derartige Gleichung läßt sich über

Betrachtungen an einem kleinen Volumenelement, das sowohl die disperse, als auch die kontinuierliche Phase enthalten muß, aufstellen. Über die Bedingungen des Kräftegleichgewichts ergibt sich

$$\frac{d}{d\tau}(\varrho_f \varkappa_f \boldsymbol{v}) + \frac{d}{d\tau}[\varrho_{fl}(1-\varkappa_f)\boldsymbol{w}] = [\varrho_f \varkappa_f \, \varrho_{fl}(1-\varkappa_f)]\,\boldsymbol{g} - \text{grad}\,[(1-\varkappa_f)\,P_f]$$

$$- \text{grad}\,(\varkappa_f P_f) + \nu \varrho_{fl}(1-\varkappa_f)\,\nabla^2 \boldsymbol{w} - \Phi_T \varkappa_f \tag{1.93}$$

$\varkappa_f$ — Volumenkonzentration der festen Phase

P_f — statischer Druck der festen Komponente (er unterscheidet sich in der Regel von dem in der strömenden Phase, beispielsweise aus mechanischen Gründen bei der geschlossenen Bewegung einer Schüttschicht aus disperser Phase).

Φ_T — Tensor der Oberflächenreibung der festen Phase an der Grenzfläche des sich bewegenden zweiphasigen Systems [24].

Die Übereinstimmung der Gl. (1.93) und der für einphasige viskose Medien (1.1) folgt aus dem Charakter der Elementarkräfte, die auf ein beliebiges Volumen sowohl eines einphasigen, wie auch eines zweiphasigen Mediums wirken.

Wesentlich ist bei der Ableitung der Gl. (1.93) die Annahme über die Superposition der von Seiten der kontinuierlichen und der dispersen Phase wirkenden Kräfte, weil, wie aus Gl. (1.93) ersichtlich, jede Kraft zweifach mit den Volumenanteilen jeder Phase als Proportionalitätsfaktor eingeht.

Bei der Ableitung der Gl. (1.93) wurde ein Volumenelement betrachtet, das einerseits hinreichend groß sein soll, um als repräsentativ für den gesamten Stoffstrom zu gelten (d. h. es soll eine große Anzahl fester Teilchen enthalten), das aber andererseits hinreichend klein sein muß, um die Infinitesimalrechnung überhaupt anwenden zu können. Deshalb wird diese Gleichung die tatsächlichen Verhältnisse um so besser beschreiben, je größer die Parameter des Zweiphasenstromes im Vergleich zum Teilchendurchmesser sind. Die Gl. (1.93) liefert befriedigend genaue Ergebnisse, wenn das Verhältnis von kleinster Abmessung der Zweiphasenströmung und maximalem Teilchendurchmesser der dispersen Phase mindestens 10^2 bis 10^3 beträgt [24].

Die Verwendung der Gl. (1.93) erfordert Angaben über die physikalischen Bedingungen bei der Wechselwirkung zwischen kontinuierlicher und disperser Phase sowie zwischen den festen Teilchen untereinander, d. h. es muß die Struktur des Spannungstensors Φ_T ermittelt werden, was die Kenntnis des Reibungskoeffizienten (trockene Reibung), des Koeffizienten für den unelastischen Stoß, des hydraulischen Widerstandsbeiwertes u. a. erfordert. Viele dieser Koeffizienten sind von der Teilchenform und dessen äußerer Oberflächenbeschaffenheit abhängig.

Über den Massenerhaltungssatz läßt sich folgende Kontinuitätsgleichung für die stationäre Zweiphasenströmung aufstellen:

$$\text{div}\,(\varkappa_f \varrho_f \boldsymbol{v}) + \text{div}\,[(1-\varkappa_f)\,\varrho_{fl}\boldsymbol{w}] = 0 \tag{1.94}$$

Die Gln. (1.93) und (1.94) besitzen für beliebige Werte der Volumenkonzentration der festen Phase — von Null bis zu einer für jeden konkreten Stoff maximal möglichen Konzentration $\varkappa_{f,\max}$ — Gültigkeit. Für den Grenzfall $\varkappa_f \to 0$ nehmen beide Gleichungen die Form der Navier-Stokesschen Gleichungen bzw. der Kontinuitätsgleichung für die kontinuierliche Phase an.

In Abhängigkeit von der Apparateart, von den technologischen Forderungen an den Endzustand des dispersen Stoffes und den Eigenschaften der in Kontakt kommenden Phasen ist der Charakter der Bewegung in jedem konkreten Fall verschieden: Vom vertikalen Gasstrom mit geringer Konzentration eines hochdispersen Pulvers (pneumatische Trocknung) bis zu einer dichten, sich absetzenden dispersen Phase, die vom Gas durchströmt wird (Hypersorption). Weitverbreitet sind Apparate mit einer intensiven Durchmischung einer oder beider Phasen (Wirbelschicht, Apparate mit mechanischen Rührwerken zur Extraktion und zur Kristallisation).

Die Gln. (1.93) und (1.94) sind in allgemeiner Form nicht für industrielle Stoffaustauschapparate lösbar.

Die Lösungen für wesentlich vereinfachte Problemstellungen, wie die Bewegung niedrig konzentrierter disperser Medien und experimentelle Untersuchungsergebnisse, die durch Wiedergabe von kinematographischen Aufnahmen gewonnen wurden, lassen folgende grundlegende Aussagen über die Bewegung einer festen dispersen Phase zu [24]: Die Hauptbewegungsrichtung der Teilchen ist axial, lediglich einzelne Teilchen sind relativ langsamen Verschiebungen in Querrichtung unterworfen. Die Geschwindigkeit der Teilchen in Längsrichtung ist über den Querschnitt betrachtet uneinheitlich; dabei weist das Geschwindigkeitsprofil der festen Teilchen etwa das der kontinuierlichen Phase auf. Die über den Querschnitt gemittelte Geschwindigkeit der festen Phase in einem Abschnitt gleichförmiger Bewegung ist praktisch gleich der Differenz zwischen der mittleren Luftgeschwindigkeit und der Schwebegeschwindigkeit der Teilchen. Die Drehung der Teilchen erfolgt hauptsächlich um die horizontale Achse, wobei die Umdrehungsgeschwindigkeit um so größer wird, je mehr die Teilchen von der Kugelform abweichen und je höher die Luftgeschwindigkeit ist (es wurden Umdrehungsgeschwindigkeiten bis zu 100 s^{-1} beobachtet).

Mit Zunahme der Volumenkonzentration der festen Phase ist ein wachsender Einfluß der Teilchen auf die Strömung der kontinuierlichen Phase zu verzeichnen. So können die Teilchen in laminaren Strömungen turbulenzerzeugend wirken, was besonders bei größer werdenden Teilchendurchmessern und einem Anwachsen der Dichtedifferenzen der im System vorkommenden Komponenten begünstigt wird. Auf Grund der vermischenden Wirkung der Teilchen kann sich das Geschwindigkeitsfeld der kontinuierlichen Phase ausgleichen und eine flachere Form annehmen. Bei geringen Konzentrationen der dispersen Phase ($\varkappa_f$ in der Größenordnung von 10^{-3}) ist der ausgleichende Einfluß der festen Teilchen auf das Geschwindigkeitsfeld der Gasphase nicht sehr ausgeprägt und beträgt etwa nur 2 bis 5%. Durch Versuche und theoretische Betrachtungen konnte gezeigt werden, daß die Konzentration der festen Phase über die Länge des Kanals etwa nach exponentiellen Gesetzmäßigkeiten abnimmt.

Bei der horizontalen Zweiphasenströmung führt die disperse feste Phase zu einer Störung der Symmetrie des Geschwindigkeitsprofils, da sich die Teilchen in der unteren Hälfte des Kanals infolge der Einwirkung der Schwerkraft anreichern. Das Geschwindigkeitsmaximum der Flüssigkeit verschiebt sich dabei nach oben.

Bei großen Feststoffkonzentrationen kann der Einfluß der festen Teilchen auf die turbulente Flüssigkeitsströmung von entgegengesetzter Wirkung sein — die Feststoffteilchen wirken dämpfend.

Für den Grenzfall der maximal möglichen Konzentration an Feststoff ($\varkappa_{f,\max}$) ist der Einfluß des dispersen Mediums auf die kontinuierliche Phase ebenfalls maximal.

Der Einfluß der festen Phase auf den Flüssigkeitsstrom führt bei dessen Durchströmen durch eine Schüttschicht zu einem fast völligen Ausgleich des Geschwindigkeitsprofils der kontinuierlichen Phase über den Querschnitt der Schicht. Eine Ausnahme bilden lediglich die wandnahen Bereiche. Aus Abb. 1.20 geht eindeutig hervor, daß die Konzentration der festen Phase in der Zone *I* geringer als im übrigen Volumen *II* der Schüttschicht ist. Dadurch treten in der relativ kleinen wandnahen Zone *I* höhere Strömungsgeschwindigkeiten auf. Sieht man von diesem Wandeffekt ab, so läßt sich die Geschwindigkeit eines durch eine Schüttschicht strömenden Mediums als über den Querschnitt konstant betrachten (bei gleichmäßiger Flüssigkeitszufuhr in einer Schicht

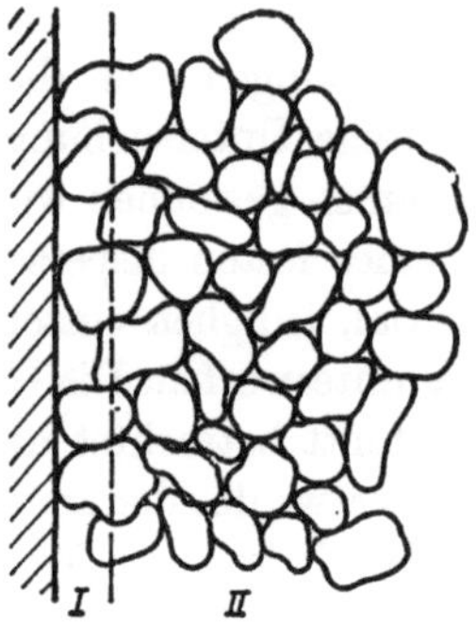

Abb. 1.20. Wandeffekt in einer dispersen Feststoffschicht.

I – Bereich mit erhöhter Porosität;
II – Hauptvolumen der Schicht.

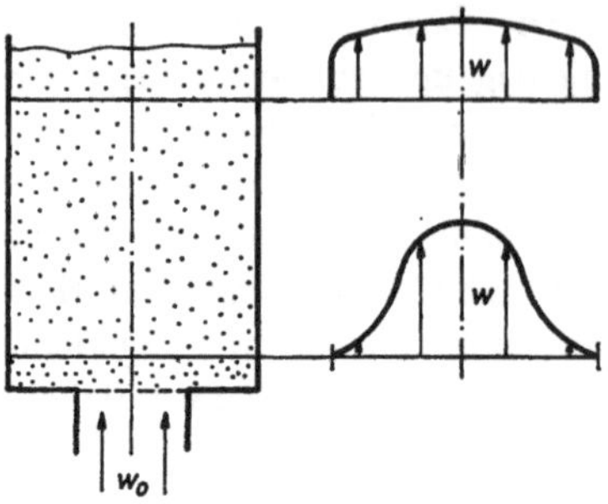

Abb. 1.21. Verteilung der Gasgeschwindigkeit über den Apparatequerschnitt.

einheitlicher Höhe). Bei von dieser Forderung abweichenden Bedingungen für die Zufuhr der kontinuierlichen Phase kann das Geschwindigkeitsprofil eine kompliziertere Form aufweisen, wobei vor allem die konstruktiven Besonderheiten des Apparates und der spezifische hydrodynamische Widerstand der Schicht an dispersem Material von Einfluß sind (Abb. 1.21).

In kontinuierlich arbeitenden Stoffaustauschapparaten setzt man häufig eine sich von oben nach unten infolge der Schwerkraft bewegende disperse Phase ein. Die kontinuierliche Phase (Gas, Dampf oder Flüssigkeit) wird in der Regel durch eine in dieser Form sich bewegende Schicht in vertikaler Richtung filtriert.

Die Bewegung einer körnigen rieselfähigen Schicht bei fehlender Filtration wird in der Fachliteratur [25] behandelt. Die dynamischen Gleichungen zur Beschreibung der Bewegung der rieselfähigen Masse unter dem Einfluß der Schwerkraft haben eine äußerst komplizierte Form und sind zur Untersuchung der Bewegung des dispersen Stoffes in realen Stoffaustauschapparaten wenig geeignet.

Experimentelle Untersuchungen an einer sich bewegenden körnigen Schicht, die in vertikaler Richtung durch die Apparatewandungen begrenzt wird, liefern folgende qualitative Aussagen: Eine Pfropfenströmung (Regime der idealen Verdrängung) tritt in praktischen Fällen nicht auf. Im zentralen Teil des vertikalen Kanals (im Kernstrom) fallen die Teilchen gleichförmig ohne eine Bewegungskomponente in Querrichtung. In Wandnähe nimmt die Geschwindigkeit der Teilchen ab, so daß die Schicht merklich aufgelockert wird. In der wandnahen Zone können die Teilchen Drehbewegungen ausführen, sich in radialer Richtung bewegen und in Richtung der Hauptströmung abgleiten.

Der Einfluß der festen Apparatewandung klingt etwa bei 3 bis 10 d (Teilchendurchmesser) ab.

In der wandnahen Zone tritt ein fast lineares Geschwindigkeitsprofil auf. Im Gegensatz zur Grenzschicht bei viskosen Flüssigkeiten ist die Geschwindigkeit der Teilchen an der Wand ungleich Null. Die Geschwindigkeit an der Wand strebt einem minimalen Wert zu, der von der inneren Reibung der Teilchen untereinander und von der äußeren Reibung mit der Wand abhängig ist.

Bei einer durch die Gravitationskraft hervorgerufenen Bewegung der Schicht ist am Eintritt in den Apparat eine gewisse Stabilisierungszone zu beobachten, in der die Formierung des stationären Geschwindigkeitsfeldes vor sich geht. In der Nähe des Apparateaustrittes wird das Geschwindigkeitsprofil der Kernströmung ebenfalls deformiert. Die konkrete Form der Abweichung vom stationären Geschwindigkeitsprofil in dieser Region ist von den konstruktiven Besonderheiten des Apparateaustrittes abhängig.

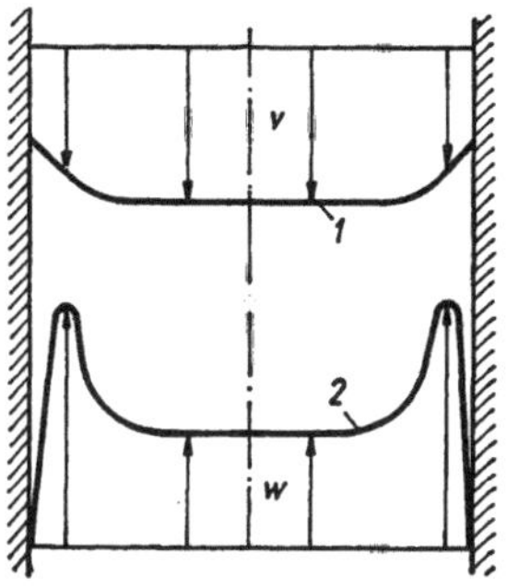

Abb. 1.22. Geschwindigkeitsprofil der dispersen (*1*) und der kontinuierlichen (*2*) Phase in einer sich abwärts bewegenden dispersen Feststoffschicht.

Die axialen Ungleichmäßigkeiten des Geschwindigkeitsprofils hängen praktisch wenig von der mittleren Geschwindigkeit der Schicht ab. Experimentell konnte nachgewiesen werden, daß die mittlere Dichte der Schicht kaum von deren Bewegungsgeschwindigkeit beeinflußt wird. Diese Feststellung gilt allerdings nur bis zu einer gewissen Grenzgeschwindigkeit, nach deren Überschreitung die Kontinuität der Schicht in vertikaler Richtung gestört wird, was gleichzeitig zu einer Abnahme der mittleren Dichte führt.

Die Konzentrationsschwankungen der festen Phase in Querrichtung führen zu ungleichen Widerständen der Kernströmung und der wandnahen Zone. Bei der Filtration eines viskosen Mediums durch eine sich bewegende Schicht ist deshalb die Flüssigkeitsgeschwindigkeit in den Wandregionen wesentlich höher als im Kernstrom (Abb. 1.22). Messungen ergaben, daß die Strömungsgeschwindigkeit von Luft in einem Wandabstand von 1,5 Teilchendurchmessern um 80% über der des mittleren Teils liegt [24].

Verweilzeit der Phasen in kontinuierlich arbeitenden Apparaten

Die radialen Ungleichmäßigkeiten der Geschwindigkeitsprofile beider Phasen führen dazu, daß einzelne Elemente beider Phasen unterschiedlich lange im Apparat verweilen. Lediglich bei einem rechteckigen Profil der Axialgeschwindigkeit ist gewährleistet, daß alle Elemente der Strömung die gleiche Verweilzeit besitzen. Bei einer Apparatelänge L beträgt sie $\tau = L/w$.

Der Verteilungscharakter der Verweilzeit im Apparat läßt sich graphisch durch Verteilungsdichtekurven (Abb. 1.23) darstellen, wobei auf der Abszisse die Verweilzeit und auf der Ordinate der entsprechende Anteil an der Gesamtmasse des durch den Apparat strömenden Materials aufgetragen werden. Bei einheitlicher Bewegungsgeschwindigkeit aller Elemente der Strömung nimmt die Verweilzeitverteilungsfunktion die Form der *DIRAC*schen δ-Funktion an, die in Abb. 1.23 als senkrechte Gerade 1 im Punkte $\tau = L/w$ dargestellt ist. Eine ungleichmäßige Strömungsgeschwindigkeit über den Radius führt zu einer Verteilung in Form von Kurve 2. Die Verweilzeitverteilung einer in einem Rohr konstanten Durchmessers laminar strömenden Flüssigkeiten mit parabolischem Geschwindigkeitsprofil läßt sich in der Form

$$\varrho(\tau) = \frac{1}{2}\left(\frac{L}{\overline{w}}\right)^2 \frac{1}{\tau^3}$$

angeben. Eine graphische Darstellung dieses Falles erfolgt in Abb. 1.24.

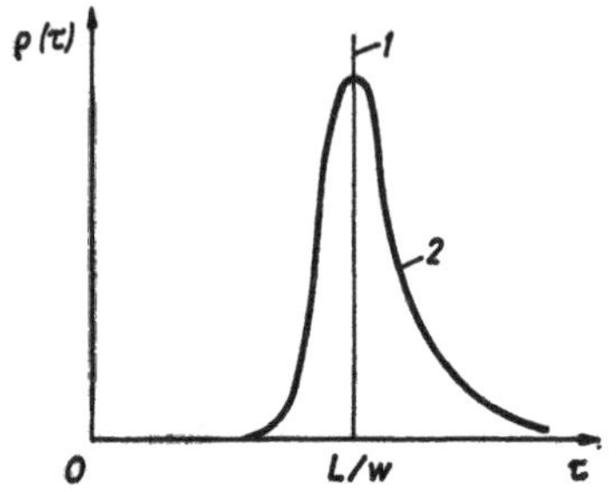

Abb. 1.23. Verweilzeitverteilung der kontinuierlichen Phase im Apparat.

1 – ideale Verdrängung;
2 – Zustand der Verdrängung mit diffusionsbedingter axialer Vermischung.

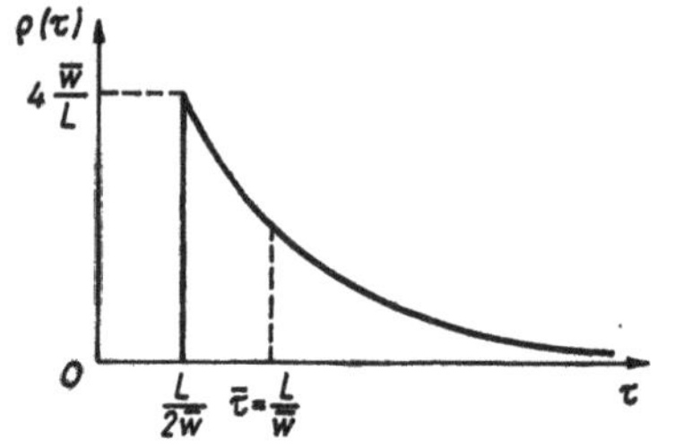

Abb. 1.24. Verweilzeitverteilung einer Flüssigkeit bei laminarer Rohrströmung.

Der Charakter der Verweilzeitverteilung ist nicht nur von einem ungleichmäßigen Geschwindigkeitsprofil abhängig. Einen wesentlichen Einfluß auf die Verweilzeitverteilung übt auch der Vermischungsgrad der einzelnen Elemente der Strömung aus. So verläßt bei turbulenter Flüssigkeitsströmung, bedingt durch den statistischen Charakter der Turbulenz, ein gewisser Flüssigkeitsanteil infolge der turbulenten Durchmischung den Apparat im Vergleich zur mittleren Verweilzeit $\bar{\tau} = L/\overline{w}$ früher, ein anderer später. Die Verteilungskurve $\varrho(\tau)$ weicht dann stark von der Geraden 1 ab. Bei einer Flüssigkeitsströmung durch eine Schüttschicht einer festen dispersen Phase werden einige Flüssigkeitselemente durch die Wirkung der festen Teilchen vielfach gebremst, während andere relativ schnell die von der dispersen Phase gebildeten Poren und Kanäle durchlaufen. Dieser Effekt führt zu einer weiteren Verbreiterung der Verweilzeitverteilungskurve.

Die Verweilzeitverteilung der dispersen Phase in einem kontinuierlich arbeitenden Apparat ist ferner von der durch Zusammenstöße bedingten zufälligen Vermischung der einzelnen Teilchen, von verschiedenen hydrodynamischen Widerständen u. a. abhängig.

Der statistische Charakter bei der Vermischung des dispersen Phasenstromes ermöglicht die formale Übertragung des Diffusionsmechanismus (in Analogie zur turbulenten Diffusion in der kontinuierlichen Phase).

Der Diffusionskoeffizient für die Vermischung läßt sich experimentell mit der Markierungsmethode bestimmen. Hierbei wird am Apparateeintritt eine Impulsfunktion in Form gefärbter Flüssigkeit oder in Form eines gelösten Stoffes, dessen Konzentration am Apparateaustritt leicht meßbar ist, auf den Flüssigkeitsstrom aufgegeben. Zur Bestimmung des Diffusionskoeffizienten für die Vermischung der dispersen Phase wird der

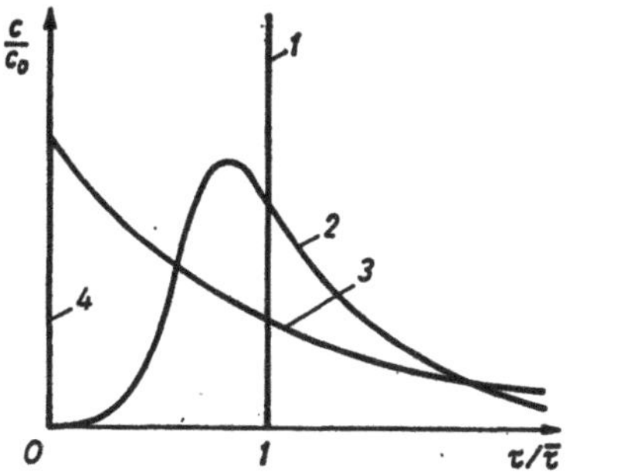

Abb. 1.25. Antwortfunktionen (1—3) auf eine impulsförmige Störung am Apparateeingang bei axialer Vermischung des strömenden Mediums.

1 — ideale Verdrängung; *2* — konvektiver Diffusionstransport; *3* — ideale Vermischung; *4* — impulsförmige Störung; $\tau/\bar{\tau}$ — laufende, auf die mittlere Verweilzeit im Apparat $\bar{\tau} = V_{App}/V$ bezogene Zeit; V_{App} — im Apparat befindliches Stoffvolumen; V — Volumendurchsatz.

Impuls durch monentanes Einführen einer bestimmten Anzahl gefärbter Teilchen in den Strom der dispersen Phase am Apparateeingang realisiert und am Apparateausgang registriert. Die Konzentrationsverteilung der Markierungssubstanz läßt sich durch die konvektive Diffusionsgleichung (1.23) für die Längskoordinate x angeben:

$$\frac{\partial c}{\partial \tau} + w \frac{\partial c}{\partial x} = D_{äq} \frac{\partial^2 c}{\partial x^2} \qquad (1.95)$$

$D_{äq}$ — äquivalenter Diffusionskoeffizient der flüssigen oder festen Phase

w — Strömungsgeschwindigkeit

Die Kurven am Apparateausgang (Antwortfunktionen) ergeben sich durch Integration der Gl. (1.95) und sind für eine impulsförmige Störung in Abb. 1.25 dargestellt. Die dimensionslose Größe $\frac{D_{äq}}{wL} = \frac{1}{Pe}$ ist der einzige Parameter, von dem die konkrete Form der Austrittskurve $\varrho(\tau)$ abhängig ist. Die experimentell gewonnene Kurve am Apparateausgang wird mit rechnerisch ermittelten verglichen; der für die rechnerische Kurve angenommene Wert von $D_{äq}$, der am besten mit der Versuchskurve übereinstimmt, stellt das Ergebnis dar. Eine Zusammenstellung von Meßergebnissen sowie die Abhängigkeit des Diffusionskoeffizienten für die Vermischung von einer Vielzahl von Parametern werden in der Monographie [26] angeführt.

In Fällen, in denen das Diffusionsmodell den experimentellen Daten widerspricht, benutzt man kompliziertere Modellvorstellungen über den Charakter des Verhaltens von Flüssigkeiten beim Durchgang durch die feste Phase. In Austauschapparaten können Flüssigkeitsstaue auftreten, innerhalb derer sich nur ein schwacher Stoffaustausch mit dem Hauptstrom vollzieht. Ferner kommen örtliche Bachbildungen vor, deren Geschwindigkeiten wesentlich über der mittleren Strömungsgeschwindigkeit liegen. Schließlich kann die Flüssigkeit im Apparat Zirkulationsbewegungen vollführen.

Beim Aufstellen eines komplizierten Modells, das die aufgezählten zusätzlichen Komponenten berücksichtigt, ist man bestrebt, eine möglichst gute Übereinstimmung der experimentell ermittelten Antwortfunktion mit der auf der Grundlage von Modellvorstellungen errechneten zu erzielen. Beispiele solcher theoretischer Kurven für komplizierte Modelle werden in [27] angeführt.

Hydrodynamik der Wirbelschicht

In der chemischen Technologie, der Energetik und in anderen Zweigen der Technik hat eine spezifische Methode der Kontaktschaffung der Gasphase (flüssige Phase) mit dispersem Feststoff breite Anwendung gefunden: Die Methode der Wirbelschicht. Bei einer gewissen kritischen Geschwindigkeit w_{kr} wird der hydrodynamische Widerstand, der von seiten der sich aufwärtsbewegenden kontinuierlichen Phase auf das Teilchen wirkt, gleich dem Gewicht des Teilchens (unter Abzug der ARCHIMEDESschen Auftriebskraft). Dabei befindet sich jedes Teilchen in einem instabilen dynamischen Gleichgewichtszustand. Eine weitere Zunahme der Geschwindigkeit der kontinuierlichen Phase führt zu einer Ausdehnung der Schicht.

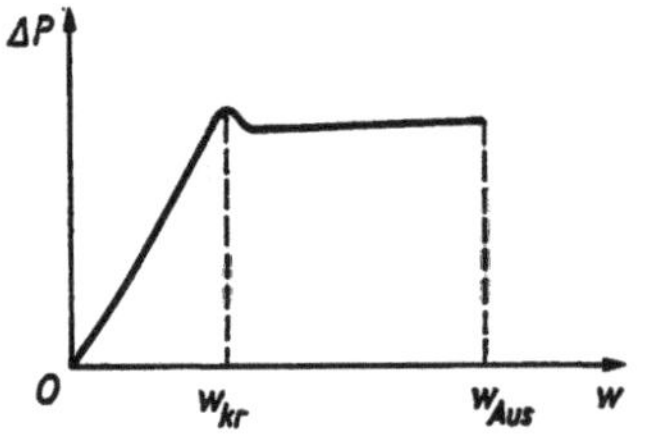

Abb. 1.26. Abhängigkeit des Widerstandes einer Wirbelschicht von der Gasgeschwindigkeit.

Der Widerstand, den das strömende viskose Medium von seiten aller Teilchen der Wirbelschicht bei einer Geschwindigkeit $w \geqq w_{kr}$ erleidet, ist konstant und beträgt $\Delta P = G_{W_s}/S$, d. h. er stellt den Quotienten aus dem Gewicht aller Teilchen der Wirbelschicht G_{W_s} und dem Apparatequerschnitt S dar. Diese spezifische Eigenschaft der Wirbelschicht wird in Abb. 1.26 gezeigt.

Bei einer Geschwindigkeit w_{Aus} (Austraggeschwindigkeit) beginnen die Teilchen aus der Schicht ausgetragen zu werden. Somit liegt der stabile Zustand der Wirbelschicht in folgendem Geschwindigkeitsbereich der kontinuierlichen Phase: $w_{kr} \leqq w \leqq w_{Aus}$. Zu Fragen der Berechnung der Hydrodynamik der Wirbelschicht sei auf die entsprechende Fachliteratur [28—32] hingewiesen.

Eine gleichmäßige Verwirbelung (Abb. 1.27a) tritt bei Flüssigkeiten oder bei Gasen unter hohem Druck (10 bis 10^2 MPa) auf.

Beim in der Praxis häufigsten Fall dient Gas unter geringen Drücken als strömendes Medium. Unter solchen Bedingungen bildet sich keine gleichmäßige Struktur der Wirbelschicht aus. Die festen Teilchen neigen zur Konglomeratbildung, während die Gasphase Blasen bildet, die sich unter Vergrößerung und dem Bestreben sich zu vereinigen durch die Schicht aufwärts bewegen (Abb. 1.27b). In relativ engen Kanälen können sich Gaspolster ausbilden (Abb. 1.27c).

Eine Haupteigenschaft der Wirbelschicht besteht in der intensiven Durchmischung der Teilchen. Bei Freiwerden erheblicher Wärmemengen sorgt die Durchmischung praktisch für einen völligen Temperaturausgleich innerhalb der Wirbelschicht. Durch die Bewegung der Teilchen ist der Wärmeübergangskoeffizient von der Schicht an die Apparatewandung oder an speziell eingebaute Wärmeaustauscher wesentlich größer als es bei der Schüttschicht der Fall ist.

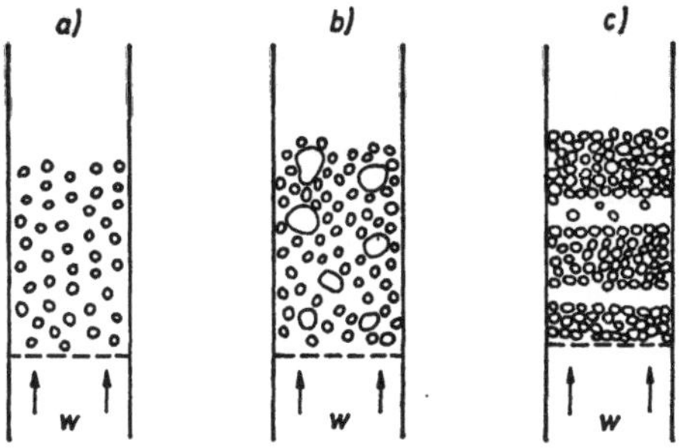

Abb. 1.27. Verschiedene Formen der Wirbelschicht.
a) gleichförmige Wirbelschicht;
b) Wirbelschicht mit aufsteigenden Gasblasen;
c) stoßende Wirbelschicht.

Die Wirbelschicht besitzt infolge der Teilchenbewegung einen quasiflüssigen Charakter, was von wesentlichem Vorteil beim Transport des Materials von einem Apparat in einen anderen (z. B. Kontaktapparate mit kontinuierlicher Regenerierung des in der Wirbelschicht arbeitenden Katalysators) und bei der Einhaltung einer konstanten Höhe der Wirbelschicht ist. Das Fehlen von Totzonen an den Kontaktstellen der Teilchen führt zu einer besseren Ausnutzung der Teilchenoberfläche in der Wirbelschicht.
Neben den wesentlichen Vorteilen sind der Wirbelschicht auch einige Nachteile eigen. So hat die intensive Durchmischung der festen Teilchen Einfluß auf die Intensität des Stoff- und Wärmeaustauschs, weil die Triebkraft (Konzentrationsdifferenz) zwischen disperser und kontinuierlicher Phase herabgesetzt wird. Die Durchmischung der festen Phase hat eine Durchmischung der gasförmigen Phase zur Folge, so daß unterschiedliche Verweilzeiten nicht nur bei der festen, sondern teilweise auch bei der gasförmigen Phase auftreten. Weitere Nachteile stellen die hohen Ansprüche an die Abriebfestigkeit der festen Teilchen und die Erosionsgefährdung der Apparatewandung dar. Ferner ist der Gasdurchsatz in der Wirbelschicht nach oben hin begrenzt, weil die Gefahr des Austragens der feinkörnigen Fraktionen besteht. In der industriellen Praxis wurden zyklonartige Apparate mit einer spiralförmig verlaufenden Zweiphasenströmung (Zyklonströmung) entwickelt [33, 34] die die Austraggefahr wesentlich herabsetzen.

Das freie Volumen ε der Wirbelschicht ist eine komplexe Funktion von Teilchengröße, -form und -dichte sowie den physikalischen Eigenschaften und der Geschwindigkeit der kontinuierlichen Phase. Durch theoretische Ansätze gelang es bisher nicht, eine Gleichung für ε in Abhängigkeit von den aufgezählten Einflußgrößen aufzustellen, so daß man auf eine Vielzahl durch Approximation von Versuchsdaten erhaltener Beziehungen zurückgreift, von denen die folgende am häufigsten angewendet wird [35]:

$$\varepsilon = Ar^{-0,21}(18Re + 0{,}36Re^2)^{0,21} \tag{1.96}$$

$$Ar = \frac{gd^3}{\nu^2}\,\frac{\varrho_f - \varrho_{fl}}{\varrho_{fl}}; \quad Re = \frac{wd}{\nu}$$

w — auf den gesamten Apparatequerschnitt umgerechnete Geschwindigkeit der kontinuierlichen Phase

Weitergehende Untersuchungen [31] des freien Volumens (Porosität) der Wirbelschicht ergaben, daß sich der örtliche Wert der Porosität sowohl in axialer, als auch in radialer Richtung ändert (Abb. 1.28 und 1.29). Wie aus der Abb. 1.28 ersichtlich ist, hat die Wirbelschicht bei relativ geringen Gasgeschwindigkeiten in ihrem Hauptteil eine praktisch konstante Porosität; ausgenommen hiervon sind lediglich der an das Gitter angrenzende Teil der Schicht, wo sich der Einfluß des eintretenden Gasstrahls bemerkbar macht, und der obere Bereich der Schicht, in dem ein gewisses Auswerfen der Teilchen aus der Schicht erfolgt. Neben den lokalen Ungleichförmigkeiten treten auch zeitliche Schwankungen der Porosität (Pulsation) auf (Abb. 1.30).

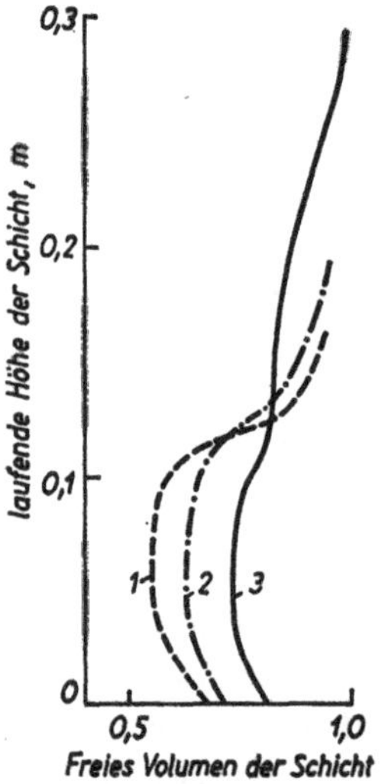

Abb. 1.28. Experimentelle Ermittlung des freien Volumens ε einer Wirbelschicht in Abhängigkeit von Apparatehöhe und Gasgeschwindigkeit.

1 — 0,227 m/s; *2* — 0,596 m/s; *3* — 0,984 m/s.

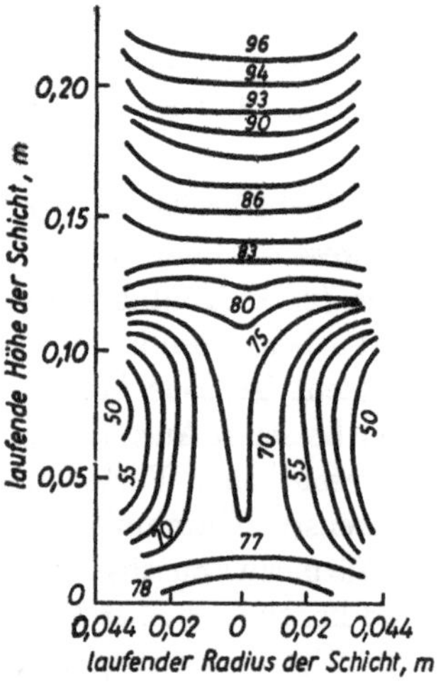

Abb. 1.29. Verteilung des freien Volumens einer Wirbelschicht.

Die Linienzüge verbinden Orte gleichen freien Volumens ε (in %); Luftgeschwindigkeit: 0,98 m/s.

Untersuchungen [26] ergaben, daß sich die einzelnen Teilchen der Wirbelschicht nicht nur individuell vermischen, sondern daß die Tendenz zur Gruppenbildung (Pakete) besteht. Diese Teilchengruppen vollführen ebenfalls zufällige Bewegungen innerhalb der Schicht, wobei die in der Gruppe befindlichen Teilchen durch Teilchen aus der Schicht ausgetauscht werden. Die Gruppenbildung der festen Phase ist in gewissem Sinne mit der Ausbildung von Wirbelballen bei der turbulenten Strömung vergleichbar.

Von den experimentellen Methoden zur Erforschung der Teilchenbewegung in der Wirbelschicht hat sich der Einsatz von Röntgenaufnahmen am meisten durchgesetzt [36]. Der Vorteil dieser Methode besteht im Verzicht auf jeglichen Einbau von Gebern und Sonden, die die lokale Struktur der Schicht stets stören. Als Nachteil ist der erhebliche Umfang der Versuchsausrüstung anzusehen.

Auf der Grundlage des Zufallscharakters der Bewegung der festen Teilchen und der Betrachtung der Wirbelschicht als Einheit wird häufig vorausgesetzt, daß die Teilchenbewegung in Analogie zum Diffusionstransport erfolgt, s. Gl. (1.60).

Die experimentelle Ermittlung des äquivalenten Diffusionskoeffizienten $D_{äq}$ für den Übergang der festen Phase in der Wirbelschicht unterscheidet sich prinzipiell nicht von der Methode zur experimentellen Ermittlung des Diffusionskoeffizienten einer durch eine Schüttschicht strömenden Flüssigkeit.

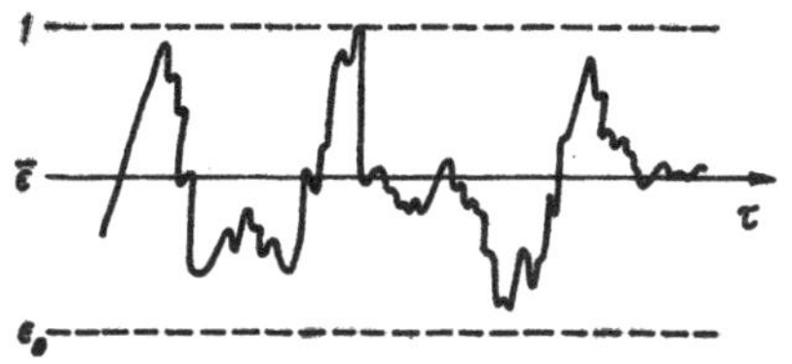

Abb. 1.30. Änderung des Momentanwertes für das freie Volumen einer Wirbelschicht.

ε_0 — freies Volumen der Schüttschicht;
ε — mittleres freies Volumen der Wirbelschicht.

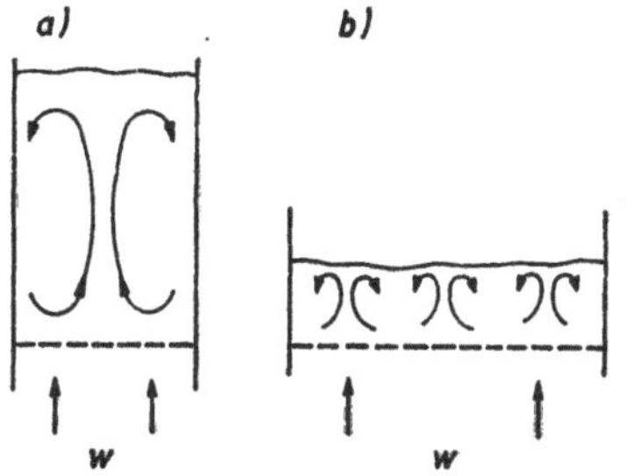

Abb. 1.31. Zirkulationsbewegung des dispersen Stoffes in einer Wirbelschicht.

a, b) ein bzw. verteilte Zirkulationskerne der dispersen Phase.

Die Antwortfunktion am Apparateaustritt bei impulsförmiger Störung durch eine markierte Substanz am Eingang des Apparates weist die gleiche Form wie für die kontinuierliche Phase auf (Abb. 1.25).

Das Diffusionsmodell ist allerdings in der Regel nur bei großen Schichthöhen und nur wenig über w_{kr} liegenden Gasgeschwindigkeiten möglich. Bei höheren Gasgeschwindigkeiten neigt die feste Phase zu Zirkulationsbewegungen innerhalb des Apparates. Bei relativ geringem Durchmesser des Wirbelkanals liegt die Geschwindigkeit der festen Teilchen im mittleren Bereich der Schicht in der Nähe der Gasgeschwindigkeit, während ihre Absinkgeschwindigkeit in den Randzonen um etwa eine Zehnerpotenz niedriger liegt (Abb. 1.31a). In breiten und niedrigen Schichten vollführen die Teilchen örtliche Zirkulationsbewegungen (Abb. 1.31b). Anordnung und Anzahl derartiger Zirkulationskerne können veränderlich sein.

Vollzieht sich in einem Apparat mit kompakter Schicht die Vermischung hinreichend intensiv, so verbreiten sich die Teilchen praktisch momentan über das Schichtvolumen. Dieser Grenzfall der idealen Vermischung entspricht einem unendlich großen Wert für den äquivalenten Diffusionskoeffizienten $D_{äq}$ und wird in Abb. 1.25 durch die Kurve 3 dargestellt.

Zur Ableitung der Gleichung für die Verteilungsdichte $\varrho(\tau)$ im Falle idealer Vermischung des dispersen Stoffes in der Wirbelschicht wird aus der gesuchten Verteilung eine Elementarmenge $N\varrho(\tau)\, d\tau$ betrachtet, die in einem Verweilzeitbereich von τ bis $\tau + d\tau$

liegt. Pro Zeiteinheit kommen $N\varrho_\tau$ Teilchen neu in die Gruppe, während $N\varrho_{\tau+d\tau}$ Teilchen sie verlassen, wobei eine gewisse Anzahl von Teilchen der betrachteten Elementarmenge die Schicht über den Apparateaustritt verläßt. Bei idealer Vermischung der dispersen Phase ist die Anzahl dieser Teilchen der Gesamtzahl der Teilchen N und der Austrittsgeschwindigkeit G direkt sowie der gesamten Stoffmenge in der Schicht G_{Sch} umgekehrt proportional: $N\varrho_\tau\, d\tau(G/G_{Sch})$. Die Bilanz der Teilchenanzahl für die zu untersuchende Elementarmenge hat folgende Form:

$$\varrho_\tau = \varrho_{\tau+d\tau} + \varrho_\tau\, d\tau\, \frac{G}{G_{Sch}}$$

Durch Entwicklung von $\varrho_{\tau+d\tau} = \varrho_\tau + \left.\frac{d\varrho}{d\tau}\right|_\tau d\tau$ in eine TAYLOR-Reihe erhält man unter Vernachlässigung aller nichtlinearen Glieder

$$\frac{d\varrho}{d\tau} = -\frac{\varrho}{\bar{\tau}} \tag{1.97}$$

$\bar{\tau} = \frac{G_{Sch}}{G}$ – mittlere Verweilzeit der dispersen Phase

Durch Integration von Gl. (1.97) ergibt sich $\varrho = C_1 e^{-\tau/\bar{\tau}}$. Die Integrationskonstante wird aus der Normierungsbedingung bestimmt, nach der der Anteil aller Teilchen mit einer zwischen Null und Unendlich liegenden Verweilzeit gleich Eins sein muß:

$$1 = C_1 \int_0^\infty e^{-\tau/\bar{\tau}}\, d\tau$$

Man erhält $C_1 = 1/\bar{\tau}$. Somit ergibt sich bei idealer Vermischung der dispersen Phase folgende Verteilungsdichte der Verweilzeit im Apparat:

$$\varrho(\tau) = \frac{1}{\bar{\tau}}\, e^{-\tau/\bar{\tau}} \tag{1.98}$$

Abb. 1.32 zeigt die sich nach Gl. (1.98) ergebende Verweilzeitverteilung.

Eine gleichmäßigere Verweilzeitverteilung der festen Phase läßt sich durch Sektionieren der Apparate erzielen.

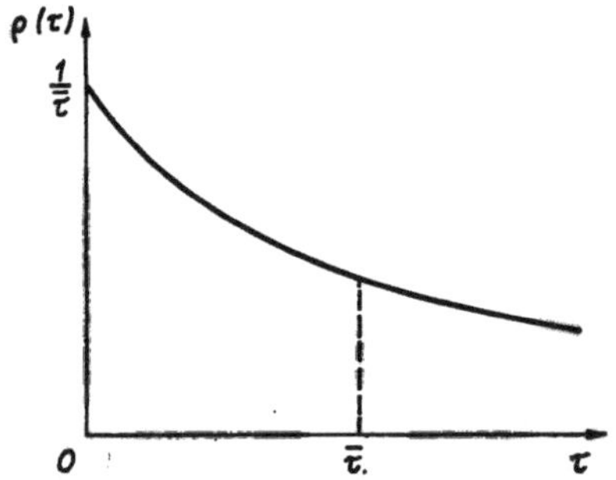

Abb. 1.32. Verweilzeitdichteverteilung der dispersen Phase in einer Wirbelschicht mit vollständiger Vermischung.

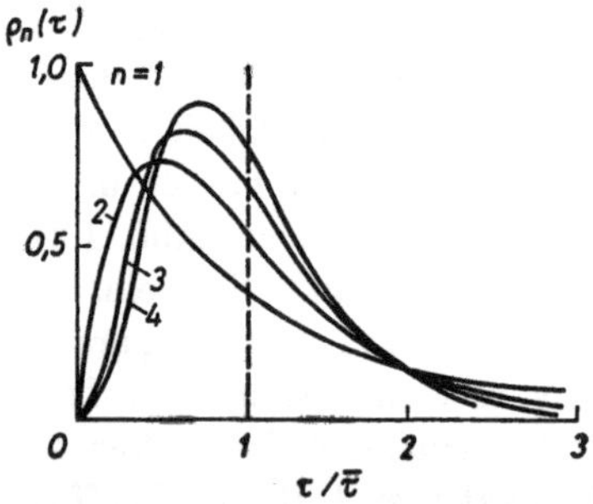

Abb. 1.33. Verweilzeitverteilung der dispersen Phase in einem aus n Schichten mit idealer Vermischung bestehenden Apparat.

Die folgenden Gleichungen für die Verweilzeitverteilung des dispersen Stoffes in hintereinandergeschalteten Apparaten (Kaskade), die im Bereich der idealen Vermischung arbeiten, wurden der Literatur [36, 37] entnommen.

Bei gleicher mittlerer Verweilzeit $\bar{\tau}/n$ in n hintereinandergeschalteten Apparaten gilt:

$$\varrho(\tau) = \frac{\tau^{n-1} \exp\left[-\tau/(\bar{\tau}/n)\right]}{(n-1)! \left(\frac{\bar{\tau}}{n}\right)^n} \tag{1.99}$$

Für verschiedene mittlere Verweilzeiten $\bar{\tau}_i$ in den einzelnen Apparaten erhält man:

$$\varrho(\tau) = \sum_{i=1}^{n} \frac{\bar{\tau}_i^{\,n-2} e^{-\tau/\bar{\tau}_i}}{\prod\limits_{\substack{i=1 \\ i \neq j}}^{n} (\bar{\tau}_i - \bar{\tau}_j)} \tag{1.100}$$

Die nach Gl. (1.99) berechneten und in Abb. 1.33 dargestellten Verweilzeitverteilungen für eine verschiedene Anzahl n von Schichten beweisen, daß die Verweilzeit mit wachsender Anzahl von Schichten zunehmend gleichförmiger wird.

Die Gültigkeit der Beziehungen (1.98)—(1.100) wurde auch experimentell durch markierte Teilchen, die impulsförmig in die erste Schicht gegeben wurden, bestätigt. Am Austritt aus der letzten Schicht werden dann die markierten Teilchen gezählt. Der Quotient aus der Anzahl der markierten Teilchen Δn in der Probe, die kontinuierlich in einem Zeitraum $\Delta\tau$ entnommen wurde, und der Gesamtzahl N_1 der markierten Teilchen ergibt für hinreichend kleine Zeiträume $\Delta\tau$ die Verteilungsdichte $\varrho(\tau)$ (Abb. 1.34).

Schwieriger sind Untersuchungen der Bewegung und der Verweilzeitverteilung der kontinuierlichen Phase in der Wirbelschicht, weil die sich in der Schicht bildenden Gasblasen (Abb. 1.27b) eine völlig unregelmäßige Form aufweisen. Erschwerend kommt hinzu, daß diese Blasen im Verlaufe ihres Aufsteigens an Volumen zunehmen und daß sich eine ständige Zufuhr von Gas in die Blasen bzw. eine Abfuhr von Gas aus den Blasen vollzieht. Ungeachtet der komplizierten Bewegungsformen des Gases durch eine heterogene Schicht wird in der Praxis meistens das Diffusionsmodell Gl. (1.95) benutzt. Die experimentelle Ermittlung der Gasvermischung in der Wirbelschicht beruht ebenfalls auf dem Einsatz einer Markierungssubstanz und deren Konzentrationsmessung am Ausgang der Wirbelschicht.

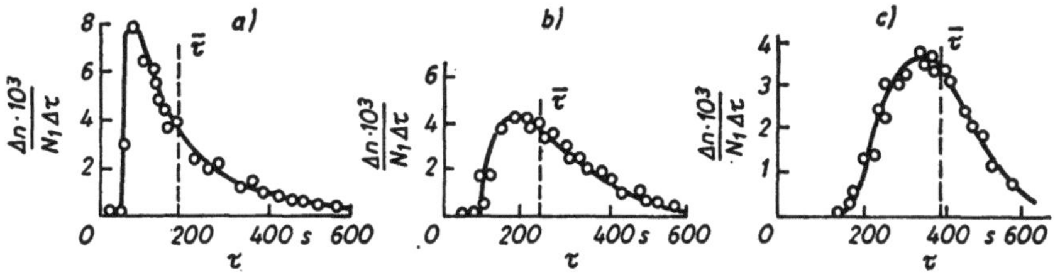

Abb. 1.34. Experimentelle Bestimmung der Verweilzeitverteilung der festen Teilchen in einer (*a*), zwei (*b*) und fünf (*c*) Wirbelschichten.

Δn — Anzahl der im Zeitraum $\Delta\tau$ am Ausgang beobachteten markierten Teilchen;
N_1 — Gesamtzahl der zum Zeitpunkt $\tau = 0$ in die erste Schicht eingebrachten markierten Teilchen;

In der Literatur [26] angeführte experimentelle Angaben zur Ermittlung des äquivalenten Diffusionskoeffizienten weisen darauf hin, daß dessen Größe in starkem Maße von der Geschwindigkeit, dem Teilchendurchmesser, der Geometrie der Wirbelschicht u. a. abhängig ist.

Wegen der Schwierigkeiten bei der Untersuchung der Bewegungen sowohl der kontinuierlichen, als auch der dispersen Phase in realen Stoffaustauschapparaten nimmt man die einfachsten Modellvorstellungen bei der Phasenbewegung an — die ideale Verdrängung oder die ideale Vermischung.

1.5. Berechnungsgrundlagen für Stoffaustauschprozesse

Die Verhältnisse des Stoffaustauschs zwischen den Phasen in einem realen Stoffaustauschapparat sind wesentlich komplizierter als der betrachtete Stoffaustausch eines einzelnen unbewegten Teilchens mit einer Strömung konstanter Konzentration. So intensiviert beispielsweise die experimentell festgestellte Rotationsbewegung unregelmäßig geformter Teilchen den äußeren Stoffaustauschprozeß. Eine Berücksichtigung dieses Effekts bei der Berechnung realer Stoffaustauschapparate würde zu schwer handhabbaren Beziehungen führen, ganz abgesehen davon, daß ein über die Oberfläche des Teilchens gemittelter Stoffübergangskoeffizient in beträchtlichem Maße eine Funktion des örtlichen freien Volumens der Schicht ist.

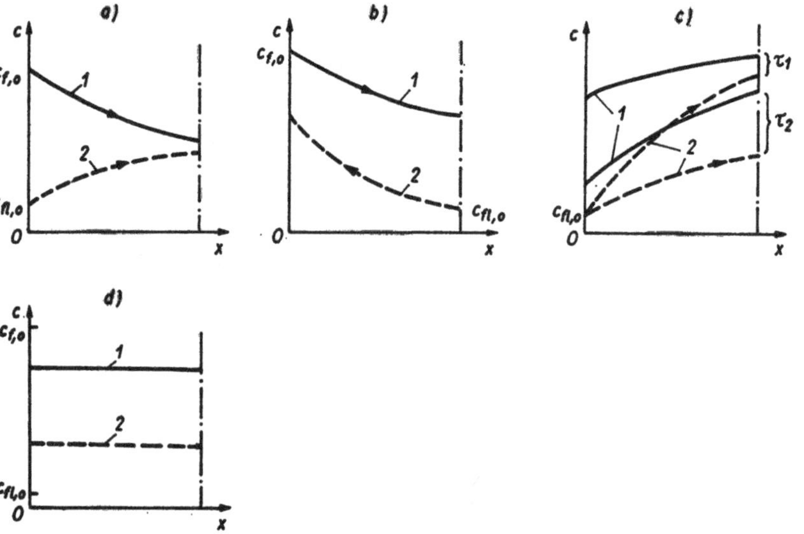

Abb. 1.35. Änderung der Phasenkonzentrationen in Abhängigkeit von der relativen Phasenbewegung.

a) Gleichstrom;
b) Gegenstrom;
c) ruhende Schüttschicht;
d) ideale Vermischung beider Phasen.

1 — feste Phase; 2 — kontinuierliche Phase.

Ein sehr wesentlicher Unterschied zwischen dem Stoffaustausch an einem einzelnen Teilchen und dem in einem realen Apparat besteht darin, daß sich hier die äußere Konzentration der Zielkomponente ändert. Die den Hauptarten der relativen Phasenbewegung entsprechenden Konzentrationsverläufe werden in Abb. 1.35 gezeigt. Mit Ausnahme des letzten kommt jedes einzelne Teilchen in allen Fällen zu jedem Zeitpunkt mit einer anderen Konzentration in der kontinuierlichen Phase in Berührung.

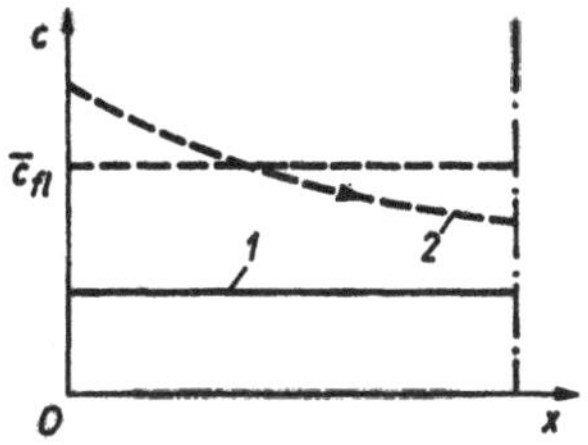

Abb. 1.36. Konzentrationsänderung in der dispersen (*1*) und in der kontinuierlichen (*2*) Phase bei idealer Vermischung des dispersen Stoffes.

Für den Sonderfall, daß eine Phase (z. B. die disperse) der idealen Vermischung unterliegt und die andere (kontinuierliche) den Apparat unter idealer Verdrängung durchläuft, sorgen die sich schnell durch das Apparatevolumen bewegenden Teilchen durch ihre Oberfläche für einen Konzentrationsausgleich in der kontinuierlichen Phase (Abb. 1.36).

Befinden sich beide Phasen im Zustand der idealen Vermischung und wird der Prozeß diskontinuierlich betrieben, so erfolgt die zeitliche Konzentrationsänderung in beiden Phasen nach folgender Bilanzgleichung:

$$V_{fl}[c_{fl}(\tau) - c_{fl,0}] = V_f[c_{f,0} - \bar{c}_f(\tau)] \tag{1.101}$$

V_{fl} — Volumen der flüssigen Phase im Apparat
V_f — Volumen der festen Phase im Apparat

Bei einem kontinuierlich geführten Austauschprozeß mit idealer Vermischung beider Phasen sind demgegenüber die Konzentrationen der Zielkomponente in beiden Phasen konstant.

Schwieriger gestaltet sich die Berechnung des Stoffaustauschs zwischen einem strömenden Medium und einer ruhenden Schüttschicht (Abb. 1.35b), da in diesem Falle die Konzentrationsprofile beider Phasen örtlich (Schichthöhe) und zeitlich veränderlich sind.

Die Berechnung von Stoffaustauschapparaten besteht somit in der mathematischen Formulierung des Stoffaustauschs einer dispersen Phase mit einem strömenden Medium, wobei der Mechanismus des Stofftransports innerhalb jeder Phase, die Bedingungen an der Phasengrenzfläche, die Art der Relativbewegungen der Phasen und die Eindeutigkeitsbedingungen zu berücksichtigen sind. In Abhängigkeit vom gewählten Prozeßschema sind selbstverständlich die Konzentrationsverhältnisse der miteinander in Berührung befindlichen Phasen unterschiedlich.

Apparate mit Schüttschicht

Es soll eine Schüttschicht mit hinreichend großem Durchmesser betrachtet werden, so daß man die Geschwindigkeitszunahme der kontinuierlichen Phase in den wandnahen Bereichen vernachlässigen und ein rechteckiges Geschwindigkeitsprofil annehmen kann. Damit erfolgt eine Konzentrationsänderung nur über die Länge der Schicht (in x-Richtung).

Eine Bilanzgleichung für die Zielkomponente liefert:

$$\varepsilon \frac{\partial c_{fl}}{\partial \tau} + (1 - \varepsilon) \frac{\partial \bar{c}_f}{\partial \tau} = \varepsilon D_{\ddot{a}q} \frac{\partial^2 c_{fl}}{\partial x^2} - w \frac{\partial c_{fl}}{\partial x} \tag{1.102}$$

$\bar{c}_f$ — über die innere Teilchenkoordinate gemittelte Konzentration in der festen Phase

Der erste Summand der linken Gleichungsseite von (1.102) stellt die Änderungsgeschwindigkeit der Masse an Zielkomponente im Volumen zwischen den Teilchen dar, der zweite das gleiche im Volumen der festen Phase. Der erste Term der rechten Gleichungsseite ist ein Ausdruck für die Massenzunahme in der kontinuierlichen Phase infolge des Transports durch effektive Diffusion,während der zweite Term den Massenzuwachs an Zielkomponente durch konvektiven Transport bei einer auf den gesamten Apparatequerschnitt umgerechneten Strömungsgeschwindigkeit w berücksichtigt ($w = \varepsilon w_t$; w_t — tatsächliche mittlere Geschwindigkeit der kontinuierlichen Phase in den Zwischenräumen der Teilchen).

Gl. (1.102) verknüpft die Konzentration im strömenden Medium $\bar{c}_{fl}$ mit der in der festen Phase $\bar{c}_f$ in jedem beliebigen Punkt der Schicht und zu beliebigen Zeitpunkten.

Diese Gleichung ist simultan mit dem Ausdruck für das Konzentrationsfeld innerhalb des festen Teilchens [z. B. mit der Diffusionsgleichung (1.65)] zu betrachten.

An der äußeren Teilchenoberfläche müssen die Bedingungen für den Stoffaustausch zwischen den Phasen bekannt sein. Ferner müssen für jedes Teilchen die anfängliche Konzentrationsverteilung über die innere Koordinate $c_{f,0}(r)$ sowie eine Bedingung über die Begrenzung der Konzentration innerhalb des Teilchens vorgegeben werden.

Als problematisch erweist sich die Formulierung von Bedingungen für die Konzentration der Flüssigkeit am Ein- und Ausgang der Schicht — nämlich die Randbedingungen zur Differentialgleichung (1.102). Formal gesehen sind für die Gleichung zweiter Ordnung (1.102) zwei Randbedingungen für die Ordinate erforderlich. In der Regel beziehen sich diese Randbedingungen auf Anfang und Ende der Schüttschicht:

$$wc_{fl,0} = wc_{fl}|_{x=0} - \varepsilon D_{\ddot{a}q} \left.\frac{\partial c_{fl}}{\partial x}\right|_{x=0} \tag{1.103}$$

$$\left.\frac{\partial c_{fl}}{\partial x}\right|_{x=L} = 0 \tag{1.104}$$

Der erste Ausdruck beinhaltet die Gleichheit des zur Schicht durch Konvektion herangeführten Stromes an Zielkomponente und des in die Schicht durch Konvektion und Diffusion gehenden Stoffstromes an Zielkomponente. Diese Annahme führt im Punkte $x = 0$ zu einer Sprungstelle des Konzentrationsverlaufes (Abb. 1.37a). Die Randbedingung (1.104) ergibt sich ebenfalls aus einer Bilanz der Zielkomponente am Schichtausgang

$$w c_{fl}|_{x=L} - \varepsilon D_{\ddot{a}q} \left.\frac{\partial c_{fl}}{\partial x}\right|_{x=L} = w c_{fl}|_{x=L} \tag{1.105}$$

Um den positiven Konzentrationssprung am Schichtausgang (Abb. 1.37b) zu vermeiden, wird zusätzlich $c_{fl}|_{x=L} = c_{fl,\text{Ausg}}$ festgelegt, was zur Bedingung (1.104) führt. Die Randbedingungen (1.104) und (1.105) sind nur als Näherungen aufzufassen. Eine Verbesserung der Randbedingungen (1.103) und (1.104) ist vermutlich über eine Analyse der diskreten Struktur der Schicht in unmittelbarer Nähe ihrer Grenzen zu suchen.

Der Stoffaustausch einer aus kugelförmigen Teilchen bestehenden Schüttschicht mit einem diese Schicht durchlaufenden Flüssigkeitsstrom läßt sich unter Berücksichtigung der oben gemachten Annahmen mathematisch wie folgt angeben:

$$\left.\begin{aligned}
&\frac{\partial c_f}{\partial \tau} = D_{\ddot{a}q}\left(\frac{\partial^2 c_f}{\partial r^2} + \frac{2}{r}\frac{\partial c_f}{\partial r}\right)\\
&c_f|_{\tau=0} = c_{f,0}(r); \quad c_f|_{r=0} - \text{begrenzt}\\
&\beta(c_f|_{r=R} - c_{fl}) = -D_{\ddot{a}q}\left.\frac{\partial c_f}{\partial r}\right|_{r=R}\\
&\varepsilon\frac{\partial c_{fl}}{\partial \tau} + (1-\varepsilon)\frac{\partial \bar{c}_f}{\partial \tau} = D_{\ddot{a}q}\frac{\partial^2 c_{fl}}{\partial x^2} - w\frac{\partial c_{fl}}{\partial x}\\
&c_{fl}|_{\tau=0} = c_{fl\,0}\\
&w c_{fl,0} = w c_{fl}|_{x=0} - D_{\ddot{a}q}\left.\frac{\partial c_{fl}}{\partial x}\right|_{x=0}\\
&\left.\frac{\partial c_{fl}}{\partial x}\right|_{x=L} = 0
\end{aligned}\right\} \tag{1.106}$$

$$\bar{c}_f = \frac{3}{4\pi R^3}\int\limits_0^R 4\pi r^2 c_f(r,\tau)\,dr$$

$c_f(r, \tau)$ — instationäre Konzentrationsverteilung kugelförmiger Teilchen eines monodispersen Materials

Abschließend sollen nochmals sämtliche Annahmen, bei deren Erfüllung das mathematische Modell (1.106) den Stoffaustauschprozeß in einer Schüttschicht adäquat beschreibt, genannt werden. Alle Teilchen der Schicht besitzen Kugelform, weisen den gleichen Durchmesser $2R$ auf und ändern ihre Größe im Prozeßverlauf nicht. Ihre Struktur ist isotrop. Der Stofftransport im Innern der Teilchen läßt sich durch das Fickschen Gesetz mit einem konstanten effektiven Diffusionskoeffizienten D_{ef} beschreiben. Der Stoffübergang von der Oberfläche aller Teilchen in der Schicht ist gleich und bezüglich der Teilchenmitte symmetrisch. Die Schüttschicht als ganzes weist eine isotrope Struktur auf, der Wandeffekt ist vernachlässigbar. Das strömende Medium hat sowohl über den Querschnitt, als auch über die Höhe der Schicht die gleiche Geschwindigkeit. Die Abweichungen der Flüssigkeitsströmung vom Regime der idealen Verdrängung lassen sich durch den Mechanismus der Axialdiffusion mit konstantem Diffusionskoeffizienten $D_{äq}$ beschreiben. Zum Anfangszeitpunkt soll die zwischen den Teilchen befindliche Flüssigkeit die Eingangskonzentration $c_{fl,0}$ aufweisen. Auf den Sinn der beiden letzten Randbedingungen für die Modellgleichungen (1.106) wurde bereits eingegangen. Der Stofftransportprozeß soll unter isothermen Bedingungen verlaufen. Mit zunehmendem Teilchendurchmesser und abnehmender Größe der gesamten Schüttschicht wird die Beschreibbarkeit des Prozesses durch das Modell (1.106) mehr und mehr eingeschränkt. Die Werte der kinetischen Koeffizienten D_{ef}, $D_{äq}$, β und des freien Volumens der Schicht ε sowie die Anfangsverteilung $c_{f,0}(r)$ müssen bekannt sein.

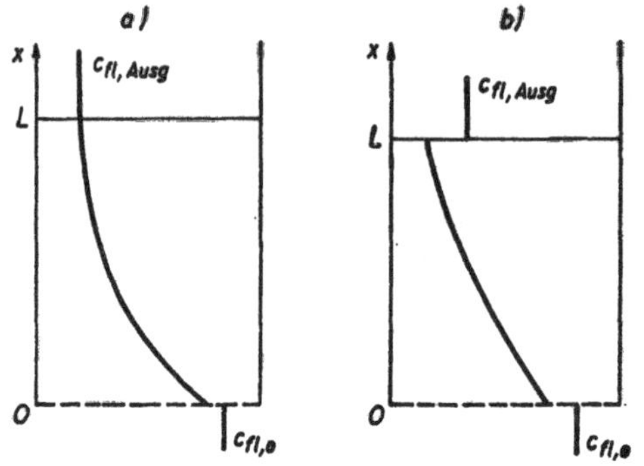

Abb. 1.37. Konzentrationsverlauf der sich in axialer Richtung mischenden flüssigen Phase über die Länge eines Apparates mit Schüttschicht.

a) bei fehlendem Diffusionsstrom am Apparateausgang;
b) bei Berücksichtigung des Diffusionsstromes am Apparateausgang.

Die Lösung des Gleichungssystems (1.106) ist mit erheblichen Schwierigkeiten rein mathematischer Art verbunden. In Fällen, in denen man die Quasidiffusion ($D_{äq} = 0$) und den Term $\varepsilon \dfrac{\partial c_{fl}}{\partial \tau}$ vernachlässigen kann, vereinfachen sich nicht nur das Differentialgleichungssystem selbst, sondern auch die Randbedingungen erheblich. So entfällt beispielsweise die Bedingung $\left.\dfrac{\partial c_{fl}}{\partial x}\right|_{x=L} = 0$.

Die Lösung des Systems (1.106) unter diesen vereinfachenden Annahmen wird in [16] angegeben.

Stationärer Stoffaustausch im Wanderbett

Bei einer Bewegung der dispersen Phase kann neben einer Vermischung der kontinuierlichen Phase auch eine Vermischung der festen Teilchen, und zwar sowohl in axialer, als auch in radialer Richtung auftreten. Die Stoffbilanzgleichung für die Zielkomponente hat unter stationären Bedingungen folgende Form:

$$\frac{\partial(w\varepsilon c_{fl})}{\partial x} + \frac{\partial[v(1-\varepsilon)\,\bar{c}_f]}{\partial x} = D_{fl.x}\frac{\partial^2(\varepsilon c_{fl})}{\partial x^2} + D_{fl.x}\left[\frac{\partial^2(\varepsilon c_{fl})}{\partial r^2} + \frac{1}{r}\frac{\partial(\varepsilon c_{fl})}{\partial r}\right]$$
$$+ D_{f.x}\frac{\partial^2\bar{c}_f}{\partial x^2} + D_{f.r}\left(\frac{\partial^2\bar{c}_f}{\partial r^2} + \frac{1}{r}\frac{\partial\bar{c}f}{\partial r}\right) \tag{1.107}$$

r — laufender Radius innerhalb der Schicht

Die Diffusionskoeffizienten für die Vermischung der Flüssigkeit ($D_{fl.x}$ und $D_{fl.r}$) und der festen Phase ($D_{f.x}$ und $D_{f.r}$) besitzen in axialer und radialer Richtung verschieden große Werte, sind jedoch über das Schichtvolumen konstant. Die Ausdrücke der linken Gleichungsseite von (1.107) entsprechen dem konvektiven Stofftransport der kontinuierlichen und der dispersen Phase. Die Geschwindigkeit und das freie Volumen der sich bewegenden Schicht müssen als Funktionen der Raumkoordinaten bekannt sein.

Für die Gl. (1.107) besitzen wegen der Undurchlässigkeit der Apparatewandung für die diffundierende Komponente folgende Randbedingungen Gültigkeit: $D_{f.r}\left.\frac{\partial\bar{c}_f}{\partial r}\right|_{r=R} = 0$ und $D_{fl.r}\left.\frac{\partial c_{fl}}{\partial r}\right|_{r=R} = 0$.

Aus den Symmetriebedingungen für die beiden Ströme ergibt sich $\left.\frac{\partial\bar{c}_f}{\partial r}\right|_{r=0} = \left.\frac{\partial c_{fl}}{\partial r}\right|_{r=0} = 0$. Die Randbedingungen für die Koordinate x entsprechen dem Sinn und der Form nach den Beziehungen (1.103) und (1.104), die lediglich durch analoge Ausdrücke für die feste Phase zu ergänzen sind.

Eine allgemeingültige Analyse des Stoffaustauschprozesses bei veränderlichem freien Volumen ε und veränderlichen Phasengeschwindigkeiten [Gl. (1.107)] ist wegen der bei der Lösung auftretenden mathematischen Schwierigkeiten kaum möglich. In der Praxis begnügt man sich deshalb bei der Berechnung von Stoffaustauschapparaten mit beweglichen Schüttungen mit wesentlich einfacheren Ansätzen. So vernachlässigt man den durch Difffusion bedingten Stofftransport gegenüber dem durch die gerichtete Bewegung der Massenströme verursachten. Damit nimmt die rechte Seite der Bilanzgleichung (1.107) den Wert Null an, während sich die Randbedingungen (1.103)—(1.105) wie folgt vereinfachen:

$$c_f|_{x=0} = c_{f,0}; \quad c_{fl}|_{x=0} = c_{fl,0} \tag{1.108}$$

In der Regel lassen sich auch das freie Volumen ε und die Phasengeschwindigkeiten über das gesamte Volumen der Schicht als näherungsweise konstant annehmen. Damit ergibt sich aus (1.107) folgende vereinfachte Stoffbilanzgleichung:

$$V_{fl}\frac{\partial c_{fl}}{\partial x} + V_f\frac{\partial\bar{c}_f}{\partial x} = 0 \tag{1.109}$$

Unter Beachtung der Randbedingungen (1.108) liefert die Integration von Gl. (1.109) folgende einfache Beziehung zwischen den laufenden Konzentrationen der Zielkomponente in beiden Phasen:

$$V_{fl}(c_{fl} - c_{fl,0}) = V_f(c_{f,0} - \bar{c}_f) \tag{1.110}$$

Bei der Gegenstromprozeßführung weist einer der Differentialquotienten in Gl. (1.109) ein negatives Vorzeichen auf, während sich die Randbedingungen wie folgt ändern:

$$\bar{c}_f|_{x=0} = c_{f,0}; \quad c_{fl}|_{x=0} = c_{fl,\mathrm{Ausg}} \quad \text{oder}$$
$$\bar{c}_f|_{x=L} = \bar{c}_{f,\mathrm{Ausg}}; \quad c_{fl}|_{x=L} = c_{fl,0} \tag{1.111}$$

Durch Integration der Bilanzgleichung

$$V_{fl} \frac{\partial c_{fl}}{\partial x} = V_f \frac{\partial \bar{c}_f}{\partial x} \tag{1.112}$$

erhält man unter Beachtung der Randbedingungen (1.111) für den Gegenstrom

$$V_{fl}(c_{fl,\mathrm{Ausg}} - c_{fl}) = V_f(c_{f,0} - \bar{c}_f) \tag{1.113}$$

Durch einen Vergleich der Beziehungen für den Gleichstrom (1.110) und den Gegenstrom (1.113) läßt sich unschwer erkennen, daß eine weitestgehende Analogie zu den Gleichungen der Arbeitslinien für Stoffaustauschprozesse in Systemen Flüssigkeit-Dampf (Gas) besteht [7].

Wegen der einheitlichen Form der Bilanzgleichungen für Gleichstrom (1.110), Gegenstrom (1.113) und den diskontinuierlich geführten Prozessen bei idealer Vermischung der Phasen (1.101) lassen sich die genannten Gleichungen in folgender allgemeiner Form angeben:

$$c_{fl} - c = \varkappa(c_{f,0} - \bar{c}_f) \tag{1.114}$$

$$\varkappa = \frac{V_f}{V_{fl}}$$

Beim Gegenstrom ist $\varkappa$ in Gl. (1.114) negativ anzusetzen, ferner wird $c = c_{fl,\mathrm{Ausg}}$; beim Gleichstrom wird $\varkappa > 0$ und $c = c_{fl,0}$; für den diskontinuierlichen Prozeß gilt $\varkappa = V_{f,\mathrm{App}}/V_{fl,\mathrm{App}}$ und $c = c_{fl,0}$.

Diese universelle Schreibweise in Form von Gl. (1.114) gestattet eine allgemeingültige Analyse aller drei Prozeßschemata [16].

Kontinuierlich arbeitende Apparate mit idealer Vermischung

Die von einem Strom abgegebene Menge an Zielkomponente wird von dem anderen aufgenommen, woraus folgende Bilanzgleichung resultiert:

$$V_{fl}(c_{fl,\mathrm{Ausg}} - c_{fl,0}) = V_f(c_{f,0} - \bar{c}_{f,\mathrm{Ausg}}) \tag{1.115}$$

Infolge der idealen Vermischung sind die Konzentrationen c_{fl} und $\bar{c}_f$ über das gesamte Apparatevolumen konstant und betragen $c_{fl,\mathrm{Ausg}}$ bzw. $\bar{c}_{f,\mathrm{Ausg}}$. Die Bilanzgleichung (1.115) besitzt auch für diskontinuierliche Prozesse bei idealer Vermischung zu jedem beliebigen Zeitpunkt Gültigkeit, wobei allerdings der Unterschied besteht, daß $c_{fl,\mathrm{Ausg}}$ und $\bar{c}_{f,\mathrm{Ausg}}$ zeitlich veränderlich sind und V_f und V_{fl} als die im Apparat befindlichen Volumen beider Phasen, $V_{f,\mathrm{App}}$ bzw. $V_{fl,\mathrm{App}}$ aufzufassen sind.

Der mittlere Abbaugrad des dispersen Stoffes

Bei einem Apparat mit idealer Vermischung verweilen die einzelnen dispersen Teilchen verschieden lange in der Austauschzone des Apparates; ihre Verweilzeitverteilung ist durch Gl. (1.98) gegeben. Da die flüssige Phase ebenfalls ideal vermischt wird, ist deren Konzentration an allen Punkten der Austauschzone einheitlich und gleich der Austrittskonzentration der Zielkomponente der flüssigen Phase $c_{fl,\mathrm{Ausg}}$. Alle festen Teilchen kommen deshalb mit Flüssigkeit gleicher Konzentration in Berührung, wobei die Kontaktzeiten aber unterschiedlich sind.

Bei Vorliegen einer kinetischen Gleichung für den Abbauvorgang, die die zeitliche Abhängigkeit der Konzentration im Feststoff bei konstanter Konzentration in der Flüssigkeit in der Form

$$\bar{c}_f = \bar{c}_f(\tau, c_{fl}) \tag{1.116}$$

angibt und bekannter Dichtefunktion für die Verweilzeitverteilung $\varrho(\tau)$ läßt sich die mittlere Konzentration der Zielkomponente im austretenden Feststoff berechnen.

Der Teilchenanteil $\varrho(\tau)\,d\tau$ (auf den Durchsatz bezogen) mit einer zwischen τ und $\tau + d\tau$ liegenden Verweilzeit weist die Konzentration $\bar{c}_f(\tau, c_{fl})$ auf. Die Stoffmenge an Zielkomponente, die von diesem Teilchenanteil abgegeben wird, beträgt $\bar{c}_f(\tau, c_{fl})\ \varrho(\tau)\,d\tau$. Durch Summation der Zielkomponente, die durch Teilchen mit einer zwischen Null und Unendlich liegenden Verweilzeit aus dem Apparat ausgetragen wird, erhält man

$$\bar{\bar{c}}_f = \int_0^\infty \bar{c}_f(\tau, c_{fl})\ \varrho(\tau)\,d\tau \tag{1.117}$$

Die kinetische Gleichung für den Abbauvorgang, die vom Mechanismus der inneren Stofftransportprozesse abhängt, kann im Prinzip jede beliebige Form aufweisen.

Als Beispiel für die kinetische Gleichung soll die zeitliche Abhängigkeit der mittleren Konzentration in einem kugelförmigen Teilchen in Form der Gl. (1.74) dienen. Durch Einsetzen der Beziehung (1.74) für $Bi \to \infty$ und des Ausdruckes (1.98) in Gl. (1.117) und ihre Integration ergibt sich folgender über das Kornvolumen gemittelter Konzentrationswert:

$$\bar{\bar{c}}_f = c_{fl} + (c_{f,0} - c_{fl})\,\frac{6}{\bar{\tau}} \sum_{n=1}^{\infty} \frac{1}{\mu_n^2 \left(\mu_n^2 \dfrac{D}{R^2} + \dfrac{1}{\bar{\tau}}\right)} \tag{1.118}$$

Wie bereits an anderer Stelle bemerkt wurde, geht bei idealer Vermischung der festen Phase in die kinetische Gleichung der mittlere Konzentrationswert für die Zielkomponente in der kontinuierlichen Phase ein (Abb. 1.36).

Zur Berechnung von $\bar{c}_{fl}$ wird eine Elementarschicht der Dicke dx betrachtet, die von der flüssigen Phase mit einer Konzentration c_{fl} bei idealer Verdrängung durchströmt wird. Bei einem Stoffübergangskoeffizienten β, einem freien Volumen ε der festen Phase im Apparat und einem Teilchendurchmesser d wird der kontinuierlichen Phase von der Oberfläche der Teilchen in der Schicht dx folgende Menge an Zielkomponente übertragen:

$$dM = \beta \cdot 6\,\frac{1-\varepsilon}{d}\,(\bar{c}_{f,Ob} - c_{fl})\,S\,dx \tag{1.119}$$

Die von der festen Phase an die Flüssigkeit abgegebene Menge dM an Zielkomponente führt zu einer Konzentrationserhöhung der Flüssigkeit von dc_{fl}:

$$dM = V_{fl}\, dc_{fl} \tag{1.120}$$

Durch Gleichsetzen der Beziehungen (1.119) und (1.120) erhält man folgenden Ausdruck zur Berechnung des Konzentrationsprofils in der kontinuierlichen Phase:

$$\frac{dc_{fl}}{\bar{c}_{f,Ob} - c_{fl}} = 6\beta \frac{1-\varepsilon}{V_{fl}\, d} S\, dx \tag{1.121}$$

Durch Integration der Gl. (1.121) und Bestimmung der Integrationskonstanten aus der Randbedingung $c_{fl}\,|_{x=0} = c_{fl,0}$ ergibt sich der laufende Konzentrationswert für die Zielkomponente in der Flüssigkeit:

$$c_{fl} = \bar{c}_{f,Ob} - (\bar{c}_{f,Ob} - c_{fl,0}) \exp\left(-6\beta \frac{1-\varepsilon}{V_{fl}\, d} Sx\right) \tag{1.122}$$

Die Konzentration der Zielkomponente in der den Apparat verlassenden Flüssigkeit ($c_{fl,Ausg}$) ergibt sich aus Gl. (1.122) für $x = H$. Die mittlere Konzentration $\bar{c}_{fl}$ erhält man durch Integration des Profils (1.122) über die gesamte Apparatehöhe, d. h. von O bis H:

$$\begin{aligned} \bar{c}_{fl} &= \frac{1}{H} \int_0^H c_{fl}\, dx = \bar{c}_{f,Ob} - (\bar{c}_{f,Ob} - c_{fl,0}) \frac{1 - e^{-BH}}{BH} \\ B &= 6\beta \frac{1-\varepsilon}{V_{fl}\, d} S \end{aligned} \tag{1.123}$$

Die über das gesamte Apparatevolumen gemittelte Konzentration an der Oberfläche der festen Teilchen $\bar{c}_{f,Ob}$ ist durch Gl. (1.117) gegeben, in die der Wert für die Oberflächenkonzentration $c_{f,Ob}$ in Abhängigkeit von der Kontaktzeit einzusetzen ist. Für kugelförmige Teilchen und ihrem auf Diffusion beruhenden Transport läßt sich der Ausdruck für $c_{f,Ob}$ aus der Lösungsgleichung (1.72) für $r = R$ gewinnen. Man erhält

$$\begin{aligned} \bar{c}_{f,Ob} &= \int_0^\infty \bar{c}_{f,Ob}(\tau, R)\, \varrho(\tau)\, d\tau = \int_0^\infty \Bigg[\bar{c}_{fl} + (c_{f,0} - \bar{c}_{fl}) \\ &\quad \times 2R \sum_{n=1}^{\infty} \frac{\sin\mu_n - \mu_n \cos\mu_n}{\mu_n(\mu_n - \sin\mu_n \cos\mu_n)} \frac{\sin\mu_n}{R} \exp\left(-\mu_n^2 \frac{D}{R^2}\tau\right)\Bigg] \frac{1}{\bar{\tau}} \exp(-\tau/\bar{\tau})\, d\tau \\ &= \bar{c}_{fl} + (c_{f,0} - \bar{c}_{fl}) \cdot \frac{2}{\bar{\tau}} \sum_{n=1}^{\infty} \frac{\sin\mu_n - \mu_n \cos\mu_n}{\mu_n(\mu_n - \sin\mu_n \cos\mu_n)} \frac{\sin\mu_n}{\mu_n^2 \dfrac{D}{R^2} + \dfrac{1}{\bar{\tau}}} \end{aligned} \tag{1.124}$$

Die Stoffbilanzgleichung für die Zielkomponente (1.115) komplettiert das mathematische Modell des Prozesses.

Die Verteilung der dispersen Phase nach dem Abbaugrad

In der technologischen Praxis ist häufig die Kenntnis des mittleren, am Apparateaustritt herrschenden Abbaugrades der dispersen Phase nicht ausreichend, man benötigt vielmehr Informationen über die Verteilung des austretenden Materials nach dem Abbaugrad.

Zur Ableitung der Dichteverteilung der dispersen Phase nach dem mittleren Abbaugrad wird eine Stoffbilanzgleichung für den Anteil an Feststoff, dessen Konzentrationsbereich zwischen $\bar{c}_f$ und $(\bar{c}_f + d\bar{c}_f)$ liegt, aufgestellt. Bei stationärer Arbeitsweise des Austauschapparates muß die als schraffierte Fläche in Abb. 1.38 dargestellte in den Feststoffanteil gelangende Menge an Zielkomponente gleich der diese Feststoffportion verlassenden Menge sein. Die eintretende Menge besteht aus Teilchen, bei denen die mittlere Konzentration der benachbarten Schicht um den Betrag

$$\left|\varrho \frac{\partial \bar{c}_f}{\partial \tau}\right|_{\bar{c}_f + d\bar{c}_f}$$

höher ist.

Eine Abnahme von Feststoff im Konzentrationsbereich von $\bar{c}_f$ bis $(\bar{c}_f + d\bar{c}_f)$ kann durch Konzentrationsverringerung infolge des Abbaues der Zielkomponente $\left|\varrho \frac{\partial \bar{c}_f}{\partial \tau}\right|_{\bar{c}_f}$ in den Teilchen und durch den Feststoffaustrag aus dem Apparat bedingt sein. Im Falle einer

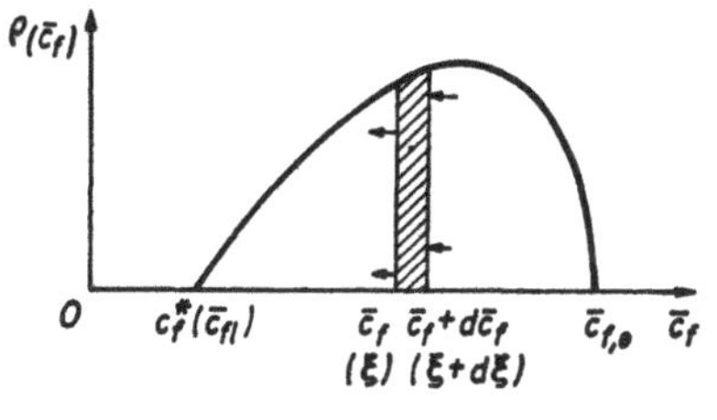

Abb. 1.38. Dichteverteilung des dispersen Stoffes in Abhängigkeit von dessen Konzentration der Zielkomponente.

idealen Vermischung der festen Phase ist die Menge des abgeführten Materials dem Durchsatz an Feststoff V_f direkt und dem vom Material im Apparat eingenommenen Volumen V_{App} indirekt proportional: $\varrho d\bar{c}_f \frac{V_f}{V_{\mathrm{App}}} = \varrho d\bar{c}_f \frac{1}{\bar{\tau}}$. Die Stoffbilanzgleichung über die Konzentration der Zeilkomponente für den Feststoffanteil im Konzentrationsbereich $\bar{c}_f$ - $(\bar{c}_f + d\bar{c}_f)$ läßt sich wie folgt angeben:

$$|\varrho\lambda|_{\bar{c}_f + d\bar{c}_f} = |\varrho\lambda|_{\bar{c}_f} + \varrho d\bar{c}_f \frac{1}{\bar{\tau}} \tag{1.125}$$

$\lambda = \frac{\partial \bar{c}_f}{\partial \tau}$ – Änderungsgeschwindigkeit der mittleren Konzentration im Feststoff

Durch Entwickeln der Funktion $(\varrho\lambda)$ in eine TAYLOR-Reihe und Vernachlässigen der nichtlinearen Glieder erhält man

$$|\varrho\lambda|_{\bar{c}_f+d\bar{c}_f} = |\varrho\lambda|_{\bar{c}_f} + \left.\frac{d(\varrho\lambda)}{d\bar{c}_f}\right|_{\bar{c}_f} d\bar{c}_f$$

Nach Einsetzen dieses Ausdruckes in Gl. (1.125) erhält man nach einigen Vereinfachungen folgende Differentialgleichung zur expliziten Bestimmung der Verteilungsdichte $\varrho(\bar{c}_f)$:

$$\frac{d(\varrho\lambda)}{d\bar{c}_f} = \frac{\varrho}{\bar{\tau}} \tag{1.126}$$

Nach Umformung und Trennung der Variablen sowie anschließender Integration erhält man folgenden Ausdruck:

$$\varrho(\bar{c}_f) = \frac{C_1}{\lambda} \exp\left(\frac{1}{\bar{\tau}} \int \frac{d\bar{c}_f}{\lambda}\right) \tag{1.127}$$

Die Integrationskonstante C_1 wird aus der Normierungsbedingung der Dichteverteilung auf Eins bestimmt:

$$\int_{c_{f1}}^{c_{f,0}} \varrho(\bar{c}_f)\, d\bar{c}_f = 1 = C_1 \int_{c_{f1}}^{c_{f,0}} \frac{1}{\lambda} \exp\left(\frac{1}{\bar{\tau}} \int \frac{d\bar{c}_f}{\lambda}\right) d\bar{c}_f$$

Durch Einsetzen des aus dem letzten Ausdruck gewonnenen Wertes für C_1 in Gl. (1.127) ergibt sich folgende Verteilungsdichte des Materials in einem Apparat mit idealer Vermischung der festen Phase:

$$\varrho(\bar{c}_f) = \frac{\exp\left(\frac{1}{\bar{\tau}} \int \frac{d\bar{c}_f}{\lambda}\right)}{\lambda \int_{c_{f1}}^{c_{f,0}} \frac{\exp\left(\frac{1}{\bar{\tau}} \int \frac{d\bar{c}_f}{\lambda}\right)}{\lambda\, d\bar{c}_f}} \tag{1.128}$$

Hintereinanderschaltung von Apparaten mit idealer Vermischung

Bereits an anderer Stelle wurde ausgeführt, daß eine Hintereinanderschaltung von Apparaten mit idealer Vermischung zu einer gleichmäßigeren Verweilzeitverteilung des Materials in der Kaskade führt. Diese Problematik soll nun eingehender untersucht werden, wobei die Kinetik des Abbauvorganges in allgemeiner Form von Gl. (1.116) als bekannt vorausgesetzt wird.

Als einfachster Fall wird angenommen, daß die Konzentration der Zielkomponente in der kontinuierlichen Phase nicht nur innerhalb jeder Zone, sondern auch in allen Zonen einen einheitlichen Wert aufweist. In diesem Falle sind alle Zonen (Sektionen, Kammern) als gleichwertig im Sinne der äußeren Bedingungen für die Kinetik des Abbaues der festen Teilchen anzusehen, so daß sich eine Sektionierung ausschließlich auf den Charakter der Verweilzeitverteilung des Feststoffes auswirkt. Wird zusätzlich noch eine gleiche mittlere Verweilzeit des Feststoffes in allen Sektionen angenommen, dann läßt sich der mittlere Abbaugrad des Feststoffes am Austritt aus dem n-ten Apparat $\bar{c}_{f,n}$ leicht ermitteln, da die Verweilzeitverteilung in expliziter Form [siehe Gl. (1.99)] bekannt ist:

$$\bar{c}_{f,n} = \int_0^\infty \bar{c}_f(\tau, c_{fl})\, \varrho_n(\tau)\, d\tau \tag{1.129}$$

Die Vorgehensweise zur Ableitung eines Ausdruckes für $\bar{c}_{f,n}$ in expliziter Form, gültig für regelmäßig geformte Feststoffteilchen, deren Abbau durch Diffusion hervorgerufen wird, und eine beliebige Anzahl n von Sektionen soll nur kurz angedeutet werden: Sie erfolgt durch Integration der Gl. (1.29) unter Hinzuziehung der Gleichungen für die Konzentration der Zielkomponente an der Teilchenoberfläche, d. h. der Gln. (1.68), (1.71) und (1.74).

Gleiche mittlere Flüssigkeitskonzentrationen in allen einzelnen Sektionen sind in der Praxis häufig nicht realisierbar. So tritt bei relativ gegenläufiger Phasenbewegung in jede Sektion ein Strom an kontinuierlicher Phase ein, der bereits in der vorherigen Sektion am Austauschprozeß beteiligt war, so daß die Gleichheit aller $\bar{c}_{fl,i}$ lediglich Zufallscharakter haben kann. Deshalb ist auch der Fall, daß in den einzelnen Sektionen unterschiedliche mittlere Konzentrationen der Zielkomponente in der kontinuierlichen Phase herrschen ($\bar{c}_{fl,i}$ = var), in der Praxis von größerem Interesse.

Die Spezifik einer theoretischen Analyse sektionierter Apparate läßt sich wie folgt darstellen:

1. Es ist unbedingt zu berücksichtigen, daß nur in den ersten (auf die feste Phase bezogenen) Apparat Material mit einer gleichförmigen Konzentration eintritt. In allen folgenden Sektionen ist das nicht der Fall; hier weist der eintretende Feststoff eine ungleichförmige Konzentrationsverteilung auf;
2. das in die folgende Sektion gelangende Teilchen weist ein ungleichförmiges inneres Konzentrationsfeld auf, das durch die Bedingungen und die Kontaktzeit in den vorherigen Sektionen festgelegt ist.

Eine analytische Untersuchung der Kinetik des Stoffaustausches eines Teilchens mit einer anfänglichen Konzentrationsverteilung, die durch Potenzreihen der Form (1.66), (1.69) oder (1.72) vorgegeben wird, ist nicht möglich. Bei $\bar{c}_{fl,i}$ = const setzt das Teilchen in jeder Schicht den Stoffaustauschprozeß mit dem umgebenden Medium, der in den vorhergehenden Sektionen begonnen hat, praktisch nur fort. Deshalb wird bei der Berechnung sektionierter Apparate in der Regel auch die Annahme gemacht, daß die Kinetik des Abbauvorganges des Teilchens nur vom Mittelwert seiner Eingangskonzentration in jede Sektion abhängig ist. Es soll nun der Abbauprozeß eines Teilchens in einem mehrfach sektionierten Apparat betrachtet werden, wobei die feste Phase in jeder Sektion der idealen Vermischung unterliegt. Die mittlere Verweilzeit des Feststoffes in den einzelnen Sektionen ist im allgemeinen Fall unterschiedlich.

Das in die erste Sektion eintretende Material besitzt eine gleichmäßige Konzentration $\bar{c}_{f,0}$, verläßt diese aber mit einer bestimmten, sich aus Gleichung (1.28) ergebenden Konzentrationsverteilung $\varrho_1(\bar{c}_f)$.

Für die Kinetik des Abbauvorganges eines einzelnen Teilchens soll folgende Beziehung angenommen werden:

$$\bar{c}_f = \bar{c}_f(\tau, c_{f,0}, \bar{c}_{fl}) \tag{1.130}$$

Die Verteilungsfunktion $\varrho_1(\bar{c}_f, c_{f,0}, \bar{c}_{fl})$ soll die in Abb. 1.38 gezeigte Form aufweisen. Der Konzentrationsbereich der aus der ersten Sektion austretenden Teilchen liegt zwischen $c_{f,0}$ (Teilchen mit einer äußerst kleinen Verweilzeit) und einer sich einstellenden Gleichgewichtskonzentration $c_f^*(\bar{c}_{fl})$ (für Teilchen mit einer gegen Unendlich strebenden Verweilzeit)[1].

Die Funktion $\varrho_1(\bar{c}_f)$ ist auf Eins normiert:

$$\int_{c_{f,0}}^{c^*(\bar{c}_{fl})} \varrho_1(\bar{c}_f)\, d\bar{c}_f = 1$$

Das in die zweite Sektion gelangende Material weist bereits eine Konzentrationsverteilung der Zielkomponente auf [39]. Aus diesem Materialstrom wird ein Elementaranteil in dem infinitesimalen Konzentrationsbereich von ξ bis $\xi + d\xi$ herausgegriffen. Die zu dieser Menge gehörenden Teilchen besitzen in der zweiten Sektion unterschiedliche Verweilzeiten, wobei das Verweilzeitspektrum ebenfalls der idealen Vermischung [Gl. (1.98)] entsprechen soll. Der aus der zweiten Sektion austretende Materialanteil $\varrho_1(\xi, c_{f,0}, \bar{c}_{fl,1}, \bar{\tau}_1)\, d\xi$ hat somit eine der Funktion ϱ_1 entsprechende Konzentrationsverteilung, in der an Stelle der Ausgangskonzentration die laufende Variable ξ tritt, während der Konzentrationswert des umgebenden Mediums und die mittlere Verweilzeit den Parametern der zweiten Sektion entsprechen[2]: $\varrho_1(\bar{c}_f, \xi, \bar{c}_{fl,2}, \bar{\tau}_2)$.

Die Konzentrationsverteilung am Ausgang einer Sektion mit idealer Vermischung kann man bei gleichförmiger Anfangsverteilung somit als Einflußfunktion (GREENsche Funktion) für die zweite und die folgende Sektion betrachten. Für die folgenden Ableitungen wird diese Funktion durch den Index Null gekennzeichnet: $\varrho_0(\bar{c}_f)$. Da das in die erste Schicht eintretende Material eine gleichförmig verteilte Konzentration aufweist, entspricht die Konzentrationsverteilung am Ausgang der ersten Schicht $\varrho_1(\bar{c}_f)$ der Einflußfunktion $\varrho_1(\bar{c}_f, c_{f,0}, \bar{c}_{fl,1}, \bar{\tau}_1) = \varrho_0(\bar{c}_f, c_{f,0}, \bar{c}_{,fl1}, \bar{\tau}_1)$.

Die Bedingung für die Anwendbarkeit der GREENschen Funktion (Linearität und Additivität der einzelnen infinitesimalen Erregungen) entspricht physikalisch der statistischen Unabhängigkeit der einzelnen Teilchen in jeder Sektion mit idealer Vermischung. Der Beitrag, den der Elementaranteil $\varrho_1(\xi)\, d\xi$ für die Verteilung in der zweiten Sektion leistet, läßt sich folgendermaßen angeben: $d\varrho_2(\bar{c}_f) = \varrho_1(\xi, \bar{c}_{f,0}, \bar{c}_{fl,1}, \bar{\tau}_1)\, d\xi \times \varrho_0(\bar{c}_f, \xi, \bar{c}_{fl,2}, \bar{\tau}_2)$ (die bei ϱ stehenden Indizes wurden im Interesse einer einheitlichen Schreibweise eingeführt).

Die Verteilungsdichte für die zweite Schicht ergibt sich durch Summation der Elementaranteile $d\varrho_2(\bar{c}_f)$ über ξ in den Konzentrationsgrenzen, innerhalb derer der laufende

[1] Auf das Symbol der Mittelung wurde hier verzichtet, da die Konzentration an allen Stellen innerhalb des Teilchens bei Erreichen des Gleichgewichtszustandes gleich ist.

[2] Die Reihenfolge der Parameter hinter dem Funktionszeichen von ϱ soll gleich bleiben, d. h.: An erster Stelle die laufende Variable oder ihr konkreter Wert; es folgen die Anfangskonzentration der festen Phase, die Konzentration des umgebenden Mediums und die mittlere Verweilzeit für die entsprechende Sektion.

Wert $\bar{c}_f$ bei weiterer Abnahme liegen kann:

$$\varrho_2(\bar{c}_f) = \int_{c_f}^{c_{f,0}} \varrho_1(\xi, c_{f,0}, \bar{c}_{fl,1}, \bar{\tau}_1)\, \varrho_0(\bar{c}_f, \xi, \bar{c}_{fl,2}, \bar{\tau}_2)\, d\xi$$

$$c_f^*(\bar{c}_{fl,2}) < \bar{c}_f < c_{f,0} \tag{1.131}$$

Wie Gl. (1.131) zeigt, ist die Verteilungsdichte am Ausgang aus der zweiten Sektion von Parametern beider Sektionen abhängig.

Die Berechnung der Verteilungsdichte des aus der dritten Sektion austretenden Materials nach seinem Gehalt an Zielkomponente erfolgt analog: Es wird ein Elementaranteil $\varrho_2(\xi)\, d\xi$ des von der zweiten in die dritte Sektion fließenden Materialstromes betrachtet, dessen Einfluß auf die Materialmenge am Austritt aus der dritten Sektion, wo die laufende Konzentration $\bar{c}_f$ beträgt, wie folgt beschreibbar ist: $d\varrho_3(\bar{c}_f) = \varrho_2(\xi)\, d\xi \times \varrho_0\,(\bar{c}_f, \xi, \bar{c}_{fl,3}, \bar{\tau}_3)$.

Durch Integration erhält man

$$\varrho_3(\bar{c}_f) = \int_{\bar{c}_f}^{c_{f,0}} \varrho_2(\xi)\varrho_0(\bar{c}_f, \xi, \bar{c}_{fl,3}, \bar{\tau}_3)\, d\xi$$

$$c_f^*(\bar{c}_{fl,3}) \leqq \bar{c}_f \leqq c_{f,0} \tag{1.132}$$

$\varrho_2(\xi)$ — ergibt sich aus Gl. (1.131)

Für den Ausgang aus der n-ten Sektion gilt

$$\varrho_n(\bar{c}_f) = \int_{\bar{c}_f}^{c_{f,0}} \varrho_{n-1}(\xi)\, \varrho_0(\bar{c}_f, \xi, \bar{c}_{fl,n}, \bar{\tau}_n)\, d\xi$$

$$c_f^*(\bar{c}_{fl,n}) \leqq \bar{c}_f \leqq c_{f,0} \tag{1.133}$$

$\varrho_n(\bar{c}_f)$ ist somit von den mittleren Flüssigkeitskonzentrationen und den mittleren Verweilzeiten des Materials in allen n Sektionen mit idealer Vermischung sowie der Anfangskonzentration der Zielkomponente im Feststoff bei seinem Eintritt in die erste Sektion abhängig.

Beispiele für die Anwendung der abgeleiteten Gleichungen werden in den nächsten Kapiteln bei der Untersuchung konkreter Prozesse angegeben.

1.6. Optimierung der Arbeitsweise sektionierter Apparate

Durch den Einsatz der elektronischen Rechentechnik ist es möglich, auf der Grundlage der mathematischen Modelle eine Vielzahl möglicher Varianten der Prozeßführung zu berechnen und die besten auszuwählen [40 bis 42]. So läßt sich beispielsweise bei einem vorgegebenen Abbaugrad der festen Phase das minimale Gesamtvolumen der eingesetzten Apparate bestimmen oder man ermittelt das Verhältnis der Rauminhalte einer vorgegebenen Anzahl von Apparaten derart, daß der Abbaugrad am Systemausgang einen maximalen Wert annimmt [37].

Ebenso ist der optimalen Projektierung die Auswahl der Stufenzahl zuzuordnen, mit der sich ein vorgegebener Abbaugrad erreichen läßt. Die Wahl einer ökonomisch begründeten apparativen Gestaltung für jeden konkreten Prozeß hat ebenfalls auf der Grundlage der mathematischen Beschreibung des Prozesses unter Anwendung von Methoden der optimalen Projektierung zu erfolgen.

Ganz allgemein besteht die Aufgabe der Optimierung eines technologischen Prozesses nicht nur in der Auswahl der Stufenanzahl für ein bestimmtes Prozeßschema der in Wechselbeziehung zueinander stehenden Materialströme. Der Phasenzustand am Systemausgang ist bei Stoffaustauschprozessen von vielen technologischen Faktoren abhängig, die in der Regel auf komplizierte Art miteinander verknüpft sind. Die Optimierung besteht deshalb im Aufsuchen einer solchen Kombination der unabhängigen technologischen Parameter, die einen maximalen Wert eines bestimmten Optimierungskriteriums gewährleistet.

Im weiteren Sinne beinhaltet das Optimum neben technologischen Parametern auch mathematisch nur schwer erfaßbare Faktoren, wie z. B. die momentane Nachfrage nach einem Produkt, die sich nicht im Preis niederschlägt, Fragen des Arbeitsschutzes und der Produktionsbedingungen u. a. Wahl und mathematische Formulierung des Optimalitätskriteriums stellen deshalb den verantwortungsvollsten Schritt bei der optimalen Projektierung dar, wobei in jedem konkreten Fall nicht nur die technologischen, sondern auch die ökonomischen Besonderheiten des Prozesses zu berücksichtigen sind.

Die Zielfunktion läßt sich z. B. derart formulieren, daß sie bei optimaler Prozeßgestaltung einen minimalen Wert annimmt. Wird beispielsweise bei einer zu projektierenden Anlage die Kapazität fest vorgegeben, dann kann die Optimierung im Auffinden einer solchen Kombination der unabhängigen Parameter bestehen, für die die finanziellen Aufwendungen für eine Produkteinheit einen minimalen Wert annehmen.

Meistens werden verschiedene Varianten für die Führung der Stoffströme (Gleichstrom, Gegenstrom, Rückführungen) optimiert. Die Optimierung jeder Variante besteht in der Suche des Extremwertes der für den vorliegenden Prozeß aufgestellten Zielfunktion, wobei in der Regel die in die Zielfunktion eingehenden Parameter Beschränkungen unterworfen sind. Der zulässige Wertebereich der zu optimierenden Parameter ist so festzulegen, daß sich keine physikalisch sinnlosen Resultate ergeben können. So dürfen z. B. viele Parameter keine negativen Werte annehmen, Konzentrationen dürfen für einen konkreten Prozeß gewisse Grenzwerte nicht übersteigen oder Temperaturen müssen sich in solchen Grenzen bewegen, in denen unerwünschte Nebeneffekte ausgeschlossen sind usw.

Die Extremwertbestimmung einer Funktion mehrerer Variabler stellt ein rein mathematisches Problem dar, zu dessen Lösung unter Einsatz elektronischer Rechenmaschinen gut ausgearbeitete Methoden existieren [43, 44].

Das letzte Optimierungsstadium technologischer Prozesse besteht in der Wahl der besten Variante aus der Zahl der unabhängig voneinander optimierten. Hierbei lassen sich auch solche Faktoren berücksichtigen, die keinen Eingang in das Optimierungskriterium fanden.

1.7. Maßstabsübertragung bei Stoffaustauschapparaten

Nicht nur in der chemischen Industrie, sondern auch in anderen Zweigen der Volkswirtschaft ist die Tendenz zum Bau von Großanlagen unübersehbar. Damit in Verbindung nehmen auch die in der Anlage eingesetzten Apparate größere Abmessungen an. Deshalb kommt einer möglichst genauen Modellierung von Stoffaustauschprozessen auf der Grundlage experimenteller Untersuchungen im Labormaßstab zur Berechnung großtechnischer Apparate eine wachsende Bedeutung zu.

Die beim Betrieb industrieller Anlagen erzielte Effektivität bei Stoffaustauschprozessen liegt oft wesentlich unter der, die bei der Untersuchung des Prozesses an einer kleinen Anlage erzielt wurde. Ein solcher Effektivitätsabfall ist selbst dann zu beobachten, wenn die bestimmenden Ähnlichkeitskennzahlen für Modell und Großanlage die gleichen sind.

Eingehende Untersuchungen dieses Effekts bei der Maßstabsübertragung [45, 46] bewiesen, daß der Hauptgrund für die sinkende Effektivität des Stoffaustausches in großen Apparaten in der ungleichmäßigen Verteilung der strömenden Phase über den Apparatequerschnitt zu suchen ist. Die Wahrscheinlichkeit einer Abweichung der lokalen Geschwindigkeit von der mittleren nimmt mit einer Vergrößerung des Apparatequerschnittes zu. Demgegenüber verringern sich die Wahrscheinlichkeiten einer Vermischung und eines Geschwindigkeitsausgleichs in Querrichtung mit zunehmendem Apparatequerschnitt.

Die ungleichförmige Verteilung der Ströme führt zu örtlichen Abnahmen der Triebkraft des Stoffaustauschprozesses, einer ungleichmäßigen Konzentrationsverteilung über den Apparatequerschnitt und einer Abnahme der mittleren Effektivität des Apparates. Durchläuft beispielsweise ein größerer Anteil der kontinuierlichen Phase das disperse Medium mit einer beträchtlich über der mittleren Geschwindigkeit liegenden Geschwindigkeit, so liefert dieser Anteil wegen seiner geringen Kontaktzeit nur einen höchst geringen Beitrag zum mittleren Wirkungsgrad des Stoffaustauschprozesses. Diese Intensitätsabsenkung wird durch Anteile an kontinuierlicher Phase mit entsprechend höherer Verweilzeit bei weitem nicht kompensiert (Bypaßbildung).

Die ungleiche Strömungsverteilung über den Apparatequerschnitt fällt besonders bei solchen Prozessen ins Gewicht, bei denen die Konzentration der festen Phase und damit ihre spezifische Stoffaustauschfläche eine Funktion der örtlichen Geschwindigkeit der kontinuierlichen Phase darstellen. So kann beispielsweise in Wirbelschichten großen Durchmessers eine Kanalbildung auftreten, durch die sich die Gasphase mit großer Geschwindigkeit bewegt, wobei der Feststoffanteil in solchen Kanälen verschwindend gering ist. Das durch die Kanäle strömende Gas hat demzufolge nur einen sehr geringen Kontakt zu den Feststoffteilchen. Die gleiche Feststellung trifft auf die sich in der Wirbelschicht bildenden Gasblasen zu. Die innere Struktur der Wirbelschicht kann von wesentlichem Einfluß auf die Verweilzeitverteilung des dispersen Materials und somit auf den Umsatz sein. Mit Hilfe der Ähnlichkeitskriterien, in die die mittleren Strömungsgeschwindigkeiten eingehen, ist man deshalb nicht in der Lage, örtliche Ungleichmäßigkeiten in der Verteilung der kontinuierlichen Phase über den Apparatequerschnitt zu berücksichtigen, so daß die Modellierung von Stoffaustauschprozessen bei einem Übergang vom Labormaßstab zum industriellen nicht den Anforderungen genügt. Eine vollständige Realisierung des Maßstabsübertragungseffekts ist unter Laborbedingungen, d. h. an kleinen Modellen, nicht möglich; man ist deshalb stets auf eine Analyse der Struktur realer Strömungen in Industrieanlagen angewiesen.

Die Gleichförmigkeit der Strömungsverteilung läßt sich durch eine impulsförmige Zugabe einer Markierungssubstanz überprüfen. Eine Verschiebung des Maximums der Kurve $\varrho(\tau)$ zu im Vergleich zur mittleren Verweilzeit kleineren Verweilzeiten deutet auf die oben erwähnte Kanalbildung hin, während eine auseinandergezogene Kurve $\varrho(\tau)$ Toträume und Stauzonen in der Schicht vermuten läßt.

Bei der Maßstabsübertragung werden mitunter neben den allgemeinen Apparateabmessungen evtl. Einbauten im gleichen Maßstab vergrößert. Dabei ändert sich jedoch der Koeffizient für die axiale turbulente Vermischung. Das ist beispielsweise bei der Maßstabsübertragung von Rührapparaten der Fall, wobei sich der Abstand zwischen dem Rührer und den Einbauten vergrößert. Gerade dieser Abstand aber bestimmt die Turbulenzmaßstäbe.

Die Effektivitätsabnahme beim Übergang zum Großmaßstab hat fast ausschließlich in der Hydrodynamik ihre Gründe. Die quantitative Untersuchung dieser Vorgänge und die Überarbeitung entsprechender konstruktiver Elemente ist deshalb durch zielgerichtete hydrodynamische Versuche an großtechnischen Anlagen möglich [46].

Die Strömungsstruktur läßt sich entweder direkt durch Messen der Geschwindigkeitsprofile der beteiligten Phasen oder über die Ermittlung der Verweilzeitverteilungskurve jeder Phase untersuchen. Die erste Methode liefert umfassende Informationen über die Makrostruktur der Strömung, ist jedoch in der Praxis nur schwer zu realisieren. Außerdem gestatten die gemessenen örtlichen Geschwindigkeiten keine Aussage über die turbulente Vermischung der Phasen. Die Antwortfunktion hingegen ist wesentlich einfacher zu gewinnen und enthält Informationen sowohl über Ungleichförmigkeiten der Strömung über den Apparatequerschnitt, als auch über die Intensität aller Arten der Vermischung. Mit Hilfe der Kurven $\varrho(\tau)$ lassen sich über das Diffusionsmodell der effektive Diffusionskoeffizient oder andere Parameter bestimmen.

Allgemeine Erfahrungen, die auf der Grundlage des Diffusionsmodells oder von Modellvorstellungen über die Kanalbildung für Stofftransportprozesse in Systemen mit strömenden Medien gewonnen wurden [46], besagen, daß sich die negativen Auswirkungen bei der Maßstabsübertragung von Versuchsanlagen zu großtechnischen durch eine Sektionierung des Apparates in Längsrichtung, durch eine größere mittlere Phasengeschwindigkeit und durch eine Intensivierung der Vermischung in Querrichtung vermindern lassen. Die Sektionierung des Apparates verringert die Länge sich evtl. bildender Kanäle, während Durchsatzerhöhung und intensivere Quervermischung die Ungleichförmigkeiten über den Apparatequerschnitt abbauen. Experimentell konnte die Gültigkeit der gemachten Feststellungen für Systeme flüssig—flüssig und Flüssigkeit—Gas (Dampf) nachgewiesen werden, so daß ihre Gültigkeit für Stoffaustauschprozesse unter Beteiligung einer festen Phase zu vermuten ist.

Literatur

[1] L. Prandtl, „*Führer durch die Strömungslehre*" (3. Aufl.), Vieweg, Braunschweig 1949

[2] H. Schlichting, „*Grenzschichttheorie*", Karlsruhe, 1965

[3] L. G. Lojcjanskij, „*Mechanika židkosti i gaza*", Verl. „Nauka", Moskau 1970

[4] C. O. Bennett, J. E. Myers, „*Momentum, Heat and Mass Transfer*", McGraw-Hill Book Co, New York/London/Toronto 1962

[5] A. N. Tichonov, A. A. Samarskij, „*Uravnenija matematičeskoj fiziki*", Verl. „Nauka", Moskau 1966

[6] A. A. Guchman, „*Primenenie teorii podobija k issledovaniju processov teplo- i massoobmena*", Verl. „Vysšaja Škola", Moskau 1967

[7] A. G. Kassatkin, „*Chemische Verfahrenstechnik*", Deutscher Verlag für Grundstoffindustrie, Leipzig 1961

[8] L. S. Lejbenzon, „*Dviženie prirodnych židkostej i gazov v poristoj srede*“, Gostechizdat, Moskau/Leningrad 1947
[9] A. V. Lykov, „*Teplomassoobmen*“ (spravočnik), Verl. „Ėnergija“, Moskau 1972
[10] A. V. Lykov, „*Teorija teploprovodnosti*“, Verl. „Vysšaja Škola“, Moskau 1967
[11] H. S. Karlslou, D. K. Eger, „*Teploprovodnost' tverdych tel*“ (Übersetzung aus dem Englischen), Verl. „Nauka“, Moskau 1964
[12] S. N. Šorin, „*Teploperedača*“, Verl. „Vyssaja Škola“, Moskau 1964
[13] T. Hobler, „*Teploperedača i teploobmenniki*“ (Übersetzung aus dem Polnischen), Goschimizdat, Leningrad 1961
[14] O. Krischer, „*Die wissenschaftlichen Grundlagen der Trockhungstechnik*“, Springer-Verlag, Berlin/Göttingen/Heidelberg, 1956
[15] D. P. Timofeev, „*Kinetika adsorbcii*“, Akademie-Verlag der UdSSR, Moskau 1962
[16] G. A. Aksel'rud, „*Massoobmen v sisteme tverdoe telo-židkost'*“, Verl. d. Univ. Lwow, Lwow 1970
[17] A. V. Lykov, „*Teorija suški*“, Gosėnergoizdat, Moskau/Leningrad 1950
[18] A. V. Lykov, „*Javlenija perenosa v kapilljarno-poristych telach*“, Gosėnergoizdat, Moskau 1954
[19] A. F. Čudnovskij, „*Teploobmen v dispersnych sredach*“, Gostechizdat, Moskau 1954
[20] R. M. Barrer, „*The Structure and Properties of Porous Materials*“, Colston papers, London 1958
[21] P. C. Carman, „*Flow of Gases trough Media*“, London 1956
[22] J. Crank, „*The Mathematics of Diffusion*“, Claredon Press, Oxford 1956
[23] G. M. Kondrat'ev, „*Reguljarnyj teplovoj režim*“, Gostechizdat, Moskau 1954
[24] Z. R. Gorbis, „*Teploobmen i gidromechanika dispersnych skvoznych potokov*“, Verl. „Ėnergija“, Moskau 1970
[25] G. A. Geniev, „*Voprosy dinamiki sypučej sredy*“, Gosėnergoizdat, Moskau 1958
[26] M. Ė. Aėrov, O. M. Todes, „*Gidravličeskie i teplovye osnovy raboty apparatov so stacionarnym i kipjaščim sloem*“, Verl. „Chimija“, Leningrad 1968
[27] O. Levenspiel, „*Chemical Reaction Engineering*“ (2. Aufl.), John Wiley, New York 1972
[28] N. I. Gel'perin, V. G. Ajnštejn, V. B. Kvaša, „*Osnovy techniki psevdoožiženija*“, Verl. „Chimija“, Moskau 1967
[29] P. G. Romankov, N. B. Raškovskaja, „*Suška vo vzvešennom sostojanii*“, Verl. „Chimija“, Leningrad 1968
[30] „*Fluidization*“, Edited by J. F. Davidson and D. Harrison, Academic Press, London/New York 1971
[31] J. Beranek, D. Sokol, G. Winterstein, „*Wirbelschichttechnik*“, VEB Deutscher Verlag für Grundstoffindustrie, Leipzig 1964
[32] S. S. Zabrodskij, „*Gidrodinamika i teploobmen v psevdoožižennom kipjaščem sloe*“, Gosėnergoizdat, Moskau/Leningrad 1963
[33] G. I. Nikolaev, P. G. Romankov, D. T. Mitev u. a., Deponiert in VINITI d. Akademie d. UdSSR, Nr. 128-74
[34] D. T. Mitev, P. G. Romankov, N. B. Raškovskaja u. a., TOChT, 2, 587—594 (1968)
[35] V. D. Gorośko, R. B. Rozenbaum, O. M. Todes, Izv. vuzov. Neft' i gaz, 1, 125—130 (1958)
[36] I. N. Taganov, L. G. Malchasjan, P. G. Romankov, ToChT, 1, 661—666 (1967)
[37] E. M. Vikdorčik, A. B. Šejnin, „*Matematičeskoe modelirovanie nepreryvnych processov rastvorenija*“, Verl. „Chimija“, Leningrad 1971
[38] V. F. Frolov, P. G. Romankov, ŽPCh, 35, 80—89 (1962)
[39] V. F. Frolov, P. G. Romankov, ŽPCh, 44, 1797/1803 (1971)
[40] W. W. Kafarow, „*Kybernetische Methoden in der Chemie und der chemischen Technologie*“, Akademie-Verlag, Berlin 1971
[41] A. I. Bojarinow und W. W. Kafarow, „*Optimierungsmethoden in der chemischen Technologie*“, Akademie-Verlag, Berlin 1972

[42] V. V. Kafarov, V. L. Petrov, V. P. Mešalkin, „*Principy matematičeskogo modelirovanija chimiko-technologičeskich sistem*“, Verl. „Chimija“, Moskau 1974

[43] R. Aris, „*The Optimal Design of Chemical Reactors*“, Academic Press, New York 1961

[44] G. M. Ostrowski, J. M. Wolin, „*Methoden zur Optimierung chemischer Reaktoren*“, Akademie-Verlag, Berlin 1973

[45] A. M. Rozen, „*Teorija razdelenija izotopov v kolonnach*“, Atomizdat, Moskau 1960

[46] A. M. Rozen, V. S. Krylov, In „*Teplo- i massoperenos*“, Bd. 4, Minsk 1972

2. Extraktion

2.1. Das Auflösen von Feststoffen

Das Auflösen fester Stoffe in flüssigen Lösungsmitteln ist ein in der chemischen Technologie häufiger Prozeß. In den meisten Fällen wird dabei die Herstellung einer konzentrierten Lösung des betreffenden Stoffes angestrebt.

Das Auflösen des Feststoffes durch das Lösungsmittel vollzieht sich in der Regel an der äußeren Oberfläche der festen Teilchen. Bei einheitlicher Struktur des aufzulösenden Stoffes (Lösegut) und gleicher Zugänglichkeit des Lösungsmittels zur Lösegutoberfläche ist die Lösegeschwindigkeit an allen Oberflächenabschnitten gleich groß. Bei nichteinheitlicher Struktur des aufzulösenden Stoffes kann der Löseprozeß zu erheblichen Deformationen der Oberfläche des Feststoffes führen (Abb. 2.1).

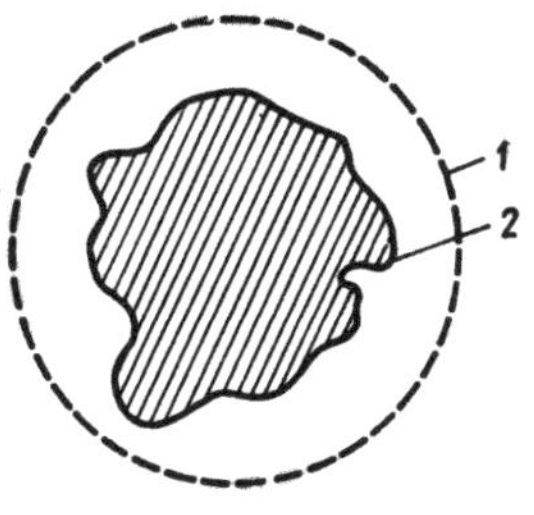

Abb. 2.1. Schematische Darstellung des Verlaufes des Auflöseprozesses an einem inhomogenen Teilchen.
1 — ursprüngliche Teilchenform
2 — Bereich des ungelösten Feststoffes.

Im Gegensatz zu Extraktionsprozessen, bei denen nur die Zielkomponente aus einem unlöslichen Feststoff herausgelöst wird, ist beim Auflösen das Lösegut vollkommen löslich.

Die Transportkinetik der Zielkomponente aus den festen Teilchen in die kontinuierliche Phase des flüssigen Lösungsmittels kann beim Auflösen und bei Extraktionsprozessen grundverschieden sein. Beim Auflösen eines Feststoffes läßt sich der Gesamtprozeß in drei aufeinanderfolgende Schritte einteilen: Durch Diffusion hervorgerufene Zufuhr von Lösungsmittel an die Feststoffoberfläche, die eigentliche Phasenumwandlung vom festen in den gelösten Zustand und die Abfuhr des gelösten Stoffes von der Phasengrenze an das Lösungsmittel. Die Gesamtgeschwindigkeit des Löseprozesses ist dabei von der Summe der Einzelwiderstände jedes Prozeßschrittes abhängig. Je nach den Prozeßbedingungen ist es möglich, daß sich ein Schritt als geschwindigkeitsbestimmend für den Gesamtprozeß erweist, nämlich dann, wenn der Widerstand dieses Einzelschrittes die der anderen bei weitem übertrifft.

In Abhängigkeit vom dominierenden Widerstand irgendeines Schrittes ändern sich die Konzentrationsverhältnisse der Komponenten in unmittelbarer Nähe der Feststoffoberfläche.

Stellt beispielsweise die Abfuhr des gelösten Stoffes von der Feststoffoberfläche den geschwindigkeitsbestimmenden Schritt dar (Abb. 2.2a), dann verläuft der eigentliche Löseprozeß der festen Phase hinreichend schnell und die Konzentration der Zielkomponente an der Oberfläche nimmt den Wert der Sättigungskonzentration c^* an. Die Gesamtgeschwindigkeit des Löseprozesses wird durch die Intensität des äußeren Stoffaustausches bestimmt:

$$-\frac{dM}{d\tau} = \beta F(c^* - c_{fl}) \tag{2.1}$$

M — Masse des Lösegutes
τ — Zeit
β — Stoffübergangskoeffizient
F — Oberfläche der zu lösenden festen Phase
c_{fl} — Konzentration des gelösten Stoffes in der Lösung

Stellt der eigentliche Löseprozeß an der Oberfläche der festen Phase den geschwindigkeitsbestimmenden Schritt dar, sind also die Widerstände der Stoffzu- und -abfuhr vernachlässigbar klein, dann läßt sich die Intensität des Gesamtprozesses wie eine von der Konzentration der Lösung c_L abhängige chemische Reaktionsgeschwindigkeit betrachten:

$$-\frac{dM}{d\tau} = kFc_L{}^m \tag{2.2}$$

m — Reaktionsordnung
k — Reaktionsgeschwindigkeitskonstante

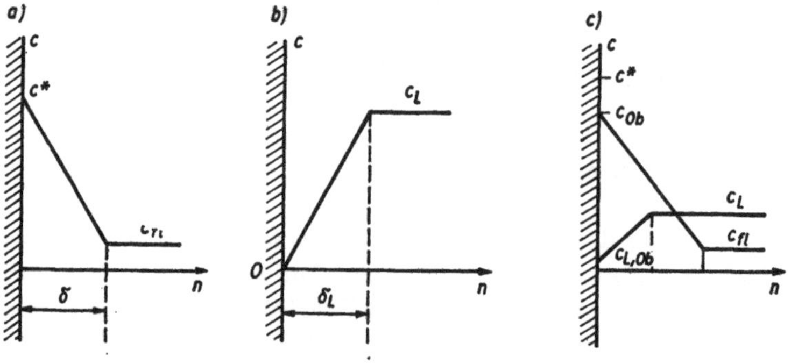

Abb. 2.2. Konzentrationsprofil in der Nähe der Lösefront für verschiedene Widerstandsverhältnisse beim Stoffübergang.

a) geschwindigkeitsbestimmender Prozeßschritt ist die Abfuhr des gelösten Stoffes; b) geschwindigkeitsbestimmender Prozeßschritt ist die Zufuhr frischen Lösungsmittels; c) Diffusions- und kinetischer Widerstand besitzen gleiche Größenordnung.

Für den Fall, daß die Zufuhr des Lösungsmittels zur festen Oberfläche den geschwindigkeitsbestimmenden Schritt darstellt, nimmt die Lösemittelkonzentration an der Oberfläche bei hinreichend hoher Reaktionsgeschwindigkeit den Wert Null an, so daß die Triebkraft des Prozesses, die Konzentrationsdifferenz, c_L beträgt. Für die Geschwindigkeit des Gesamtprozesses gilt in diesem Fall

$$-\frac{dM}{d\tau} = a\beta_L F c_L$$

β_L — Stoffübergangskoeffizient des Lösungsmittels
a — stöchiometrischer Reaktionskoeffizient

In Abb. 2.2c sind die Konzentrationsverhältnisse für den Fall dargestellt, daß der Diffusions- und der kinetische Widerstand die gleiche Größenordnung besitzen. Die Konzentration der Zielkomponente an der Oberfläche des Feststoffes c_{Ob} ist niedriger als die Sättigungskonzentration, während die Konzentration des Lösungsmittels an der Oberfläche $c_{L,Ob}$ unter der des Hauptstromes liegt. Die Größen c_{Ob} und $c_{L,Ob}$ lassen sich auf Grund der gleichen Geschwindigkeiten für die drei Einzelschritte, d. h. für den Übergang des Feststoffes in Lösung und die Transportvorgänge für Lösungsmittel und Zielkomponente, ermitteln:

$$-\frac{dM}{d\tau} = kFc_{L,Ob}^m = a\beta_L F(c_L - c_{L,Ob}) = \beta F(c_{Ob} - c_{fl}) \tag{2.3}$$

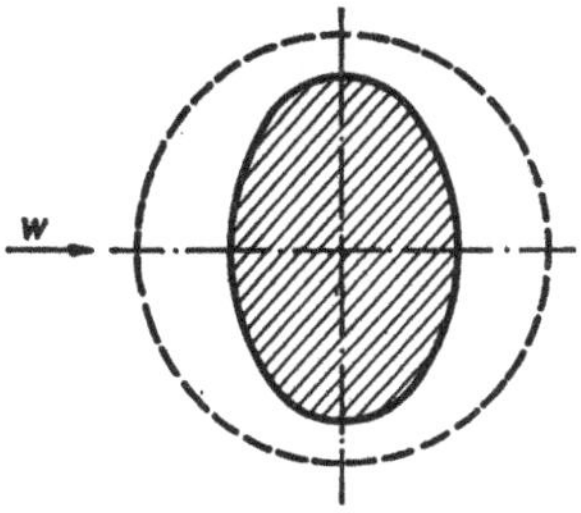

Abb. 2.3. Ungleichförmiger Löseprozeß an einem im Lösungsmittel ruhenden kugelförmigen Teilchen.

Die Stoffübergangskoeffizienten β und β_L weisen in der Regel verschieden große Werte auf, so daß auch die ihnen entsprechenden Grenzschichten an der festen Teilchenoberfläche δ bzw. δ_L verschieden dick sind.

Die Intensität des Stoffübergangs ist in erster Linie eine Funktion der hydrodynamischen Verhältnisse in der Nähe der festen Oberfläche und der Diffusionseigenschaften des umgebenden Mediums (s. Abschn. 2.1.). Die Auswirkungen eines ungleichförmigen Stoffübergangs über die Teilchenoberfläche sind in Abb. 2.3 dargestellt. Bei allen weiteren Betrachtungen wird jedoch von einem für die gesamte Teilchenoberfläche gültigen mittleren Stoffübergangskoeffizienten ausgegangen.

Die Spezifik der Kinetik beim Auflösen eines reinen Feststoffes besteht in der Verringerung der Teilchengröße, die im Verlaufe des Löseprozesses zu einer Änderung des Stoffübergangskoeffizienten führt. Dies folgt aus der Abhängigkeit der NUSSELT-Zahl von der REYNOLDS-Zahl:

$$Nu = f(Re) \tag{2.4}$$

Die explizite Form der Beziehung (2.4) ist von der Strömungsform, d. h. vom Wert der REYNOLDS-Zahl abhängig. Die Schwierigkeiten bei der mathematischen Beschreibung des Löseprozesses bestehen vor allem darin, daß sich die Strömungsform um die Feststoffteilchen im Prozeßverlauf ändern kann, womit gleichzeitig eine Änderung der expliziten Form der Beziehung (2.4) verbunden ist.

Die Kinetik des Löseprozesses an einem einzelnen Teilchen

Es wird ein kugelförmiges Teilchen betrachtet, das sich in einem Lösungsmittel konstanter Konzentration und konstanter Temperatur befindet. Für den Fall, daß der eigentliche Löseprozeß den geschwindigkeitsbestimmenden Schritt darstellt, gilt Gl. (2.2), wobei anstelle der Menge der Teilchenradius als Variable eingeführt wird:

$$-\frac{dr}{d\tau} = \frac{k}{\varrho_f} c_L{}^m \tag{2.5}$$

Durch Integration von Gl. (2.5) ergibt sich bei einem Anfangsradius r_0 eine lineare Abhängigkeit zwischen der Abnahme des Teilchendurchmessers und der Zeit:

$$r = r_0 - \frac{k}{\varrho_f} c_L{}^m \tau \tag{2.6}$$

Die zur völligen Auflösung des Teilchens erforderliche Zeit folgt aus Gl. (2.6) für $r = 0$:

$$\tau_m = \frac{r_0 \varrho_f}{k c_L{}^m} \tag{2.7}$$

Der Anteil des ungelösten Stoffes (Lösegrad) beträgt für ein kugelförmiges Teilchen $\gamma = (r/r_0)^3$. Unter Berücksichtigung der Gl. (2.6) erhält man für den laufenden Lösegrad folgenden Ausdruck:

$$\gamma(\tau) = \left(1 - \frac{k c_L{}^m}{\varrho_f r_0} \tau\right)^3 \tag{2.8}$$

Bezieht man Gl. (2.8) auf die zur vollständigen Auflösung erforderliche Zeit τ_m, so geht diese über in

$$\gamma(\theta) = (1 - \theta)^3 \tag{2.9}$$

$$\theta = \tau/\tau_m$$

Bei der Mehrheit der industriellen Löseprozesse stellt die Abfuhr des gelösten Stoffes von der Teilchenoberfläche in das Lösemittel den geschwindigkeitsbestimmenden Prozeßschritt dar, so daß die Prozeßgeschwindigkeit in erster Linie von der Intensität des äußeren Stoffübergangs abhängig ist.

Beim Löseprozeß eines kugelförmigen Teilchens ändert sich, wie bereits bemerkt wurde, die Art der Strömung, so daß β eine Funktion von r wird. Für diesen allgemeinen Fall ergibt sich aus Gl. (2.1) durch Trennung der Variablen

$$-\varrho_f \frac{dr}{\beta(r)} = \Delta c \, d\tau \tag{2.10}$$

$$\Delta c = c^* - c$$

Durch Integration der Gl. (2.10) vom Anfangs- bis zum laufenden Radius erhält man eine Abhängigkeit des laufenden Radius von der Lösezeit:

$$\int_r^{r_0} \frac{dr}{\beta(r)} = \frac{\Delta c}{\varrho_f} \tau \tag{2.11}$$

Die Integration ist nicht geschlossen, sondern nur abschnittsweise in Abhängigkeit von der Strömungsform möglich. Die Integration selbst ist von der konkreten Form der angewendeten Kriterialbeziehungen abhängig.

Als Beispiel soll der einfache Fall betrachtet werden, daß der Anfangsdurchmesser des Teilchens und die Geschwindigkeit w des umströmenden Mediums hinreichend klein sind, so daß die Bedingung $Re = \frac{w \cdot 2r_0}{\nu} < 0{,}2$ erfüllt ist. In diesem Falle läßt sich die NUSSELT-Zahl mit $Nu = 2$ annehmen:

$$\beta = 2\frac{D}{d} = \frac{D}{r} \tag{2.12}$$

D — molekularer Diffusionskoeffizient
d, r — laufender Durchmesser bzw. Radius des sich auflösenden Teilchens

Für kugelförmige Teilchen, die ihre Form im Verlaufe des Löseprozesses nicht ändern, gilt $M = \varrho_f \cdot \frac{4}{3}\pi r^3$ und $F = 4\pi r^2$. Durch Einsetzen der angegebenen Werte für M, F und β in Gl. (2.1) erhält man

$$-\varrho_f \frac{dr}{d\tau} = \frac{D}{r}\Delta c. \tag{2.13}$$

Die Integration dieser Gleichung liefert unter Beachtung der Anfangsbedingung $r|_{\tau=0} = r_0$

$$r = \sqrt{r_0^2 - 2\frac{D\Delta c}{\varrho_f}\tau} \tag{2.14}$$

Die zur völligen Auflösung des Teilchens erforderliche Zeit beträgt

$$\tau_m = \frac{\varrho_f r_0^2}{2D\Delta c} \tag{2.15}$$

Die Beziehung (2.14) läßt sich auch durch die zur völligen Auflösung des Teilchens erforderliche Zeit

$$\frac{r}{r_0} = \sqrt{1 - \frac{\tau}{\tau_m}} \tag{2.16}$$

oder durch die laufende Teilchenmasse ausdrücken:

$$\frac{M}{M_0} = \left(1 - \frac{\tau}{\tau_m}\right)^{3/2} \tag{2.17}$$

Für $Re > 0{,}2$ läßt sich zur Berechnung des Stoffübergangskoeffizienten folgende Beziehung heranziehen [1]:

$$Nu = 2 + 0{,}6Re^{0,5} \tag{2.18}$$

Durch Einsetzen des über Gl. (2.18) ermittelten β-Wertes in Gl. (2.11) und anschließende Integration erhält man:

$$\tau = \frac{2\varrho_f}{D\Delta c K^4}\left[\frac{(1+KZ)^3}{3} - \frac{3}{2}(1+KZ)^2 + 3(1+KZ) - \ln(1+KZ)\right]_{\sqrt{r}}^{\sqrt{r_0}} \tag{2.19}$$

$$K = 0{,}3\sqrt{2w/\nu}$$

Für Reynolds-Zahlen von $Re > 500$ läßt sich mit hinreichender Genauigkeit annehmen:

$$\beta = K_1 / \sqrt{r} \tag{2.20}$$

Einsetzen des Wertes (2.20) in Gl. (2.11) und anschließende Integration liefern:

$$\tau = \frac{2\varrho_f}{3\Delta c K_1}\left(r_0^{3/2} - r^{3/2}\right) \tag{2.21}$$

$$K_1 = 0{,}4D \cdot Pr^{1/3}\sqrt{2w/\nu}$$

Abschließend sei darauf verwiesen, daß die Geschwindigkeit der das Teilchen umgebenden Strömung als konstant und unabhängig von dem sich im Verlaufe des Löseprozesses verringernden Teilchendurchmesser d angenommen wurde. Diese Annahme besitzt für ruhende Teilchen stets Gültigkeit.

Das Auflösen eines Haufwerks

Bisher wurde der Löseprozeß eines einzelnen Teilchens in einem es umgebenden Lösungsmittel konstanter Konzentration $c = \text{const}$[1] untersucht. In der industriellen Praxis tritt dieser Fall bei kontinuierlich arbeitenden Apparaten mit idealer Vermischung der zu lösenden Teilchen auf. In allen anderen Fällen ist die Konzentration der Zielkomponente in dem sich in unmittelbarer Teilchennähe befindlichen Lösungsmittel zeitlich veränderlich.

Diskontinuierlicher Prozeß bei idealer Vermischung, Gleich- und Gegenstrom

Bei diskontinuierlich geführten Prozessen nimmt die Lösegutkonzentration des das Teilchen umgebenden Lösungsmittels laufend zu. Auch bei kontinuierlicher Führung des Löseprozesses im Gleich- oder Gegenstrom kommt das sich durch den Apparat bewegende Teilchen mit Lösungsmittel in Berührung, dessen Konzentration sich monoton ändert (Abb. 2.4).

Die Mengenverhältnisse für die Zielkomponente in der dispersen und der kontinuierlichen Phase ergeben sich aus der Stoffbilanzgleichung. Bei diskontinuierlicher Prozeßführung (Abb. 2.4a) mit intensiver Vermischung beider Phasen erhöht sich die Konzentration im Lösungsmittel auf Kosten der gelösten Stoffmenge:

$$N\,\frac{4\pi}{3}\left(r_0^3 - r^3\right)\varrho_f = V(c - c_0) \tag{2.22}$$

N — Anzahl der kugelförmigen Teilchen mit einem Anfangsradius r_0
V — Volumen des reinen Lösungsmittels

[1] Bis zum Abschnitt 2.2. wird die Konzentration des gelösten Stoffes im Lösungsmittel ohne den Index „fl" angegeben.

Durch Erweitern der linken Gleichungsseite von (2.22) mit r_0^3 erhält man

$$\varkappa(1 - y^3) = c - c_0$$
$$\varkappa = M_0/V \tag{2.23}$$

$M_0 = N \cdot \frac{4}{3} \pi r_0^3 \varrho_f$ — Masse der festen Phase zu Beginn des Löseprozesses

$y = r/r_0$ — laufender Wert des relativen Teilchenhalbmessers

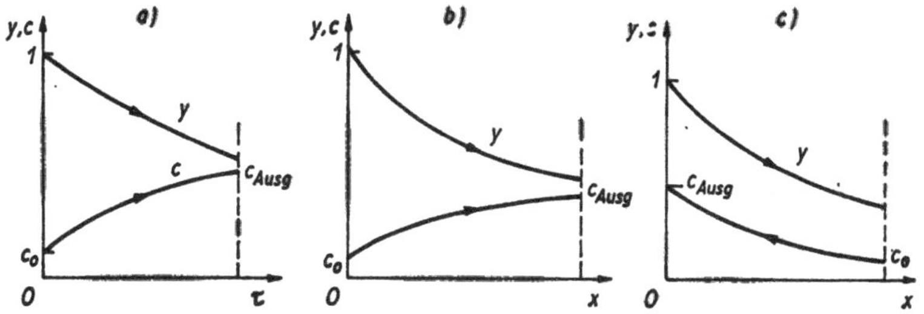

Abb. 2.4. Schematische Darstellung der Änderung des relativen Teilchenhalbmessers $y = r/r_0$ und der Konzentration der Zielkomponente c in der flüssigen Phase für den diskontinuierlichen Prozeß mit idealer Vermischung (a), den Gleichstromprozeß (b) und den Gegenstromprozeß (c).

Es sollen nun die Stoffbilanzen für kontinuierliche Löseprozesse aufgestellt werden, wobei angenommen wird, daß in beiden Phasen keine axiale Vermischung auftritt und daß die Phasengeschwindigkeiten in radialer Richtung konstant bleiben. Die Stoffbilanz der zu lösenden Komponente für einen durch die Koordinaten $x = 0$ (Apparateeingang) und x (laufende Längenkoordinate) begrenzten Apparateabschnitt lautet für den Gleich- (Abb. 2.4b) bzw. Gegenstrom (Abb. 2.4c):

$$\left.\begin{aligned} \varkappa(1 - y^3) &= c - c_0 \\ \varkappa(1 - y^3) &= c - c_{\text{Ausg}} \end{aligned}\right\} \tag{2.24}$$

Die Gln. (2.23) und (2.24) lassen sich auch in allgemeingültiger Form angeben:

$$\varkappa(1 - y^3) = c - c_m \tag{2.25}$$

wobei für diskontinuierliche und für Gleichstromprozesse $\varkappa > 0$ und $c_m = c_0$ und für Gegenstromprozesse $\varkappa < 0$ und $c_m = c_{\text{Ausg}}$ gilt.

Bei der Ableitung der kinetischen Beziehungen für das diskontinuierliche Auflösen eines monodispersen Haufwerkes kugelförmiger Teilchen ist im Gegensatz zu der bereits erfolgten Betrachtung an einem einzelnen Teilchen die Konzentrationszunahme im Lösungsmittel als Folge des fortschreitenden Löseprozesses nach Gl. (2.23) zu berücksichtigen. Das Prozeßmodell nimmt beim Übergang zum relativen Teilchenradius folgende Form an:

$$-\frac{dy}{d\tau} = \frac{\beta(y)}{\varrho_f r_0} (c^* - c); \quad \varkappa(1 - y^3) = c - c_0; \quad y|_{\tau=0} = 1 \tag{2.26}$$

Durch Substitution von c in der ersten Gleichung von (2.26), Trennung der Variablen und anschließende Integration ergibt sich unter Beachtung der Anfangsbedingung

$$\int_y^1 \frac{dy}{\beta(y)\,[\Delta c - \varkappa(1 - y^3)]} = \frac{\tau}{\varrho_f r_0} \tag{2.27}$$

$$\Delta c = c^* - c_0$$

Bei komplizierten Abhängigkeiten $\beta(y)$ ist der Wert des Integrals in Gl. (2.27) nach beliebigen Näherungsmethoden als Funktion der unteren Integrationsgrenze zu bestimmen. Für einfache Beziehungen $\beta(y)$ läßt sich die Integration analytisch ausführen. Für den Fall $Nu = 2$ und $\beta(y) = D/r_0 y$ nimmt Gl. (2.27) folgende Form an:

$$\int_y^1 \frac{y\,dy}{\dfrac{\Delta c}{\varkappa} - 1 + y^3} = \frac{D\varkappa}{\varrho_f r_0^2}\,\tau \tag{2.28}$$

Für die weitere Berechnung muß zwischen zwei Möglichkeiten unterschieden werden: $\Delta c/\varkappa = V(c^* - c_0)/M_0 < 1$, d. h. die Ausgangsmenge an Feststoff ist ausreichend groß, um die Gleichgewichtskonzentration c^* zu erreichen. Bei $\Delta c/\varkappa > 1$ liegt die in einer endlichen Zeit erzielbare Grenzkonzentration $c_{\max}$ im Lösungsmittel unter der Gleichgewichtskonzentration c^*.

Im Falle von $\Delta c/\varkappa < 1$ führt die Integration in Gl. (2.28) zu folgendem Ergebnis [2]:

$$F(y) - F(1) = \frac{\varkappa D}{\varrho_f r_0^2}\,\tau \tag{2.29}$$

$$F(y) = \frac{1}{6a_1} \ln \frac{a_1^2 + a_1 y + y^2}{(a_1 - y)^2} - \frac{1}{\sqrt{3}\,a_1} \operatorname{arctg} \frac{2y + a_1}{\sqrt{3}\,a_1}; \quad a_1 = \left(1 - \frac{\Delta c}{\varkappa}\right)^{1/3}$$

Der bei Erreichen der Sättigungskonzentration vorliegende Teilchendurchmesser $y_{\min}$ ergibt sich aus der Stoffbilanzgleichung (2.22) und der Bedingung $c = c^*$:

$$y_{\min} = \left(1 - \frac{\Delta c}{\varkappa}\right)^{1/3}$$

Die Gleichgewichtskonzentration wird erst nach einer unendlich großen Zeit erreicht. Bei einer Menge an Feststoff, die nicht zum Erreichen der Sättigungskonzentration des Lösungsmittels ausreicht ($\Delta c/\varkappa > 1$) liefert die Integration der kinetischen Gleichung (2.28)

$$F_1(1) - F_1(y) = \frac{\varkappa D}{\varrho_f r_0^2}\,\tau \tag{2.30}$$

$$F_1(y) = \frac{1}{6a_1} \ln \frac{a_1^2 - a_1 y + y^2}{(a_1 + y)^2} + \frac{1}{\sqrt{3}\,a_1} \operatorname{arctg} \frac{2y - a_1}{\sqrt{3}\,a_1}; \quad a_1 = \left(\frac{\Delta c}{\varkappa} - 1\right)^{1/3}$$

Die maximal mögliche Konzentration im Lösungsmittel ergibt sich aus der Bilanzgleichung (2.23) bei vollständiger Auflösung der festen Phase, d. h. für $y = 0$: $c_{\max}$

$= c_0 + M_0/V$. Die Maximalkonzentration wird in einer endlichen Zeit erreicht, die sich aus Gl. (2.30) für $y = 0$ ergibt:

$$\tau_m = \frac{\varrho_f r_0^2}{\varkappa D} [F_1(1) - F_1(0)].$$

Handelt es sich um einen Löseprozeß grober Partikel, der bis zur Sättigungskonzentration führt und folglich bei einem Teilchenhalbmesser $r_{\min}$ abgeschlossen ist, bei dem die REYNOLDS-Zahl $Re = w \cdot 2r_{\min}/\nu$ noch so hohe Werte aufweist, daß der erste konstante Summand in Gl. (2.18) vernachlässigbar ist, gilt für $\beta(y)$:

$$\beta(y) = 0{,}3D \sqrt{\frac{2w}{r_0 \nu y}} = \frac{K_2}{\sqrt{y}}$$

Durch Einsetzen dieses Ausdruckes in Gl. (2.27) und einige Umformungen erhält man [2]:

$$\frac{2}{3} \int\limits_{y}^{1} \frac{d(y^{3/2})}{(y^{1/2})^2 - \left(\sqrt{1 - \frac{\Delta c}{\varkappa}}\right)^2} = K_2 \frac{\varkappa}{\varrho_f r_0} \tau$$

Die Ausführung der Integration liefert

$$\operatorname{Arcth} \frac{1}{\sqrt{1 - \frac{\Delta c}{\varkappa}}} - \operatorname{Arcth} \frac{y^{3/2}}{\sqrt{1 - \frac{\Delta c}{\varkappa}}} = \frac{3}{2} \sqrt{1 - \frac{\Delta c}{\varkappa}}\, K_2 \frac{\varkappa}{\varrho_f r_0} \tau \qquad (2.31)$$

Die Existenz eines zweiten Gliedes auf der linken Gleichungsseite (2.31) ist automatisch gegeben, weil nach der Stoffbilanzgleichung die Lösung (2.31) nur für $y > y_{\min} = \left(1 - \frac{\Delta c}{\varkappa}\right)^{1/3}$ Gültigkeit besitzt.

Verwendet man für den Stoffübergangskoeffizienten in Gl. (2.27) die für $Re > 0{,}2$ gültige Beziehung (2.18), so nehmen die Lösungsgleichungen bereits eine wesentlich umfangreichere Form an.

Im folgenden wird das kontinuierliche Auflösen im Gleich- und Gegenstrom untersucht. Für den Fall, daß die Teilchen ihre kugelförmige Gestalt beibehalten und sich als dichte Schicht mit konstantem freien Volumen bewegen, nimmt die Geschwindigkeit des dispersen zu lösenden Stoffes im Verlaufe seiner Fortbewegung ab. Die Strömungsgeschwindigkeit des Materials ergibt sich aus der Durchsatzgleichung

$$v = \frac{V}{(1 - \varepsilon) S}$$

S — Apparatequerschnittsfläche
V — Durchsatz

Der Durchsatz läßt sich über die Anfangsbeladung mit festem Stoff (Lösegut) M_0 angeben:

$$V = \frac{M_0}{\varrho_f \cdot \frac{4}{3}\pi r_0^3} \cdot \frac{4}{3}\pi r^3 = \frac{M_0}{\varrho_f} y^3$$

Damit ergibt sich folgender Zusammenhang zwischen der Strömungsgeschwindigkeit des Materials und dem relativen Teilchenhalbmesser:

$$v = \frac{M_0 y^3}{\varrho_f (1-\varepsilon) S} \tag{2.32}$$

Es soll nun eine Beziehung für die Abhängigkeit des Teilchendurchmessers von seinem im Lösungsmittel zurückgelegten Weg abgeleitet werden. Dazu wird in der kinetischen Gleichung für den Löseprozeß kugelförmiger Teilchen (2.26) von der laufenden Zeit τ zu einer laufenden Apparatekoordinate x übergegangen: $d\tau = \frac{dx}{v}$. Das Prozeßmodell für den Lösevorgang im Gleich- oder Gegenstrom nimmt damit folgende Form an:

$$\int_y^1 \frac{y^3\,dy}{\beta(y)\,[c^* - c_m - \varkappa(1-y^3)]} = \frac{(1-\varepsilon)S_x}{M_0 r_0} \tag{2.33}$$

Wählt man als Beispiel erneut die für $Re > 500$ geltende Abhängigkeit $\beta = K_2/\sqrt{y}$, so erhält man nach ausgeführter Integration für den Gleichstrom ($\varkappa > 0$ und $c_m = c_0$)

$$1 - y^{3/2} + a\left(\operatorname{Arcth}\frac{y^{3/2}}{a} - \operatorname{Arcth}\frac{1}{a}\right) = \frac{3K_2(1-\varepsilon)}{2M_0 r_0} S\varkappa x \tag{2.34}$$

und für den Gegenstrom ($\varkappa < 0$ und $c_m = c_{\text{Ausg}}$)

$$\frac{3K_2}{2}\varkappa\frac{1-\varepsilon}{M_0 r_0} Sx = y^{3/2} - 1 + a\left(\operatorname{Arcth}\frac{1}{a} - \operatorname{Arcth}\frac{y^{3/2}}{a}\right)$$

$$a = \sqrt{1 - \frac{\Delta c}{\varkappa}} \tag{2.35}$$

Die mathematische Beschreibung des diskontinuierlichen Auflösens von monodispersen Teilchen in einer ruhenden Schicht wird dadurch erheblich erschwert, daß das Volumen der festen Phase im Prozeßverlauf abnimmt und dadurch zu einer Verringerung der Schichthöhe führt. Außerdem verläuft die Auflösung des Feststoffes an der Stelle, an der das frische Lösungsmittel eintritt, schneller, so daß ab einer gewissen Zeit die unterste Schicht restlos aufgelöst ist und so die Bewegung der oberen Schichtgrenze durch den folgenden Absetzvorgang einem zusätzlichen Einfluß unterworfen wird. In der Literatur [2] wird das Auflösen monodisperser kugelförmiger Teilchen, die in einer nichtdeformierbaren porösen vom Lösungsmittel durchströmten inerten Masse eingelagert sind, untersucht, wobei allerdings stark idealisierte Annahmen gemacht werden.

Kontinuierlicher Prozeß bei idealer Vermischung

Für den Prozeß werden folgende Annahmen gemacht: Bei kontinuierlicher Prozeßführung wird monodisperses Material aufgelöst; sowohl die disperse, als auch die kontinuierliche Phase werden ideal vermischt. Die Konzentration der Zielkomponente im Lösungsmittel ist über das Apparatevolumen und auch zeitlich konstant. Die Teilchen des zu lösenden Stoffes sind gleichmäßig über das Apparatevolumen verteilt.

Wegen der unterschiedlichen Verweilzeit der Teilchen im Apparat sind auch ihre Durchmesser am Apparateaustritt verschieden groß (Abb. 2.5). Durch Aufstellen einer

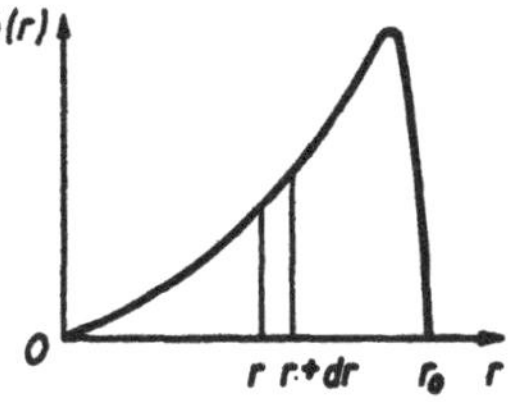

Abb. 2.5. Verteilungsdichte der Feststoffteilchen über den Teilchenradius.

Bilanzgleichung für einen Teilchenanteil mit einem Radiusbereich von r bis $(r + dr)$ läßt sich nach der im Kap. 1. beschriebenen Methode die Verteilungsdichte des dispersen Stoffes über den Teilchendurchmesser berechnen:

$$\varrho(r) = \frac{\exp\left(\frac{1}{\bar{\tau}} \int \frac{dr}{\lambda}\right)}{\lambda \int\limits_0^{r_0} \frac{1}{\lambda} \exp\left(\frac{1}{\bar{\tau}} \int \frac{dr}{\lambda}\right) dr} \tag{2.36}$$

Im Unterschied zu Gl. (1.128) wird hier die Kinetik des Löseprozesses eines einzelnen kugelförmigen Teilchens durch die Gleichung $\lambda = -\frac{dr}{d\tau}$ beschrieben.

Mit Hilfe der Verteilungsdichte $\varrho(r)$ lassen sich beliebige Charakteristika des sich im Laufe des Löseprozesses bildenden polydispersen Gemischs an festen Teilchen bestimmen: Der mittlere Durchmesser, die Dispersion und andere statistische Charakteristika.

Die lineare Lösegeschwindigkeit $\lambda(r)$ ist von der Triebkraft des Prozesses, der Konzentrationsdifferenz $c^* - c$, abhängig. Die Konzentration c der Zielkomponente im Lösungsmittel, mit dem der zu lösende Stoff in Wechselbeziehung steht, ist bei idealer Vermischung der flüssigen Phase gleich der am Apparateaustritt herrschenden Konzentration c_{Ausg}.

Die Stoffbilanz der Zielkomponente für den gesamten Apparat lautet:

$$V_{fl}(c_{\text{Ausg}} - c_0) = \varrho_f V_0 \left[1 - \frac{1}{r_0^3} \int\limits_0^{r_0} r^3 \varrho(r)\, dr\right] \tag{2.37}$$

$\int\limits_0^{r_0} r^3 \varrho(r)\, dr$ — kubischer Mittelwert für den Radius der polydispersen Teilchen

Bei der Berechnung kontinuierlich arbeitender Apparate mit idealer Vermischung beider Phasen sind folglich die beiden das abgeschlossene System beschreibenden Gln. (2.36) und (2.37) sowie die kinetische Gleichung zu berücksichtigen, die eine Beziehung zwischen der Lösegeschwindigkeit des Teilchens und dem laufenden Wert seines Halbmessers sowie der Konzentration im Lösungsmittel darstellt.

Die explizite Form der Verteilungsdichte $\varrho(r)$ ist von der Form der Funktion $\lambda(r)$ abhängig. Als Beispiel wird die Lösungskinetik für hinreichend kleine Teilchen gewählt, so daß sich auf das gesamte Teilchenspektrum Gl. (2.13) anwenden läßt, in der $\Delta c = c^* - c_{\text{Ausg}}$ zu setzen ist. Damit ergibt sich:

$$\lambda = -\frac{dr}{d\tau} = \frac{D\Delta c}{\varrho_f}\frac{1}{r} \qquad (2.38)$$

Durch Einsetzen des linearen Ausdruckes (2.38) für die Lösegeschwindigkeit in Gl. (2.36) erhält man nach der Integration folgende Beziehung für die Verteilungsdichte der Teilchen über ihren Radius:

$$\varrho(r) = \frac{\varrho_f r \cdot \exp\left(\dfrac{\varrho_f r^2}{2D\Delta c\bar{\tau}}\right)}{D\Delta c\bar{\tau}\left[\exp\left(\dfrac{\varrho_f r_0^2}{2D\Delta c\bar{\tau}}\right) - 1\right]}$$

Bereits für dieses einfache Beispiel ist zur Berechnung des kubischen Mittelwertes des Teilchenhalbmessers in der Stoffbilanzgleichung (2.37) die Anwendung von Näherungsmethoden erforderlich. Außerdem ist Gl. (2.37) bezüglich c_{Ausg} in der Regel transzendent.

Das Auflösen polydisperser Stoffe

In der industriellen Praxis treten polydisperse Stoffe wesentlich häufiger als monodisperse auf. Das Lösegut soll eine Ausgangsverteilung $\varrho_0(r_0)$ aufweisen, wie sie in Abb. 2.5 gezeigt ist (für r ist hier r_0 zu setzen). Als erstes soll der Löseprozeß bei einer konstanten Lösungsmittelkonzentration $c = \text{const}$ untersucht werden. Dazu wird der Anfangsverteilung $\varrho_0(r_0)$ ein Elementaranteil von Teilchen $\varrho_0(r_0)\,dr_0$ entnommen, deren Anfangshalbmesser in den Grenzen von r_0 bis $(r + dr_0)$ liegt. Die Radiusabnahme von Teilchen eines monodispersen Stoffes ist im allgemeinen durch Gl. (2.11) gegeben, während für den Sonderfall $Nu = 2$ Gl. (2.14) Gültigkeit besitzt. Für diesen Sonderfall wird die laufende Masse eines Teilchens mit dem Anfangsradius r_0 durch Gl. (2.17) bestimmt, während sich die bis zum vollständigen Auflösen erforderliche Zeit aus Gl. (2.15) ergibt.

Die Elementarmasse des Teilchenanteils $\varrho_0(r_0)\,dr_0$ beträgt:

$$dM = \varrho_0(r_0)\,dr_0 M_0\left(1 - \frac{\tau}{\tau_m}\right)^{3/2}$$

$$M_0 = \varrho_f \frac{4}{3}\pi r_0^3$$

τ_m — zum völligen Auflösen eines Teilchens erforderliche Zeit. τ_m ist vom Wert des Anfangshalbmessers r_0 abhängig, s. Gl. (2.15).

Die Gesamtmasse des polydispersen Stoffes M_p ergibt sich durch Summation über alle Elemente in den Verteilungsgrenzen des Ausgangsstoffes. Als untere Integrationsgrenze läßt sich der Radius solcher Teilchen annehmen, die sich bis zum Zeitpunkt restlos aufgelöst haben. Dieser Radius läßt sich aus der Beziehung (2.15) ermitteln, in der die maximale Lösezeit τ_m durch die laufende Zeit τ zu ersetzen ist.

Beim Löseprozeß eines kugelförmigen polydispersen Produktes ergibt sich bei einem nach Gl. (2.12) berechneten Stoffübergangskoeffizienten folgende zeitliche Abhängigkeit der Masse des gelösten Stoffes:

$$M_p(\tau) = \int\limits_{\sqrt{\frac{2D\Delta c}{\varrho_f}\tau}}^{r_{0m}} \varrho_0(r_0)\, \frac{4\pi}{3}\, \varrho_f r_0^3 \left(1 - \frac{2D\Delta c}{\varrho_f r_0^2}\,\tau\right)^{3/2} dr_0. \qquad (2.39)$$

Die Berechnung des Integrals in Gl. (2.39) ist in erheblichem Umfang von der konkreten Form der Anfangsverteilung $\varrho_0(r_0)$ abhängig. In der Regel ist eine Näherungslösung nach den herkömmlichen Methoden möglich.

Die Beziehung (2.11) verknüpft den laufenden Radius des Teilchens, seine Aufenthaltsdauer in einem Lösungsmittel konstanter Konzentration und seinen Anfangsradius miteinander. Im folgenden wird angenommen, daß aus Beziehung (2.11) eine explizite Abhängigkeit der Form $r = r(\tau, r_0)$ ermittelt wurde. Bei monodispersem Stoff ist die gelöste Stoffmenge eine Funktion der Zeit und des Anfangsdurchmessers der Teilchen:

$$M(\tau, r_0) = \frac{4\pi}{3}\, \varrho_f r^3(\tau, r_0) \qquad (2.40)$$

Dieser Ausdruck wird in Gl. (2.39) anstelle der expliziten Beziehung (2.17) eingesetzt. Der Radius solcher Teilchen, die nach einer Zeit τ restlos gelöst sind, ergibt sich ebenfalls aus der Gl. (2.11) für $r = 0$:

$$\int\limits_0^{r_0} \frac{dr}{\beta(r)} = \frac{\Delta c}{\varrho_f}\,\tau \qquad (2.41)$$

Die Lösung für den laufenden oberen Grenzwert dient als untere Integrationsgrenze von $r_0(\tau)$.

Das Endergebnis lautet:

$$M_p(\tau) = \int\limits_{r_0(\tau)}^{r_{0m}} \varrho_0(r_0)\, M(\tau, r_0)\, dr_0 \qquad (2.42)$$

Ein Übergang vom Sonderfall $c = \text{const}$ zu allgemeingültigen Gleichungen für den Lösevorgang polydisperser Teilchen bei diskontinuierlicher Prozeßführung, Gleich- oder Gegenstrom ist mit fast unüberwindbaren Erschwernissen verbunden. Die Hauptschwierigkeit besteht darin, daß die veränderliche Lösemittelkonzentration c beim Auflösen eines polydispersen Stoffes vom Lösungsgrad aller Fraktionen des Feststoffes abhängig ist. Die Stoffbilanzgleichung (2.25) nimmt für polydisperses Material folgende Form an:

$$c = c_m + \varkappa \left(1 - \frac{M_p}{M_0}\right)$$

$M_p(\tau)$ ist aber vom momentanen Zustand des gesamten polydispersen Stoffes abhängig. Deshalb muß bei der Integration der kinetischen Gl. (2.10), die den Lösevorgang von Teilchen mit einem Anfangsradius r_0 beschreibt, die laufende Masse polydispersen Stoffes $M_p(\tau)$ im Integranden verbleiben:

$$\varrho_f \int_r^{r_0} \frac{dr}{\beta(r)} = \int_0^\tau \left[c_m + \varkappa \left(1 - \frac{M_p}{M_0}\right)\right] d\tau \tag{2.43}$$

Die Art der funktionellen Abhängigkeit von $M_p(\tau)$ ergibt sich nach wie vor aus der Gl. (2.42), in der für die Masse einer Monofraktion der Ausdruck (2.40) zu setzen ist:

$$M_p(\tau) = \int_{r_0(\tau)}^{r_{0m}} \varrho_0(r_0) \frac{4\pi}{3} \varrho_f r^3(\tau, r_0, M_p)\, dr_0 \tag{2.44}$$

Der Wert des Anfangshalbmessers der Teilchen des Lösegutes $r_0(\tau)$ der zum Zeitpunkt τ zu einem völligen Auflösen der Teilchen führt, ergibt sich aus Gl. (2.43) bei einer unteren Integrationsgrenze von $r = 0$:

$$\varrho_f \int_0^{r_0(\tau)} \frac{dr}{\beta(r)} = \int_0^\tau \left[c_m + \varkappa \left(1 - \frac{M_p}{M_0}\right)\right] d\tau \tag{2.45}$$

Aus dem abgeschlossenen Integralgleichungssystem (2.43)—(2.45) sind die unbekannten Funktionen $r(\tau, r_0)$, $r_0(\tau)$ und $M_p(\tau)$ zu ermitteln. Die Lösung eines derartigen Systems ist jedoch mit erheblichen Schwierigkeiten verbunden [2].

Experimentelle Ermittlung der Kinetik des Löseprozesses

Bisher wurden nur Prozesse untersucht, in deren Verlauf Teilchen von definierter geometrischer Form mit dem Lösungsmittel in Berührung kamen. Dadurch war die theoretische Berechnung überhaupt erst möglich. Die meist stark idealisierten theoretischen Berechnungsmethoden weisen dennoch einige entscheidende Vorteile auf:

1. Man kann auf die Durchführung spezieller Versuche verzichten, weil die erforderlichen Angaben über den äußeren Stoffübergangskoeffizienten der Literatur entnommen werden können.
2. Einige allgemeingültige Gesetzmäßigkeiten für reale technologische Prozesse lassen sich durchaus auch theoretisch ableiten und begründen.
3. In relativ einfachen Fällen liefern theoretische Ansätze Ergebnisse, die den Genauigkeitsanforderungen in der Praxis durchaus gerecht werden.

Die kinetische Funktion

Beim Auflösen realer Stoffe treten Erscheinungen auf, die eine mathematische Beschreibung des Prozesses äußerst erschweren. So können sich beispielsweise Teilchen gleichen Durchmessers infolge irgendwelcher Unterschiede ihrer Ausgangseigenschaften mit unterschiedlicher Geschwindigkeit lösen. Ferner kann ein Teilchen an verschiedenen

Abschnitten mit unterschiedlicher Geschwindigkeit aufgelöst werden, was auf unterschiedlichen Strömungsverhältnissen (Abb. 2.3) oder auf einer anisotropen Struktur des Lösegutes (Abb. 2.1) beruhen kann. Hinzu kommt, daß die reale Teilchenform häufig stark von der Kugelgestalt oder einer anderen definierten geometrischen Form abweicht.

Im allgemeinen liegen die Widerstände der einzelnen Prozeßschritte etwa in der gleichen Größenordnung, wobei der Einfluß eines Einzelwiderstandes im Prozeßverlauf veränderlich ist. Die experimentell ermittelte Kinetik eines Löseprozesses berücksichtigt pauschal alle möglichen Abweichungen des realen Prozesses von den Modellvorstellungen. Bei der Ermittlung kinetischer Daten für einen Löseprozeß muß die Versuchsmenge an polydispersem Lösegut repräsentativ für die Beschaffenheit (Fraktionszusammensetzung) des Ausgangsstoffes sein.

Wichtigste kinetische Charakteristik ist die Abhängigkeit des ungelösten Anteils γ der eingesetzten Stoffmenge von der Dauer der Einwirkung des Lösemittels bei konstanter Konzentration c, konstanter Prozeßtemperatur t und konstanten hydrodynamischen Verhältnissen H im Apparat:

$$\frac{M}{M_0} = \gamma(\tau, t, c, H) \tag{2.46}$$

Im Interesse einer einfacheren mathematischen Handhabung ist es sinnvoll, die laufende Zeit τ durch die dimensionslose Zeit $\theta = \tau/\tau_m$ (τ_m — zur völligen Auflösung des Stoffes erforderliche Zeit) zu ersetzen. Zur Charakterisierung der Prozeßkinetik dient demnach die Abhängigkeit des ungelösten Stoffanteils γ von der dimensionslosen Zeit θ. Diese Abhängigkeit $\gamma(\theta)$ wird in der Literatur als kinetische Funktion bezeichnet [3].

Der Hauptvorteil der kinetischen Funktion gegenüber dem Ausdruck (2.46) besteht darin, daß die Funktion $\gamma(\theta)$ in der Mehrzahl der Fälle bezüglich der Konzentration des Lösemittels, der Temperatur und den hydrodynamischen Verhältnissen invariant ist. Somit entspricht jedem Wert θ der dimensionslosen Zeit nur ein bestimmter Wert für den ungelösten Stoffanteil γ bei beliebigen, aber konstanten c, t und H. Physikalisch ist die Invarianz so zu erklären, daß der Einfluß von Hydrodynamik, Konzentration und Temperatur auf die Kinetik des Löseprozesses bereits in der zum vollständigen Auflösen des Stoffes erforderlichen Zeit $\tau_m(c, t, H)$ enthalten ist.

Für einige einfache Fälle läßt sich die kinetische Funktion auf der Grundlage von Modellvorstellungen bestimmen. Für eine Kinetik, deren geschwindigkeitsbestimmender Schritt die chemische Reaktion darstellt, wird die Funktion $\gamma(\theta)$ durch die Beziehung (2.9) wiedergegeben, während für die zum völligen Auflösen des Stoffes erforderliche Zeit Gl. (2.7) Gültigkeit besitzt.

Der praktische Wert der kinetischen Funktion besteht jedoch mehr in einer Anwendung auf reale Prozeßbedingungen, auf die vereinfachte Modelle nicht mehr anwendbar sind.

Im allgemeinen ist die Lösegeschwindigkeit von der Konzentration der Zielkomponente im Lösungsmittel, dem momentanen ungelösten Stoffanteil γ (z. B. als Abhängigkeit des Stoffübergangskoeffizienten vom Teilchendurchmesser) und der Prozeßtemperatur abhängig.

Damit nimmt die Gleichung für die Lösegeschwindigkeit folgende Form an:

$$-\frac{d\gamma}{d\tau} = F(c, \gamma, t, H) \tag{2.47}$$

Praktische Erfahrungen beim Auflösen reiner Stoffe beweisen, daß man den Einfluß der einzelnen Parameter, von denen die Funktion F in Gl. (2.47) abhängig ist, meist in Form einzelner Faktoren darstellen kann. Zumindest ist es stets möglich, den Einfluß des ungelösten Stoffanteils getrennt darzustellen:

$$-\frac{d\gamma}{d\tau} = F_1(\gamma)\, F_2(c, t, H) \tag{2.48}$$

Dadurch ist die Integration von Gl. (2.48) durch Trennung der Variablen möglich:

$$\tau = \int_{\gamma}^{1} \frac{\dfrac{d\gamma}{F_1(\gamma)}}{F_2(c, t, H)} \tag{2.49}$$

Die zum völligen Auflösen erforderliche Zeit ergibt sich aus Gl. (2.49) für $\gamma = 0$:

$$\tau_m = \int_{0}^{1} \frac{\dfrac{d\gamma}{F_1(\gamma)}}{F_2(c, t, H)} \tag{2.50}$$

Für die dimensionslose Lösezeit θ gilt laut Definition

$$\theta = \frac{\displaystyle\int_{\gamma}^{1} \frac{d\gamma}{F_1(\gamma)}}{\displaystyle\int_{0}^{1} \frac{d\gamma}{F_1(\gamma)}} \tag{2.51}$$

Gl. (2.51) enthält weder die Konzentration, noch die Temperatur und die hydrodynamischen Verhältnisse in expliziter Form. Folglich ist nach Gl. (2.51) die kinetische Funktion $\gamma(\theta)$ bezüglich der Konzentration des Lösemittels, der Temperatur und der Hydrodynamik des Prozesses invariant. Hierbei ist es völlig gleichgültig, welche konkrete Form die Funktion $F_2(c, t, H)$ besitzt. Von Wichtigkeit ist lediglich, daß sich die Variablen in der in Gl. (2.48) dargestellten Form aufspalten lassen. Physikalisch gesehen bedeutet dieser Schritt, daß die Abhängigkeit der Lösegeschwindigkeit von Konzentration und Temperatur während des gesamten Prozesses unveränderlich ist. Das invariante Verhalten ist im allgemeinen bei der experimentellen Ermittlung der kinetischen Funktion zu überprüfen. Bisherige Erfahrungen [3] zeigen, daß die kinetische Funktion in vielen Fällen gegenüber Konzentration und Temperatur invariant ist, was auch auf Teilchen unregelmäßiger Form zutrifft. Die in Abb. 2.6 auftretenden geringen Abweichungen zwischen experimentellen Werten und der verallgemeinerten kinetischen Funktion im Bereich kleiner γ-Werte, d. h. bei Zeiten, die in der Nähe der zur restlosen Auflösung erforderlichen Zeit liegen, liegen in der Größenordnung der Meßgenauigkeit. Die Löseversuche sind, wie aus der Definition der kinetischen Funktion hervorgeht, bei konstanter Lösungsmittelkonzentration und konstanter Prozeßtemperatur durchzuführen. Sie bestehen in einer periodischen Probenentnahme des Lösegutes und einer Bestimmung des ungelösten Stoffanteils γ. Am Ende der Versuchsreihe wird die zum völligen Auflösen der festen Phase erforderliche Zeit τ_m ermittelt.

Ist die Invarianz der kinetischen Funktion gegenüber den Prozeßbedingungen von vornherein erwiesen, so genügt praktisch ein Versuch zur Ermittlung von $\gamma(\theta)$. In der Regel werden jedoch eine ganze Anzahl von Versuchen bei verschiedenen Werten für Konzentration, Temperatur und Vermischungsintensität der Suspension durchgeführt, um die Invarianz (oder auch eine näherungsweise) experimentell nachzuweisen, verläßliche Werte für die kinetische Funktion zu gewinnen und die Abhängigkeit der zum völligen Auflösen erforderlichen Zeit von den Prozeßparametern zu ermitteln. Im Gegensatz zur kinetischen Funktion ist nämlich die Zeit τ_m vom Zustand des Lösemittels (Konzentration und Temperatur) und der Hydrodynamik bei der Vermischung abhängig.

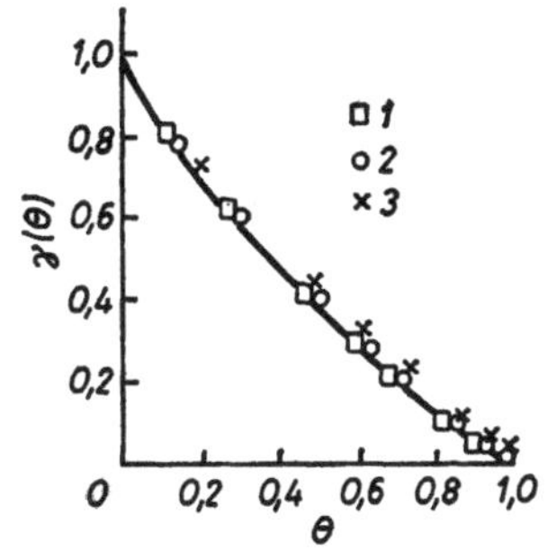

Abb. 2.6. Kinetische Lösefunktion.
Anfangskonzentrationen von Kaliumbichromat in Wasser (kg/m³): *1* — 0; *2* — 40; *3* — 60.

Die Aufrechterhaltung einer konstanten Konzentration der Zielkomponente im Lösungsmittel ist bei der Versuchsdurchführung mit einigen Schwierigkeiten verbunden. Wesentlich einfacher lassen sich diskontinuierliche Löseversuche durchführen, wobei die zeitliche Abhängigkeit des ungelösten Lösegutanteils in einer bestimmten Lösungsmittelmenge ermittelt wird. Aus den so gewonnenen Versuchsergebnissen (bei c = var) läßt sich nach bestimmten Methoden [3] die kinetische Funktion ermitteln. Diese Methoden basieren auf der Annahme einer quasistationären Lösegeschwindigkeit für eine sich im Prozeßverlauf langsam ändernde Konzentration c.

Berechnung von Apparaten mit idealer Vermischung der Phasen

Zur Berechnung eines einzelnen Apparates mit idealer Vermischung lassen sich die Versuchsergebnisse, die beim Lösen eines konkreten Stoffes in der Form $\gamma(\tau, c, t, H)$ gewonnen wurden, unmittelbar verwenden. Durch Multiplikation der bei konstanten Parametern ermittelten Lösekurve mit dem Stoffanteil, der ein Verweilzeitintervall von τ bis $(\tau + d\tau)$ aufweist

$$\gamma(\tau, c, t, H)\, \varrho(\tau, \bar{\tau})\, d\tau \tag{2.52}$$

ergibt sich der ungelöste Anteil der betrachteten Stoffmenge. Durch Integration des Ausdruckes (2.52) erhält man unter der Annahme, daß alle Teilchen die gleiche Größe aufweisen, die Gesamtmenge an ungelöstem Lösegut, der einen Apparat mit idealer

Vermischung verläßt:

$$\bar{\bar{\gamma}} = \int_0^\infty \gamma(\tau, c_{\text{Ausg}}, t_{\text{Ausg}}, H)\,\varrho(\tau, \bar{\tau})\,d\tau \tag{2.53}$$

$c_{\text{Ausg}}, t_{\text{Ausg}}$ — Konzentration und Temperatur am Apparateaustritt

Die Bilanzgleichung des Apparates für den gelösten Stoff lautet

$$V(c_0 - c_{\text{Ausg}}) = M_0(1 - \bar{\gamma}) \tag{2.54}$$

Die Temperatur der Suspension wird aus der Wärmebilanzgleichung des Prozesses

$$\begin{aligned} &V(\varrho_{\text{Lös}} c_{p,\text{Lös}} + c_0 c_{p,f})\,t_0 + M_0 c_{p,f} t_{f,0} + q_{\text{Lös}} M_0 (1 - \bar{\gamma}) \pm Q \\ &= W(\varrho_{\text{Lös}} c_{p,\text{Lös}} + c_{\text{Ausg}} c_{p,f})\,t_{\text{Ausg}} + M_0 c_{p,\text{Ausg}} t_{\text{Ausg}} \bar{\gamma} \end{aligned} \tag{2.55}$$

ermittelt. Die ersten beiden Summanden der linken Gleichungsseite (2.55) stellen die durch das Lösungsmittel (bzw. die in den Apparat eintretende Lösung) und den Feststoff in den Apparat eingebrachten Wärmemengen dar ($c_{p,f}$ — spezifische Wärmekapazität des Feststoffes; $c_{p,\text{Lös}}$ — spezifische Wärmekapazität des Lösemittels). Der dritte Term ist ein Ausdruck für die Lösungswärme ($q_{\text{Lös}}$ — spezifische Lösungswärme), während Q den mit der Umgebung vollzogenen Wärmetausch (Heizung, Verluste u. dgl.) berücksichtigt. Die Summanden der rechten Gleichungsseite beinhalten die mit der Lösung (W) und der festen Phase (M_0) den Apparat verlassenden Wärmemengen.

Das Gleichungssystem (2.53)—(2.55) stellt das mathematische Modell für einen kontinuierlich verlaufenden einstufigen Löseprozeß in einem Apparat mit idealer Vermischung dar (ähnliche Modelle wurden bereits im Kap. 1. aufgestellt). Das Ziel bei der Lösung dieses Systems besteht gewöhnlich in der Ermittlung der Größen $\bar{\gamma}$, c_{Ausg} und t_{Ausg}. Die explizite Form der kinetischen Lösegleichung $\gamma(\tau, c, t)$ wird dabei als bekannt vorausgesetzt (experimentelle Bestimmung).

Der Vorteil der Wiedergabe kinetischer Versuchsergebnisse in Form der Funktion $\gamma(\theta)$ wird bei der Berechnung einer Apparatekaskade mit idealer Vermischung besonders offensichtlich. So läßt sich beispielsweise der Anteil an ungelöstem Stoff am Austritt aus dem zweiten Apparat $\bar{\gamma}_2$ eindeutig durch die Summe der dimensionslosen Zeiten in den beiden ersten Stufen (Apparaten) unabhängig von den konkreten Prozeßbedingungen in beiden Stufen bestimmen. Diese Aussage läßt sich auf eine beliebige Stufenanzahl mit unterschiedlichen Prozeßbedingungen ausdehnen:

$$\theta = \sum_{i=1}^{n} \theta_i = \sum_{i=1}^{n} \frac{\tau_i}{\tau_{mi}} \tag{2.56}$$

Die eindeutige Beziehung zwischen γ und der summaren Zeit θ ist unabhängig von der Stufenanzahl und auch unabhängig davon, in welcher Reihenfolge das Lösegut unterschiedlichen Prozeßbedingungen unterworfen wird. Im Gegensatz zur kinetischen Funktion weist die kinetische Lösecharakteristik $\gamma(\tau, c, t, H)$ diese Eigenschaft nicht auf.

Bei der Berechnung einer Kaskade von Rührbehältern mit idealer Vermischung ist unbedingt die unterschiedliche Verweilzeit der einzelnen Teilchen im Apparat zu berücksichtigen. Die Verweilzeitverteilung in einer Kaskade wurde bereits für Apparate gleicher [Gl. (1.99)] und verschiedener [Gl. (1.100)] Verweilzeit abgeleitet. Diese Gleichungen sind nicht ohne weiteres auf Löseprozesse anwendbar. Durch das Einführen der kinetischen Funktion benötigt man die Verteilung des Materials über die dimensionslose Zeit, die auf die in jeder Stufe zum völligen Auflösen des Feststoffes erforderliche Zeit bezogen wird. Die Ableitung der Verteilungsdichte über diese dimensionslose Verweilzeit bei Kenntnis der normalen Verweilzeitverteilung $\varrho(\tau)$ erfolgt durch LAPLACE-Transformation und wird in der Literatur [3] angeführt. Die Struktur der Funktion $\varrho(\theta)$ ist der der Funktion $\varrho(\tau)$ analog:

$$\varrho(\theta) = \sum_{i=1}^{n} \frac{\bar{\theta}_i^{n-2} \exp(-\theta/\bar{\theta}_i)}{\prod\limits_{\substack{j=1\\ j\neq i}}^{n} (\bar{\theta}_i - \bar{\theta}_j)} \tag{2.57}$$

$\bar{\theta}_i = \dfrac{\bar{\tau}_i}{\tau_{mi}}$ – mittlere Verweilzeit des Feststoffes in der i-ten Stufe, bezogen auf die zum völligen Auflösen in diesem Apparat erforderliche Zeit

Sind alle mittleren Verweilzeiten gleich groß, d. h. gilt $\bar{\theta}_i = \bar{\theta}$, so ergibt sich eine der Gl. (1.99) ähnliche Beziehung:

$$\varrho(\theta) = \frac{\theta^{n-1} \exp(-\theta/\bar{\theta})}{(n-1)!\, \bar{\theta}^n} \tag{2.58}$$

In der Praxis ist meist der mittlere Lösegrad der festen Phase am Austritt aus einer bestimmten (z. B. der letzten) Stufe von Interesse. Bei Kenntnis der experimentell ermittelten kinetischen Funktion $\gamma(\theta)$ und der Verteilungsdichte des Feststoffes über die dimensionslose Verweilzeit in einer Kaskade mit idealer Vermischung läßt sich in Analogie zu Gl. (2.53) folgender Ausdruck für den mittleren Anteil an ungelöstem Feststoff am Austritt aus der n-ten Stufe angeben:

$$\bar{\gamma}_n = \int_0^1 \gamma(\theta)\, \varrho_n(\theta)\, d\theta = \sum_{i=1}^{n} \frac{\bar{\theta}^{n-2} \int_0^1 \gamma(\theta) \exp(-\theta/\bar{\theta}_i)\, d\theta}{\prod\limits_{\substack{j=1\\ j\neq i}}^{n} (\bar{\theta}_i - \bar{\theta}_j)} \tag{2.59}$$

wobei die Integration über die dimensionslose Zeit in den endlichen Grenzen von 0 bis 1 erfolgt.

Die bestimmten Integrale in Gl. (2.59) sind nur Funktionen der dimensionslosen mittleren Verweilzeiten $\bar{\theta}_i$. Durch Einführen des Ausdruckes

$$J_i = \int_0^1 \gamma(\theta) \exp(-\theta/\bar{\theta}_i)\, d\theta$$

läßt sich die Beziehung (2.59) zur Berechnung einer n-stufigen Kaskade zu einem aus n Gleichungen bestehenden System umformen, die den mittleren Anteil an ungelöstem Stoff am jeweiligen Stufenaustritt angeben:

$$\left.\begin{aligned}
\bar{\gamma}_1 &= J_1/\bar{\theta}_1 \\
\bar{\gamma}_2 &= \frac{J_1}{\bar{\theta}_1 - \bar{\theta}_2} - \frac{J_2}{\bar{\theta}_1 - \bar{\theta}_2} \\
\bar{\gamma}_3 &= \frac{\bar{\theta}_1 J_1}{(\bar{\theta}_1 - \bar{\theta}_2)(\bar{\theta}_1 - \bar{\theta}_3)} \quad \frac{\bar{\theta}_2 J_2}{(\bar{\theta}_2 - \bar{\theta}_1)(\bar{\theta}_2 - \bar{\theta}_3)} \quad \frac{\bar{\theta}_3 J_3}{(\bar{\theta}_3 - \bar{\theta}_1)(\bar{\theta}_3 - \bar{\theta}_2)} \\
&\cdots\cdots\cdots\cdots\cdots\cdots\cdots
\end{aligned}\right\} \tag{2.60}$$

Zur Anwendung des Systems (2.60) ist die Kenntnis der funktionellen Abhängigkeit der zur völligen Auflösung in jeder Stufe erforderlichen Zeit von den dort herrschenden Prozeßbedingungen erforderlich:

$$\tau_{mi} = F_2(c_i, t_i, H_i) \tag{2.61}$$

Das Gleichungssystem (2.60), (2.61) ist noch durch Stoff- und Wärmebilanzgleichungen für jeden Apparat in Form der Ausdrücke (2.54) und (2.55) zu ergänzen. Als bekannt angenommen werden die Feststoffmenge, die sich zu einem bestimmten Zeitpunkt in jeder Stufe befindet, sowie die thermodynamischen Konstanten und andere Stoffwerte. Die Konzentrations- und Temperaturverhältnisse in jeder Stufe ergeben sich aus der Führung des Löseprozesses und lassen sich aus dem das Prozeßmodell darstellenden geschlossenen Gleichungssystem ermitteln.

Zum besseren Verständnis des Prozeßmodells wird die Reihenfolge der Berechnung am Beispiel eines Gleichstromprozesses angegeben.

Vorgegeben sind die Stufenanzahl und die Volumina der einzelnen Apparate. Folgende technologische Größen sollen bestimmt werden:

— Der mittlere ungelöste Feststoffanteil $\bar{\gamma}_n$ und
— die Konzentration des gelösten Feststoffes im Lösungsmittel c_n am Austritt aus der n-ten Stufe.

Beide Phasen treten in die erste Stufe mit bekannten Anfangsparametern ein ($\gamma = 1, c_0, t_{f,0}, t_0$) und reagieren hier miteinander unabhängig von den in der zweiten und allen weiteren Stufen herrschenden Prozeßbedingungen (Abb. 2.7). Diese Voraussetzung

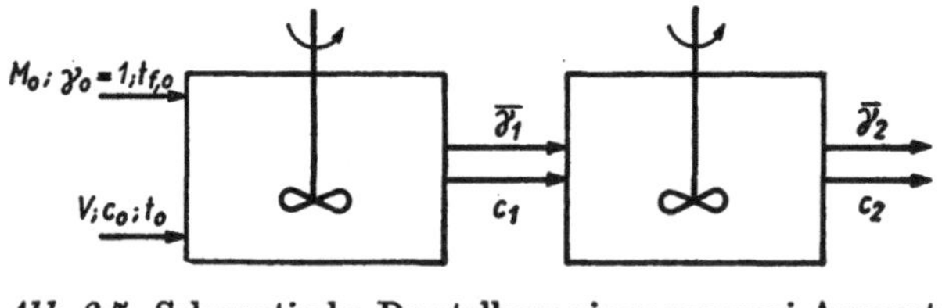

Abb. 2.7. Schematische Darstellung einer aus zwei Apparaten mit idealer Vermischung bestehenden Gleichstromkaskade.

führt zu einer erheblichen Vereinfachung der Berechnung eines n-stufigen Gleichstromprozesses: An Stelle der Bestimmung von $4n$ Unbekannten aus $4n$ gekoppelten Gleichungen ist für die erste Stufe lediglich ein aus 4 Gleichungen bestehendes System (2.54), (2.55), (2.59) und (2.61) für $n = 1$ zur Bestimmung der Parameter c_1, t_1, τ_{m1} und $\bar{\gamma}_1$ zu lösen, wobei die Prozeßbedingungen in den folgenden Stufen ohne Einfluß auf das Ergebnis sind.

Zur Ermittlung der Parameter c_2, t_2, τ_{m2} und $\bar{\gamma}_2$ ist das System für $n = 2$ zu lösen, als Eingangsdaten dienen die Lösungen für die erste Stufe. Dieses Verfahren wird bis zur n-ten Stufe fortgesetzt ($c_n, t_n, \tau_{mn}, \bar{\gamma}_n$). Die Lösung des Gleichungssystems erfolgt iterativ, wobei sich die Anwendung gleicher Rechenoperationen häufig wiederholt. Die Anwendung der EDV ist in solchen Fällen mit besonderen Vorteilen verbunden.

Das durch das System (2.54), (2.55), (2.59) und (2.61) gegebene Modell soll in der Form vereinfacht werden, daß ein isothermer im Gleichstrom geführter Löseprozeß angenommen wird. Die Annahme der Isothermie des Prozesses führt zu einer erheblichen Vereinfachung der Berechnung, da die iterative Ermittlung der Temperatur in jeder Stufe entfällt.

1. Als erster Näherungswert (Startwert) wird ein beliebiges $\bar{\gamma}_1^{(1)}$ angenommen.
2. Aus der Stoffbilanzgleichung wird der Konzentrationswert für die erste Stufe bestimmt:

$$c_{1,\text{Ausg}}^{(1)} = c_0 + \frac{M_0}{V}\,(1 - \bar{\gamma}_1^{(1)})$$

3. Über die experimentell ermittelte Beziehung (2.61) ergibt sich die für t_1 und $c_{1,\text{Ausg}}^{(1)}$ geltende Zeit, die zur völligen Auflösung des Feststoffes führt:

$$\tau_{m1}^{(1)} = F_2(c_{1,\text{Ausg}}^{(1)}, t_1, H_1)$$

4. Nach Gl. (2.59) für $n = 1$ wird der in der ersten Stufe ungelöste Stoffanteil berechnet:

$$\bar{\gamma}_1^{(2)} = \frac{1}{\bar{\theta}_1^{(1)}} \int_0^1 \gamma(\theta) \exp\left(-\theta/\bar{\theta}_1^{(1)}\right) d\theta \tag{2.62}$$

5. Man bildet den Absolutbetrag der Differenz beider ungelösten Stoffanteile $|\bar{\gamma}_1^{(2)} - \bar{\gamma}_1^{(1)}|$. Liegt dieser Differenzbetrag über einer vorher festgelegten Genauigkeitsgrenze δ, ist die Iteration mit dem Wert $\bar{\gamma}_1^{(2)}$, beginnend beim Punkt 2 fortzusetzen. Die Berechnung gilt als abgeschlossen, wenn die Genauigkeitsanforderungen in der Form $|\bar{\gamma}_1^{(k+1)} - \bar{\gamma}_1^{(k)}| \leqq \delta$ erfüllt sind. Die beim k-ten Iterationsschritt erhaltenen Näherungslösungen $\bar{\gamma}_1 = \bar{\gamma}_1^{(k+1)}$, $c_{1,\text{Ausg}} = c_1^{(k)}$ und $\tau_{m1} = \tau_{m1}^{(k)}$ dienen dann als Eingangsdaten für die zweite Stufe.

Die Berechnung der zweiten Stufe erfolgt in gleicher Form. Zu beachten ist, daß der erste angenommene Näherungswert für $\bar{\gamma}_2^{(1)}$ die Bedingung $\bar{\gamma}_1 > \bar{\gamma}_2^{(1)} > 0$ erfüllen muß und daß die im Punkt 4 angeführte Berechnung nach der zweiten Gleichung des Systems (2.60) zu erfolgen hat.

Die Berechnungsprozedur wird bis zur letzten, der n-ten Stufe fortgesetzt. Die Ergebnisse für diese Stufe stellen das eigentliche Endergebnis dar: Der mittlere ungelöste Feststoffanteil $\bar{\gamma}_n$ und die Konzentration des Lösungsmittels c_n am Ende des Prozesses.

Die Integrale in Gl. (2.60) lassen sich mit Hilfe aus der Literatur bekannter Näherungsmethoden berechnen.

Bei Projektierungsaufgaben wird in der Regel der Endzustand von Feststoff und Lösungsmittel vorgegeben, nach denen die Anlage auszulegen ist (Volumina und Anzahl der Apparate). Als Beispiel wird hier ein etwas vereinfachter Fall angeführt, in dem das Volumen einer vorgegebenen Anzahl n von Apparaten gleichen Volumens ($\bar{\tau}_1 = \bar{\tau}_2 = \cdots = \bar{\tau}_n$) zu bestimmen ist. Der Lösungsweg erweist sich hier als etwas schwieriger, weil eine direkte aufeinanderfolgende Berechnung ohne Verwendung der Ergebnisse der vorhergehenden Stufen nicht möglich ist.

Der erste Schritt besteht in der Vorgabe eines Anfangswertes für die mittlere Verweilzeit $\bar{\tau}^{(1)}$. Mit dieser Verweilzeit wird nach dem oben beschriebenen Algorithmus $\bar{\gamma}_n^{(1)}$ mit einer vorher festgelegten Genauigkeit ermittelt. Ein Vergleich des Vorgabewertes $\bar{\gamma}_n$ mit dem Wert $\bar{\gamma}_n^{(1)}$ zeigt, in welcher Richtung der Anfangswert $\bar{\tau}^{(1)}$ zu verändern ist. Im Falle von $\bar{\gamma}_n^{(1)} > \bar{\gamma}_n$ ist für die mittlere Verweilzeit ein höherer Wert zu wählen:

$\bar{\tau}^{(2)} = \bar{\tau}^{(1)} + \Delta\bar{\tau}$. Mit dieser neu angenommenen Verweilzeit wird die Berechnung wiederholt, der sich ergebende Wert $\bar{y}_n^{(2)}$ wird mit $\bar{y}_n$ verglichen und die Iteration solange fortgesetzt, bis die Differenz $|\bar{y}_n^{(m)} - \bar{y}_n|$ innerhalb einer gewissen vorgegebenen Genauigkeitsschranke liegt.

Zur Erzielung vorgegebener Prozeßzustände sind vielfältige Varianten der apparativen Gestaltung möglich. So lassen sich beispielsweise die Anzahl der Stufen und deren Einzelvolumina in weiten Grenzen variieren.

Das Prozeßmodell (2.54), (2.55), (2.59) und (2.61) läßt sich in Abhängigkeit von der Aufgabenstellung zur Berechnung der verschiedensten Parameter und Prozeßvariablen benutzen. Sowohl die Art und Weise, als auch der Umfang der Rechnungen können unterschiedlich sein.

Beim Gegenstromprozeß macht sich die Einführung einer zusätzlichen Iterationsschleife erforderlich, da die Größe $\bar{y}_n$ und die Konzentration des Lösungsmittels unbekannt sind, wobei für letztere ein Anfangswert vorgegeben wird. Der Rechenaufwand steigt dadurch erheblich. Ausführlichere Berechnungsgrundlagen für einen im Gegenstrom betriebenen Löseprozeß können der Literatur [3] entnommen werden.

Gleich- und Gegenstrom sind die verbreitetsten Varianten bei der Realisierung eines mehrstufigen Prozesses. Daneben gibt es noch kombinierte Prozeßschemata, deren mathematische Modelle wesentlich komplizierter sind. Charakteristisch für die mathematische Beschreibung aller Arten von Löseprozessen ist jedoch, daß die Spezifik der Prozeßführung ihren Niederschlag in den Bilanzgleichungen und in den Beziehungen für die Verweilzeit findet, während die kinetischen Beziehungen (2.59) und (2.61) gegenüber der Prozeßführung, d. h. der Kopplungsart der einzelnen Apparate, invariant sind.

Die Einteilung in Prozeßstufen (Sektionierung) führt nicht nur zu einer gleichförmigeren Verweilzeit der festen Phase im Lösungsmittel, sondern ist auch auf die Konzentrationsverhältnisse von Einfluß. Beim Erreichen eines gewissen Lösegrades in einem Apparat mit idealer Vermischung weist die Lösungsmittelkonzentration am Apparateaustritt und damit auch im Apparatevolumen selbst einen maximalen Wert auf, der sich aus der Bilanzgleichung ergibt. Beim Übergang zu einer mehrstufigen Prozeßführung im Gleichstrom weist lediglich die letzte Stufe maximale (minimale) Konzentrationen auf, während die Triebkraftverhältnisse des Prozesses in den anderen Stufen günstiger sind.

Obgleich von der reinen Prozeßführung aus gesehen eine Einteilung in Prozeßstufen bis zu $n \to \infty$ Vorteile bringt, bilden in der Praxis mehr als 6 bis 8stufige Prozesse (Batterien) bereits Ausnahmen. Die Gründe hierfür sind in den erhöhten Invest- und Personalkosten beim Betreiben der Anlage zu suchen.

Die Wahl einer ökonomisch optimalen Variante für die apparative Realisierung eines mehrstufigen Löseprozesses besteht im Ermitteln eines Extremums für ein Optimalitätskriterium, das unabhängig von der mathematischen Beschreibung des Prozesses aufgestellt wird (s. Kap. 1.).

2.2. Extraktion von Feststoffen

In der chemischen Technologie ist die Extraktion einer Zielkomponente (Extraktstoff), die sich in Form fester Einschlüsse innerhalb eines inerten Stoffes von poröser Struktur (Extraktgut) befindet, weit verbreitet. Das Wesen des Extraktionsprozesses besteht darin, daß das flüssige Lösungsmittel (Extraktionsmittel) in das Innere des porösen Stoffes eindringt, die Zielkomponente auflöst und sich mit ihr in der Nähe der Lösefront sättigt. Der gelöste Stoff diffundiert durch die mit Lösungsmittel gefüllten Poren und gelangt schließlich durch die Porenöffnungen in die Hauptmasse des flüssigen Lösungsmittels und bildet das Extrakt.

Im einfachsten Fall sind sämtliche Poren des Inertstoffes mit der festen Zielkomponente ausgefüllt.

Die zu lösenden Einschlüsse müssen nicht die gesamte Porenstruktur ausfüllen. Beim ersten Kontakt des Lösungsmittels mit dem Extraktionsgut werden die Porenöffnungen, die in der Regel Luft enthalten, durch Lösungsmittel gefüllt. Dabei wird angenommen [4, 5], daß die Flüssigkeit das freie Volumen unter dem Einfluß des Kapillardruckes

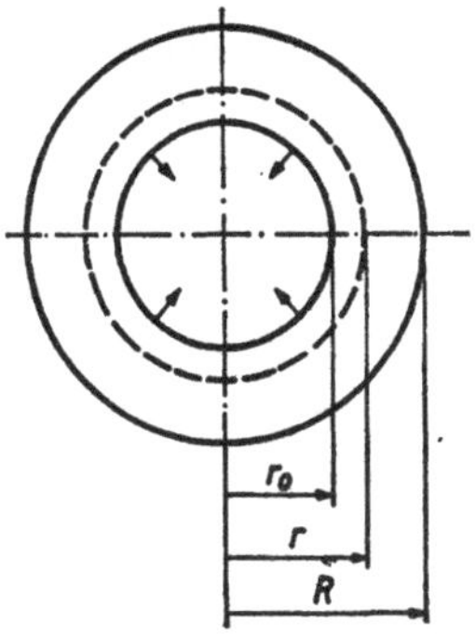

Abb. 2.8. Schichtweise Extraktion des löslichen Stoffes aus einem kugelförmigen (zylindrischen) Teilchen.

einnimmt. Mit dem Vordringen der Flüssigkeit steigt der Druck der eingeschlossenen Luft an, wodurch der Kontakt zwischen Lösungsmittel und Zielkomponente erschwert wird. Die eingeschlossene Luft wird im Lösungsmittel gelöst und durch Diffusion an die Porenöffnungen transportiert. Wie eingehende Untersuchungen bewiesen [6], ist die Durchdringungszeit eines feinporösen ($r < 10^{-7}$ m) Feststoffes mit Lösungsmittel vernachlässigbar klein gegenüber der eigentlichen Auslaugungszeit. Bei grobporigen Stoffen ($r \gg 10^{-7}$ m) kann der gesamte Auslaugungsprozeß vom Durchdringungsprozeß begleitet sein. Eine simultane Berücksichtigung aller nebeneinander ablaufender Prozesse, d. h. der Durchdringung mit Lösungsmittel, des Lösens der eingeschlossenen Luft und der eigentlichen Auslaugung, ist außerordentlich kompliziert. Deshalb wird bei allen weiteren Ableitungen angenommen, daß die Durchdringungszeit vernachlässigbar klein ist.

Schichtweise Extraktion

Es wird ein kugelförmiges Teilchen betrachtet. Das quasistationäre Konzentrationsprofil (s. Kap. 1.) in den bereits ausgelaugten Bereichen hat hyperbolische Form:

$$\frac{c^* - c}{\Delta c} = \frac{1 - (y_0/y)}{1 - y_0} \tag{2.63}$$

$$y_0 = r_0/R; \quad y = r/R; \quad \Delta c = c^* - c_{fl}$$

R — Teilchenradius

r_0 — Radius der ausgelaugten Zone

r — laufender Radius in der ausgelaugten Zone (Abb. 2.8)

Die folgende Gleichung ergibt sich aus einer Näherungsbilanz, mit der sich die Menge der Zielkomponente in der ausgelaugten Zone integral angeben läßt [2]:

$$-\frac{d}{d\tau}\left[\frac{4}{3}\pi r_0^3 \varrho_f \varepsilon_M + \int_{r_0}^{R} \varepsilon_M c \cdot 4\pi r^2\, dr\right] = -4\pi R^2 D \varepsilon_M \left.\frac{\partial c}{\partial r}\right|_{r=R} + 4\pi r_0^2 \varepsilon_M c_{fl} \varkappa_{\text{Lös}} \frac{dr_0}{d\tau} \quad (2.64)$$

$c(r)$ — Konzentration der Zielkomponente in der im Poreninneren befindlichen Flüssigkeit

$\varkappa_{\text{Lös}}$ — Volumenanteil der festen Phase in der Lösung

ε_M — freies Volumen des Materials (Porosität)

Die Summanden der linken Gleichungsseite berücksichtigen in der angegebenen Reihenfolge die Änderung des Gehalts an Zielkomponente im Kern des Teilchens und in der bereits ausgelaugten Zone, während die Ausdrücke der rechten Gleichungsseite den Diffusionsstrom an der äußeren Teilchenoberfläche und die konvektiv auf Grund der Durchdringung der Porenstruktur durch das Lösungsmittel transportierte Menge an Zielkomponente darstellen.

Durch Einführen einer dimensionslosen Zeit in Form des FOURIER-Kriteriums $Fo = D\tau/R^2$ erhält man aus der Bilanzgleichung (2.64) unter Berücksichtigung der das quasistationäre Konzentrationsprofil beschreibenden Gl. (2.63) folgende Differentialgleichung zur Ermittlung der laufenden Lage der Lösefront:

$$-\left[(\varrho_f - \varkappa_{\text{Lös}} c_{fl} - c^*)\, y_0^2 + \Delta c \left(\frac{1}{6} - \frac{y_0}{3}\right)\right] \frac{dy_0}{dFo} = \Delta c \frac{y_0}{1 - y_0} \quad (2.65)$$

Die Anfangsbedingung für diese Gleichung lautet:

$$y_0|_{Fo=0} = 1 \quad (2.66)$$

Durch Integration von Gl. (2.65) ergibt sich folgende Abhängigkeit zwischen der Lage der Lösefront y_0 und der Einwirkungszeit des Lösungsmittels τ:

$$\frac{D\Delta c}{R^2}\tau = (\varrho_f - \varkappa_{\text{Lös}} c_{fl} - c^*)\left(\frac{1}{6} - \frac{y_0^2}{2} + \frac{y_0^3}{3}\right) - \frac{\Delta c}{6}(\ln y_0 + y_0 - y_0^2) \quad (2.67)$$

Für $y_0 = 0$ ergibt sich aus Gl. (2.67) die zur völligen Auslaugung erforderliche Zeit. Bei Berücksichtigung des asymptotisch verlaufenden Konzentrationsausgleichs in der flüssigen Phase gilt für $\tau_m \to \infty$.

Eine Vernachlässigung der Menge der Zielkomponente in der ausgelaugten Schicht führt zu einer Vereinfachung der Gl. (2.67), und die zum völligen Auslaugen des Teilchens erforderliche Zeit nimmt einen endlichen Wert an.

Diskontinuierlicher Prozeß, Gleich- und Gegenstrom

Es wird angenommen, daß alle Teilchen eine Kugelgestalt mit dem einheitlichen Radius R aufweisen und daß die lösliche Komponente zu Beginn des Prozesses das gesamte Porenvolumen ausfüllt. Die Stoffbilanzgleichung (2.64) eines Teilchens vereinfacht sich unter Berücksichtigung dieser Annahmen wie folgt:

$$\frac{\partial}{\partial\tau}\left(\frac{4}{3}\pi r_0^3 \varrho_f \varepsilon_M\right) = D_{ef} \cdot 4\pi R^2 \left(\frac{\partial c}{\partial r}\right)_{r=R} \quad (2.68)$$

$$D_{ef} = D\varepsilon_M$$

Die Bilanzgleichung für einen diskontinuierlich, im Gleich- bzw. Gegenstrom geführten Prozeß lautet:

$$\varkappa(1 - y_0^3) = c_{fl} - c_m \tag{2.69}$$

Dabei besitzen der Parameter $\varkappa = M_0/V$ und die Konzentration c_m für die jeweilige Art der Prozeßführung die gleichen Werte, wie es in Gl. (1.114) der Fall war. Der Index „fl" dient zur Kennzeichnung der laufenden Konzentration der Zielkomponente im Extraktionsmittel.

Für die äußere Oberfläche des Teilchens gilt

$$-D_{ef} \left.\frac{\partial c}{\partial r}\right|_{r=R} = \beta(c|_{r=R} - c_{fl}) \tag{2.70}$$

Das Gleichungssystem (2.68)—(2.70) und (2.63) stellt das mathematische Modell des betrachteten Extraktionsprozesses dar.

Durch Einsetzen der Konzentrationswerte innerhalb der extrahierten Schicht aus Gl. (2.63) und der Konzentration im umgebenden Medium c_{fl} aus Gl. (2.70) in die Grundgleichung (2.68), Trennung der Variablen und anschließende Integration ergibt sich

$$a[F_1(a) - F_1(b)] + \left(\frac{1}{Bi} - 1\right)[F_2(a) - F_2(b)] = \frac{\varkappa}{\varrho_f \varepsilon_M} \frac{D_{ef}\tau}{R^2} \tag{2.71}$$

$$a = \left(\frac{c^* - c_m}{\varkappa} - 1\right)^{-1/3}; \quad b = \left(\frac{c_{fl} - c_m - \varkappa}{c^* - c_m - \varkappa}\right)^{1/3} \tag{2.72}$$

$$F_1(\chi) = \frac{1}{6} \ln \frac{1 - \chi - \chi^2}{(1 + \chi)^2} + \frac{1}{\sqrt{3}} \operatorname{arctg} \frac{2\chi - 1}{\sqrt{3}}$$

$$F_2(\chi) = \frac{1}{3} \ln (1 + \chi^3)$$

Für kontinuierliche Prozesse im Gleich- und Gegenstrom ist es gebräuchlich, die Konzentration in der flüssigen Phase c_{fl} als Funktion der Längenkoordinate des Apparates anzugeben. Dies erfolgt durch Ersetzen der laufenden Zeit in Gl. (2.71) durch die vom Eintritt des Lösungsmittels an gerechnete Längenkoordinate: $\tau = \dfrac{Sx}{w}$ (S — freier, also nicht durch Feststoffteilchen besetzter Apparatequerschnitt; w — Strömungsgeschwindigkeit des Lösungsmittels). Die zur völligen Auslaugung erforderliche Zeit τ_m ist bei $y_0 = 0$ erreicht. Aus der Bilanzgleichung (2.69) ergeben sich in diesem Fall folgende Konzentrationen: $\varkappa = c_{\text{Ausg}} - c_{\text{Eing}}$ für den Gleichstrom und den diskontinuierlichen Prozeß und $\varkappa = -(c_{\text{Ausg}} - c_{\text{Eing}})$ für den Gegenstrom. Durch Einsetzen dieser Werte für den Parameter $\varkappa$ in die Gln. (2.72) und (2.71) ergibt sich $b = 0$ und

$$a[F_1(0) - F_1(a)] + \left(\frac{1}{Bi} - 1\right)[F_2(0) - F_2(a)] = \pm \frac{c_{\text{Ausg}} - c_{\text{Eing}}}{\varrho_f \varepsilon_M} \frac{D_{ef}\tau_m}{R^2} \tag{2.73}$$

Das negative Vorzeichen gilt für den diskontinuierlichen Prozeß und für Gleichstrom, das positive für den Gegenstrom.

Kontinuierlicher Prozeß bei idealer Vermischung

Für einen kontinuierlich geführten Prozeß mit idealer Vermischung weist die Stoffbilanzgleichung folgende Form auf:

$$N \int_0^\infty 4\pi R^2 \left(-D_{ef} \left.\frac{\partial c}{\partial r}\right|_{r=R}\right) \frac{1}{\bar{\tau}} \exp\left(-\tau/\bar{\tau}\right) d\tau = V(c_{\text{Ausg}} - c_{\text{Eing}}) \tag{2.74}$$

Die linke Gleichungsseite (2.74) stellt den Strom an Zielkomponente von allen N Teilchen mit einer zwischen Null und unendlich liegenden Verweilzeit dar. Der Gradient $\left.\frac{\partial c}{\partial r}\right|_{r=R}$ ergibt sich durch Differentiation des Profils (2.63):

$$\left.\frac{\partial c}{\partial r}\right|_{r=R} = -\frac{y_0}{1-y_0} \frac{c^* - c_{\text{Ausg}}}{R} \tag{2.75}$$

Der Übergang von der Integrationsvariablen τ zu y_0 erfolgt mit Hilfe der kinetischen Gleichung (2.67) für ein einzelnes Korn, die sich bei geringem Gehalt der zu extrahierenden Komponente im gelösten Zustand in folgender Form angeben läßt:

$$\tau = \frac{R^2 \varrho_f \varepsilon_M}{D_{ef}(c^* - c_{\text{Ausg}})} \left(\frac{1}{6} - \frac{y_0^2}{2} + \frac{y_0^3}{3}\right) \tag{2.76}$$

Durch Einführen der Beziehungen (2.75) und (2.76) sowie von $\bar{\tau} = N \frac{4}{3} \pi R^3 / V_f$ in Gl. (2.74) erhält man nach einigen Vereinfachungen folgenden Ausdruck für c_{Ausg}:

$$3 V_f \varrho_f \varepsilon_M \int_0^1 y_0^2 \exp\left[-\frac{R^2 \varrho_f \varepsilon_M}{D_{ef}(c^* - c_{\text{Ausg}})\bar{\tau}} \left(\frac{1}{6} - \frac{y_0^2}{2} + \frac{y_0^3}{3}\right)\right] dy_0 = V(c_{\text{Ausg}} - c_{\text{Eing}}) \tag{2.77}$$

Der Wert des Integrals in Gl. (2.77) in Abhängigkeit vom Parameter

$$A = \frac{R^2 \varrho_f \varepsilon_M}{D_{ef}(c^* - c_{\text{Ausg}})\bar{\tau}}$$

ist Abb. 2.9 zu entnehmen.

Extraktion aus einer unbewegten Schicht (Perkolation)

Bei einem diskontinuierlich durchgeführten Extraktionsprozeß in einer unbeweglichen, aus kugelförmigen Teilchen bestehenden Schicht wird der Stoffaustausch des Teilchens mit dem umströmenden Extraktionsmittel nach Gl. (2.70) angegeben. Die Konzentration im Extraktionsmittel c_{fl} und der Stoffstrom der Zielkomponente von der Teilchenoberfläche sind durch folgende Beziehung miteinander verknüpft:

$$w \frac{\partial c_{fl}}{\partial x} + \frac{3(1-\varepsilon)}{R} D_{ef} \left.\frac{\partial c}{\partial r}\right|_{r=R} = 0 \tag{2.78}$$

$\frac{3(1-\varepsilon)}{R}$ — spezifische Oberfläche der Teilchen mit einem Radius R

ε — freies Volumen der Schicht

Am Schichtanfang herrscht eine konstante Konzentration des Extraktionsmittels:

$$c_{fl}\big|_{x=0} = c_{\mathrm{Eing}} \tag{2.79}$$

Die kinetische Gleichung eines einzelnen Teilchens (2.68), die dazugehörige Anfangsbedingung (2.66) sowie das quasistationäre Profil in der extrahierten Schicht (2.63) behalten weiterhin Gültigkeit. Das mathematische Modell eines diskontinuierlichen Extraktionsprozesses in einer aus monodispersen Teilchen bestehenden Schicht umfaßt somit im Rahmen der gemachten Annahmen die Gln. (2.63), (2.66), (2.68), (2.70), (2.78) und (2.79). Dieses Gleichungssystem ist analytisch lösbar, wobei sich ein Übergang zu dimensionslosen Variablen empfiehlt [7]:

$$X = \frac{(1-\varepsilon)\, D_{ef} x}{w R^2}; \quad Fo = \frac{D_{ef} \tau}{R^2}; \quad Bi = \frac{\beta R}{D_{ef}}$$

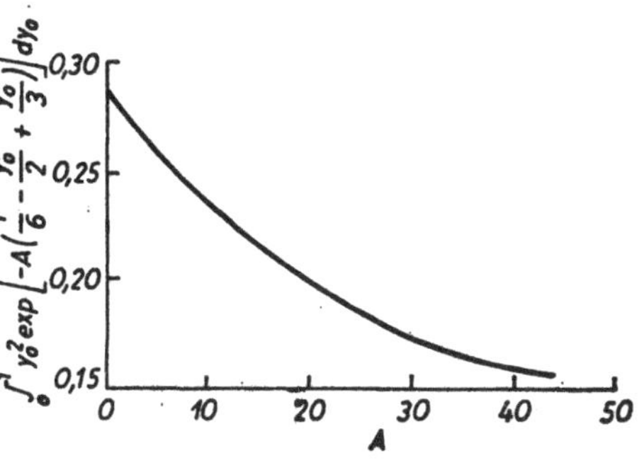

Abb. 2.9. Abhängigkeit des bestimmten Integrals in Gl. (2.77) vom Parameter *A*.

Das System weist dann folgende Form auf:

$$\left.\begin{aligned}
&\varrho_f \varepsilon_M y_0^2 \frac{\partial y_0}{\partial Fo} = \frac{\partial c}{\partial y}\bigg|_{y=1} \\
&Bi(c|_{y=1} - c_{fl}) + \frac{\partial c}{\partial y}\bigg|_{y=1} = 0 \\
&c = c^* - (c^* - c|_{y=1}) \frac{1 - (r_0/r)}{1 - y_0} \\
&\frac{\partial c_{fl}}{\partial X} + 3 \frac{\partial c}{\partial y}\bigg|_{y=1} = 0 \\
&y_0|_{Fo=0} = 1 \\
&c_{fl}|_{X=0} = c_{\mathrm{Eing}}
\end{aligned}\right\} \tag{2.80}$$

Der Prozeß verläuft in zwei aufeinanderfolgenden Schritten: Bis zu einem gewissen Zeitpunkt ist die erste Teilchenschicht restlos extrahiert. Nach diesem Zeitpunkt beginnt sich die Grenze, die die völlig ausgelaugte Schicht von den noch lösliche Komponente enthaltenden Teilchen trennt, nach oben zu verschieben. Der Unterschied bei der mathematischen Beschreibung beider Schritte besteht in der Formulierung der Randbedingungen für die untere Schichtgrenze.

Der erste Schritt wird durch das Gleichungssystem (2.80) beschrieben, als Zusatzbedingung kommt hinzu, daß die erste Schicht mit Extraktionsmittel konstanter Konzentration c_{Eing} im Austausch steht. Diese Besonderheit gestattet es, die kinetische Gleichung für die erste Schicht unabhängig vom weiteren Prozeßverlauf in den folgenden Bereichen der gesamten Schicht aufzustellen. Hierzu sind in der zweiten Gleichung des Systems (2.80) c_{fl} durch c_{Eing} zu ersetzen und die an der äußeren Teilchenoberfläche herrschende Konzentration zu bestimmen. Letztere ergibt sich durch Gleichsetzen des Gradienten $\left.\frac{\partial c}{\partial y}\right|_{y=1}$ aus der zweiten Gleichung des Systems (2.80) und des durch Differentiation der dritten Gleichung erhaltenen Gradienten. Durch Einsetzen des so ermittelten Wertes $c|_{y=1}$ in die erste Gleichung des Systems (2.80) erhält man

$$\varrho_f \varepsilon_M y_0^2 \frac{dy_0}{dFo} = -\frac{\Delta c_{\text{Eing}}}{\frac{1-y_0}{y_0} + \frac{1}{Bi}} \tag{2.81}$$

$$\Delta c_{\text{Eing}} = c^* - c_{\text{Eing}}$$

Durch Integration der Gl. (2.81) unter Beachtung der Randbedingung $y_0|_{Fo=0} = 1$ ergibt sich die kinetische Gleichung für den Extraktionsprozeß der ersten Schicht (Stirnschicht):

$$\frac{\Delta c_{\text{Eing}}}{\varepsilon_M \varrho_f} Fo = \frac{1}{6} - \frac{y_0^2}{2} + \frac{y_0^3}{3} + \frac{1 - y_0^3}{3Bi} \tag{2.82}$$

Gl. (2.82) ist allgemeingültiger als die kinetische Gl. (2.76), die unter der Annahme einer Randbedingung erster Art ($Bi \to \infty$) abgeleitet wurde.

Die zur restlosen Extraktion der ersten Schicht erforderliche Zeit ergibt sich für $y_0 = 0$:

$$Fo_m = \frac{\varepsilon_M \varrho_f}{\Delta c_{\text{Eing}}} \left(\frac{1}{6} + \frac{1}{3Bi} \right) \tag{2.83}$$

Das den Extraktionsprozeß in einer ruhenden Schicht beschreibende Gleichungssystem (2.80) ist demzufolge im ersten Schritt ($\tau \leqq \tau_m$) durch die den Extraktionsprozeß der Stirnschicht beschreibende Gl. (2.82) zu ergänzen.

Die Lösung für den ersten Prozeßschritt hat folgende Form [2]:

$$\left.\begin{aligned} &F[y_0(X, Fo)] - F[y_0(0, Fo)] = X \\ &\frac{c_{fl} - c_{\text{Eing}}}{c^* - c_{\text{Eing}}} = \frac{y_0^3(X, Fo) - y_0^3(0, Fo)}{1 - y_0^3(0, Fo)} \end{aligned}\right\} \tag{2.84}$$

$$F[y_0] = \left(1 - \frac{1}{Bi}\right) \ln (1 - y_0) - \frac{1}{\sqrt{3}} \operatorname{arctg} \frac{2y_0 + 1}{\sqrt{3}} - \frac{1}{6}\left(3 - \frac{2}{Bi}\right) \ln \frac{(1 - y_0)^2}{1 + y_0 + y_0^2} \tag{2.85}$$

Die Werte $y_0(0, Fo)$ ergeben sich aus der Gl. (2.82) für die Stirnschicht. Mit Hilfe der abgeleiteten Beziehungen ist es nicht möglich, explizit die Eindringtiefe der Lösefront im Teilchen als Funktion der Zeit anzugeben.

Für den zweiten Prozeßschritt ($\tau > \tau_m$) kommt das gleiche System zur Anwendung wie für den ersten, lediglich die Bedingungen für die Arbeitsweise der unteren Schicht ändern sich. In Schichtrichtung bewegt sich mit einer gewissen Geschwindigkeit die Grenze X_0, an der der Extraktionsprozeß abgeschlossen ist $[y_0(X_0, Fo) = 0]$ und die Konzentration des Extraktionsmittels gleich der Eingangskonzentration ist: $c_{fl}(X, Fo) = c_{\text{Eing}}$.

Für den zweiten Prozeßschritt ändert sich demnach lediglich die Randbedingung des Systems (2.80). Anstelle von $c_{fl}|_{X_0=0} = c_{\text{Eing}}$ ist $c_{fl}(X_0, Fo) = c_{\text{Eing}}$ zu setzen.

Die Lösungsgleichungen lauten:

$$\left.\begin{aligned} &F[y_0(X, Fo)] - F[0] = X - X_0(Fo) \\ &\frac{dX_0}{dFo} = \frac{c^* - c_{\text{Eing}}}{\varepsilon_M \varrho_f} \\ &c_{fl} = c^* - [1 - y_0^3(X, Fo)]\,(c^* - c_{\text{Eing}}) \end{aligned}\right\} \tag{2.86}$$

Beispiel 2.1: Es soll die numerische Berechnung eines diskontinuierlichen Extraktionsprozesses behandelt werden, bei dem die Zielkomponente aus einer ruhenden monodispersen, aus kugelförmigen Teilchen bestehenden Schicht extrahiert wird. Der Prozeß ist durch folgende Ausgangsdaten gekennzeichnet:

Teilchenradius	$R = 0{,}4 \cdot 10^3$ m
Sättigungskonzentration des Extraktionsmittels bei konstanter Prozeßtemperatur	$c^* = 30$ kg/m³
Eingangskonzentration des Extraktionsmittels	$c_{\text{Eing}} = 0$ kg/m³
Dichte der Lösung	$\varrho_{fl} = 1{,}2 \cdot 10^3$ kg/m³
Viskosität der Lösung	$\mu = 1{,}4 \cdot 10^{-3}$ P · s
freies Volumen der Schicht	$\varepsilon = 0{,}4$
Schichthöhe	$x = 4$ m
Porosität des Materials	$\varepsilon_M = 0{,}5$
Dichte des zu extrahierenden Stoffes	$\varrho_f = 4 \cdot 10^3$ kg/m³
Strömungsgeschwindigkeit des Extraktionsmittels über den freien Querschnitt	$w = 0{,}1$ m/s
Diffusionskoeffizient des zu extrahierenden Stoffes in der Lösung	$D = 3 \cdot 10^{-9}$ m²/s

1. Berechnung der Prandtl- und Reynolds-Zahl

$$Pr = \frac{\mu}{\varrho_{fl} D} = \frac{1{,}4 \cdot 10^{-3}}{1{,}2 \cdot 10^3 \cdot 3 \cdot 10^{-9}} = 390$$

$$Re = \frac{\frac{w}{\varepsilon} 2R\varrho_{fl}}{\mu} = \frac{\frac{0{,}1}{0{,}4} \cdot 2 \cdot 0{,}4 \cdot 10^{-3} \cdot 1{,}2 \cdot 10^3}{1{,}4 \cdot 10^{-3}} = 186$$

2. Die Nusselt-Zahl wird nach einer in [2] angegebenen Beziehung berechnet:

$$Nu = 0{,}8 Pr^{1/3} Re^{1/2} = 0{,}8 \cdot \sqrt[3]{390} \cdot \sqrt{186} = 79{,}5$$

3. Ermittlung des Stoffübergangskoeffizienten von der Teilchenoberfläche zum Hauptstrom des Extraktionsmittels:

$$\beta = Nu \frac{D}{2R} = 79{,}5 \frac{3 \cdot 10^{-9}}{2 \cdot 0{,}4 \cdot 10^{-3}} = 2{,}98 \cdot 10^{-4} \text{ m/s}$$

4. Ermittlung des effektiven Diffusionskoeffizienten im porösen Trägermaterial zur späteren Berechnung des BIOT- und des FOURIER-Kriteriums:

$$D_{ef} = \varepsilon_M D = 0{,}5 \cdot 3 \cdot 10^{-9} = 1{,}5 \cdot 10^{-9}\ \mathrm{m^2/s}$$

5. Bestimmung der BIOT-Zahl

$$Bi = \frac{\beta R}{D_{ef}} = \frac{2{,}89 \cdot 10^{-4} \cdot 0{,}4 \cdot 10^{-3}}{1{,}5 \cdot 10^{-9}} = 79{,}5$$

6. Nach Gl. (2.82) erfolgt die Berechnung des FOURIER-Kriteriums für verschiedene Extraktionstiefen in den Teilchen der Stirnschicht ($0 \leq \gamma_0 \leq 1$):

$$\frac{30}{0{,}5 \cdot 4 \cdot 10^3} Fo = \frac{1}{6} - \frac{y_0^2}{2} + \frac{y_0^3}{3} + \frac{1 - y_0^3}{3 \cdot 79{,}5}$$

Für $y_0 = 0$ läßt sich über das FOURIER-Kriterium die Dauer des ersten Prozeßschrittes bis zur völligen Extrahierung der Stirnschicht berechnen:

$$Fo_m = \frac{0{,}5 \cdot 4 \cdot 10^3}{30} \left(\frac{1}{6} + \frac{1}{3 \cdot 79{,}5} \right) = 11{,}4$$

$$\tau_m = Fo_m \frac{R^2}{D_{ef}} = 11{,}4 \frac{(0{,}4 \cdot 10^{-3})^2}{1{,}5 \cdot 10^{-9}} = 1{,}22 \cdot 10^3\ \mathrm{s}$$

Der Extraktionsverlauf der Stirnschicht ist in Abb. 2.10 dargestellt.

7. Berechnung der Funktionswerte $F(y_0) = F[y_0(0, Fo)]$ nach Gl. (2.85). Die graphische Darstellung dieser Funktion erfolgt in Abb. 2.11.

8. Bestimmung der Schichthöhe in dimensionslosen Koordinaten:

$$X = \frac{(1 - \varepsilon)\, D_{ef}}{R^2 w} x = \frac{0{,}6 \cdot 1{,}5 \cdot 10^{-9}}{(0{,}4 \cdot 10^{-3})^2 \cdot 0{,}1} 4 = 0{,}225$$

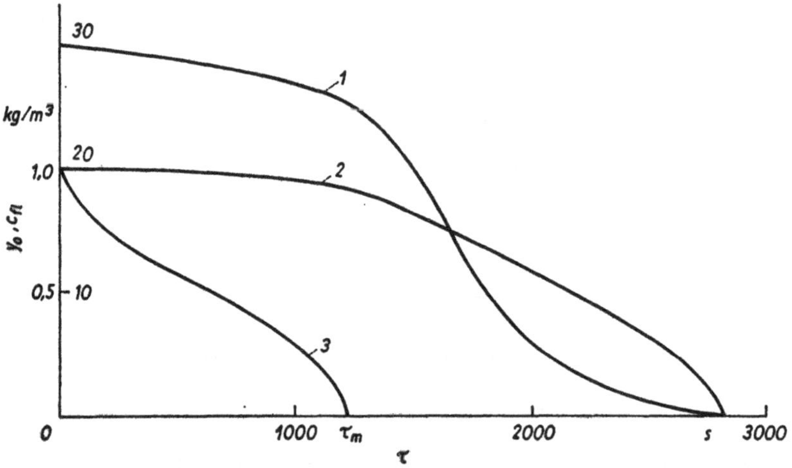

Abb. 2.10. Abhängigkeit der relativen Eindringtiefe y_0 und der Konzentration im Extraktionsmittel c_{fl} von der Zeit τ.

1 – $c_{fl}(0{,}225)$; *2* – $y_0(0{,}225)$; *3* – $\gamma_0(0)$.

Nach der ersten der Gl. (2.84) wird der Wert $F[y_0(0{,}225; Fo)] = 0{,}225 + F[y_0(0, Fo)]$ berechnet. Die Ergebnisse befinden sich in graphischer Form in Abb. 2.11.

9. Die Werte für die relative Extraktionstiefe in den Teilchen der oberen Schicht $y_0(0{,}225; Fo)$ werden graphisch aus der Abb. 2.11 bestimmt. Die Vorgehensweise beim Auffinden von $y_0(0{,}225; Fo)$ für beliebige $y_0(0, Fo)$ wird durch unterbrochene Linienzüge angegeben. Die entsprechenden Fourier-Zahlen werden der Abb. 2.10 entnommen.

10. Nach der zweiten Gl. (2.84) wird die Konzentration des Extraktstoffes im Lösungsmittel am Ausgang der Schicht berechnet

$$c_{fl}(0{,}225; Fo) = 30\,\frac{y_0^3(0{,}225; Fo) - y_0^3(0, Fo)}{1 - y_0^3(0, Fo)}$$

für $\tau < \tau_m = 1{,}22 \cdot 10^3$ s. Die erhaltenen Ergebnisse sind in Abb. 2.10 dargestellt.

11. Nach der zweiten Gleichung des Systems (2.86) wird die Geschwindigkeit der Front, die die völlig extrahierte Schicht von der restlichen trennt, berechnet:

$$\frac{dX_0}{dFo} = \frac{30}{0{,}5 \cdot 4 \cdot 10^3} = 0{,}015$$

Für die Lage der Front in Abhängigkeit von Fo ergibt sich in dimensionslosen Koordinaten

$$X_0 = 0{,}015Fo$$

12. Aus der ersten Gleichung des Systems (2.86) erhält man

$$F[y_0(0{,}225; Fo)] = 0{,}225 - 0{,}015Fo + (-0{,}302)$$

$F[0] = -0{,}302$ stellt den Funktionswert (2.85) für $y_0 = 0$ dar (zum Zeitpunkt des Bewegungsbeginns der Front). Diese graphische Darstellung zeigt Abb. 2.12.

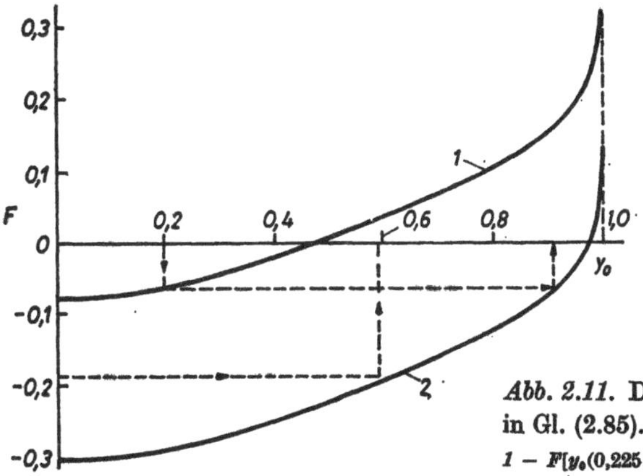

Abb. 2.11. Darstellung der Funktion F in Gl. (2.85).
1 – $F[y_0(0{,}225; Fo)]$; 2 – $F[y_0(0, Fo)]$.

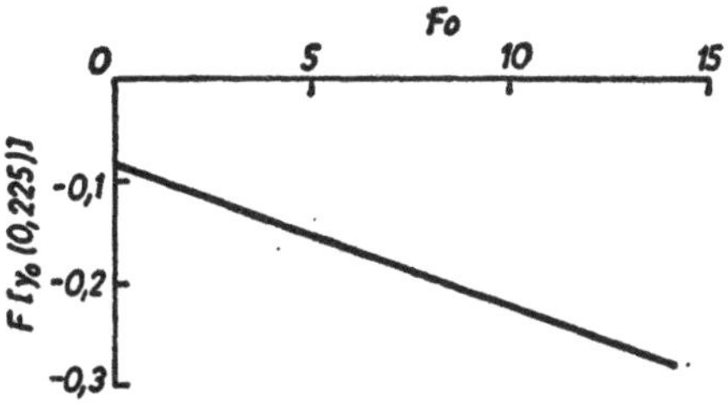

Abb. 2.12. Abhängigkeit des Funktionswertes von F von der Fourier-Zahl Fo.

13. Die Werte für die relative Extraktionstiefe in den Teilchen der oberen Schicht für beliebige *Fo* werden durch Übertragung der *F*-Werte aus Abb. 2.12 auf die Kurve *2* in Abb. 2.10 gewonnen. Die Abhängigkeit $y_0(0{,}225; Fo)$ für den zweiten Prozeßschritt ($\tau > \tau_m$) ist die Verlängerung der gleichen Linie für $\tau < \tau_m$ in Abb. 2.11.
14. Aus der letzten Gleichung des Systems (2.86) ergibt sich die Austrittskonzentration des Lösemittels für $\tau > \tau_m$:

$$c_{fl}(0{,}225; Fo) = 30 y_0^3(0{,}225; Fo)$$

Die graphische Darstellung dieser zeitlichen Konzentrationsabhängigkeit ist die Verlängerung der gleichen Kurve in Abb. 2.11.
15. Der Schnittpunkt der Konzentrationskurve mit der Abszisse liefert die zur völligen Extraktion der gesamten Schicht erforderliche Zeit.
16. Durch graphische Integration der Kurve für die Austrittskonzentration erhält man einen Mittelwert für den Gehalt der Zielkomponente im Lösungsmittel:

$$\bar{c}_{fl} = 17{,}3 \text{ kg/m}^3$$

Das Modell für eine schichtweise Extraktion wurde unter der Bedingung aufgestellt, daß die Porenstruktur bezüglich der Diffusion gleichförmige Eigenschaften besitzt und daß die Teilchen eine regelmäßige Gestalt aufweisen. In der Praxis werden diese beiden Voraussetzungen allerdings nur annähernd erfüllt. Eine analytische Lösung in der Form des angeführten Beispiels hat deshalb nur eine beschränkte quantitative Aussagekraft. Trotz dieser Unzulänglichkeit weist das analytische Verfahren den unbestrittenen Vorteil auf, daß keinerlei spezielle kinetische Versuche erforderlich sind.

Experimentelle Ermittlung der Extraktionskinetik

In Fällen, in denen die Durchführung experimenteller Untersuchungen zur Ermittlung der Kinetik des Extraktionsprozesses in einem vorliegenden Extraktionsgut möglich ist, ist die Einbeziehung der Versuchsergebnisse in die Berechnung rein analytischen Methoden vorzuziehen. Die für die kinetische Funktion des Löseprozesses gemachten Angaben lassen sich vollständig auf die Extraktion übertragen. Der einzig erschwerende Umstand bei dieser Übertragung besteht darin, daß die Intensität des Extraktionsprozesses weniger durch die äußeren Lösebedingungen, sondern überwiegend durch die Diffusion in den Poren bestimmt wird.

Außerdem läßt sich nicht ohne weiteres annehmen, daß die Geschwindigkeit des Extraktionsprozesses nur von den Momentanwerten der Parameter des umgebenden Mediums abhängig ist (Konzentrationen, Temperaturen, hydrodynamische Verhältnisse), weil die Änderung dieser äußeren Parameter nicht momentan zu einer Umprofilierung der Konzentrationsfelder im Innern hinreichend großer Teilchen führt. Bei geringer Teilchengröße und sich langsam ändernden Parametern des umgebenden Mediums läßt sich hingegen der Extraktionsprozeß gegenüber sich ändernden Konzentrations- und Temperaturwerten des äußeren Mediums durchaus als quasistationär annehmen.

Die charakteristische Funktion

Neben der kinetischen Funktion gibt es noch eine weitere Methode zur Analyse von Auslaugungsprozessen löslicher fester Einschlüsse in porösen Teilchen beliebiger Form [2]. Die Erläuterung dieser Methode erfolgt anhand der Abb. 2.13. Zu einem bestimmten

Zeitpunkt stellt F die Trennfläche zwischen der Zone I, die noch mit löslichem Stoff ausgefüllt ist, und der Zone II, in der sich Lösungsmittel befindet, dar. Der an der Trennfläche F gelöste Stoff gelangt durch Molekulardiffusion zum Porenausgang (wie an anderer Stelle gezeigt wurde, läßt sich für $\frac{\Delta c}{\varrho_f} < 1$ der konvektive Anteil am Stofftransport, hervorgerufen durch eine von der Porenöffnung gerichtete Bewegung, vernachlässigen). Desweiteren soll angenommen werden, daß sich die Trennfläche (Lösefront) hinreichend langsam ins Poreninnere verlagert, so daß man das Konzentrationsprofil in der Zone II als quasistationär ansehen kann. Die Lösegeschwindigkeit in einer Pore beliebiger Form läßt sich folgendermaßen beschreiben:

$$-\frac{dm}{d\tau} = -DF \left.\frac{\partial c}{\partial n}\right|_F \tag{2.87}$$

Durch Einführen des zum betrachteten Zeitpunkt in der Zone I befindlichen ungelösten Stoffanteils $\gamma = m/m_0$ und den Übergang zu einer dimensionslosen Konzentration $C = \frac{c^* - c}{c^* - c_{fl}}$ nimmt Gl. (2.87) folgende Form an:

$$\frac{d\gamma}{d\tau} = -\frac{D}{m_0} F \left.\frac{\partial C}{\partial n}\right|_F (c^* - c_{fl}) \tag{2.88}$$

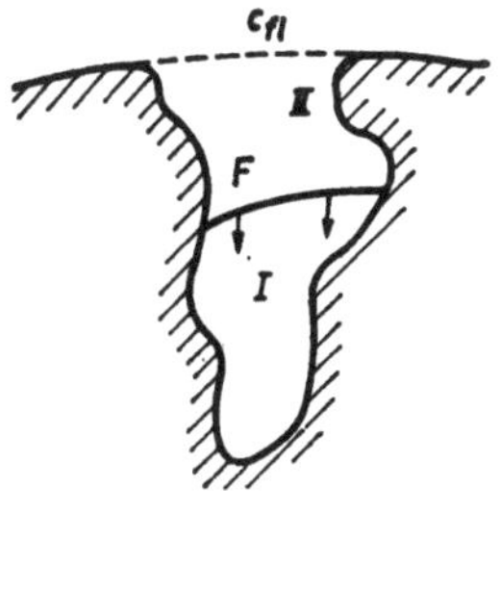

Abb. 2.13. Schematische Darstellung des Auflöseprozesses eines Feststoffes im Innern einer Pore beliebiger Form.
F – in das Poreninnere eindringende Lösefront.

Wie aus der Gl. (2.88) hervorgeht, bleibt der Einfluß der Konzentration der Zielkomponente im umgebenden Medium auf die Auflösungsgeschwindigkeit auf die Konzentrationsdifferenz beschränkt. Sämtliche anderen Größen der rechten Gleichungsseite sind explizite Funktionen des ungelösten Stoffanteils γ. So entspricht jeder bestimmten Größe (und Form) der Bereich I und II (Abb. 2.13) ein bestimmter γ-Wert. Die Trennfläche F, an der der eigentliche Auflösungsprozeß stattfindet, stellt somit eine Funktion des ungelösten Stoffanteils γ dar. Der relative Konzentrationsgradient $\left.\frac{\partial C}{\partial n}\right|_F$, der von der Anordnung der Zone II und der Form der Trennfläche F abhängt, ist ebenfalls eine unmittelbare Funktion des ungelösten Stoffanteils. Die funktionelle Abhängigkeit vom ungelösten Stoffanteil γ wird folgendermaßen postuliert:

$$\frac{D}{m_0} F \left.\frac{\partial C}{\partial n}\right|_F = \psi(\gamma) \tag{2.89}$$

Durch Einführen der Funktion $\psi(\gamma)$ in Gl. (2.88) ist hier die Integration durch Trennung der Variablen möglich. Die Integrationsgrenzen für γ liegen zwischen 1 und dem laufenden γ-Wert bei konstantem c_{fl}:

$$-\int_1^\gamma \frac{d\gamma}{\psi(\gamma)} = (c^* - c_{fl})\,\tau \tag{2.90}$$

Der Wert des Integrals ist von der Art der Poren, in denen der Löseprozeß erfolgt, abhängig. Die explizite Darstellung der Abhängigkeit $\psi(\gamma)$ ist für reale poröse Materialien nicht möglich.

Das Integral

$$\vartheta(\gamma) = -\int_1^\gamma \frac{d\gamma}{\psi(\gamma)} \tag{2.91}$$

dient jedoch als Grundlage für die experimentelle Ermittlung der Extraktionskinetik für konkrete Systeme bei einer konstanten äußeren Konzentration c_{fl}. Die sog. charakteristische Funktion (2.91) beinhaltet in integraler Form eine komplexe Abhängigkeit der Extraktionskinetik aus realen porösen Feststoffen. Das Einführen der charakteristischen Funktion in Gl. (2.88) ergibt

$$\frac{d\vartheta}{d\tau} = c^* - c_{fl} \tag{2.92}$$

Bei intensiver Vermischung läßt sich die Konzentration c_{fl} an allen Feststoffteilchen als einheitlich annehmen. Durch Mittelung über alle Poren und alle Teilchen läßt sich dann der Begriff der charakteristischen Funktion $\vartheta(\gamma)$ auf ein Haufwerk polydisperser Teilchen und sogar auf anisotrope Stoffe ausdehnen. Die Funktion $\vartheta(\gamma)$ berücksichtigt demnach alle spezifischen Eigenschaften des porösen Stoffes und den äußeren Diffusionswiderstand in integraler Form. Die charakteristische Funktion $\vartheta(\gamma)$ wird ebenso wie es bei der kinetischen Funktion der Fall war, besonders dann angewendet, wenn sich ein konkreter Prozeß durch Modellvorstellungen nur unzureichend beschreiben läßt.

Die einfachste Methode zur experimentellen Bestimmung der charakteristischen Funktion besteht in einer Probenahme innerhalb gewisser Zeitabstände und der anschließenden Bestimmung des ungelösten Stoffanteils, wobei c_{fl} konstant zu halten ist. Die Versuchsergebnisse stellen also die Funktion $\gamma(\tau)$ für $c_{fl} = \text{const}$ dar.

Nach den Gln. (2.90) und (2.91) folgt für die charakteristische Funktion

$$\vartheta(\gamma) = (c^* - c_{fl})\,\tau = (c^* - c_{fl})\,\tau(\gamma) \tag{2.93}$$

$\tau(\gamma)$ ergibt sich aus der experimentell bestimmten Abhängigkeit $\gamma(\tau)$. Diese Methode erfordert nur sehr geringen Aufwand bei der Auswertung der Versuchsdaten. Die Versuchsdurchführung selbst kann jedoch recht zeitaufwendig sein und mitunter auch den Genauigkeitsanforderungen nicht genügen. Der Grund dafür besteht darin, daß die Zielkomponente in den Feststoffteilchen analytisch zu bestimmen ist.

In der Regel ist die analytische Bestimmung des Gehaltes des Extraktstoffes in der Lösung, also c_{fl}, wesentlich genauer und auch mit geringerem Zeitaufwand verbunden. Man führt deshalb die Versuche diskontinuierlich bei idealer Vermischung durch, so daß die Extraktgutprobe mit einer konstanten Lösungsmittelmenge zeitlich veränderlicher Konzentration in Wechselwirkung steht. Das Versuchsergebnis besteht in der Abhängigkeit $c_{fl}(\tau)$.

Nach Gl. (2.90) ergibt sich für die Abhängigkeit der charakteristischen Funktion von der Zeit

$$\vartheta(\tau) = \int_0^\tau [c^* - c_{fl}(\tau)]\, d\tau \tag{2.94}$$

Anhand einer Stoffbilanzgleichung läßt sich die zeitliche Abhängigkeit des ungelösten Stoffanteils γ ermitteln:

$$\gamma(\tau) = 1 - \frac{V}{M_0} [c_{fl}(\tau) - c_{fl,0}] \tag{2.95}$$

Durch Elimination der laufenden Extraktionszeit τ aus den Gln. (2.94) und (2.95) ergibt sich die charakteristische Funktion in der Form $\vartheta(\gamma)$.

Berechnung kontinuierlicher und diskontinuierlicher Extraktionsprozesse

Die Prozeßbeschreibung erfolgt durch folgendes Gleichungssystem:

$$\frac{d\vartheta}{d\tau} = c^* - c_{fl}; \quad \vartheta = \vartheta(\gamma) \quad \text{und} \quad \varkappa(1 - \gamma) = c_{fl} - c_m$$
$$\varkappa = \frac{M_f}{V} \lesseqgtr 0 \tag{2.96}$$

M_f — Massendurchsatz des zu lösenden Feststoffes am Apparateeingang
V — Volumendurchsatz des Lösungsmittels

Die dritte Gleichung des Systems (2.96) bildet die Stoffbilanz für Gleich- oder Gegenstrom, während die zweite Gleichung die experimentell ermittelte explizite Form der charakteristischen Funktion darstellt.

Zur Lösung des Gleichungssystems (2.96) wird die reziproke charakteristische Funktion $\gamma(\vartheta)$ gebildet und in die Bilanzgleichung eingesetzt. Der Wert c_{fl}, der sich über die Bilanzbeziehungen ergibt, wird in die Differentialgleichung des Systems (2.96) eingesetzt, die bei Anwendung der Methode der charakteristischen Funktion stets durch Trennung der Variablen integriert werden kann:

$$\tau = \int_0^\vartheta \frac{d\vartheta}{c^* - c_m - \varkappa[1 - \gamma(\vartheta)]} \tag{2.97}$$

Die abgeleitete Gleichung beinhaltet die Abhängigkeit $\vartheta(\tau)$ für im Gleich- und Gegenstrom betriebene kontinuierliche Extraktionsprozesse. Die in der Praxis allgemein interessierende zeitliche Abhängigkeit des ungelösten Stoffanteils $\gamma(\tau)$ ergibt sich durch Elimination von ϑ aus der über Gl. (2.97) ermittelten Abhängigkeit $\vartheta(\tau)$ und dem oben angeführten Ausdruck für $\gamma(\vartheta)$. Die Beziehung zwischen der laufenden Einwirkungszeit τ und der laufenden Apparatekoordinate x wird bei Gleich- und Gegenstromprozessen unter der Bedingung hergestellt, daß die Feststoffteilchen im Prozeßverlauf ihre Größe beibehalten und somit die Durchsatzgleichung $x = v\tau$ Gültigkeit besitzt.

Beispiel 2.2: Aus einem porösen Feststoff (Extraktgut) soll ein löslicher Stoff kontinuierlich extrahiert werden. Der Durchsatz der dispersen Phase beträgt $V_f = 0{,}585 \cdot 10^{-3}\ \mathrm{m^3/(m^2 \cdot s)}$, der des Extraktionsmittels $V = 0{,}01\ \mathrm{m^3/(m^2 \cdot s)}$. Das freie Volumen der dispersen Feststoffschicht hat einen Wert von $\varepsilon = 0{,}45$.

Es sind der Extraktionsgrad und die Extraktstoffkonzentration im Extraktionsmittel über die Länge eines Gleichstromapparates zu bestimmen.

Die Kinetik für das vorliegende Material wurde experimentell in Form der Extraktstoffkonzentrationsänderung im Extraktionsmittel in Abhängigkeit von der Einwirkungszeit bei idealer Vermischung ermittelt (Abb. 2.14). Die Sättigungskonzentration des Extraktionsmittels beträgt bei der Prozeßtemperatur $c^* = 45\ \mathrm{kg/m^3}$, während der Volumenanteil des in den Poren befindlichen löslichen Stoffes mit $\varepsilon_M = 0{,}38$ angenommen wird. Der lösliche Stoff weist eine Dichte von $\varrho_f = 1800\ \mathrm{kg/m^3}$ auf. Bei der experimentellen Ermittlung von $c_{fl}(\tau)$ wurden 43,5 kg Zielkomponente pro m³ Extraktionsmittel eingesetzt.

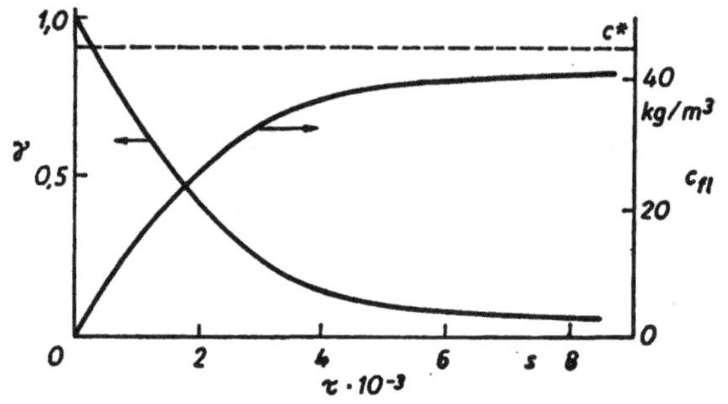

Abb. 2.14. Experimentell bestimmte Werte zur Ermittlung der Extraktionskinetik.

Die Bestimmung der charakteristischen Funktion des Prozesses erfolgt anhand der experimentell ermittelten Abhängigkeit $c_{fl}(\tau)$.

1. Nach der Bilanzgleichung für den gelösten Stoff (2.95) wird die Kurve $\gamma(\tau)$ aufgestellt.
2. Nach Gl. (2.94) wird der Wert des bestimmten Integrals mit variabler oberer Grenze graphisch bestimmt und so die in Abb. 2.15 gezeigte Abhängigkeit $\vartheta(\tau)$ ermittelt.
3. Durch Eliminieren der laufenden Zeit τ aus den Abhängigkeiten $\gamma(\tau)$ und $\vartheta(\tau)$ erhält man die charakteristische Funktion $\vartheta(\gamma)$ des Prozesses.
4. Der Parameter $\varkappa$ ergibt sich aus den vorgegebenen Durchsätzen

$$\varkappa = \frac{M_f}{V} = \frac{\varepsilon_M \varrho_f V_f}{V} = \frac{0{,}38 \cdot 1{,}8 \cdot 10^3 \cdot 0{,}585 \cdot 10^{-3}}{0{,}01} = 40\ \mathrm{kg/m^3}$$

Zuerst soll der kontinuierlich betriebene Gleichstromprozeß untersucht werden, für den $\varkappa > 0$ und $c_m = c_{fl,0} = 0$ gilt, d. h. das dem Prozeß zugeführte Extraktionsmittel ist frei von Zielkomponente.

5. Es werden einige Werte des Integranden in Gl. (2.97) für verschiedene Werte der charakteristischen Funktion berechnet. Die graphische Darstellung dieser Abhängigkeit erfolgt in Abb. 2.16 (unterbrochene Linie).
6. Die graphische Integration dieser Kurve liefert nach Gl. (2.97) die Abhängigkeit der Einwirkungszeit von der charakteristischen Funktion (Abb. 2.17, unterbrochene Linie).

7. Durch Elimination von ϑ aus den Funktionen $\vartheta(\gamma)$ (Abb. 2.15) und $\tau(\vartheta)$ (unterbrochene Linie in Abb. 2.17) ergibt sich die charakteristische Funktion $\gamma(\tau)$ für den Gleichstromprozeß (Abb. 2.18).

8. Für die Geschwindigkeit des dispersen Feststoffes gilt

$$v = \frac{V_f}{1 - \varepsilon} = \frac{0{,}585 \cdot 10^{-3}}{1 - 0{,}45} = 1{,}063 \cdot 10^{-3} \text{ m/s}$$

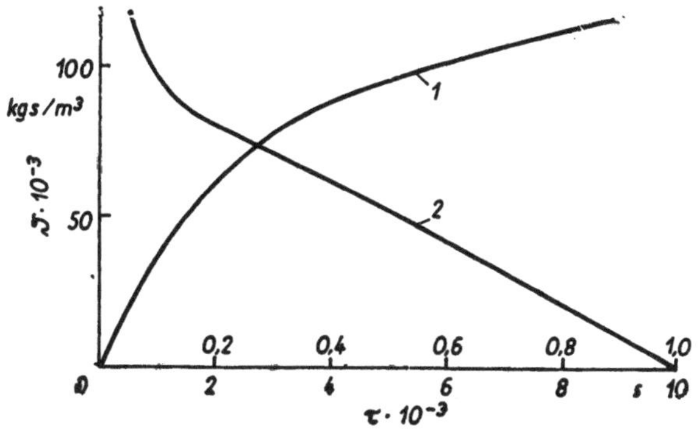

Abb. 2.15. Charakteristische Funktion des Extraktionsprozesses.
1 — $\vartheta(\tau)$; 2 — $\vartheta(\gamma)$.

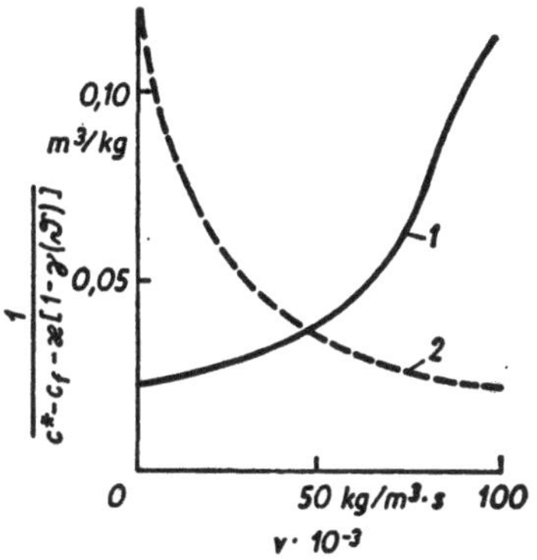

Abb. 2.16. Werte des Integranden in Gl. (2.97).
1 — Gleichstrom; 2 — Gegenstrom.

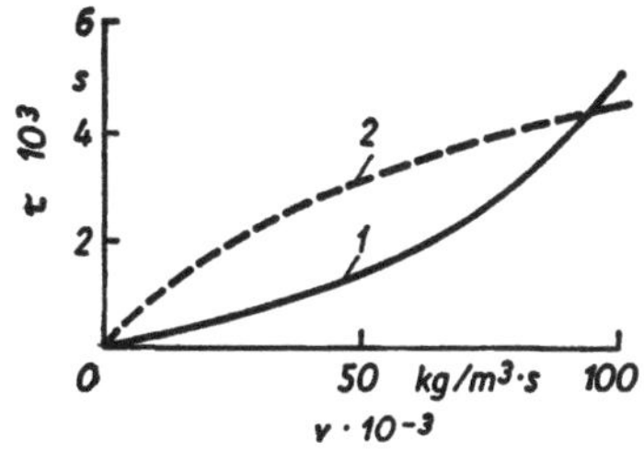

Abb. 2.17. Extraktionsdauer für disperse Stoffe.
1 — Gleichstrom; 2 — Gegenstrom.

9. Die Umrechnung auf die laufende Apparatelänge $x = 1{,}063 \cdot 10^{-3} \cdot \tau$ erfolgt durch Einführen eines zweiten Abszissenmaßstabes in Abb. 2.18.

10. Aus der Bilanzgleichung des Systems (2.96) wird die Konzentration der Zielkomponente im Extraktionsmittel bestimmt (Abb. 2.18). Bei einer Prozeßführung im Gegenstrom gilt $\varkappa = 40$ kg/m³ und $c_m = c_{fl,\text{Ausg}}$. Nimmt man für $c_{fl,\text{Ausg}}$ einen Wert von $c_{fl,\text{Ausg}} = 36{,}7$ kg/m³ an, so ergeben sich bei völlig analoger Durchführung der angegebenen Operationen die in den Abb. 2.16 bis 2.18 gezeigten Abhängigkeiten (durchgezogene Linien).

Bei der Extraktion aus einer ruhenden Schicht ist der im porösen Material verbleibende ungelöste Anteil an Zielkomponente eine Funktion zweier unabhängiger Variabler $\gamma(x, \tau)$. Demzufolge trifft die gleiche Feststellung auch auf die charakteristische Funktion zu: $\vartheta[\gamma(x, \tau)]$. Durch Anwendung der Gl. (2.92) auf eine Schicht erhält man

$$\frac{\partial \vartheta}{\partial \tau} = c^* - c_{fl}(x, \tau) \tag{2.98}$$

Gl. (2.98) ist mit der Stoffbilanzgleichung für einen infinitesimalen Abschnitt der Schicht

$$\frac{\partial m}{\partial \tau} + w \frac{\partial c_{fl}}{\partial x} = 0 \tag{2.99}$$

$m(x, \tau)$ — auf das Schichtvolumen bezogene Extraktstoffmasse
w — Strömungsgeschwindigkeit des Extraktionsmittels

zu koppeln.

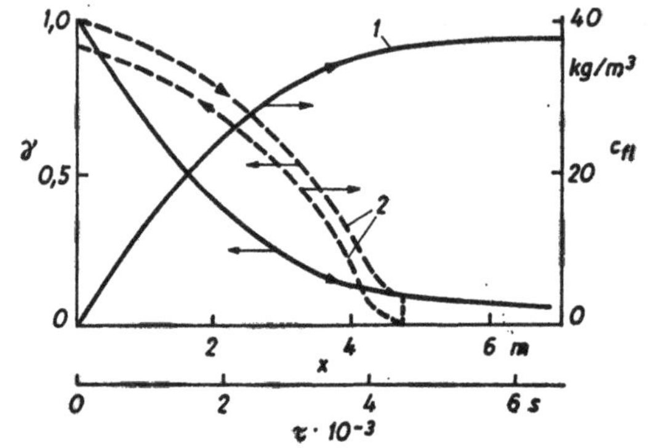

Abb. 2.18. Konzentrationskurven für die feste und die flüssige Phase.
1 — Gleichstrom; *2* — Gegenstrom.

Durch Einsetzen des Konzentrationswertes der Zielkomponente in der flüssigen Phase $c_{fl}(x, \tau)$ aus Gl. (2.98) in die Beziehung (2.99) erhält man

$$\frac{\partial m}{\partial \tau} - w \frac{\partial^2 \vartheta}{\partial x \, \partial \tau} = 0 \tag{2.100}$$

Die Integration über die Zeit liefert:

$$m - w \frac{\partial \vartheta}{\partial x} = f(x) \tag{2.101}$$

$f(x)$ — Ordinatenfunktion, die aus den Anfangsbedingungen für die ruhende Schicht bestimmt wird [7]

Zum Zeitpunkt $\tau = 0$ enthält die Schicht über die gesamte Höhe einen einheitlichen Gehalt an Zielkomponente. Zur Bestimmung von $f(x)$ dienen also $m|_{\tau=0} = m_0$ und $\left.\frac{\partial \vartheta}{\partial x}\right|_{\tau=0} = 0$. Diese beiden Anfangsbedingungen liefern nach Gleichung (2.101) für

$f(x) = m_0$. Somit wird

$$-w \frac{\partial \vartheta}{\partial x} = m_0[1 - \gamma(x, \tau)] \tag{2.102}$$

Die Integration dieser Gleichung ergibt

$$\frac{x}{w} = -\int\limits_{\vartheta(0,\tau)}^{\vartheta(x,\tau)} \frac{d\vartheta}{m_0[1 - \gamma(\vartheta)]} \tag{2.103}$$

wobei im Integranden die Funktion $\gamma(x, \tau)$ durch $\gamma(\vartheta)$ ersetzt wurde, d. h. durch die nach dem Argument aufgelöste experimentell ermittelte Abhängigkeit $\vartheta(\gamma)$. Die untere Integrationsgrenze $\vartheta(0, \tau)$ entspricht dem Wert der charakteristischen Funktion für die Stirnschicht, d. h. für die mit frischem Extraktionsmittel mit der Konzentration $c_{fl,0}$ in Kontakt befindlichen Teilchen. Der Wert $\vartheta(0, \tau)$ läßt sich folglich unmittelbar aus Gl. (2.92) bestimmen:

$$\vartheta(0, \tau) = (c^* - c_{fl,0})\, \tau$$

Nach Berechnung des Integrals in Gl. (2.103) als Funktion seiner oberen Grenze erhält man die Abhängigkeit der charakteristischen Funktion von der Apparatekoordinate und der Einwirkungszeit. Durch Einsetzen dieser gefundenen Abhängigkeit $\vartheta(x, \tau)$ in Gl. (2.98) läßt sich die funktionelle Abhängigkeit $c_{fl}(x, \tau)$ ermitteln, deren Einsetzen in Gl. (2.99) und anschließende Integration über die Zeit den Gehalt der Zielkomponente in den Feststoffteilchen $m(x, \tau)$ in Abhängigkeit vom Koordinatenwert und der Einwirkungszeit liefern. Die Abhängigkeit $m(x, \tau)$ stellt die Lösung des Extraktionsprozesses in einer ruhenden Schicht poröser Feststoffteilchen dar.

Bei der experimentellen Ermittlung der charakteristischen Funktion ist darauf zu achten, daß die für den Versuch vorgesehene Probe als repräsentativ in Bezug auf die Korngrößenzusammensetzung und die Anfangsverteilung der löslichen Komponente in den einzelnen Teilchen gelten kann. Ebenso müssen die Reinheit des Lösungsmittels und die Temperatur während der Versuche die gleichen wie beim realen Prozeß sein.

In Fällen, in denen der äußere kinetische Widerstand den Extraktionsprozeß beeinflußt, ist Augenmerk darauf zu richten, daß die äußeren Versuchsbedingungen bei der Bestimmung der kinetischen Funktion denen des industriell zu realisierenden Prozesses möglichst gut angenähert werden.

Die Methode der charakteristischen Funktion ist vor allem bei der Untersuchung konkreter Systeme analytischen Methoden, die in der Regel auf mehr oder weniger stark vereinfachten Modellvorstellungen basieren, vorzuziehen. Dabei ist jedoch der Umstand zu beachten, daß die Unabhängigkeit der charakteristischen Funktion von der Konzentration der Zielkomponente im Lösungsmittel nicht immer exakt ist. Bei der experimentellen Bestimmung von ϑ ist deshalb dieser Fakt zu überprüfen, indem man mehrere Versuchsreihen bei verschiedenen äußeren Konzentrationen durchführt.

Ein Vergleich der Methode der charakteristischen Funktion mit der der kinetischen Funktion weist viele Analogien auf; auch ihre allgemeine Zielstellung ist die gleiche: Berücksichtigung der Extraktionskinetik realer Stoffe ohne Zuhilfenahme vereinfachender Modellvorstellungen. Welcher der beiden Methoden der Vorrang zu geben ist, hängt von den spezifischen Bedingungen ab. Bei der kinetischen Funktion $\gamma(\theta)$ dient als

Argument eine relative Zeit, die auf die zur restlosen Auslaugung erforderliche Zeit bezogen ist. Die experimentelle Ermittlung der kinetischen Funktion $\gamma(\theta)$ ist besonders bei solchen Prozessen relativ einfach, die diskontinuierlich ablaufen oder die eine bestimmte Verweilzeitverteilung des dem Prozeß unterworfenen Materials aufweisen (Apparate mit intensiver Vermischung), so daß sich der mittlere Auslaugungsgrad des ausgetragenen Produktes durch Integration der kinetischen Funktion über die Zeit ergibt.

Die Methode der charakteristischen Funktion $\vartheta(\gamma)$ ist vor allem auf solche Prozesse vorteilhaft anwendbar, bei denen der innere Stofftransport das geschwindigkeitsbestimmende Prozeßstadium darstellt, da die Funktion selbst vom Auslaugungsgrad (Anteil des ungelösten Stoffes) abhängig ist. Die Methode empfiehlt sich hauptsächlich bei kontinuierlichen Prozessen. Die kinetische Funktion besitzt einen großen Informationsgehalt über den Prozeß, der in einer Abhängigkeit der zum völligen Auflösen erforderlichen Zeit τ_m von den äußeren Bedingungen besteht. Demgegenüber gilt die charakteristische Funktion gegenüber den äußeren Prozeßbedingungen als invariant. Wird diese Annahme nicht erfüllt, erweist sich beispielsweise die Invarianz gegenüber der Temperatur als unrichtig, so ist anstelle einer Funktion $\vartheta(\gamma)$ mit einer Schar charakteristischer Funktionen zu arbeiten.

2.3. Extraktion gelöster Stoffe

Unter diesem Abschnitt werden Prozesse behandelt, bei denen die Zielkomponente in gelöster Form die Poren des Feststoffes ausfüllt. Die Extraktion des Feststoffes vollzieht sich hier auf Grund von Transportprozessen in der flüssigen Phase des Lösungsmittels, das sich in ruhendem Zustand in den Poren befindet. Ein derartiger innerer Stofftransport beruht in der Regel auf dem Diffusionsmechanismus mit konstantem Diffusionskoeffizienten. Unter diesen Bedingungen besitzt die eindimensionale Diffusionsgleichung Gültigkeit. In allgemeiner Form lautet sie für die drei betrachteten klassischen Teilchenformen

$$\frac{\partial c_f}{\partial \tau} = D_{ef} \frac{\partial^2 c_f}{\partial x^2} + \frac{\Gamma}{x} \frac{\partial c_f}{\partial x} \tag{2.104}$$

$\Gamma = 0$ für Plättchen
$\Gamma = 1$ für unendliche Zylinder
$\Gamma = 2$ für Kugelform

Monodisperses Material

Die auf Diffusion beruhende Extraktion der Zielkomponente aus Teilchen mit Plattenform läßt sich bei diskontinuierlicher Prozeßführung, einer gleichförmigen Anfangskonzentration und symmetrischen Randbedingungen dritter Art durch folgendes Gleichungssystem beschreiben:

$$\left.\begin{aligned} \frac{\partial c_f}{\partial Fo} &= \frac{\partial^2 c_f}{\partial X^2} \\ c_f|_{Fo=0} &= c_{f,0} \end{aligned}\right\} \tag{2.105}$$

$$\left.\begin{aligned} &\left.\frac{\partial c_f}{\partial X}\right|_{X=0} = 0 \\ &\left.\frac{\partial c_f}{\partial X}\right|_{X=1} = Bi(c_f|_{X=1} - c_{fl}) \\ &c_{fl} - c_m = \varkappa(c_{f,0} - \bar{c}_f) \end{aligned}\right\} \tag{2.105}$$

$$X = \frac{x}{R}; \quad Fo = \frac{D_{ef}\tau}{R^2}; \quad Bi = \frac{\beta R}{D_{ef}}$$

Es sollen nur die Lösungen dieses Gleichungssystems angegeben werden [2, 7—9]. Für die Konzentrationsverteilung der Zielkomponente innerhalb der festen Teilchen $c_f(X, Fo)$, den Mittelwert der Konzentration in der festen Phase $\bar{c}_f(Fo)$ und die Konzentration der Zielkomponente im Extraktionsmittel $c_{fl}(Fo)$ gilt:

$$\frac{c_{f,0} - c_f}{c_{f,0} - c_m} = \frac{1}{1 + \varkappa} + \sum_{i=1}^{\infty} \frac{2[\varkappa - (\mu_i^2/Bi)]}{\left(\dfrac{\mu_i^2}{Bi} - \varkappa\right)^2 + \mu_i^2\left(1 + \dfrac{1}{Bi}\right) + \varkappa} \frac{\cos \mu_i X}{\cos \mu_i} \exp(-\mu_i^2 Fo) \tag{2.106}$$

$$\frac{c_{f,0} - \bar{c}_f}{c_{f,0} - c_m} = \frac{1}{1 + \varkappa} - \sum_{i=1}^{\infty} \frac{2}{\left(\dfrac{\mu_i^2}{Bi} - \varkappa\right)^2 + \mu_i^2\left(1 + \dfrac{2}{Bi}\right) + \varkappa} \exp(-\mu_i^2 Fo) \tag{2.107}$$

$$c_{fl} = c_{fl,0} + \varkappa(c_{f,0} - \bar{c}_f) \tag{2.108}$$

μ_i — Wurzeln der Gleichung

$$\operatorname{ctg} \mu = \frac{\mu}{Bi} - \frac{\varkappa}{\mu} \tag{2.109}$$

Analog gilt für Teilchen von Kugelform

$$\frac{c_{f,0} - c_f}{c_{f,0} - c_m} = \frac{1}{1 + \varkappa} + \sum_{i=1}^{\infty} \frac{2\left(3\varkappa - \dfrac{\mu_i^2}{Bi}\right)}{\left(3\varkappa - \dfrac{\mu_i^2}{Bi}\right)^2 + \mu_i^2\left(1 - \dfrac{1}{Bi}\right) + 9\varkappa} \frac{\sin \mu_i X}{X \sin \mu_i} \exp(-\mu_i^2 Fo) \tag{2.110}$$

$$\frac{c_{f,0} - \bar{c}_f}{c_{f,0} - c_m} = \frac{1}{1 + \varkappa} - \sum_{i=1}^{\infty} \frac{6}{\left(3\varkappa - \dfrac{\mu_i^2}{Bi}\right)^2 + \mu_i^2\left(1 - \dfrac{1}{Bi}\right) + 9\varkappa} \exp(-\mu_i^2 Fo) \tag{2.111}$$

Die charakteristischen Zahlen ergeben sich aus folgender transzendenter Gleichung:

$$\operatorname{ctg} \mu = \frac{1}{\mu} + \frac{1}{3\dfrac{\varkappa}{\mu} - \dfrac{\mu}{Bi}} \tag{2.112}$$

Die Konzentration in der flüssigen Phase ergibt sich aus der Stoffbilanzgleichung (2.108).

Für unendliche Zylinder gilt:

$$\frac{c_{f,0} - c_f}{c_{f,0} - c_m} = \frac{1}{1 + \varkappa} + \sum_{i=1}^{\infty} \frac{2[2\varkappa - (\mu_i^2/Bi)]}{\left(2\varkappa - \frac{\mu_i^2}{Bi}\right)^2 + \mu_i^2 + 4\varkappa} \frac{J_0(\mu_i X)}{J_0(\mu_i)} \exp(-\mu_i^2 Fo) \tag{2.113}$$

$$\frac{c_{f,0} - \bar{c}_f}{c_{f,0} - c_m} = \frac{1}{1 + \varkappa} - \sum_{i=1}^{\infty} \frac{4}{\left(2\varkappa - \frac{\mu_i^2}{Bi}\right)^2 + \mu_i^2 + 4\varkappa} \exp(-\mu_i^2 Fo) \tag{2.114}$$

$$\frac{J_1(\mu)}{J_0(\mu)} = \frac{1}{\frac{\mu}{Bi} - \frac{2\varkappa}{\mu}} \tag{2.115}$$

Auch hier ergibt sich c_{fl} aus der Stoffbilanzgleichung (2.108). Durch den Grenzübergang $Bi \to \infty$ ergeben sich die Lösungsgleichungen bei fehlendem kinetischen Widerstand des äußeren Stofftransports. Die Randbedingungen gehen dabei in solche erster Art über.

Bei Gleich- und Gegenstromprozessen erfolgt der Übergang von der laufenden Einwirkungszeit auf die Längenkoordinate des Apparates über die Durchflußgleichungen für jede Phase.

Die Lösung des Gleichungssystems für die Diffusionsextraktion aus einer ruhenden Schicht monodispersen Materials ist selbst bei einfachsten Teilchenformen analytisch nicht möglich [10, 11]. Für kontinuierliche Extraktionsprozesse mit idealer Vermischung besitzt die Lösungsgleichung (1.118) Gültigkeit.

Beispiel 2.3: Es wird ein Gegenstromprozeß untersucht, bei dem kugelförmige Teilchen mit einem Halbmesser von $R = 0{,}75 \cdot 10^{-3}$ m und reines Extraktionsmittel zum Einsatz kommen. Die Volumendurchsätze betragen für die feste Phase $V_f = 0{,}0025$ m³/(m² · s) und die flüssige Phase $V_{fl} = 0{,}025$ m³/(m² · s). Dichte und Viskosität des Extraktionsmittels sind: $\varrho_{fl} = 1{,}1 \cdot 10^3$ kg/m³, $\mu_{fl} = 1{,}15 \cdot 10^{-3}$ P · s. Die Porosität des Materials beträgt $\varepsilon_M = 0{,}45$, das freie Volumen der dispersen Phase $\varepsilon = 0{,}5$. Als Wert des Diffusionskoeffizienten der Moleküle der Zielkomponente im Lösungsmittel wird $D = 5{,}33 \cdot 10^{-9}$ m²/s angenommen.

1. Berechnung der Prandtl-Zahl

$$Pr = \frac{\mu_{fl}}{\varrho_{fl} D} = \frac{1{,}15 \cdot 10^{-3}}{1{,}1 \cdot 10^3 \cdot 5{,}33 \cdot 10^{-9}} = 196$$

2. Strömungsgeschwindigkeit der Flüssigkeit durch die Teilchenschicht

$$w = \frac{V_{fl}}{\varepsilon} = \frac{0{,}025}{0{,}5} = 0{,}05 \text{ m/s}$$

Geschwindigkeit des dispersen Stoffes

$$v = \frac{V_f}{1 - \varepsilon} = \frac{0{,}0025}{1 - 0{,}5} = 0{,}005 \text{ m/s}$$

3. Berechnung der REYNOLDS-Zahl

$$Re = \frac{(w - v)\, 2R\varrho_{fl}}{\mu_{fl}} = \frac{(0{,}05 - 0{,}005) \cdot 2 \cdot 0{,}75 \cdot 10^{-3} \cdot 1{,}1 \cdot 10^{3}}{1{,}15 \cdot 10^{-3}} = 64{,}1$$

4. Die NUSSELT-Zahl wird nach einer aus [2] entnommenen Kriterialgleichung berechnet.

$$Nu = 0{,}8 Pr^{1/3} Re^{1/2} = 0{,}8 \cdot 196^{1/3} \cdot 64{,}1^{1/2} = 37{,}2$$

5. Für den Stoffübergangskoeffizienten β gilt

$$\beta = Nu \frac{D}{2R} = 37{,}2 \frac{5{,}33 \cdot 10^{-9}}{2 \cdot 0{,}75 \cdot 10^{-3}} = 1{,}31 \cdot 10^{-4}\ \mathrm{m/s}$$

6. Berechnung von $\varkappa$

$$\varkappa = \varepsilon_M V_f / V_{fl} = \frac{0{,}45 \cdot 0{,}0025}{0{,}025} = 0{,}045$$

7. Berechnung der BIOT-Zahl

$$Bi = \frac{\beta R}{D_{ef}} = \frac{1{,}31 \cdot 10^{-4} \cdot 0{,}75 \cdot 10^{-3}}{0{,}45 \cdot 5{,}33 \cdot 10^{-9}} = 40{,}8$$

Hierbei wurde die Beziehung $D_{ef} = \varepsilon_M D$ für den effektiven Diffusionskoeffizienten in porösen Feststoffen benutzt.

8. Durch Einsetzen der Zahlenwerte in Gl. (2.112) erhält man

$$\operatorname{ctg} \mu = \frac{1}{\mu} + \frac{1}{3\dfrac{0{,}045}{\mu} - \dfrac{\mu}{40{,}8}}$$

Die Ermittlung der Wurzeln μ_i erfolgt graphisch. In Abb. 2.19 sind die linke (*1*) und die rechte (*2*) Seite der charakteristischen Gl. (2.112) dargestellt. Wie aus der Abbildung zu erkennen ist, weist der positive Kurvenast der rechten Gleichungsseite (2.112) für endliche Werte beider Gleichungsseiten im Bereich von Null bis zum Pol $\mu = 2{,}34$ keine Schnittpunkte mit der Funktion ctg μ auf.

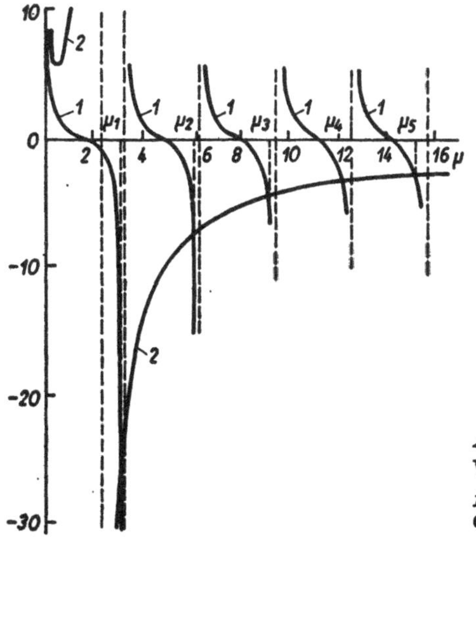

Abb. 2.19. Graphische Ermittlung der Wurzeln von Gl. (2.112).

1, 2 – Abhängigkeit der linken bzw. der rechten Gleichungsseite (2.112) von μ.

Aus der Abb. 2.19 lassen sich für die ersten fünf Wurzeln folgende Werte ablesen: $\mu_1 = 3{,}17$; $\mu_2 = 6{,}05$; $\mu_3 = 9{,}16$; $\mu_4 = 12{,}15$; $\mu_5 = 15{,}27$.

9. Die mittlere relative Konzentration im Feststoff wird nach Gl. (2.111) ermittelt:

$$\frac{\bar{c}_f}{c_{f,0}} = 1 - \frac{1}{1 + 0{,}045} + \sum_{i=1}^{\infty} \frac{6 \exp\left[-\mu_i^2 \dfrac{2{,}4 \cdot 10^{-9}}{(0{,}75 \cdot 10^{-3})^2}\right]}{\left(3 \cdot 0{,}045 - \dfrac{\mu_i^2}{40{,}8}\right)^2 + \left(1 - \dfrac{1}{40{,}8}\right) \mu_i^2 + 9 \cdot 0{,}045}$$

Die nach dieser Gleichung (τ wurde durch $\tau = \dfrac{x}{v}$ substituiert) erhaltenen Ergebnisse sind in Abb. 2.20 dargestellt. Die untere Kurve gilt für die Extraktstoffkonzentration im Extraktionsmittel. Die Asymptote für die Kurven $\bar{c}_f/c_{f,0}$ und $c_{fl}/c_{f,0}$ ergibt sich für $x \to \infty$ zu

$$\left.\frac{\bar{c}_f}{c_{f,0}}\right|_{x\to\infty} = 1 - \frac{1}{1{,}045} = 0{,}043$$

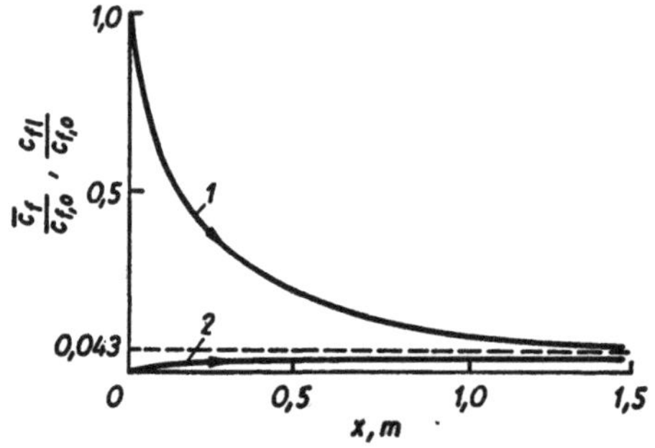

Abb. 2.20. Verteilung der relativen Konzentration in der festen (*1*) und der flüssigen (*2*) Phase beim Gleichstromprozeß.

Polydisperses Material

Es wird angenommen, daß die aus kugelförmigen Teilchen bestehende Schicht aus k Fraktionen besteht, deren Massenanteile m_j betragen ($j = 1, 2, \ldots, k$). Die Diffusionsgleichung für jede einzelne Fraktion lautet

$$\frac{\partial c_{f,j}}{\partial \tau} = D_{ef} \left(\frac{\partial^2 c_{f,j}}{\partial r^2} + 2/r \cdot \frac{\partial c_{f,j}}{\partial r}\right) \tag{2.116}$$

Die Randbedingungen sind für alle Fraktionen die gleichen:

$$c_{f,j}|_{\tau=0} = c_{f,0}; \quad \left.\frac{\partial c_{f,j}}{\partial r}\right|_{r=0} = 0$$

Für die weiteren Betrachtungen wird der Fall $Bi \to \infty$ angenommen, d. h. die Konzentration an der Teilchenoberfläche soll gleich der in der flüssigen Phase sein: $c_{f,j}|_{r=R} = c_{fl}$. Aus der Stoffbilanzgleichung für die Zielkomponente ergibt sich folgender Zusammenhang zwischen der über alle Fraktionen gemittelten Feststoffkonzentration $\bar{c}_f$ und der Extraktstoffkonzentration in der flüssigen Phase:

$$c_{fl} = c_m + \varkappa(c_{f,0} - \bar{c}_f) \tag{2.117}$$

Die Lösung des für kontinuierlich und diskontinuierlich betriebene Extraktionsprozesse aus polydispersen Teilchen gültigen Gleichungssystems erfolgt durch LAPLACE-Transformation [7]:

$$\frac{c_{f,0} - \bar{\bar{c}}_f}{c_{f,0} - c_m} = \frac{1}{1 + \varkappa} - \sum_{i=1}^{\infty} \frac{2}{\varkappa \left[1 + 3\varkappa \left(1 - \frac{1}{\mu_i^2} + \sum_{j=1}^{k} m_j \operatorname{ctg}^2 \frac{\mu_i}{\alpha_j}\right)\right]} \exp\left(-\mu_i^2 \frac{D_{ef}\tau}{R_m^2}\right) \tag{2.118}$$

$$\frac{c_{f,0} - \bar{c}_{f,j}}{c_{f,0} - c_m} = \frac{1}{1 + \varkappa} + \sum_{i=1}^{\infty} \frac{6\left(\frac{\alpha_j^2}{\mu_i^2} - \frac{\alpha_j}{\mu_i} \operatorname{ctg} \frac{\mu_i}{\alpha_j}\right)}{1 + 3\varkappa \left(1 - \frac{1}{\mu_i^2} + \sum_{j=1}^{k} m_j \operatorname{ctg}^2 \frac{\mu_i}{\alpha_j}\right)} \exp\left(-\mu_i^2 \frac{D_{ef}\tau}{R_m^2}\right) \tag{2.119}$$

$$\alpha_j = \frac{R_m}{R_j}; \quad R_m^2 = \frac{1}{\sum_{j=1}^{k} \frac{m_j}{R_j^2}}$$

Die Eigenwerte μ_i ergeben sich aus der charakteristischen Gleichung

$$\frac{1}{\mu} + \frac{\mu}{3\varkappa} = \sum_{j=1}^{k} m_j \alpha_j \operatorname{ctg} \frac{\mu}{\alpha_j} \tag{2.120}$$

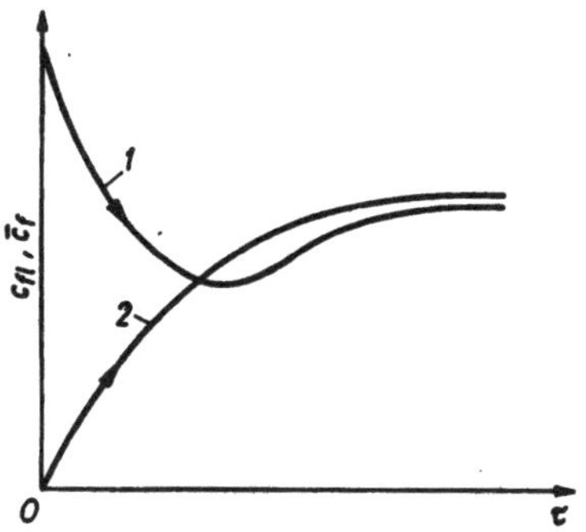

Abb. 2.21. Konzentrationskurven für die feste und die flüssige Phase bei der Extraktion eines polydispersen Feststoffes.

1 – Konzentration in der feinkörnigen Fraktion;
2 – Konzentration im Extraktionsmittel.

Die Konzentration der Zielkomponente in der flüssigen Phase c_{fl} läßt sich aus den Gln. (2.117) und (2.118) berechnen. Die Lösungsgleichungen (2.118) und (2.119) sind auch bei großen Werten für die FOURIER-Zahl ($D_{ef}\tau/R_m^2 > 0{,}2$) anwendbar, wobei die für die einzelnen Fraktionen gültige Gl. (2.119) schlechter als die für den mittleren Konzentrationswert gültige (2.118) konvergiert.

Die Zielkomponente aus den kleinen Teilchen tritt relativ schnell in die flüssige Phase über und erhöht deren Konzentration. Die nach dem Konzentrationsausgleich in der flüssigen Phase und in der feinkörnigen Fraktion sich fortsetzende Extraktion der groberen Fraktionen kann zu einer Umkehrung des Prozesses führen: Es wird wieder Zielkomponente von der feinkörnigen Fraktion aus der Flüssigkeit aufgenommen (Abb. 2.21).

Allgemein läßt sich feststellen, daß der Übergang von einer diskreten Fraktion zu einem Kornspektrum die Lösungsgleichungen komplizierter gestaltet, was besonders auf die dabei erforderlichen Integrationen zutrifft.

Beispiel 2.4: Es wird der Extraktionsprozeß eines aus vier Fraktionen bestehenden polydispersen Feststoffes untersucht. Die einzelnen Fraktionen besitzen folgende Teilchendurchmesser und Massenanteile:

$$R_1 = 1{,}0 \cdot 10^{-3}\,\text{m} \quad m_1 = 0{,}2$$
$$R_2 = 1{,}5 \cdot 10^{-3}\,\text{m} \quad m_2 = 0{,}4$$
$$R_3 = 2{,}0 \cdot 10^{-3}\,\text{m} \quad m_3 = 0{,}3$$
$$R_4 = 2{,}5 \cdot 10^{-3}\,\text{m} \quad m_4 = 0{,}1.$$

Es werden folgende Prozeßgrößen angenommen:

Durchsatz der festen Phase	G_f	$= 11{,}9\ \text{kg}/(\text{m}^2 \cdot \text{s})$
Anfangskonzentration im Feststoff	$c_{f,0}$	$= 150\ \text{kg/m}^3$
Dichte der Feststoffteilchen	ϱ_f	$= 1{,}7 \cdot 10^3\ \text{kg/m}^3$
Porosität der Teilchen	ε_M	$= 0{,}43$
freies Volumen der Schicht	ε	$= 0{,}35$
Extraktionsmitteldurchsatz	V_{fl}	$= 0{,}0043\ \text{m}^3/(\text{m}^2 \cdot \text{s})$
Anfangskonzentration der fl. Phase	$c_{fl,0}$	$= 0\ \text{kg/m}^3$
Diffusionskoeffizient	D	$= 3 \cdot 10^{-8}\ \text{m}^2/\text{s}$

Die Lösung erfolgt in den nachfolgend aufgeführten Teilschritten:

1. Ermittlung des Volumenverhältnisses beider Phasen

$$\varkappa = \frac{\varepsilon_M G_f}{V_{fl} \varrho_f} = \frac{0{,}43 \cdot 11{,}9}{0{,}0043 \cdot 1{,}7 \cdot 10^3} = 0{,}70$$

2. Für den mittleren Teilchenradius gilt

$$R_m = \left[\frac{0{,}2}{(1 \cdot 10^{-3})^2} + \frac{0{,}4}{(1{,}5 \cdot 10^{-3})^2} + \frac{0{,}3}{(2 \cdot 10^{-3})^2} + \frac{0{,}1}{(2{,}5 \cdot 10^{-3})^2}\right]^{-1/2} = 1{,}46 \cdot 10^{-3}\,\text{m}$$

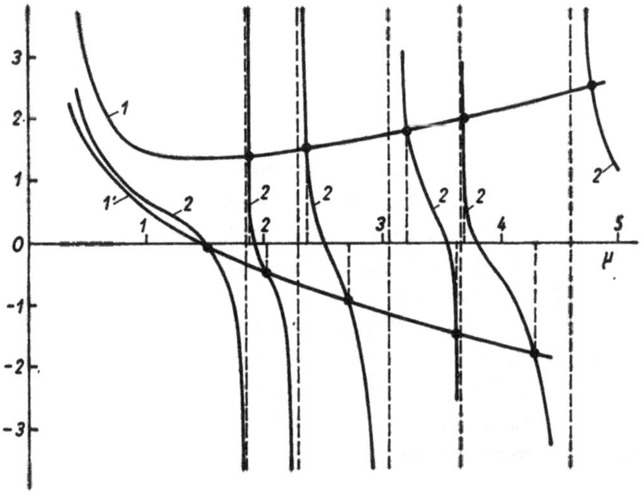

Abb. 2.22. Graphische Ermittlung der Wurzeln von Gl. (2.120).

1, 1' – Abhängigkeit der linken Gleichungsseite (2.120) von μ für Gleich- bzw. Gegenstrom;
2 – Abhängigkeit der rechten Gleichungsseite (2.120) von μ.

3. Berechnung der Koeffizienten α_i

$$\alpha_1 = \frac{1{,}46}{1} = 1{,}46; \quad \alpha_2 = \frac{1{,}46}{1{,}5} = 0{,}972; \quad \alpha_3 = \frac{1{,}46}{2} = 0{,}730; \quad \alpha_4 = \frac{1{,}46}{2{,}5} = 0{,}584.$$

4. Die charakteristische Gleichung (2.120) zur Bestimmung der Eigenwerte hat für den Gleichstromprozeß folgende Form:

$$\frac{1}{\mu} + \frac{\mu}{3 \cdot 0{,}7} = 0{,}292 \operatorname{ctg} \frac{\mu}{1{,}46} + 0{,}389 \operatorname{ctg} \frac{\mu}{0{,}972} + 0{,}219 \operatorname{ctg} \frac{\mu}{0{,}730} + 0{,}0584 \operatorname{ctg} \frac{\mu}{0{,}584}.$$

Die graphischen Lösungen dieser Gleichung sind in Abb. 2.22 dargestellt. Die iterativ ermittelten genauen Werte für die vier Wurzeln lauten: $\mu_1 = 1{,}853$; $\mu_2 = 2{,}371$; $\mu_3 = 3{,}237$; $\mu_4 = 3{,}679$.

5. Berechnung des effektiven Diffusionskoeffizienten

$$D_{ef} = \varepsilon_M D = 0{,}43 \cdot 3 \cdot 10^{-8} = 1{,}29 \cdot 10^{-8}\ \mathrm{m^2/s}$$

6. Nach Gl. (2.118) wird die mittlere Konzentration der Zielkomponente in der festen Phase bestimmt. Die Verweilzeit wird dabei durch die laufende Apparatelänge $x = v\tau$ ersetzt. v stellt die Geschwindigkeit der festen Phase dar:

$$v = \frac{G_f}{\varrho_f(1 - \varepsilon)} = \frac{11{,}9}{1{,}7 \cdot 10^3(1 - 0{,}35)} = 0{,}0108\ \mathrm{m/s}$$

Die Darstellung der mittleren Konzentration der Zielkomponente im Feststoff und der Konzentration in der flüssigen Phase über die laufende Apparatelänge erfolgt in der Abb. 2.23 (Gleichstrom).

7. Beim Gegenstrom gilt $\mu_1 = 1{,}577$; $\mu_2 = 1{,}991$; $\mu_3 = 2{,}760$; $\mu_4 = 3{,}606$ (untere Kurve in Abb. 2.22).

8. Die über Gl. (2.118) berechneten Konzentrationsverläufe für einen Gegenstromapparat (angenommene Länge: 2 m) sind der Abb. 2.24 zu entnehmen.

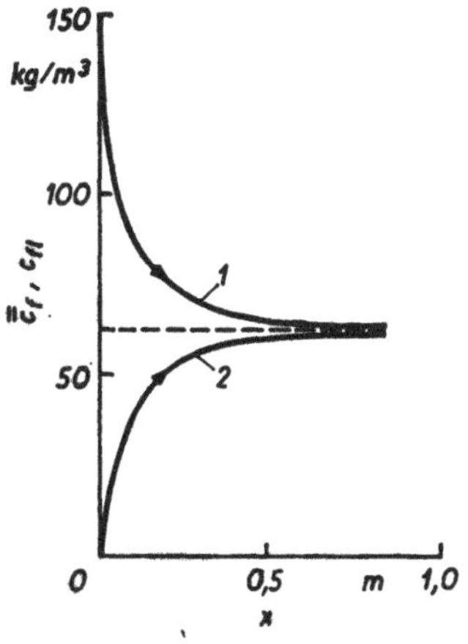

Abb. 2.23. Konzentrationsverteilung bei der Extraktion eines polydispersen Feststoffes im Gleichstrom.

$1 - \bar{c}_f$; $2 - c_{fl}$.

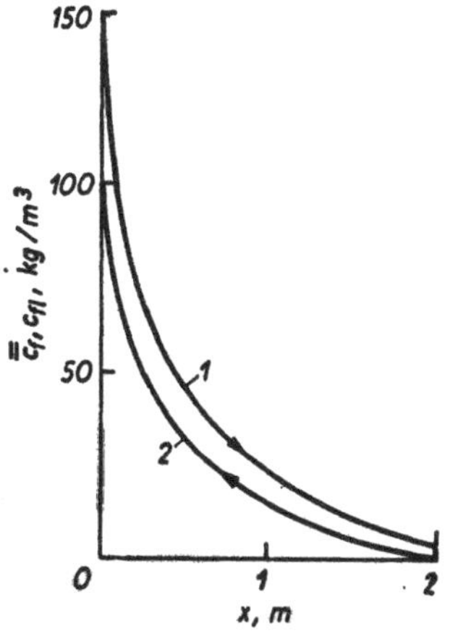

Abb. 2.24. Konzentrationsverteilung bei der Extraktion eines polydispersen Feststoffes im Gegenstrom.

$1 - \bar{c}_f$; $2 - c_{fl}$.

Experimentelle Ermittlung der Extraktionskinetik

Auch bei der Extraktion aus Lösungen lassen sich experimentell gewonnene kinetische Daten, die bei der Extraktion eines bestimmten Feststoffes konkreter Form erhalten wurden, zur Berechnung des Prozesses heranziehen. Das Ziel dieser Methode besteht ebenfalls in der expliziten Ermittlung einer Extraktionskurve für einen konkreten Stoff unter möglichst einfachen und genauen Versuchsbedingungen, um im Diffusionsbereich verlaufende Extraktionsprozesse auch bei anderen Konzentrationsverhältnissen berechnen zu können.

Unter der Annahme, daß der Extraktionsprozeß aus jeder Pore des Feststoffes durch die Diffusionsgleichung (1.65) mit konstantem Diffusionskoeffizienten D beschrieben wird, ist es möglich [7], eine unmittelbare analytische Abhängigkeit zwischen einer experimentell ermittelten Standardfunktion $\frac{c_{f,0} - \bar{c}_f}{c_{f,0} - c_{fl}} = f(\tau)$ und dem Prozeßverlauf unter realen Produktionsbedingungen anzugeben. Die praktische Anwendung dieser Methode der Standardfunktion ist jedoch mit erheblichen Schwierigkeiten mathematischer Art verbunden.

Diese Methode weist viele Gemeinsamkeiten mit den bereits beschriebenen Methoden der kinetischen bzw. der charakteristischen Funktion auf. In allen drei Fällen berücksichtigen die experimentell ermittelten Werte über die Extraktionskinetik eines realen Feststoffes die tatsächlichen Verhältnisse beim inneren und äußeren Stofftransport. Derartige Methoden sind analytischen Methoden vorzuziehen, vor allem bei Extraktionsprozessen aus polydispersen Feststoffteilchen geometrisch unregelmäßiger Form.

Auch diese Methoden basieren auf einigen Vereinfachungen, was nicht nur die Strömungsform im Apparat, sondern auch den Charakter der inneren Kinetik betrifft. So wird beispielsweise bei der Methode der Standardfunktion vorausgesetzt, daß der innere Transport der Zielkomponente durch die einfache Diffusionsgleichung beschreibbar ist. Eine derartige Annahme bedarf zumindest einer experimentellen Überprüfung. Sämtliche behandelten Methoden sind nur als Spezifikationen einer makrokinetischen Untersuchungsmethode der zwischen disperser und kontinuierlicher Phase auftretenden Wechselwirkungen zu betrachten, die auf einer experimentell ermittelten Extraktionskinetik des vorliegenden Systems in integraler Form basiert. Derartige Methoden werden auch bei der Berechnung anderer Stoffaustauschprozesse (Kristallisation, Adsorption, Trocknung, Katalyse) verbreitet angewendet.

Numerische Berechnungsmethoden von Extraktionsprozessen

Die bisherigen Betrachtungen von extraktiven Diffusionsprozessen erfolgten unter der Annahme konstanter Werte für den inneren Diffusionskoeffizienten, für die Intensität des äußeren Stofftransports, für die Teilchendurchmesser und für die Durchsätze der miteinander reagierenden Phasen. Bei der industriellen Realisierung von Extraktionsprozessen können einige dieser Parameter aus technologischen Gründen oder auch wegen konstruktiver Besonderheiten über die Apparatelänge (kontinuierliche Prozesse im Gleich- und Gegenstrom) oder zeitlich (diskontinuierliche Extraktion) Änderungen unterworfen sein.

Bei Extraktionsprozessen in einer ruhenden Schicht können diese Parameter Funktionen der Zeit und auch der Apparatelänge sein. So kann sich der Wert des Diffusionskoeffizienten im Verlaufe des Extraktionsprozesses bei manchen Stoffen bis zu einer Zehnerpotenz ändern [12]. Die Teilchengröße kann sich im Prozeßverlauf durch Abrieb verringern, was mit einer Änderung des äußeren Stoffübergangskoeffizienten verbunden ist.

Die analytische Lösung der Diffusionsgleichung (2.104) ist bei variablen D_{ef}, R, c_{fl} und β in der Regel nicht möglich. In solchen Fällen bietet sich die abschnittsweise Berechnung an, wobei die Grenzen der einzelnen Abschnitte so zu wählen sind, daß man die erwähnten Parameter innerhalb dieser Intervalle näherungsweise als konstant annehmen kann. Eine in der Extraktionstechnik bekannte Methode ist das iterative Intervallverfahren [12], das auf der Annahme beruht, daß sich die Konzentration innerhalb eines Abschnittes linear ändert. Die Wahl der Intervallgrenzen muß zwei Anforderungen erfüllen: Der Abschnitt muß eine gewisse Mindestgröße aufweisen, so daß die in seinen Grenzen befindlichen Teilchen eine repräsentative Stichprobe der dispersen Phase darstellen. Andererseits darf die Abschnittsgröße ein gewisses Maß nicht übersteigen, um die Forderungen nach Konstanz der Parameter und nach linearer Abhängigkeit der Konzentration in der flüssigen Phase nicht zu verletzen.

Beim Intervallverfahren wird das Konzentrationsfeld der Zielkomponente innerhalb von Feststoffteilchen mit streng geometrischen Formen ermittelt. Die Schwierigkeiten bestehen vor allem darin, daß die Teilchen am Eingang jedes Abschnittes (mit Ausnahme des ersten) eine ungleichmäßige Konzentrationsverteilung aufweisen. Die Anfangskonzentrationsverteilung der Zielkomponente über den Radius des Teilchens stellt für jeden Abschnitt die für das Ende des vorhergehenden Abschnittes berechnete Verteilung dar. Zur Umgehung der bei einer solchen Betrachtungsweise auftretenden mathematischen Schwierigkeiten wurde der Begriff der sog. Überschußkonzentration [12] eingeführt. Diese Überschußkonzentration gibt die Konzentrationsdifferenz der Zielkomponente zwischen der innerhalb der Teilchen und der in der flüssigen Phase herrschenden Konzentration an. Anstelle der homogenen Differentialgleichung (2.104) mit einer zeitlichen Konzentrationsänderung des umgebenden Mediums liegt dann eine inhomogene Gleichung der instationären Diffusion vor, wobei die Randbedingungen erhalten bleiben.

Bei der Anwendung des Intervallverfahrens müssen die Werte für die Prozeßparameter für den gesamten Änderungsbereich der Prozeßbedingungen bekannt sein.

Vom Rechenaufwand her ist der Gleichstromprozeß wesentlich einfacher als der Gegenstromprozeß (das gleiche traf bereits auf die Berechnung einer Kaskade zu).

Da die Anwendung des iterativen Intervallverfahrens mit der Berechnung unendlicher Reihen mit unterschiedlichem Konvergenzverhalten für jeden Abschnitt verbunden ist, lassen sich Extraktionsprozesse nach dieser Methode praktisch nur unter Einsatz elektronischer Rechenmaschinen berechnen.

Experimentelle Bestimmung des effektiven Diffusionskoeffizienten D_{ef}

In der Extraktionstechnik haben sich folgende Methoden zur Ermittlung von D_{ef} durchgesetzt: die stationäre Diffusion durch eine Membran, die aus dem zu untersuchenden Stoff besteht; eine instationäre Methode, die auf die für klassische Teilchenformen bekannten analytischen Lösungen zurückgreift und eine Methode, bei der der zu untersuchende Stoff in einzelne Schichten aufgeteilt wird, um die instationären Konzentrationsfelder im Feststoff zu bestimmen.

Die stationäre Methode unterscheidet sich prinzipiell nicht von der im Abbschn. 1.3.

behandelten. Sie wird in der Extraktionstechnik zur Untersuchung des inneren Stofftransports in kapillar-porösen Feststoffteilchen [13] in Polymeren [14] und in für die Lebensmittelindustrie typischen Stoffen [15] angewendet. Die Gleichung zur Berechnung des effektiven Diffusionskoeffizienten ergibt sich aus der Beziehung für den stationären Diffusionsstrom und hat für eine ebene Platte folgende Form:

$$D_{ef} = \frac{jL}{c_1 - c_2}$$

Außer den bereits an anderer Stelle beschriebenen Schwierigkeiten bei der Versuchsdurchführung ist hier zur Ausschaltung eines etwaigen äußeren Widerstandes für eine gute Durchmischung der Flüssigkeit beiderseits der Membran zu sorgen. Die beim Rühren auftretenden Zirkulationsströme der Flüssigkeit können örtliche dynamische Drücke hervorrufen, die zu Abweichungen vom in den Flüssigkeitsvolumina herrschenden mittleren Druck führen können. Bei unterschiedlichen lokalen Drücken beiderseits der Membran erfolgt durch diese Druckdifferenz ein zusätzlicher Stofftransport durch die Membran, der das Versuchsergebnis beträchtlich verfälschen kann.

Die instationäre Methode besteht in der experimentellen Durchführung des Extraktionsprozesses an Teilchen streng geometrischer Form unter Bedingungen, für die analytische Lösungen vorliegen (s. Abschn. 1.3).

Bei der Untersuchung des inneren instationären Konzentrationsfeldes werden zwei Probekörper des zu untersuchenden Stoffes fest miteinander verbunden. In beiden Körpern weist die Anfangskonzentration der Zielkomponente verschiedene Werte auf: c_1 und c_2. Die Dicke der Versuchskörper (Platten) muß dabei hinreichend groß gewählt werden, so daß die Konzentration an den äußeren Plattenoberflächen über den Versuchszeitraum praktisch konstant bleibt. Unter diesen Bedingungen ist die Lösung der instationären Duffusionsgleichung für einen unendlichen Halbkörper anwendbar:

$$c(x, \tau) = c_1 + \frac{c_2 - c_1}{2} \left(1 - \operatorname{erf} \frac{x}{2\sqrt{D_{ef}\tau}}\right) \tag{2.121}$$

Gl. (2.121) befriedigt folgende Anfangs- und Randbedingungen:

$$c|_{\tau=0} = \begin{cases} c_2; \; x > 0 \\ c_1; \; x < 0 \end{cases}; \quad \left.\frac{\partial c}{\partial x}\right|_{x \to \pm\infty} = 0; \quad \left.\frac{\partial c}{\partial x}\right|_{x=+0} = \left.\frac{\partial c}{\partial x}\right|_{x=-0}$$

Zu einem bestimmten Zeitpunkt τ werden die Probekörper voneinander getrennt und auf ihren Gehalt an Zielkomponente hin untersucht. Die Lösungsgleichung (2.121) liefert den Funktionswert

$$\operatorname{erf} \frac{x}{2\sqrt{D_{ef}\tau}} = 1 - 2\frac{c - c_1}{c_2 - c_1}$$

Der Wert des Arguments $\frac{x}{2\sqrt{D_{ef}\tau}}$ wird entsprechenden Tabellen entnommen, wonach sich der Wert des gesuchten Diffusionskoeffizienten D_{ef} bestimmen läßt. Innerhalb einer Versuchsreihe lassen sich mehrere Werte des effektiven Diffusionskoeffizienten D_{ef} (für verschiedene x) bestimmen, deren Mittelung einen zuverlässigeren Wert für D_{ef} liefert.

Relativ schwierig ist die Erzielung einer gleichmäßigen Anfangskonzentration in den Probekörpern. Als großer Vorteil dieser Methode ist der absolute Ausschluß des äußeren Diffusionswiderstandes anzusehen. Die Versuchsdurchführung bei verschiedenen Temperaturen gestattet, die Temperaturabhängigkeit von D_{ef} zu ermitteln.

2.4. Konstruktive Gestaltung von Extraktionsanlagen

Die apparative Gestaltung von Extraktionsanlagen ist entscheidend von der Art des festen Extraktionsgutes (Teilchengröße, Form,) den gestellten Anforderungen an den Extraktionsgrad bzw. an die Austrittskonzentration des Extraktionsmittels abhängig [16]. Weit verbreitet sind einfache, im Chargenbetrieb arbeitende Extraktionsapparate (Diffuseure) [17, 18], in denen die Extraktion der Zielkomponente aus einer ruhenden Schicht disperser Teilchen erfolgt. Das Extraktionsmittel gelangt über einen Siebboden *1*

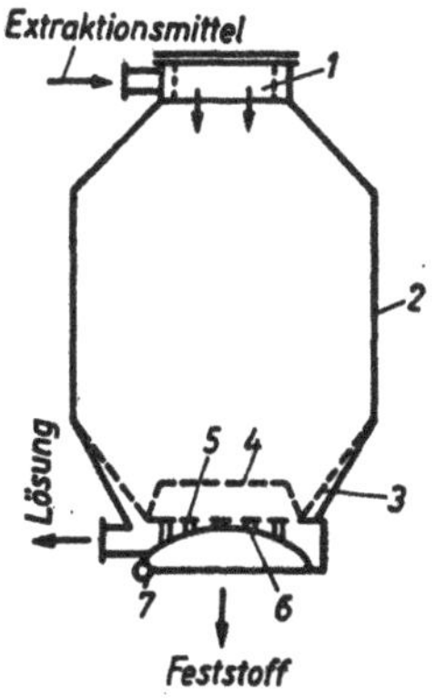

Abb. 2.25. Extraktor mit ruhender Feststoffschicht (Diffuseur).

1 – Siebboden zur Verteilung des Extraktionsmittels; *2* – Apparatewandung; *3*–*5* Roste; *6* – unterer Behälterverschluß; *7* – Achse für Schließvorrichtung.

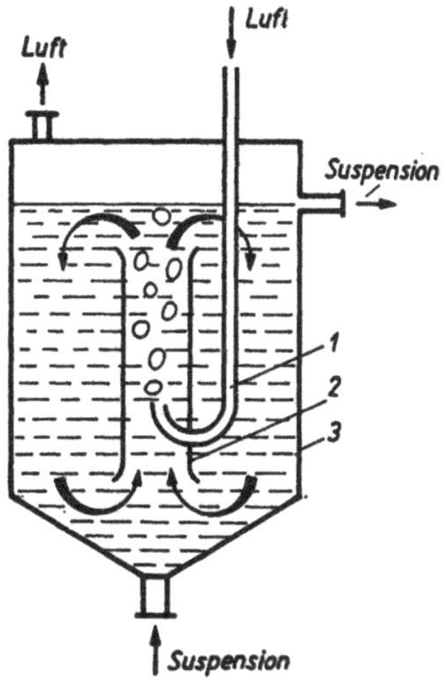

Abb. 2.26. Apparat mit pneumatischer Vermischung der Suspension.

1 – Zuführungsrohr für Druckluft; *2* – Zirkulationsrohr; *3* – Apparatewandung.

(Abb. 2.25) in den Apparat und durchströmt die auf den Rosten *3*–*5* liegende Schicht disperser Feststoffteilchen von oben nach unten. Zur Entleerung und Beschickung mit Feststoff dient die um die Achse *7* zusammen mit den Rosten *4* und *5* drehbare Deckelschließvorrichtung *6*. Kontinuität in der Prozeßführung wird durch Hintereinanderschaltung solcher Apparate (bis zu 16) und den Betrieb dieser Batterie im Gegenstrom erreicht. Zur Aufrechterhaltung einer evtl. geforderten Prozeßtemperatur können Wärmeübertrager zwischengeschaltet werden.

Häufig werden Apparate mit pneumatischer Vermischung der Suspension eingesetzt (Abb. 2.26), bei denen in ein Zirkulationsrohr *2* Druckluft eingeblasen wird. Solche Apparate können im Chargenbetrieb und kontinuierlich arbeiten. Verschiedentlich sind solche Extraktoren mit mehreren Zirkulationsrohren ausgerüstet, wobei die Druckluftzufuhr durch an der Behälterwandung liegende Rohre erfolgt.

Abb. 2.27 zeigt einen Extraktor, in dem die Durchmischung der Suspension durch Pulsationsbewegungen im Apparat erzielt wird [19, 20] (Pulsationskolonnen). Die Pulsation wird durch die Zufuhr von Preßluft aus dem Vorratsbehälter *6* pneumatisch im Pulsator *4* erzeugt. Die Luftpulsation wird auf die Kammer *3* (Abb. 2.27 zeigt den oberen und den unteren Flüssigkeitsstand in der Kammer) und von dort über eine spezielle Pulsationseinrichtung *2* auf die Suspension übertragen. Die auftretenden Pulsationen sorgen für eine intensive Durchmischung beider Phasen. Der Hauptvorteil bei einer derartigen Realisierung der Vermischung besteht im Verzicht auf jegliche beweglichen Teile im Apparat, so daß keine Dichtungsprobleme auftreten.

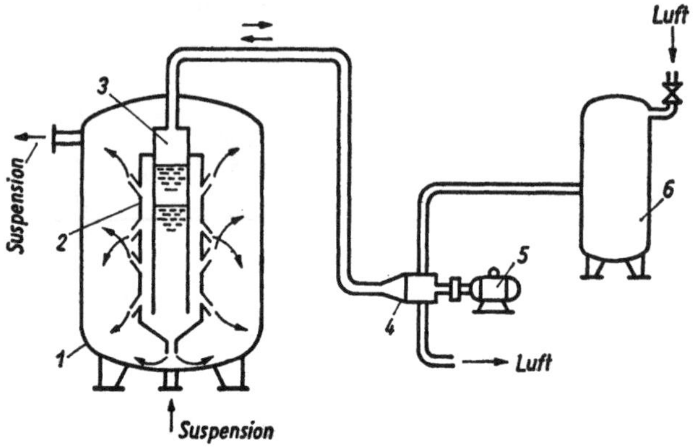

Abb. 2.27. Extraktionsanlage mit Pulsationsvermischung.

1 — Apparatewandung; *2* — Pulsationseinrichtung; *3* — Pulsationskammer; *4* — Pulsator; *5* — Elektromotor; *6* — Vorratsgefäß für Druckluft.

Außerdem führen die Pulsationen zu einer Intensivierung des äußeren Stoffaustausches zwischen der festen Phase und dem Extraktionsmittel.

Mehrstufige Extraktionsprozesse lassen sich in einem Apparat der in Abb. 2.28 gezeigten Bauart durchführen. In den durch Zwischenwände abgetrennten Sektionen erfolgt die Vermischung durch einen oder mehrere mechanische Rührer. Der Übergang von einer Sektion in die nächste erfolgt abwechselnd einmal von unten nach oben und in umgekehrter Richtung. Erforderliche Rückführungen werden meistens durch Zentrifugalpumpen realisiert. In vier Kammern aufgeteilte Extraktoren dieses Typs werden bei der Herstellung von Phosphorsäure aus Rohphosphaten nach dem Aufschlußverfahren eingesetzt [21].

Eine entgegengesetzte Bewegung zwischen Feststoff und Extraktionsmittel läßt sich durch Förderschnecken für den Feststofftransport erzielen (Schneckenextraktor). Die Schneckenbauart und die konstruktive Gestaltung des gesamten Extraktors können dabei mannigfaltig sein [22, 23]. Abb. 2.29 zeigt als Beispiel einen mit drei Schnecken ausgerüsteten Apparat, von denen zwei aus Gründen der Platzersparnis vertikal angeordnet sind.

Die schematische Wirkungsweise eines kontinuierlich arbeitenden Bandextraktors ist der Abb. 2.30 zu entnehmen. Der disperse Feststoff gelangt aus dem Vorratsbehälter *2* auf das Förderband *5*. Das frische Extraktionsmittel wird durch den linken Zerstäuber *1* zugeführt, durchläuft die feste Phase quer zu deren Bewegungsrichtung und wird in den Auffangbehältern *7* gesammelt. Die Pumpe *6* fördert das noch nicht gesättigte Extraktionsmittel zum nächsten Abschnitt usw. In jedem einzelnen Abschnitt reagieren beide Phasen im Kreuzstrom miteinander, während der Extraktor als ganzes betrachtet im Gegenstromprinzip arbeitet. Bei der Rückführung des Extraktionsmittels sind die verschiedenensten Varianten möglich. Nach dem gleichen Funktions-

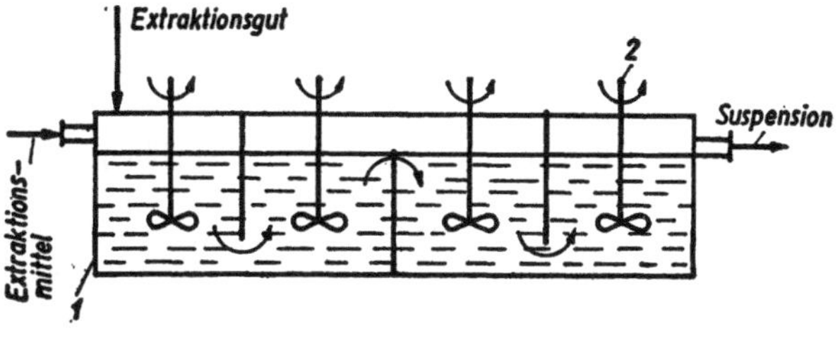

Abb. 2.28. Sektionierter Extraktor mit mechanischen Rührern.
1 – Apparatewandung; *2* – Rührer.

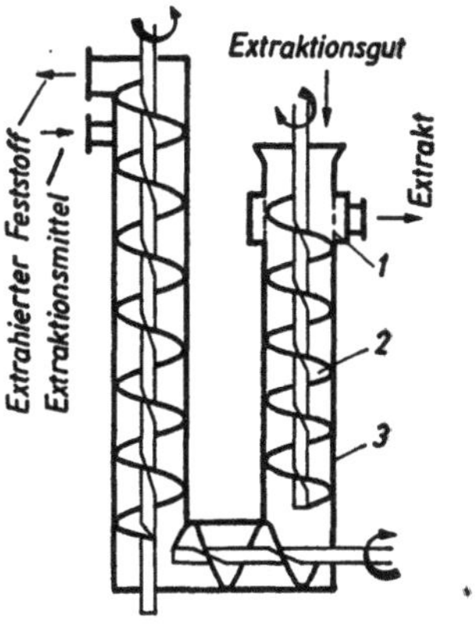

Abb. 2.29. Schneckenextraktor.
1 – Sieb; *2* – Schnecken; *3* – Apparatewandung.

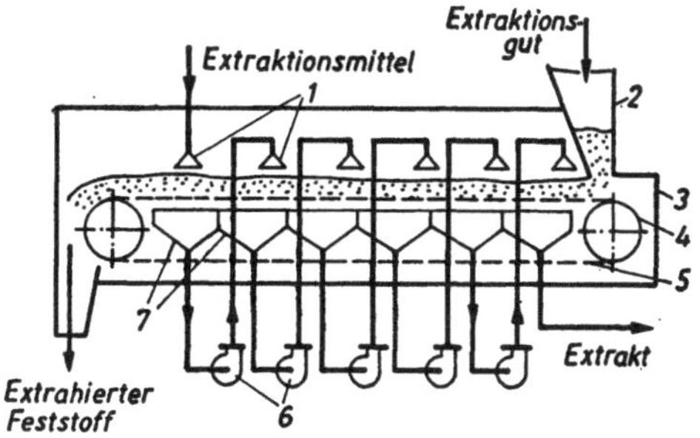

Abb. 2.30. Bandextraktor.
1 – Zerstäuber; *2* – Einspeisevorrichtung; *3* – Apparatewandung; *4* – Antriebsrolle; *5* – perforiertes Förderband; *6* – Pumpen; *7* – Auffanggefäße für das Extraktionsmittel.

prinzip arbeiten horizontale Becher- oder Eimerextraktoren, bei denen anstelle des perforierten Förderbandes eine Transportvorrichtung mit hängenden Bechern (Eimern) tritt, die gelochte Böden besitzen.

Literatur

[1] N. Frössling, Gerlands Beitr. Reophys., Bd. 52, 170–216 (1938)
[2] G. A. Aksel'rud, „*Massoobmen v sisteme tverdoe telo – židkost*", Verl. d. Univ. Lwow, Lwow 1970
[3] E. M. Vikdorčik, A. B. Šejnin, „*Matematičeskoe modelirovanie nepreryvnych processov rastvorenija*", Verl. „Chimija", Leningrad 1971

[4] S. S. Kozlovskij, Trudy Groznenskogo neftjanogo instituta, Nr. 7, 227—241 (1949)
[5] A. P. Porchaev, Kolloid. Ž., 11, 5, 346—353 (1949)
[6] M. A. Al'tšuller, Autoreferat zur Promotion, Kiew 1964
[7] G. A. Aksel'rud, „*Teorija diffuzionnogo izvlečenija veščestv iz poristych tel*", Verl. d. Univ. Lwow, Lwow 1959
[8] G. A. Aksel'rud, ŽFCh, 33, 10, 2316—2324 (1959)
[9] K. N. Belonogov, In „*Fiziko-chimičeskie osnovy processov fibrirovanija i vyščelačivanija v proizvodstve fibry*", Goschimizdat, Leningrad 1958
[10] G. A. Aksel'rud, IFŽ, 11, 1, 93—98
[11] G. A. Aksel'rud, Autoreferat zur Habilitation, Minsk 1966
[12] V. M. Lysjanskij, „*Process ėkstrakcii sachara iz svekly. Teorija i rasčet*", Verl. „Piščevaja promyšlennost'", Moskau 1973
[13] Z. M. Tovbina, D. N. Stražesko, Ukr. chim. ž., Nr. 9, 876—880 (1968)
[14] G. A. Aksel'rud, Autoreferat zur Promotion, Lwow 1955
[15] V. M. Lysjanskij, L. A. Sirota, Izv. vuzov. Piščevaja prom., Nr. 3, 138—141 (1970)
[16] V. L. Grišpun, „*Ėkstraktory dlja sistemy tverdoe teložidkost'*", CINTIChimneftemaš, Moskau 1972
[17] S. F. Žugalov, „*Processy i apparaty sveklosacharnogo proizvodstva*", Piščepromizdat, Moskau 1958
[18] M. Ja. Azrilevič, „*Technologiceskoe oborudovanie sacharnych zavodov*", Verl. „Piščevaja promyšlennost'", Moskau 1972
[19] „*Pul'sirujuščie ėkstraktory*" unter der Redaktion von Prof. S. M. Karpačeva, Atomizdat, Moskau 1964
[20] S. M. Karpačeva, „*Pul'sacionnaja apparatura*", Internationales Sommerseminar „Modelirovanie i optimizacija processov massoperedači i chimičeskich reaktorov", Warna 1973
[21] M. E. Pozin, „*Technologija mineral'nych solej*", Verl. „Chimija", Leningrad 1974
[22] V. V. Beloborodov, „*Osnovy processov proizvodstva rastitel'nych masel*", Verl. „Piščevaja promyšlennost'", Moskau 1966
[23] G. A. Aksel'rud, V. M. Lysjanskij, „*Ėkstragirovanie (sistema tverdoe telo — židkost')*", Verl. „Chimija", Leningrad 1974

3. Kristallisation

Unter Kristallisation versteht man die Abscheidung einer festen Phase aus gesättigten Lösungen, Schmelzen oder Dämpfen. In der chemischen Technologie ist die Kristallisation aus Lösungen am weitesten verbreitet. Die wichtigsten technologischen Parameter des im Prozeßverlauf anfallenden Produkts sind dessen Reinheit und die Kristallgröße. Beide Parameter hängen in entscheidendem Maße von der Prozeßdauer und den Bedingungen der Prozeßführung ab.

Die äußere Kristallform wird durch die Art des Kristallgitters des vorliegenden Stoffes bestimmt, wobei 32 symmetrische Formen idealer Kristalle bekannt sind. Die reale Kristallform, die sich bei einer Massenkristallisation bildet, ist von den Prozeßbedingungen abhängig (Verunreinigungen, Temperatur und deren Änderungsgeschwindigkeit, Übersättigungsgrad der Lösung, Intensität der mechanischen Vermischung usw.). Einzelne Kristalle bilden Agglomerate oder Kristallverwachsungen verschiedenster Form. In Abhängigkeit von den äußeren Prozeßbedingungen können aus der gleichen Lösung verschiedene Kristallformen entstehen (Polymorphie).

Die Löslichkeit der Feststoffe ist von der Art des Lösungsmittels und von der Temperatur abhängig. Für die meisten Stoffe nimmt die Löslichkeit mit steigender Temperatur zu, es gibt jedoch auch einige Stoffe mit einer sog. umgekehrten Löslichkeit. Angaben über die Löslichkeit der verschiedensten Stoffe in Wasser und anderen Lösungsmitteln sind entsprechenden Handbüchern [1, 2] zu entnehmen. Die dort angegebenen Werte wurden überwiegend experimentell ermittelt.

Das Lösen eines Feststoffes in einer Flüssigkeit ist mit einer Wärmetönung verbunden, deren Betrag und Vorzeichen durch die Art des Feststoffes und des Lösungsmittels, die Lösetemperatur und die Konzentration der Lösung bestimmt werden.

Die Lösungswärme q stellt man in der Regel in Form zweier Summanden dar: $q = q_1 + q_2 \cdot q_1$ ist die zur Zerstörung des Kristallgitters erforderliche Wärmemenge ($q_1 < 0$), q_2 die Solvatationswärme ($q_2 > 0$). In den meisten Fällen ist $|q_1| > |q_2|$, so daß die Lösungswärme ein negatives Vorzeichen aufweist ($q < 0$). Einige Salze, die zur Bildung von Kristallhydraten neigen, haben eine betragsmäßig größere Solvatationswärme als zur Zerstörung des Kristallgitters erforderlich ist, so daß sie eine positive Lösungswärme aufweisen ($q > 0$). Beim Lösen derartiger Stoffe wird also Wärmeenergie frei.

Die Kristallisation aus Lösungen stellt die Umkehrung des Löseprozesses dar, weshalb die Gesamtwärmetönung bei der Kristallisation ein anderes Vorzeichen aufweist. Lösungen, für die $|q_1| > |q_2|$ gilt, erwärmen sich bei der Kristallisation und können bei der Kristallbildung mit einer großen Lösungsmittelmolekülmenge Wärme aufnehmen.

Verunreinigungen in der Lösung ändern die Gleichgewichtsbeziehungen des Systems und führen insbesondere zu einer Absenkung der Löslichkeit der Hauptkomponente.

Bei der Kristallbildung unterscheidet man zwei aufeinanderfolgende Stadien: Die Bildung (Entstehung) eines Kristallisationskeims und dessen weiteres Wachstum. Diese Betrachtungsweise ist nur auf einen Einzelkristall, nicht aber auf einen Massenkristallisationsprozeß anwendbar, weil hier an verschiedenen Stellen in der Lösung gleichzeitig neue Kristallisationskeime gebildet werden und bereits existierende Kristalle weiter wachsen.

3.1. Kristallisationskinetik

Die Keimbildung

Eingehende thermodynamische Untersuchungen von aus Lösungsmittel, gelöstem Stoff und kleinen Kristallisationskeimen bestehenden Systemen führten zu der Schlußfolgerung [3], daß ein Gleichgewichtszustand für die Kristallisationskeime nur in übersättigten Lösungen erreicht wird. Demnach kann sich die neue kristalline Phase nur bei einer Übersättigung (ω) bilden, die als Differenz zwischen der übersättigten Konzentration (c) und der Sättigungskonzentration (c^*) bei gegebener Temperatur definiert ist. Experimentell konnte in einigen Fällen nachgewiesen werden, daß sich in übersättigten Lösungen selbst im Verlaufe längerer Zeit keine sichtbaren Kristallkeime bilden. Bei nur geringer Übersättigung kann die Bildung von Kristallkeimen auch völlig ausbleiben (Abb. 3.1).

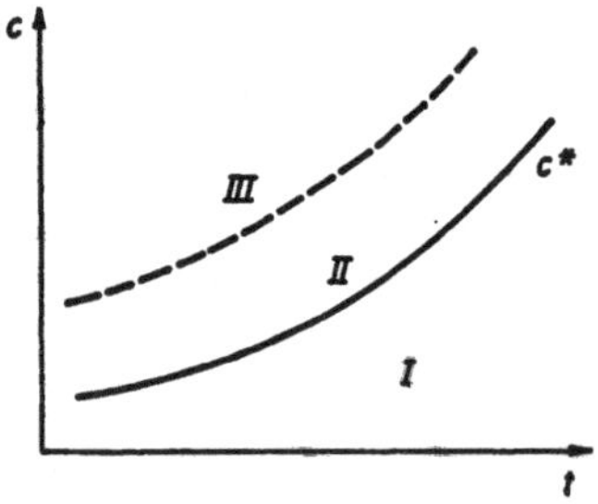

Abb. 3.1. Temperaturabhängigkeit der Sättigungskonzentration (Löslichkeit) c^*.
I – Bereich der ungesättigten Lösung;
II – metastabiler Bereich geringer Übersättigung, in dem keine Kristallbildung auftritt;
III – Bereich, in dem sich die Kristallbildung vollzieht.

Die Eigenschaften von Lösungen, in übersättigtem Zustand ihre Stabilität beizubehalten, ist nicht nur von der Temperatur und dem Übersättigungsgrad, sondern auch von den Eigenschaften der die Lösung bildenden Stoffe abhängig. So wurde u. a. festgestellt [4], daß „die Stabilität übersättigter Salzlösungen mit der Vergrößerung des Valenzprodukts der sie bildenden Ionen und bei gleicher Valenz mit der Vergrößerung der Anzahl der in den Kristall eingehenden Hydratmoleküle zunimmt". Außerdem erhöht sich die Stabilität bei Zunahme des Temperaturfaktors für die Löslichkeit ($\partial c^*/\partial T$), bei Verringerung der absoluten Löslichkeit und bei zunehmender Neigung zur Bildung polymorpher Modifikationen oder von Kristallhydraten.

Mit zunehmender Übersättigung vermindert sich die Stabilität des metastabilen Zustandes stark, so daß sich die Zeitspanne bis zur Bildung von Kristallisationskeimen schnell verkürzt. Die Dauer der Induktionsperiode ist von verschiedenen Faktoren abhängig: Verunreinigungen, eingeführten Impfkristallen, mechanischen und anderen Einwirkungen.

Eine der am besten ausgearbeiteten Theorien über die Bildung von Kristallisationszentren geht davon aus, daß in jeder übersättigten Lösung bereits submikroskopische Kristallisationskeime vorliegen, die sich mit der Lösung im Gleichgewichtszustand befinden. Diese Keime besitzen dynamischen Charakter und können nicht nur gebildet werden, sondern können auch unter dem Einfluß der Wärmebewegung der Strukturelemente der Lösung zerfallen. Ein steigender Übersättigungsgrad, d. h. eine Steigerung über den metastabilen Zustand hinaus, führt zu einer Vergrößerung dieser Quasikristalle und zu einer zunehmenden Wahrscheinlichkeit ihres Wachstums. Die Vergrößerung der Kristallisationskeime ist mit ihrem Austritt aus dem im Gleichgewicht befindlichen System verbunden. Danach setzt eine rasche Kristallisation über das gesamte Volumen der Lösung ein.

Über die freie Energie des Systems und die zur Bildung der Phasengrenzfläche übersättigte Lösung — Kristall aufzuwendende Arbeit läßt sich folgende Beziehung zwischen dem Durchmesser des Kristallisationskeimes r_m und dem Übersättigungsgrad c/c^* ableiten:

$$\ln \frac{c}{c^*} = \frac{2\sigma M}{r_m \varrho_{Kr} RT} \tag{3.1}$$

σ — Oberflächenenergie an der Phasengrenze zwischen Kristall und Lösung
M — Molmasse der festen Phase
ϱ_{Kr} — Dichte der Kristalle
T — absolute Temperatur
R — Gaskonstante

Nach Gl. (3.1) ist für kleiner werdende Durchmesser der Kristallisationskeime eine höhere Übersättigung zur Aufrechterhaltung des Gleichgewichtszustandes erforderlich.

Die Bildungsgeschwindigkeit stabiler Kristallisationskeime J läßt sich über eine statistische Analyse der Konzentrationsfluktuation in einer Lösung ermitteln [3]:

$$J = k \exp\left(-\frac{A}{RT}\right) \tag{3.2}$$

$A = \frac{1}{3} \sum_i F_i \sigma_i$ — Bildungsenergie eines Kristallisationskeimes, die von der Oberfläche F_i und der spezifischen Oberflächenenergie σ_i seiner i Teilflächen abhängig ist

Die Ermittlung der Bildungsarbeit eines Kristallisationskeimes wird in ähnlicher Form wie beim Kondensationsprozeß aus der dampfförmigen Phase vorgenommen. Der sich bildende Kristall wird als kugelförmiges Teilchen angenommen. Die zur Bildung eines stabilen Kristallisationskeimes erforderliche Arbeit A setzt sich aus der zur Bildung der Phasengrenzfläche erforderlichen Arbeit σF und der zum Entstehen der Masse des Keimes benötigten Arbeit $\Delta P V$ zusammen. Während F und V in diesen Ausdrücken die Fläche bzw. das Volumen des Kristallisationskeimes bedeuten, stellt ΔP den im Innern des Kristalls herrschenden Druck dar (er wird wie ein durch Oberflächenspannung hervorgerufener Druck betrachtet, d. h. es gilt die LAPLACEsche Beziehung $\Delta P = 2\sigma/r$).

Für einen kugelförmigen Kristallisationskeim ergibt sich somit

$$A = 4\pi r^2\sigma - \frac{4}{3}\pi r^3 \frac{2\sigma}{r} = \frac{4}{3}\pi r^2\sigma \tag{3.3}$$

Durch Einsetzen der Bildungsarbeit (3.3) und der nach dem Radius r_m aufgelösten Gl. (3.1) in die Beziehung (3.2) erhält man einen Ausdruck für die Bildungsgeschwindigkeit von Kristallisationskeimen pro Volumeneinheit und Zeiteinheit:

$$J = k \exp\left[-\frac{16\pi\sigma^3 M^3}{3R^3\varrho_{Kr}^2 T^3 \ln^2 (c/c^*)}\right] \tag{3.4}$$

Die graphische Darstellung der erhaltenen Gleichung erfolgt in Abb. 3.2. Wie der Abbildung zu entnehmen ist, führt ein Ansteigen des Übersättigungsgrades zu einem sehr raschen Anwachsen der Anzahl sich bildender Kristallisationskeime. Diese Feststellung deckt sich mit experimentellen Ergebnissen. Ferner wurde experimentell eine starke Temperaturabhängigkeit der Kristallisationsgeschwindigkeit nachgewiesen [5]. Die numerische Anwendung der Gl. (3.4) ist begrenzt, da die theoretische Bestimmung der Größen k und σ mit erheblichen Schwierigkeiten verbunden ist.

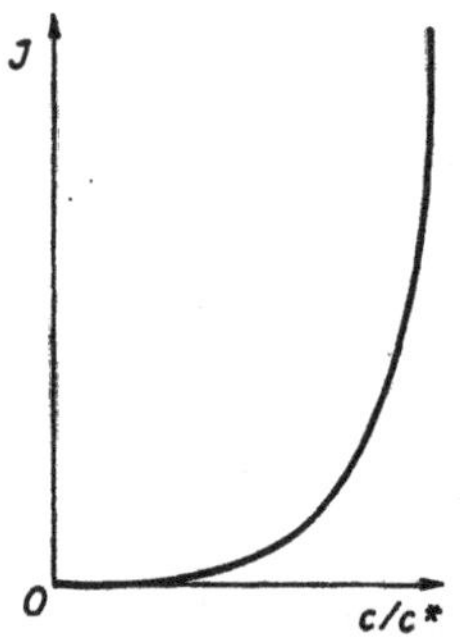

Abb. 3.2. Wahrscheinlichkeit der Bildung von Kristallisationskeimen in Abhängigkeit vom Übersättigungsgrad der Lösung.

Für praktische Berechnungen ist die Gl. (3.4) schwer handhabbar. Aus diesem Grunde wird häufig auf einfachere, durch Approximation gewonnene Ausdrücke zurückgegriffen. Anstelle des Übersättigungsgrades c/c^* tritt die Übersättigung $\omega = c - c^*$ in Form einer Potenzapproximation:

$$J = k_1(c - c^*)^m \tag{3.5}$$

Die experimentell ermittelten Werte für m liegen im Bereich von $m = 3{,}5$ bis 4,5 [5, 6].

Das Einführen von Impfkristallen des gleichen Stoffes in die übersättigte Lösung bewirkt eine sehr rasche Kristallisation. Eine mögliche Erklärung für den katalytischen Einfluß dieser Impfkristalle besteht darin, daß die Kristalloberfläche der in die übersättigte Lösung eingebrachten Teilchen die in unmittelbarer Nähe der Kristalloberfläche gelösten Moleküle ausrichtet.

Mechanische Verunreinigungen in der Lösung führen zu einer merklichen Erhöhung der Kristallisationsgeschwindigkeit [7], was durch eine Verringerung der zur Keimbildung an den Seitenflächen erforderlichen Arbeit erklärbar ist, da diese stets im Mikrobereich liegende Rauhigkeiten aufweisen. Häufig dient die Innenwand des Kristallisationsgefäßes als Kristallisationsinitiator, und zwar besonders dann, wenn sie gekühlt wird oder wenn sich an ihr noch Kristallreste der vorhergehenden Charge befinden.

Mechanische Einwirkungen auf die übersättigte Lösung (Rühren, Einfluß von akustischen Feldern, mechanische Vibration usw.) können den Kristallisationsprozeß in manchen Fällen erheblich beschleunigen [8, 9]. Außerdem wird der Keimbildungsprozeß durch die Wirkung elektromagnetischer Felder und durch radioaktive Strahlung initiiert.

Zur Bestimmung der Keimbildungsgeschwindigkeit stehen die Gln. (3.4) oder (3.5) zur Verfügung, die lediglich die Abhängigkeit vom Übersättigungsgrad und der Lösungstemperatur berücksichtigen. Der Einfluß aller anderen Faktoren läßt sich nur durch Versuche an Teilsystemen ermitteln.

Das Kristallwachstum

Die Koagulation der Kristallisationskeime für Gleichgewichtsteilchengrößen führt zur Entstehung von Kristallteilchen größerer Abmessungen, für die die Lösungsübersättigung höher ist, als das dem entsprechenden Lösungsgleichgewicht mit den neuen Kristallen entspräche. Unter diesen Umständen beginnt der Stoffaustritt und das Kristallwachstum.

Der Gesamtprozeß, in dessen Verlauf ein Austritt des anfänglich in der Lösung gleichförmig verteilten gelösten Stoffes an der Oberfläche des wachsenden Kristalls einsetzt, wird als Ergebnis zweier aufeinanderfolgender Prozeßstadien aufgefaßt: Des Stofftransports von der Lösung zur Oberfläche des wachsenden Kristalls und der eigentlichen Kristallisation, d. h. der Einordnung der Teilchen des gelösten Stoffes in das Kristallgitter [10]. Die Geschwindigkeit des ersten Prozeßstadiums läßt sich in Form der im Ingenieurwesen häufig angewendeten Gleichung für den äußeren Stoffübergang angeben:

$$\frac{dM_f}{d\tau} = \beta F(c - c_{Ob}) \tag{3.6}$$

c, c_{Ob} — Konzentrationen des auskristallisierenden Stoffes in der Lösung bzw. an der Kristalloberfläche

Wie bereits an anderer Stelle dargelegt wurde, stellt der Stoffübergangskoeffizient β eine komplexe Funktion der hydrodynamischen Verhältnisse in der Nähe der Oberfläche des umströmten Kristalls und des Diffusionskoeffizienten des gelösten Stoffes im Lösungsmittel dar. Da die Konzentration c_{Ob} experimentell nur schwer bestimmbar ist, stößt man bei der Ermittlung von β auf erhebliche Schwierigkeiten.

Verläuft das zweite Prozeßstadium, die eigentliche Kristallisation, so schnell, daß der herangeführte Stoff momentan aufgebraucht, d. h. in das Kristallgitter aufgenommen wird, so herrscht an der Kristalloberfläche praktisch die gleiche Konzentration wie in der Lösung: $c_{Ob} \approx c^*$. Unter dieser Annahme läßt sich der Stoffübergangskoeffizient relativ einfach ermitteln.

Wie die Praxis gezeigt hat, läßt sich die Kinetik des Kristallwachstums oftmals nur unzureichend durch das Diffusionsstadium beschreiben. In diesen Fällen spielt also die Kinetik der Einbindung des bereits aus der Lösung an die Oberfläche herangeführten Stoffes in die Kristallstruktur eine merkliche Rolle.

Aus der Literatur [11, 12] ist eine Vielzahl von Ansätzen bekannt, die eigentliche Kristallisationskinetik auf der Grundlage molekular-kinetischer Vorstellungen über die schichtenweise Ablagerung des auskristallisierenden Stoffes an den Flächen des wachsenden Kristalls zu beschreiben. Zur quantitativen Ermittlung der Kristallisationsgeschwindigkeit sind diese Methoden ungeeignet, da die in die Berechnungsgleichungen eingehenden energetischen Konstanten im molekular-kristallinen Bereich nur schwer zahlenmäßig bestimmbar sind.

Nimmt man vereinfachend an, daß die Bildungsgeschwindigkeit der kristallinen Phase der Übersättigung der Lösung an der Kristalloberfläche proportional ist (Abb. 3.3), dann läßt sich für die Kristallisationsgeschwindigkeit folgender Ausdruck angeben:

$$\frac{dM_f}{d\tau} = \beta_{Kr} F(c_{Ob} - c^*) \tag{3.7}$$

β_{Kr} — Kristallisationsgeschwindigkeitskoeffizient

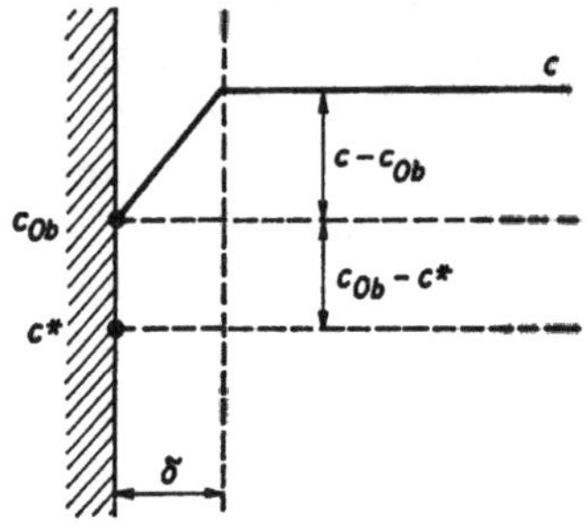

Abb. 3.3. Schematische Darstellung des Konzentrationsverlaufes in der Nähe der Kristalloberfläche.

Durch Elimination von c_{Ob} aus den Gln. (3.6) und (3.7) erhält man

$$\frac{dM_f}{d\tau} = \frac{1}{1/\beta + 1/\beta_{Kr}} F(c - c^*) \tag{3.8}$$

Für verschiedene Systeme gewonnene experimentelle Daten [13, 14] gehorchen nicht der einfachen linearen Beziehung (3.8); für sie wurde folgende Abhängigkeit ermittelt:

$$\frac{dM_f}{d\tau} :: (c - c^*)^n \tag{3.9}$$

$n = 1$ bis 2

Ebenso wie die Bildungsgeschwindigkeit der Kristallisationskeime ist auch die Kinetik des Kristallwachstums von einer Vielzahl äußerer Faktoren abhängig.

Eine intensive Vermischung der Lösung vergrößert die Relativgeschwindigkeit zwischen Kristall und Lösung, was zu einer Verringerung der Grenzschichtdicke am Kristall und somit zu einer Absenkung des äußeren Diffusionswiderstandes führt. Demnach fördert eine Durchmischung die Kristallisationsgeschwindigkeit nur in Fällen, in denen die Gesamtkinetik in merklichem Grade von der auf Diffusion beruhenden Stoffzufuhr abhängig ist. Außerdem führt die Durchmischung zu einer gleichmäßigeren Stoffzufuhr an die Kristalloberfläche, so daß sich die gewonnenen Kristalle ihrer idealen Form mehr annähern [8].

Eine Temperaturerhöhung vergrößert die Kristallisationsgeschwindigkeit. Stellt die äußere Diffusion das geschwindigkeitsbestimmende Prozeßstadium dar, so bewirkt die Temperaturerhöhung auf Grund der abnehmenden Viskosität der Lösung und des zunehmenden Diffusionskoeffizienten für den kristallisierenden Stoff in der Lösung eine Intensivierung des Kristallisationsprozesses. Außerdem führt eine Temperaturerhöhung zu einer Geschwindigkeitszunahme des eigentlichen Kristallisationsprozesses, da die zur Bildung des Kristallisationskeimes erforderliche Arbeit mit steigender Temperatur abnimmt.

Verunreinigungen in der Lösung können von wesentlichem Einfluß auf die Wachstumsgeschwindigkeit und die endgültige Form des Kristalls sein. Bisher ist es jedoch nicht gelungen, eine fundierte Theorie über den Einfluß von Beimengungen auf die Wachstumsgeschwindigkeit des Kristalls zu entwickeln. Der reale Kristallisationsprozeß ist durch den Einfluß zweier weiterer, zu den bereits genannten parallel verlaufender Prozeßstadien gekennzeichnet: Der auf Diffusion beruhende Transport des Lösungsmittels von der Kristalloberfläche in die Lösung und der Transport der Kristallisationswärme.

Die Qualität des auskristallisierten Produkts wird durch Größe und Reinheit der Kristalle bestimmt. Die Endgröße der Kristalle ist vom Geschwindigkeitsverhältnis der Keimbildung und des Kristallwachstums abhängig. Bei hoher Keimbildungsgeschwindigkeit wird ein Großteil des gelösten Stoffes zur Erzeugung einer Vielzahl von Keimlingen verbraucht, so daß man ein feindisperses Produkt erhält. Bei einer geringen Anzahl von Keimlingen dient der gelöste Stoff fast ausschließlich zu deren Wachstum; das anfallende Produkt wird grobkörnig.

Eine hohe Übersättigung führt in der Regel zu einer hohen Keimbildungsgeschwindigkeit, so daß aus nur wenig übersättigten Lösungen ein grobkristallines Produkt anfällt.

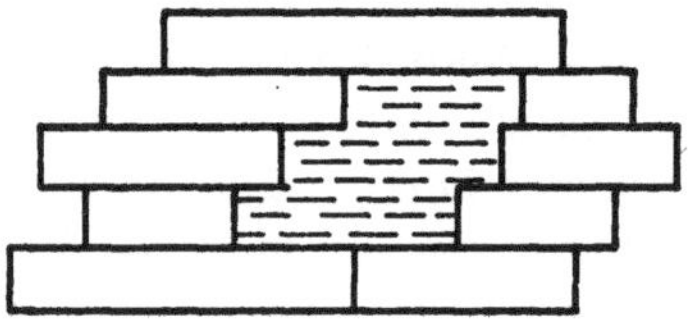

Abb. 3.4. Einschluß von Lösung beim Kristallwachstum.

Mit wachsendem Übersättigungsgrad tritt eine zunehmende Unterschiedlichkeit des Wachstums an den einzelnen Kanten des Kristalls und damit der Schichtdicke neu ins Gitter aufgenommenen Stoffes an den einzelnen Kristallflächen auf. Dabei wachsen einzelne Schichten schneller als die vorhergehenden, so daß sich Einschlüsse von Lösung im Kristall bilden können (Abb. 3.4). Derartige Einschlüsse von Lösung im Kristall sind in der Praxis stets unerwünscht. Eine hohe Übersättigung fördert die Bildung sog. dendriter Kristallformen, weil sich die Zufuhr frischen Stoffes an hervorspringenden Kanten leichter vollzieht und diese somit rascher wachsen können.

Eine Vermischung der Lösung führt zu feinkörnigeren Kristallen, weil dabei die Keimbildungsgeschwindigkeit in stärkerem Maße als die Wachstumsgeschwindigkeit der Kristalle zunimmt. Außerdem kann eine intensive Vermischung von einem merklichen Abrieb der Kristalle begleitet sein, wodurch neben der Größenabnahme der bereits vorhandenen Kristalle neue Kristallisationszentren gebildet werden. Diese Effekte führen zu einer erheblichen Veränderung der granulometrischen Zusammensetzung des

Produkts. Bei der Massenkristallisation anfallendes grobkörniges Produkt ist nicht nur ein Ergebnis des individuellen Wachstums der Kristalle, sondern auch ihres Zusammenwachsens.

3.2. Die Massenkristallisation

In der industriellen Praxis läßt sich der Kristallisationsprozeß auf zweierlei Art realisieren: Zur Erzielung der erforderlichen Übersättigung kann man die gesättigte Lösung abkühlen oder man verdampft einen Teil des Lösungsmittels. Die erstgenannte Methode wird in der Regel nur bei einer stark temperaturabhängigen positiven Löslichkeit des betreffenden Stoffes angewendet. Die zweite Methode wird bei Stoffen mit negativer oder nur schwach temperaturabhängiger Löslichkeit benutzt, also dann, wenn eine Abkühlung nur zu geringen Übersättigungsgraden führt. In der technologischen Praxis ist auch häufig eine Kombination beider Methoden anzutreffen.

Diskontinuierliche Kristallisation

Zu Beginn der Betrachtungen soll die Übersättigung ω_0 betragen. In die Lösung werden n_0 Impfkristalle mit einem Halbmesser r_0 eingebracht. Übersteigt die Anfangsübersättigung ω_0 den dem metastabilen Bereich (Abb. 3.1) entsprechenden Wert, dann bilden sich parallel zum Wachstum der Impfkristalle neue Kristallisationskeime mit dem kritischen Radius r_m aus, die ebenfalls wachsen. Das Kristallwachstum und ein eventueller Transport von Lösungsmitteln führen zu einer laufenden Änderung der Lösungsmittelkonzentration c. Unter der Annahme, daß die Kristallisationswärme die Lösungstemperatur nicht wesentlich beeinflußt (bzw. bei Konstanthaltung der Lösungstemperatur) ist die Übersättigung der Lösungskonzentration proportional: $\omega = c - c^*(t)$.

Die kinetischen Prozeßcharakteristika bei der Massenkristallisation — die lineare Wachstumsgeschwindigkeit des Kristalldurchmessers λ und die Bildungsgeschwindigkeit der Kristallkeime J — werden in Form bestimmter funktioneller Abhängigkeiten von den prozeßbestimmenden Parametern als bekannt angenommen. So ist die Wachstumsgeschwindigkeit eine Funktion der Übersättigung und des Kristallradius $\left[\frac{dr}{d\tau} = \lambda(\omega, r)\right]$, während die Keimbildungsgeschwindigkeit von der Übersättigung der Lösung abhängig ist: $J(\omega)$. In der Regel bestimmt die Abhängigkeit λ von ω die Geschwindigkeit des eigentlichen Kristallisationsprozesses an den Kristallkanten, während sich die Form der Abhängigkeit der Wachstumsgeschwindigkeit von der Kristallgröße aus der Art des Diffusionswiderstandes aus der Lösung zur Oberfläche ergibt. Die Vermischungsintensität sowie einige andere, die Kinetik der Keimbildung und das Kristallwachstum beeinflussende Faktoren werden als konstant angenommen.

Eine der grundlegenden Voraussetzungen bei der Massenkristallisation besteht in der Annahme, daß die Konzentration des Stoffes in der Lösung und die Konzentration des kristallinen Produktes über das gesamte Apparatevolumen konstant sind. Diese Annahme läßt sich durch eine hinreichend intensive Vermischung stets mit der Wirklichkeit in Übereinstimmung bringen.

Die Schwierigkeiten bei der mathematischen Beschreibung der diskontinuierlichen Kristallisation bestehen vor allem darin, daß die charakteristischen Größen λ und J in-

folge der stetigen Änderung der Kristallgröße und der Übersättigung zeitlich variabel sind.

Das lineare Wachstum des Durchmessers der Impfkristalle läßt sich bei veränderlicher Übersättigung wie folgt angeben:

$$\frac{dr_1}{d\chi} = \lambda[\omega(\chi), r_1] \tag{3.10}$$

Die Anfangsbedingungen lauten:

$$r_1|_{\chi=0} = r_0; \quad \omega|_{\chi=0} = \omega_0$$

Die Übersättigung der Lösung ω wird hier als Parameter dargestellt, dessen Wert eine unbekannte Funktion χ der laufenden Zeit ist.

Bei einer Darstellung der Wachstumsgeschwindigkeit in Form zweier Faktoren, die jeweils nur von einem Parameter abhängig sind

$$\lambda(\omega, r) = \lambda_{\text{kin}}(\omega)\,\lambda_{\text{Dif}}(r) \tag{3.11}$$

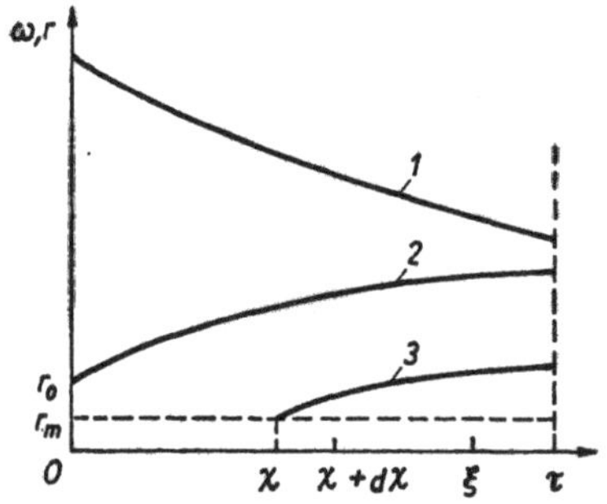

Abb. 3.5. Änderung der Übersättigung ω (*1*) und der Kristallradien r_1 (*2*) und r_2 (*3*) im Verlauf eines diskontinuierlichen Kristallisationsprozesses.

r_1 – Radien der aus Impfkristallen entstandenen Kristalle;
r_2 – Radien der aus Kristallisationskeimen, die im Prozeßverlauf gebildet wurden, entstandenen Kristalle.

läßt sich durch Trennung der Variablen und anschließende Integration aus Gl. (3.10) ein Ausdruck ermitteln, der die Kristallgröße r_1, die Übersättigung der Lösung ω und die Kristallisationszeit τ in impliziter Form miteinander verknüpft:

$$\int_{r_0}^{r_1} \frac{dr_1}{\lambda_{\text{Dif}}(r_1)} = \int_0^{\tau} \lambda_{\text{kin}}[\omega(\chi)]\,d\chi \tag{3.12}$$

Es soll nun der Gesamtprozeß, d. h. Bildung und weiteres Wachstum der Kristallisationskeime bei stetiger Änderung der Übersättigung betrachtet werden. Abb. 3.5 zeigt die Änderung der Übersättigung und der Größe der sich zu einem Zeitpunkt χ, vom Kristallisationsbeginn betrachtet, bildenden Kristallisationskeime. Im Verlaufe eines Zeitabschnittes $d\chi$ bilden sich in 1 m³ Lösung $J[\omega(\chi)]\,d\chi$ Kristallisationskeime,

deren Halbmesser nach der linearen Wachstumsgleichung zunimmt:

$$\frac{dr_2}{d\xi} = \lambda[\omega(\chi + \xi), r_2] \tag{3.13}$$

Es gelten folgende Anfangsbedingungen:

$$r_2|_{\xi=0} = r_m; \quad \omega|_{\xi=0} = \omega(\chi)$$

Bei Gültigkeit der Annahme (3.11) ergibt sich

$$\int_{r_m}^{r_2} \frac{dr_2}{\lambda_{\mathrm{Dif}}(r_2)} = \int_0^{\tau-\chi} \lambda_{\mathrm{kin}}[\omega(\chi + \xi)]\, d\xi = \int_\chi^\tau \lambda_{\mathrm{kin}}[\omega(\eta)]\, d\eta \tag{3.14}$$

$$\eta = \chi + \xi$$

Der laufende Durchmesser einer bestimmten Gruppe von Kristallisationskeimen ist nicht nur eine Funktion der seit Kristallisationsbeginn verstrichenen Zeit τ, sondern ist auch vom Zeitpunkt χ der Keimbildung dieser Gruppe und von der im Zeitraum $\chi - \tau$ herrschenden veränderlichen Übersättigung abhängig. Nach dieser Darstellung muß das Kristallisationsprodukt zu jedem beliebigen Zeitpunkt polydispers sein.

Die kinetischen Gleichungen (3.12) und (3.14) enthalten insgesamt drei zeitabhängige unbekannte Funktionen: $\omega(\tau)$, $r_1(\tau)$ und $r_2(\tau)$. Als dritte Bestimmungsgleichung dient die Stoffbilanzgleichung für die Zielkomponente. Bei diskontinuierlicher Prozeßführung muß die Gesamtmenge der Zielkomponente konstant bleiben:

$$n_0 \Phi r_0^3 \varrho_{Kr} + V_0(\omega_0 + c^*) = n_0 \Phi \varrho_{Kr} r_1^3(\tau) + [V_0 - V_L(\tau)]\,[\omega(\tau) + c^*]$$
$$+ \int_0^\tau \varrho_{Kr} \Phi r_2^3(\tau, \chi)\, J[\omega(\chi)]\,[V_0 - V_L(\tau)]\, d\chi \tag{3.15}$$

Φ — Formfaktor, der das Verhältnis zwischen Kristallvolumen und der dritten Potenz der halben Kristallänge darstellt (für kugelförmige Kristalle wird $\Phi = \frac{4}{3}\pi$, für würfelförmige $\Phi = 8$ usw.)
ϱ_{Kr} — Dichte der Kristalle
r_1, r_2 — die nach den Gln. (3.12) bzw. (3.14) bestimmten Kristallhalbmesser
$V_L(\tau)$ — seit Prozeßbeginn bis zum Zeitpunkt τ abgeführtes Volumen an Lösungsmittel

Die linke Gleichungsseite von (3.15) enthält Ausdrücke für die Stoffmenge der Impfkristalle und für die in der Ausgangslösung vorhandene Stoffmenge. Die ersten beiden Summanden der rechten Gleichungsseite berücksichtigen die Stoffmengen der Impfkristalle bzw. des noch in Lösung befindlichen Stoffes zum Zeitpunkt τ, während der letzte Term für die Stoffmenge der sich im bisherigen Kristallisationsverlauf gebildeten und herangewachsenen Kristallisationskeime steht.

Bei der Darstellung der Stoffbilanz in Form von Gl. (3.15) wurde vorausgesetzt, daß die Dichte der flüssigen Phase konzentrationsunabhängig ist.

Das mathematische Modell des diskontinuierlichen Kristallisationsprozesses besteht somit aus den Gln. (3.12), (3.14) und (3.15) sowie den kinetischen Abhängigkeiten $\lambda_{\mathrm{kin}}(\omega)$, $\lambda_{\mathrm{Dif}}(r)$ und $J(\omega)$.

Der kinetische Bereich

Spielt der Diffusionswiderstand bei der Kristallisation keine Rolle, dann wird die Geschwindigkeit des Gesamtprozesses nur durch den eigentlichen Kristallisationsprozeß, d. h. die Stoffablagerung an der Oberfläche der wachsenden Kristalle bestimmt. Damit wird $dr/d\tau = \lambda = \lambda_{\text{kin}}$, was in Gl. (3.8) $\beta \to \infty$ bedeutet.

Die Größe der Impfkristalle zu einem vom Beginn der Kristallisation betrachteten Zeitpunkt τ beträgt dann

$$r_1(\tau) = r_0 + \int_0^\tau \lambda_{\text{kin}}[\omega(\chi)]\, d\chi \tag{3.16}$$

während für die sich zu einem Zeitpunkt χ gebildeten Keimlinge zur Zeit τ

$$r_2(\tau, \chi) = r_m + \int_\chi^\tau \lambda_{\text{kin}}[\omega(\eta)]\, d\eta \tag{3.17}$$

gilt.

Es sollen nun einige Sonderfälle betrachtet werden, die zu einer weiteren Vereinfachung der Gleichungen für die diskontinuierliche Kristallisation führen.

Liegt die Anfangsübersättigung der Lösung unterhalb des metastabilen Bereichs, so werden keine neuen Kristallisationskeime gebildet ($J = 0$), und die Kristallisation erfolgt nur auf Grund des Wachstums der Impfkristalle. Durch Elimination von ω aus der Stoffbilanzgleichung (3.15) (der letzte Summand der rechten Gleichungsseite entfällt) und der Beziehung (3.12) für die Wachstumsgeschwindigkeit ergibt sich

$$\frac{dr}{d\tau} = \lambda_{\text{kin}}(\omega) = \lambda_{\text{kin}} \left[\frac{V_0(\omega_0 + c^*) - \varrho_{Kr} \Phi n_0 (r^3 - r_0^3)}{V_0 - V_L(\tau)} - c^*\right] \tag{3.18}$$

mit der Anfangsbedingung $r|_{\tau=0} = r_0$. Im allgemeinen ist eine Trennung der Variablen r und τ nicht möglich.

Für den Sonderfall $V_L(\tau) = 0$, d. h. bei fehlender Abfuhr von Lösungsmittel, ist eine Trennung der Variablen in Gl. (3.18) möglich. Die Durchführbarkeit einer anschließenden geschlossenen Integration ist von der expliziten Form der Funktion $\lambda_{\text{kin}}(\omega)$ abhängig.

Mit Hilfe der statistischen Theorie der Bildung zweidimensionaler Kristalle wurde im kinetischen Prozeßbereich folgende Abhängigkeit der Wachstumsgeschwindigkeit von der Übersättigung abgeleitet [5]:

$$\lambda_{\text{kin}}(\omega) = A_1 \exp\left(-\frac{A_2}{\lg(1 + \omega/c^*)}\right) \tag{3.19}$$

A_1, A_2 – molekular-kinetische Konstanten des Systems, deren Werte als bekannt vorausgesetzt werden

Bei Verwendung des Ausdruckes (3.19) in Gl. (3.18) ist die Integration nur mit Hilfe von Näherungsmethoden möglich. Wird im Verlaufe des Prozesses Lösungsmittel entfernt [$V_L(\tau) \neq 0$], so lassen sich die Variablen in Gl. (3.18) nur dann trennen, wenn die Löslichkeit c^* im Vergleich zur Konzentration der Lösung vernachlässigbar klein ist (erster Summand des Arguments der rechten Gleichungsseite) und die Abhängigkeit der Wachstumsgeschwindigkeit von der Übersättigung Potenzcharakter aufweist ($\lambda_{\text{kin}} :: \omega^n$).

Realisiert man die Entfernung des Lösemittels derart, daß während des gesamten diskontinuierlichen Kristallisationsprozesses eine konstante Übersättigung aufrechterhalten wird ($\omega = \omega_0$), dann wachsen die Impfkristalle mit konstanter Geschwindigkeit. Bei fehlender Keimbildung lautet die Stoffbilanzgleichung für diesen Sonderfall

$$n_0 \varrho_{Kr} \Phi r_0^3 + (c^* + \omega_0) V_0 = n_0 \varrho_{Kr} \Phi (r_0 + \lambda_{kin} \tau)^3 + [V_0 - V_L(\tau)] (c^* + \omega_0) \quad (3.20)$$

Der Wert des laufenden Kristallhalbmessers $r = r_0 + \lambda_{kin}\tau$ ergibt sich aus Gl. (3.16) für $\lambda_{kin}(\omega_0) = \text{const.}$

Mit Hilfe der Bilanzgleichung (3.20) läßt sich die zu entfernende Lösungsmittelmenge berechnen, um eine konstante Übersättigung $\omega = \omega_0$ der Lösung aufrecht zu erhalten. Da sich die Kristalloberfläche im Prozeßverlauf vergrößert, muß die pro Zeiteinheit abzutrenndende Lösungsmittelmenge ebenfalls zunehmen. Im Prinzip läßt sich eine konstante Übersättigung auch durch eine Temperaturabsenkung, die zu einer Abnahme

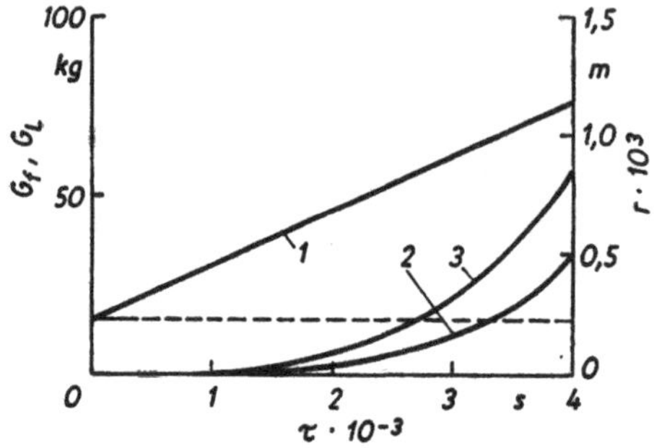

Abb. 3.6. Änderung der Kristallradien r (*1*), der Kristallmasse G_f (*2*) und der im Verlaufe des diskontinuierlichen Prozesses abgeführten Lösungsmittelmenge G_L (*3*) bei Aufrechterhaltung einer konstanten Übersättigung.

der Löslichkeit c^* führt, einhalten. Bei einer Prozeßführung ohne Lösungsmittelentfernung und Beibehaltung der funktionellen Abhängigkeit $\lambda_{kin}(\omega)$ läßt sich die Bilanzgleichung (3.20) für den nichtisothermen Prozeß zur Ermittlung der erforderlichen Temperaturänderung heranziehen, wobei die Temperaturabhängigkeit der Löslichkeit $c^*(t)$ bekannt sein muß.

Beispiel 3.1: $G_0 = 100$ kg Lösung werden einem isothermen diskontinuierlichen Kristallisationsprozeß bei konstanter Übersättigung $\omega_0 = 0{,}45$ kg/kg unterworfen. Die Sättigungskonzentration bei Kristallisationstemperatur beträgt $c^* = 0{,}2$ kg/kg, für den Formfaktor der Kristalle gilt $\Phi = 7$. Es werden $n_0 = 2 \cdot 10^6$ Impfkristalle mit einem Radius von $r_0 = 0{,}2 \cdot 10^{-3}$ m eingesetzt.

Aus der Bilanzgleichung (3.20) für den Feststoff ergibt sich die zeitliche Abhängigkeit der abzuführenden Lösungsmittelmenge:

$$G_L(\tau) = \frac{n_0 \varrho_{Kr} \Phi}{c^* + \omega_0} [(r_0 + \lambda_{kin}\tau)^3 - r_0^3]$$

Die Berechnungsergebnisse sind der Abb. 3.6 zu entnehmen.

Schwieriger gestaltet sich die Berechnung des Kristallisationsprozesses bei gleichzeitiger Bildung neuer Kristallisationskeime. Bei Verzicht auf Impfkristalle ($n_0 = 0$) entfallen zwar die jeweils ersten Glieder auf beiden Gleichungsseiten von (3.15), es verbleibt jedoch der letzte Ausdruck, der die Stoffmenge sich aus Kristallisationskeimen entwickelnder Kristalle angibt. Die komplexe Form der Abhängigkeit der Bildungsgeschwindigkeit der Kristallisationskeime von der Übersättigung der Lösung [Gl. (3.13)] macht eine Lösung ohne weitere Vereinfachungen unmöglich. Eine Näherungsmethode [12] basiert auf der Annahme, daß die Kurve $J(\omega)$ (Abb. 3.2) in zwei Abschnitte zerlegbar ist. Im Bereich hoher Übersättigungen vollzieht sich eine äußerst rasche Bildung einheitlicher Kristallisationskeime, während im zweiten Abschnitt, der im wesentlichen die Dauer des eigentlichen Kristallisationsstadiums umfaßt, praktisch keine neuen Kristallisationskeime gebildet werden (metastabiler Bereich), so daß hier nur eine Stoffablagerung auf den bereits vorhandenen Kristallisationskeimen angenommen wird.

Der Diffusionsbereich

Bei einem großen Widerstand für die Zufuhr des Stoffes aus der Lösung an die Kristalloberfläche und rasch verlaufendem eigentlichen Kristallisationsvorgang nimmt die Übersättigung der Lösung in der Nähe der Kristalloberfläche den Wert Null an ($\omega_{Ob} = 0$).

Die Triebkraft für den Diffusionstransport ist in diesem Falle gleich der Übersättigung (die ja eine Konzentrationsdifferenz darstellt) der Lösung. Für die lineare Wachstumsgeschwindigkeit eines kugelförmigen Kristalls gilt:

$$\lambda_{\mathrm{Dif}} = \frac{dr}{d\tau} = \frac{\beta}{\varrho_{Kr}}\,\omega = Nu\,\frac{D\omega}{2\varrho_{Kr} r} \tag{3.21}$$

Durch Ermittlung der Übersättigung ω aus der Bilanzgleichung (3.15) für $J = 0$ und Einsetzen des erhaltenen Ausdruckes in die kinetische Gl. (3.21) erhält man folgende Differentialgleichung für das Kristallwachstum:

$$\frac{dr}{d\tau} = \frac{D \cdot Nu}{2\varrho_{Kr} r}\left[\frac{(\omega_0 + c^*)\,V_0 - n_0\varrho_{Kr}\Phi(r^3 - r_0^3)}{V_0 - V_L(\tau)} - c^*\right] \tag{3.22}$$

mit der Anfangsbedingung $r|_{\tau=0} = r_0$.

Bei fehlender Lösungsmittelabfuhr [$V_L(\tau) = 0$] oder bei vernachlässigbar geringer Löslichkeit ($c^* \approx 0$) ist eine Trennung der Variablen in Gl. (3.22) möglich. Über die Integrierbarkeit des gewonnenen Ausdruckes entscheidet die explizite Form der Abhängigkeit der NUSSELT-Zahl von der REYNOLDS-Zahl und von $V_L(\tau)$. Bei geringer Relativgeschwindigkeit zwischen Kristall und Lösung ($Re < 0{,}5$) läßt sich $Nu = 2$ annehmen. Wird zusätzlich noch eine gleichbleibende Lösungsmittelmenge angenommen, so lautet die Lösung für Gl. (3.22):

$$\left[\frac{1}{6r_{\max}}\ln\frac{r_{\max}^2 + r_{\max}r + r^2}{(r_{\max} - r)^2} - \frac{1}{\sqrt{3}\,r_{\max}}\operatorname{arctg}\frac{2r + r_{\max}}{\sqrt{3}\,r_{\max}}\right]_{r_0}^{r} = \frac{n_0\Phi D}{V_0}\,\tau, \tag{3.23}$$

$r_{\max} = \left(r_0^3 + \dfrac{\omega V_0}{n_0\varrho_{Kr}\Phi}\right)^{1/3}$ – maximaler Kristallhalbmesser bei unendlicher Kristallisationsdauer und $\omega \to c^*$

Für die Übersättigung gilt

$$\omega = \omega_0 - \frac{n_0 \varrho_{Kr} \Phi}{V_0} (r^3 - r_0^3) \tag{3.24}$$

Als Beispiel sind in Abb. 3.7 der Kristallradius und die Übersättigung der Lösung über die Prozeßdauer aufgetragen. Es handelt sich um einen diskontinuierlich und ohne Abfuhr von Lösungsmittel betriebenen Prozeß, der nach den Gln. (3.23) und (3.24) berechnet wurde, wobei folgende Zahlenwerte angenommen wurden: $\Phi = 8$; $D = 2{,}7 \cdot 10^{-9}$ m²/s; $n_0 = 2 \cdot 10^6$; $V_0 = 1$ m³; $r_0 = 0{,}3 \cdot 10^{-3}$ m; $\varrho_{Kr} = 3 \cdot 10^3$ kg/m³; $\omega_0 = 280$ kg/m³.

Die Berücksichtigung der Keimbildung bei einer auf der Diffusion beruhenden Wachstumskinetik erfolgt durch Einsetzen des Ausdrucks (3.21) in Gl. (3.13). Durch Trennung der Variablen ergibt sich folgende zeitliche Abhängigkeit des Kristallhalbmessers:

$$\int_{r_m}^{r} \frac{r\,dr}{Nu} = \frac{D}{2\varrho_{Kr}} \int_{\chi}^{\tau} \omega(\chi + \eta)\,d\eta$$

Für $Nu = 2$ wird

$$r(\chi, \tau) = \sqrt{r_m^2 + \frac{D}{\varrho_{Kr}} \int_{\chi}^{\tau} \omega(\chi + \eta)\,d\eta},$$

wobei der laufende Radius von Kristallen, die aus Keimen entstanden sind, nicht durch einen besonderen Index gekennzeichnet wurde. Eine simultane Lösung dieser kinetischen Abhängigkeiten und der vollständigen Stoffbilanz (3.18) ist ohne weitere Vereinfachungen nicht möglich.

Mit besonderen Schwierigkeiten ist die Beschreibung der überlagerten Kinetik in allgemeiner Form verbunden, weil sich die Übersättigung an der Kristalloberfläche ω_{Ob} in Abhängigkeit vom Verhältnis der Widerstände, die beim durch Diffusion bedingten Stofftransport und bei der eigentlichen Kristallisation des herangeführten Stoffes auf-

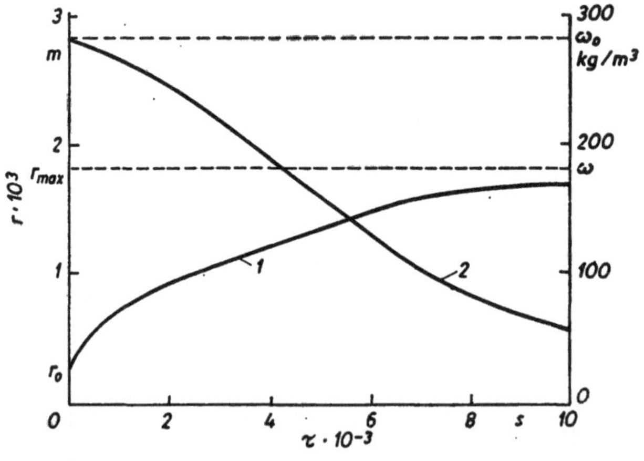

Abb. 3.7. Zeitliche Abhängigkeit des Halbmessers der Impfkristalle r (*1*) und des Übersättigungsgrades ω (*2*) unter Annahme des Diffusionsmechanismus beim Kristallwachstum.

treten, eingestellt. ω_{Ob} ergibt sich aus der Bedingung gleicher Geschwindigkeiten für den Stofftransport und die eigentliche Kristallisation an der Oberfläche:

$$\frac{dr}{d\tau} = A_1 \exp\left[-\frac{A_2}{\lg(1 + \omega_{Ob}/c^*)}\right] = \frac{Nu \cdot D}{2\varrho_{Kr}} \frac{\omega - \omega_{Ob}}{r} \tag{3.25}$$

Verläuft die Kristallisation ohne Entfernung von Lösungsmittel und ohne die Neubildung von Kristallisationskeimen, dann vereinfacht sich die Stoffbilanzgleichung (3.15) wie folgt:

$$r^3 = r_0^3 + \frac{\omega_0 - \omega}{n_0 \varrho_{Kr} \Phi} \tag{3.26}$$

Aus dem transzendenten Gleichungssystem (3.25) und (3.26) lassen sich die gesuchten Abhängigkeiten $\omega(\tau)$, $r(\tau)$ und $\omega_{Ob}(\tau)$ ermitteln.

Abschließend soll darauf verwiesen werden, daß die bisher behandelten Berechnungsmethoden der Massenkristallisation lediglich die Haupteinflußgrößen berücksichtigen. Solche Faktoren wie eine durch Abrieb verursachte Zerkleinerung der Kristalle oder die Agglomeratbildung von Kristallen, eine unvollständige Durchmischung der Lösung oder eine Temperaturänderung infolge frei werdender Kristallisationswärme würden die Prozeßbeschreibung wesentlich komplizierter gestalten.

Die für den diskontinuierlichen Kristallisationsprozeß abgeleiteten Beziehungen besitzen auch zur Berechnung im Gleichstrom betriebener kontinuierlich arbeitender Kristallisatoren Gültigkeit (s. Kap. 2.).

Kontinuierliche Kristallisation

Bei industrieller Großproduktion werden in der Regel kontinuierlich arbeitende Kristallisatoren eingesetzt. Die Menge der anfallenden Kristalle G_{Kr} und die Wärmemenge Q, die der Lösung zu- bzw. abzuführen ist (in Abhängigkeit von der Art der Kristallisation) lassen sich aus den Stoff- und Wärmebilanzgleichungen des Prozesses ermitteln. Die Stoffbilanz läßt sich in folgender Form angeben:

$$\left.\begin{aligned} G_{\text{Eing}} &= G_{Kr} + G_{\text{Ausg}} + G_L \\ G_{\text{Eing}} c_{\text{Eing}} &= G_{Kr} K + G_{\text{Ausg}} c_{\text{Ausg}} \end{aligned}\right\} \tag{3.27}$$

G_{Eing}, G_{Ausg} — Mutterlaugenmenge am Ein- bzw. Ausgang
c_{Eing}, c_{Ausg} — Mutterlaugenkonzentration am Ein- bzw. Ausgang
G_L — Menge des entfernten Lösungsmittels

$$K = \frac{M}{M_{Kr}}$$

M, M_{Kr} — Molmasse des wasserfreien Stoffes bzw. des Kristallhydrats

Die Wärmebilanz lautet:

$$G_{\text{Eing}} c_{t,\text{Eing}} t_{\text{Eing}} + G_{Kr} q + Q = G_{Kr} c_{t,Kr} t_{\text{Ausg}} + G_{\text{Ausg}} c_{t,\text{Aus}} t_{\text{Ausg}} + G_L i \tag{3.28}$$

t_{Eing}, t_{Ausg} — Mutterlaugentemperatur am Ein- bzw. Ausgang
$c_{t,\text{Eing}}$, $c_{t,\text{Ausg}}$ — spezifische Wärme der Mutterlauge am Ein- bzw. Ausgang
$c_{t,Kr}$ — spezifische Wärme der sich bildenden Kristalle
q — Kristallisationswärme

i — Enthalpie der abgeführten Lösungsmitteldämpfe
Q — Wärmemenge, die die auskristallisierende Lösung mit der Umgebung austauscht

Bei der isothermen Kristallisation ist $Q > 0$ (es wird Wärme zur Verdampfung der Lösungsmittelmenge G_L zugeführt), während für die isohydrische (die Lösungsmittelmenge bleibt konstant) Kristallisation $Q < 0$ gilt (durch Kühlen der Lösung wird Wärme abgeführt).

Kristallisator mit idealer Vermischung

Bei kontinuierlicher Arbeitsweise bleiben das Volumen an Lösung, in der sich Bildung und Wachstum der Kristalle vollziehen, die Temperatur der Suspension, die Gesamtmenge an Kristallen sowie die Übersättigung der Lösung im Apparat konstant. Bei idealer Vermischung muß das ausgetragene Produkt die gleiche Zusammensetzung wie die im Apparat befindliche Suspension aufweisen.

Vereinfachend wird zunächst angenommen, daß die in den Apparat eintretende Lösung V_{Eing} keine Impfkristalle enthält. Durch die Entfernung eines bestimmten Lösungsmittelvolumens V_L und die Aufrechterhaltung einer konstanten Übersättigung ω werden N Kristallisationskeime mit dem kritischen Radius r_m gebildet, deren weiteres lineares Wachstum von der Übersättigung ω und dem laufenden Radius r des Kristalls abhängig ist.

Zur Ermittlung der Verteilung der Kristalle über ihre Korngröße wird eine Bilanz für die in der Größenordnung von r bis $(r + dr)$ liegende Kristallfraktion aufgestellt. Die Zugehörigkeit zu dieser Fraktion erlangen Kristalle mit unter dem Grenzwert r liegenden Radius durch ihr Wachstum; ihre auf die Zeit bezogene Anzahl beträgt $N(\lambda\varrho)_r$.

Durch „Herauswachsen“ verlassen $N(\lambda\varrho)_{r+dr}$ Teilchen die betrachtete Fraktion. Außerdem verläßt die in den Grenzen von r bis $(r + dr)$ liegende Fraktion teilweise mit der austretenden Suspension den Apparat. Bei idealer Vermischung handelt es sich um eine Anzahl von $N(\varrho)_r\, dr \frac{V_{\text{Ausg}}}{V}$ Kristallen. In diesem Ausdruck stellt $V_{\text{Ausg}} = V_{\text{Eing}} - V_L$ den Volumendurchsatz der austretenden Suspension, d. h. Feststoff und Mutterlauge, dar, während V das Suspensionsvolumen im Apparat angibt. Im stationären Zustand ist die Verteilungsdichte der Kristalle über ihren Durchmesser zeitlich unveränderlich. Durch Gleichsetzen der neu in die betrachtete Fraktion kommenden Kristalle und der sie verlassenden erhält man

$$(\lambda\varrho)_r = (\lambda\varrho)_{r+dr} + (\varrho)_r\, dr\, \frac{1}{\bar{\tau}} \tag{3.29}$$

$\bar{\tau} = \dfrac{V}{V_{\text{Ausg}}}$ — mittlere Verweilzeit des Produkts, bezogen auf den Durchsatz am Apparateaustritt

Die Auswertung der Beziehung (3.29) erfolgt in Analogie zu der von Gl. (2.128), wobei $\bar{c}_f$ durch r zu ersetzen ist und für die Grenzen der Variablen r_m bis ∞ gilt. Es ergibt sich

$$\varrho(r) = \frac{\exp\left(-\frac{1}{\bar{\tau}}\int\frac{dr}{\lambda}\right)}{\lambda\int\limits_{r_m}^{\infty}\frac{1}{\lambda}\exp\left(-\frac{1}{\bar{\tau}}\int\frac{dr}{\lambda}\right)dr} \tag{3.30}$$

Bei Zufuhr von Impfkristallen einheitlichen Durchmessers weisen die sich aus ihnen entwickelnden größeren Kristalle offensichtlich die gleiche Verteilung (3.30) auf, wobei anstelle des kritischen Halbmessers des Kristallisationskeimes r_m der Radius r_0 der Impfkristalle zu setzen ist.

Die konkrete Form der Verteilungsfunktion $\varrho(r)$ hängt von der Art der Funktion $\lambda(r)$ ab. Ist die lineare Wachstumsgeschwindigkeit der Kristalle unabhängig von deren Durchmesser, d. h. gilt $\lambda \neq \lambda(r)$ (in der Literatur ist dieser Sonderfall als Gesetz des konstanten Zuwachses bekannt), so vereinfacht sich der Ausdruck (3.30) wesentlich:

$$\varrho(r) = \frac{1}{\lambda\bar{\tau}} \exp\left(-\frac{r - r_m}{\lambda\bar{\tau}}\right) \tag{3.31}$$

Für den mittleren Kristallradius ergibt sich in diesem Falle

$$\bar{r} = \int_{r_m}^{\infty} r\varrho(r)\, dr = r_m + \lambda\bar{\tau}$$

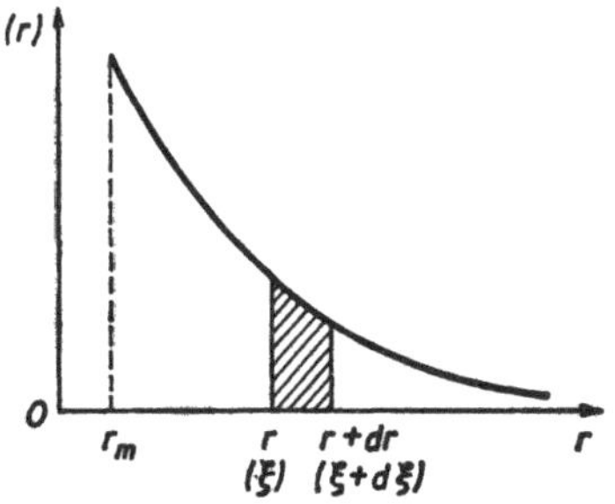

Abb. 3.8. Verteilungsdichte der Kristalle über ihren Radius bei konstanter Wachstumsgeschwindigkeit.

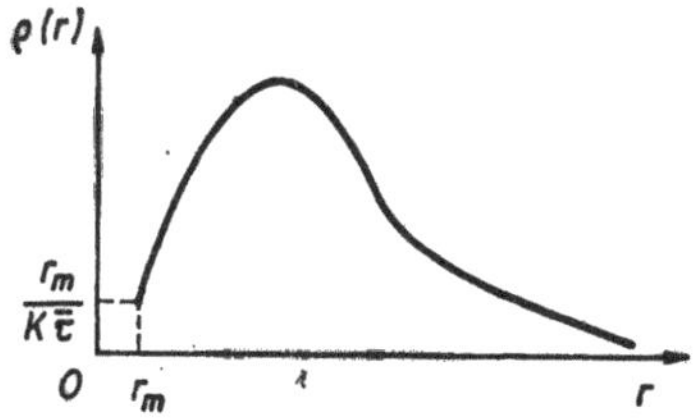

Abb. 3.9. Verteilungsdichte der Kristalle über ihren Radius unter Annahme des Diffusionsmechanismus beim Kristallwachstum (für den Sonderfall $Nu = 2$).

Verläuft die Kristallisation im Diffusionsbereich, so ist in Gl. (3.30) die lineare Wachstumsgeschwindigkeit nach Gl. (3.21) einzuführen. Für den Fall $Nu = 2$ erhält man

$$\varrho(r) = \frac{r \exp\left(-\frac{r^2}{2k\bar{\tau}}\right)}{k\bar{\tau} \exp\left(-\frac{r_m^2}{2k\bar{\tau}}\right)} \tag{3.32}$$

$$k = \frac{D\omega}{\varrho_{Kr}}$$

In den Abb. 3.8 und 3.9 wird die Auswertung der Gln. (3.31) bzw (3.32) vorgenommen. Dabei kommt der starke Einfluß der individuellen Wachstumskinetik auf die Form der Verteilungskurve der Kristalle über ihre Größe gut zum Ausdruck.

In der Fachliteratur über die kontinuierliche Kristallisation in Apparaten mit idealer Vermischung [15—19] werden die verschiedensten formalkinetischen Ansätze für das Kristallwachstum untersucht, so eine Potenzfunktion $\lambda = ar^b$, ein linearer Ansatz

$\lambda = \lambda_0(1 + ar)$ u. a. Bei komplizierten Abhängigkeiten $\lambda(r)$ läßt sich die Verteilung $\varrho(r)$ nur durch numerische Integration der Gl. (3.30) ermitteln.

Im folgenden soll die Anzahl der Kristalle im Apparat ermittelt werden. Im von Kristallen freien Lösungsvolumen wird die Bildungsgeschwindigkeit von Kristallisationskeimen durch die Abhängigkeit $J(\omega)$ festgelegt. In jedem Flüssigkeitsanteil nimmt die Anzahl der sich bildenden Keime gleichförmig mit der Zeit zu, weil beim kontinuierlichen Prozeß unter idealer Vermischung die Übersättigung zeitlich und örtlich konstant bleibt.

Bei fehlenden Impfkristallen ist die Anzahl der sich bildenden Kristallisationskeime gleich der Anzahl der sich in der Suspension befindenden Kristalle:

$$N = \int_0^\infty J(\omega)\, V \left(1 - \frac{V_f}{V}\right) \tau \varrho(\tau, \bar{\tau}_{fl})\, d\tau$$

$\left(1 - \frac{V_f}{V}\right)$ — Volumenanteil der Lösung

f, fl — Indizes für „fest" bzw. „flüssig"

Die Verweilzeitverteilung der einzelnen Flüssigkeitsanteile $\varrho(\tau, \bar{\tau}_{fl})$ in einem Apparat mit idealer Vermischung ist durch Gl. (1.98) gegeben.

Wie sich leicht beweisen läßt, müssen bei einer idealen Vermischung einer Suspension die mittleren Verweilzeiten für Suspension, Feststoff und Flüssigkeit gleich groß sein: $\bar{\tau} = \bar{\tau}_f = \bar{\tau}_{fl}$. Unter Berücksichtigung der Verteilung (1.98) erhält man nach Integration die Anzahl der Kristalle in der Suspension:

$$N = J(\omega)\,(V - V_f)\,\bar{\tau} \tag{3.33}$$

Das Gesamtvolumen an Feststoff ergibt sich durch Summation aller einzelnen Kristallvolumina:

$$V_f = N \int_{r_m}^\infty \Phi r^3 \varrho(r)\, dr$$

Durch Einsetzen der Verteilung $\varrho(r)$ nach Gl. (3.31) erhält man nach Durchführung der Integration folgenden Ausdruck für das gesamte Feststoffvolumen:

$$V_f = N\Phi[r_m^3 + 3r_m^2\lambda\bar{\tau} + 6r_m(\lambda\bar{\tau})^2 + 6(\lambda\bar{\tau})^3] = N\bar{v} \tag{3.34}$$

$\bar{v}$ — mittleres Kristallvolumen

Durch Einsetzen des ermittelten Feststoffvolumens V_f in Gl. (3.33) erhält man

$$N = J(\omega)\,(V - N\bar{v})\,\bar{\tau}$$

woraus sich für die Teilchenanzahl

$$N = \frac{JV\bar{\tau}}{1 + J\bar{v}\bar{\tau}} \tag{3.35}$$

ergibt.

Folgende Kristallmenge verläßt den bei idealer Vermischung kontinuierlich arbeitenden Apparat:

$$G_{Kr} = N\bar{v}\varrho_{Kr} \frac{V_{\text{Eing}} - V_L}{V} \tag{3.36}$$

Das mathematische Modell für den kontinuierlichen Kristallisationsprozeß besteht somit aus den Stoff- und Wärmebilanzgleichungen (3.27) und (3.28), den kinetischen Gleichungen (3.34)—(3.36) sowie den Abhängigkeiten $J(\omega)$ und $\lambda(\omega)$. Die Temperatur- und Konzentrationsabhängigkeit der physiko-chemischen Eigenschaften des Systems werden als gegeben vorausgesetzt.

Beispiel 3.2: Berechnung eines kontinuierlichen isohydrischen $[G_L(\tau) = 0]$ Kristallisationsprozesses bei idealer Vermischung. Es soll eine Kristallmenge von $G_{Kr} = 0{,}1$ kg/s aus einer Lösungsmenge von $G_{\text{Eing}} = 0{,}3$ kg/s mit einer Konzentration von $c_{\text{Eing}} = 0{,}6$ kg/kg und einer Temperatur von $t_{\text{Eing}} = 60\,°\text{C}$ abgeschieden werden. Der Kristallisator enthält ein Suspensionsvolumen von $V = 1$ m³. Das Verhältnis der Molmassen des reinen Stoffes und des Kristallhydrats beträgt $K = 0{,}695$. Experimentell wurden folgende Beziehungen für die lineare Wachstumsgeschwindigkeit der Kristalle und die Bildungsgeschwindigkeit von Kristallisationskeimen ermittelt: $\lambda = 1{,}67 \times 10^{-6}\omega$ m/s und $J = 0{,}294 \cdot 10^5\omega^{4,3}$ Stück/(m³ · s), wobei der Radius der Keime $r_m = 8 \cdot 10^{-6}$ m beträgt. Für den Formfaktor Φ gilt $\Phi = 5$. Die Löslichkeitskurve in Abhängigkeit von der Temperatur soll vorliegen.

Für die Stoffwerte gilt:

Dichte der Lösung am Apparateeingang	ϱ_{Eing}	$= 1{,}3 \cdot 10^3$ kg/m³
Dichte der Kristalle	ϱ_{Kr}	$= 1{,}7 \cdot 10^3$ kg/m³
spez. Wärme der Lösung am Eingang	$c_{t,\text{Eing}}$	$= 2{,}3$ kJ/(kg · grd)
spez. Wärme der Kristalle	$c_{t,Kr}$	$= 1{,}34$ kJ/(kg · grd)

Die spezifische Wärme der den Apparat verlassenden Mutterlauge wird über die Mischungsregel bestimmt:

$$c_{t,\text{Ausg}} = 1{,}09 c_{\text{Ausg}} + 4{,}19(1 - c_{\text{Ausg}})$$

Die Kristallisationswärme beträgt $q = 142$ kJ/kg und soll temperaturunabhängig sein.

Die Berechnung wird in der nachstehenden Reihenfolge vorgenommen:

1. Aus der ersten Gleichung des Systems (3.27) wird die den Apparat verlassende Mutterlaugenmenge ermittelt:

$$G_{\text{Ausg}} = G_{\text{Eing}} - G_{Kr} = 0{,}3 - 0{,}1 = 0{,}2 \text{ kg/s}$$

2. Die zweite Gleichung des Systems (3.27) liefert die Konzentration der austretenden Mutterlauge:

$$c_{\text{Ausg}} = \frac{G_{\text{Eing}} c_{\text{Eing}} - G_{Kr} K}{G_{\text{Ausg}}} = \frac{0{,}3 \cdot 0{,}6 - 0{,}1 \cdot 0{,}695}{0{,}2} = 0{,}55 \text{ kg/kg}$$

3. Nach Gl. (3.36) wird das Kristallwachstum im Apparat bestimmt:

$$V_f = N\bar{v} = \frac{G_{Kr}\varrho_{\text{Eing}} V}{\varrho_{Kr} G_{\text{Eing}}} = \frac{0{,}1 \cdot 1{,}3 \cdot 10^3 \cdot 1}{1{,}7 \cdot 10^3 \cdot 0{,}3} = 0{,}255 \text{ m}^3$$

4. Für die mittlere Verweilzeit der Kristalle im Apparat ergibt sich

$$\bar{\tau} = \frac{V_f \varrho_{Kr}}{G_{Kr}} = \frac{0{,}255 \cdot 1{,}7 \cdot 10^3}{0{,}1} = 4{,}33 \cdot 10^3 \text{ s}$$

5. Aus den Gln. (3.34) und (3.35) ergibt sich folgende Beziehung zur Ermittlung der Übersättigung der Lösung:

$$J[r_m^3 + 3r_m^2\bar{\tau}\lambda + 6r_m\bar{\tau}^2\lambda^2 + 6\bar{\tau}^3\lambda^3] = \frac{V_f}{\bar{\tau}(V - V_f)\,\Phi}$$

Nach Einsetzen der Zahlenwerte ergibt sich

$$0{,}294 \cdot 10^5\omega^{4,3}[(8 \cdot 10^{-6})^3 + 3(8 \cdot 10^{-6})^2 \cdot 4{,}33 \cdot 10^3 \cdot 1{,}67 \cdot 10^{-6}\omega + 6 \cdot 8 \cdot 10^{-6}(4{,}33 \cdot 10^3)^2$$

$$\times (1{,}67 \cdot 10^{-6})^2\,\omega^2 + 6(4{,}33 \cdot 10^3)^3\,(1{,}67 \cdot 10^{-6})^3\,\omega^3] = \frac{0{,}255}{4{,}33 \cdot 10^3(1 - 0{,}255) \cdot 5}$$

woraus man für die Übersättigung $\omega = 0{,}32$ kg/kg erhält.

6. Die Sättigungskonzentration ergibt sich aus der Definitionsgleichung für die Übersättigung zu

$$c^* = 0{,}55 - 0{,}32 = 0{,}23 \text{ kg/kg}$$

Nach der (hier nicht angeführten) Löslichkeitskurve entspricht dieser Wert einer Temperatur von $t_{\text{Ausg}} = 34\,°\text{C}$.

7. Aus der Wärmebilanzgleichung (3.28) wird die abzuführende Wärmemenge berechnet:

$$Q = 0{,}3 \cdot 2{,}3 \cdot 60 + 0{,}1(142 - 1{,}34 \cdot 34) - 0{,}2[1{,}09 \cdot 0{,}55 + 4{,}19(1 - 0{,}55)]\,34$$
$$= 34{,}85 \text{ kW}$$

8. Für die lineare Wachstumsgeschwindigkeit der Kristalle gilt

$$\lambda = 1{,}67 \cdot 10^{-6} \cdot 0{,}32 = 5{,}33 \cdot 10^{-7} \text{ m/s} = 1{,}92 \text{ mm/h}$$

9. Die Verteilung der Kristalle nach ihrer Größe wird nach Gl. (3.31) berechnet. Die graphische Darstellung erfolgt in Abb. 3.10 (Kurve *1*).

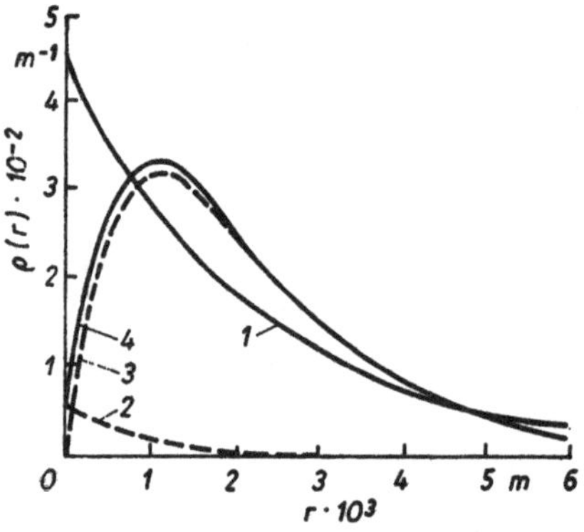

Abb. 3.10. Verteilungsdichte der Kristalle über ihren Radius am Ausgang des Kristallisators.

1 — einstufige Kristallisation (ϱ); *2* — in der zweiten Stufe gebildete Kristalle (ϱ_{22}); *3* — in der ersten Stufe gebildete Kristalle (ϱ_{12}); *4* — summare Verteilung am Ausgang aus der zweiten Stufe (ϱ_2).

10. Die Anzahl der sich im Kristallisator bildenden Kristallisationskeime beträgt

$$J(V - V_f) = 0{,}294 \cdot 10^5 \cdot 0{,}32^{4,3}(1 - 0{,}255) = 1{,}63 \cdot 10^2 \text{ s}^{-1}$$

11. Der mittlere Kristallhalbmesser ergibt sich zu

$$\bar{r} = \int_{r_m}^{\infty} r\,\frac{1}{\lambda\bar{\tau}}\exp\left(-\frac{r - r_m}{\lambda\bar{\tau}}\right)dr = \lambda\bar{\tau}\left(\frac{r_m}{\lambda\bar{\tau}} + 1\right)$$

$$= 5{,}33 \cdot 10^{-7} \cdot 4{,}33 \cdot 10^3\left(\frac{8 \cdot 10^{-6}}{5{,}33 \cdot 10^{-7} \cdot 4{,}33 \cdot 10^3} + 1\right) = 2{,}32 \cdot 10^{-3} \text{ m}$$

Die Anzahl der pro Zeiteinheit den Apparat verlassenden Kristalle ist gleich der unter Punkt 10 berechneten Anzahl von Kristallisationskeimen.

Mehrstufige Kristallisation

Nicht immer verläuft das Kristallwachstum hinreichend schnell, um in nur einem Kristallisator ein grobkristallines Produkt zu gewinnen. In solchen Fällen läßt man die Kristallisation in mehreren Stufen ablaufen. Die aus der vorhergehenden Stufe austretende Suspension durchläuft kontinuierlich den nächsten Apparat, in dem sich die Bildung neuer Kristallisationskeime und das Wachstum der aus der vorhergehenden Stufe stammenden Kristalle fortsetzen. In der Regel herrschen in jeder Stufe unterschiedliche Kristallisationsbedingungen. Einige dieser Parameter sind frei wählbar (z. B. der Druck bei der Vakuumkristallisation), während andere Funktionen des Prozesses selbst sind (Temperatur und Konzentration der Mutterlauge in den einzelnen Apparaten).

Zur Ableitung von Gesetzmäßigkeiten für n hintereinandergeschaltete Kristallisatoren wird zunächst der zweite Kristallisator einer solchen Kaskade untersucht. Der Einfachheit wegen soll angenommen werden, daß die sich bildenden Kristallisationskeime die gleichen Abmessungen wie die im ersten Apparat besitzen. Die Kristallmasse in der zweiten Stufe besteht aus zweierlei Kristallsorten: Kristalle, die sich im zweiten Apparat gebildet haben und dort gewachsen sind und aus dem ersten Apparat stammende Kristalle, die mit einer bestimmten Kornverteilung in den zweiten Apparat gelangten und hier weitergewachsen sind. Die Verteilung der in der zweiten Stufe gebildeten Kristalle über ihren Radius läßt sich nach der für einen einzelnen kontinuierlich arbeitenden Kristallisator behandelten Methodik bestimmen. Beschränkt man sich auf den einfachsten Fall einer von der Kristallgröße unabhängigen Wachstumsgeschwindigkeit, dann ergibt sich die Verteilung derartiger „Eigenkristalle" über ihren Radius nach der Gl. (3.31), für λ und $\bar{\tau}$ sind jedoch folgende Werte zu setzen:

$$\lambda = \lambda(\omega_2) = \lambda_2 \quad \text{und} \quad \bar{\tau} = \bar{\tau}_2 = \frac{V_2}{V_{\text{Eing}} - V_{L1} - V_{L2}}$$

ω_2 — Übersättigung in der zweiten Stufe
$\bar{\tau}_2$ — mittlere Verweilzeit im Volumen V_2
V_{L1}, V_{L2} — aus der ersten bzw. zweiten Stufe entferntes Lösungsmittel

Für die erste Kristallart, das sind die im zweiten Apparat gebildeten und dort gewachsenen Kristalle, ergibt sich demnach folgende Verteilung:

$$\varrho_{22}(r) = \frac{1}{\lambda_2\bar{\tau}_2} \exp\left(-\frac{r - r_m}{\lambda_2\bar{\tau}_2}\right) \tag{3.37}$$

Die Indizes besitzen folgende Bedeutung: Die erste Ziffer des Index gibt die Apparatenummer an, in dem die Kristallbildung erfolgte, während die zweite und alle folgenden Ziffern darauf hinweisen, in welchen Apparaten sich das Kristallwachstum fortsetzt. Die Verteilung $\varrho_{22}(r)$ ist auf die Gesamtzahl N_{22} der sich bildenden Kristallisationskeime normiert.

Zur Untersuchung des weiteren Wachstums der aus dem ersten Apparat stammenden Kristalle mit einer bestimmten Verteilung wird eine durch die Radien ξ und $(\xi + d\xi)$ begrenzte „Minifraktion" betrachtet (Abb. 3.8). Ihr Anteil an der Gesamtzahl N_1 von

Kristallen im ersten Apparat beträgt $\varrho_1(\xi)\,d\xi$. In der zweiten Stufe erfolgt das weitere Wachstum der betrachteten Kristallfraktion, dessen Intensität von der sich hier einstellenden Übersättigung ω_2 abhängig ist.

Es soll nun festgestellt werden, welchen Beitrag $d\varrho_{12}(r)$ diese aus dem ersten Apparat stammende Fraktion in einer Kristallgruppe mit dem Radius r im zweiten Apparat aufweist. Bei idealer Vermischung erfolgt die Verteilung des Anteils $\varrho_1(\xi)\,d\xi$ mit dem anfänglichen Teilchenhalbmesser ξ im zweiten Apparat nach der Gl. (3.29), die durch einen Gewichtsfaktor, der die Größe der betrachteten Fraktion berücksichtigt, zu ergänzen ist. Damit ergibt sich für den Anfangsbeitrag:

$$d\varrho_{12}(r) = \varrho_1(\xi)\,d\xi\,\frac{1}{\lambda_2\bar{\tau}_2}\exp\left(-\frac{r-\xi}{\lambda_2\bar{\tau}_2}\right)$$

Durch Integration über alle Fraktionen der eintretenden Kristalle, die bei ihrem weiteren Wachstum Kristalle mit dem Radius r liefern können, erhält man nach Einsetzen von $\varrho_1(\xi)$ aus Gl. (3.31) folgendes Ergebnis:

$$\varrho_{12}(r) = \int_{r_m}^{r} \varrho_1(\xi)\,\frac{1}{\lambda_2\bar{\tau}_2}\exp\left(-\frac{r-\xi}{\lambda_2\bar{\tau}_2}\right) d\xi = \frac{\exp\left(-\dfrac{r-r_m}{\lambda_1\bar{\tau}_1}\right) - \exp\left(-\dfrac{r-r_m}{\lambda_2\bar{\tau}_2}\right)}{\lambda_1\bar{\tau}_1 - \lambda_2\bar{\tau}_2} \tag{3.38}$$

Die Verteilung (3.38) ist auf die sich im ersten Apparat bildende Kristallanzahl N_1 normiert. Die Gl. (3.37) und (3.38) beschreiben das Kornspektrum des aus dem zweiten Kristallisator austretenden Produkts.

Für die Anzahl der sich in der zweiten Stufe bildenden Kristallisationskeime gilt analog zu den bereits erfolgten Ableitungen

$$N_{22} = V_2 J(\omega_2)\,\bar{\tau}_2\left(1 - N_2\,\frac{\bar{v}_2}{V_2}\right) \tag{3.39}$$

N_2 — Gesamtzahl an Kristallen
$\bar{v}_2$ — mittleres Volumen der N_2 Teilchen im zweiten Apparat

Das Gesamtvolumen der kristallinen Phase in der zweiten Stufe ergibt sich durch Addition der Feststoffmengen der beiden Kristallarten:

$$V_{f2} = N_2\bar{v}_2 = N_{22}\bar{v}_{22} + N_{12}\bar{v}_{12} \tag{3.40}$$

$$\bar{v}_{22} = \Phi\int_{r_m}^{\infty} r^3\varrho_{22}(r)\,dr = \Phi[r_m^3 + 3r_m^2\lambda_2\bar{\tau}_2 + 6r_m(\lambda_2\bar{\tau}_2)^2 + 6(\lambda_2\bar{\tau}_2)^3] \tag{3.41}$$

$$\bar{v}_{12} = \frac{1}{\lambda_1\bar{\tau}_1 - \lambda_2\bar{\tau}_2}\,(\lambda_1\bar{\tau}_1\bar{v}_1 - \lambda_2\bar{\tau}_2\bar{v}_{22}) \tag{3.42}$$

N_{12} — Anzahl der aus dem ersten Apparat stammenden und sich nun im zweiten Apparat befindenden Kristalle

Bei idealer Vermischung gilt

$$N_{12} = N_{\text{Ausg},2}\bar{\tau}_2 = N_{\text{Ausg},1}\bar{\tau}_2$$

da die Teilchenzahl dieser Kristallart am Ein- und Ausgang des zweiten Apparates die gleiche bleibt.

Die Gesamtmasse der den zweiten Apparat verlassenden Kristalle beträgt

$$G_{Kr,2} = N_{\text{Ausg},2}\bar{v}_2\varrho_{Kr} = \frac{N_2}{\bar{\tau}_2}\bar{v}_2\varrho_{Kr} = N_2\bar{v}_2\varrho_{Kr}\frac{V_{\text{Eing}} - V_{L1} - V_{L2}}{V_2} \tag{3.43}$$

Mit Hilfe der abgeleiteten kinetischen Beziehungen sowie der Stoff- und Wärmebilanzgleichungen läßt sich die Arbeitsweise des zweiten Kristallisators berechnen, wenn man ergänzend für die isotherme Kristallisation $t_2 = t_{Kp,2}(P_2, c_2)$ (t_{Kp} — Siedetemperatur) bzw. für die isohydrische Kristallisation $V_{L2} = 0$ annimmt.

Im dritten Apparat und folglich auch an seinem Ausgang ist zwischen drei Kristallarten zu unterscheiden. Die erste Kristallart wird in ihm gebildet:

$$\begin{aligned} N_{33} &= J(\omega_3)\,(V_3 - N_3\bar{v}_3)\,\bar{\tau}_3 \\ &= J(\omega_3)\,(V_3 - N_{123}\bar{v}_{123} - N_{23}\bar{v}_{23} - N_{33}\bar{v}_{33})\,\frac{V_3}{V_{\text{Eing}} - V_{L1} - V_{L2} - V_{L3}} \end{aligned}$$

Diese Kristallart weist folgende Größenverteilung auf:

$$\varrho_{33}(r) = \frac{1}{\lambda_3\bar{\tau}_3}\exp\left(-\frac{r - r_m}{\lambda_3\bar{\tau}_3}\right)$$

Die zweite Kristallart stellen die im zweiten Apparat entstandenen N_{22} Teilchen dar, die in der dritten Stufe weiterwachsen. Für ihre Verteilung am Ausgang des dritten Apparates gilt:

$$\varrho_{23}(r) = \frac{\exp\left(-\dfrac{r - r_m}{\lambda_2\bar{\tau}_2}\right) - \exp\left(-\dfrac{r - r_m}{\lambda_3\bar{\tau}_3}\right)}{\lambda_2\bar{\tau}_2 - \lambda_3\bar{\tau}_3}$$

Größere Schwierigkeiten bereitet die Ermittlung der Verteilung für die dritte Kristallart, das sind die Kristalle, die sich in der ersten Stufe bildeten und dort sowie in den beiden nächsten Stufen weiterwuchsen. Der Beitrag des Anteils $\varrho_{12}(\xi)\,d\xi$ der in die dritte Stufe eintretenden Teilchen zur Dichteverteilung dieser Kristallart mit dem laufenden Radius r beträgt

$$d\varrho_{123} = \varrho_{12}(\xi)\,d\xi\,\frac{1}{\lambda_3\bar{\tau}_3}\exp\left(-\frac{r - \xi}{\lambda_3\bar{\tau}_3}\right)$$

Durch Einsetzen von $\varrho_{12}(r)$ aus Gl. (3.38) und Integration in den Grenzen von r_m bis r erhält man:

$$\begin{aligned} \varrho_{123}(r) = \frac{1}{\lambda_1\bar{\tau}_1 - \lambda_2\bar{\tau}_2}\Bigg[&\lambda_2\bar{\tau}_2\,\frac{\exp\left(-\dfrac{r - r_m}{\lambda_2\bar{\tau}_2}\right) - \exp\left(-\dfrac{r - r_m}{\lambda_3\bar{\tau}_3}\right)}{\lambda_2\bar{\tau}_2 - \lambda_3\bar{\tau}_3} \\ &- \lambda_1\bar{\tau}_1\,\frac{\exp\left(-\dfrac{r - r_m}{\lambda_1\bar{\tau}_1}\right) - \exp\left(-\dfrac{r - r_m}{\lambda_3\bar{\tau}_3}\right)}{\lambda_1\bar{\tau}_1 - \lambda_3\bar{\tau}_3}\Bigg] \end{aligned}$$

Die Berechnung der mittleren Kristallvolumen für die verschiedenen Kristallarten führt unter Einbeziehung der ermittelten Verteilungen ϱ_{33}, ϱ_{23} und ϱ_{123} auf folgende

Gleichungen:

$$\bar{v}_{33} = \Phi[r_m{}^3 + 3r_m{}^2\lambda_3\bar{\tau}_3 + 6r_m(\lambda_3\bar{\tau}_3)^2 + 6(\lambda_3\bar{\tau}_3)^3]$$

$$\bar{v}_{23} = \frac{\lambda_2\bar{\tau}_2\bar{v}_2 - \lambda_3\bar{\tau}_3\bar{v}_3}{\lambda_2\bar{\tau}_2 - \lambda_3\bar{\tau}_3}$$

$$\bar{v}_{123} = \frac{1}{\lambda_1\bar{\tau}_1 - \lambda_2\bar{\tau}_2}\left[\frac{\lambda_2\bar{\tau}_2}{\lambda_2\bar{\tau}_2 - \lambda_3\bar{\tau}_3}(\lambda_2\bar{\tau}_2\bar{v}_2 - \lambda_3\bar{\tau}_3\bar{v}_3) - \frac{\lambda_1\bar{\tau}_1}{\lambda_1\bar{\tau}_1 - \lambda_3\bar{\tau}_3}(\lambda_1\bar{\tau}_1\bar{v}_1 - \lambda_3\bar{\tau}_3\bar{v}_3)\right]$$

Die abgeleiteten kinetischen Gleichungen gestatten in Verbindung mit den Stoff- und Wärmebilanzgleichungen die Berechnung der Arbeitsweise des dritten Kristallisators einer kontinuierlich arbeitenden Kaskade. Die Berechnung der folgenden Stufen erfolgt in analoger Form.

Die Ableitungen erfolgten unter vereinfachenden Annahmen für die Wachstumskinetik der Kristalle, sie gelten jedoch für verschiedene Verweilzeiten in den einzelnen Stufen und berücksichtigen die Abhängigkeit der Wachstums- und Keimbildungsgeschwindigkeit von den sich im Prozeßverlauf einstellenden Konzentrationsverhältnissen.

In der Fachliteratur [15—17, 19] werden Lösungen für die verschiedensten Kombinationen vereinfachender Annahmen angegeben. Eine Vielzahl von Arbeiten basiert auf der Annahme einheitlicher Verweilzeiten der Suspension in allen Apparaten. Bei der zusätzlichen Voraussetzung einer konstanten Wachstumsgeschwindigkeit der Kristalle in allen Apparaten vereinfachen sich die Berechnungsgleichungen erheblich.

Auch für kompliziertere kinetische Abhängigkeiten lassen sich Beispiele anführen [19]. So läßt sich beispielsweise der Einfluß neuer Kristallisationszentren auf die Geschwindigkeit der Oberflächenbildung bereits existierender Kristalle berücksichtigen (induktive Keimbildung) oder es wird die Kristallwachstumsgeschwindigkeit in Abhängigkeit vom Diffusionswiderstand und der Kinetik der Kristallgitterbildung betrachtet bzw. werden Untersuchungen über den Temperatureinfluß auf die Wachstums- und Keimbildungsgeschwindigkeit angestellt.

Abschließend sei nochmals auf den Gültigkeitsbereich der abgeleiteten Gleichungen eingegangen: Die Mehrzahl der angegebenen Lösungen gilt nur unter der Voraussetzung einer idealen Vermischung der Suspension. Die Kinetik des Kristallwachstums und die Intensität der Keimbildung wurden als bekannt vorausgesetzt. Abrieb und anderweilige Zerstörung (Bruch) der Kristalle sowie Konglomerationseffekte wurden außer Acht gelassen.

Beispiel 3.3: Der im Beispiel 3.2 angeführte Prozeß soll zweistufig durchgeführt werden, wobei sämtliche Prozeßparameter des vorigen Beispiels übernommen werden. Im vorliegenden Beispiel sollen beide Kristallisatoren ein Volumen von $V_1 = V_2 = 0{,}5\ \mathrm{m}^3$ besitzen. Während der Durchsatz an Produkt (d. h. Austritt aus dem zweiten Kristallisator) unverändert $G_{Kr2} = 0{,}1$ kg/s betragen soll, wird für den ersten Kristallisator $G_{Kr1} = 0{,}05$ kg/s angenommen. Die Berechnung des ersten Kristallisators stellt eine Wiederholung des Beispiels 3.2 mit anderen Zahlenwerten dar.

1. Aus dem ersten Kristallisator austretende Mutterlauge:

$$G_1 = 0{,}3 - 0{,}05 = 0{,}25\ \mathrm{kg/s}$$

2. Konzentration der Mutterlauge:

$$c_1 = \frac{0{,}3 \cdot 0{,}6 - 0{,}05 \cdot 0{,}695}{0{,}25} = 0{,}580\ \mathrm{kg/kg}$$

3. Volumen der kristallinen Phase:

$$V_{f1} = \frac{0{,}05 \cdot 1{,}3 \cdot 10^3 \cdot 0{,}5}{1{,}7 \cdot 10^3 \cdot 0{,}3} = 0{,}0637 \text{ m}^3$$

4. Mittlere Verweilzeit im ersten Kristallisator:

$$\bar{\tau}_1 = \frac{0{,}0673 \cdot 1{,}7 \cdot 10^3}{0{,}05} = 2170 \text{ s}$$

5. Die Übersättigung der Lösung wird in gleicher Weise wie im Beispiel 3.2 berechnet:

$$0{,}294 \cdot 10^5 \omega^{4,3}[(8 \cdot 10^{-6})^3 + 3(8 \cdot 10^{-6})^2 \cdot 2{,}17 \cdot 10^3 \cdot 1{,}67 \cdot 10^{-6}\omega + 6 \cdot 8 \cdot 10^{-6}(2{,}17 \cdot 10^3)^2$$

$$\times (1{,}67 \cdot 10^{-6})^2 \omega^2 + 6(2{,}17 \cdot 10^3)^3 (1{,}67 \cdot 10^{-6})^3 \omega^3] = \frac{0{,}0637}{2{,}17 \cdot 10^3(1 - 0{,}0637)\, 5}$$

Für ω ergibt sich $\omega = 0{,}414$ kg/kg

6. Sättigungskonzentration:

$$c_1^* = 0{,}580 - 0{,}414 = 0{,}166 \text{ kg/kg}$$

Aus der Löslichkeitskurve ergibt sich für diesen Wert eine Temperatur von $t_1 = 31\,°\text{C}$.

7. Vom ersten Kristallisator abzuführende Wärmemenge:

$$Q_1 = 0{,}3 \cdot 2{,}3 \cdot 60 + 0{,}05(142 - 1{,}34 \cdot 31) - 0{,}25(1{,}09 \cdot 0{,}58 + 4{,}19 \cdot 0{,}42)\, 31$$
$$= 27{,}2 \text{ kW}$$

8. Lineare Wachstumsgeschwindigkeit im ersten Kristallisator:

$$\lambda_1 = 1{,}67 \cdot 10^{-6} \cdot 0{,}414 = 6{,}9 \cdot 10^{-7} \text{ m/s}$$

Für $\lambda_1\bar{\tau}_1$ ergibt sich

$$\lambda_1\bar{\tau}_1 = 6{,}9 \cdot 10^{-7} \cdot 2{,}17 \cdot 10^3 = 1{,}50 \cdot 10^{-3} \text{ m}$$

Anzahl der aus dem ersten Kristallisator austretenden Teilchen:

$$N_{\text{Ausg},1} = J(V_1 - V_{f1}) = 0{,}294 \cdot 10^5 \cdot 0{,}414^{4,3}(0{,}5 - 0{,}0637) = 290 \text{ s}^{-1}.$$

Damit ist die Berechnung des ersten Kristallisators abgeschlossen.

9. Mutterlaugendurchsatz am Ausgang des zweiten Kristallisators:

$$G_2 = 0{,}2 \text{ kg/s}$$

10. Konzentration der Lösung im zweiten Kristallisator:

$$c_2 = 0{,}55 \text{ kg/kg}$$

11. Für die mittlere Verweilzeit im zweiten Kristallisator gilt $\bar{\tau}_2 = \bar{\tau}_1$, weil das Apparatevolumen und der Suspensionsdurchsatz in beiden Fällen die gleichen sind.

12. Volumen der festen Phase:

$$V_{f2} = \frac{G_{Kr,2}\bar{\tau}_2}{\varrho_{Kr}} = \frac{0{,}10 \cdot 2{,}17 \cdot 10^3}{1{,}7 \cdot 10^3} = 0{,}1273 \text{ m}^3$$

13. Die kinetische Gleichung zur Berechnung einer Übersättigung ω_2, die den vorgegebenen Kristalldurchsatz $G_{Kr,2}$ gewährleistet, wird auf Grund folgender Überlegung abgeleitet: Die Anzahl der sich im zweiten Kristallisator bildenden Kristallisationskeime wird nach Gl. (3.38)

bestimmt. Nach Gl. (3.40) setzt sich das Gesamtvolumen der im zweiten Kristallisator befindlichen Kristalle aus dem Volumen der den ersten Apparat verlassenden Kristalle und der im zweiten Apparat sich bildenden Teilchen zusammen. Durch Einsetzen von $\bar{v}_{12}$ [Gl. (3.42)], $\bar{v}_{22}$ [Gl. (3.41)], N_{22} [Gl. (3.39)], $N_{12} = N_{\text{Ausg},1}\,\bar{\tau}_2$ und der Ausdrücke $J(\omega_2)$ und $\lambda(\omega_2)$ in Gl. (3.40) erhält man für ω_2 : $\omega_2 = 0{,}208$ kg/kg.

14. Sättigungskonzentration:

$$c_2^* = 0{,}55 - 0{,}208 = 0{,}342 \text{ kg/kg}$$

Die dieser Konzentration entsprechende Temperatur beträgt $t_2 = 40{,}5\,°\text{C}$.

15. Vom zweiten Kristallisator abzuführende Wärmemenge:

$$Q_2 = 0{,}25(1{,}09 \cdot 0{,}58 + 4{,}19 \cdot 0{,}42)\,31 + 0{,}05(1{,}34 \cdot 31 + 142) - 0{,}1 \cdot 1{,}34 \cdot 40{,}5 - 0{,}2 \times (1{,}09 \cdot 0{,}55 + 4{,}19 \cdot 0{,}45)\,40{,}5 = 2{,}9 \text{ kW}$$

16. Lineare Wachstumsgeschwindigkeit:

$$\lambda_2 = 1{,}67 \cdot 10^{-6} \cdot 0{,}208 = 3{,}47 \cdot 10^{-7} \text{ m/s}$$

Für $\lambda_2\bar{\tau}_2$ gilt

$$\lambda_2\bar{\tau}_2 = 3{,}47 \cdot 10^{-7} \cdot 2{,}17 \cdot 10^3 = 0{,}754 \cdot 10^{-3} \text{ m}$$

Die Anzahl der im zweiten Kristallisator gebildeten Kristalle ergibt sich aus Gl. (3.39) mit $N_2\bar{v}_2 = V_{f1}$:

$$N_{22} = 0{,}5 \cdot 2{,}94 \cdot 10^4 \cdot 0{,}208^{4,3} \cdot 2{,}17 \cdot 10^3[1 - (0{,}1274/0{,}5)] = 2{,}76 \cdot 10^4$$

17. Gesamtzahl der im zweiten Apparat befindlichen Kristalle:

$$N_2 = 6{,}30 \cdot 10^5 + 2{,}76 \cdot 10^4 = 6{,}58 \cdot 10^5$$

18. Die Verteilungsdichte der im zweiten Kristallisator gebildeten Kristalle $\varrho_{22}(r)$ wird nach Gl. (3.37) ermittelt, wobei folgender Bewichtungsfaktor zu setzen ist:

$$\frac{N_{22}}{N_2} = \frac{2{,}76 \cdot 10^4}{6{,}58 \cdot 10^5} = 0{,}042$$

Die Ergebnisse werden in Abb. 3.10 gezeigt.

19. Die Verteilung $\varrho_{12}(r)$ der aus dem ersten Apparat stammenden Kristalle ergibt sich aus Gl. (3.38) unter Berücksichtigung folgenden Bewichtungsfaktors:

$$\frac{N_{12}}{N_2} = \frac{0{,}630 \cdot 10^6}{6{,}58 \cdot 10^5} = 0{,}958$$

Die Verteilungskurve wird in Abb. 3.10 dargestellt. Die summare Verteilung der Kristalle über ihren Radius $\varrho_2(r)$ am Ausgang aus dem zweiten Kristallisator befindet sich in der gleichen Abbildung. Wie ein Vergleich mit der Verteilung aus dem Beispiel 3.2 zeigt, sind die Kristalldurchmesser bei der zweistufigen Kristallisation wesentlich monodisperser als es im Beispiel 3.2 der Fall war. Beim Übergang zur zweistufigen Kristallisation verringert sich vor allem der Anteil der feinen Kristallfraktionen, so daß die anschließende Filtration weniger Schwierigkeiten bereitet.
Ein Vergleich der Verteilungen ϱ_{22} und ϱ_{12} zeigt, daß bei der zweistufigen Kristallisation die überwiegende Anzahl der ausgetragenen Kristalle in der ersten Stufe gebildet wird und in der zweiten Stufe weiterwächst, während eine geringe Menge von in der zweiten Stufe entstandenen Kristallen zu dem in der Praxis meist erstrebten geringen Anteil der feinen Fraktionen des Produkts führt.

3.3. Experimentelle Ermittlung der Kristallisationskinetik

Die bisher abgeleiteten Beziehungen zur Beschreibung der Massenkristallisation enthalten ebenso wie die zahlreichen in der Literatur angeführten Gleichungen kinetische Ausdrücke über die Keimbildung und das Kristallwachstum, die als bekannt vorausgesetzt werden. Die theoretischen Methoden zur Berechnung der Keimbildungs- und Wachstumsgeschwindigkeit sind nicht genügend zuverlässig, um sie zur Berechnung und Auslegung industrieller Anlagen einzusetzen. Man arbeitet deshalb gegenwärtig meistens mit experimentell betsimmten kinetischen Abhängigkeiten.

Das Schema einer Anlage [20] zur Untersuchung der Wachstumsgeschwindigkeit eines Monokristalls *4*, der an einer aus Draht bestehenden Haltevorrichtung *3* befestigt ist, wird in Abb. 3.11 wiedergegeben. Die Zunahme der Kristallabmessungen läßt sich durch

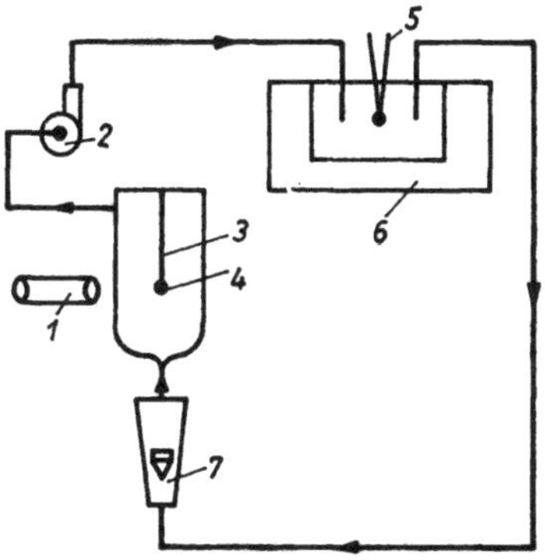

Abb. 3.11. Versuchsanlage zur Ermittlung der linearen Wachstumsgeschwindigkeit von Monokristallen.

1 – Mikroskop; *2* – Umwälzpumpe; *3* – Drahtbügel; *4* – Kristall; *5* – Thermoelement; *6* – Thermostat.

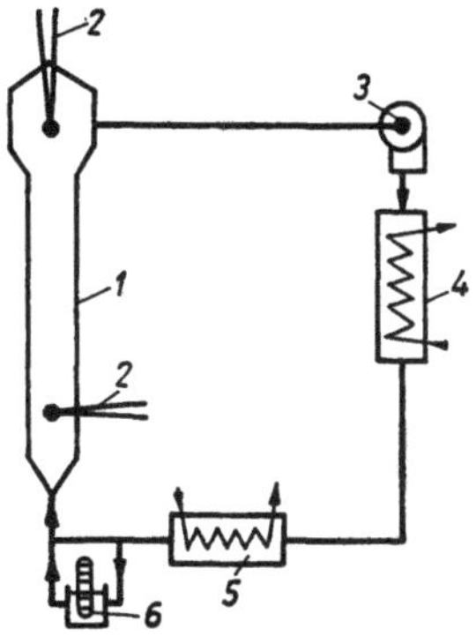

Abb. 3.12. Versuchsanlage zur Bestimmung der Wachstumsgeschwindigkeit von Kristallen in Flüssigkeitswirbelschichten.

1 – Apparat zur Kristallaufwirbelung; *2* – Thermoelemente; *3* – Umwälzpumpe; *4, 5* – Wärmeübertrager; *6* – Gerät zur Konzentrationsmessung der Lösung.

ein beweglich angebrachtes Mikroskop *1* verfolgen. Der Thermostat *6* sorgt für die Einhaltung einer konstanten Prozeßtemperatur. Die Übersättigung der Lösung ändert sich im Verlaufe eines Versuches in Anbetracht der im Verhältnis zur Kristallmasse sehr großen zirkulierenden Lösungsmenge praktisch nicht. Mit Hilfe einer derartigen Versuchsapparatur läßt sich die Kristallwachstumsgeschwindigkeit als Funktion der Übersättigung der Lösung, der Temperatur der Lösung und der Geschwindigkeit der den Kristall umströmenden Flüssigkeit ermitteln.

In Industrieanlagen werden die Kristalle meist in einer Flüssigkeitswirbelschicht behandelt. Eine Versuchsanlage zur Untersuchung des Kristallwachstums unter derartigen Bedingungen zeigt Abb. 3.12. In ein vertikal angeordnetes Glasrohr wird eine Einwaage einer monodispersen Kristallprobe eingebracht. Diese Kristalle wachsen infolge ihres Kontakts mit der zirkulierenden Lösung, die konstante Temperatur und konstante Übersättigung aufweist. Die mittlere relative Geschwindigkeit von Lösung und Kristallen läßt sich über die Intensität des Zirkulationsstromes einstellen. Die Kristallwachstumsgeschwindigkeit (Mittelwert für die gesamte Einwaage) wird nach einer bestimmten Versuchsdauer über die Auswaage berechnet. Diese Art der Versuchsdurchführung findet bei Bedingungen, die denen an Industrieanlagen ähnlich sind, statt, so daß die derart gewonnenen kinetischen Abhängigkeiten als gute Grundlage zur Berechnung industrieller Kristallisationsprozesse angesehen werden können. Bei den Versuchen darf die Übersättigung nicht zu hohe Werte annehmen, um die Bildung neuer Kristallisationskeime auszuschließen.

Eine unmittelbare Messung der sich in einer übersättigten Lösung bildenden Kristallisationskeime ist wegen deren äußerst geringer Abmessungen nur unter erheblichen Schwierigkeiten möglich.

Zur Ermittlung der Keimbildungsgeschwindigkeit werden experimentelle Werte, die beim kontinuierlichen Kristallisationsprozeß an einem Apparat mit idealer Vermischung aufgenommen werden, herangezogen. Mit Hilfe der abgeleiteten Gl. (3.32) läßt sich der Anteil an der Gesamtzahl von Kristallen ermitteln, die in einem Halbmesserbereich von r bis $(r + dr)$ liegen. In der vorliegenden Form enthält die Funktion $\varrho(r)$ keinen speziellen Term, der die Keimbildungsgeschwindigkeit berücksichtigt. Die Anzahl J der sich pro Volumeneinheit der übersättigten Lösung in einer Zeiteinheit bildenden Kristallisationskeime läßt sich aus der Beziehung (3.35) ermitteln, wenn die Gesamtzahl N der in einem kontinuierlich arbeitenden Kristallisator mit idealer Vermischung vorhandenen Kristalle sowie deren mittleres Volumen $\bar{v}$ bekannt sind. Die Bestimmung der Gesamtzahl an Kristallen ist wegen deren geringer Abmessungen (ein Großteil der Kristalle ist nur wenig größer als ein Kristallisationskeim) äußerst problematisch.

In der Literatur wird eine etwas abweichende Methode zur Auswertung von Versuchsdaten, die an einem bei idealer Vermischung kontinuierlich arbeitenden Kristallisator aufgenommen wurden, angegeben [21]. Mit dieser Methode lassen sich gleichzeitig Wachstums- und Keimbildungsgeschwindigkeit bestimmen. Sie geht von der auf das Lösungsvolumen bezogenen und nicht von der sonst üblichen auf die Gesamtzahl der Teilchen bezogenen Dichteverteilungen der Kristalle über ihren Radius aus. Eine derartige Verteilungsfunktion läßt sich aus der Differentialgleichung (3.31) für den einfachen Fall einer konstanten Wachstumsgeschwindigkeit (λ = const) gewinnen, wenn die Integration unter der vorgegebenen Bedingung $r = r_m \approx 0$ erfolgt. Physikalisch gesehen entspricht es der räumlichen Keimverteilungsdichte, die in einer Volumeneinheit übersättigter Lösung gebildet wird, für eine gegen Null gehende (n_0) Teilchengröße. Durch den erwähnten Übergang von $\varrho(r)$ zu einer auf das Volumen der Lösung bezogenen Teilchenanzahl n und Integration bei Berücksichtigung der Bedingung $n|_{r=0} = n_0$ erhält man aus Gl. (3.31):

$$n(r) = n_0 \exp\left(-\frac{r}{\lambda\bar{\tau}}\right) \tag{3.44}$$

Diese Beziehung läßt sich gleichzeitig zur Bestimmung einer konstanten linearen Wachstumsgeschwindigkeit der Kristalle und zur Ermittlung der sich pro Volumeneinheit der Lösung bildenden Kristallisationskeime von vernachlässigbar kleinem Radius einsetzen. Durch Fraktionierung (z. B. durch eine Siebanalyse) des aus dem Apparat austretenden Produkts läßt sich die Größe $n(r)$ wie folgt angeben:

$$n = \frac{\Delta M}{\Delta r} \frac{1}{\varrho_{Kr}\bar{r}^3\Phi}$$

ΔM — auf das Lösungsvolumen bezogene Gesamtmasse einer Siebfraktion mit einer Differenz der Maschenweite von Δr

$\bar{r}$ — arithmetischer Mittelwert des Halbmessers der betrachteten Siebfraktion.

Die so ermittelten Werte $n(r)$ werden in halblogarithmischen Koordinaten gegen den Teilchenhalbmesser abgetragen. Die Verbindungslinie der Versuchspunkte stellt eine Gerade mit negativem Anstieg dar; der Anstieg hat den Wert $1/\lambda\bar{\tau}$, so daß man über diesen Tangenswert die konstante lineare Wachstumsgeschwindigkeit ermitteln kann (Abb. 3.13).

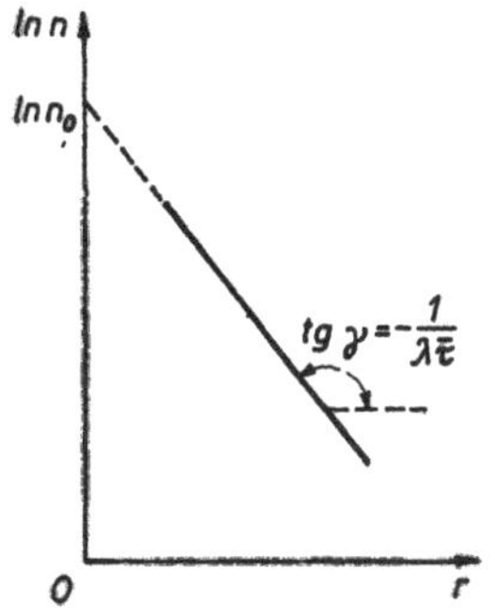

Abb. 3.13. Bestimmung der linearen Kristallwachstumsgeschwindigkeit aus Versuchsdaten, die an einer kontinuierlichen Kristallisationsanlage gewonnen wurden.

Durch Extrapolation, d. h. Verlängern der Geraden bis zur Ordinate ($r = 0$), läßt sich der Wert n_0 ermitteln. Aus Gl. (3.29) folgt für $r_m = 0$ unter Berücksichtigung des Ausdruckes (3.35) für die Gesamtzahl der Teilchen im Kristallisator

$$n(r) = \frac{N}{V} \varrho(r) = \frac{JV\bar{\tau}}{V(1 + J\bar{v}\bar{\tau})} \frac{1}{\lambda\bar{\tau}} \exp\left(-\frac{r}{\lambda\bar{\tau}}\right) = \frac{J \exp\left(-\frac{r}{\lambda\bar{\tau}}\right)}{\lambda(1 + J\bar{v}\bar{\tau})}$$

woraus

$$n_0 = \frac{J}{\lambda(1 + J\bar{v}\bar{\tau})}$$

folgt. Vernachlässigt man das Kristallvolumen im Verhältnis zum Volumen der gesamten Lösung, dann gilt für die auf das Volumen der Lösung bezogene Keimbildungsgeschwindigkeit $J = \lambda n_0$. Die Methode ist also denkbar einfach, basiert aber auf der Annahme einer vom Kristalldurchmesser unabhängigen Wachstumsgeschwindigkeit. Liefern die Versuchsergebnisse in $\ln n - r$-Koordinaten keine Gerade, so widerspricht der untersuchte Prozeß der Annahme einer konstanten Kristallwachstumsgeschwindigkeit.

Bei Darstellung der linearen Wachstumsgeschwindigkeit in Form einer Potenzfunktion $\lambda = ar^b$ und Einsetzen dieses Ansatzes in die Differentialgleichung (3.29) erhält man durch Ersetzen von ϱ durch n

$$\frac{d}{dr}(ar^b n) = -\frac{n}{\bar{\tau}}$$

Die Integration dieser Gleichung führt zu folgender auf das Lösungsvolumen bezogenen Verteilungsdichte der Kristalle über ihren Radius:

$$n(r) = \frac{C}{r^b} \exp\left[-\frac{r^{1-b}}{a\bar{\tau}(1-b)}\right] \tag{3.45}$$

C — Integrationskonstante

Für $b = 0$ geht dieser Ausdruck in die Beziehung (3.44) über. Wie die Praxis bewiesen hat, beschreibt die Verteilung (3.45) reale polydisperse kristalline Produkte aus Kristallisatoren mit idealer Vermischung hinreichend gut. Ausgenommen hiervon sind Teilchen mit sehr kleinem (nahe bei Null liegenden) Durchmesser.

Untersuchungen ergaben, daß für positive b-Werte $n|_{r\to 0} \to \infty$ wird. Diese Aussage ist offensichtlich sinnlos und hat ihre Ursache in dem formal gewählten Potenzansatz. Zusammenfassend läßt sich dieser Ansatz wie folgt einschätzen: Die Integrationskonstante C läßt sich nicht mit einfachen graphischen Methoden (wie es beim Ansatz $\lambda = \text{const}$ der Fall war) bestimmen. Außerdem weist diese Integrationskonstante keinen physikalischen Sinn auf. Ein Potenzansatz der Form $\lambda = ar^b$ ist lediglich als eine formale Approximation anzusehen, die die Versuchsergebnisse bei nicht zu geringen Kristalldurchmessern befriedigend beschreibt. Die Integrationskonstante C läßt sich aus jedem beliebigen Wertepaar (n, r) auf der über die Siebanalyse erstellten Kurve ermitteln.

In einigen Fällen hat sich ein kinetischer Ansatz in der Form eines Polynoms zur Beschreibung von Versuchsergebnissen, die an kontinuierlich arbeitenden Kristallisatoren gewonnen wurden, bewährt [21]:

$$\lambda = \lambda_0(1 + a_1 r + a_2 r^2 + \cdots) \tag{3.46}$$

Dieser Ansatz zeichnet sich durch seine Allgemeinheit aus. Die Parameter $a_1, a_2, \ldots$ sind aus den Versuchsergebnissen zu bestimmen. Die ermittelte Abhängigkeit $\lambda(r)$ in Form eines endlichen Polynoms ist in Gl. (3.30) einzusetzen. Da sich das Polynom im Nenner des Integranden befindet, führt die prinzipiell mögliche Integration zu äußerst umfangreichen Ausdrücken.

In einigen Fällen kann man sich mit einer linearen Näherung des Ansatzes (3.46) begnügen:

$$\lambda = \lambda_0(1 + a_1 r) \tag{3.47}$$

Durch Einsetzen dieser Beziehung in die Differentialgleichung (3.29) und einen Übergang von der auf die Gesamtzahl der Teilchen bezogenen Verteilungsdichte ϱ auf eine auf die Teilchenanzahl n pro Lösungsvolumen bezogene Verteilung erhält man

$$\frac{d[n\lambda_0(1 + a_1 r)]}{dr} = -\frac{n}{\bar{\tau}} \tag{3.48}$$

Die Integration der Gl. (3.48) führt bei Beachtung der Randbedingung $n|_{r=0} = n_0$ zu folgender Verteilungsfunktion:

$$n(r) = \frac{n_0}{(1 + a_1 r)^{1+1/a_1\lambda_0\bar{\tau}}} \tag{3.49}$$

Der Wert n_0 läßt sich durch Extrapolation der Versuchskurve $n(r)$ für $r = 0$ ermitteln. Zur Bestimmung der restlichen beiden Parameter a_1 und λ_0 wird eine logarithmische Differentiation der Gl. (3.49) vorgenommen:

$$\frac{d(\ln n)}{dr} = -\frac{a_1}{1 + a_1 r} - \frac{1}{\bar{\tau}\lambda_0(1 + a_1 r)} \tag{3.50}$$

Bei fixiertem $r = r_1$ läßt sich aus der Siebkurve der Wert $n(r_1)$ entnehmen, während aus der in ln n-r-Koordinaten gezeichneten Kurve der Differentialquotient $\left.\frac{d(\ln n)}{dr}\right|_{r=r_1}$ graphisch ermittelt wird. Beide Werte dienen zur Bestimmung der Parameter a_1 und λ_0 aus den Gln. (3.49) bzw. (3.50).

3.4. Konstruktive Gestaltung von Kristallisationsprozessen

In der technologischen Praxis ist eine Vielzahl verschiedenartig konstruierter Kristallisatoren im Einsatz. Ihr Betrieb wird vor allem durch die Tatsache erschwert, daß sich an den Innenwandungen der Apparate eine feste Schicht der kristallinen Substanz bildet, da bekanntlich die Übersättigung der Lösungen in der Nähe dieser Flächen den höchsten Wert aufweist. Dieser Umstand trifft sowohl auf isohydrisch (d. h. bei konstanter Lösungsmittelmenge), als auch auf isotherm geführte Kristallisationsprozesse

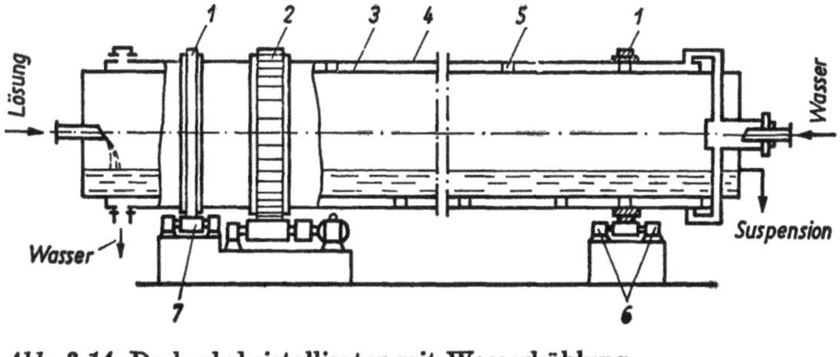

Abb. 3.14. Drehrohrkristallisator mit Wasserkühlung.

1 — Reifen; *2* — Zahnrad; *3* — Drehrohr; *4* — Kühlmantel; *5* — Bohrung mit Verstärkungswulst; *6* — Drucklager; *7* — Stützlager.

zu. Wie die Erfahrung gelehrt hat [22, 23], läßt sich die Verkrustung der Innenwandungen und anderer Einbauten hauptsächlich durch die Intensität der Vermischung der Lösung beeinflussen. Eine intensive Vermischung fördert dabei die Keimbildung in der Lösung. Die Vermischung erfolgt durch mechanisches Rühren oder durch Umwälzen der Suspension durch Pumpen. Auch eine möglichst glatte Oberfläche verhindert oder verzögert die Verkrustung. Nach Angaben einiger Autoren [22, 23] amortisieren sich selbst die hohen Kosten für das Polieren der gefährdeten Flächen. Ferner läßt sich die Verkrustungsgefahr durch Vibration mindern [9].

Besonders störend macht sich die Verkrustung bei kontinuierlich arbeitenden Kristallisatoren bemerkbar, da sie zu einer Verschlechterung des Wärmeübergangs führt. Demgegenüber löst sich die Kruste bei diskontinuierlich arbeitenden Apparaten bei einer Neubeschickung völlig oder zumindest teilweise wieder auf.

An dieser Stelle erfolgt lediglich ein kurzer Überblick über die hauptsächlichsten Ausführungsformen von Kristallisatoren. Eingehendere Ausführungen sind der entsprechenden Literatur [24—26] zu entnehmen.

Häufig werden Kristallisationsprozesse in Drehrohrkristallisatoren mit Luft- oder Wasserkühlung realisiert (Abb. 3.14). Die Trommel weist einen Durchmesser bis zu 1,5 m und eine Länge bis zu 15 m auf, ist leicht geneigt (1:100 bis 1:200) und dreht sich mit einer Geschwindigkeit von 10—20 min^{-1}. Die Standhöhe der Lösung beträgt in der Regel 100—200 mm. Zur Verhinderung einer starken Verkrustung sind im Innern der Trommel freihängende Metallketten angebracht, die bei Drehung der Trommel vorhandene Ablagerungen abschlagen.

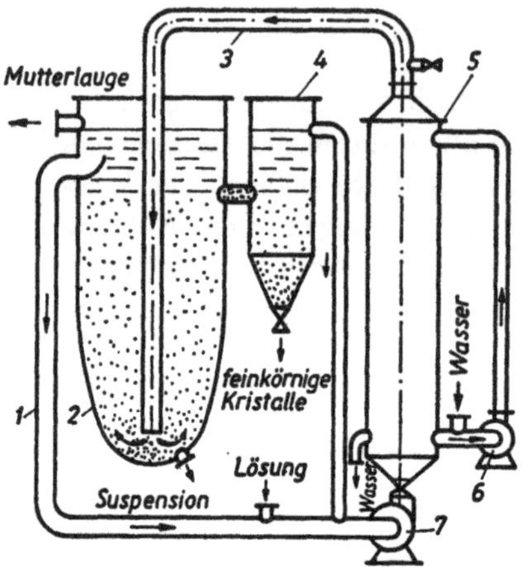

Abb. 3.15. Kristallisator mit Wirbelschicht und separierendem Austrag feinkörniger Kristalle.

1, 3 — Zirkulationsrohre; *2* — Apparatewandung; *4* — Absetzgefäß für feinkörnige Kristalle; *5* — Röhrenbündelwärmeübertrager; *6* — Kühlwasserpumpe; *7* — Pumpe für den Suspensionskreislauf.

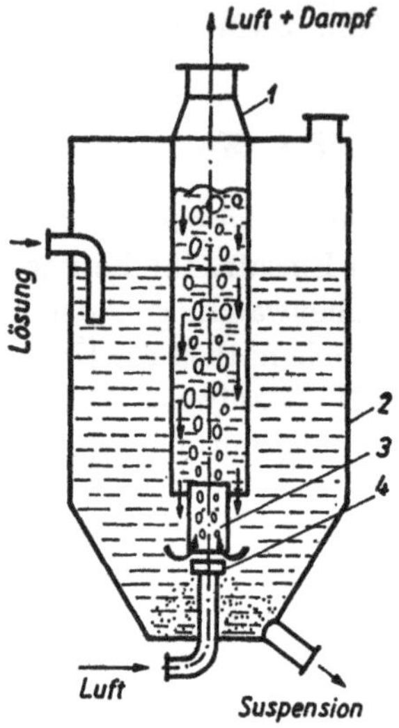

Abb. 3.16. Blasenkristallisator.

1 — Zirkulationsrohr; *2* — Apparatewandung; *3* — Leitrohr; *4* — Verteileraufsatz.

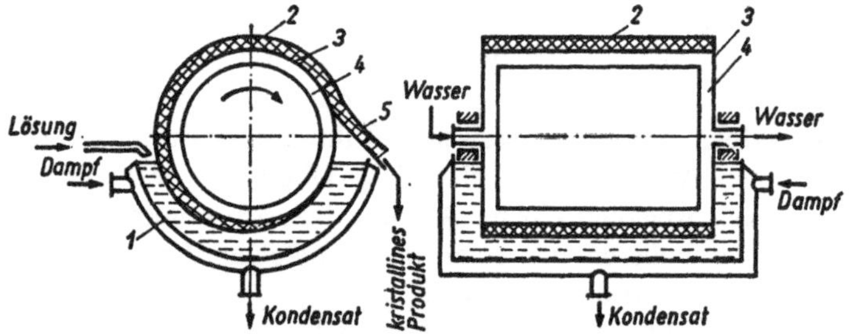

Abb. 3.17. Trommelkristallisator.

1 — Wanne mit Dampfbeheizung; *2* — Kristallschicht; *3* — Trommel; *4* — Kühlwassermantel; *5* — Schälmesser.

Im Sprühkristallisator (Kolonnenform) wird die heiße Lösung im Innern des Apparates (Höhe bis zu 30 m, eingenommene Fläche bis zu 400 m²) versprüht. Die feinen Lösungströpfchen kühlen sich infolge von Wärmeabgabe an die umgebende Luft oder durch Eigenverdampfung rasch ab. Der Vorteil derartiger Kristallisatoren besteht vor allem im Fehlen innerer Wärmeübertragungsflächen, die besonders verkrustungsgefährdet sind. Von Nachteil sind die großen Apparateabmessungen und die Feinkörnigkeit des anfallenden Produktes.

Kristallisatoren mit Wirbelschicht (Abb. 3.15) gestatten eine Einflußnahme auf die Körnung des Produktes durch eine Geschwindigkeitsänderung der im Kreislauf gefahrenen Lösung. Grobe Kristalle, deren Absetzgeschwindigkeit nicht durch die auf-

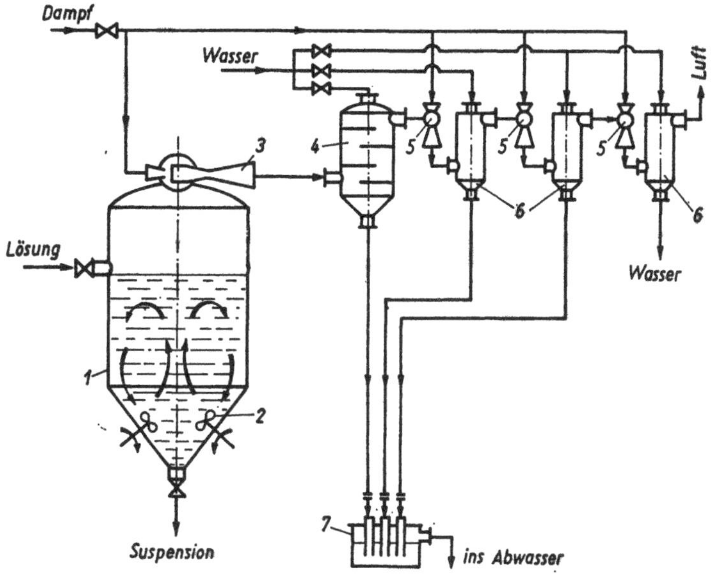

Abb. 3.18. Vakuumkristallisation mit Vorverdichtung des Brüdens.
1 — Kristallisator; *2* — Rührwerk; *3* — Dampfstrahlpumpe; *4* — Mischkondensator; *5* — Dampfstrahlpumpen; *6* — Kondensatoren der Dampfstrahlpumpen; *7* — Siphon.

wärts strömende Lösung kompensiert werden kann, sammeln sich im unteren Teil des Apparates an und werden dort abgezogen. Feine Kristalle werden von der Lösung mitgerissen und haben hier die Möglichkeit eines weiteren Wachstums. Die Lösung muß relativ häufig umgewälzt (einige dutzend- bis einige hundertmal) werden, so daß nur geringe Mengen an frischer Lösung zugesetzt werden können. Demzufolge stellt sich in solchen Kristallisatoren eine geringe Übersättigung ein, die Keimbildungsgeschwindigkeit ist entsprechend niedrig. Kristallisatoren mit Wirbelschicht sind deshalb besonders in Fällen, in denen geringe Lösungsmengen anfallen und in denen man an groben Kristallen (bis zu 2 mm) interessiert ist, vorteilhaft einzusetzen.

In Blasenkristallisatoren (Abb. 3.16) erfolgt die Abkühlung der Lösung durch Luft, die die heiße Suspension in Form aufsteigender Blasen durchströmt. Neben der Kühlung sorgt die kalte Luft gleichzeitig für eine intensive Durchmischung der Lösung. In derartigen Kristallisatoren gibt es keinerlei Kühlflächen, die einer eventuellen Verkrustung unterliegen könnten.

Der Effekt der Verkrustung von Kühlflächen wird beim Trommelkristallisator (Abb. 3.17) in positiver Hinsicht genutzt. Die sich langsam drehende Trommel wird von innen von Wasser oder einem anderen Kühlmittel durchströmt und taucht teilweise in die Lösung ein. An der äußeren Oberfläche haftet nach dem Auftauchen ein Lösungsfilm, in dem sich durch die Abkühlung der Wandung und auch durch teilweise Verdampfung des Lösungsmittels die Kristallisation vollzieht. Die Effektivität des Einsatzes solcher Kristallisatoren ist in starkem Maße von der Viskosität der eingesetzten Lösung abhängig, da durch sie die Filmdicke der Flüssigkeitsschicht auf der Trommeloberfläche bestimmt wird. Die Abnahme der Kristallschicht erfolgt mit Messern, wobei die Kristalle teilweise zerstört werden und das Produkt schuppenförmige Gestalt annimmt. Ein weiterer Nachteil besteht darin, daß eventuell in der Lösung befindliche Nebenprodukte in der Kristallmasse eingeschlossen werden.

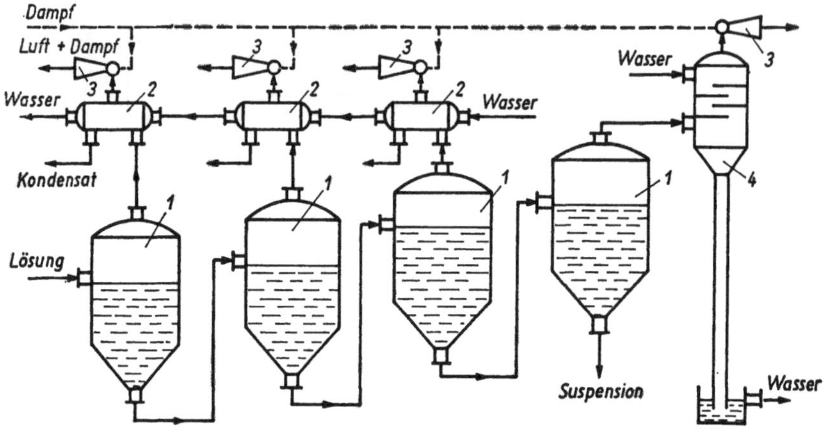

Abb. 3.19. Mehrstufige Kristallisationsanlage.

1 – Kristallisatoren; *2* – Kondensatoren; *3* – Dampfstrahlpumpen; *4* – atmosphärischer Kondensator.

Häufig werden Vakuumkristallisatoren eingesetzt, in denen sich der Kristallisationsprozeß infolge der unter erniedrigtem Druck einsetzenden starken Verdampfung des Lösungsmittels und der damit verbundenen Abkühlung der Lösung vollzieht. Die Vakuumkristallisation wird vor allem bei Stoffsystemen angewendet, bei denen die Löslichkeit des auszukristallisierenden Stoffes nur eine geringe Temperaturabhängigkeit aufweist. Die Kristallisationswärme wird hier nicht durch ein Kältemittel, sondern durch das verdampfende Lösungsmittel abgeführt. Da sich die Verdampfung des Lösungsmittels nicht an irgendwelchen Heizflächen, sondern im Lösungsvolumen selbst vollzieht, besteht eine nur geringe Verkrustungsneigung. Vakuumkristallisatoren werden bei Prozessen mit großen Durchsätzen angewendet, so z. B. bei der Herstellung von Mineraldüngern. Ihre konstruktive Gestaltung ist recht einfach, häufig wird auf rotierende Einbauten verzichtet. Das Fehlen von Einbauten erleichtert im Bedarfsfall die Auskleidung mit chemisch widerstandsfähigen Materialien (spezielle Legierungen, Keramik, Gummi, Emaille usw.). Das mit Vakuumkristallisatoren erzielbare Produkt ist allerdings recht feinkörnig (0,1–0,15 mm), wodurch die Weiterverarbeitung in der folgenden Filtrationsstufe erschwert wird.

Abb. 3.18 zeigt die Prinzipskizze einer Vakuumkristallisationsanlage. Die Verdichtung des Brüdens dient zur Absenkung der Kristallisationstemperatur im Apparat, da man in der Regel mit Wasser in einem atmosphärischen Kondensator keine ausreichend niedrigen, den gewünschten Kristallisationsbedingungen entsprechenden Temperaturen erzielen kann. Die Zirkulation der Lösung kann ungezwungen sein, läßt sich aber auch durch Umwälzpumpen intensivieren. Eine Klassifizierung der ausgetragenen Kristalle in der Art des in Abb. 3.15 gezeigten Verfahrens ist im Bedarfsfalle möglich. Die Dampfstrahlpumpen und die Mischkondensatoren dienen zur Entfernung der in der Lösung und im Wasser gebundenen Luft sowie zur Abdeckung von Leckverlusten.

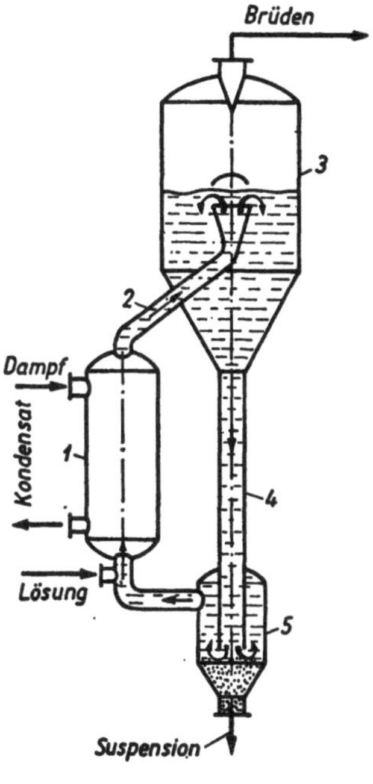

Abb. 3.20. Verdampfungskristallisator mit äußerem Wärmeübertrager und einem Sammelbehälter für das anfallende Produkt.

1 — Wärmeübertrager zum Aufheizen der Suspension; *2, 4* — Zirkulationsrohre; *3* — Separator; *5* — Produktsammelbehälter.

Das Funktionsschema einer mehrstufigen Vakuumkristallisationsanlage ist in Abb. 3.19 dargestellt. In jedem der Kristallisatoren wird ein bestimmter Unterdruck eingehalten, der vom ersten zum letzten Kristallisator hin zunimmt. Die Lösung kühlt sich durch Verdampfung im ersten Apparat ab, die dabei entstehende Suspension mit einer bestimmten Kristallanzahl gelangt durch eigenes Gefälle in den zweiten Apparat mit einem höheren Vakuum, wo eine erneute Verdampfung einsetzt, usw. Im folgenden Kristallisator erfolgt die Kristallisation hauptsächlich durch das weitere Wachstum der in den vorhergehenden Stufen gebildeten Kristalle, so daß sich ein grobkörniges Produkt erzielen läßt. Das zur Abfuhr der Kondensationswärme des Brüdens dienende Kühlwasser wird im Gegenstrom geführt.

Bei der isothermen Kristallisation werden Verdampfer eingesetzt, bei denen die Intensität des Wärmeübergangs bewußt gedrosselt wird, um so die Verkrustungsgefahr im Innern der Rohrbündel zu reduzieren. Aus dem gleichen Grund ist man bestrebt, eine möglichst intensive Vermischung und Umwälzung der siedenden Lösung aufrecht zu erhalten. Als Beispiel für die Verdampfungskristallisation dient die in Abb. 3.20 gezeigte Ausführungsform mit natürlicher Zirkulation. Die Wärmezufuhr erfolgt außerhalb des Apparates in einem speziellen Wärmeübertrager.

Literatur

[1] „*Spravočnik po rastvorimosti*", Akademie-Verlag der UdSSR, Leningrad, 1961/63

[2] M. M. Viktorov, „*Grafičeskie rasčety v technologii neorganičeskich veščestv*" (3. Auflage), Verl. „Chimija", Leningrad 1972

[3] I. N. Stranskij, R. Kaišev, Usp. fiz. nauk, 21, 4, 408–464 (1939)

[4] L. N. Matusevič, „*Kristallizacija iz rastvorov v chimičeskoj promyšlennosti*", Verl. „Chimija", Moskau 1968

[5] N. A. Figurovskij, T. A. Komarova, ŽNCh, 2, 4, 938–941 (1957)

[6] R. F. Strickland-Constable, „*Kinetika i mechanizm kristallizacii*" (Übersetzung aus dem Englischen), Verl. „Nedra", Leningrad 1971

[7] V. D. Kuznecov, „*Kristally i kristallizacija*", Gostechizdat, Moskau 1953

[8] L. N. Matusevič, In „*Rost kristallov*" Bd. I, Akademie-Verlag der UdSSR, Moskau 1957

[9] A. N. Burenkov, Autoreferat zur Promotion, Kiew 1954

[10] G. Bukly, „*Rost kristallov*" (Übersetzung aus dem Englischen), Verl. IL, Moskau 1954

[11] S. Z. Roginskij, ŽFCh, 13, 8, 1040–1052 (1939)

[12] O. M. Todes, In „*Problemy kinetiki i kataliza*", Akademie-Verlag d. UdSSR, Moskau 1949

[13] A. N. Ljapunov, E. P. Cholmogorceva, ŽPCh, 30, 10, 1535–1542 (1957)

[14] J. W. Mullin, „*Crystallization*", Butterworth Scientific Publication, London 1960

[15] Sammelband „*Massovaja kristallizacija iz rastvorov i rasplavov*", Arbeiten des LenNIIGiprochim, Leningrad, Heft 7, 4–49 (1972)

[16] V. I. Panov, Ju. P. Lebedenko, In „*Promyšlennaja kristallizacija*", Arbeiten des NIOChIM, Verl. „Chimija", Leningrad, Bd. 20, 40–50 (1969)

[17] J. Nyvlt, „*Kristallizacija iz rastvorov*" (Übersetzung aus dem Slowakischen), Verl. „Chimija", Moskau 1974

[18] C. F. Abegg, N. S. Balakrishnan, Chem. Eng. Progr., Symp. Ser., v. 110, Nr. 67, 88–95 (1971)

[19] 4th Congress CHISA 1972, Section I: 5th Symposium on Industrial Crystallization, Prag 1972

[20] J. Mullin, TOChT, 3, 2, 181–189 (1969)

[21] T. F. Canning, A. D. Randolf, Am. Inst. Chem. Eng., 13, 1, 5–10 (1967)

[22] L. N. Matusevič, G. R. Gavrilov, Chim. i neft. mašinostr., Nr. 2, 21–23 (1964)

[23] Ju. P. Karetnikov, V. N. Tarasova, ŽPCh, 34, 2, 282–287 (1961)

[24] A. W. Bamforth, „*Industrial crystallization*", Hill, London 1965

[25] M. E. Pozin, „*Technologija mineral'nych solej*", Verl. „Chimija", Leningrad 1974

[26] V. D. Popov, „*Osnovy teorii teplo- i massoobmena pri kristallizacii sacharozy*", Verl. „Piščevaja promyšlennosť", Moskau 1973

4. Adsorption

Als Adsorption bezeichnet man die selektive Anreicherung von Gasen, Dämpfen oder Flüssigkeiten (Adsorptive) an der Oberfläche fester Adsorbentien.

Adsorptive Methoden werden zur Feintrocknung von Erdgas und Luft sowie von Synthesegasen bei katalytischen Prozessen angewendet. Die Herstellung hochreiner Stoffe, die in der anorganischen, speziell aber in der organischen Synthese eingesetzt werden, erfolgt ebenfalls häufig adsorptiv. In jüngster Zeit hat die Adsorption verstärkt Anwendung bei der Reinigung umweltschädlicher Abgase gefunden.

Im weitergehenden Sinne gehören die physikalische Adsorption, die Absorption, die Kapillarkondensation und die Chemisorption zur Gruppe der Sorptionsprozesse. Oft sind sie miteinander gekoppelt. So wird beispielsweise an Adsorbentien mit verschiedenartiger Porenstruktur (Mikroporen und Übergangsbereich) die physikalische Adsorption häufig von der Kapillarkondensation begleitet.

Die physikalischen Prozesse, d. h. Adsorption, Absorption und die Kapillarkondensation sind reversibel, während die Chemisorption irreversibel ist.

Die weiteren Ausführungen beschränken sich auf physikalische Sorptionsprozesse von Gasen und Dämpfen, die infolge ihrer Umkehrbarkeit Regenerierungsmöglichkeiten der Adsorbentien zulassen und deshalb in der industriellen Praxis verbreitet angewendet werden.

Die den Feststoff bildenden Strukturteilchen (Atome und Moleküle) stehen unter dem Einfluß gegenseitiger Wirkungskräfte. Im Innern des Feststoffes heben sich diese Kräfte auf, während die am Rande befindlichen Teilchen diesen Wirkungskräften von seiten des äußeren Mediums nicht unterworfen sind. Die resultierende Kraft aus den Wirkungen, die von den im Innern befindlichen auf die am Rande gelegenen Teilchen einwirken, ist deshalb in das Feststoffinnere gerichtet. Das führt dazu, daß der Stoff bestrebt ist, seine äußere Oberfläche zu verkleinern. In gleicher Weise läßt sich die mitunter erhebliche Oberflächenspannung erklären.

Die vom Adsorbens aufgenommenen Gasmoleküle binden einen Teil der freien Oberflächenkräfte und senken damit die Oberflächenspannung. Deshalb laufen alle Adsorptionsprozesse spontan ab und führen zu einer Abnahme der freien Energie ΔE des Systems. Da für die Enthalpieänderung $\Delta I = \Delta E + T\Delta S$ gilt und die Größen ΔE und ΔS negativ sind, ergibt sich für $\Delta T < 0$; somit sind alle Adsorptionsprozesse exotherm.

Die Theorie der Adsorptionsprozesse entwickelte sich in recht unterschiedlicher Weise. Gut erforscht sind vor allem die Gleichgewichtsbeziehungen zwischen den Mengen der Zielkomponente im Trägergas (Adsorptiv) und im Adsorbens sowie die strukturellen Besonderheiten der verschiedenen Adsorbentien, die über das Aufnahmevermögen für den zu adsorbierenden Stoff entscheiden. Diesen Fragen sind die Arbeiten [1—3] gewidmet.

Demgegenüber wurde die theoretische Durchdringung der Kinetik von Adsorptionsprozessen vernachlässigt. Erst in jüngster Zeit wendet man sich dieser Problematik intensiver zu.

4.1. Besonderheiten der Struktur von Adsorbentien

Unabhängig von ihrer chemischen Beschaffenheit teilt man die Adsorbentien in poröse und nichtporöse ein. Poröse Adsorbentien weisen Poren verschiedener Art und Größe auf; sie werden als disperse Systeme betrachtet, in denen der Feststoff das disperse Medium darstellt [2, 3]. Bei unporösen oder grobporigen Adsorbentien oder bei solchen mit im Übergangsbereich liegenden Poren erfolgt der Adsorptionsprozeß unter Bildung aufeinanderfolgender Adsorptionsschichten. Deshalb besitzt hier der Begriff der Porenoberfläche einen streng physikalischen Sinn.

Der Porenradius von grobporigen Adsorbentien (Makroporen) liegt über $0{,}2 \cdot 10^{-6}$ m, ihre spezifische Oberfläche liegt im Bereich von $(0{,}5$ bis $2) \cdot 10^3$ m²/kg. Die Makroporen dienen hauptsächlich dem Stofftransport zu feineren Poren. Die zum Übergangsbereich zählenden Poren weisen einen effektiven Radius von $1{,}5 \cdot 10^{-9}$ bis $2 \cdot 10^{-6}$ m auf, die spezifische Oberfläche liegt in den Grenzen von $(10$ bis $400) \cdot 10^3$ m²/kg. An dieser Oberfläche verläuft zunächst die monomolekulare, danach die polymolekulare Adsorption und schließlich die Kapillarkondensation.

Die effektiven Radien von Mikroporen ($r < 1{,}5 \cdot 10^{-9}$ m) liegen in der Größenordnung der zu adsorbierenden Moleküle. Diese Poren füllen sich völlig mit Zielkomponente an (sofern in ihrem gesamten Volumen ein Adsorptionsfeld existiert) und spielen die entscheidende Rolle beim Adsorptionsprozeß. Deshalb stellt das spezifische Volumen der Mikroporen die wichtigste Größe zur Charakterisierung feinporöser Adsorbentien dar und nicht, wie irrtümlich angenommen wird, die spezifische Oberfläche. Das spezifische Volumen der Mikroporen übersteigt in der Regel den Wert von $0{,}5 \cdot 10^{-3}$ m³/kg kaum.

Die in der Industrie weitestverbreiteten Adsorbentien sind Aktivkohle, Kieselgel (Silicagel), Tonerdegel (Aluminiumoxid) und synthetische Zeolithe.

Aktivkohlen zeichnen sich durch eine polydisperse Porenstruktur und polymodale Porenradienverteilung aus. Sie werden hauptsächlich zur Trennung von Gemischen benutzt, die niedermolekulare Stoffe enthalten, so z. B. zur Abtrennung leichter Benzinfraktionen. Am häufigsten wird Aktivkohle eingesetzt, deren Teilchen zylindrische Form folgender Abmessung aufweisen: Durchmesser $(2$ bis $3) \cdot 10^{-3}$ m, Länge $(4$ bis $6) \cdot 10^{-3}$ m.

Bei Kieselgel und Tonerdegel läßt sich die Porenstruktur durch unterschiedliche Herstellungsbedingungen in weiten Grenzen variieren: Feinporiges Kieselgel weist Porenradien von $1{,}5 \cdot 10^{-9}$ m auf, grobporiges von etwa $5 \cdot 10^{-9}$ m. Kieselgel bindet die Dämpfe nichtpolarer Stoffe (normale Kohlenwasserstoffe, zyklische Kohlenwasserstoffe) nur schwach, die Dämpfe polarer Stoffe (Wasser, Methanol) hingegen sehr stark. Kieselgel wird hauptsächlich zur Trocknung von Gasen und Flüssigkeiten eingesetzt. Tonerdegele ähneln in ihren Eigenschaften sehr den Kieselgelen.

Die feinporigsten der bekannten Adsorbentien sind die synthetisch hergestellten Zeolithe (Molekularsiebe). Sie stellen poröse Kristalle dar, deren Aluminiumsilikatskelett aus SiO_4^{-4}- und AlO_4^--Tetraedern besteht. Die negative Ladung im AlO_4^- wird durch

Na^+- und Ca^{++}-Ionen kompensiert. Die aus den Zwischenräumen zwischen den Strukturelementen der Kristalle bestehende primäre Porenstruktur ist für jede Zeolithart verschieden. So zeichnet sich ein Zeolith des Typs A durch die Vereinigung vierer Tetraeder aus, während für Zeolithe des Typs X die Vereinigung von sechs durch Sauerstoff miteinander verbundener Tetraeder charakteristisch ist. Die Größe der durch die Sauerstoffbrücken gebildeten Eingangsöffnungen begrenzt für die zu adsorbierenden Moleküle den Zugang ins Innere der Zeolithe. Daraus resultieren die selektiven Eigenschaften der Zeolithe. Durch Austausch der Kationen läßt sich die Größe der Eingangsöffnungen variieren. Die Poren der Zeolitharten A und X stellen fast kugelförmige Höhlungen dar, die einen Durchmesser von $1{,}14 \cdot 10^{-9}$ m bzw. $1{,}19 \cdot 10^{-9}$ m aufweisen. Die Abmessungen der Eingangsöffnungen betragen $0{,}5 \cdot 10^{-9}$ bzw. $9 \cdot 10^{-9}$ m. Durch die eingebauten Sauerstoffatome zählen Zeolithe zu den polaren Adsorbentien, die elektrisch asymmetrische Moleküle (H_2O, CO_2) und Moleküle organischer Stoffe mit Mehrfachbindungen (Äthylen, Azetylen) sehr stark adsorbieren.

4.2 Gleichgewichtsbeziehungen

Das Adsorptionsgleichgewicht wird durch eine Beziehung zwischen der Konzentration der Zielkomponente im Adsorbens (a^*) und im umgebenden Medium (c oder p) sowie der Temperatur angegeben.

Die allgemeine Form lautet:

$$f(c, a^*, T) = 0$$

Für die isotherme Adsorption gilt:

$$a^* = a(c)_T; \quad a^* = f(c)_T; \quad a^* = a(p/p^*)_T$$

Diese Beziehungen werden als Gleichungen der Adsorptionsisothermen bezeichnet.

Experimentell aufgenommene Isotherme können die unterschiedlichste Form aufweisen (Abb. 4.1), was durch die Verschiedenartigkeit der wirkenden Adsorptionskräfte, die spezifische Oberfläche des Adsorbens, das Volumen an Mikroporen, die chemischen und physikalischen Eigenschaften der zu adsorbierenden Moleküle u. a. bedingt ist. Die Sättigung des Adsorbens erhöht sich mit steigendem Druck und nimmt bei Temperaturerhöhung ab. Bei höheren Temperaturen folgt die Isotherme dem Henry-Gesetz

$$a^* = H \cdot c \tag{4.1}$$

H — Henry-Koeffizient

Bei niedrigeren Temperaturen besitzt das Henry-Gesetz nur im Bereich geringer Partialdrücke Gültigkeit. Im Bereich mittlerer Konzentrationen läßt sich die Isotherme durch die empirische Gleichung von Freundlich darstellen:

$$a^* = B \cdot c^{1/n}$$

In diesem Ausdruck ist $n > 1$, während der Koeffizient B mit steigender Temperatur abnimmt.

Für die monomolekulare Adsorption gilt die Gleichung der LANGMUIRschen Adsorptionsisotherme

$$a^* = a_0 \frac{bp}{1 + bp} \tag{4.2}$$

a_0 — für $p/p^* = 1$ erreichbare Grenzkonzentration im Adsorbens (Sättigungskonzentration)
b — temperaturabhängiger Koeffizient

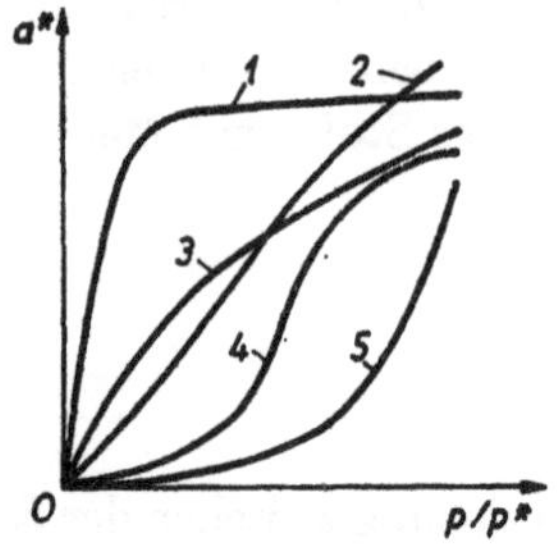

Abb. 4.1. Verschiedene Formen der Adsorptionsisotherme.

1 — stark konvex gekrümmte; *2* — praktisch lineare; *3* — konvex gekrümmte; *4* — *S*-förmige; *5* — konkav gekrümmte.

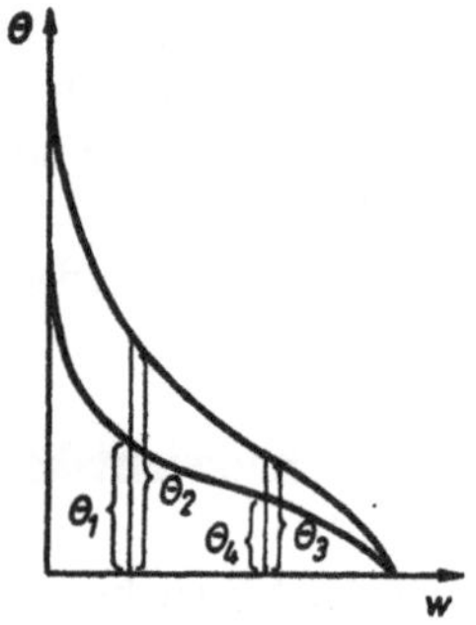

Abb. 4.2. Affine charakteristische Kurven.

Experimentell konnte die Gültigkeit der Gl. (4.2) für geringe Sättigungsgrade und bei schlecht adsorbierbaren Gasen auch für mittlere Sättigungsgrade nachgewiesen werden. Die LANGMUIRsche Adsorptionsisotherme hat die in Abb. 4.1 (Kurve *1*) gezeigte Form. Von BRUNAUER, EMMET und TELLER wurde eine Isothermengleichung (die sog. BET-Gleichung) abgeleitet, die die mehrschichtige Adsorption berücksichtigt. Bei fehlender Kapillarkondensation hat diese Gleichung folgende Form:

$$\frac{p}{V(p^* - p)} = \frac{1}{V_m C} + \frac{(C - 1)\, p}{V_m C p^*} \tag{4.3}$$

V — auf die Masse des Adsorbens bezogenes Volumen des adsorbierten Stoffes (Adsorbensbeladung)
V_m — auf die Masse des Adsorbens bezogenes Volumen des adsorbierten Stoffes, wenn die gesamte Oberfläche des Adsorbens mit einer monomolekularen Schicht bedeckt ist

$$C \approx \exp\left(\frac{E_1 - E_0}{RT}\right)$$

E_1 — Adsorptionswärme in der ersten (monomolekularen) Schicht
E_0 — Kondensationswärme

Durch die Größe C wird die Form der Isothermen bestimmt. Für $E_1 > E_0$ ergibt sich die durch Kurve *4*, für $E_1 < E_0$ die durch Kurve *5* (Abb. 4.1) dargestellte Form.

Erfahrungen besagen, daß die BET-Gleichung die Isotherme bei mittleren Werten $p/p^* = 0{,}35$ bis 0,5, wo sich die Kapillarkondensation noch nicht bemerkbar macht, gut beschreibt. Für $p/p^* < 0{,}35$ ist die Gleichung von POLANYI-LONDON vorzuziehen. Sie basiert auf der Potentialtheorie, nach der die Abhängigkeit zwischen dem Adsorptionspotential θ (d. h. die Arbeit, die durch Adsorptionskräfte beim Transport eines Gasmoleküls aus dem Unendlichen zum betreffenden Punkt im Feld geleistet wurde) und dem Volumen des Adsorptionsraumes W als charakteristische Kurve bezeichnet wird:

$$\theta = f(W) \tag{4.4}$$

Unter der Annahme der Temperaturunabhängigkeit des Potentials ist die charakteristische Funktion (4.4) für alle Temperaturen, bei denen eine Adsorption möglich ist, gleich. Dadurch ergibt sich die Möglichkeit, eine für ein System bei einer bestimmten Temperatur experimentell ermittelte Adsorptionsisotherme zur Berechnung von Adsorptionsisothermen für andere Temperaturen zu benutzen.

Bei einem über den gesamten betrachteten Änderungsbereich der Adsorptionsvolumen konstanten Verhältnis der Adsorptionspotentiale (Ordinate der charakteristischen Kurve) bezeichnet man die charakteristischen Kurven als affin (Abb. 4.2). Die Verhältniszahl heißt Affinitätskoeffizient β. Bei Kenntnis der Adsorptionsisotherme eines Stoffes für eine bestimmte Temperatur und bekanntem Affinitätskoeffizienten lassen sich Adsorptionsisothermen dieses Stoffes für beliebige Temperaturen berechnen.

Eine Weiterentwicklung der Potentialtheorie erfolgt in den Arbeiten DUBININS [3] in Form der Volumenadsorptionstheorie. Nach dieser Theorie erstreckt sich über das gesamte Volumen der Mikroporen ein Adsorptionsfeld (die Felder gegenüberliegender Porenwandungen überdecken sich), so daß die Gleichung der Adsorptionsisothermen auch die Porenstruktur des Sorbens berücksichtigen muß. Für feinporige Aktivkohle mit einem mittleren Porenradius von (2,5 bis 6)10^{-9} m lautet die DUBININ-RADUSCHKEWITSCH-Gleichung für die Adsorptionsisotherme

$$W = W_0 \exp\left(-\frac{BT^2}{\beta^2} \lg^2 \frac{p^*}{p}\right) \tag{4.5}$$

W — ausgefülltes Volumen des Adsorptionsraumes

W_0 — maximal ausfüllbares Volumen des Adsorptionsraumes

β — Affinitätskoeffizient

$B = (2{,}3R/E)^2$ — charakteristische Größe für die Porenstruktur

R — allgemeine Gaskonstante

E — charakteristische Sorptionsenergie

Gl. (4.5) zeigt eine gute Übereinstimmung mit experimentell ermittelten Werten in einem relativ großen Bereich des Überdeckungsgrades $\gamma = W/W_0$ bei Werten von $B = (0{,}6$ bis $1)\ 10^{-6}\ \mathrm{s}^{-1}$.

DUBININ und ASTACHOW [5—7] schlagen nach theoretischen und experimentellen Untersuchungen der Gleichgewichtsverhältnisse folgende verallgemeinerte Gleichung der Adsorptionsisothermen vor:

$$\gamma = \exp\left[-\left(\frac{A}{E}\right)^n\right] \tag{4.6}$$

A — differentielle molare Sorptionswärme:

$$A = RT \ln \frac{p^*}{p} \tag{4.7}$$

Mit Hilfe statistischer Methoden konnte gezeigt werden, daß n ein Maß für den Ordnungsgrad der Moleküle im adsorbierten Zustand ist. Es ist anzunehmen, daß diese Konstante mit der Anzahl der verlorenen Freiheitsgrade der adsorbierten Moleküle im Zusammenhang steht [7, 8].

Experimentell wurde nachgewiesen, daß n je nach der physikalisch-chemischen Beschaffenheit des Adsorbens ganzzahlige Werte von 1 bis 6 annehmen kann. Für feinporige Aktivkohle wird $n = 2$. Durch Einsetzen des Wertes $n = 2$ in Gl. (4.6) geht diese demzufolge in Gl. (4.5) über.

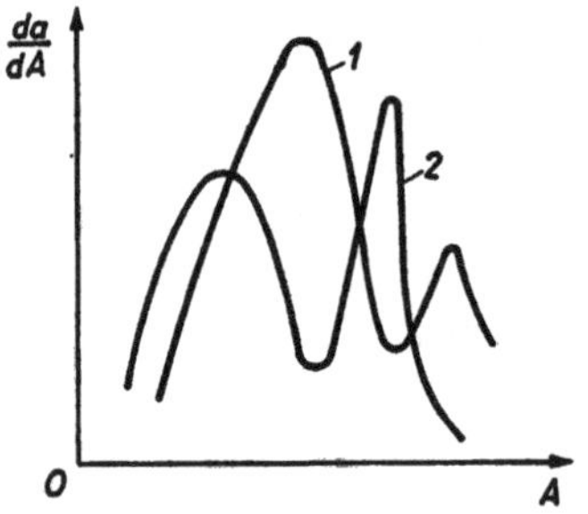

Abb. 4.3. Differentielle Adsorptionskurven an Zeolithen.

1 — kleine Moleküle; *2* — relativ große Moleküle.

In dehydratisierten Zeolithen treten neben den VAN DER WAALSschen Kräften (Dispersionskräften) elektrostatische Kräfte auf, die durch die vorhandenen Kationen bedingt sind, an denen Moleküle mit ungleich verteilter Elektronendichte (z. B. Dipole oder stark polare Moleküle) adsorbiert werden. Die Überlagerung beider Sorptionsarten führt zu einem Anwachsen der Sorptionsenegie, so daß die Adsorptionsisotherme im Bereich geringer Drücke wesentlich steiler verläuft als beispielsweise die für Aktivkohle. Eine Berücksichtigung beider Sorptionsarten führt zu folgender Gleichung [7]:

$$a = a_{01}\left[-\left(\frac{A}{E_D}\right)^l\right] + a_{02}\left[-\left(\frac{A}{E_E}\right)^m\right] \tag{4.8}$$

In dieser Gleichung berücksichtigt der erste Term die Dispersionskräfte, während der zweite für die elektrostatischen Kräfte steht. Ferner bedeuten in dieser Gleichung:

a_{01} — maximal noch bedeckbares Adsorptionsvolumen nach Auffüllung des Kationenraumes
a_{02} — maximales Adsorptionsvolumen an den Kationen
E_E — charakteristische elektrostatische Energie
E_D — charakteristische Dispersionsenergie
$l = 2$ bis 3; $m = 3$ bis 6

Bei der Adsorption relativ kleiner Moleküle (Wasser) an Zeolithen mit einer großen Anzahl von Kationen und großen Poren läßt sich der zweite Term in Gl. (4.8) vernachlässigen (Abb. 4.3, Kurve *1*). Auch bei der Adsorption kleiner Moleküle an Zeolithen mit einer geringen Anzahl von Kationen läßt sich annehmen, daß das Porenvolumen mit diesen ausgefüllt wird. Mit größer werdenden Molekülen nimmt der Einfluß des zweiten Summanden in Gl. (4.8) zu, weil die großen Moleküle die aktiven Zentren blockieren, indem sie einen großen Anteil des Porenraumes beanspruchen und so nur ein kleines Volumen zur Auffüllung unter Einfluß der Dispersionskräfte zur Verfügung steht (Abb. 4.3, Kurve *2*).

Diese Ausführungen zeigen, daß neue, auf energetischen Betrachtungen beruhende Gleichungen für die Adsorptionsisotherme allgemeinen Charakter tragen und die physikalisch-chemischen Eigenschaften des Systems Sorbens-Sorptiv (Adsorbat) berücksichtigen.

Wie bereits ausgeführt wurde, beruht die Kapillarkondensation auf der Tatsache, daß der Dampfdruck über einem konkaven Meniskus (zylindrisch oder kugelförmig) geringer als über einer ebenen Fläche ist. Dieser Fall trifft auf Poren des Übergangsbereiches zu. Da der Druck über einer zylindrischen Oberfläche größer als über einer kugelförmigen gleichen Halbmessers ist, ist der Adsorptionsprozeß in einem bestimmten Druckbereich nicht umkehrbar — die Adsorptionsisotherme deckt sich nicht mit der Desorptionsisothermen, es treten Hysteresiserscheinungen auf.

Auf Grund der Hysterese der Desorptionskurve lassen sich die effektiven Radien der Übergangsporen bestimmen [1].

4.3. Adsorbtionskinetik

Der Adsorptionsprozeß besteht aus folgenden einzelnen Prozeßschritten: Diffusion der zu sorbierenden Moleküle (des Adsorptivs) an die äußere Oberfläche des Adsorbens, Anordnung dieser Moleküle im Innern des Adsorbens und ihre Kondensation an seiner inneren Oberfläche. Dieser letzte Schritt vollzieht sich praktisch momentan; Timofejew [9] gibt eine Dauer von 10^{-8} bis 10^{-9} Sekunden an.

Der äußere Stofftransport wird in Form einer Stoffübergangsgleichung angegeben, die neben dem Stoffübergangskoeffizienten β_1 die Konzentrationsdifferenz des Adsorptivs zwischen dem Hauptstrom und der äußeren Oberfläche enthält. Da die Konzentration an der äußeren Oberfläche experimentell kaum zugänglich ist, sind die numerischen Werte für die Stoffübergangskoeffizienten recht widersprüchlich.

Noch problematischer gestaltet sich die Beschreibung des inneren Stofftransports, da hier verschiedene parallel verlaufende und dabei gekoppelte Transportmechanismen auftreten können.

Besonderheiten des Stofftransports im Innern des Adsorbens

In Abhängigkeit von der Struktur des Sorbens und den Prozeßbedingungen kann der Mechanismus des Stofftransportprozesses des zu sorbierenden Stoffes verschieden sein. Bei der Adsorption aus einem Gasstrom erfolgt der Stofftransport durch Molekulardiffusion, wenn der Porenradius größer als die mittlere freie Weglänge der Moleküle ist ($r > \bar{\Lambda}$). Anderenfalls ($r < \bar{\Lambda}$) überwiegen die Zusammenstöße der Moleküle mit der

Porenwandung, der Stofftransport erfolgt durch Effusion (Knudsen-Diffusion). Ferner ist ein Stofftransport durch Migration der Moleküle an den Porenwandungen oder auch durch eine Verschiebung kondensierten Stoffes infolge von Kapillarkräften möglich.

Als erstes soll die Oberflächendiffusion eingehender behandelt werden.

Untersuchungen ergaben, daß die Strömungsgeschwindigkeit der adsorbierbaren Gase durch das poröse Skelett höher als die der nichtadsorbierbaren ist, was durch einen zusätzlichen, durch die Migration der Moleküle an den Porenwandungen hervorgerufenen Stofftransport in der adsorbierten Phase erklärt wird [9].

Für den Oberflächendiffusionsstrom gilt folgende Beziehung:

$$j_{Ob} = -D_{Ob} \operatorname{grad} a \tag{4.9}$$

Durch Übergang zur Gradientenschreibweise für die Konzentration in der Gasphase im Poreninnern, wobei der Gleichgewichtszustand zwischen der Gas- und der adsorbierten Phase (Adsorbat) angenommen wird, erhält man unter Berücksichtigung der Gleichung für die Adsorptionsisotherme

$$j_{Ob} = -D_{Ob} f'(c) \frac{\partial c}{\partial x} \tag{4.10}$$

$$f'(c) = \frac{\partial a^*}{\partial c}$$ (Der bei a stehende obere Index wird im folgenden weggelassen.)

Da die Funktion $f'(c)$ mit steigender Temperatur fällt, nimmt auch die Geschwindigkeit der Oberflächendiffusion ab. Der Adsorptivstrom setzt sich aus dem Strom in der Gasphase innerhalb der Poren und dem Strom an der Porenoberfläche zusammen [9]:

$$j = j_G + j_{Ob} = -D_G \left(1 + \frac{D_{Ob} f'(c)}{D_G}\right) \frac{\partial c}{\partial x} \tag{4.11}$$

D_G — Diffusionskoeffizient in der Gasphase
D_{Ob} — Diffusionskoeffizient in der adsorbierten Phase

Im Falle einer linearen Adsorptionsisotherme

$$j = -D_G \left(1 + \frac{D_{Ob} H}{D_G}\right) \frac{\partial c}{\partial x} \tag{4.12}$$

läßt sich das Konzentrationsfeld in den Poren des Adsorbens durch die instationäre eindimensionale Diffusionsgleichung

$$\frac{\partial a}{\partial \tau} + \frac{\partial c}{\partial \tau} = D_G \frac{\partial^2 c}{\partial x^2} + D_{Ob} \frac{\partial^2 a}{\partial x^2} \tag{4.13}$$

beschreiben. Gl. (4.13) nimmt für den speziellen Fall (4.12) folgende Form an:

$$\frac{\partial c}{\partial \tau} = \frac{D_G + D_{Ob} H}{1 + H} \frac{\partial^2 c}{\partial x^2} \tag{4.14}$$

oder kürzer

$$\frac{\partial c}{\partial \tau} = D_{\ddot{a}q} \frac{\partial^2 c}{\partial x^2} \tag{4.15}$$

$$D_{\ddot{a}q} = \frac{D_G + D_{Ob}H}{1 + H} \quad \text{— äquivalenter Diffusionskoeffizient}$$

In der Regel ist $H \gg 1$, so daß

$$D_{\ddot{a}q} = \frac{D_G}{H}\left(1 + \frac{D_{Ob}H}{D_G}\right) = \frac{D'}{H} \tag{4.16}$$

mit

$$D' = D_G + D_{Ob}H \tag{4.17}$$

gilt.

Im Falle von $D_{Ob}H/D_G > 1$ spielt die Oberflächendiffusion die entscheidende Rolle beim Stofftransport.

Die Verteilung des adsorbierten Stoffes im Korn

In den vergangenen Abschnitten wurden die verschiedensten Arten des Stofftransportes in porösen Stoffen untersucht. In der überwiegenden Mehrzahl der Fälle ist die Geschwindigkeit des isothermen Stofftransportes vom Konzentrationsgradienten (Partialdruckgradienten) abhängig, weshalb sich die Geschwindigkeit jedes beliebigen Stofftransportprozesses formal durch die Diffusionsgleichung (1.65) beschreiben läßt, wobei ein bestimmter effektiver Wert für den Diffusionskoeffizienten einzusetzen ist.

Bei der Adsorption individueller Komponenten (d. h. ohne Trägergas) wird die Prozeßgeschwindigkeit nur durch den inneren Diffusionswiderstand bestimmt. Somit sind die Lösungen der Differentialgleichungen für die Diffusion auch zur Ermittlung der Koeffizienten für die innere Diffusion geeignet. Bei der Adsorption aus einem Trägergas sind die Konzentrationsänderung an der Kornoberfläche und somit auch die Adsorptionsgeschwindigkeit noch zusätzlich vom äußeren Diffusionswiderstand abhängig, so daß die Berechnung über die Biot-Zahl zu erfolgen hat.

Im folgenden werden einige Lösungen von Differentialgleichungen der instationären Diffusion für Adsorptionsprozesse angegeben [9].

Adsorption einer individuellen Komponente

a) Zylinder endlicher Länge

1. Die Zielkomponente diffundiert durch eine der Stirnseiten (die Seitenflächen und die zweite Stirnseite sind am Stoffaustausch nicht beteiligt). Die Differentialgleichung lautet für diesen Fall:

$$\frac{\partial(a + c)}{\partial \tau} = D \frac{\partial^2 c}{\partial x^2} \tag{4.18}$$

Unter der Annahme, daß sich in jedem Punkt des Raumes das Gleichgewicht zwischen der Gasphase und der adsorbierten Phase momentan einstellt, läßt sich a in Gl. (4.18) über das HENRY-Gesetz (4.1) eliminieren. Die Differentialgleichung für die Diffusion nimmt dann die Form (1.65) oder (4.15) an. Unter Beachtung der Rand- und Anfangsbedingungen

$$c|_{x=0} = c_0; \quad c|_{\tau=0} = 0; \quad \left.\frac{\partial c}{\partial x}\right|_{x=L} = 0 \tag{4.19}$$

erhält man nach einer Mittelung der Konzentration der Gasphase in den Poren des Teilchens und einem Übergang von der relativen Konzentration zur relativen Konzentration im Adsorbens (dieser Übergang ist möglich, da Gl. (4.18) für eine lineare Adsorptionsisotherme gilt) folgenden Ausdruck:

$$\begin{gathered} \gamma = \frac{a}{a^*} = 1 - \frac{8}{\pi^2} \sum_{n=1}^{\infty} \frac{1}{(2n-1)^2} \exp\left[-(2n-1)^2 \frac{\pi^2}{4} Fo\right] \\ Fo = \frac{D_{\ddot{a}q}\tau}{L^2}\,; \quad a^* = a(c_0) \end{gathered} \tag{4.20}$$

Die Werte $\gamma = f(Fo)$ liegen in tabellierter Form vor [9].

2. Die Teilchen des Adsorbens haben Zylinderform mit einem Radius R und einer Länge L und sind zu Beginn der Betrachtungen frei von Zielkomponente. Das umgebende Medium weist eine konstante Konzentration c_0 auf. Die Diffusionsgleichung lautet in diesem Fall:

$$\frac{\partial c}{\partial \tau} = D_{\ddot{a}q}\left(\frac{\partial^2 c}{\partial z^2} + \frac{1}{r}\frac{\partial c}{\partial r} + \frac{\partial^2 c}{\partial r^2}\right) \tag{4.21}$$

r — laufender Radius
z — axiale Ordinate des Zylinders

Die Anfangs- und Randbedingungen lauten

$$c|_{\tau=0} = 0; \quad c|_{r=R} = c_0; \quad c|_{z=\pm L/2} = c_0; \quad \left.\frac{\partial c}{\partial r}\right|_{r=0} = 0; \quad \left.\frac{\partial c}{\partial z}\right|_{z=0} = 0 \tag{4.22}$$

Die Lösung der Gl. (4.21) liefert bei linearer Adsorptionsisotherme folgende zeitliche Abhängigkeit des Adsorptionsgrades:

$$\gamma = -\frac{32}{\pi^2} \sum_{n=1}^{\infty} \sum_{m=1}^{\infty} \frac{1}{\mu_n^2(2m-1)^2} \exp\left[-\left(\frac{\mu_n^2}{R^2} + (2m-1)^2 \pi^2 Fo\right)\right] \tag{4.23}$$

μ_n — Wurzeln der BESSEL-Funktion erster Art und n-ter Ordnung ($\mu_1 = 2{,}405$; $\mu_2 = 5{,}520$; usw.)

b) *Kugelförmiges Teilchen*

Die Diffusion in einem isotropen kugelförmigen Teilchen wird durch die folgende Gleichung beschrieben:

$$\frac{\partial c}{\partial \tau} = D_{\ddot{a}q}\left(\frac{\partial^2 c}{\partial r^2} + \frac{2}{r}\frac{\partial c}{\partial r}\right) \tag{4.24}$$

Die Rand- und Anfangsbedingungen lauten:

$$c|_{r=R} = c_0; \quad c|_{\tau=0} = 0; \quad \left.\frac{\partial c}{\partial r}\right|_{r=0} = 0 \tag{4.25}$$

Für die Lösung erhält man

$$\gamma = 1 - \frac{6}{\pi^2} \sum_{n=1}^{\infty} \frac{1}{n^2} \exp\left(-n^2 \pi^2 Fo\right) \tag{4.26}$$

$$Fo = \frac{D_{äq}\tau}{R^2}$$

Recht interessant ist ein Vergleich der Konzentrationsverteilung im Korn für verschiedene Arten von Adsorptionsisothermen (für lineare und konvex gekrümmte), um so Aussagen über die Lage der Grenze zwischen freiem Adsorbens und durch Zielkomponente besetztem zu gewinnen. Derartige Betrachtungen werden in der Arbeit [9] am Beispiel der Adsorption von Dampf an zylindrischen Teilchen großer Länge, bestehend aus feinporiger Aktivkohle, angestellt. Die Berechnungen erfolgten unter der Annahme, daß sich der Stofftransport in der Gasphase durch Molekulardiffusion vollzieht und daß im Poreninneren Gleichgewicht herrscht. Die Diffusion verläuft lediglich durch eine der Stirnseiten.

In Abb. 4.4 werden die Ergebnisse zusammengestellt. Es handelt sich um die Verteilung des Adsorbats im Korn, das aus den Konzentrationsverteilungskurven ermittelt wurde. Letztere wurden durch abschnittsweise Lösung einer Gleichung der Form (4.15) für die gesamte Adsorptionsisotherme gewonnen, wobei die Konzentration c durch die Größe a aus der Henry-Gleichung (4.1) bzw. aus der Dubinin-Raduschkewitsch-Gleichung (4.5) ersetzt wurde.

Wie aus der Abb. 4.4 ersichtlich ist, existiert bei einer linearen Adsorptionsisotherme keine feste Grenze zwischen der von Zielkomponente besetzten und der unbesetzten

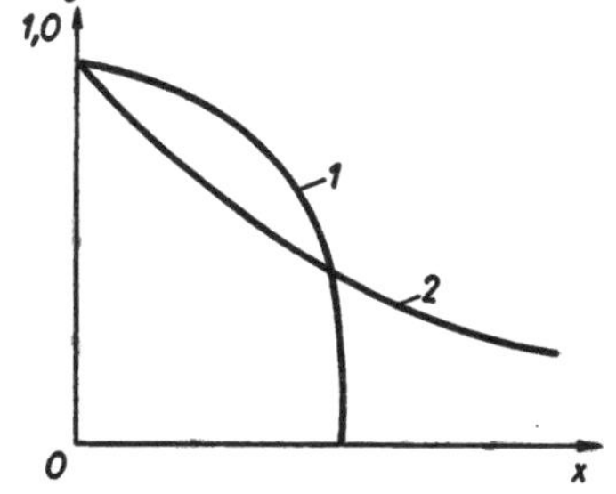

Abb. 4.4. Verteilungskurven des Adsorptivs über die Korntiefe.

1 – bei konvex gekrümmter Adsorptionsisotherme;
2 – bei linearer Adsorptionsisotherme.

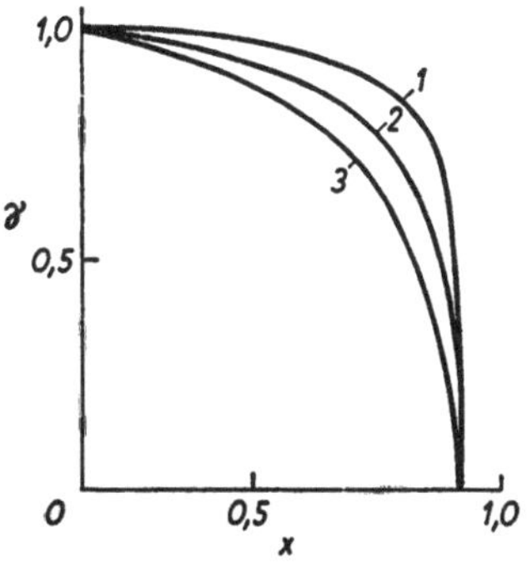

Abb. 4.5. Verteilungskurven des Adsorptivs über die Korntiefe bei der Adsorption an Aktivkohlen mit verschiedenen Werten für die Konstante B und einer Adsorptionszeit von $\tau = 25$ min.

1 – $0{,}4 \cdot 10^{-6}$; 2 – $0{,}8 \cdot 10^{-6}$; 3 – $1{,}3 \cdot 10^{-6}$.

Zone innerhalb des Korns. Bei einer konvexen Adsorptionsisotherme ist eine solche Grenze gut erkennbar. Die Schärfe der Abtrennung zwischen beiden Bereichen ist von der Konvexität der Adsorptionsisothermen abhängig, d. h. vom Wert der Strukturkonstanten B in Gl. (4.5) und vom Affinitätskoeffizienten. Aus der Abb. 4.5 läßt sich diese Feststellung weiter quantifizieren: Je geringer der Keoffizient B wird, um so deutlicher wird die Abgrenzung zwischen beiden Bereichen. Bei einem Wert von $B = 0{,}4 \cdot 10^{-6}\ s^{-1}$ kann man bereits von einem mehrschichtigen Adsorptionsprozeß sprechen [9].

Adsorption aus einem gasförmigen Trägerstrom

Die Rand- und Anfangsbedingungen für Gl. (4.24) (Kugelgestalt) lauten

$$c|_{\tau=0} = 0; \quad -D' \frac{\partial c}{\partial r}\bigg|_{r=R} + \beta_1(c_0 - c) = 0; \quad \frac{\partial c}{\partial r}\bigg|_{r=0} = 0 \tag{4.27}$$

Die Lösung der Gl. (4.24) unter Berücksichtigung der Bedingungen (4.27) hat nach Einführung einer mittleren Konzentration und deren Elimination durch die Konzentration im Sorbens folgende Form:

$$\gamma = 1 - \sum_{n=1}^{\infty} B_n \exp\left(-\mu_n^2 \frac{D_{\ddot{a}q}\tau}{R^2}\right) \tag{4.28}$$

Die Koeffizienten B_n werden aus der Beziehung

$$B_n = \frac{6Bi^2}{\mu_n^2(\mu_n^2 + Bi^2 - Bi)}$$

ermittelt, in der die μ_n die Wurzeln der charakteristischen Gleichung

$$\operatorname{tg} \mu = \frac{\mu}{1 - Bi}$$

$$Bi = \frac{\beta_1 R}{D'}$$

darstellen.

Mehrschichtige Adsorption

Die mehrschichtige Adsorption stellt einen Grenzfall dar, für den sich relativ einfache kinetische Beziehungen zwischen dem Sättigungsgrad und der Adsorptionszeit aufstellen lassen.

In der Adsorptionstechnik gibt es eine Anzahl von Adsorbentien (z. B. synthetische Zeolithe), die bestimmte Komponenten selbst bei geringen Konzentrationen in der Gasphase äußerst stark adsorbieren. Die Adsorptionsisotherme für derartige Stoffe hat die in Abb. 4.6 (Kurve *1*) gezeigte stark konvex gekrümmte Form. Die Sättigung des Adsorbens tritt in diesem Falle schon bei geringen Konzentrationen c_S der Zielkomponente in der Gasphase ein. Bei Konzentrationen c_S, die wesentlich unter den in der industriellen Praxis anzutreffenden Konzentrationen liegen, läßt sich für die Adsorptionsisotherme mit hinreichender Genauigkeit eine rechteckige Form annehmen. Physikalisch bedeutet diese Vereinfachung, daß einzelne Abschnitte des Adsorbens sofort die Sättigungskonzentration erreichen, wenn die Konzentration der Zielkomponente in der das Porenvolumen füllenden Gasphase einen von Null verschiedenen Wert annimmt.

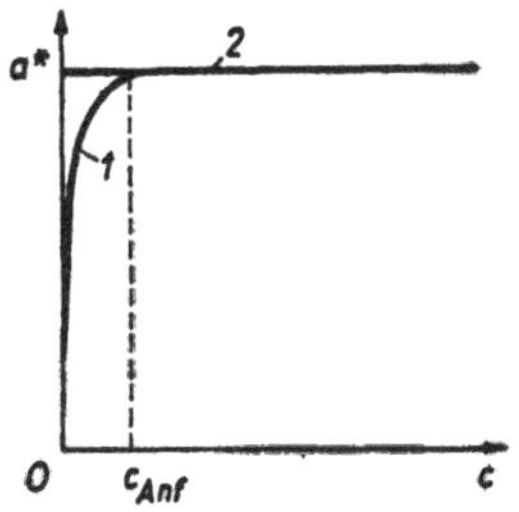

Abb. 4.6. Adsorptionsisotherme.

1 — tatsächlicher Verlauf der Adsorptionsisotherme für gut adsorbierbare Stoffe;
2 — idealisierter Verlauf der Adsorptionsisotherme; c_{Anf} — Gaskonzentration, die zur Sättigung des Sorbens führt.

Mit Hilfe dieser idealisierten Form der Adsorptionsisotherme läßt sich eine einfache Theorie der schichtenweisen Ausfüllung des Adsorbens entwickeln, bei der das Konzentrationsfeld der Gasphase in der bereits gesättigten Schicht in kinetischer Hinsicht die dominierende Rolle spielt. Diese Tatsache konnte experimentell bestätigt werden [10].

Bei Gültigkeit des Fickschen Gesetzes für den Transport der Zielkomponente in der gesättigten Schicht erhält man für den Stoffstrom

$$j = -D' \operatorname{grad} c$$

D' — Diffusionskoeffizient für die Zielkomponente durch die Schicht des porösen gesättigten Sorbens

c — laufende Konzentration der Zielkomponete in der das Porenvolumen füllenden Gasphase

Die Konzentration der Zielkomponente im Trägergas wird zeitlich als konstant angenommen. Die Strömungsgeschwindigkeit des Gases soll hinreichend groß sein, so daß man den äußeren Diffusionswiderstand vernachlässigen kann. Ferner wird vorausgesetzt, daß die Konzentration der Zielkomponente im Gas und an der äußeren Grenze des Adsorbens den gleichen Wert aufweist.

Unter den gemachten Annahmen läßt sich die Adsorption an einem ebenen Adsorbens in Form der homogenen Diffusionsgleichung (die gesättigte Schicht nimmt keine Zielkomponente mehr auf) mit folgenden Randbedingungen beschreiben:

$$\left.\begin{aligned} &\frac{\partial c}{\partial \tau} = D' \frac{\partial^2 c}{\partial x^2} \quad \text{für} \quad \tau \geqq 0; \quad 0 \leqq x \leqq \xi(\tau) \\ &c|_{x=0} = c_0; \quad c|_{\tau=0} = 0; \quad c|_{x=\xi(\tau)} = 0; \quad D' \left.\frac{\partial c}{\partial x}\right|_{x=\xi} = a \frac{\partial \xi}{\partial \tau} \\ &\xi|_{\tau=0} = 0 \end{aligned}\right\} \tag{4.29}$$

Das System (4.29) enthält die variable Grenze ξ, deren Bewegungsgesetz eine Funktion der gesuchten Lösung darstellt. Derartige Probleme sind in der Regel nur bei einer günstigen Wahl des partikulären Integrals lösbar, das die Bedingung an der beweglichen

Grenze befriedigt. Für das System (4.29) ist folgender Ausdruck für das Integral geeignet:

$$c = A + B \operatorname{erf}\left(\frac{x}{2\sqrt{D'\tau}}\right)$$

A, B – Konstanten

$$\operatorname{erf} z = \frac{2}{\sqrt{\pi}} \int_0^z \exp(-\varkappa^2)\, d\varkappa$$ – LAPLACE-Funktion (Wahrscheinlichkeitsintegral)

Nach Ermittlung der Konstanten A und B aus den Randbedingungen ergibt sich für die Lösung des Systems (4.29)

$$c = c_0 \left[1 - \frac{\operatorname{erf} \frac{x}{2\sqrt{D'\tau}}}{\operatorname{erf} \frac{p_0}{2\sqrt{D'}}} \right] \tag{4.30}$$

Die Größe $\frac{p_0}{2\sqrt{D'}} = K_0$ ist die Wurzel der transzendenten Gleichung

$$\sqrt{\pi}\, \frac{a}{c_0}\, K = \frac{\exp(-K^2)}{\operatorname{erf} K}$$

Die Konstanz des Koeffizienten B fordert die Einhaltung der Bedingung $\xi = p_0 \sqrt{\tau}$, die das Bewegungsgesetz der wandernden Sorptionsfront darstellt.

Mit Hilfe der Beziehung (4.30) ist die Lösung für instationäre Konzentrationsfelder der Zielkomponente im gesättigten Teil des Sorbens möglich.

Durch Differentiation nach x läßt sich der Stoffstrom durch jeden beliebigen Querschnitt in der gesättigten Schicht und somit auch durch die äußere Oberfläche des Adsorbens angeben:

$$j|_{x=0} = -D' \left.\frac{\partial c}{\partial x}\right|_{x=0} = \frac{\sqrt{D'/\pi}}{\sqrt{\tau} \operatorname{erf} K_0}$$

Im folgenden wird näher auf die unterschiedliche Intensität der Stoffströme mit den Koordinaten $x = 0$ und $x = \xi$, d. h. an der äußeren Grenze des Adsorbens bzw. an der Adsorptionsfront, eingegangen. Der Stoffstrom an der Oberfläche ist stets größer als an der Adsorptionsfront, weil ein Teil der Zielkomponente zur Konzentrationserhöhung des in der gesättigten Schicht befindlichen Gasvolumens dient [10]. In vielen praktischen Fällen läßt sich ohne merklichen Fehler der quasistationäre Zustand annehmen, da die Sorptionsfront so langsam fortschreitet, daß man zu jedem Zeitpunkt für das Konzentrationsprofil in der gesättigten Schicht das zu der jeweiligen Lage der Adsorptionsfront gehörige stationäre Konzentrationsprofil setzen kann. Der bei der Annahme des quasistationären Verhaltens erreichbare Genauigkeitsgrad ist nur eine Funktion des Quotienten a/c_0 und ist vom Diffusionskoeffizienten D' unabhängig.

Die bei industriellen Prozessen eingesetzten Adsorbentien haben meist kugelförmige oder zylindrische Gestalt. Die für eine ebene Teilchenform vorgenommenen Ableitungen müßten für andere Kornformen durchgeführt werden. In Anbetracht der Schwierigkeiten bei der Wahl der partikulären Integrale, die die Randbedingung an der wandernden Adsorptionsfront befriedigen müssen, für die Diffusionsgleichung in Kugel- oder Zylinderkoordinaten ist dieser Weg wenig empfehlenswert. Im Rahmen dieses Buches erfolgt deshalb eine Beschränkung auf den ebenen Fall unter der Annahme, daß bei hinreichend großen Werten a/c_0 auch für zylindrische und kugelförmige Teilchen die quasistationäre Näherung zulässig ist.

Der stationäre Konzentrationsverlauf in kugelförmigen und zylindrischen Teilchen wird durch Gleichungen beschrieben, in denen die Zeit nicht als unabhängige Variable vorkommt [10]:

kugelförmiges Teilchen:

$$c = c_0 \left(1 - \frac{R - x}{r}\right) \frac{R}{x}; \quad R - x \leqq r \leqq R \tag{4.31}$$

zylindrisches Teilchen:

$$c = c_0 \frac{\ln [r/(R - x)]}{\ln [R/(R - x)]}; \quad R - x \leqq r \leqq R \tag{4.32}$$

R — Radius des kugelförmigen bzw. zylindrischen Teilchens
r — laufender Radius
x — Tiefe der ausgefüllten (gesättigten) Schicht von der Kornoberfläche an gerechnet

Die Gln. (4.31) und (4.32) wurden unter der Bedingung abgeleitet, daß der Sorbens vor Beginn der Adsorption sorbatfrei ist.

Die Lage x der Sorptionsfront läßt sich mit der Adsorptionsdauer durch Gleichsetzen der Menge an Zielkomponente, die durch eine Elementarschicht der Dicke dx aufgenommen wird, mit der Menge, die im Zeitraum $d\tau$ durch die gesättigte Schicht diffundiert, verknüpfen. Für ein kugelförmiges Teilchen gilt demnach

$$(R - x)\, a \cdot dx = c_0 D' \frac{R}{x}\, d\tau$$

Nach Integration erhält man unter Beachtung der Anfangsbedingung $x|_{\tau=0} = 0$ die gesuchte Abhängigkeit:

$$\tau = \frac{aR^2}{D'c_0} \left(\frac{y^2}{2} - \frac{y^3}{3}\right), \qquad y = \frac{x}{R} \tag{4.33}$$

Die Zeit bis zur restlosen Beladung (Sättigung) des Teilchens ($y = 1$) beträgt:

$$\tau_m = \frac{aR^2}{6D'c_0} \tag{4.34}$$

Für zylindrische Teilchen[1] gilt:

$$(R - x)\, a \cdot dx = \frac{D' c_0}{\ln\,[R/(R - x)]}\, d\tau.$$

Die Integration dieses Ausdruckes liefert unter Beachtung der Anfangsbedingung $x|_{\tau=0} = 0$:

$$\tau = \frac{aR^2}{2D'c_0}\left[\left(1 - \frac{y}{2}\right) y + (1 - y)^2 \ln\,(1 - y)\right] \tag{4.35}$$

$$\tau_m = \frac{aR^2}{4D'c_0} \tag{4.36}$$

Unter der vollständigen Beladung (Sättigung) des Teilchens ist das Erreichen der Konzentration a im gesamten Teilchenvolumen zu verstehen. Infolge der in der Praxis stets gültigen Ungleichung $a \gg c_0$ wird die Menge an Zielkomponente, die nach Sättigung der gesamten festen Phase zum Ausgleich des Konzentrationsfeldes in der Gasphase benötigt wird, vernachlässigt.

Für ebene Teilchen erhält man analog [8]:

$$\tau = \frac{aR^2}{2D'c_0}\, y^2; \quad \tau_m = \frac{aR^2}{2D'c_0} \tag{4.37}$$

Wie in der Arbeit [10] nachgewiesen wird, ist bei kleinen y die Krümmung der dünnen gesättigten Oberflächenschicht von relativ geringem Einfluß, so daß die Beladungszeiten für Teilchen verschiedener Form dicht beeinander liegen.

Abschließend sei darauf hingewiesen, daß alle Versuche, kinetische Gesetzmäßigkeiten für den Adsorbens abzuleiten, letztlich auf der Annahme beruhen, daß die Ausfüllung des inneren Porenvolumens mit Sorbat nur durch Diffusion in der ruhenden Gasphase erfolgt. Ferner wird stets von der Annahme ausgegangen, daß zwischen der an der Porenwandung adsorbierten (und zum Adsorbensvolumen zählenden) Stoffmenge und der Konzentration der Zielkomponente in der das Porenvolumen füllenden Gasphase Gleichgewicht herrscht. Der Adsorptionsprozeß wird stets als isotherm angenommen.

Ermittlung des Koeffizienten der inneren Diffusion

Die Lösungen der Differentialgleichungen für die instationäre Diffusion, die unter der Annahme konstanter Diffusionskoeffizienten aufgestellt wurden, dienen zu deren experimenteller Ermittlung. Einige speziell für den Adsorptionsprozeß geeignete Methoden sollen kurz erläutert werden [9]:

1. Bei instationären Methoden geht man von den Lösungen der Gl. (4.15) für verschiedene Kornformen (s. Gln. (4.20), (4.23), (4.26)] bei linearer Adsorptionsisotherme aus. Für $\gamma \geqq 0{,}5$ liefert die Berücksichtigung der ersten Glieder einer Reihenentwicklung hinreichend genaue Ergebnisse.

---

[1] Vereinfachend wurden die bei zylindrischen Teilchen endlicher Länge in axialer Richtung auftretenden Ströme der Zielkomponente vernachlässigt.

Die für die Adsorption an der Stirnseite eines zylindrischen Teilchens endlicher Länge gültige Gl. (4.20) läßt sich umformen:

$$\gamma = 1 - \frac{8}{\pi^2} \exp\left(-\frac{\pi^2}{4} Fo\right)$$
$$Fo = \frac{D_{\ddot{a}q}\tau}{L^2} \tag{4.38}$$

Für $\gamma = 0{,}5$ lautet die Gleichung zur Bestimmung des Diffusionskoeffizienten

$$D_{\ddot{a}q} = 1{,}96 \frac{L^2}{\pi^2 \tau_{0,5}} \tag{4.39}$$

Bei der experimentellen Realisierung dieser Methode sind die Seitenflächen und eine Stirnfläche gegen den Stoffaustausch zu isolieren. Mit wesentlich weniger Aufwand sind Methoden ohne derartige Isolierungen verbunden. So ergibt sich für ein kugelförmiges Teilchen bei $\gamma = 0{,}5$ aus Gl. (4.26)

$$D_{\ddot{a}q} = 0{,}308 \frac{R^2}{\pi^2 \tau_{0,5}} \tag{4.40}$$

Der Diffusionskoeffizient läßt sich hier auch für feinkristalline Sorbentien (Pulver) ermitteln [9].

2. Die Bestimmung des Diffusionskoeffizienten nach der Verzögerungszeit [9] basiert auf der Anwendung der asymptotischen Lösung der Gleichung für den instationären Diffusionsprozeß (4.15) mit folgenden zusätzlichen Rand- und Anfangsbedingungen:

$$c|_{\tau=0} = 0; \quad c|_{x=L} = 0; \quad c|_{x=0} = c_0 \tag{4.41}$$

Für die Konzentration in einem beliebigen Querschnitt eines Zylinders der Länge L gilt

$$\frac{c}{c_0} = \frac{L-x}{L} + \frac{2}{\pi} \sum_{n=1}^{\infty} \frac{(-1)^n}{n} \exp(-n^2\pi^2 Fo) \sin \frac{n\pi(L-x)}{L} \tag{4.42}$$

Die Menge der Zielkomponente, die von der Seite $x = L$ seit Prozeßbeginn bis zum Zeitpunkt τ transportiert wurde, beträgt

$$G = \int_0^{\tau} D_{\ddot{a}q} \left(-\frac{\partial c}{\partial x}\right)_{x=L} d\tau \tag{4.43}$$

Der Konzentrationsgradient an der äußeren Oberfläche des Adsorbens wird aus folgender Beziehung ermittelt:

$$\left.\frac{\partial c}{\partial x}\right|_{x=L} = -\frac{c_0}{L}\left[1 + 2\sum_{n=1}^{\infty} (-1)^n \exp(-n^2\pi^2 Fo)\right] \tag{4.44}$$

Nach Durchführung der Integration ergibt sich aus Gl. (4.43)

$$G = \frac{D_{\ddot{a}q} c_0}{L} \left[\tau - \frac{2L^2}{\pi^2 D_{\ddot{a}q}} \left\{ (1 - e^{-\pi^2 Fo}) - \frac{1}{4}(1 - e^{-4\pi^2 Fo}) + \frac{1}{9}(1 - e^{-9\pi^2 Fo}) \right\} \right] \tag{4.45}$$

Abb. 4.7 zeigt die nach Gl. (4.45) berechnete Abhängigkeit $G(\tau)$. Von einem gewissen Zeitpunkt τ' ab ist die Transportgeschwindigkeit der Zielkomponente durch den Zylinder praktisch konstant, d. h. der stationäre Prozeßzustand ist erreicht. Für große Werte von τ nimmt Gl. (4.45) folgende Form an:

$$G = \frac{D_{\ddot{a}q} c_0}{L} \left[\tau - \frac{2L^2}{\pi^2 D_{\ddot{a}q}} \left(1 - \frac{1}{4} + \frac{1}{9} - \frac{1}{16} + \cdots \right) \right] \tag{4.46}$$

Diese Reihe konvergiert, ihre Summe beträgt $\pi^2/12$. Somit ergibt sich

$$G = \frac{D_{\ddot{a}q} c_0}{L} \left(\tau - \frac{L^2}{6D_{\ddot{a}q}} \right) \tag{4.47}$$

Gl. (4.47) ist linear. Ihr Schnittpunkt mit der Abszisse ($G = 0$) liefert die Verzögerungszeit für den Eintritt des stationären Zustands

$$\tau_{\text{Verz}} = \frac{L^2}{6D_{\ddot{a}q}} \tag{4.48}$$

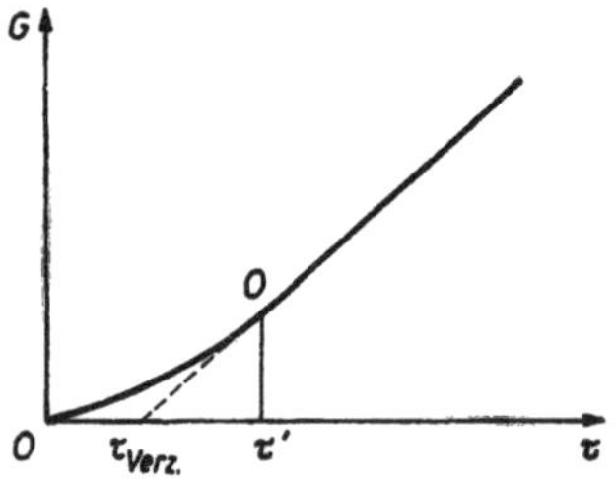

Abb. 4.7. Bestimmung der Verzögerungszeit τ_{Verz}.

Aus dieser Gleichung läßt sich $D_{\ddot{a}q}$ bestimmen. Zur Erhöhung der Meßgenauigkeit werden die Versuche nicht an einem einzelnen Korn, sondern an einer Gruppe von Teilchen mit den gleichen Abmessungen durchgeführt. Dadurch werden mögliche Inhomogenitäten im Korninneren gemittelt.

Häufig läßt sich die Versuchsdurchführung an einer Schicht von der Höhe eines Teilchens besser beherrschen. In diesem Falle kann man die Konzentration der Zielkomponente in der Gasphase als arithmetisches Mittel $\bar{c} = \frac{1}{2}(c_0 + c)$ annehmen, wobei c_0 und c die Konzentration des kontinuierlich zugeführten Gasstromes vor bzw. nach der Teilchenschicht darstellen.

Durch derartige experimentelle Untersuchungen konnte der Einfluß der Temperatur, des freien Volumens und des Bedeckungsgrades auf die Größe des Koeffizienten für die innere Diffusion ermittelt werden. Insbesondere wurde eine starke Abnahme des Diffusionskoeffizienten bei sinkender Temperatur festgestellt. Diese Tendenz läßt sich mit dem Anwachsen des HENRY-Koeffizienten und der damit verbundenen Abnahme von $D_{\ddot{a}q} = D'/(1 + H)$ erklären.

In Abb. 4.8 wird die Abhängigkeit des effektiven Diffusionskoeffizienten D_{ef} vom Bedeckungsgrad dargestellt. Die Diffusionskoeffizienten des Butan wurden bei $-10\,°C$ in aus Kieselgel gepreßten Zylindern mit einem freien Volumen von 0,52 (Kurve *1*) bzw. 0,72 (Kurve *2*) nach verschiedenen Methoden bestimmt, die praktisch übereinstimmende Ergebnisse lieferten. Der Einfluß des freien Volumens auf den effektiven Diffusionskoeffizienten D_{ef} ist im Verteilungscharakter der Poren über den Porendurchmesser und in der Porenstruktur begründet. Die Abnahme von D_{ef} mit steigendem Bedeckungsgrad (Abb. 4.8, Kurve *2*) läßt sich durch die Porenanordnung erklären: Weite Poren werden durch enge Poren, die im Verlaufe des Adsorptionsprozesses bedeckt werden, verbunden. Für das diffundierende Gas stellen solche Poren „Pfropfen" dar, die zu einer Abnahme der Durchlässigkeit für das diffundierende Gas führen. Der nachfolgende Anstieg von D_{ef} ist offenbar auf eine Umverteilung eines kapillar-kondensierten Stoffes zurückzuführen [9].

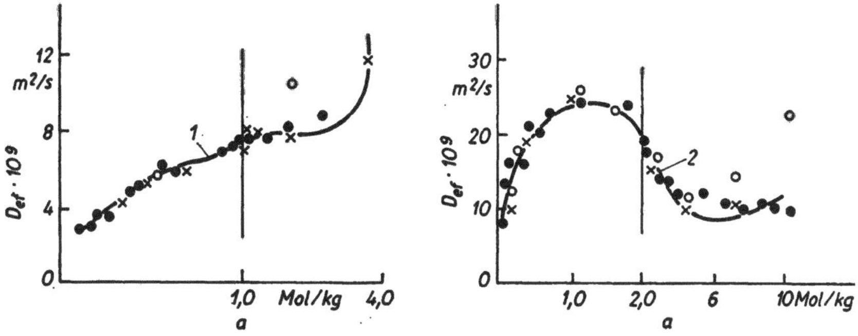

Abb. 4.8. Vergleich der nach verschiedenen Methoden ermittelten Werte von D_{ef} bei der Adsorption von Butan an Kieselgel.

Porosität des Kieselgels: *1* — 0,52; *2* — 0,72.

Für den Grenzfall der mehrschichtigen Sättigung kugelförmiger Teilchen einer Schicht, deren Höhe gleich dem Teilchendurchmesser ist, und linearer Änderung des Konzentrationsgradienten im Innern der Teilchen wurde folgende Gleichung für die Prozeßkinetik abgeleitet [9]:

$$\tau = \frac{a_0 \varrho\, 2R}{w c_0} \left\{ \gamma + \frac{3}{\Pi} \left[\sqrt[3]{1-\gamma} \left(\frac{1}{2} \sqrt{1-\gamma} - 1 \right) + \frac{1}{2} \right] \right\} \tag{4.49}$$

ϱ — Dichte des Sorbens

R — Kornradius

w — auf den gesamten Apparatequerschnitt umgerechnete Strömungsgeschwindigkeit

Die relative Konzentration in der Gasphase am Ende der Schicht ist mit der relativen Eindringtiefe y wie folgt verknüpft:

$$\frac{c}{c_0} = \frac{y}{y + \Pi(1-y)^2} \tag{4.50}$$

Der Parameter Π steht für

$$\Pi = \frac{4D'(1 - \varepsilon)}{wR} \tag{4.51}$$

ε — freies Volumen der Schicht

Abb. 4.9 zeigt die nach Gl. (4.50) berechneten kinetischen Kurven für verschiedene Werte des Parameters Π. Zur experimentellen Ermittlung von D' wird die Konzentration der Zielkomponente in der Gasphase am Ende der einen Korndurchmesser hohen Teilchenschicht kontinuierlich gemessen. Die so gewonnene kinetische Abhängigkeit $c(\tau)$ wird in das Koordinatensystem der Abb. 4.9 eingezeichnet. Der Diffusionskoeffizient ergibt sich aus der mit der Versuchskurve am besten übereinstimmenden theoretischen Kurve.

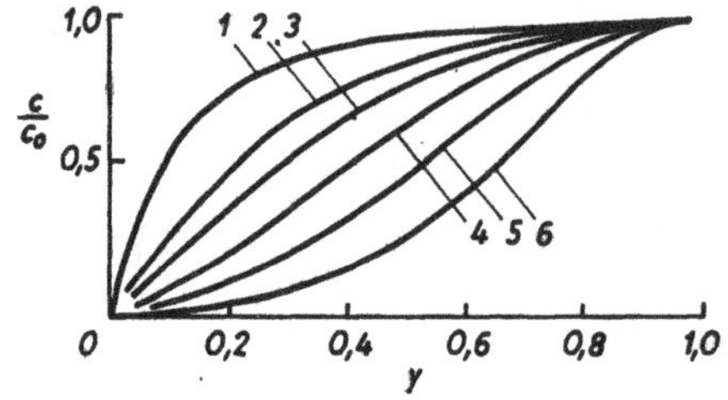

Abb. 4.9. Anwachsen der Dampfkonzentration am Ende einer Kornschicht für verschiedene Werte von π.

1 — 0,1; 2 — 0,3; 3 — 0,5; 4 — 1,0; 5 — 2,0; 6 — 5,0.

Bei der Mehrschichtensättigung des Teilchens bis $\gamma = 0{,}6$ bis 0,7 ist die Konzentration im Adsorbens der Größe $\sqrt{\tau}$ proportional. In diesem Falle ist es einfacher, D' aus einer Abhängigkeit $\gamma - \sqrt{\tau}$ zu ermitteln [9].

4.4. Desorptionskinetik

Die Desorption läßt sich nach zwei verschiedenen Methoden durchführen. Die erste besteht in der Einwirkung des beladenen Adsorbens mit einem Strom desorbierenden Gases, das meistens erwärmt oder mit Wasserdampf gesättigt ist und keine Zielkomponente enthält (Verdrängungsdesorption).

Der Desorptionsprozeß ist mit Wärmeaufnahme verbunden und kann deshalb streng genommen nicht isotherm ablaufen. Für langsam ablaufende Prozesse, bei denen mit einem starken Überschuß an Spülgas gearbeitet wird, ist die aufgenommene Wärmemenge im Vergleich zum Wärmeinhalt des Gases gering, so daß sich das System praktisch nicht abkühlt.

Die zweite Methode beruht auf der mit der Temperaturerhöhung des Adsorbens zunehmenden Desorptionsgeschwindigkeit (thermische Desorption). Die mathematische Beschreibung stößt hier auf Schwierigkeiten, da die zeitliche Abhängigkeit beim Aufheizen des Adsorbens berücksichtigt werden muß. Diese Methode wird im nächsten Abschnitt näher behandelt.

Der Desorptionsprozeß setzt sich aus dem Loslösen der Moleküle von der Oberfläche der Porenwandungen des Adsorbens, der Diffusionsion dieser Moleküle innerhalb des Korns bis zu dessen äußerer Oberfläche und der Diffusion von der Kornoberfläche zum Gasstrom zusammen.

Der eigentliche Desorptionsprozeß bedarf zur Überwindung der Adsorptionskräfte einer Energiezufuhr, wobei die Desorptionsdauer von der Aktivität der Adsorptionszentren an der Oberfläche des Adsorbens abhängig ist.

Die Differentialgleichungen der inneren Diffusion für den isotherm verlaufenden Desorptionsprozeß haben die gleiche Form wie für die Adsorption, es ändern sich lediglich die Anfangsbedingungen. Als Beispiel soll die Desorption aus einem kugelförmigen Teilchen, dessen Sättigungszustand mit der Konzentration c_0 im Gleichgewicht steht, betrachtet werden. Die Desorption erfolgt durch einen überhitzten Dampfstrom konstanter Geschwindigkeit, der sorbatfrei ist [9].

Die Differentialgleichung für die Diffusion bei linearer Isotherme hat folgende Form:

$$\frac{\partial c}{\partial \tau} = D_{ef}\left(\frac{\partial^2 c}{\partial r^2} + \frac{2}{r}\frac{\partial c}{\partial r}\right) \tag{4.52}$$

Für die Anfangs- und Randbedingungen gilt:

$$c|_{\tau=0} = c_0; \quad D_{ef}\left.\frac{\partial c}{\partial r}\right|_{r=R} - \beta_1 c|_{x=R} = 0; \quad \left.\frac{\partial c}{\partial r}\right|_{r=0} = 0 \tag{4.53}$$

Die Lösung dieser Gleichung lautet nach Mittelung der Konzentration und deren Substitution durch γ:

$$\gamma = \sum_{n=1}^{\infty} B_n \exp\left(-\mu_n^2 Fo\right)$$
$$B_n = \frac{6Bi}{\mu_n^2(\mu_n^2 + Bi^2 - Bi)} \tag{4.54}$$

μ_n sind die Wurzeln der charakteristischen Gleichung

$$\operatorname{tg} \mu = \frac{\mu}{1 - Bi}$$

Da $D_{ef} = D'/(1 + H)$ gilt und der Henry-Koeffizient eine stoffabhängige Größe darstellt, ist die Menge an desorbiertem Stoff $(1 - \gamma)$ bei gleichem τ für schwer sorbierbare Stoffe größer als für leichtsorbierbare. Der Henry-Koeffizient nimmt mit steigender Temperatur ab, die Desorptionsgeschwindigkeit nimmt folglich zu. Diese Gesetzmäßigkeit findet bei der Regeneration von Adsorbentien Anwendung.

In gleicher Weise wie beim Adsorptionsprozeß (Abb. 4.4 und 4.5) läßt sich auch bei der Desorption die Verteilung des Adsorptivs über den Kornradius darstellen. Aus der

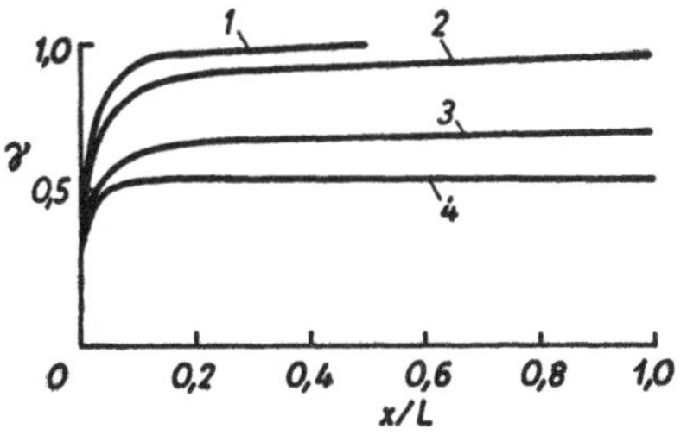

Abb. 4.10. Verteilung der Adsorptivmenge im Korn bei der Desorption
τ (min): *1* – 0,05; *2* – 0,25; *3* – 2,0; *4* – 3,0.

in Abb. 4.10 [9] gezeigten Verteilung ist ersichtlich, daß die noch verbleibende Stoffmenge relativ gleichmäßig über die gesamte Masse des Korns verteilt ist, d. h. die Desorption verläuft gleichmäßig über den gesamten Kornradius.

4.5. Berechnungsmethoden für Adsorptions- und Desorptionsprozesse

Adsorptions- und Desorptionsprozesse können in Schütt- und Wirbelschichten diskontinuierlich arbeitender Apparate, aber auch im Fließbett und in der Wirbelschicht kontinuierlich betriebener Apparate realisiert werden.

Zu ihrer Berechnung ist die Kenntnis der kinetischen Abhängigkeit erforderlich, die einen Zusammenhang zwischen der realen Prozeßdauer und der Konzentration im Adsorbens herstellt.

Die Schüttschicht (*Festbettadsorber*)

Ein verbreitet auf eine gasdurchströmte Adsorptionsschicht anwendbares Modell ist das sog. Frontenmodell. Bei kontinuierlicher Zufuhr des Trägergases mit dem Adsorptiv nimmt die Konzentration im ersten Abschnitt der Schüttschicht zu und erreicht praktisch den Sättigungszustand. Die Intensität der Adsorption in diesem Abschnitt nimmt dadurch ab, so daß Trägergas mit hoher Adsorptivkonzentration den nächsten Abschnitt der Schicht erreicht. Die Konzentration der Zielkomponente im Trägergas nimmt somit beim Durchströmen des gerade arbeitenden Abschnittes der Schicht — der Stoffaustauschzone — stark ab. Diese Zone verlagert sich in Strömungsrichtung längs der Schicht („wandert") und hinterläßt einen nicht mehr sorptionsfähigen Schichtabschnitt. Die Massenübergangszone ist von endlicher Länge H_{Az}.

Infolge der durch den Diffusionswiderstand bedingten endlichen Adsorptionsgeschwindigkeit ändert sich die Form der Konzentrationskurve des Anfangsabschnittes der Schicht kontinuierlich, bis die Stirnschicht dieses Abschnittes die Sättigungskonzentration (Gleichgewichtszone) erreicht hat. Vom Zeitpunkt der Sättigung der ersten Schicht an können die Bedingungen zur Bildung der nächsten Konzentrationskurven identisch sein, so daß die Adsorptionszone mit konstanter Geschwindigkeit in Strömungsrichtung durch die Adsorptionsschicht wandert (Parallelität der Zonen). Für reale Prozesse trifft diese Parallelität der Zonen nicht immer zu; auf die Gründe hierfür wird im folgenden eingegangen.

Zum Zeitpunkt, an dem ein Punkt der Adsorptionszone mit einer zulässigen Grenzkonzentration (Durchbruchskonzentration) als Ordinatenwert die Schicht verläßt, ist die „Filterwirkung" der Adsorptionsschicht beendet. Danach nimmt die Konzentration der Zielkomponente am Schichtausgang zu und erreicht schließlich nach einer gewissen Zeit den Wert des Rohgases. Durch Auftragen der am Schichtaustritt gemessenen Konzentration der Zielkomponente in der Gasphase über die Zeit läßt sich die sog. Austrittskurve (Abb. 4.11) gewinnen, aus der u. a. die Länge der Massenübergangszone H_{Az} ermittelt werden kann.

Die Abhängigkeit der Adsorptionszeit einer Schicht (das ist die Zeit, die bis zum Erreichen einer zulässigen Konzentration am Schichtausgang verstreicht) von der Schichthöhe wird durch die SCHILOW-Gleichung [11, 12] beschrieben:

$$\tau_{Ad} = kH - \tau_0 = k(H - h) \tag{4.55}$$

$\tau_0 = kh$ — Verluste an Adsorptionszeit infolge der endlichen Adsorptionsgeschwindigkeit

h — Größe, die das auf die Schichthöhe bezogene unbenutzte Volumen des Sorbens charakterisiert („tote" Schicht), d. h. die Länge des unbenutzten Bettes

Der erste Term der rechten Gleichungsseite von (4.55) stellt die Adsorptionszeit der Schicht im Falle einer unendlich großen Adsorptionsgeschwindigkeit und maximal konvexer Adsorptionsisothermen dar. In diesem Falle verläuft die Sorption zu jedem Zeit-

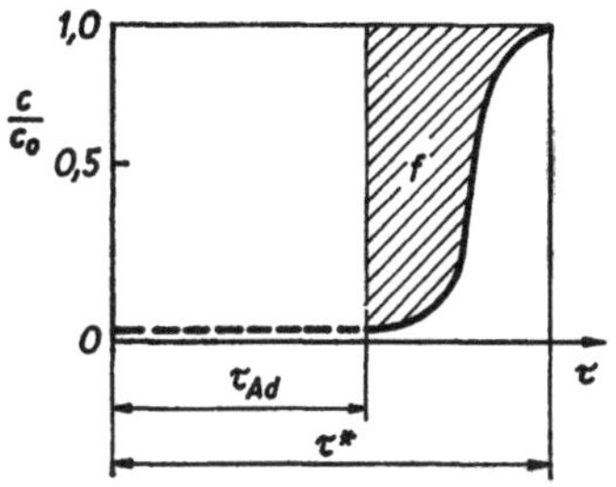

Abb. 4.11. Austrittskurve

punkt in einer infinitesimal dünnen Schicht, nach deren Sättigung, d. h. nach Erreichen von $(a^*(c_0)$, die nächste Elementarschicht beladen wird. Nach erfolgter Beladung der letzten Elementarschicht hat die Adsorptionsschicht keinerlei „Filterwirkung" mehr. Bei konstanter Rohgaskonzentration hat die Stoffbilanzgleichung für eine Schicht mit der Höhe H folgende Form:

$$c_0 V \tau_{Ad} = a^* F H$$

Daraus folgt

$$\tau_{Ad} = \frac{a^* F}{V c_0} H = \frac{a^*}{w c_0} H = kH \tag{4.56}$$

Der Koeffizient k in Gl. (4.56) stellt die Adsorptionszeit einer Adsorptionsschicht von 1 m Höhe bei unendlich großer Adsorptionsgeschwindigkeit dar.

Die Länge der Massenübergangszone H_{Az} (Gradientenzone) ist mit der Größe h durch folgende Beziehung verknüpft:

$$f = \frac{h}{H_{Az}} \tag{4.57}$$

f — Symmetriefaktor der Konzentrationskurve, der als Quotient der über der Austrittskurve liegenden Fläche und der Fläche des Rechtecks, das die Austrittskurve begrenzt, definiert ist (f liegt in den Grenzen von 0,3 bis 0,65, in der Regel beträgt $f = 0{,}5$)

Durch Umformung der Gl. (4.55) erhält man

$$\tau_{Ad} = k(H - H_{Az}f) \tag{4.58}$$

Für die Zeit $\Delta\tau$, in der die Konzentration von c_B bis c_0 anwächst, ergibt sich

$$\Delta\tau = \tau^* - \tau_{Ad} = kH_{Az} \tag{4.59}$$

Durch Kopplung der beiden letzten Beziehungen erhält man

$$H_{Az} = H \frac{\tau^* - \tau_{Ad}}{\tau^* f + \tau_{Ad}(1 - f)} \tag{4.60}$$

Bei der Adsorption hat man zwischen Betriebzuständen, bei denen der Gleichgewichtszustand erreicht wird und solchen, bei denen das nicht der Fall ist, zu unterscheiden. Bei der Untersuchung der im Gleichgewichtsregime verlaufenden Adsorption läßt sich der Einfluß statischer Faktoren (Form der Adsorptionsisothermen) ermitteln, im schwierigeren Fall des nicht im Gleichgewichtsregime verlaufenden Prozesses — der Einfluß kinetischer Faktoren.

Das Ausgangssystem an Gleichungen besteht aus der Stoffbilanzgleichung, der Gleichung der Adsorptionsisothermen (bei der Beschreibung des Gleichgewichtsprozesses) oder der kinetischen Gleichung für die Beladung eines einzelnen Teilchens (falls der Prozeß nicht im Gleichgewichtsregime verläuft) sowie aus Anfangs- und Randbedingungen.

Zur Aufstellung der Stoffbilanzgleichung werden einige vereinfachende Annahmen gemacht: Die bewegliche Phase gilt als inkompressibel und die Strömungsgeschwindigkeit wird gleichförmig mit einer mittleren Geschwindigkeit w angenommen. Durch Einführen des Diffusionskoeffizienten D^* in Strömungsrichtung lassen sich Transportvorgänge statistischer Art in Längsrichtung berücksichtigen. Damit nimmt die Stoffbilanzgleichung folgende Form an:

$$\frac{\partial c}{\partial \tau} + \frac{\partial a}{\partial \tau} + w \frac{\partial c}{\partial x} = D^* \frac{\partial^2 c}{\partial x^2} \tag{4.61}$$

Die kinetische Gleichung lautet

$$\frac{\partial a}{\partial \tau} = \psi(c, a) \tag{4.62}$$

Für die Beschreibung experimenteller Daten der integralen Adsorptionskinetik an einem einzelnen Teilchen verwendet man fast ausschließlich eine Näherungsbeziehung der Form

$$\frac{\partial a}{\partial \tau} = \beta_0[c - c^*(a)] \tag{4.63}$$

In dieser Gleichung stellt β_0 einen Stoffübergangskoeffizienten dar, der mit dem Koeffizienten für den äußeren Stoffaustausch β_1 und dem für den inneren Stoffaustausch β_2 wie folgt verknüpft ist:

$$\frac{1}{\beta_0} = \frac{1}{\beta_1} + \frac{1}{\beta_2} + \frac{D^*}{w^2} \tag{4.64}$$

Die Größe β_2 ergibt sich nach [12] aus der Beziehung

$$\beta_2 = 4\pi \frac{D'}{d^2}$$

d — Teilchendurchmesser
D' — Koeffizient der inneren Diffusion

Beim Gleichgewichtsprozeß ist die kinetische Gl. (4.62) durch die Gleichung der Adsorptionsisotherme zu ersetzen.

Die Anfangs- und Randbedingungen lauten:

$$c|_{\tau=0} = 0; \quad a|_{\tau=0} = 0 \tag{4.65}$$

$$c|_{0 \leq x \leq x_0} = \varphi(x); \quad a = f(c) = f[\varphi(x)] \tag{4.66}$$

$$c|_{x=0} = c_0; \quad a|_{x=0} = a^* \quad \text{(für Gleichgewichtsadsorption)}$$

$$a = a(\tau) \quad \text{(für nicht unter Gleichgewicht ablaufende Adsorption)} \tag{4.67}$$

$$c|_{x_0 \leq x \leq \infty} = 0; \quad a|_{x_0 \leq x \leq \infty} = 0. \tag{4.68}$$

Die Bedingungen (4.65) gelten nur für den Einsatz eines unbeladenen Adsorbens. Die Bedingung (4.66) sagt aus, daß zum Anfangszeitpunkt eine vorgegebene Verteilung des Adsorptivs in der Schicht existiert, die durch die Funktionen $c = \varphi(x)$ und $a = f(c) = f[\varphi(x)]$ entsprechend der Adsorptionsisothermen im Bereich der Anfangszone x_0 charakterisiert wird. Die Bedingung (4.67) gibt an, daß die Konzentration in der Gasphase am Schichteingang während des gesamten Prozesses konstant gehalten wird und daß die Konzentration des Adsorbens in jedem beliebigen Apparatequerschnitt die aus der Adsorptionsisothermen folgende Gleichgewichtskonzentration darstellt. Nach der Bedingung (4.68) gibt es in einer unendlich hohen Schicht stets einen sorbatfreien Schichtabschnitt. Es werden nun einige Lösungen makrokinetischer Adsorptionsprobleme eingehender behandelt.

Gleichgewichtsadsorption

a) Vernachlässigung der Rückvermischung

Bei fehlender Rückvermischung vereinfacht sich Gl. (4.61):

$$\frac{\partial a}{\partial \tau} + \frac{\partial c}{\partial \tau} + w \frac{\partial c}{\partial x} = 0 \tag{4.69}$$

oder

$$\frac{\partial c}{\partial \tau} + \frac{w}{1 + f'(c)} \frac{\partial c}{\partial x} = 0 \tag{4.70}$$

Durch Einführen von

$$w_c = \frac{w}{1 + f'(c)} \tag{4.71}$$

erhält man

$$\frac{\partial c}{\partial \tau} + w_c \frac{\partial c}{\partial x} = 0 \tag{4.72}$$

Für eine lineare Isotherme gilt

$$w_c = \frac{c_0}{c_0 + a^*(c_0)} = \frac{w}{1 + H} \tag{4.73}$$

w_c — Variable, von der Konzentration c abhängige Größe mit der Dimension einer Geschwindigkeit. Auf ihren physikalischen Sinn wird an späterer Stelle eingegangen

Mit

$$z = x - w_c \tau$$

wird eine neue, die Gl. (4.70) erfüllende Variable eingeführt. Aus den Bedingungen (4.66) — (4.68) folgt $z = x$ für $\tau = 0$ und, falls $c = \varphi(x)$ gilt, $c = \varphi(z)$. Die implizite Lösung (w_c ist von der Variablen c abhängig) lautet

$$c = \varphi(x - w_c \tau) \tag{4.74}$$

φ — stetig differenzierbare Funktion, die die Anfangsverteilung des Stoffes im Apparat charakterisiert

Gl. (4.74) läßt sich für die Variable x in expliziter Form angeben:

$$x = \frac{1}{\varphi}(c) + w_c \tau \tag{4.75}$$

Die Abhängigkeit (4.75) stellt die Bewegungsgleichung für die Konzentrationspunkte der Sorptionsfront dar. Bei bekannter Form der Funktion φ läßt sich mit ihrer Hilfe die Verteilung des Adsorptivs längs der Schicht für verschiedene Zeitpunkte berechnen. Die Größe w_c stellt die Wandergeschwindigkeit der Zone längs einer Sorbenschicht vorgegebener Konzentration c dar. Alle Punkte der Zone bewegen sich mit einer Geschwindigkeit, die unter der Strömungsgeschwindigkeit des Gases liegt. Für $\tau = 0$ liefert die Abhängigkeit $x = \frac{1}{\varphi}(c)$ die Anfangsverteilung des Stoffes, ausgedrückt durch die reziproke Funktion von $c = \varphi(x)$.

Der Ausdruck (4.71) ist als WICKE-Beziehung bekannt. Sie gibt den Einfluß der Form der Adsorptionsisothermen auf die Wanderung der Konzentrationspunkte längs der Adsorbensschicht an.

Im Falle einer im Gleichgewichtsregime verlaufenden Adsorption bewegen sich bei fehlender Rückvermischung und konvexer Adsorptionsisotherme Konzentrationspunkte mit höherer Konzentration nach Gl. (4.71) schneller als solche mit niederer Konzentration ($f'(c)$ verringert sich bei Konzentrationszunahme). Dadurch erfolgt eine Kompression der Adsorptionszone, sie geht in eine Front mit geradem Konzentrationsabfall („stufenförmig") über und pflanzt sich mit konstanter Geschwindigkeit parallel fort (Abb. 4.12a).

Bei konkaver Adsorptionsisotherme bewegen sich Punkte mit geringerer Konzentration schneller als solche mit hoher Konzentration ($f'(c)$ wächst bei höheren Konzentrationswerten). Die Adsorptionszone nimmt einen mehr und mehr verzerrten Charakter an (Abb. 4.12b).

Bei einer linearen Isotherme stellt sich eine parallele Fortpflanzung der Adsorptionszone ein, weil $f'(c) = H$, d. h. konstant ist. Eine zufällige Unebenheit der Front bleibt erhalten (Abb. 4.12c). Die Bewegungsgeschwindigkeit der Konzentrationspunkte ist durch Gl. (4.73) gegeben.

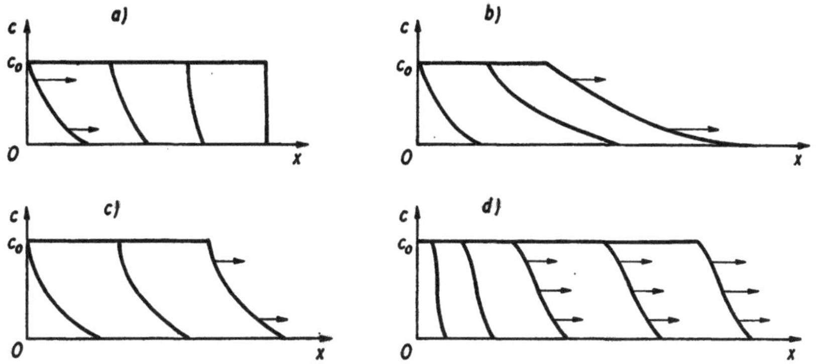

Abb. 4.12. Makrokinetik bei der Gleichgewichtsadsorption eines Stoffes

a) konvexe Isotherme;

b) konkave Isotherme;

c) lineare Isotherme;

d) konvexe Isotherme unter Berücksichtigung der Rückvermischung.

b) Berücksichtigung der Rückvermischung

Bei Berücksichtigung der Rückvermischung wird die Adsorption durch die Gl. (4.61) und die Gleichung der Adsorptionsisotherme beschrieben. Durch Elimination der Variablen a in Gl. (4.61) mit Hilfe der Isothermengleichung erhält man

$$\frac{\partial c}{\partial \tau} + w_c \frac{\partial c}{\partial x} = D_{Str} \frac{\partial^2 c}{\partial x^2} \tag{4.76}$$

$$D_{Str} = \frac{D^*}{1 + f'(c)}$$ — Diffusionskoeffizient in Strömungsrichtung

Der Ausdruck (4.76) stellt eine partielle Differentialgleichung zweiter Ordnung parabolischen Typs dar, deren allgemeine Lösung analytisch bisher noch nicht ermittelt werden konnte.

Bei konvexer Isotherme sind die entgegengesetzten Einflüsse zweier Faktoren zu beobachten: Die Verzerrung der Adsorptionszone und ihre Kompression. Für ein bestimmtes asymptotisches Stadium ($\tau \to \infty$) muß deshalb ein Ausgleich dieser Faktoren stattfinden, so daß sich eine mit konstanter Geschwindigkeit parallel bewegende Front einstellt.

Bei Rückvermischung und konvexer Isotherme zerfällt die Adsorbensschicht somit in zwei Bereiche: Im ersten Bereich formiert sich die stationäre Front, im zweiten pflanzt sie sich parallel fort (Abb. 4.12d).

Bei einer linearen Adsorptionsisotherme unterliegt die Adsorptionszone keiner Kompression, sie wird proportional dem Faktor $\sqrt{\tau}$ verzerrt. Lediglich ein Konzentrationspunkt, nämlich $c/c_0 = 0{,}5$, bewegt sich mit konstanter Geschwindigkeit; nur für ihn gilt die Wicke-Beziehung (4.71).

Die Verzerrung der Konzentrationszone kann durch eine konkave Adsorptionsisotherme und durch Rückvermischung hervorgerufen werden. Da der Proportionalitätsfaktor für diesen Vorgang im ersten Falle τ, im zweiten nur $\sqrt{\tau}$ beträgt, ist der Einfluß einer konkaven Adsorptionsisotherme auf die Verzerrung der Konzentrationszone stärker als die der Rückvermischung [13].

Zur Untersuchung des Einflusses der Rückvermischung wurde in [14] die Verteilung des Adsorptivs in der Schüttschicht zu verschiedenen Zeitpunkten ($\tau = x/w$) gemessen. Mit Hilfe der Beziehungen (4.61) und (4.63) wurden für verschiedene Bedingungen Gleichungen abgeleitet, die eine Berechnung der anfänglichen Konzentrationsverteilung des Sorbats über die Länge der Schüttschicht ermöglichen. Im in der Praxis vorkommenden Änderungsbereich von D^* und β_0 läßt sich der Einfluß der Rückvermischung auf die Durchbruchkonzentration c_B durch folgende Beziehung wiedergeben:

$$\frac{c_B - c^*(a_{\mathrm{Anf}})}{c_0 - c^*(a_{\mathrm{Anf}})} = \exp\left(-\frac{2}{1+\sqrt{1+\dfrac{4D^*\beta_0}{w^2}}}\,\frac{\beta_0 x}{w}\right)$$

a_{Anf} — Anfangskonzentration im Adsorbens

Ein Vergleich berechneter Werte von c_B mit Versuchsdaten, die bei der Adsorption von Benzoldämpfen an feinporiger Aktivkohle gewonnen wurden, führte zu dem Ergebnis, daß am Anfangsstadium des Prozesses $\beta_0 = \beta_1$ gilt. Allgemein läßt sich feststellen, daß der Einfluß der Rückvermischung mit steigender Adsorptionsgeschwindigkeit und Verringerung der Strömungsgeschwindigkeit zunimmt. Bei der Adsorption aus dem Gasstrom wurde ermittelt, daß die Rückvermischung zu einer Abnahme von β_0 zwischen 5 und 15% führt. Anhand eines mathematischen Modells für den makrokinetischen Adsorptionsprozeß speziell bei hohen Anfangskonzentrationen des Adsorptivs konnte nachgewiesen werden, daß der Formierungsprozeß mit anschließender paralleler Fortpflanzung der Adsorptionszone bei auftretender Rückvermischung nicht nur bei konvexer Adsorptionsisotherme zu beobachten ist, sondern sich auch bei linearer oder gar konkaver Isotherme vollzieht. Ferner wurden Gleichungen zur Berechnung des asymptotischen Verhaltens der Zonenbildung abgeleitet, die eine befriedigende Übereinstimmung mit experimentellen Daten liefern [14, 15].

Nicht im Gleichgewichtsregime verlaufende Adsorption

In diesem Falle hängt die Geschwindigkeit des Prozeßverlaufes von kinetischen Faktoren ab.

a) Vernachlässigung der Rückvermischung

Bei fehlender Rückvermischung wird der Prozeß durch die Differentialgleichungen (4.62) und (4.69) beschrieben. Zur Formulierung der Rand- und Anfangsbedingungen werden die Ausdrücke (4.66 bis (4.68) verwendet. Für das asymptotische Prozeßstadium im oberen Bereich der Schicht stellt sich der Gleichgewichtszustand ein: $a(\tau) \to a^*$, weshalb die Randbedingungen (4.67) und (4.68) durch die asymptotischen Randbedingungen zu ersetzen sind [13]:

$$c_{x=0,\tau\to\infty} = c_0; \quad c|_{x\to\infty} = 0; \quad a|_{x=0,\tau\to\infty} = a^*; \quad a|_{x\to\infty} = 0 \tag{4.77}$$

Die Lösungen des Gleichungssystems sind von der Form der Adsorptionsisotherme abhängig. Bei einer konvexen Isotherme kommt es, da die kinetischen Faktoren und die Rückvermischung zu einer Verzerrung und die konvexe Krümmung der Isotherme zu einer Kompression der Adsorptionszone führen, im asymptotischen Stadium zur Bildung einer stationären Zone. Die Randbedingungen (4.77) gelten für diesen Prozeßzustand.

Durch Verwendung der Variablen $z = x - w_c\tau$ nehmen die Randbedingungen (4.77) folgende Form an:

$$\begin{aligned} c|_{\tau\to\infty, z\to-\infty} &= c_0; \quad a|_{\tau\to\infty, z\to-\infty} = a^*(c_0) \\ c|_{z\to+\infty} &= 0; \quad a|_{z\to+\infty} = 0 \end{aligned} \tag{4.78}$$

Bei fehlender Rückvermischung ($D^* = 0$) gehen die partiellen Differentialgleichungen (4.62) und (4.69) durch Einführen der neuen Variablen z in gewöhnliche Differentialgleichungen über:

$$-w_c \frac{dc}{dz} + w \frac{dc}{dz} - w_c \frac{da}{dz} = 0 \tag{4.79}$$

$$-w_c \frac{da}{dz} = \varphi(c, a) \tag{4.80}$$

Nach der Integration von Gl. (4.79) und Bestimmung der Integrationskonstanten aus den Bedingungen (4.78) erhält man

$$(w - w_c)\, c - w_c a = 0 \tag{4.81}$$

Für die Fortpflanzungsgeschwindigkeit w_c der stationären Zone ergibt sich aus (4.81)

$$w_c = w \frac{c}{c + a} \tag{4.82}$$

Für die gleiche Geschwindigkeit gilt jedoch auch folgender Ausdruck:

$$w_c = w \frac{c_0}{c + a^*} \tag{4.83}$$

Er ergibt sich durch Einsetzen der Stoffkonzentration aus der Randbedingung (4.78) in Gl. (4.81).

Aus den Gln. (4.82) und (4.83) läßt sich das Verteilungsverhältnis des Adsorptivs zwischen Gasphase und Adsorbens in der stationären Front ermitteln. Es ist von der Form der kinetischen Gleichung unabhängig:

$$\frac{c}{c_0} = \frac{a}{a^*} \quad \text{oder} \quad c = \frac{a}{H} \tag{4.84}$$

Im Falle einer linearen Adsorptionsisotherme und fehlender Rückvermischung verzerrt sich die Sorptionsfront mit dem Proportionalitätsfaktor $\sqrt{\tau}$. Lediglich der Konzentrationspunkt $\gamma = c/c_0 = 0{,}5$ bewegt sich mit einer konstanten Geschwindigkeit.

Bei konkaver Adsorptionsisotherme lassen sich die kinetischen Faktoren, die zu einer Verzerrung der Front führen, vernachlässigen, so daß die WICKE-Beziehung für das asymptotische Prozeßstadium Gültigkeit besitzt.

b) Berücksichtigung der Rückvermischung

Die kinetischen Faktoren und die Rückvermischung bewirken eine Verzerrung der Front. Eine konvexe Adsorptionsisotherme führt deshalb für das asymptotische Prozeßstadium zur Bildung einer stationären Front. Zur mathematischen Beschreibung dienen die Differentialgleichungen (4.61) und (4.62) sowie folgende Randbedingungen:

$$c|_{x=0,\tau\to\infty} = c_0; \quad a|_{x=0,\tau\to\infty} = a^*; \quad c|_{x\to\infty} = 0; \quad a|_{x\to\infty} = 0 \tag{4.85}$$

Für lineare und konkave Adsorptionsisotherme ist die Analyse von nicht bis zum Gleichgewicht verlaufenden Adsorptionsprozessen unter Berücksichtigung der Rückvermischung mit erheblichen Schwierigkeiten verbunden [13].

Fließbettadsorption

Kontinuierliche Adsorptions- und Desorptionsprozesse lassen sich im Fließbett, d. h. bei beweglicher Feststoffschicht, realisieren (Abb. 4.13). Der Adsorbens bewegt sich dabei mit einer Geschwindigkeit v im Gegenstrom zum Gas, das eine Strömungsgeschwindigkeit w besitzt. Der Prozeß wird durch folgendes Differentialgleichungssystem beschrieben [16, 17]:

$$\left.\begin{aligned} \frac{\partial c}{\partial \tau} + w\,\frac{\partial c}{\partial h} &= -\beta_0[c - c^*(a)] + D^*\,\frac{\partial^2 c}{\partial h^2} \\ \frac{\partial a}{\partial \tau} + v\,\frac{\partial a}{\partial h} &= \beta_0[c - c^*(a)] \end{aligned}\right\} \tag{4.86}$$

Da Fließbettapparate für eine längere kontinuierliche Produktion ausgelegt sind, interessiert vor allem das stationäre Regime $\left(\frac{\partial c}{\partial \tau} = 0 \text{ und } \frac{\partial a}{\partial \tau} = 0\right)$. Für diesen Fall nimmt das Gleichungssystem (4.86) folgende Form an:

$$\left.\begin{aligned} w\,\frac{dc}{dh} &= -\beta_0[c - c^*(a)] + D^*\,\frac{d^2 c}{dh^2} \\ -v\,\frac{da}{dh} &= \beta_0[c - c^*(a)] \end{aligned}\right\} \tag{4.87}$$

Die Randbedingungen lauten:

$$wc_0 = wc|_{h=0} - D^* \left.\frac{dc}{dh}\right|_{h=0}; \quad a|_{h=H} = 0; \quad D^* \left.\frac{dc}{dh}\right|_{h=0} = 0 \tag{4.88}$$

Die erste Randbedingung gilt für den unteren Apparatequerschnitt und besagt, daß je Flächeneinheit des Apparatequerschnittes eine Adsorptivmenge wc_0 aufgegeben wird, die für $h = 0$ durch den regulären Gasstrom $wc|_{h=0}$ und den axialen Stofftransport $D^* \left.\frac{dc}{dh}\right|_{h=0}$ übertragen wird. Die zweite Randbedingung gilt für den oberen Apparatequerschnitt.

Für lineare Adsorptionsisotherme sowie für Adsorbentien, die bereits Adsorptiv enthalten, konnten für $D^* = 0$ und $D^* \neq 0$ analytische Lösungen gewonnen werden. Das Gleichungssystem (4.86)—(4.88) stellt ein Zwei-Punkt-Randwertproblem dar, das für

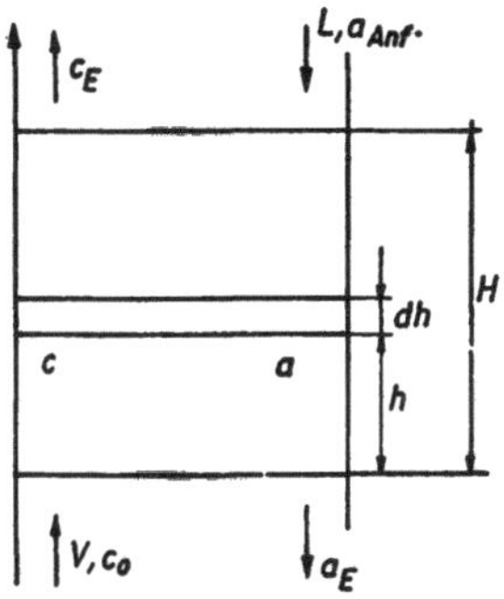

Abb. 4.13. Prinzipschema für die gegenläufige Bewegung von Adsorbens und Trägergas

nichtlineare Isotherme bisher noch nicht gelöst werden konnte. Es existieren jedoch Methoden [18] zur makrokinetischen Berechnung des Adsorptionsprozesses im Fließbett, die auf der Integration des obigen Gleichungssystems nach dem Runge-Kutta-Verfahren mit Hilfe elektronischer Rechenmaschinen beruhen. Die Autoren [18] ermittelten die unbekannten Randbedingungen nach einer iterativen Näherungsmethode, wobei als erster Näherungswert die analytische Lösung für eine lineare Isotherme diente. Mit Hilfe dieser Methode lassen sich isotherme Prozesse für verschiedene mathematische Modelle — für $D^* = 0$, $D^* \neq 0$, $\beta_0 = \text{const}$, $\beta_0 = f\left(\frac{a}{a^*}\right)$ — berechnen (für beliebige Isothermen; die Isotherme kann auch in Tabellenform vorliegen). Bei den Berechnungen nach einem Modell mit variablem Stoffübergangskoeffizienten wurde folgende Funktion eingeführt:

$$g(\gamma) = \frac{\beta_0(\gamma)}{\overline{\beta}_0}$$

mit

$$\overline{\beta}_0 = \frac{1}{\gamma_E - \gamma_{\text{Anf}}} \int_{\gamma_{\text{Anf}}}^{\gamma_E} \beta(\gamma)\, d\gamma \tag{4.89}$$

Den gleichen Autoren [18] gelang es, eine Berechnungsmethode zu entwickeln, die die Ermittlung der Schichthöhe bei einem vorgegebenen Reinheitsgrad des austretenden Gasstromes gestattet.

Ein weiteres Beispiel für eine Analyse des Adsorptionsprozesses mit Hilfe von EDVA ist in der Arbeit [19] zu finden, in der der Adsorptionsprozeß (Trocknung von Al_2O_3 mit Luft), wie der Vergleich mit experimentellen Daten ergab, hinreichend gut modelliert werden konnte.

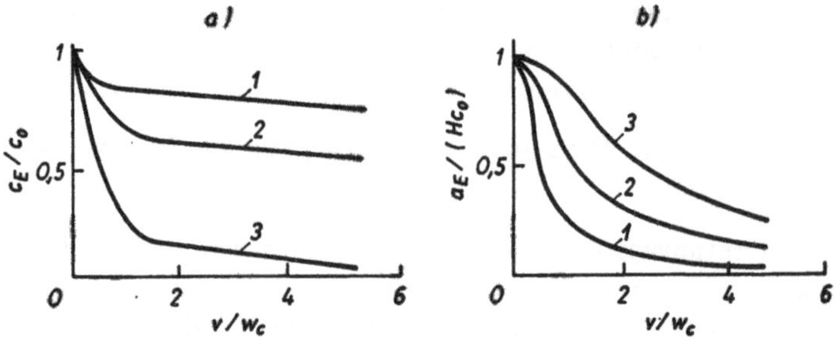

Abb. 4.14. Abhängigkeit der Austrittskonzentration (a) und der Konzentration im Sorbens (b) von der Bewegungsgeschwindigkeit v des Adsorbens und der Länge des Adsorbers mit einem Fließbett der Höhe H.

1 – $H = 0{,}2\,l$ (kurze Schicht); 2 – $H = l$; 3 – $H = 5\,l$ (lange Schicht).

Für den stationären Adsorptionsprozeß im Fließbett nimmt das Gleichungssystem (4.87) bei vernachlässigbarer Rückvermischung folgende Form an:

$$w\frac{dc}{dh} = v\frac{da}{dh} = -\beta_0[c - c^*(a)] \tag{4.90}$$

Demnach besteht zwischen den Konzentrationen a und c über die gesamte Schicht und an ihren Grenzen ein linearer Zusammenhang:

$$wc - va = wc_0 - va_E = wc_E - va_{\text{Anf}} = \text{const} \tag{4.91}$$

Die Werte c_0 und a_{Anf} werden vorgegeben, während sich c_E und a_E durch Integration der zweiten Gleichung des Systems (4.87) über die Höhe H unter Berücksichtigung der Randbedingung (4.88) ergeben. Für eine lineare Isotherme erhält man im Falle $a_{\text{Anf}} = 0$ (es kommt unbeladener Adsorbens zum Einsatz) [20]:

$$\frac{c_E}{c_0} = \frac{1 - (w_c/w)}{\exp\{[1 - (w_c/w)]\,H/l\} - (w_c/w)} \tag{4.92}$$

$$\frac{a_E}{Hc_0} = \frac{w_c}{w}\cdot\frac{\exp\{[1 - (w_c/w)]\,H/l\} - 1}{\exp\{[1 - (w_c/w)]\,H/l\} - (w_c/w)} \tag{4.93}$$

$l = \dfrac{w}{\beta_0}$ – Höhe einer Übergangseinheit

$w_c = \dfrac{w}{H}$ – Fortpflanzungsgeschwindigkeit der Konzentrationsfront

Abb. 4.14 zeigt einige der erhaltenen Ergebnisse. Zur Senkung der Durchbruchskonzentration c_E/c_0 in einem Fließbettadsorber muß die Bewegungsgeschwindigkeit v der Adsorbensschicht das Mehrfache der Wandergeschwindigkeit w_c der Konzentrationspunkte betragen, so daß die Schichthöhe auf etwa $H \approx 5\,l$ zu vergrößern ist. In einer höheren Schicht nimmt der Adsorptionseffekt selbstverständlich zu, doch wirkt dem die größere Geschwindigkeit der bewegten Schicht entgegen.

Als weiteres Beispiel soll die Adsorption im Fließbett für eine rechteckige Adsorptionsisotherme (Mehrschichtenausfüllung des Teilchens) betrachtet werden [21]. Aus einer Stoffbilanz für einen Teil des Apparates über einen beliebigen Querschnitt erhält man unter der Bedingung $\gamma|_{c=c_0} = 0$ einen Zusammenhang zwischen der Konzentration und dem Sättigungsgrad des Sorbens für beliebige Schichthöhen:

$$w(c - c_E) = va\gamma \tag{4.94}$$

Für kugelförmige Teilchen gilt $\gamma = 1 - (1 - y)^3$. Die Zielkomponente durchläuft die Gleichgewichtszone in einer Zeit $d\tau = \frac{dh}{v}(1 - \varepsilon)$ und dient dann zur Sättigung tiefer liegender Schichten im Korn:

$$D' \cdot 4\pi R \frac{R - x}{x} c \frac{dh}{v} (1 - \varepsilon) = 4\pi (R - x)^2 a \cdot dx \tag{4.95}$$

Nach Elimination der Konzentration c aus den Gln. (4.94) und (4.95), Trennung der Variablen und anschließender Integration unter Beachtung der Randbedingung $y|_{h=H} = 0$ erhält man:

$$h = H + \frac{wR^2}{D'(1-\varepsilon)} \left\{ \frac{1}{3} \ln \frac{k^3 - 1}{k^3 - (1-y)^3} + \frac{1}{6k} \ln \frac{\dfrac{k^2 + k(1-y) + (1-y)^2}{[k - (1-y)]^2}}{(k^2 + k + 1)/(k-1)^2} + \frac{1}{\sqrt{3}\,k} \left[\operatorname{arctg} \frac{2 - k}{\sqrt{3}\,k} - \operatorname{arctg} \frac{2(1-y) - k}{\sqrt{3}\,k} \right] \right\} \tag{4.96}$$

$$k = \sqrt[3]{1 + \frac{wc_E}{av}}$$

Die Beziehungen (4.94) und (4.96) gestatten eine vollständige Lösung des Adsorptionsproblems. Setzt man in Gl. (4.96) für h den Wert $h = 0$, so erhält man eine Abhängigkeit zwischen der Beladung y_E am Ende der Schicht und der zu ihrer Erzielung erforderlichen Höhe H der beweglichen Schicht. Abb. 4.15 zeigt die nach den Gln. (4.94) und (4.96) erhaltenen Ergebnisse für einige konkrete Zahlenwerte der Ausgangsgrößen [21].

Analog lassen sich entsprechende Beziehungen für zylinderförmige Teilchen ableiten. Zur Ermittlung der Abhängigkeit der Sättigungstiefe im Korn von der zu ihrer Erzielung erforderlichen Schichthöhe erhält man

$$h = H + \frac{wR^2}{D'(1-\varepsilon)} \int_0^y \frac{(1-y)\ln(1-y)}{k^2 - (1-y)^2}\, dy \tag{4.97}$$

Das Integral in Gl. (4.97) wurde für verschiedene Werte von k graphisch gelöst. Die Ergebnisse wurden in Abb. 4.16 in Diagrammform zusammengefaßt. Für $h = 0$ läßt sich die funktionelle Abhängigkeit zwischen y_E und H ermitteln. Die Adsorptivkonzentrationsverteilung über die Höhe der beweglichen Schicht ergibt sich aus der Bilanzgleichung (4.94), wobei für zylindrische Teilchen $\gamma = 1 - (1 - y)^2$ zu setzen ist.

In der Arbeit [21], der auch die angeführten Beispiele über die Mehrschichtensättigung des Adsorbens entnommen wurden, werden ferner numerische Betrachtungen über die Zulässigkeit der quasistationären Näherung bei instationären Adsorptionsproblemen angestellt.

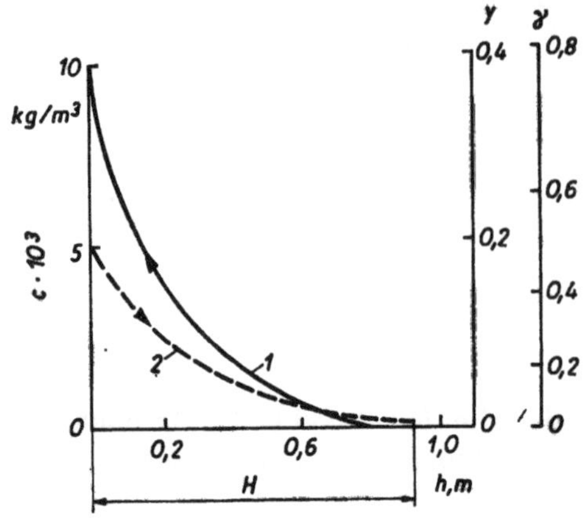

Abb. 4.15. Sättigungsgrad kugelförmiger Teilchen (γ, y) und Konzentration der Zielkomponente c im Trägergas über die Höhe einer sich abwärts bewegenden Adsorbensschicht.

1 — Sättigungsgrad und relative Eindringtiefe;
2 — Konzentration in der Gasphase; $R = 10^{-3}$ m;
$D' = 2{,}3 \cdot 10^{-6}$ m²/s; $v = 0{,}5$ m³/(m²s); $\varepsilon = 0{,}5$;
$c_0 = 5{,}2 \cdot 10^{-3}$ kg/m³; $c_E = 0{,}2 \cdot 10^{-3}$ kg/m³; $\gamma_E = 0{,}8$.

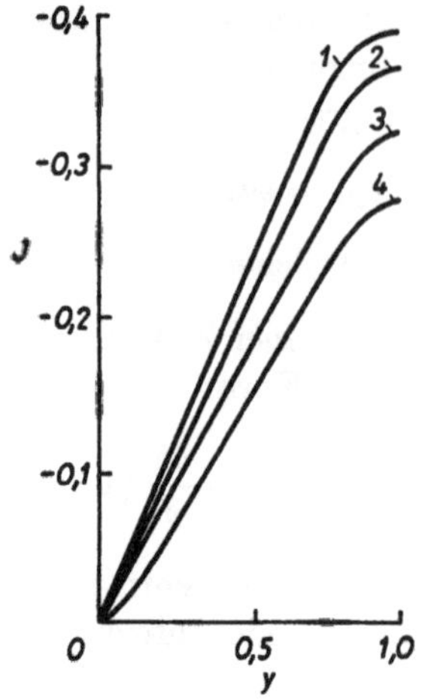

Abb. 4.16. Abhängigkeit des Integralwertes J in Gl. (4.97) vom Parameter k und der relativen Eindringtiefe y für zylindrische Teilchen.

Werte von k: *1* — 1,005; *2* — 1,02; *3* — 1,05; *4* — 1,1.

Fließbettadsorber lassen sich ähnlich wie Diffusionsprozesse (Rektifikation, Absorption usw.) auch über die allgemeine Stoffübergangsgleichung berechnen:

$$w \cdot dc = -\beta_0[c - c^*(a)]\, dh \tag{4.98}$$

Zur Berechnung der erforderlichen Schichthöhe bzw. des Volumens der Adsorbensschicht ist die Kenntnis der Adsorptionsisotherme des Systems und des Stoffübergangskoeffizienten unter den vorliegenden Prozeßbedingungen erforderlich [22—24]. Die Gleichung für die Arbeitslinie lautet:

$$c = \frac{v}{w}\, a + \left(c_0 - \frac{v}{w}\, a_E\right) \tag{4.99}$$

Für die Schichthöhe ergibt sich aus Gl. (4.98):

$$H = \frac{w}{\beta_0} \int_{c_E}^{c_0} \frac{dc}{c - c^*(a)} = h_{äq} m_c \tag{4.100}$$

$h_{äq} = \dfrac{w}{\beta_0}$ — äquivalente Höhe einer Übergangseinheit

m_c — Gesamtanzahl der Übergangseinheiten

Die Bewegungsgeschwindigkeit der Adsorbensschicht muß das Mehrfache der nach Gl. (4.71) bestimmten Wandergeschwindigkeit der Adsorptionsfront in einer ruhenden Schicht bei paralleler Fortpflanzung betragen (Abb. 4.12). Die Gesamtanzahl der Übergangseinheiten läßt sich entweder durch graphische Integration oder durch Konstruktion der Trennstufen ermitteln. Für die Zahl der einer Trennstufe entsprechenden Übergangseinheiten gilt

$$m_i = \frac{c_{i+1} - c_i}{\Delta\bar{c}} \qquad (4.101)$$

c_i, c_{i+1} — Gaskonzentration am Ausgang bzw. Eingang eines Schichtelements (Stufe)

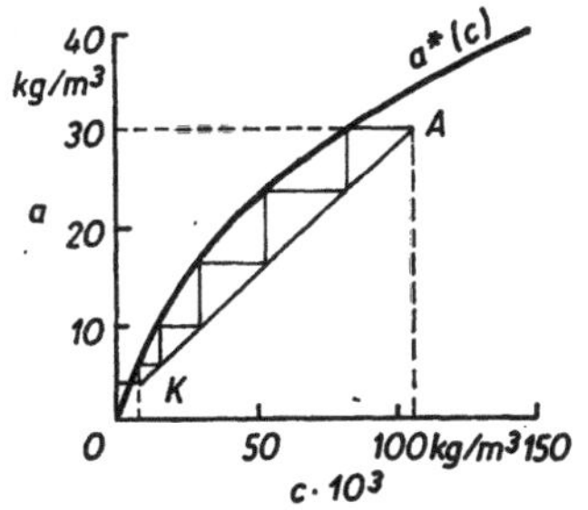

Abb. 4.17. Bestimmung der Anzahl der Trennstufen

Die Gesamtzahl der Übergangseinheiten beträgt demnach

$$m_e = \sum_{i=1}^{n} m_i \qquad (4.102)$$

n — Anzahl der Trennstufen, die zur Realisierung des vorliegenden Prozesses erforderlich sind

n läßt sich graphisch durch Konstruktion der Stufen zwischen der Arbeitslinie und der Adsorptionsisotherme ermitteln (Abb. 4.17). In Anbetracht der geringen Krümmung der Isothermen, d. h. ihrer geringen Abweichung von einer Geraden, kann man $\Delta\bar{c}$ auf einem kleinen Abschnitt $c_{i+1} - c_i$ als arithmetisches Mittel der Triebkräfte von Eingang und Ausgang der Stufe annehmen:

$$\Delta\bar{c} = \frac{(c_1 - c_1^*) + (c_2 - c_2^*)}{2} \qquad (4.103)$$

Beispiel 4.1: Es ist ein mit Aktivkohle als Adsorbens arbeitender Fließbettadsorber mit folgenden Ausgangsdaten zu berechnen:

Rohgas-Volumenstrom V, m³/s	0,0333
Adsorptivkonzentration des Gas-Dampf-Gemisches, kg/m³:	
Eintrittskonzentration in den Adsorber, c_0	0,105
Austrittskonzentration aus dem Adsorber, c_E	0,0065
Adsorptivkonzentration im Adsorbens, kg/m³:	
am Eingang in den Adsorber, a_{Anf}	4
am Ausgang aus dem Adsorber, a_E	30
Mittlerer Stoffübergangskoeffizient $\bar{\beta}_0$, s⁻¹	4
Minimale Wirbelgeschwindigkeit w_{kr}, m/s	0,312

Die Adsorptionsisotherme für das System ist der Abbildung 4.17 zu entnehmen.

1. Die Geschwindigkeit der Aktivkohleschicht in der Kolonne wird nach der Gleichung

$$v = 5w_c$$

$$w_c = c_0 w / a_E$$

berechnet. Für die Geschwindigkeit der Gasphase im Apparat wird der 1,5 fache Wert der minimalen Wirbelgeschwindigkeit angenommen:

$$w = 1{,}5 \cdot 0{,}312 = 0{,}47 \text{ m/s}$$

Damit ergibt sich für die Geschwindigkeit der Aktivkohleschicht

$$v = \frac{0{,}105 \cdot 0{,}47 \cdot 5}{30} = 0{,}008 \text{ m/s}$$

2. Die Höhe der Aktivkohleschicht läßt sich nach der allgemein auf Diffusionsapparate anwendbaren Methode, d. h. aus der Beziehung

$$H = \frac{V}{S\bar{\beta}_0} \sum_{i=1}^{n} m_i$$

berechnen.

3. Zur Ermittlung der Gesamtanzahl der Übergangseinheiten wird anhand der gegebenen Daten c_0, a_E (Punkt A) und c_E, a_{Anf} (Punkt K) die Arbeitslinie des Prozesses konstruiert (Abb. 4.17). Nach Konstruktion der Stufen läßt sich durch Ablesen der Grenzen der einzelnen Konzentrationsstufen die Anzahl der Übergangseinheiten bestimmen:

$$m_1 = \frac{2(c_0 - c_1)}{c_0 - c_2^*} = \frac{2(0{,}105 - 0{,}0815)}{0{,}105 - 0{,}0503} = 0{,}905$$

$$m_2 = \frac{2(0{,}0815 - 0{,}053)}{0{,}0815 - 0{,}028} = 1{,}065$$

$$m_3 = \frac{2(0{,}053 - 0{,}028)}{0{,}053 - 0{,}0115} = 1{,}205$$

$$m_4 = \frac{2(0{,}028 - 0{,}0115)}{0{,}028 - 0{,}0065} = 1{,}535$$

$$m_5 = \frac{2(0{,}0115 - 0{,}0065)}{0{,}0115 - 0{,}004} = 1{,}335$$

Insgesamt ergeben sich 5 Stufen. Für die Gesamtanzahl der Übergangseinheiten erhält man:

$$m_c = \sum_{i=1}^{5} m_i = 0{,}905 + 1{,}065 + 1{,}205 + 1{,}535 + 1{,}335 = 6{,}045$$

4. Die Höhe der Aktivkohleschicht beträgt

$$H = \frac{V m_c}{S\bar{\beta}_0} = \frac{0{,}0333 \cdot 6{,}045}{0{,}785 \cdot 0{,}3^2 \cdot 4} = 0{,}715 \text{ m}$$

Mit einem gewissen Sicherheitsaufschlag kann man die Schichthöhe mit 0,8 m annehmen.

Im folgenden soll der Einfluß der grundlegenden Prozeßparameter auf die den Koeffizienten β_0 bestimmenden Größen eingehender untersucht werden. Auf den äußeren Stoffübergangskoeffizienten β_1 hat die Hydrodynamik des Gasstromes Einfluß. β_1 wächst mit zunehmender REYNOLDS-Zahl, so daß der Diffusionswiderstand beim äußeren Stofftransport abnimmt (s. Kap. 1.). Der Koeffizient β_1 ist hingegen von Adsorptionsparametern und von der Konzentration der Zielkomponente im Gas praktisch unabhängig.

Wie eine Vielzahl experimenteller Arbeiten beweist, ist der innere Stoffübergangskoeffizient β_2 in erheblichem Maße von der Konzentration der Zielkomponente im Adsorbens abhängig. Mit ihrer Erhöhung nimmt β_2 stark ab, so daß der Anteil des Diffusionswiderstandes am inneren Stofftransport größer wird. Die hydrodynamischen Verhältnisse sind praktisch ohne Einfluß auf β_2.

Die Rückvermischung des Gases in der Schicht ist in erster Linie vom hydrodynamischen Regime des Prozesses abhängig. Der Stoffübergangskoeffizient β_0 in Gl. (4.63) ist deshalb als variabel anzusehen. Sein Momentanwert richtet sich je nach der Höhe der arbeitenden Schicht. Ein konstanter Wert β_0 läßt sich in solchen Fällen annehmen, in denen der Stoffübergangskoeffizient β_2 in der festen Phase unabhängig von der Adsorptivkonzentration im Adsorbens ist, oder auch bei Prozessen, deren Geschwindigkeit durch den äußeren Stofftransport begrenzt wird.

Bei der Untersuchung der Adsorptionskinetik werden in der Regel bekannte Stoffübergangskoeffizienten angenommen, deren numerische Werte und deren Abhängigkeit von grundlegenden Prozeßparametern experimentell bestimmt werden müssen.

Einige dieser experimentellen Methoden zur Bestimmung der Stoffübergangskoeffizienten bei der Adsorption in der ruhenden Schüttschicht werden kurz angeführt. Sie sind auch für das Fließbett anwendbar.

Die Sorbatmenge, die in einer infinitesimalen Schichthöhe (im Bereich der Stoffaustauschzone) je Zeiteinheit von der Gasphase in den Feststoff übergeht, beträgt

$$V \cdot dc = -\beta_0[c - c^*(a)]\, dh \tag{4.104}$$

Durch Integration dieser Gleichung in den Grenzen der Stoffaustauschzone, die in der Regel von $0{,}05c_0$ bis $0{,}95c_0$ angenommen werden, erhält man [12]

$$\frac{1}{V}\int_0^{H_{Az}} \beta_0\, dh \cong \int_{0{,}05c_0}^{0{,}95c_0} \frac{dc}{c - c^*(a)} \tag{4.105}$$

Der Integrand läßt sich entweder graphisch oder durch Konstruktion der Stufen zwischen der Arbeitslinie des Prozesses und der Adsorptionsisotherme bestimmen.

Unter der Annahme der Unabhängigkeit des Stoffübergangskoeffizienten β_0 in Gl. (4. 104) von a, d. h. eines konstanten β_0 über die Länge der Massenübergangszone, erhält man [12]

$$\beta_0 = \frac{V}{H_{Az}} \int_{0{,}05c_0}^{0{,}95c_0} \frac{dc}{c - c^*(a)} \tag{4.106}$$

Die Höhe der Massenübergangszone H_{Az} läßt sich experimentell anhand der Austrittskurve über Gl. (4.60) bestimmen.

Eine Methode zur Ermittlung der Augenblickswerte für die Stoffübergangskoeffizienten über die Länge der Stoffaustauschzone unter Berücksichtigung deren Abhängigkeit von der Adsorptivkonzentration im Adsorbens wird in der Arbeit [25] angegeben. Durch Umformen der Gl. (4.63) erhält man

$$\frac{\partial c}{\partial \tau} = \frac{\beta_0}{K} [c - c^*(a)] \tag{4.107}$$

$K = \frac{da}{dc}$ – Anstieg der Arbeitslinie des Prozesses

Die Konzentrationsänderungsgeschwindigkeit $\frac{\partial c}{\partial \tau} = \operatorname{tg} \alpha$ der Zielkomponente wird für verschiedene Abschnitte der Massenübergangszone durch graphische Differentiation experimentell gewonnener Austrittskurven ermittelt. Anhand der auf diese Art gewonnenen Werte $\frac{\partial c}{\partial \tau}$ und der entsprechenden Werte für die Triebkraft des Prozesses läßt sich der Stoffübergangskoeffizient β_0 für verschiedene Werte von a nach Gl. (4.107) berechnen. Experimentell wurde nachgewiesen [25], daß sich β_0 mit zunehmendem Sättigungsgrad des Adsorbens verringert. Zur Berechnung von β_1 und β_2 bei bereits ermitteltem β_0 werden die graphische Differentiation der Austrittskurve und eine anschließende Berechnung nach den Gln. (4.64) und (4.65) empfohlen. Unter der Annahme, daß der Diffusionskoeffizient für die Rückvermischung D^* der Gasgeschwindigkeit proportional ist

$$D^* = A'w \tag{4.108}$$

und daß der äußere Stoffübergangskoeffizient von der Gasgeschwindigkeit in der Form

$$\beta_1 = B'w^n \tag{4.109}$$

abhängig ist, geben die Autoren [25] folgende, auf experimentellen Ergebnissen bei der Untersuchung der Abhängigkeit $\beta_0 = f(w)$ beruhende empirische Gleichung zur Ermittlung des äußeren Diffusionswiderstandes (gültig für die Adsorption von n-Paraffinen) an:

$$\frac{1}{\beta_1} + \frac{D^*}{w^2} = \frac{1}{62w^{0,6}} + \frac{1}{15{,}2w} \tag{4.110}$$

Da β_1 vom Sättigungsgrad des Adsorbens unabhängig ist, läßt sich β_2 nach Gl. (4.64) berechnen:

$$\frac{1}{\beta_2} = \frac{1}{\beta_0} - \frac{1}{\beta_1} - \frac{D^*}{w^2} \tag{4.111}$$

Nach den erhaltenen Ergebnissen ist ein starker Abfall des Wertes von β_0 bei steigendem Sättigungsgrad γ zu verzeichnen. Diese Beobachtung wurde bereits von Planowski und anderen gemacht [26].

Die bei der Untersuchung des äußeren Stoffaustauschs bei der Adsorption gewonnenen experimentellen Daten lassen sich, wie auch bei anderen Stoffaustauschprozessen, in folgender Form verallgemeinern:

$$Nu = A \cdot Re^n \tag{4.112}$$

DUBININ und LESIN [16] erhielten aus Versuchsdaten zur Ermittlung der Kinetik bei der Adsorption von Wasserdampf an einzelnen Zeolithteilchen (NaA und NaX mit einem Durchmesser von 3,3 und 4,2 mm) bei Strömungsgeschwindigkeiten von $w = 0{,}23$ bis 1,4 m/s, einer Wasserdampfkonzentration von $c_0 = 1{,}75 \cdot 10^{-6}$ kg/m³ und einer Temperatur von 20 °C folgende Beziehungen:

$$\begin{aligned} Nu &= 0{,}81 Re^{0{,}4} \qquad (5 < Re < 80) \\ Nu &= 0{,}695 Re^{0{,}46} \qquad (80 < Re < 500) \end{aligned} \tag{4.113}$$

MARKUSSEN [27] ermittelte den Einfluß der Gasgeschwindigkeit auf β_1 bei einem Sättigungsgrad von $\gamma = 0{,}4$ (D_{ef} wurde für $Bi \to \infty$ bestimmt) in Form folgender Beziehung:

$$j = 0{,}85 Re^{-0{,}5} \tag{4.114}$$

$j = Sh \cdot Sc^{-0{,}33}/Re$ — CHILTON-COULBURNE-Faktor
Sc — SCHMIDT-Zahl (oder PRANDTL-Zahl für den Stoffaustausch)
Sh — SHERWOOD-Zahl (auch NUSSELT-Zahl für den Stoffaustausch)

Für kugelförmige Teilchen wurde durch AKSELRUD [26] auf theoretischem Wege

$$j = 0{,}82 Re^{-0{,}5} \tag{4.115}$$

gefunden.

Wie aus den Gln. (4.113)—(4.115) ersichtlich ist, unterscheiden sich die bei der REYNOLDS-Zahl stehenden Exponenten nur wenig voneinander. Ergänzend sei bemerkt, daß sich auch bei der Bestimmung der Stoffübergangskoeffizienten für andere Prozesse — Extraktion, Löseprozesse, Trocknung, Sublimation — die gleiche Form der Abhängigkeit von der REYNOLDS-Zahl ergibt.

Die mitunter erheblichen Abweichungen der nach Gleichungen verschiedener Autoren erhaltenen Ergebnisse sind nach [17] durch die Vernachlässigung des Rückvermischungseffektes bei der Ermittlung der Stoffübergangskoeffizienten bedingt. Nach [17] wird nicht β_1, sondern ein effektiver Übergangskoeffizient β_{ef} ermittelt:

$$\frac{1}{\beta_{ef}} = \frac{1}{\beta_1} + \frac{D^*}{w^2} \tag{4.116}$$

In der Arbeit [29] wird eine Methode zur Bestimmung des Stoffübergangskoeffizienten bei der Adsorption angegeben, die auf einer Berechnung des Adsorptivs in einer ruhenden Adsorbensschicht bei vorliegender linearer Adsorptionsisotherme beruht. Dabei werden für zwei Fälle Berechnungsgleichungen abgeleitet: Im ersten Falle wird von der Konzentrationsverteilung des Sorbats über die Schichthöhe zu einem fixierten Zeitpunkt ausgegangen, im zweiten Falle dient die zeitliche Konzentrationsänderung für eine bestimmte Schichthöhe bei vernachlässigbarer Rückvermischung als Ausgangspunkt. Zwischen den so berechneten Stoffübergangskoeffizienten und experimentell ermittelten konnte eine befriedigende Übereinstimmung verzeichnet werden.

Wirbelschichtadsorption

Adsorptionsprozesse können kontinuierlich und diskontinuierlich in der Wirbelschicht geführt werden, wobei einstufige und sektionierte (mehrstufige) Apparate zum Einsatz kommen.

Diskontinuierliche Prozeßführung

Bei idealer Vermischung der festen Phase in der Wirbelschicht ist die mittlere Sorbatkonzentration an allen Punkten der Schicht gleich; sie ist dann lediglich eine Funktion der Zeit $a = a(\tau)$. Die Konzentration der Zielkomponente im Gasstrom ist hingegen nicht nur von der Zeit, sondern auch vom Abstand x, den der Gasstrom mit einer Geschwindigkeit w innerhalb der Schicht mit der Höhe H zurückgelegt hat, abhängig. Es gilt also $c = c(\tau, x)$. Die Geschwindigkeit des Adsorptionsprozesses wird der Differenz $c(x, \tau) - c^*(\tau)$ direkt proportional angenommen. Wegen der in der Wirbelschicht herrschenden hohen Geschwindigkeit des Stoffaustausches nimmt die Konzentration der Zielkomponente im Gas bereits bei einer geringen Höhe stark ab. Nach Durchlaufen dieser aktiven Zone H_a stellt sich in der Gasphase praktisch der Gleichgewichtszustand ein. Die zunehmende Sättigung des Adsorbens führt zu einer Verringerung der Adsorptionsgeschwindigkeit und damit zu einer Ausdehnung der aktiven Zone in der Wirbelschicht.

Die von TODES und LESIN [30, 31] vorgeschlagene mathematische Beschreibung der diskontinuierlichen Adsorption in der Wirbelschicht besteht aus der LANGMUIRschen Isothermengleichung, der Stoffbilanzgleichung für den zu adsorbierenden Stoff in der Gasphase und in der festen Phase (für $D^* = 0$) und den dazugehörigen Randbedingungen. Die von den Autoren angegebenen Beziehungen beschreiben die Abhängigkeit der Konzentration im Sorbens von der Adsorptions- und Desorptionsdauer in impliziter Form:

$$\frac{a}{a_0} - P \ln\left(1 - \frac{a}{a_0}\right) = \frac{(P + 1)\, w c_0 \tau}{a_0 H} \tag{4.117}$$

$$\frac{a}{a_0} - P \ln \frac{a}{a_0} = \frac{1 + P w c_0 \tau}{a_0 H} \tag{4.118}$$

$$P = \frac{a_0}{K c_0}$$

a_0 — Grenzkonzentration im Adsorbens
K — beim Übergang von p zu c in der LANGMUIR-Gleichung zu berücksichtigender Koeffizient
a — Sorbatkonzentration im Adsorbens zu Beginn des Desorptionsprozesses oder am Ende des Adsorptionsprozesses

Durch Festlegung der Größe

$$\omega = \frac{(a/a_0) - P \ln[1 - (a/a_0)]}{P + 1} \tag{4.119}$$

erhält man als Lösung der Gl. (4.117)

$$\tau = \omega \frac{a_0}{w c_0} H \tag{4.120}$$

Aus der Definitionsgleichung (4.119) ist ersichtlich, daß für gleiche Durchbruchskonzentrationen c_E [es gilt $c_E = c^*(a_E)$] die Größe $\omega = \text{const}$ ist und nicht von der Schichthöhe abhängig ist. Wie auch aus der Gl. (4.120) zu entnehmen ist, existiert in der Wirbelschicht eine direkte Proportionalität zwischen der Höhe der Schicht und ihrer Betriebsdauer ($\tau :: H$), obgleich hier keine parallele Fortpflanzung einer Front auftritt. LEPILIN [32] wies auf der Grundlage von Versuchsdaten bereits früher auf diesen Umstand hin.

Die quantitative Analyse des geschwindigkeitsbestimmenden Schrittes bei diskontinuierlicher Adsorption in der Wirbelschicht ist mit einigen Schwierigkeiten verbunden.

Bei der Adsorption schlecht adsorbierbarer Stoffe, die in geringen Konzentrationen auftreten, wird die Prozeßgeschwindigkeit durch kinetische Faktoren begrenzt. Die aktive Zone erstreckt sich dabei auf die gesamte Höhe der Wirbelschicht ($H_a \geqq H$). Der Stoffübergangskoeffizient ist vom Sättigungsgrad des Adsorbens abhängig und läßt sich experimentell ermitteln.

Die Gleichung für den Stoffaustausch in einer Schicht mit der infinitesimalen Höhe dh lautet:

$$dM = \beta_0 F_{Sch}[c - c^*(a)]\, dh \tag{4.121}$$

M — durch die Schicht pro Zeiteinheit adsorbierte Stoffmenge

F_{Sch} — auf die Schichthöhe bezogene Stoffaustauschfläche

Da β_0 eine von h unabhängige Größe darstellt und a nur eine Funktion von τ ist, läßt sich die Integration folgendermaßen durchführen:

$$M = \beta_0 F_{Sch} \int_0^H [c - c^*(a)]\, dh \tag{4.122}$$

Die Berechnung des Stoffübergangskoeffizienten β_0 erfolgt anhand einer experimentell ermittelten Kurve der adsorbierten Stoffmenge M zu verschiedenen Zeitpunkten [$M = f(\tau)$] durch deren graphische Integration. Die Gleichgewichtskonzentration $c^*(a)$ ergibt sich aus der Gleichung der Adsorptionsisotherme für den zum jeweiligen Zeitpunkt erreichten Sättigungsgrad. Die Abhängigkeit $c(\tau, h)$ läßt sich nur experimentell ermitteln, was mit erheblichen meßtechnischen Schwierigkeiten verbunden ist.

Bei linearer Adsorptionsisotherme kann die mittlere Triebkraft des Prozesses bei einem beliebigen Zeitpunkt aus folgender Beziehung bestimmt werden:

$$\Delta\bar{c}(\tau) = \frac{[c_0 - c^*(a)] - [c_E - c^*(a)]}{\ln \dfrac{c_0 - c^*(a)}{c_E - c^*(a)}} = \frac{c_0 - c_E}{\ln \dfrac{c_0 - c^*(a)}{c_E - c^*(a)}} \tag{4.123}$$

Eine derartige Berechnung läßt sich jedoch nur dann mit befriedigender Genauigkeit vornehmen, wenn $c_E - c^*(a)$ experimentell gut zugänglich ist, d. h. wenn dieser Ausdruck im Bereich der aktiven Zone gewonnen wird. Bei der experimentellen Ermittlung des Stoffübergangskoeffizienten muß man deshalb mit Schichthöhen arbeiten, die kleiner als H_a sind.

Die Wahl eines Systems Adsorptiv—Adsorbens, in dem das Gleichgewicht zwischen Adsorbens und dem die Kolonne verlassenden Gasstrom nicht erreicht wird, ist schwierig, da bei $c_E \approx c(a) \ll c_0$ die Sättigungsgeschwindigkeit nicht durch die Kinetik, sondern den konvektiven Stofftransport bestimmt wird. Auch aus experimenteller Sicht stellen sich Schwierigkeiten bei der Erzielung einer stabilen Verwirbelung für geringe Schichthöhen ein, so daß nicht nur der Wahl des Systems und der Schichthöhe, sondern der Festlegung der Konzentration im Gasstrom sowie dessen Geschwindigkeit erhöhte Bedeutung zukommen.

Häufig werden experimentell gewonnene Daten in Form von Ähnlichkeitsbeziehungen verallgemeinert. Zur Bestimmung des dimensionslosen Stoffübergangskoeffizienten für den äußeren Stoffaustausch wird von ROMANKOW und LEPILIN [24, 32] folgende Abhängigkeit angegeben:

$$Nu = 46{,}25 \cdot 10^{-6} Re^{1{,}57} \tag{4.124}$$

Diese Beziehung ist für Systeme Aktivkohle der Marken AG, AR, BAU — Benzol- und Chloräthyldämpfe enthaltende Luft gültig. Für Systeme Aktivkohle der Marken BAU und AG und Benzol-, Aceton- oder Methanoldämpfe enthaltende Luft wurde von den gleichen Autoren und NEMETH [33] folgende Beziehung aufgestellt:

$$Nu = 5{,}5 \cdot 10 Re^{-0{,}8} Pr^{0{,}65} \left(\frac{H}{D_{Ap}}\right)^{0{,}36} \left(\frac{\varrho_{AG}}{\varrho_{BAU}}\right)^{0{,}86} \left(\frac{c_E}{c_0}\right)^{-0{,}88} \tag{4.125}$$

$\varrho_{AG}/\varrho_{BAU}$ — Verhältnis der scheinbaren Dichten der Aktivkohlen der Marken AG und BAU

RICHARDSON und SZEKELY [34] schlagen folgende Gleichungen vor:

$$\begin{aligned} Sh &= 0{,}374 Re^{1{,}18} \qquad (0{,}1 < Re < 15) \\ Sh &= 2{,}01 Re^{0{,}5} \qquad (15 < Re < 250) \end{aligned} \tag{4.126}$$

$Sh = \frac{\beta_1 d}{D}$ — SHERWOOD-Zahl (NUSSELT-Zahl für den Stofftransport)

D — Diffusionskoeffizient des Dampfes in der Luft

Die Beziehung (4.126) besitzt für Systeme Aktivkohle—Tetrachlorkohlenstoff enthaltende Luft (bei stark konvex gekrümmter Isotherme) Gültigkeit. Im Bereich kleiner REYNOLDS-Zahlen ($Re < 5$) treten jedoch erhebliche Abweichungen zwischen den nach Gl. (4.126) bestimmten SHERWOOD-Zahlen und deren theoretisch kleinstem Wert 2 auf, was offensichtlich darauf zurückzuführen ist, daß die Autoren den Einfluß der Rückvermischung außer Acht ließen.

Für Adsorbensteilchen von kugel- und zylinderförmiger Gestalt werden von FROLOW [21, 35] analytische Lösungen angegeben. Sie beschreiben die Abhängigkeit der Ausfüllung von der Prozeßdauer.

Zunächst erfolgt die Ableitung der diskontinuierlich in der Wirbelschicht geführten Adsorption für kugelförmige Teilchen (Abb. 4.18). Unter Vernachlässigung der Rückvermischung im Vergleich zum konvektiven Stofftransport gilt:

$$V \cdot dc = 4\pi(R - x)^2 \frac{R}{x(R - x)} D'cN \cdot dh \tag{4.127}$$

c — Momentankonzentration des Adsorptivs in der Gasphase an der Oberfläche der kugelförmigen Teilchen

$N = V_{sp} \Big/ \left(\frac{4\pi}{3} HR^3\right)$ — auf das Volumen der Wirbelschicht bezogene Teilchenanzahl

V_{sp} — auf den Querschnitt des Gitterbodens bezogenes Volumen des Sorbens

H — Höhe der Wirbelschicht

Durch Integration der Beziehung (4.127) erhält man für die Randbedingung $c|_{h=0} = c_0$ das momentane Konzentrationsprofil der Zielkomponente über die Höhe der Wirbelschicht:

$$c = c_0 \exp\left[-\frac{3D'V_{sp}(1 - y)\, h}{VR^2 \mathrm{yH}}\right] \tag{4.128}$$

$y(\tau) = \frac{x}{R}$ — relative Eindringtiefe

Unter der Annahme, daß der gesamte, zur Oberfläche des kugelförmigen Teilchens in der Wirbelschicht transportierte Strom an Zielkomponente der Erhöhung des Sätti-

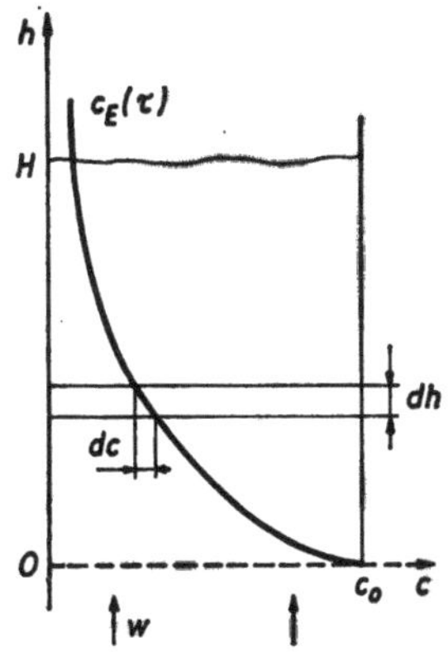

Abb. 4.18. Momentanes Konzentrationsprofil der Zielkomponente im Trägergas über die Höhe h einer diskontinuierlich arbeitenden Wirbelschicht.

c_0 = const, $c_E(\tau)$ — Konzentration am Ein- bzw. Ausgang der Schicht; V — Gasdurchsatz; h, H — laufende und volle Höhe der Wirbelschicht

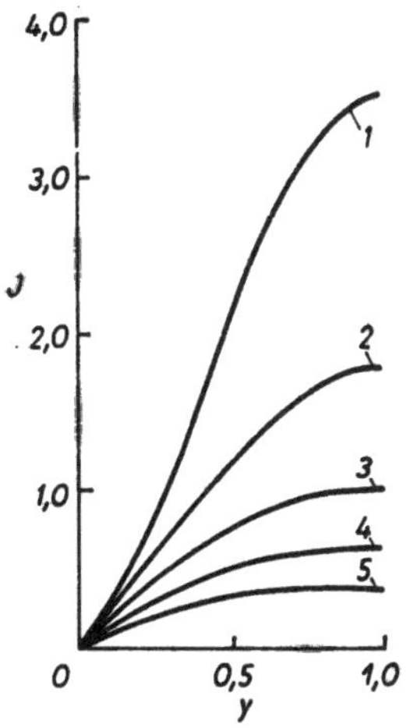

Abb. 4.19. Ergebnisse der graphischen Bestimmung des Integrals J in Gl. (4.131) in Abhängigkeit vom Parameter $B = 3V_{sp}D'/(VR^2)$ und der relativen Eindringtiefe für kugelförmige Teilchen.

Werte von B: *1* — 0,00; *2* — 0,1; *3* — 0,2; *4* — 0,4; *5* — ∞.

gungsgrades dient, gilt:

$$4\pi(R-x)^2 \frac{R}{x(R-x)} D'\bar{c}NH = 4\pi(R-x)^2 NHa \frac{dx}{d\tau} \tag{4.129}$$

$\bar{c}$ — momentane, über die Schichthöhe gemittelte Konzentrations der Zielkomponente in der Gasphase

Bei einer sehr intensiven Bewegung der Teilchen und nicht zu rascher Adsorption der Zielkomponente aus dem Trägergas läßt sich wie beim stationären Prozeß für jeden beliebigen Zeitpunkt angeben:

$$c = \frac{c_0 - c_E(\tau)}{\ln \dfrac{c_0}{c_E(\tau)}} \tag{4.130}$$

Durch Einsetzen dieses Ausdruckes in die kinetische Gleichung (4.129) erhält man nach Trennung der Variablen und anschließender Integration bei Einhaltung der Anfangsbedingung $y|_{\tau=0} = 0$ folgende Abhängigkeit zwischen der Zeit und der relativen Eindringtiefe:

$$\tau = \frac{3aV_{sp}}{Vc_0} \int\limits_0^y \frac{(1-y)^2\,dy}{1 - \exp\left[-\dfrac{3V_{sp}D'(1-y)}{VR^2y}\right]} \tag{4.131}$$

Das Integral ist analytisch nicht lösbar. Die Ergebnisse der graphischen Berechnung des Integranden in Abhängigkeit vom Parameter $B = 3V_{sp}D'/(VR^2)$ sind in Abb. 4.19 zusammengefaßt. Die Gln. (4.128) und (4.131) gestatten im Rahmen der gemachten Vereinfachungen die Berechnung der instationären Adsorption in der Wirbelschicht für kugelförmige Teilchen. Im Sonderfall $c \ll c_0$ nimmt der Nenner des Integranden in

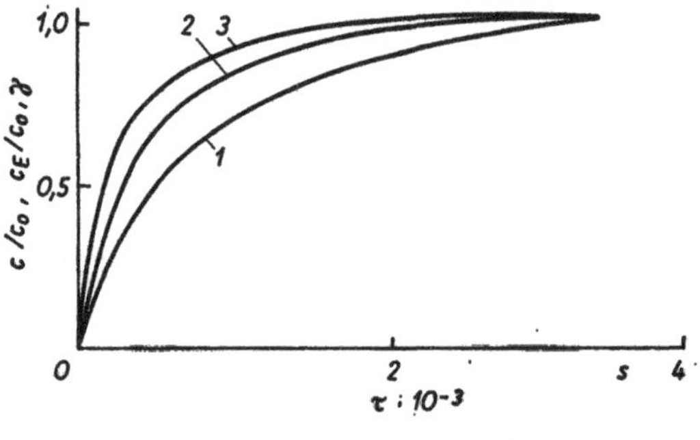

Abb. 4.20. Abhängigkeit des Sättigungsgrades γ eines kugelförmigen Teilchens (*1*), der relativen Konzentration c_E/c_0 der Gasphase am Ausgang einer diskontinuierlich arbeitenden Wirbelschicht (*2*) und der relativen, über die Schichthöhe gemittelten Konzentration $\bar{c}/c_0$ (*3*) von der laufenden Zeit τ.

$c_0 = 10^{-3}$ kg/m^3; $a = 250$ kg/m^3; $R = 10^{-3}$ m; $H = 50 \cdot 10^{-3}$ m; $\varepsilon = 0{,}5$; $\varrho = 10^3$ kg/m^3; $D' = 1{,}44 \times 10^{-6}$ m^2/s; $w = 1{,}08$ m^3/(m^{2}s); $v = 2{,}5 \cdot 10^{-2}$ m^3/(m^{2}s); $B = 0{,}10$.

Gleichung (4.131) den Wert Eins an, so daß man für den Sättigungsgrad des Sorbens

$$\gamma = 3\left(y - \frac{y^2}{2} + \frac{y^3}{3}\right) = \frac{Vc_0}{V_{sp}a}\,\tau$$

erhält, d. h. die gesamte, mit dem Trägergas ankommende Menge der Zielkomponente wird adsorbiert. Abb. 4.20 zeigt die nach den Gln. (4.128) und (4.131) berechneten Ergebnisse für ein konkretes Zahlenbeispiel.

In gleicher Weise erfolgt die Ableitung für die diskontinuierliche Adsorption in der Wirbelschicht für zylindrische Teilchen. Bei Vernachlässigung des durch die Stirnseiten der Teilchen führenden Stoffstromes und unter Verwendung der bereits früher abgeleiteten Gleichung für den Konzentrationsgradienten der Zielkomponente in der Gasphase der gesättigten Schicht erhält man nach einigen Vereinfachungen durch Integration analoger Gleichungen für die Kinetik und die Stoffbilanz folgendes Konzentrationsprofil über die Höhe der Wirbelschicht:

$$c = c_0 \exp\left[\frac{2V_{sp}D'h}{VR^2H\ln(1-y)}\right] \tag{4.132}$$

Die Beziehung zwischen der Zeit und der Eindringtiefe lautet für zylindrische Teilchen

$$\tau = \frac{2aV_{sp}}{Vc_0}\int\limits_0^y \frac{(1-y)\,dy}{1-\exp\left[\dfrac{2V_{sp}D'}{VR^2\ln(1-y)}\right]} \tag{4.133}$$

Die berechneten Werte für das Integral in Gl. (4.133) sind der Abb. 4.21 zu entnehmen. Das Fehlen eines Längenparameters für die zylinderförmigen Teilchen in den Berechnungsgleichungen (4.132) und (4.133) erklärt sich aus der Vernachlässigung des durch die Stirnflächen führenden Stoffstromes.

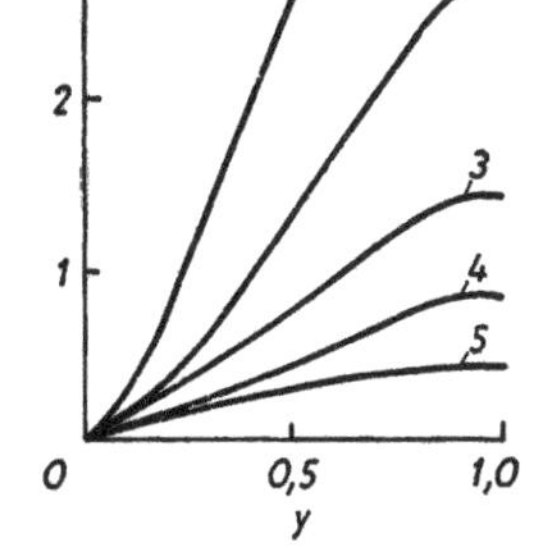

Abb. 4.21. Abhängigkeit des Integranden J in Gl. (4.133) vom Parameter $B = 2V_{sp}D'/(VR^2)$ und der relativen Eindringtiefe für zylindrische Teilchen.
Werte von B: *1* – 0,05; *2* – 0,10; *3* – 0,2; *4* – 0,4; *5* – ∞.

Mit Ausnahme einiger Anwendungsfälle in der Technologie des Ionenaustauschs haben sich diskontinuierliche Wirbelschichtadsorber in der industriellen Praxis nicht durchsetzen können. Die Gründe hierfür sind in einer schnellen Erschöpfung des Adsorptionsvolumens der unteren Schichten und den bei der Erzielung einer stabilen Verwirbelung hinreichend hoher Schichten auftretenden Schwierigkeiten zu suchen. Die Untersuchung von Adsorptionsprozessen in diskontinuierlich arbeitenden Apparaten mit Wirbelschicht hat dennoch ihre Bedeutung: Es läßt sich die prinzipielle Durchführbarkeit eines Prozesses für ein bestimmtes System Adsorptiv—Adsorbens nachweisen und seine Kinetik bestimmen. Dabei sind eine größenordnungsmäßige Abschätzung der Stoffübergangskoeffizienten sowie eine Ermittlung der Grenze des geschwindigkeitsbestimmenden Diffusionswiderstandes in Abhängigkeit vom Sättigungsgrad der Schicht und der in ihr herrschenden hydrodynamischen Verhältnisse möglich. Diese Ergebnisse lassen sich auf die Adsorption in kontinuierlich arbeitenden Wirbelschichtapparaten übertragen.

Kontinuierliche Adsorption in der Wirbelschicht

Bei der kontinuierlichen Prozeßführung in der Wirbelschicht ist infolge der intensiven Vermischung der Teilchen eine ungleichmäßige Verweilzeit der einzelnen Teilchen zu beobachten. Die in der Schicht befindlichen und die die Schicht verlassenden Teilchen weisen somit einen unterschiedlichen Sättigungsgrad auf. Die Effektivität der Stoffaufnahme durch die Schicht stellt bei kontinuierlicher Prozeßführung eine konstante Größe dar, die sich aus der summaren Adsorptionsgeschwindigkeit aller „arbeitenden“ Teilchen des Adsorbens ergibt. Bei konstanter Stoffzufuhr stellt sich deshalb ein stationäres Profil der Konzentrationsverteilung über die Schichthöhe ein.

Durch den ungleichmäßigen Sättigungsgrad der Teilchen bedingt, sind in der Schicht neben frischen Teilchen, für die in der Regel der äußere Stofftransport den geschwindigkeitsbestimmenden Prozeßschritt darstellt, auch schon erheblich gesättigte anzutreffen, bei denen meistens der innere Stofftransport geschwindigkeitsbestimmend ist. Für Teilchen mit einem mittleren Sättigungsgrad können je nach dessen Höhe sowohl der eine, als auch der andere Schritt geschwindigkeitsbestimmend sein. Für die Schicht als ganzes sind der geschwindigkeitsbestimmende Schritt und der Stoffübergangskoeffizient β_0 von der Verteilung der Teilchen über ihren Sättigungsgrad abhängig.

a) Einstufiger Wirbelschichtadsorber

Ebenso wie bei diskontinuierlich arbeitenden Adsorbern ist auch bei kontinuierlich betriebenen der Stoffaustausch nach einer relativ geringen Höhe H_a der Wirbelschicht abgeschlossen. Oberhalb dieser Zone und am Schichtausgang stellt sich im Gasstrom praktisch die Gleichgewichtskonzentration zum mittleren Sättigungsgrad in der Schicht ein. Bei bekannter Form der Adsorptionsisotherme und Erfüllung der Bedingung $H_a < H$ läßt sich ein kontinuierlich betriebener Apparat über die Stoffbilanzgleichung berechnen [24]:

$$V[c_0 - c(a)] = L(a - a_{\mathrm{Anf}}) \tag{4.134}$$

L — Volumendurchsatz des Adsorbens

Bei einem relativ hohen mittleren Sättigungsgrad ist die Geschwindigkeit des Stoffaustauschs nur gering, so daß sich der Adsorptionsprozeß über die gesamte Schichthöhe erstreckt. In solchen Fällen herrscht am Apparateausgang kein Gleichgewicht zwischen der Konzentration in der Gasphase und dem mittleren Sättigungsgrad der Schicht. Bei einer derartigen Prozeßführung erfolgt die Berechnung nach kinetischen Abhängigkeiten bei bekannten Werten für den Stoffübergangskoeffizienten β_0.

Die experimentelle Ermittlung von β_0 in kontinuierlichen Adsorbern ist, ähnlich wie bei diskontinuierlich betriebenen, mit einer Reihe von Schwierigkeiten verbunden. Die Stoffbilanz für eine infinitesimale Schichthöhe lautet

$$V \cdot dc = -\beta_0 L[c - c^*(a)]\, dh \tag{4.135}$$

Da $c(a)$ eine über die Schichthöhe konstante Größe darstellt, erhält man durch Integration dieses Ausdruckes:

$$\beta_0 = \frac{V}{Lh} \ln \frac{c_0 - c^*(a)}{c_E - c^*(a)} \tag{4.136}$$

V, L — Volumendurchsätze des Gases bzw. Adsorbens
a — mittlere Sorbatkonzentration im Adsorbens

Die Ermittlung von β_0 nach Gl. (4.134) ist offensichtlich nur für $H < H_a$ möglich, wenn die Differenz zwischen der Austrittskonzentration und der Gleichgewichtskonzentration hinreichend groß ist und demzufolge genügend genau gemessen werden kann.

Einige Zahlenwerte für Stoffübergangskoeffizienten in kontinuierlich arbeitenden einstufigen Wirbelschichtadsorbern werden in der Arbeit [26] angegeben. Besonders wird auf die starke Verringerung des Stoffübergangs mit steigendem Sättigungsgrad eingegangen.

Im folgenden wird auf die analytische Lösung für einen kontinuierlich in der Wirbelschicht geführten Adsorptionsprozeß eingegangen, wobei das einzelne Korn dem Schema der schichtenweisen Ausfüllung unterliegen soll [10].

Bereits an anderer Stelle wurde der Ausdruck für die Verteilungsdichte der Feststoffteilchen über die Verweilzeit bei idealer Vermischung der festen Phase abgeleitet:

$$\varrho(\tau) = \frac{1}{\bar{\tau}} \exp\left(-\frac{\tau}{\bar{\tau}}\right) \tag{4.137}$$

$\bar{\tau}$ — mittlere Verweilzeit des Feststoffes

Aus der Modellvorstellung über die ideale Vermischung des Feststoffes ergibt sich ein exponentielles Konzentrationsprofil der Zielkomponente im Gasstrom über die Schichthöhe. Der mittlere Konzentrationswert beträgt

$$\bar{c} = \frac{c_0 - c_E}{\ln (c_0/c_E)} \tag{4.138}$$

$\bar{c}$ — mittlere Konzentration der Zielkomponente im Gasstrom

Zu einem beliebigen Zeitpunkt erweist sich nicht die gesamte Schicht als aktiv, d. h. nicht alle Teilchen sind in der Lage, Zielkomponente aufzunehmen. Nach Gl. (4.137)

beträgt der bereits gesättigte Anteil V_{ges}:

$$V_{ges} = \int_{\tau_m}^{\infty} \frac{1}{\bar{\tau}} \exp(-\tau/\bar{\tau})\, d\tau = \exp(-\tau_m/\bar{\tau})$$

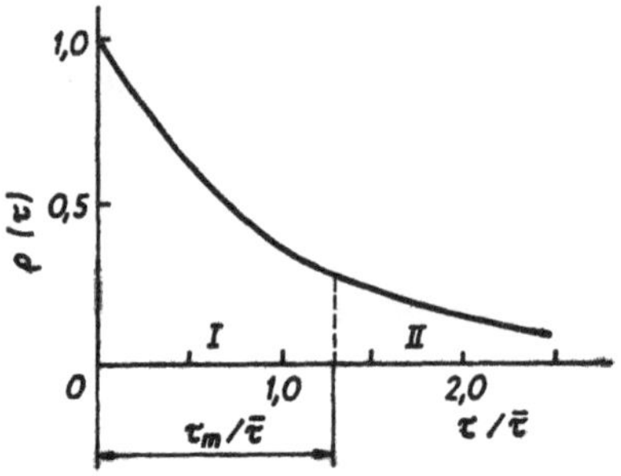

Abb. 4.22. Verweilzeitverteilung der Adsorbensteilchen in einem einstufigen Wirbelschichtapparat.

I — aktiver Anteil des Adsorbens (V_{akt});
II — gesättigter Anteil des Adsorbens (V_{ges}).

Für den aktiven Anteil (Abb. 4.22) ergibt sich:

$$V_{akt} = 1 - \exp(-\tau_m/\bar{\tau})$$

τ_m — zur völligen Sättigung des Teilchens erforderliche Zeit

Das Verhältnis zwischen arbeitsfähigen und verbrauchten Teilchen hängt also vom Wert $\tau_m/\bar{\tau}$ ab. Für $\bar{\tau} \gg \tau_m$ ist die aktive Zone klein (niedriger Wert für V_{akt}, d. h. die ganze Schicht besteht praktisch aus verbrauchten Teilchen); der Stoffübergangskoeffizient β_0 für die gesamte Schicht liegt in der Nähe des für die Sättigung geltenden Wertes, so daß sich der Prozeß wenig effektiv führen läßt. Für $\bar{\tau} \ll \tau_m$ wird $V_{akt} \to 1$. Der Anteil des gesättigten Sorbens ist verschwindend gering, so daß $\beta_0 \to \beta_1$ gilt. Das Sorptionsvermögen der Schicht wird nur unzureichend genutzt.

Für die Menge der Zielkomponente dM, die pro Zeiteinheit durch einen Anteil $\varrho(\tau)\, d\tau$ des ungesättigten Sorbens von kugelförmiger Gestalt, der in einen Verweilzeitbereich von τ bis $(\tau + d\tau)$ fällt, adsorbiert wird, gilt

$$dM = \varrho(\tau)\, d\tau \frac{V_{Sch}}{\frac{4}{3}\pi R^3} 4\pi(R - x)^2 D'\bar{c} \frac{R}{(R - x)\, x} \tag{4.139}$$

$V_{Sch} = HS(1 - \varepsilon)$ — Volumen der in der Schicht befindlichen festen Phase

Durch Einführen von $y = \frac{x}{R}$, Ersetzen der laufenden Zeit durch die relative Eindringtiefe nach Gl. (4.33) und einige vereinfachende Umformungen erhält man nach Integration der Gl. (4.139) folgenden Ausdruck für den stationären Strom der Zielkomponente zum aufgewirbelten Sorbens:

$$M = \frac{3aV_{sch}}{\bar{\tau}} \int_0^1 (1 - y)^2 \exp\left[-\frac{\tau_m}{\bar{\tau}}(3y^2 - 2y^3)\right] dy \tag{4.140}$$

Diese Gleichung berücksichtigt die Tatsache, daß der Feststoffanteil exp $(-\tau_m/\bar{\tau})$ gesättigt ist und keine adsorbierende Wirkung aufweist (die Integration über die Zeit erfolgt in den Grenzen von 0 bis τ_m, die über die Eindringtiefe von 0 bis R).

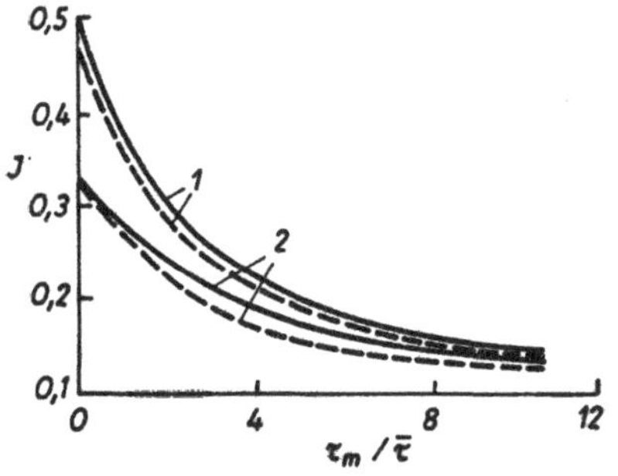

Abb. 4.23. Integral J in den Gln. (4.140) und (4.141) für den Stoffstrom zum Adsorbens in einem kontinuierlich arbeitenden Wirbelschichtapparat.

1 — kugelförmige Teilchen; *2* — zylindrische Teilchen;
——— stationäres hyperbolisches und logarithmisches Profil in aus kugelförmigen bzw. zylindrischen Teilchen bestehenden Schichten;
– – – dto unter der Annahme eines linearen Profils in der gesättigten Zone.

Bezeichnet man das Integral in Gl. (4.140) mit J und setzt für den Ausdruck $V_{Sch}/\bar{\tau}$ den Volumendurchsatz des Sorbens, so nimmt Gl. (4.140) folgende kompakte Form an:

$$M = 3aLJ$$

In dieser Gleichung läßt sich J weder analytisch bestimmen, noch auf tabellierte Integrale zurückführen. Da J jedoch lediglich von einem Parameter, nämlich von $A = \tau_m/\bar{\tau}$ abhängig ist, läßt sich eine graphische Berechnung $J(A)$ ohne Schwierigkeiten durchführen. Die erhaltenen Ergebnisse sind in Abb. 4.23 zusammengefaßt.

Bei der Auslegung von Apparaten werden in der Regel der Gasdurchsatz V, der Teilchenradius R des Sorbens sowie die Eingangs- bzw. Austrittskonzentration (c_0 und c_E) der Zielkomponente im Trägergas vorgegeben. Anhand dieser Größen läßt sich nach Gl. (4.138) $\bar{c}$ ermitteln. Bei Kenntnis von a und D' ist die Berechnung von τ_m möglich.

Für zylinderförmige Sorbensteilchen liefert eine analoge Ableitung für den stationären Strom der Zielkomponente zum ideal vermischten Sorbens folgenden Ausdruck [10]:

$$M = 2aV_{sp} \int_0^1 (1-y) \exp\left[-3A\left\{\frac{1}{2} + (1-y)\left[\ln(1-y) + \frac{1}{2}\right]\right\}\right] dy \qquad (4.141)$$

Das in dieser Gleichung stehende Integral wurde ebenfalls graphisch berechnet. Die Abhängigkeit seines Wertes vom Parameter A ist in Abb. 4.23 dargestellt. Mit geringer werdender Verweilzeit τ der Teilchen in der Schicht nimmt auch deren Sättigungsgrad ab. Unter diesen Bedingungen spielt die Art der Oberflächenkrümmung der Teilchen nur noch eine untergeordnete Rolle, so daß sich die Kurven *1* und *2* einander nähern.

Die Verteilung des Feststoffes über den Sättigungsgrad läßt sich im Rahmen der gemachten Annahmen aus der Verteilung der relativen Eindringtiefe ableiten, wobei sich letztere aus den wie folgt umgeformten Gln. (4.133) und (4.135) ermitteln läßt:

$$\varrho(y) = \varrho[\tau(y)] \left| \frac{\partial \tau}{\partial y} \right| \quad \text{für } y < 1$$

$$\int_{1-0}^{1+0} \varrho(y)\, dy = \exp\left(-\tau_m/\bar{\tau}\right) \quad \text{und} \quad \varrho(y) = 0 \quad \text{für } y < 1$$

Die angeführten Problemstellungen lassen sich auch mit Hilfe von Näherungsmethoden durch Linearisierung lösen [9, 36]. Anstelle der in den Gln. (4.140) und (4.141) auftretenden Integrale ergeben sich Integrale, die sich auf tabellierte LAPLACE-Funktionen zurückführen lassen.

Die bei der Linearisierung erhaltenen Ergebnisse wurden zum Vergleich als unterbrochene Linien in das Diagramm 4.23 eingetragen. Wie aus dieser Abbildung ersichtlich ist, führen die linearisierten Konzentrationskurven für kugel- und zylinderförmige Teilchen zu niedrigeren Werten für den Sättigungsgrad des Sorbens (für kugelförmige Teilchen bis maximal 16%, für zylindrische maximal 10%).

Bei relativ geringem Gehalt an Zielkomponente in der Gasphase und grobkörnigem Adsorbens ($R > 10^{-3}$ m), d. h. für Werte von $\tau_m/\bar{\tau} > 4$, läßt sich der Sättigungsgrad kugelförmiger Adsorbensteilchen nach folgender Gleichung berechnen [36]:

$$\bar{\gamma} = 2{,}65(\bar{\tau}/\tau_m)^{0,5} \left[1 + 0{,}5(\bar{\tau}/\tau_m) - 1{,}13(\bar{\tau}/\tau_m)^{0,5}\right] \tag{4.142}$$

Beispiel 4.2: Es ist ein kontinuierlich arbeitender einstufiger Wirbelschichtadsorber zu berechnen.

Es sind Benzoldämpfe aus einem Luftstrom zu adsorbieren. Als Adsorbens dient Aktivkohle der Marke SKT. Es gelten folgende Prozeßdaten:

Volumendurchsatz des Benzoldampf-Luft-Gemisches V, m³/s	0,21
Konzentration des Benzoldampfes in der Luft, kg/m³	
am Apparateeingang c_0	$8{,}2 \cdot 10^{-3}$
am Apparateausgang c_E	$1{,}9 \cdot 10^{-3}$
Adsorbensdurchsatz L, m³/s	$8{,}3 \cdot 10^{-6}$
mittlere Verweilzeit des Adsorbens in der Schicht	
(experimentell ermittelt) $\bar{\tau}$, s	1400
Teilchendurchmesser des Adsorbens d, m	$1{,}9 \cdot 10^{-3}$
Dichte der Aktivkohle, kg/m³	
scheinbare Dichte ϱ_s	670
Schüttdichte ϱ_{Sch}	400
Koeffizient der inneren Diffusion von Benzol D', m²/s	$2{,}3 \cdot 10^{-6}$
Temperatur, °C	20

Der Verlauf der Adsorptionsisotherme des Benzols an Aktivkohle der Marke SKT ist der Abb. 4.24 zu entnehmen.

1. Der Apparatedurchmesser wird anhand der Durchsatzgleichung bestimmt, wobei zur Ermittlung der Geschwindigkeit des Gasstromes eine funktionelle Abhängigkeit der REYNOLDS-Zahl von der ARCHIMEDES-Zahl und dem freien Volumen (für ε wird $\varepsilon = 0{,}55$ angenommen) dient.

$$Ar = \frac{d^3 \varrho_s g}{\nu^2 \varrho_G} = \frac{(1{,}9 \cdot 10^{-3})^3 \cdot 670 \cdot 9{,}81}{(1{,}5 \cdot 10^{-5})^2 \cdot 1{,}2} = 1{,}87 \cdot 10^5$$

$$Re = \frac{Ar \cdot \varepsilon^{4,75}}{18 + 0{,}61 \sqrt{Ar \cdot \varepsilon^{4,75}}} = \frac{1{,}87 \cdot 10^5 \cdot 0{,}55^{4,75}}{18 + 0{,}61 \sqrt{1{,}87 \cdot 10^5 \cdot 0{,}55^{4,75}}} = 134$$

$$w = \frac{Re \cdot \nu}{d} = \frac{134 \cdot 1{,}5 \cdot 10^{-5}}{1{,}9 \cdot 10^{-3}} = 1{,}06 \text{ m/s}$$

$$D_{Ap} = \sqrt{\frac{V}{0{,}785 w}} = \sqrt{\frac{0{,}21}{0{,}785 \cdot 1{,}06}} = 0{,}5 \text{ m}$$

2. Ermittlung der Schichthöhe

$$H_0 = \frac{V_{Sch}\varrho_s}{\varrho_{Sch} \cdot 0{,}785 \cdot D_{Ap}^2} = \frac{1{,}16 \cdot 10^{-2} \cdot 670}{400 \cdot 0{,}785 \cdot 0{,}5^2} = 0{,}1 \text{ m}$$

$$V_{Sch} = \bar{\tau} \cdot L = 1400 \cdot 8{,}3 \cdot 10^{-6} = 1{,}16 \cdot 10^{-2} \text{ m}^3$$

3. Ermittlung der zur vollständigen Sättigung eines Teilchens erforderlichen Zeit. Für die mittlere Benzolkonzentration in der Schicht gilt

$$\bar{c} = \frac{c_0 - c_E}{2{,}3 \cdot \lg (c_0/c_E)} = \frac{(8{,}2 - 1{,}9)\, 10^{-3}}{2{,}3 \cdot \lg (8{,}2/1{,}9)} = 4{,}35 \cdot 10^{-3} \text{ kg/m}^3$$

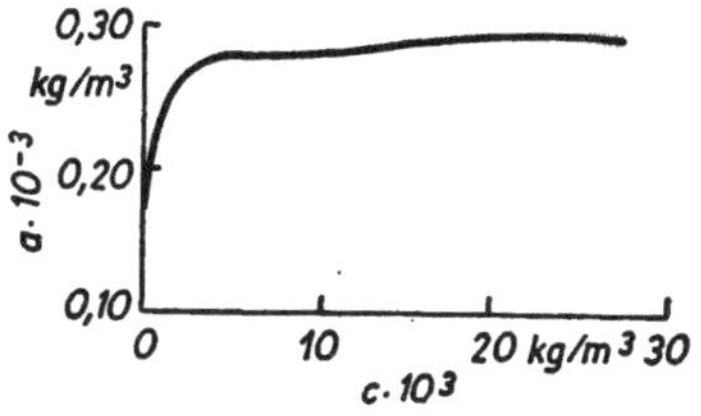

Abb. 4.24. Adsorptionsisotherme für die Adsorption von Benzol an Aktivkohle der Marke SKT.

Die zu $\bar{c}$ gehörige Gleichgewichtskonzentration im Adsorbens wird der Adsorptionsisotherme (Abb. 4.24) entnommen: $a^* = 265$ kg/m³. Damit läßt sich die zur Sättigung eines Teilchens erforderliche Zeit berechnen:

$$\tau_m = \frac{a^* R^2}{2D'\bar{c}} = \frac{265(0{,}95 \cdot 10^{-3})^2}{2 \cdot 2{,}3 \cdot 10^{-6} \cdot 4{,}35 \cdot 10^{-3}} = 12000 \text{ s}$$

4. Ermittlung des Sättigungsgrades am Schichtausgang
Da für $\tau_m/\bar{\tau} = 1200/1400 > 4$ gilt, ist Gl. (4.142) anwendbar:

$$\bar{\gamma} = 2{,}65 \sqrt{\frac{1400}{12000}} \left(1 + 0{,}5 \frac{1400}{12000} - 1{,}13 \sqrt{\frac{1400}{12000}}\right) = 0{,}6$$

b) Mehrstufiger Gegenstromwirbelschichtadsorber

Die Berechnung des in der Wirbelschicht eines mehrstufigen Gegenstromadsorbers ablaufenden Prozesses erfolgt nach den gleichen allgemeingültigen Beziehungen für den Stoffaustausch [11, 22—24], die auch auf das Fließbett angewendet wurden. Berechnet werden das Gesamtvolumen der Adsorbensschicht, die Anzahl der erforderlichen Böden bei einer von technologischen Gesichtspunkten aus vorgegebenen Höhe einer einzelnen Schicht (0,05 bis 0,08 m) und die Menge des einzusetzenden Adsorbens.

Die geringste Neigung der Arbeitslinie, die durch das Verhältnis L/V bestimmt wird, entspricht der in Abb. 4.25 gezeigten Lage der Geraden AB' [37]. In diesem Falle gilt:

$$\frac{L_{\min}}{V} = \frac{c_0 - c_E}{a^*(c_0) - a_{\text{Anf}}} \tag{4.143}$$

Für den Durchsatz des Adsorbens wird $L = (1{,}1 \text{ bis } 1{,}3) \cdot L_{\min}$ angenommen. Zur Berechnung des Gesamtvolumens des Adsorbens dient folgende Gleichung:

$$V_{\mathrm{Sch}} = \frac{V}{\beta_0} \frac{c_0 - c_E}{\Delta \bar{c}} \tag{4.144}$$

$\frac{V}{\beta_0} = V_{\ddot{a}q}$ – einer Übergangseinheit äquivalentes Schichtvolumen

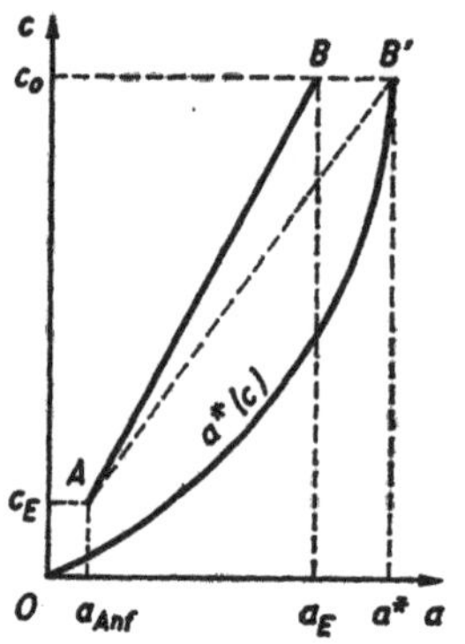

Abb. 4.25. Gleichgewichts- (*OB'*) und Arbeitslinie (*AB*) für den Adsorptionsprozeß.

Diese Berechnungsmethodik ist auch auf den Desorptionsteil des Apparates anwendbar. Der zur Berechnung erforderliche Stoffübergangskoeffizient läßt sich aus folgenden Gleichungen ermitteln [38—40]:

$$Ki_D = 1{,}55 \cdot 10^2 \left(\frac{Ld}{\varepsilon D^*}\right)^{0,75} \left(\frac{c^*(\bar{a})}{c_0}\right)^{0,35} \beta (BT^2)^{-1,3} \left(\frac{H}{d}\right)^{-1,25} \tag{4.145}$$

$$Ki_D = 4 \left(\frac{Ld}{\varepsilon D^*}\right)^{0,7} \left(\frac{c^*(\bar{a})}{c_0}\right)^{0,35} \left(\frac{BT^2}{\beta^2}\right)^{-1,1}$$

$$Ki_D = \frac{\beta_0 d}{D_{ef}} \tag{4.146}$$

Gl. (4.145) wurde für die Adsorption von Methanol- und Äthanoldämpfen aus Luft an Aktivkohle der Marken AG-3, SKT-D, KAU und AGK-1 mit einem Korndurchmesser von 0,35 mm abgeleitet, während Gl. (4.146) für die Adsorption von Wasserdampf und CO_2 aus Luft an Zeolithen Na*A*, Ca*A* und des Typs *A* der Kobaltform mit einer Körnung von 2—3 mm Gültigkeit besitzt.

Eine Analyse dieser Gleichungen zeigt, daß die mittleren Stoffübergangskoeffizienten praktisch unabhängig von der Geschwindigkeit des Gasstromes sind, während der Durchsatz des Adsorbens und die Schichthöhe auf jedem Boden Einfluß auf deren Zahlenwert besitzen. Eine Steigerung des Durchsatzes und eine Verringerung der Schichthöhe, d. h. eine Senkung der mittleren Verweilzeit des Adsorbens führen zu einer Zunahme des Wertes von β_0. Diese Tatsache läßt sich mit dem bei weitem überwiegenden inneren Diffusionswiderstand erklären, was auch im Einklang mit den Schlußfolgerungen anderer Autoren [26] steht.

Mit Hilfe der relativ einfachen Adsorptionskinetik bei der Mehrschichtenbeladung eines einzelnen Teilchens läßt sich die Arbeitsweise eines mehrstufigen Gegenstromapparates [41] unter der Annahme der idealen Vermischung der festen Phase in der Wirbelschicht jeder Stufe beschreiben. Für die Verteilungsdichte der Verweilzeit des Sorbens in der i-ten Wirbelschicht gilt

$$\varrho_i(\tau) = \frac{1}{\bar{\tau}_i} \exp(-\tau/\bar{\tau}_i) \tag{4.147}$$

$\bar{\tau}_i$ — mittlere Verweilzeit des Feststoffes in der i-ten Schicht

Die bereits früher abgeleitete Beziehung (4.33) nimmt bei einer Anfangseindringtiefe $y|_{\tau=0} = y_0$ folgende Form an:

$$\tau = \frac{aR^2}{D'\bar{c}} \left(\frac{y^2 - y_0^2}{2} - \frac{y^3 - y_0^3}{3} \right) \tag{4.148}$$

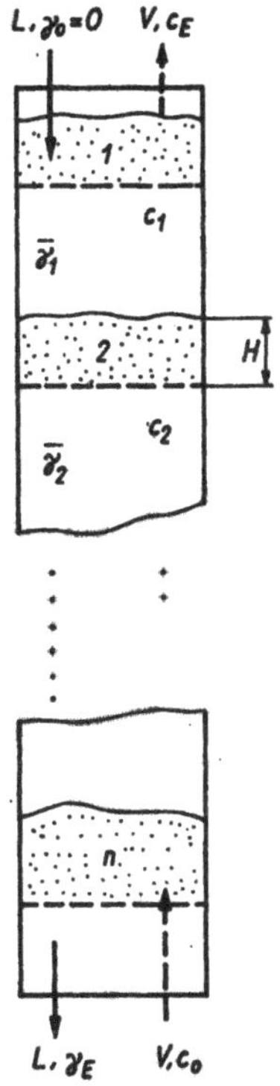

Abb. 4.26. Schema eines mehrstufigen, im Gegenstrom arbeitenden Wirbelschichtadsorbers.

Bei dieser Ableitung wurde vorausgesetzt, daß sich das quasistationäre Konzentrationsprofil der Zielkomponente in der bereits gesättigten Zone des Korns, das der mittleren Konzentration $\bar{c}$ an der äußeren Grenze entspricht, momentan einstellt. Gl. (4.148) gilt damit nur in solchen Fällen, in denen sich das Konzentrationsprofil in der gesättigten Zone im Vergleich zur mittleren Verweilzeit des Sorbens in der Schicht hinreichend schnell einstellt.

Mit Hilfe der Gln. (4.147) und (4.148) läßt sich die Verteilung der festen Phase über die relative Eindringtiefe für die erste Schicht in expliziter Form angeben. Nach dem Schema in Abb. 4.26 gelangt reiner Adsorbens auf den obersten Boden ($y_0 = \gamma_0 = 0$). Die mittlere Konzentration der Zielkomponente in der Gasphase der ersten Stufe ergibt sich nach Gl. (4.138) zu

$$\bar{c}_1 = \frac{c_1 - c_E}{\ln (c_1/c_E)}$$

Die simultane Lösung der Gln. (4.147) und (4.148) für $y_0 = 0$ liefert die Verteilung über die relative Beladung am Ausgang aus der ersten Schicht:

$$\left.\begin{aligned} \varrho_1(y) &= A_1(y - y^2) \exp\left[-A_1\left(\frac{y^2}{2} - \frac{y^3}{3}\right)\right] \\ A_1 &= \frac{aR^2}{D'\bar{\tau}_1(c_1 - c_E)/\ln (c_1/c_E)} \end{aligned}\right\} \quad (4.149)$$

Ein mögliches Beispiel für die Verteilung des Sorbens über die Eindringtiefe am Austritt aus der ersten Schicht (Eingang in die zweite Schicht) wird in Abb. 4.27 gezeigt.

Ein gewisser Anteil X_1 des Gesamtdurchsatzes an festen Teilchen ist nach der endlichen Zeit τ_{m1} völlig gesättigt ($y = 1$):

$$X = \int_{1-0}^{1+0} \varrho_1(y)\, dy = \exp(-\tau_{m1}/\bar{\tau}_1)$$

Durch Einsetzen des aus Gl. (4.148) für $y_0 = 0$ und $y = 1$ gewonnenen Wertes τ_{m1} ergibt sich

$$X_1 = \exp(-A_1/6) \quad (4.150)$$

Die Berechnung des Sättigungsgrades kugelförmiger Teilchen am Ausgang der Schicht wird folgendermaßen vorgenommen:

$$\bar{\gamma} = \int_0^1 [1 - (1 - y^3)]\, \varrho_1(y)\, dy + 1 \int_{1-0}^{1+0} \varrho_1(y)\, dy$$

Für die erste Schicht erhält man durch Einsetzen der Beziehungen (4.149) und (4.150) in diesen Ausdruck:

$$\begin{aligned} \bar{\gamma}_1 &= A_1 \int_0^1 [1 - (1 - y^3)]\, (y - y^2) \exp\left[-A_1\left(\frac{y^2}{2} - \frac{y^3}{3}\right)\right] dy + \exp\left(-\frac{A_1}{6}\right) \\ &= A_1 J_1(A_1) + \exp\left(-\frac{A_1}{6}\right) \end{aligned} \quad (4.151)$$

Das Integral $J_1(A_1)$ in Gl. (4.151) ist nicht geschlossen lösbar. Mit Hilfe der Gl. (4.151) lassen sich einstufige Adsorber mit Wirbelschicht berechnen. Im Gegensatz zu der auf Gl. (4.97) angewendeten Prozedur ist hier die Tabellierung eines anderen bestimmten Integrals notwendig.

In der Praxis der Adsorptionstechnik sind meistens der Durchsatz sowie Anfangs- und Endkonzentration der Gasphase vorgegeben. Der Durchsatz an fester Phase wird in Abhängigkeit vom gewünschten mittleren Sättigungsgrad $\bar{\gamma}_E$ des Sorbens am Apparateausgang gewählt. Nach der Ermittlung der optimalen Höhe der Wirbelschichten, die unabhängig nach hydrodynamischen Gesichtspunkten erfolgt (keine Bildung von Gas-

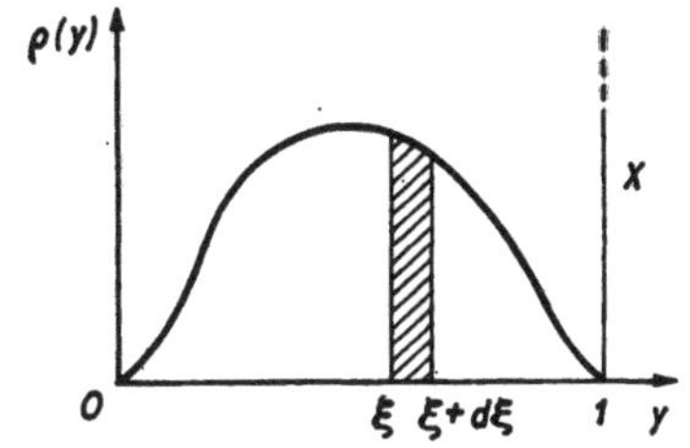

Abb. 4.27. Verteilungsdichte $\varrho(y)$ des Sorbens über seine relative Eindringtiefe am Austritt aus der Wirbelschicht.

blasen und Toträumen in der Schicht usw.), läßt sich die Konzentration c_1 der Zielkomponente im Gasstrom unterhalb der ersten Schicht als simultane Lösung der Stoffbilanzgleichung und der Beziehung (4.151) ermitteln:

$$\bar{\gamma}_E \frac{c_1 - c_E}{c_0 - c_E} = A_1 J_1(A_1) + \exp\left(-\frac{A_1}{6}\right) \tag{4.152}$$

In die von oben zweite Schicht gelangt Feststoff, der eine nach den Gln. (4.149) und (4.150) ungleichmäßige Eindringtiefe aufweist. Vom Gesamtdurchsatz des in die zweite Schicht gelangenden Sorbens wird ein Elementaranteil $\varrho_1(\xi)\,d\xi$ betrachtet (Abb. 4.27). Dieser Anteil weist bei seinem Eintritt in die zweite Schicht eine Eindringtiefe ξ auf, die infolge der Vermischung in der zweiten Schicht an deren Ausgang nach Gl. (4.147) wiederum „verteilt wird". Die gleiche Feststellung trifft für jeden beliebigen in die zweite Schicht gelangenden Feststoffanteil zu. Die Verteilung des Sorbens über die Eindringtiefe am Ausgang aus der zweiten Schicht ergibt sich durch Summation der Verteilungen aller die Gesamtmenge bildender Elementaranteile (für jeden laufenden Wert von y):

$$\varrho_2(y) = \int_0^y \varrho_1(\xi)\,d\xi A_2(y - y^2) \exp\left[-A_2\left(\frac{y^2 - \xi^2}{2} - \frac{y^3 - \xi^3}{3}\right)\right]$$

$$A_2 = aR^2 \ln(c_2/c_1)/D\bar{\tau}_2(c_2 - c_1)$$

Der zweite Faktor des Integranden stellt die Verteilung des Anteils $\varrho_1(\xi)\,d\xi$ über die Eindringtiefe bei einer am Eingang in die zweite Schicht betragenden Eindringtiefe von ξ dar. Die Integration erfolgt über y, da eintretender Feststoff mit einer anfänglichen Eindringtiefe $\xi > y$ nicht in dem Feststoffanteil mit einer Eindringtiefe y enthalten sein kann.

Unter Hinzuziehung der Gl. (4.149), in der y durch ξ zu ersetzen ist, liefert die Integration folgenden Ausdruck für die Verteilung am Ausgang aus der zweiten Schicht:

$$\varrho_2(y) = \frac{A_1 A_2}{A_1 - A_2}(y - y^2)\left\{\exp\left[-A_2\left(\frac{y^2}{2} - \frac{y^3}{3}\right)\right] - \exp\left[-A_1\left(\frac{y^2}{2} - \frac{y^3}{3}\right)\right]\right\} \tag{4.153}$$

Der am Ausgang aus der zweiten Schicht anzutreffende vollständig beladene Adsorbens besteht aus dem Anteil X_1, das ist der bereits in der ersten Schicht beladene Teil, und dem in der zweiten Schicht verbrauchten Anteil X_2. X_2 ergibt sich durch Summation der beladenen Anteile aller Elementarverteilungen:

$$X_2 = \int_0^1 \varrho_1(\xi)\, d\xi \exp\left(-\frac{\tau_{m2}}{\bar{\tau}_2}\right) = \frac{A_1}{A_1 - A_2}\left[\exp\left(-\frac{A_2}{6}\right) - \exp\left(-\frac{A_1}{6}\right)\right] \tag{4.154}$$

Die zur vollständigen Sättigung in der zweiten Schicht erforderliche Zeit τ_{m2} erhält man aus der kinetischen Gleichung (4.148) für $y \to \xi$ und $y = 1$. Der Zustand des aus der zweiten Schicht austretenden Feststoffes wird somit durch die Gln. (4.153), (4.154) und (4.150) beschrieben.

Die Konzentration der Zielkomponente unterhalb der zweiten Schicht ergibt sich als simultane Lösung der Stoffbilanzgleichung für die zweite Schicht und der Gleichung für den in der zweiten Schicht herrschenden mittleren Sättigungsgrad. Letzteren erhält man durch Integration von $\varrho_2(y)$ mit dem Wichtungsfaktor $\gamma = 1 - (1 - y)^3$ unter Berücksichtigung des bereits beladenen Stoffanteils $X_1 + X_2$:

$$\bar{\gamma}_E \frac{c_2 - c_E}{c_0 - c_E} = \frac{A_1 A_2}{A_1 - A_2}[J_1(A_2) - J_1(A_1)] + \exp\left(\frac{A_1}{6}\right) + \frac{A_1}{A_1 - A_2}\left[\exp\left(-\frac{A_2}{6}\right) - \exp\left(-\frac{A_1}{6}\right)\right] \tag{4.155}$$

Bei $J_1(A_2)$ handelt es sich um ein Integral der gleichen Form wie in Gl. (4.151), jedoch mit einem anderen Parameterwert A_2.

In gleicher Weise erfolgt die Ableitung für die dritte Schicht. Es ergeben sich folgende Beziehungen:

$$\left.\begin{aligned}
\varrho_3(y) &= A_1 A_2 A_3 (y - y^2)\left\{\frac{\exp[-A_3(y^2/2 - y^3/3)]}{(A_1 - A_3)(A_2 - A_3)} - \frac{\exp[-A_2(y^2/2 - y^3/3)]}{(A_1 - A_2)(A_2 - A_3)} + \frac{\exp[-A_1(y^2/2 - y^3/3)]}{(A_1 - A_2)(A_1 - A_3)}\right\}\\
\int_0^{1+0} \varrho_3(y)dy &= \exp\left(-\frac{A_1}{6}\right) = \frac{A_1}{A_1 - A_2}\left[\exp\left(-\frac{A_2}{6}\right) - \exp\left(-\frac{A_1}{6}\right)\right]\\
&\quad + A_1 A_2\left[\frac{[\exp(-A_3/6)}{(A_1 - A_3)(A_2 - A_3)} - \frac{\exp(-A_2/6)}{(A_1 - A_2)(A_2 - A_3)} + \frac{\exp(-A_3/6)}{(A_1 - A_2)(A_1 - A_3)}\right]\\
\gamma_E \frac{c_3 - c_E}{c_0 - c_E} &= A_1 A_2 A_3\left[\frac{J_1(A_3)}{(A_1 - A_3)(A_2 - A_3)} - \frac{J_1(A_2)}{(A_1 - A_2)(A_2 - A_3)} + \frac{J_1(A_1)}{(A_1 - A_2)(A_1 - A_3)}\right] + \int_{1-0}^{1+0} \varrho_3(y)\, dy
\end{aligned}\right\} \tag{4.156}$$

Für die n-te Schicht gilt

$$\left.\begin{aligned}
&\varrho_n(y) = (y - y^2) \prod_{i=1}^{n} A_i \sum_{j=n}^{1} \frac{(-1)^{n-j} \exp\left[-A_j/(y^2/2 - y^3/3)\right]}{\prod\limits_{k=1}^{j-1} (A_k - A_j) \prod\limits_{p=j+1}^{n} (A_j - A_p)} \\
&\int_{1-0}^{1+0} \varrho_n(y)\, dy = \sum_{n+1}^{n} \left[\prod_{i=1}^{n-1} A_i \sum_{j=n}^{1} \frac{(-1)^{n-1} \exp(-A_j/6)}{\prod\limits_{n=1}^{j-1} (A_k - A_j) \prod\limits_{p=j+1}^{n} (A_j - A_p)} \right] \\
&\bar{\gamma}_E \frac{c_{\text{Anf}} - c_E}{c_0 - c_E} = \prod_{i=1}^{n} A_i \sum_{j=n}^{1} \frac{(-1)^{n-j} J_1(A_j)}{\prod\limits_{k=1}^{j-1} (A_k - A_j) \prod\limits_{p=j+1}^{n} (A_j - A_p)} + \int_{1-0}^{1+0} \varrho_n(y) dy \\
&\prod_{i=1}^{0} A_i = \prod_{k=1}^{0} (A_k - A_j) = \prod_{p=n+1}^{n} (A_j - A_p) = 1
\end{aligned}\right\} \quad (4.157)$$

Der bereits beladene Anteil des Feststoffes wird hier als Summe der beladenen Anteile in allen über der n-ten Schicht liegenden Schichten dargestellt. Der bereits beladene Anteil am Eingang der n-ten Schicht läßt sich jedoch in wesentlich kompakterer Form angeben. Ausgehend von der Normierungsbedingung der Verteilungsdichte muß die Summe von gesättigtem und ungesättigtem Anteil des Sorbens den Wert Eins besitzen, so daß gilt:

$$\int_{1-0}^{1+0} \varrho_n(y)\, dy = 1 - \int_{0}^{1} \varrho_n(y)\, dy = 1 - \prod_{i=1}^{n} A_i \sum_{j=n}^{1} \frac{(-1)^{n-1} \left[1 - \exp(-A_j/6)\right]}{A_j \prod\limits_{k=1}^{j-1} (A_k - A_j) \prod\limits_{p=j+1}^{n} (A_j - A_p)} \quad (4.158)$$

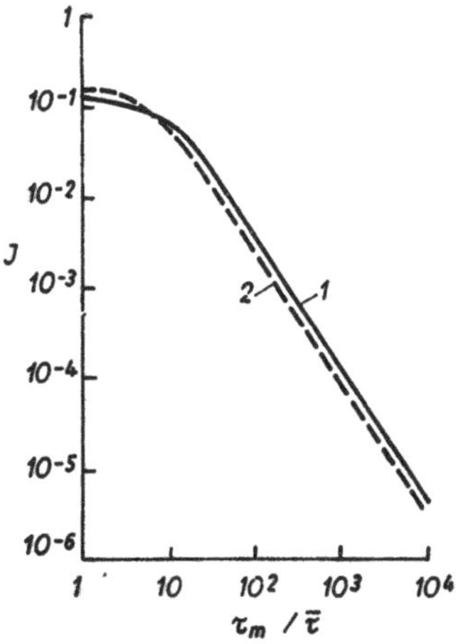

Abb. 4.28. Abhängigkeit des Integrals $J_1(A)$ in Gl. (4.157) und $J_2(A)$ in Gl. (4.162) vom Parameter $A = \tau_m/\bar{\tau}$.

1 — kugelförmiges Teilchen, $J_1(A)$;
2 — zylindrisches Teilchen, $J_2(A)$.

Die in Gl. (4.157) eingehende Funktion $J_1(A)$ läßt sich vom Prinzip her mit beliebiger Genauigkeit ermitteln. Die Abhängigkeit des Integranden vom Parameter A ist in Abb. 4.28 graphisch dargestellt. Wie aus dem Kurvenverlauf ersichtlich ist, läßt sich $J_1(A)$ für $A \geqq 60$ durch einen Potenzansatz darstellen: $J_1(A) = 3{,}180 \cdot A^{-1{,}483}$.

Bei zylindrischer Teilchenform des Adsorbens ergeben sich bei der gleichen Herleitung ähnliche Ergebnisse. Die für die Mehrschichtenbeladung zylindrischer Teilchen abgeleitete Gl. (4.35) nimmt für eine Anfangsbeladung $y|_{\tau=0} = \xi$ folgende Form an:

$$\tau = \frac{aR^2}{2D'\bar{c}} \left\{(1-y)^2 \left[\ln(1-y) - \frac{1}{2}\right] - (1-\xi)^2 \left[\ln(1-\xi) - \frac{1}{2}\right]\right\} \tag{4.159}$$

Aus dieser Gleichung folgt für die zur vollständigen Beladung eines Teilchens erforderliche Zeit

$$\tau_m = \frac{aR^2}{2D'\bar{c}} (1-\xi)^2 \left[\ln(1-\xi) - \frac{1}{2}\right] \tag{4.160}$$

Für die Verteilungsdichte des Adsorbens über seine relative Beladung erhält man am Ausgang aus der n-ten Schicht

$$\varrho_n(y) = \prod_{i=1}^{n} A_i(1-y)\,[-\ln(1-y)]$$
$$\times \sum_{j=n}^{1} \frac{(-1)^{n-j} \exp\left\{\frac{A_j}{2}\left[(1-y)^2\left[\ln(1-y) - \frac{1}{2}\right] + \frac{1}{2}\right] + \frac{A_j}{4}\right\}}{\prod\limits_{k=1}^{j-1}(A_k - A_j) \prod\limits_{p=j+1}^{n}(A_j - A_p)} \tag{4.161}$$

wobei die Form des Parameters A im Vergleich zur Ableitung für kugelförmige Teilchen unverändert bleibt.

Die Berechnung des Anteils an gesättigtem Adsorbens und der Konzentration der Zielkomponente im Trägergas nach der n-ten Schicht erfolgt nach den Gln. (4.157), wobei im Argument der Exponentialfunktion die Ziffer 6 durch 4 zu ersetzen ist und anstelle von $J_1(A)$ die Funktion $J_2(A)$ zu setzen ist. Das Integral $J_2(A)$ hat die Form

$$J_2(A) = \int_0^1 [1-(1-y)^2]\,(1-y)\,[-\ln(1-y)] \exp$$
$$\times \left\{-\frac{A}{2}\left[(1-y)^2\left[\ln(1-y) - \frac{1}{2}\right] + \frac{1}{2}\right]\right\} dy \tag{4.162}$$

Die Abhängigkeit $J_2(A)$ ist der Abb. 4.28 zu entnehmen. Auch hier deutet der lineare Verlauf ab $A \geqq 30$ auf eine einfache Approximierungsmöglichkeit hin: $J_2(A) = 2{,}19 \times A^{-1{,}483}$. Für andere Kornformen ändert sich die Struktur der Berechnungsgleichungen nicht, da sich diese aus dem Einfluß der Verteilung der festen Phase über die Eindringtiefe am Eingang einer Schicht auf die Verteilung nach dieser Schicht ergibt.

Mit Hilfe des Gleichungssystems (4.157) lassen sich Gegenstromapparate mit beliebiger Stufenzahl berechnen. Unter Einsatz der EDV ist eine Optimierung des Adsorptionsprozesses möglich.

Beispiel 4.3: Es ist ein nach dem Wirbelschichtprinzip arbeitender Gegenstromadsorber für folgende Ausgangsdaten zu berechnen:

Konzentration der Zielkomponente in der Gasphase, kg/m³	
Anfangskonzentration c_0	$5 \cdot 10^{-3}$
Endkonzentration c_E	$0{,}01 \cdot 10^{-3}$

Teilchenhalbmesser R, m	$2 \cdot 10^{-3}$
Konzentration der Zielkomponente im Sorbens a, kg/m³	250
Diffusionskoeffizient D', m²/s	$2{,}3 \cdot 10^{-6}$
Dichte des Sorbens ϱ_S, kg/m³	1000
Freies Volumen der Wirbelschichten ε	0,5
Gasdurchsatz V, kg/(m² s)	1,04
Vorgegebene Höhe der Wirbelschichten H, m	$50 \cdot 10^{-3}$

1. Nach Vorgabe einer mittleren Beladung des Adsorbens am Ausgang aus der letzten Prozeßstufe $\bar{\gamma}_E = 0{,}3$ läßt sich durch eine Stoffbilanz über den gesamten Apparat der erforderliche Durchsatz an fester Phase berechnen.

2. Nach Gl. (4.152) ergibt sich die Konzentration c_1 am Ausgang aus der ersten Schicht, Gl. (4.155) liefert die Ausgangskonzentration aus der zweiten Schicht usw. [die Größen A_1 und $J_1(A_1)$ sind die gleichen wie für die erste Schicht].
Die Berechnungen ergaben, daß in vier Schichten der vorgegebenen Höhe die geforderte Endkonzentration von $c_E = 0{,}01 \cdot 10^{-3}$ kg/m³ bei einer über $c_0 = 5 \cdot 10^{-3}$ kg/m³ liegenden Anfangskonzentration erreicht wird.

3. Verändert man die Arbeitsbedingungen des Apparates nicht, so liegt die Endkonzentration unter der geforderten von $c_E = 0{,}01 \cdot 10^{-3}$ kg/m³. Wird auf die genaue Einhaltung der Endkonzentration Wert gelegt, ist entweder die Höhe aller Schichten oder auch nur die der letzten so zu ändern, daß sich bei $c_E = 0{,}01 \cdot 10^{-3}$ kg/m³ für c_4 der Wert $c_4 = 5 \cdot 10^{-3}$ kg/m³ ergibt (Gleichungssystem (4.157) für $n = 4$).
Die bei der Berechnung der Verteilungsdichte an den einzelnen Schichtausgängen erhaltenen Ergebnisse sind der Abb. 4.29 zu entnehmen. Es wurde die bereits erwähnte Variante der Beibehaltung der Höhen für die ersten drei Schichten und der Variation von H_4 gewählt, wobei für $H_4 = 25$ mm die vorgegebene Anfangskonzentration erhalten wurde.

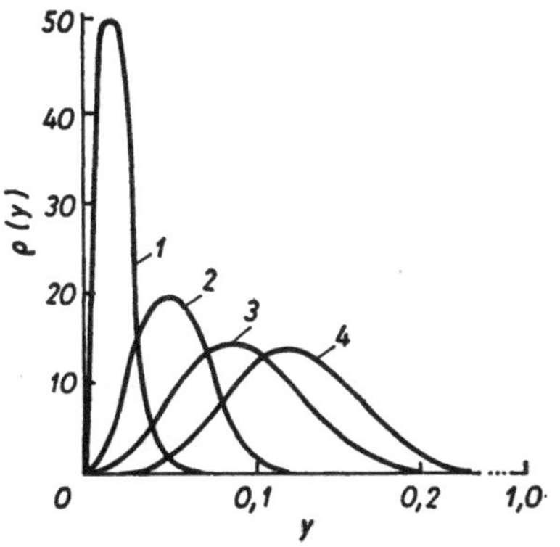

Abb. 4.29. Verteilungsdichte des Sorbens über seine relative Eindringtiefe am Austritt aus jeder Schicht.

$1 - \gamma_1 = 0{,}0451$; $2 - \gamma_2 = 0{,}128$; $3 - \gamma_3 = 0{,}228$; $4 - \gamma_4 = 0{,}300$. Höhe der ersten drei Schichten $H = 0{,}05$ m; Höhe der vierten Schicht $H_4 = 0{,}025$ m. Die Ziffern an den Kurven geben die Nummer der Schicht an.

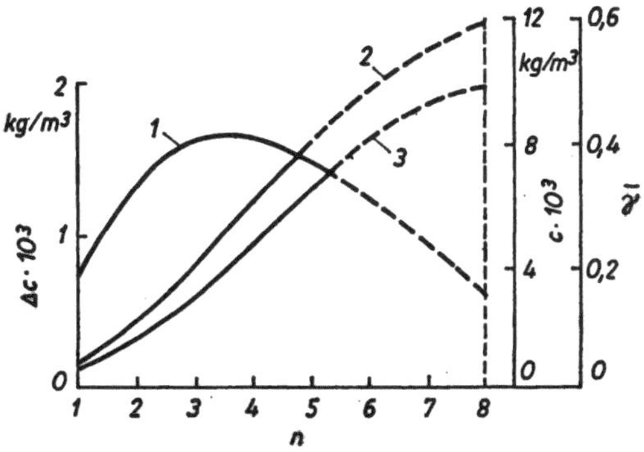

Abb. 4.30. Änderung der Konzentrationsdifferenz Δc des Gasstromes in jeder Schicht (*1*), der Gaskonzentration c unterhalb der Schicht (*2*) und des mittleren Sättigungsgrades $\bar{\gamma}$ des Sorbens am Schichtausgang (*3*) in Abhängigkeit von der Nummer n der Schicht.

——— berechnete Werte; - - - - - - extrapolierte Werte für $\gamma_E = 0{,}6$ und $c_0 = 10^{-3}$ kg/m³.

4. Bei einer Erhöhung der Anfangskonzentration auf $c_0 = 10^{-2}$ kg/m³ und einem angenommenen Sättigungsgrad von $\bar{y}_E = 0{,}6$ ändert sich die Berechnung der ersten vier Stufen, sofern alle anderen Prozeßbedingungen beibehalten werden, nicht. Die Berechnung der folgenden Stufen ist mit wachsendem Aufwand verbunden. Abb. 4.30 zeigt die für fünf Stufen erhaltenen Ergebnisse, der Kurvenverlauf für $n > 5$ wurde extrapoliert.
Abschließend sei auf zwei weitere Umstände hingewiesen:

1. In einem mehrstufigen Apparat nehmen die einzelnen Stufen trotz einheitlicher Schichthöhe nicht die gleiche Sorbatmenge auf, es existiert ein Maximum.

2. Bei vielstufigen Apparaten läßt sich die erforderliche Stufenanzahl nach Berechnung der ersten Stufen näherungsweise durch Extrapolation ermitteln. Für das angeführte Beispiel $\bar{y}_E = 0{,}6$ und $c_0 = 10^{-2}$ kg/m³ erhält man auf diese Weise $n \approx 8$ (Abb. 4.30).

c) *Einkammerkreuzstromadsorber*

Kreuzstrom tritt bei Wirbelschichten mit geringer Höhe und beträchtlicher Länge auf, wenn Zu- und Abfuhr des Adsorbens an gegenüberliegenden Stellen der Schicht erfolgen [21].

Es wird angenommen, daß die Adsorbensschicht in horizontaler Richtung keiner Vermischung unterliegt und sich mit folgender gleichförmigen Geschwindigkeit in horizontaler Richtung bewegt:

$$v = \frac{L(1 - \varepsilon)}{b \cdot H}$$

b — Schichtbreite
H — Schichthöhe

Die fehlende Vermischung in Längsrichtung der Schicht führt zu einer Verweilzeitverteilung der festen Phase in Form der Delta-Funktion:

$$\varrho(\tau) = \delta\,|l - v\tau|$$

l — laufende Längenordinate in Bewegungsrichtung des Sorbens
δ — Delta-Funktion

Über die Schichthöhe wird eine ideale Vermischung der Sorbensteilchen vorausgesetzt. Dadurch läßt sich das Konzentrationsprofil der Zielkomponente im Gasstrom über die Schichthöhe in exponentieller Form annehmen, so daß eine logarithmische Mittelwertbildung vorgenommen werden kann. Die Konzentration der Zielkomponente im Gas am Schichtausgang ist eine Funktion der Längenkoordinate l.

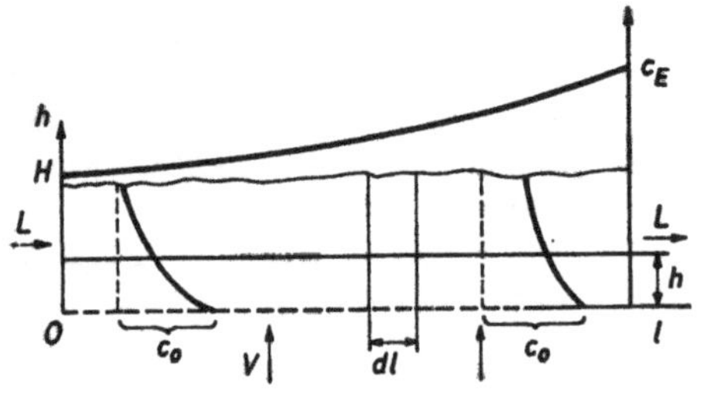

Abb. 4.31. Schema eines einstufigen, im Kreuzstrom arbeitenden Wirbelschichtadsorbers.

Für ein Schichtelement dl (Abb. 4.31) werden die Bilanz- und die kinetische Gleichung aufgestellt. Die Menge der Zielkomponente, die pro Zeiteinheit von den kugelförmigen Teilchen aufgenommen wird und zu einer Mehrschichtenbeladung führt, läßt sich als Produkt der summaren Oberfläche der Sorptionsfront in den Teilchen innerhalb des Volumens $H\,dl$, des Diffusionskoeffizienten D' durch die gesättigte Schicht, der in den Grenzen des betrachteten Elements herrschenden mittleren Konzentration der Zielkomponente im Gasstrom und des an der Sorptionsfront auftretenden Konzentrationsgradienten angeben:

$$dM = 4\pi(R - x)^2 NbH\,dl \cdot D'\bar{c}\,\frac{R}{x(R - x)}$$

Dieser Stoffstrom führt zu folgender Verlagerung der Sorptionsfront in den Teilchen:

$$4\pi(R - x)^2\,\frac{dx}{d\tau}\,a \cdot N \cdot b \cdot H \cdot dl$$

Durch Übergang von x zu y und von τ zu l (nach der Beziehung $\frac{dy}{d\tau} = v \cdot \frac{dy}{dl}$) erhält man aus beiden Ausdrücken

$$\frac{\bar{c}D'}{aR^2} = y(1 - y)\,v \cdot \frac{dy}{dl} \tag{4.163}$$

Die Bilanzgleichung für das Schichtelement ergibt sich aus folgender Überlegung: Die vom Gas beim Durchströmen des Elementes $b\,dl$ abgegebene Sorbatmenge führt zu einer Änderung des Sättigungsgrades der Teilchen beim Durchgang der festen Phase dieses Elements: $V \cdot b \cdot dl(c_0 - c) = L \cdot a \cdot d\gamma$. Bei einem Übergang vom Sättigungsgrad zur Eindringtiefe erhält man

$$V \cdot b(c_0 - c) = 3L \cdot a(1 - y^2)\,\frac{dy}{dl} \tag{4.164}$$

Aus den Gln. (4.163) und (4.164) lassen sich unter Hinzuziehung des Ausdruckes (4.130) Beziehungen ableiten, die die Konzentration c der Zielkomponente im Gas am Schichtausgang, die relative Eindringtiefe y und die laufende Längenordinate l miteinander verbinden:

$$c = c_0 \exp\left[-\frac{3HD'(1 - \varepsilon)}{VR^2}\,\frac{1 - y}{y}\right]. \tag{4.165}$$

$$l = \frac{3aV_{sp}}{Vc_0}\int\limits_0^y \frac{(1 - y)^2\,dy}{1 - \exp\left[\frac{3HD'(1 - \varepsilon)}{Vl^2}\,\frac{1 - y}{y}\right]} \tag{4.166}$$

Zur Ermittlung des Integralwertes in Gl. (4.166) dient die in Abb. 4.19 gezeigte Abhängigkeit für einen entsprechenden Parameterwert von $3HD'(1 - \varepsilon)/(VR^2)$.

Mit Hilfe der Gln. (4.165) und (4.166) lassen sich die Konzentrationsprofile im Korninneren und im die Schicht verlassenden Gasstrom in Abhängigkeit vom Koordinatenwert l berechnen.

Für zylindrische Teilchen erhält man folgende Beziehungen:

$$c = c_0 \exp\left[\frac{2D'H(1-\varepsilon)}{VR^2 \ln(1-y)}\right] \tag{4.167}$$

$$l = \frac{2aV_{sp}}{Vc_0} \int_0^y \frac{(1-y)\,dy}{1-\exp\left[\frac{2D'H(1-\varepsilon)}{VR^2 \ln(1-y)}\right]} \tag{4.168}$$

Zur Ermittlung des Integralwertes in Gl. (4.168) dient die in Abb. 4.21 gezeigte Abhängigkeit für einen Parameterwert von $2D'H(1-\varepsilon)/(VR^2)$.

Die Gln. (4.165) bis (4.168) wurden für eine konstante Konzentration der Zielkomponente an der äußeren Oberfläche des Sorbens (c_0) abgeleitet.

4.6. Konstruktive Gestaltung von Adsorptionsprozessen

Da in einer Vielzahl von Arbeiten [11, 24, 35] sowohl die konstruktive Gestaltung von Adsorbern, als auch die technologische Prozeßführung eingehend behandelt werden, erfolgt im Rahmen dieses Abschnittes lediglich die Anführung einiger Beispiele.

Abb. 4.32 zeigt eine Ausführungsform für einen Fließbettadsorber. Der Gas- oder Dampfstrom wird durch die sich nach unten bewegende Schicht geführt. Der regenerierte Adsorbens gelangt in den oberen Teil des Apparates, durchläuft den Kühler *1* und wird über den oberen Verteilerboden *2* der Adsorptionszone *I* zugeführt. Hier erfolgt die Adsorption mehrerer Komponenten des gasförmigen Gemisches, das unterhalb des zweiten Verteilerbodens eingespeist wird. Die nicht adsorbierte leichte Fraktion wird unterhalb des ersten Bodens abgeführt, während der beladene Adsorbens in die Rektifikationszone *II* gelangt, wo er im Gegenstrom mit den in der Zone *III* desorbierten Produkten in Berührung kommt. Diese verdrängen die leichter flüchtigen Komponenten zu einem großen Teil aus dem Adsorbens. Die Desorption wird mit Wasserdampf vorgenommen, der in den Mantelraum des Desorbers *3* eingespeist wird. Die Abfuhr der schweren Fraktion erfolgt unterhalb des vierten, die der Übergangsfraktion unterhalb des dritten Bodens. Über den Einspeiseboden *4* und den Durchflußregler *5* gelangt der Adsorbens in den Sammelbehälter *7*, von wo aus er über die pneumatische Steigeleitung *8* wieder dem oberen Teil des Apparates zugeführt wird. Um eine Anreicherung schwer desorbierbarer Stoffe im Adsorbens und damit eine Absenkung seiner Aktivität zu vermeiden, wird ein bestimmter Teil des Adsorbensstromes kontinuierlich dem Reaktivator *9* zugeleitet, in dem die Regenerierung unter höheren Temperaturen erfolgt.

Fließbettadsorber werden beispielsweise bei der Abtrennung von Äthylen aus Methan-Wasserstoff-Gemischen sowie zur adsorptiven Reinigung von Benzinen (Entfernung von Butan und Propan) angewendet.

Eine stabile Arbeitsweise von Fließbettadsorbern ist nur bei einer genauen Einhaltung der vorgegebenen hydrodynamischen Parameter möglich, da bereits geringe Abweichungen zu einer Qualitätsänderung der einzelnen Fraktionen führen. Ferner werden, bedingt durch den pneumatischen Transport, hohe Anforderungen an die Abriebfestigkeit des Adsorbens gestellt. Bei Nichterfüllung dieser Forderung ist für eine sorgfältige Entfernung des anfallenden Staubes zu sorgen.

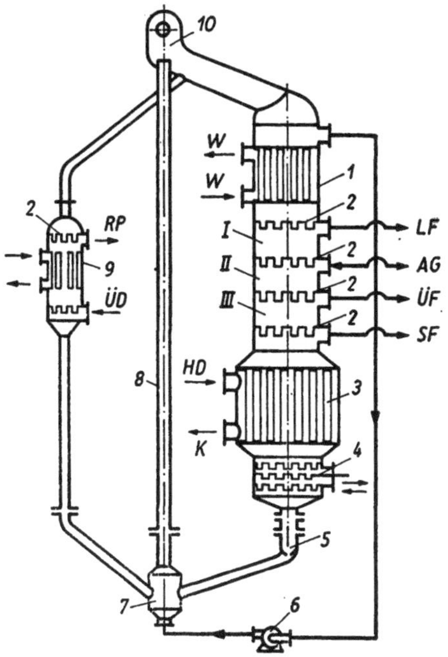

Abb. 4.32. Schema eines Fließbettadsorbers.

I – Adsorptionszone; *II* – Fraktionierzone; *III* – Desorptionszone; *1* – Kühler; *2* – Verteilerböden; *3* – Desorber; *4* – Adsorbensaufgabe; *5* – Durchflußregler; *6* – Gebläse; *7* – Sammelgefäß; *8* – Adsorbensgaslift; *9* – Reaktivator; *10* – Bunker; *LF* – leichte Fraktion; *SF* – schwere Fraktion; *AG* – Ausgangsgemisch (Rohgas); *ÜF* – Übergangsfraktion; *RP* – Reaktivierungsprodukte und Dampf; *ÜD* – Überhitzter Dampf; *W* – Wasser; *HD* – Heizdampf; *K* – Kondensat.

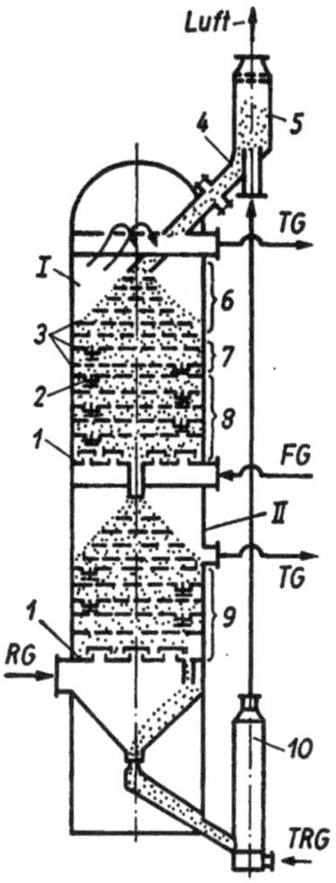

Abb. 4.33. Schema eines Wirbelschichtadsorbers zur Trocknung von Gas an Kieselgel.

I – Adsorber; *II* – Desorber; *1* – Glockenböden; *2* – Fallrohr; *3* – Siebböden; *4* – Aufgabe des Kieselgels; *5* – Separator; *6* – Verteilerböden; *7* – Wärmeaustauschböden; *8* – Adsorptionsböden; *9* – Regenerierungsböden; *10* – Bunker; *TG* – Trockenes Gas; *FG* – feuchtes Gas; *TRG* – Transportgas; *RG* – Regenerierungsgas.

Wirbelschichtadsorber werden in der Regel als mehrstufige Gegenstromapparate eingesetzt. Der Transport des Adsorbens von Boden zu Boden erfolgt entweder mit Hilfe von Überlaufvorrichtungen oder durch den Einsatz spezieller Böden. In Abb. 4.33 wird das Funktionsschema eines Adsorbers angegeben, der zur Gastrocknung mit Hilfe von Kieselgel dient. Der Adsorber ist mit einem Siebboden *1* am Eingang des Feuchtgasstromes und sieben Siebböden *3* ausgerüstet, wobei sich letztere aus fünf Adsorptionsböden *8* und zwei (den obersten) Wärmetauschböden *7*, auf denen sich die Abkühlung des Silikagels vollzieht, zusammensetzen. Jeder Boden weist vier Fallrohre *2* auf, durch die das Silikagel auf den darunterliegenden Boden gelangt. Die Höhe des Apparates beträgt etwa 20 m, sein Durchmesser 3 m. Auf jedem Boden befinden sich etwa 200 kg Silikagel; die Strömungsgeschwindigkeit des Gases im freien Kolonnenquerschnitt beträgt etwa 1,5 m/s.

Das zur Regenerierung eingesetzte Gas wird dem Desorptionsteil des Apparates mit einer Temperatur von 250 °C von unten zugeführt und verläßt diesen über einen oberhalb der Böden *9* befindlichen Stutzen. Das regenerierte Silikagel gelangt in den Sammelbehälter *10* und wird pneumatisch in den Separator *5* befördert, von wo aus es dem Adsorptionsteil des Apparates zugeführt wird.

Wirbelschichtadsorber sind nur für abriebfeste Adsorbentien zu empfehlen. Außerdem lassen sie sich nur bei einer relativ groben Körnung des Adsorbens betreiben, da nur dann eine ausreichende hydrodynamische Stabilität des Prozesses gegeben ist.

In jüngster Zeit werden in verstärktem Maße feinstporige Adsorbentien, wie z. B. Zeolithe, eingesetzt, die eine hinreichend hohe Aktivität bei geringen Konzentrationen des zu adsorbierenden Stoffes im Gasgemisch besitzen. Aus den Ausführungen dieses Kapitels folgt, daß der Adsorptionsprozeß, insbesondere wenn er an mikroporösen Adsorbentien erfolgt, durch den inneren Diffusionswiderstand limitiert wird. Eine Verringerung dieses Widerstandes läßt sich durch eine feine Körnung des Adsorbens (Mikrokörnung) erzielen, wobei das Anwachsen der Kontaktfläche zusätzlich zu einer erheblichen Abnahme der Beladungszeit des Teilchens führt. Der Einsatz feinstkörniger Adsorbentien mit einem Teilchendurchmesser von (0,2 bis 0,5) 10^{-3} m (im Gegensatz zu

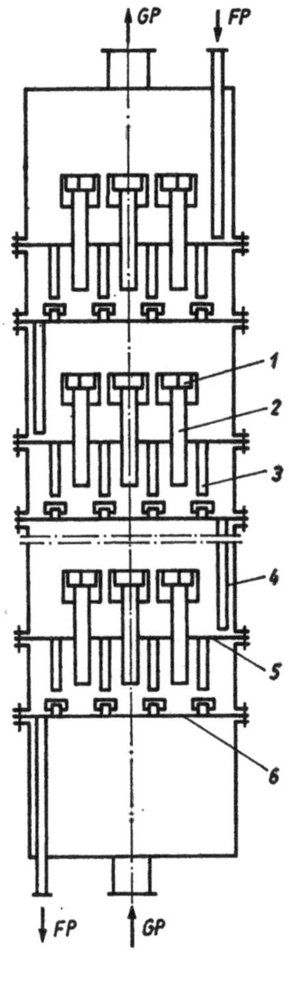

Abb. 4.34. Adsorber, bei dem die Phasentrennung durch den Einfluß der Zentrifugalkraft erfolgt.

1 – Vorrichtung zur Phasentrennung auf Grund der Zentrifugalkraft; *2* – Kontaktierungsrohr; *3*, *4* – Fallrohre; *5* – Trennboden; *6* – Glockenboden; *FP* – feste Phase; *GP* – Gasphase.

sonst üblichen Abmessungen von 2 bis 4) 10^{-3} m] erfordert eine spezielle apparative Gestaltung des Prozesses, da Fließbett- und Wirbelschichtadsorber wegen der bei kleinen Teilchenabmessungen zulässigen geringen Gasgeschwindigkeit nicht mehr effektiv einsetzbar sind. Für feinstkörnige Adsorbentien werden Apparate empfohlen [41, 42], bei denen die Phasentrennung durch die Zentrifugalkraft erfolgt (Abb. 4.34).

Das Ausgangsgemisch wird dem unteren Teil des mehrstufigen Gegenstromadsorbers zugeführt. Jede Stufe besteht aus zwei Böden (Glockenboden *6* und Trennboden *5*) mit den Fallrohren *3* und *4* für die feste Phase. Am Trennboden befinden sich Kontaktierungsrohre *2*, an deren oberem Teil spezielle Vorrichtungen *1* zur Trennung beider Phasen unter Ausnutzung der Zentrifugalkraft angebracht sind (Abb. 4.35). Die unteren Öffnungen dieser Rohre befinden sich in einem solchen Abstand zum Glockenboden, der eine innige Vermischung auf dem Glockenboden garantiert. In den Kontaktierungsrohren selbst

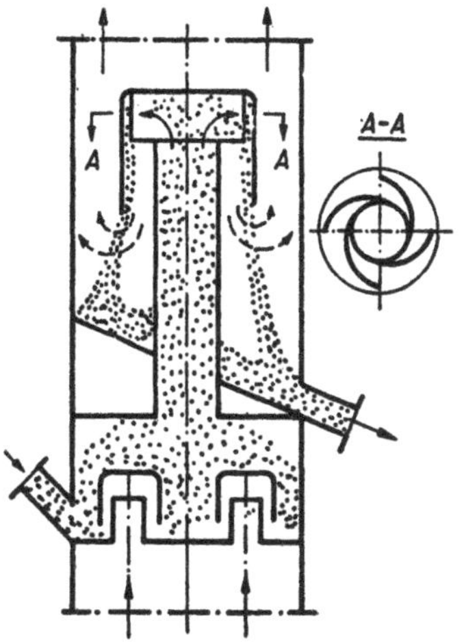

Abb. 3.35. Einzelne Kontaktstufe des in Abb. 4.34 gezeigten Adsorbers.

erfolgt ein pneumatischer Transport der Feststoffteilchen. Die Fallrohre *3* sind gleichmäßig über den Apparatequerschnitt verteilt und dienen dem Transport des Adsorbens zur nächstunteren Stufe. Die Stutzen *3* fördern die Zirkulation des Adsorbens innerhalb einer Stufe und erhöhen so die Verweilzeit. Außerdem dienen sie einer gleichmäßigen Verteilung des Adsorbens über den Apparatequerschnitt. Die unteren Öffnungen der Stutzen befinden sich direkt über den Glocken, also im Bereich geringster Geschwindigkeit des Gasstromes. Nach Durchlaufen aller Stufen verläßt der Gasstrom den Apparat am Oberteil, während der Adsorbens unten abgezogen wird.

Wie Untersuchungen ergaben, arbeitet der Adsorber bei Gasgeschwindigkeiten von 0,3 bis 2 m/s ohne nennenswerten Austrag von Feststoff stabil. Die einzelnen Apparatestufen zeichnen sich durch einen geringen hydraulischen Widerstand aus, während sich die sehr feinkörnigen Adsorbentien (z. B. Zeolithe ohne Bindemittel) als abriebfest erwiesen.

An einer Technikumsanlage (0,5 m Kolonnendurchmesser, 5 Stufen, 7 Separatoren auf jedem Boden) durchgeführte Versuche wiesen auf eine stabile Arbeitsweise und eine hohe Effektivität der Anlage hin. Bei der Adsorption von CO_2 an Zeolith Ca*A* (ohne Bindemittel) mit einem Teilchendurchmesser von $d = 0{,}14$ bis 0,25) 10^{-3} m näherten sich die in jeder Kontaktstufe erzielten Ergebnisse denen eines theoretischen Bodens.

Die zuverlässige Arbeitsweise derartiger Adsorber ist in erster Linie vom Einsatz mechanisch widerstandsfähiger feinkörniger Adsorbentien abhängig.

Von vorläufig mehr theoretischem Interesse ist die Führung des Adsorptionsprozesses mit suspendierten Adsorbentien [43]. Als Flüssigkeit, die praktisch eine Trägerfunktion ausübt, lassen sich Toluol, Decalin, Aceton und andere Stoffe verwenden, deren Moleküle größer als die Poren der Zeolithkristalle sind. Mit diesem Verfahren läßt sich eine selektive Adsorption, z. B. von CO_2 und CS_2, durchführen.

Kinetische Untersuchungen des Prozesses zeigten, daß sich die Adsorptionsgeschwindigkeit bei einem Übergang von trockenen Adsorbentien zu suspendierten verringert, obgleich der Prozeß als ganzes hinreichend schnell abläuft (nach ca. 10 Minuten wird der Gleichgewichtszustand praktisch erreicht). Die Abnahme der Prozeßgeschwindigkeit ist auf den Diffusionswiderstand der flüssigen Trägersubstanz zurückzuführen.

Als Vorteile der Prozeßführung in einer Suspension sind die Annäherung an isotherme Prozeßbedingungen und der wegen fehlenden Abriebs verlustfreie Einsatz des Adsorbens anzusehen. Ferner läßt sich die Regenerierung des eingesetzten Zeoliths bei niedrigeren Temperaturen durchführen, wodurch die Rentabilität des Prozesses gesteigert wird.

In jüngster Zeit wird in verstärktem Maße die sog. „kalte" Verdrängungsdesorption [44] angewendet und zwar besonders bei der Rekuperation von Schwefelkohlenstoff aus Abgasen, die bei der Kunstseidenherstellung anfallen.

Die Aufgaben bei der Weiterentwicklung der Theorie der Adsorptionsprozesse bestehen in einer detaillierten Analyse des physikalischen Prozeßmodells und der kinetischen Gesetzmäßigkeiten sowie in der Ausarbeitung allgemeingültiger Methoden zur ingenieurmäßigen Berechnung von Adsorbern und Desorbern.

Die Entwicklungsrichtung bei der apparativen Gestaltung zielt auf den Bau von automatisch gesteuerten Aggregaten mit großem Durchsatz und hoher spezifischer Leistung.

Die Anstrengungen der praxisbezogenen Forschung sind vor allem auf die Erhöhung der Intensität und der Rentabilität von Adsorptions- und Desorptionsprozessen zu richten.

Literatur

[1] S. Brunauer, „*Adsorbcija gazov i parov*" Bd. I (Übersetzung aus dem Englischen), Verl. IL, Moskau 1948

[2] D. A. Kolyškin, K. K. Michajlova, „*Aktivnye ugli. Svojstva i metody ispytanii. Spravočnik*", Verl. „Chimija", Leningrad 1972

[3] M. M. Dubinin, „*Poristaja struktura i adsorbcionnye svojstva aktivnych uglej*", VAChZ, Moskau 1965

[4] V. A. Sokolov, N. S. Toročešnikov, N. V. Kel'cev, „*Molekuljarnye sita i ich primenenie*", Verl. „Chimija", Moskau 1964

[5] V. A. Astachov, M. M. Dubinin, P. G. Romankov, TOChT, 3, 2, 262—296 (1969)

[6] M. M. Dubinin, V. A. Astachov, Mitteilungen der AdW der UdSSR, ser, chim., Nr. 1, 5—17 (1971)

[7] V. A. Astachov, M. M. Dubinin, L. P. Mašerova, P. G. Romankov, TOChT, 6, 3, 373 bis 381 (1972)

[8] P. G. Romankov, „*Novye issledovanija adsorbcionnych processov*", Internationales Sommerseminar „Modelirovanie i optimizacija processov massoperedači i chimičeskich reaktorov", Warna 1973

[9] D. P. Timofeev, „*Kinetika adsorbcii*", Akademie-Verlag der UdSSR, Moskau 1962

[10] V. F. Frolov, P. G. Romankov, TOChT, 2, 3, 396—404 (1968)

[11] E. N. Serpionova, „*Promyšlennaja adsorbcija gazov i parov*", Verl. „Vysšaja Škola", Moskau 1969
[12] M. M. Dubinin, K. V. Čmutov, „*Fiziko-chimičeskie osnovy protivogazovogo dela*", VAChZ, Moskau 1939
[13] V. V. Račinskij, „*Vvedenie v obščuju teoriju dinamiki sorbcii i chromatografii*", Verl. „Nauka", Moskau 1964
[14] V. L. Kolin, Autoreferat zur Habilitation am LTI „Lensowjet", Leningrad 1974
[15] M. M. Ramova, Autoreferat zur Promotion, Grosny 1974.
[16] Ju. S. Lezin, M. M. Dubinin, DAN der UdSSR, 171, 2, 382—384 (1966)
[17] O. M. Todes, Ja. M. Bikson, DAN der UdSSR, 75, 5, 725—730 (1950)
[18] A. A. Seballo, E. I. Baranov, Ju. S. Lezin u. a., „*Kinetika i dinamika fizičeskoj adsorbcii*", Arbeiten der III. Allunionskonferenz zur Theorie der Adsorption, S. 124—135, Verl. „Nauka", Moskau 1970
[19] H. Angelino, H. Gilbert, H. Garby, Zitiert aus [8]
[20] O. M. Todes, „*Kinetika i dinamika fizičeskoj adsorbcii*", Arbeiten der III. Allunionskonferenz zur Theorie der Adsorption, S. 90—103, Verl. „Nauka", Moskau 1973
[21] V. F. Frolov, P. G. Romankov, TOChT, 2, 4, 541—550 (1968)
[22] M. Esayan, Rev. chim. Bukurešti, 7, 4, 198—202 (1956)
[23] S. Kachanek, J. Valtyňi, Chem. zvesti, 17, 10/11, 709—713 (1963)
[24] P. G. Romankov, V. V. Lepilin, „*Nepreryvnaja adsorbcija parov i gazov*", Verl. „Chimija", Leningrad 1968
[25] Ju. M. Afanas'ev Autoreferat zur Promotion am MChTI „Mendelejew", Moskau 1967
[26] A. N. Planovskij, L. A. Vlasenkov, Chim. technol. topliv i masel, Nr. 9, S. 7—13 (1958)
[27] L. Markussen, Chem. Eng. Sci., 25, 1487—1499 (1970)
[28] G. A. Aksel'rud, „*Massoobmen v sisteme tverdoe telo — židkost'*", Verl. d. Univ. Lwow, Lwow 1970
[29] N. A. Tepsaev, B. P. Majkov, N. M. Goltakova, TOChT, 8, 5, 774—778 (1974)
[30] O. M. Todes, Ju. S. Lezin, ŽFCh, 40, 5, 1034—1040 (1966)
[31] Ju. S. Lezin, ŽFCh, 40, 10, 2454—2457 (1966)
[32] V. N. Lepilin, Autoreferat zur Promotion am LTI „Lensowjet", Leningrad 1952
[33] P. G. Romankov, V. N. Lepilin, E. S. Nemeth, Chim. nauka i prom., Nr. 3, 317—324 (1956)
[34] J. F. Richardson, Y. Szekely, Trans. Instn. Chem. Engers., 39, 3, 212 (1961)
[35] V. F. Frolov, Autoreferat zur Habilitation am LTI „Lensowjet", Leningrad 1974
[36] V. A. Astachov, Autoreferat zur Promotion am LTI „Lensowjet", Leningrad 1966
[37] V. N. Lepilin, N. B. Raškovskaja, P. G. Romankov, ŽPCh, 33, 12, 2664—2571 (1960)
[38] W. Flock, Autoreferat zur Promotion am LTI „Lensowjet", Leningrad 1963
[39] W. Flock, P. G. Romankov, V. N. Lepilin, ŽPCh, 35, 10, 2240—2241 (1962)
[40] T. I. Kozlova, V. N. Lepilin, P. G. Romankov, ŽPCh, 39, 8, 1719—1723 (1966)
[41] V. F. Frolov, P. G. Romankov, TOChT, 3, 4, 536—543 (1969)
[42] V. D. Lukin, „*Adsorbcionnye processy v chimičeskoj promyšlennosti*", Verl. „Chimija", Leningrad 1973
[43] A. A. Seballo, T. G. Plačenov, ŽPCh, 44, 1, 44—48 (1971)
[44] V. A. Astachov, P. G. Romankov, V. D. Lukin u. a., Patent 247227, Bjull. izobret., 1969, Nr. 22

5. Trocknung

5.1. Gleichgewicht zwischen kapillar-porösen Stoffen und feuchter Luft

In vielen Industriezweigen, so auch in der chemischen Industrie, werden Stoffe mit den verschiedensten Eigenschaften der Trocknung unterworfen. In der Trocknungstechnik teilt man Trockengüter in drei Kategorien ein: kapillar-poröse, kolloide und kolloide kapillar-poröse Stoffe.

Kapillar-poröse Stoffe behalten nach der Entfernung der in ihnen enthaltenen Feuchte ihre äußere Form praktisch bei (kristalline Salze, Holzkohlen, künstliche Kohlen u. a.). Kolloide Stoffe verringern ihr Volumen im Verlaufe der Trocknung erheblich und bleiben elastisch (die Mehrzahl der in der Lebensmittelindustrie auftretenden Trockengüter). Kolloide kapillar-poröse Stoffe weisen dazwischenliegende Eigenschaften auf.

Eine exakte Trennung zwischen diesen drei Stoffgruppen läßt sich nicht durchführen, da weder absolut unelastische, noch ideal elastische Stoffe existieren, so daß man alle realen Stoffe im Sinne der oben vorgenommenen Einteilung praktisch der dritten Gruppe zuordnen muß. Trotz aller Einwände gegen die vorgenommene Einteilung läßt sich feststellen, daß sich in der chemischen Technologie eine ganze Anzahl von Trockengütern der ersten Gruppe zuordnen läßt, wobei sich im Interesse einer einfacheren mathematischen Beschreibung des Trocknungsprozesses die Formänderung derartiger Stoffe vernachlässigen läßt.

Die Entfernung der Feuchte aus dem Trockengut ist mit einer Zerstörung von Bindungen zwischen dem Feststoffskelett und der in ihm enthaltenen Feuchte verbunden, wofür ein gewisser Energiebetrag aufzubringen ist. Nach der Größe des aufzubringenden Energiebetrages läßt sich eine Einteilung der verschiedenen Bindungsformen zwischen Feuchte und Feststoff in drei verschiedene Arten vornehmen [1]: chemische, physiko-chemische und physiko-mechanische Bindungen. Chemisch gebundene Feuchte beruht auf der Ionenbindung oder molekularen Bindungskräften. Solche Bindungen sind relativ stabil, so daß sich die Feuchte bei einer Erwärmung auf 100 bis 120 °C nicht aus dem Trockengut austreiben läßt. Die Menge der chemisch gebundenen Feuchte ergibt sich aus stöchiometrischen Verhältnissen, ihre Entfernung führt in den meisten Fällen zu einer chemischen Stoffumwandlung. Derartige Prozesse sind bereits nicht mehr zu den gewöhnlichen Trocknungsprozessen zu zählen und werden im Rahmen dieses Buches nicht behandelt.

Bei physiko-chemisch gebundener Feuchte in kapillar-porösen Körpern handelt es sich um Feuchte, die an der inneren Porenoberfläche durch Adsorptionskräfte gebunden ist. Im Gegensatz zum chemischen Bindungsmechanismus kann hier die adsorbierte Feuchtemenge für ein und denselben Stoff in Abhängigkeit von den äußeren Bedigungen (Temperatur und Feuchtigkeit des umgebenden Mediums) in weiten Grenzen schwanken.

Die größte Bindungsenergie weist die erste monomolekulare Schicht der adsorbierten Feuchte auf (s. Kap. 4.), während zur Entfernung der letzten Schicht die geringste Energiemenge aufzubringen ist.

Bei Kapillarradien von $r < 10^{-7}$ m führt der polymolekulare Adsorptionsprozeß zu einem Zusammenwachsen der sich an gegenüberliegenden Wandungen der Poren bildenden Adsorptionsschichten, so daß das gesamte Porenvolumen mit einer kontinuierlichen flüssigen Phase gefüllt ist.

Unter physiko-chemisch gebundener Feuchte versteht man die in den groben Poren befindliche Flüssigkeit sowie die am Feststoff haftende Feuchte als Folge des direkten Kontakts zwischen freier Flüssigkeit und Feststoff. Die physiko-mechanisch gebundene Feuchte wird durch den Kapillardruck, hervorgerufen durch Kräfte der Oberflächenspannung, im porösen Material gehalten.

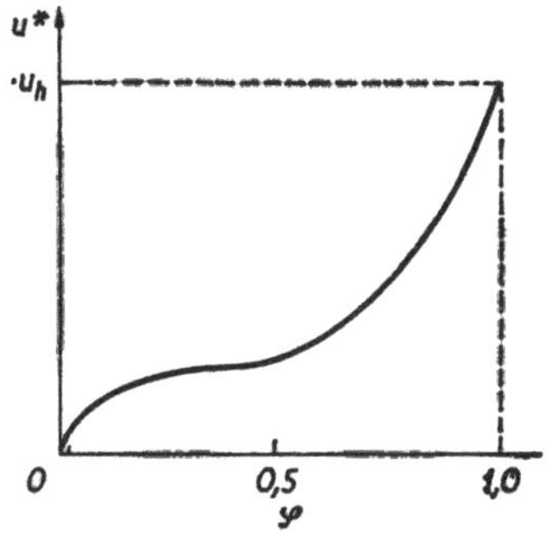

Abb. 5.1. Abhängigkeit des Gleichgewichtsfeuchtegehaltes eines kapillar-porösen Stoffes von der relativen Luftfeuchtigkeit (Sorptionsisotherme).

Der größte Teil der in der kapillar-porösen Masse des Trockengutes enthaltenen Feuchte ist nicht physiko-chemisch gebunden, so daß für ihn im Verlaufe der thermischen Trocknung lediglich die zum Verdampfen der Flüssigkeit erforderliche Energiemenge aufzubringen ist.

Die Makrokapillaren füllen sich nur bei unmittelbarem Kontakt mit der Flüssigkeit, wobei gleichzeitig eine Benetzung der äußeren Feststoffoberfläche und in Verbindung damit die Bildung eines Flüssigkeitsfilmes auftreten. Auf die durch Oberflächenkräfte bedingte Fähigkeit der Filmbildung an hydrophilen Stoffen ist die Schwerkraft von Einfluß. In der Regel ist jedoch die in Form eines äußeren Flüssigkeitsfilms am Feststoff haftende Flüssigkeitsmenge gegenüber der im Innern des kapillar-porösen Trockengutes befindlichen Feuchtemenge sehr klein.

Bindungsart und Bindungsenergie zwischen den Feststoff- und den Feuchtemolekülen sind für die Gesamtfeuchtemenge, die ein mit dem umgebenden Medium im Gleichgewicht befindlicher kapillar-poröser Stoff aufnehmen kann, verantwortlich. Die Gleichgewichtsfeuchte ist um so höher, je größer die Feuchtigkeit der umgebenden Luft und je niedriger die Temperatur des gesamten Systems sind. Angaben über den Gleichgewichtsgehalt an Feuchte in der Luft und im Trockengut werden meistens graphisch dargestellt und zwar als Abhängigkeit des Gleichgewichtsfeuchtegehaltes u^* von der Temperatur und der relativen Luftfeuchtigkeit φ. Abb. 5.1 zeigt eine für kapillar-poröse Stoffe typische Gleichgewichtskurve. Der sich bei Gleichgewicht mit wassergesättigter Luft ($\varphi = 1$) einstellende Feuchtegehalt wird als hygroskopischer Feuchtegehalt u_h bezeichnet. Ein über u_h hinausgehender Feuchtegehalt ist nur noch durch den unmittelbaren Kontakt des Feststoffes mit der Flüssigkeit möglich.

Die konkrete Form der Gleichgewichtskurve (Sorptionsisotherme) und der Wert des hygroskopischen Feuchtegehalts sind in starkem Maße von der Verteilungsart der Poren im Feststoff über ihren Radius abhängig. Je feiner die Poren sind, um so größer ist ihre gesamte innere Oberfläche und demzufolge auch die adsorptiv gebundene Feuchtemenge. Eine Verschiebung der Verteilungskurve in den Mikroporenbereich ($r < 10^{-7}$ m) führt zu einem steigenden Anteil kapillar-kondensierter Feuchte.

Gegenwärtig ist man bis auf wenige Ausnahmen (s. Kap. 4.) nicht in der Lage, für Trockengüter, die bei der industriellen Trocknung anfallen, auf theoretischem Wege die Sorptionsisotherme zu ermitteln. Die sicherste Methode zur Ermittlung der Abhängigkeit des Gleichgewichtsfeuchtegehaltes des Feststoffes von der Temperatur und der relativen Luftfeuchtigkeit ist deshalb das Experiment. Die Sorptionsisothermen dienen u. a. zur Bestimmung des minimalen Feuchtegehaltes, der sich im Verlaufe des Trocknungsprozesses für den Feststoff unter Einsatz von Luft bestimmter Temperatur und Feuchtigkeit erzielen läßt.

Bei jeder beliebigen Trocknungsart befindet sich das feuchte Trockengut mit dem umgebenden Medium im Kontakt, wobei dieses die vom Trockengut abgegebenen Dämpfe aufnimmt. Bei der konvektiven Trocknung übt das äußere Medium die Funktion eines Wärmeträgers aus, der dem feuchten Gut Wärme zuführt. Die verbreitetsten Trockenmittel sind Luft und die Verbrennungsgase verschiedener Heizstoffe.

Im Verlaufe des Trocknungsprozesses übernimmt das Trockenmittel Feuchte vom Trockengut, so daß die Feuchte des Trockenmittels ansteigt. Für ein Wasserdampf-Luft-Gemisch lassen sich die entsprechenden Parameter aus dem bekannten i-x-Diagramm für feuchte Luft nach Mollier (auch Ramsin-Diagramm genannt) ermitteln.

5.2. Äußerer Wärme- und Stoffaustausch

Bei der thermischen Trocknung spielen die Konzentrationsänderung der Feuchte in der Grenzschicht und die Temperaturänderung des Trockenmittels in der Nähe der Feststoffoberfläche eine entscheidende Rolle. Die Konzentrationsdifferenz führt zur Bildung eines von der Oberfläche weg gerichteten Dampfstromes, während die Temperaturdifferenz zwischen dem Kernstrom des Trockenmittels und dem Feststoff einen zum feuchten Trockengut gerichteten Wärmestrom verursacht.

Eine Analyse beider gekoppelter Übertragungsprozesse erfolgt in allgemeiner Form nach Methoden der Thermodynamik irreversibler Prozesse, denen folgende Postulate zugrunde liegen [2, 3]:

1. Das System befindet sich nicht im Gleichgewichtszustand, doch ist die Abweichung von ihm relativ gering.

2. Das Produkt von absoluter Temperatur und der Geschwindigkeit der Entropiezunahme des Systems $dS/d\tau$ läßt sich als Summe der Produkte des Stromes j_i und der ihn hervorrufenden Triebkraft X_i darstellen:

$$T\frac{dS}{d\tau} = \sum_i j_i X_i \tag{5.1}$$

Gl. (5.1) stellt die Grundlage zur Ermittlung der Triebkräfte von Transportprozessen dar.

3. Das Gleichungssystem zur Beschreibung der gekoppelten Transportprozesse ist linear. Jeder der Ströme, also der Impulsstrom j_1, der Stoffstrom j_2 und der Energiestrom j_3 ist von allen drei Triebkräften und der Matrix für die Übergangszahlen L_{ik} abhängig:

$$\left.\begin{aligned} j_1 &= L_{11}X_1 + L_{12}X_2 + L_{13}X_3 \\ j_2 &= L_{21}X_1 + L_{22}X_2 + L_{23}X_3 \\ j_3 &= L_{31}X_1 + L_{32}X_2 + L_{33}X_3 \end{aligned}\right\} \quad (5.2)$$

Nach dem Gleichungssystem (5.2) vollzieht sich beispielsweise der Transport der Zielkomponente nicht nur unter dem Einfluß des Hauptparameters, d. h. des Konzentrationsgradienten für die Zielkomponente, sondern auch auf Grund anderer unabhängiger Einflüsse — des Temperatur- und des Druckgradienten. Der gesamte Massenstrom setzt sich demnach aus drei Teilbeträgen zusammen, deren Größe sich nach dem Wert des Gradienten für das jeweilige Übertragungspotential richtet. Ebenso ist der gesamte Wärmestrom nicht nur vom Temperaturgradienten, sondern auch vom Konzentrationsgradienten für die Zielkomponente und vom Druckgradienten (Gesamtdruck) abhängig.

4. Für die kinetischen Koeffizienten der Einzeltransportprozesse wird ein bestimmtes Verhältnis eingehalten, das für einfachere molekulare Transportprozesse aus ihrer mikroskopischen Reversibilität folgt. Für das lineare Gleichungssystem (5.2) bedeutet die Einhaltung dieses Wechselverhältnisses die Gleichheit der kinetischen Koeffizienten mit gleichen Indizes, unabhängig von ihrer Ordnung: $L_{ik} = L_{ki}$. Daraus folgt eine Symmetrie zwischen dem Einfluß z. B. der den Diffusionstransport hervorrufenden Kraft auf den Wärmestrom und dem Einfluß der den Wärmetransport hervorrufenden Kraft auf den Diffusionsstrom.

Eine Analyse des Gleichungssystems für die Transportvorgänge auf der Grundlage allgemeiner, für irreversible Prozesse gültiger thermodynamischer Gesetzmäßigkeiten beweist, daß der molekulare Transport von Zielkomponente, d. h. die Diffusion von Stoff und von Wärme zu einer Bewegung des Mediums führen. Folglich besitzen Konzentrations- und Temperaturgradienten nicht nur auf die Prozesse des Stoff- und Wärmeaustausches, sondern auch auf die hydrodynamischen Verhältnisse im System Einfluß, und zwar insbesondere auf die Struktur der Grenzschicht in Oberflächennähe des feuchten Trockengutes.

Eine analytische Ermittlung der Intensität des Wärme- und Stoffaustausches bei Trocknungsprozessen auf der Grundlage der Thermodynamik irreversibler Prozesse unter Berücksichtigung des wechselseitigen Einflusses einer Vielzahl von Faktoren ist zur Zeit kaum möglich, weil die Bestimmung der kinetischen Koeffizienten für die gekoppelten Transportvorgänge und der bei realen Prozessen herrschenden Triebkräfte mit unüberwindlichen Schwierigkeiten verbunden sind [4].

In der Theorie der Trocknung wird der äußere Wärme- und Stofftransport durch ein aus folgenden Gleichungen bestehendes System beschrieben: Die Gleichungen für die viskose Strömung einer Flüssigkeit (1.1), (1.3), die Gleichung für die konvektive Diffusion (1.22) und die das Temperaturfeld in strömenden Medien beschreibende Gl.

(1.27). In diesem Gleichungssystem wird der wechselseitige Einfluß der Impuls-, Stoff- und Wärmeübertragung nicht wie in den Gln. (5.2) durch einzelne symmetrische Anteile berücksichtigt, sondern lediglich als Abhängigkeit der kinetischen Koeffizienten von den einzelnen Potentialen, so z. B. des Viskositäts- und des Diffusionskoeffizienten von der Temperatur und der Konzentration.

Mit Hilfe der bisher bekannten Methoden läßt sich das partielle Differentialgleichungssystem zweiter Ordnung (1.1), (1.3), (1.22) und (1.27) selbst bei Vereinfachungen, wie sie für die Grenzschicht gewöhnlich angenommen werden, in allgemeiner Form nicht lösen.

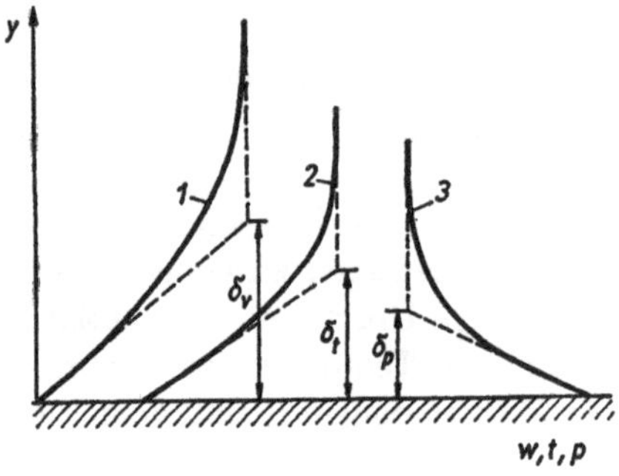

Abb. 5.2. Geschwindigkeits- (1), Temperatur- (2) und Partialdruckverteilung (3) von Dämpfen an der Grenzschicht einer feuchten Oberfläche.

Durch direkte Präzisionsmessungen [5] konnte bewiesen werden, daß in der Nähe der feuchten Feststoffoberfläche drei verschieden dicke Grenzschichten auftreten: Eine hydrodynamische, eine Wärme- und eine Konzentrationsgrenzschicht. In der Regel sind das Geschwindigkeitsfeld, das Temperaturfeld und das Konzentrationsfeld der Feuchte in der Nähe der feuchten Oberfläche des Trockengutes einander nicht ähnlich (Abb. 5.2). Wie die Messungen ergaben, ist die Dicke der Konzentrationsgrenzschicht bei einer relativen Feuchtigkeit des Trockenmittels von $\varphi = 40-60\%$ um etwa $20-25\%$ geringer als die der Temperaturgrenzschicht. Mit steigender relativer Feuchte des Trockenmittels nähern sich die Dicken beider Grenzschichten einander. Zur Berechnung des äußeren Stoff- und Wärmeaustausches wendet man Näherungsmethoden an, die auf experimentell ermittelten Zusammenhängen basieren.

Aus dem Differentialgleichungssystem (1.1), (1.3), (1.22) und (1.27) und den entsprechenden Randbedingungen lassen sich Ähnlichkeitskriterien aufstellen, wobei die Beziehungen zwischen den Ähnlichkeitskennzahlen experimentell bestimmt werden.

So wurde für den Wärmeaustausch bei erzwungener Strömung von feuchter Luft an der freien Oberfläche von Flüssigkeitstropfen anhand von Versuchsdaten folgende Kriterialgleichung aufgestellt:

$$Nu_t = 2 + A Pr_t^{0,33} Re^n Gu^m \tag{5.3}$$

$Nu_t = \alpha d/\lambda_t$ — NUSSELT-Zahl für den Wärmetransport
$Pr_t = \nu/a_t$ — PRANDTL-Zahl für den Wärmetransport
$Gu = (T - T_f)/T$ — Parameterkriterium nach GUCHMAN
T — Lufttemperatur
T_f — Temperatur des feuchten Thermometers des Psychrometers

Für REYNOLDS-Zahlen $Re > 200$ läßt sich der konstante Term in Gl. (5.3) vernachlässigen.

In ähnlicher Form läßt sich eine Beziehung für den Stoffaustausch aufstellen:

$$Nu = 2 + A' Pr^{0,33} Re^{n'} Gu^{m'} \tag{5.4}$$

Die Werte der in die Gln. (5.3) und (5.4) eingehenden Parameter in Abhängigkeit von der REYNOLDS-Zahl sind in Tab. 5.1 zu finden.

Tabelle 5.1.

Re	A	n	m	A'	n'	m'
$1 - 2 \cdot 10^2$	1,07	0,48	0,175	0,83	0,53	0,135
$3,15 \cdot 10^3$ bis $2,2 \cdot 10^4$	0,51	0,61	0,175	0,49	0,61	0,135
$2,2 \cdot 10^4$ bis $3,15 \cdot 10^5$	0,027	0,90	0,175	0,025	0,90	0,135

Der Wärmeübergang vom Wärmeträger zu einer Oberfläche, an der eine Verdampfung stattfindet, ist, wie auf experimentellem Wege festgestellt wurde, in der Regel um 20 bis 40% höher als der Wärmeübergang zu einer trockenen Oberfläche unter gleichen Strömungsverhältnissen.

Die größten Differenzen zwischen α_{feucht} und α_{tr} treten beim Wärmeaustausch mit trockener Luft auf, während die Werte der Wärmeübergangskoeffizienten bei gesättigter Luft praktisch die gleichen sind. Die Zunahme des Wärmeübergangskoeffizienten bei stattfindender Verdampfung an der wärmeaufnehmenden Oberfläche führt man auf den störenden Einfluß des Dampfstromes auf die Grenzschicht zurück.

Mit Hilfe der Gln. (5.3) und (5.4), die für eine freie Oberflächenverdampfung der Flüssigkeit abgeleitet wurden, läßt sich die Intensität des Stoff- und Wärmeaustausches zwischen Trockenmittel und Trockengut bestimmen, sofern die Oberfläche des Gutes während des Trockenprozesses feucht ist. Die Verdampfung der Feuchte von der äußeren Oberfläche eines kapillar-porösen Stoffes verläuft mit konstanter Geschwindigkeit. Diese Feststellung trifft nur bei einem hohen Feuchtegehalt des Trockengutes zu, wenn kontinuierlich die von der äußeren Oberfläche abgeführte Feuchtemenge restlos durch Flüssigkeit ersetzt wird, die aus dem Inneren des Trockengutes zur äußeren Oberfläche gelangt. Von einem gewissen Zeitpunkt an kann die aus dem Innern des Stoffes zur Oberfläche transportierte Feuchtemenge den Feuchteverlust an der äußeren Oberfläche nicht mehr völlig kompensieren. Die Verdampfung vollzieht sich dann schon in den inneren Bereichen des kapillar-porösen Stoffes, die Temperatur der äußeren Oberfläche steigt an.

Die Stoff- und Wärmeübergangskoeffizienten nehmen dann andere Werte an, da sich die durch die äußere Oberfläche gehende Menge an Wasserdampf vermindert. Nach [6] läßt sich die Änderung des Wertes für den Wärmeübergangskoeffizienten in Abhängigkeit vom abnehmenden Feuchtegehalt des Trockengutes durch den Quotienten u/u_{kr} berücksichtigen. u_{kr} ist der kritische Feuchtegehalt des Trockengutes, bis zu dem die Periode konstanter Trocknungsgeschwindigkeit mit einer völlig durch die Flüssigkeit benetzten Oberfläche reicht.

Der Grad des Einflusses von u/u_{kr} auf die NUSSELT-Zahl ist von der Bindungsart der Feuchte mit dem Feststoffskelett und der äußeren Form des Trockengutes abhängig.

Quantitative Untersuchungen zur Abhängigkeit der Wärmeübergangszahl α und des Stoffübergangskoeffizienten β vom Feuchtegehalt des Trockengutes werden dadurch erschwert, daß reale Stoffe häufig strukturelle Inhomogenitäten aufweisen, so daß dann einzelne Oberflächenabschnitte einen verschieden großen Feuchtegehalt besitzen, was zu unterschiedlichen Werten von α und β über die Oberfläche führt.

5.3. Innerer Wärme- und Stoffübergang

Gesetzmäßigkeiten der Transportprozesse

Die Theorie des inneren Wärme- und Stoffübergangs basiert auf dem Begriff des Feuchteübertragungspotentials innerhalb des feuchten kapillar-porösen Körpers. Dieses Feuchteübertragungspotential hat hier die gleiche Bedeutung wie die Temperatur in der Theorie des Wärmeübergangs. So wird bei der Betrachtung von Prozessen der Aufnahme oder des Übergangs von Wärme mit den Begriffen Enthalpie, Temperatur und spezifische Wärme gearbeitet. Zwischen diesen Grundgrößen existiert ein einfacher Zusammenhang, der in integraler Form wie folgt lautet:

$$I = c_t t \tag{5.5}$$

Als Potential für den Wärmeübergang wirkt die Temperatur. Die Größe des Wärmestromes ist nach dem FOURIERschen Gesetz der Wärmeleitung vom Temperaturgradienten abhängig:

$$j_t = -\lambda_t \operatorname{grad} t$$

In gleicher Weise wird der Begriff des Potentials für den Feuchteübergang θ eingeführt. Das Gesetz für den Feuchteübergang in kapillar-porösen Stoffen läßt sich analog der Wärmeleitungsgleichung angeben:

$$j_m = -\lambda_m \operatorname{grad} \theta = -\lambda_m \frac{\partial \theta}{\partial n} = -\lambda_m \nabla \theta, \tag{5.6}$$

λ_m – Feuchteleitzahl

Der Koeffizient λ_m gibt die Feuchtemenge an, die in einer Zeiteinheit durch eine Fläche von 1 m^2 übertragen wird, wenn in einem Abstand von 1 m (gemessen in Richtung des Feuchtestromes) eine Differenz des Feuchteübertragungspotentials in Höhe von einer Potentialeinheit herrscht.

Die Feuchteleitzahl macht somit Aussagen über die Fähigkeit eines kapillar-porösen Stoffes, Feuchtigkeit zu leiten. Das Minuszeichen in Gl. (5.6) resultiert aus der Tatsache, daß sich der Feuchtestrom von Punkten hoher Potentialwerte zu solchen niederer Potentialwerte bewegt.

Nach Gl. (5.6) kann ein Feuchtestrom nur bei Vorhandensein eines Potentialgradienten auftreten. Befinden sich zwei feuchte Körper in Kontakt, so ist der Feuchtestrom zu dem Körper mit dem geringeren Potential gerichtet, unabhängig davon, welcher der beiden Körper den höheren Feuchtegehalt aufweist. Das Potential für den Feuchteübergang darf folglich nicht dem Feuchtegehalt gleichgesetzt werden. In gleicher Beziehung stehen Enthalpie und Temperatur zueinander. Während t und θ Potentiale des Wärme- bzw. Feuchteübergangs sind, stellen Enthalpie und Feuchtegehalt die Menge an übertragbarer „Substanz" dar, die im Stoff enthalten ist.

Enthalpie und Temperatur sind durch einen Proportionalitäsfaktor, die spezifische Wärme, miteinander verknüpft [Gl. (5.5)]. In gleicher Weise wird der Begriff der spezifischen Feuchte (c_m) eingeführt:

$$u = c_m \theta \tag{5.7}$$

Physikalisch gesehen stellt c_m die Feuchtemenge dar, die einer Masseneinheit eines Stoffes zuzuführen ist, um sein Feuchteübertragungspotential um eine Einheit zu erhöhen: $c_m = \partial u / \partial \theta$. Die spezifische Feuchte ist eine positive Größe, d. h. bei steigendem Feuchtegehalt eines Körpers nimmt auch sein Potential für den Feuchteübergang zu. Aus Gl. (5.7) ist zu entnehmen, daß das Feuchteübertragungspotential für einen absolut trockenen Körper den Wert Null aufweist. Das Feuchteübertragungspotential für verschiedene Stoffe läßt sich vergleichen, wenn ein bestimmter Stoff als Bezugsgröße dient [1].

Die beiden Hauptparameter u und θ, die ein feuchtes Gut charakterisieren, weisen also eine völlige Analogie zu den Begriffen der Enthalpie und der Temperatur auf. Während jedoch die Temperatur eines Körpers die zu messende Größe darstellt, mit deren Hilfe die Enthalpie nach Gl. (5.5) berechnet wird, verhält es sich bei feuchten Stoffen umgekehrt: Hier läßt sich nur der Feuchtegehalt u messen, das Feuchteübertragungspotential θ ist rechnerisch über Gl. (5.7) zu ermitteln.

Durch das Feuchteübertragungspotential θ werden alle Potentiale berücksichtigt, die auf die elementaren Stofftransportprozesse von Einfluß sind und in erster Linie von Temperatur und Feuchtegehalt abhängen (s. Kap. 1.). So gehen beispielsweise in das Potential für den kapillaren Feuchteübergang die Oberflächenspannung der Flüssigkeit, also eine temperaturabhängige Größe, und der mittlere Krümmungsradius der Kapillaren, die noch mit flüssiger Phase gefüllt sind, ein. Im Verlaufe des Trocknungsprozesses werden die groben Poren als erste von der Feuchte befreit, so daß der mittlere Porenradius der noch mit Flüssigkeit gefüllten Poren mit sinkendem Feuchtegehalt des Trokkengutes abnimmt. Das Potential für den Feuchteübergang ist somit eine Funktion der örtlichen Temperatur- und Feuchtegehaltswerte des kapillar-porösen Körpers: $\theta(t, u)$.

Bei der Ermittlung des Potentialgradienten $\dfrac{\partial \theta}{\partial n}$ gilt folgende Differentiationsregel:

$$\frac{\partial \theta}{\partial n} = \left.\frac{\partial \theta}{\partial u}\right|_t \frac{\partial u}{\partial n} + \left.\frac{\partial \theta}{\partial t}\right|_u \frac{\partial t}{\partial n} \tag{5.8}$$

Der Differentialquotient $\left.\dfrac{\partial \theta}{\partial u}\right|_t$ stellt den reziproken Wert der spezifischen Feuchte dar:

$$\left.\frac{\partial \theta}{\partial u}\right|_t = \frac{1}{c_m}$$

Durch Einsetzen des Ausdruckes (5.8) für den Potentialgradienten in die Grundgleichung für die Feuchteleitung (5.6) erhält man folgende Beziehung für den Feuchtestrom:

$$j_m = -\lambda_m \left(\frac{1}{c_m} \frac{\partial u}{\partial n} + \left.\frac{\partial \theta}{\partial t}\right|_u \frac{\partial t}{\partial n} \right) \tag{5.9}$$

Durch Erweitern der rechten Gleichungsseite von (5.9) mit der Dichte des trockenen Feststoffes ϱ_f ergibt sich

$$j_m = -a_m \varrho_f (\nabla u + \delta \nabla t) \tag{5.10}$$

$$\delta = c_m \left.\frac{\partial \theta}{\partial t}\right|_u \quad \text{— Thermodiffusionskoeffizient}$$

$$a_m = \frac{\lambda_m}{\varrho_f c_m} \quad \text{— Potentialleitzahl}$$

Wie aus Gl. (5.10) hervorgeht, wird ein Feuchtestrom innerhalb eines kapillar-porösen Stoffes nicht nur auf Grund eines Feuchtegehaltsgradienten, sondern auch unabhängig davon durch einen Temperaturgradienten hervorgerufen. Diese Feststellung konnte auch experimentell bestätigt werden.

Je nach den Vorzeichen von ∇u und ∇t können die einzelnen Komponenten des Feuchtestromes gleiche oder verschiedene Vorzeichen aufweisen. Die Dampfbildung an einem bestimmten Punkt des feuchten Stoffes wird als Quelle für die Dampfphase betrachtet. Das Vorzeichen der Quelle richtet sich dabei nach der Richtung des Phasenübergangs. Bei einer Verdampfung besitzt die Quelle ein negatives Vorzeichen (Senke), während sie für eine örtliche Kondensation des Dampfes ein positives Vorzeichen aufweist.

Die örtliche Änderung des Feuchtegehaltes eines Körpers du ist auf zweierlei Art möglich: Durch den Transport an flüssiger Phase und durch Phasenumwandlung:

$$du = du_{fl} + du_{ph}$$

Bei verschiedenen Problemstellungen hat sich die Einführung eines Kriteriums für die Phasenumwandlung $E = du_{ph}/du$ bewährt, das als Quotient der Flüssigkeitsmenge, die an der Phasenumwandlung beteiligt ist (Intensität der Quelle), und der Gesamtänderung der Feuchtemenge definiert ist. In der Regel läßt sich die Dampfmenge innerhalb eines kapillar-porösen Körpers im Vergleich zur Flüssigkeitsmenge vernachlässigen. Durch Einführen des Kriteriums für die Phasenumwandlung läßt sich die örtliche Änderung des Feuchtegehalts für ein infinitesimal kleines Volumenelement des feuchten Trockengutes in folgender Form angeben:

$$du = du_{fl} + E \cdot du \tag{5.11}$$

E kann sich in den Grenzen von 0 bis 1 bewegen. Im Falle von $E = 0$ fehlt die Phasenumwandlung innerhalb des feuchten Körpers, die Feuchte wird nur auf Grund der Bewegung der flüssigen Phase transportiert. Beim anderen Grenzfall $E = 1$ erfolgt die Änderung des Feuchtegehalts im Körper nur durch Verdampfung und Kondensation, während ein Transport der flüssigen Phase nicht stattfindet.

Differentialgleichungen für den Stoff- und Wärmetransport

Die Ableitung einer Differentialgleichung zur Beschreibung des instationären Feldes des Feuchtegehaltes (oder des Potentials für den Feuchtetransport) in einem kapillar-porösen Körper geschieht in analoger Form wie im Kap. 1.: Auf ein Volumen V eines feuchten Stoffes, das durch eine geschlossene Oberfläche F begrenzt ist, wird der Massenerhaltungssatz (in diesem Falle der Feuchte) angewendet. Es ergibt sich

$$\varrho_f \frac{\partial u}{\partial \tau} = -\operatorname{div} j_{fl} + \varrho_f E \frac{\partial u}{\partial \tau} \tag{5.12}$$

Durch Einsetzen der Beziehung (5.10) für den Stoffstrom an Flüssigkeit in den Massenerhaltungssatz (5.12) für die Feuchte erhält man

$$\frac{\partial u}{\partial \tau} = \operatorname{div} (a_{fl} \nabla u + a_{fl}\delta \nabla t) + E \frac{\partial u}{\partial \tau} \tag{5.13}$$

Im allgemeinen sind die kinetischen Koeffizienten für den Feuchteübergang a_{fl} und δ nicht konstant, sondern ändern sich in Abhängigkeit vom gesuchten Feuchtegehalt. Da sich aber der Feuchtegehalt in Abhängigkeit von den Raumkoordinaten innerhalb des Körpers ändert, sind die Koeffizienten für den Feuchteübergang bei einer Differentiation in Gl. (5.13) als Funktionen der Raumkoordinaten zu betrachten.

Falls sich die Koeffizienten a_{fl} und δ nur geringfügig ändern oder sich die Betrachtungen nur auf relativ kleine Bereiche erstrecken, innerhalb derer man die Änderung von a_{fl} und δ vernachlässigen kann, läßt sich die Gl. (5.13) wie folgt vereinfachen:

$$\frac{\partial u}{\partial \tau} = a_{fl} \nabla^2 u + a_{fl}\delta \nabla^2 t + E \frac{\partial u}{\partial \tau} \tag{5.14}$$

Bei $E = 1$ gibt es keine Flüssigkeitsströmung, der Feuchtetransport basiert nur auf der Strömung des Dampfes. Die der Gl. (5.14) analoge Beziehung für den Dampf lautet:

$$\frac{\partial u}{\partial \tau} = a_d \nabla^2 u + a_d\delta_d \nabla^2 t \tag{5.15}$$

Die Koeffizienten a_d und δ_d beziehen sich auf den Transport der Feuchte in Form von Dampf.

Für $E < 1$ gilt anstelle der Gln. (5.14) und (5.15) folgende Beziehung [1]:

$$\begin{gathered}\frac{\partial u}{\partial \tau} = a_m \nabla^2 u + a_m\delta \nabla^2 t \\ a_m = \frac{a_{fl}}{1 - E}; \qquad \delta = \delta_{fl} = \delta_d\end{gathered} \tag{5.16}$$

Es handelt sich hier um eine nicht auswertbare Gleichung, da sie zwei unbekannte Funktionen des Ortes und der Zeit enthält — den Feuchtegehalt und die Temperatur des Trockengutes.

Die zweite notwendige Differentialgleichung wird unter folgenden Annahmen aufgestellt: Der Wärmeverbrauch zum Erwärmen des Dampfes innerhalb der Poren des Körpers ist im Vergleich zur Wärmemenge, die zur Erwärmung der flüssigen Phase erforderlich ist, vernachlässigbar gering. Ferner sollen Flüssigkeit und Dampf an jedem Punkt des Körpers die gleiche Temperatur wie der Feststoff aufweisen.

Die Enthalpieänderung eines endlichen Volumens ist gleich der Summe der Divergenz des Wärmestromvektors und der Intensität der inneren Wärmequelle. Die Ableitung der Differentialgleichung für das Temperaturfeld unterscheidet sich nicht von der für die Verteilung des Feuchtegehaltes:

$$\frac{\partial(c_t \varrho_f t)}{\partial \tau} = \nabla(\lambda_t \nabla t) + qE\varrho_f \frac{\partial u}{\partial \tau} \tag{5.17}$$

Der erste Term der rechten Gleichungsseite von (5.17) gibt den durch Wärmeleitung hervorgerufenen Wärmestrom im Innern des feuchten Stoffes an. Der letzte Summand stellt die innere Wärmequelle (Senke) auf Grund frei werdender Wärme bei der Kondensation oder Wärmeverbrauches bei der örtlichen Verdampfung von Flüssigkeiten dar. Der konvektive Wärmetransport durch die flüssige und die dampfförmige Phase ist bei der Trocknung eines kapillar-porösen Stoffes vernachlässigbar. Zur Bestimmung der instationären Temperatur- und Feuchtegehaltsfelder in einem kapillar-porösen feuchten Körper dient somit das Differentialgleichungssystem (5.16) und (5.17), das für konstante Koeffizienten folgende Form annimmt:

$$\left.\begin{aligned} \frac{\partial u}{\partial \tau} &= a_m \nabla^2 u + a_m \delta \nabla^2 t \\ \frac{\partial t}{\partial \tau} &= a_t \nabla^2 t + E \frac{q}{c_t} \frac{\partial u}{\partial \tau} \end{aligned}\right\} \tag{5.18}$$

Das System (5.18) läßt sich in Form von Gleichungen darstellen, die als gesuchte Funktionen entweder nur die Potentiale t und θ oder nur den Feuchtegehalt u und die Enthalpie I enthalten. Gleichungen, die einen Prozeß von physikalischen Gesichtspunkten aus beschreiben, ermöglichen, unabhängig davon, ob eine analytische Lösung überhaupt möglich ist, das Einführen von Ähnlichkeitskennzahlen, die einen exakten physikalischen Sinn haben.

Durch Quotientenbildung der einzelnen Summanden des Systems (5.18) lassen sich dimensionslose Ausdrücke $Fo_t = a_t\tau/R^2$ und $Fo_m = a_m\tau/R^2$ erhalten — die FOURIER-Kriterien für das Temperaturfeld und das Feuchtepotentialfeld. Ihr Quotient liefert die sog. LYKOW-Zahl $Lu = a_m/a_t$, die ein Maß für die relative Trägheit des Feldes für das Feuchteübertragungspotential und des Temperaturfeldes beim instationären Trocknungsprozeß darstellt. Die KOSSOWITSCH-Zahl $Ko = q\Delta u/(c_t \Delta t)$ gibt das Verhältnis zwischen der zur Verdampfung aufgewendeten und der zur Erwärmung des feuchten Stoffes verbrauchten Wärmemenge an. Eine spezifische Kennzahl für den inneren Wärme- und Stoffübergang ist die POSNOW-Zahl $Pn = \delta\Delta t/\Delta u$, die ein Maß für das Verhältnis des durch Temperaturgradienten und des durch Feuchtegehaltsgradienten bedingten Feuchteüberganges darstellt.

Ein unabhängiger Prozeßparameter ist das Kriterium für die Phasenumwandlung E. Um reale Trocknungsprozesse mit Hilfe des Differentialgleichungssystems (5.18) berechnen zu können, benötigt man die numerischen Werte aller Koeffizienten. Auf der Grundlage theoretischer Vorstellungen über die Struktur kapillar-poröser Stoffe und über die Art der Bindung zwischen Feuchte und Feststoffskelett ist deren Berechnung gegenwärtig nicht möglich. Deshalb basieren alle in der Literatur gemachten Angaben über Koeffizienten für den Stoff- und Wärmeübergang in feuchten Stoffen auf experimentellen Daten.

Wie Versuche an verschiedenen, der industriellen Trocknung unterworfenen Stoffen zeigten, sind praktisch alle kinetischen Koeffizienten, sofern sich Feuchtegehalt und

Temperatur in einem größeren Bereich ändern, variable Größen, die häufig starken Änderungen unterworfen sind [1, 7]. So nimmt die Potentialleitzahl a_m bei sinkendem Feuchtegehalt u gewöhnlich stark ab (Abb. 5.3). Der Thermodiffusionskoeffizient für kapillar-poröse Stoffe wächst anfänglich, wie aus Abb. 5.4 zu erkennen ist, mit Abnahme des Feuchtegehaltes u, um später wieder abzunehmen. Ähnliche Aussagen [8] ergeben sich für die Stoffleiteigenschaften einiger anderer Adsorbenten (Abb. 5.5).

Bei starker Erwärmung des feuchten Trockengutes vollzieht sich innerhalb der Porenstruktur eine Phasenumwandlung: die kondensierte flüssige Phase geht in Dampf über,

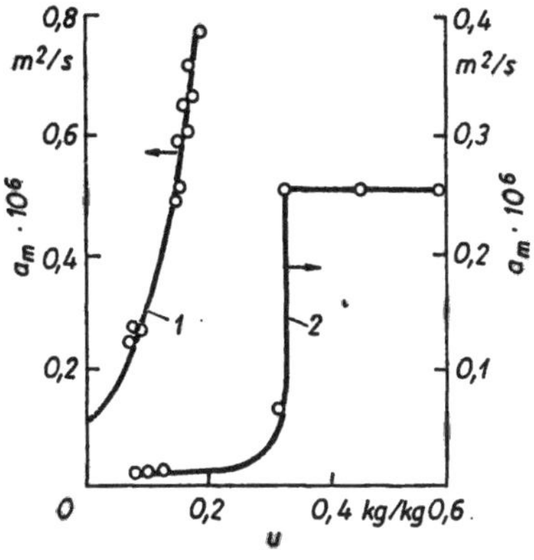

Abb. 5.3. Abhängigkeit der Potentialleitzahl vom Feuchtegehalt des Trockengutes.
1 — Quarzsand; *2* — gebrannte keramische Platten.

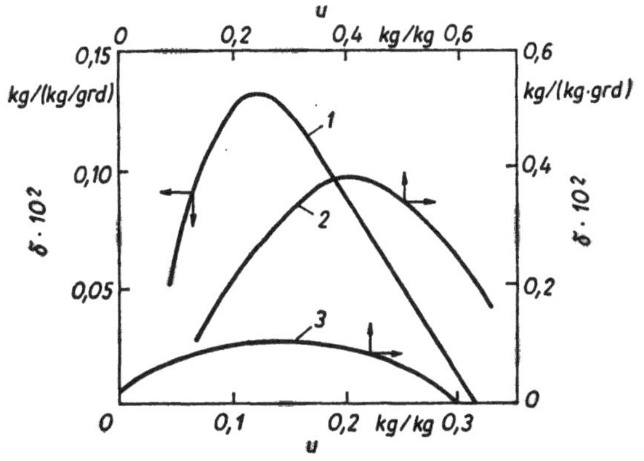

Abb. 5.4. Abhängigkeit des Thermodiffusionskoeffizienten von Ton (*1*), Torf (*2*) und Kaolin (*3*) vom Feuchtegehalt bei 35 °C.

so daß das spezifische Feuchtevolumen stark zunimmt. Der so bedingte Überdruck im Innern der Poren wird nicht momentan abgebaut, weil ein Teil der nach außen führenden Poren mit kondensierter Flüssigkeit gefüllt ist, während die freien Kapillaren dem strömenden Dampf einen beträchtlichen Widerstand entgegensetzen. Ein wesentlicher Druckanstieg innerhalb des kapillar-porösen Trockengutes tritt nur bei Temperaturen auf, bei denen eine intensive Dampfbildung einsetzt, also bei über 100 °C, d. h. bei der Hochtemperaturtrocknung.

Der Druckgradient führt zu einem Feuchtetransport innerhalb des kapillar-porösen Stoffes. Die Richtung dieses Feuchtestromes ist von der Richtung des Druckgradienten abhängig; der Stoffstrom kann deshalb sowohl ins Innere, als auch zur äußeren Oberfläche des Körpers gerichtet sein. Diese konvektive Art des Stofftransports wird durch die Gl. (5.7) nicht berücksichtigt. Zur Ableitung einer allgemeineren Gleichung für den Feuchtestrom in einem kapillar-porösen feuchten Stoff wird deshalb noch ein Term eingeführt, der den durch Überdruck bedingten Filtrationsstrom an Feuchte berücksichtigt:

$$j_F = -k\,\nabla P$$

k — eine Art Filterkonstante für die Durchlässigkeit des porösen Stoffes; sie berücksichtigt sowohl die flüssige, als auch die Dampfphase

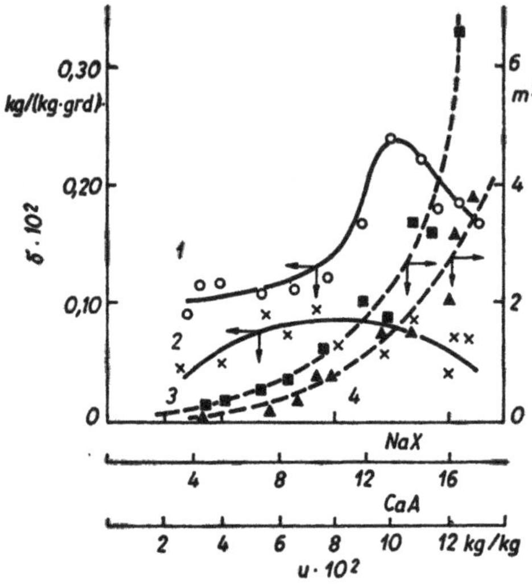

Abb. 5.5. Abhängigkeit des Thermodiffusionskoeffizienten und der Potentialleitzahl der Zeolithe NaX und CaA vom Feuchtegehalt.

1, 3 — NaX—H_2O; *2, 4* — CaA—H_2O.

Der gesamte Feuchtestrom innerhalb eines feuchten Trockengutes setzt sich somit aus drei Komponenten zusammen:

$$j_m = -\lambda_m \left(\nabla\theta + \frac{\delta}{c_m} \nabla t + \delta_F \nabla P \right) \tag{5.19}$$

Zur Wahrung einer einheitlichen Schreibweise wurde $k = \lambda_m \delta_F$ gesetzt. Die Differentialgleichung zur Beschreibung des instationären Potentialfeldes θ nimmt bei Berücksichtigung des Filtrationsstromes folgende Form an:

$$c_m \varrho_f \frac{\partial\theta}{\partial\tau} = -\operatorname{div}\left[-\lambda_m \left(\nabla\theta + \frac{\delta}{c_m} \nabla t + \delta_F \nabla P \right) \right] \tag{5.20}$$

Bei konstanten kinetischen Koeffizienten für den Stoffübergang gilt

$$\frac{\partial \theta}{\partial \tau} = a_m \left(\nabla^2 \theta + \frac{\delta}{c_m} \nabla^2 t + \delta_F \nabla^2 P \right) \tag{5.21}$$

Zum Aufstellen eines geschlossenen Gleichungssystems benötigt man noch eine Beziehung, die die Änderung des Filtrationspotentials P beschreibt. Eine derartige Gleichung läßt sich über eine Bilanz der nichtkondensierten Phase (Luft und Dampf), die ja den Überdruck verursacht, gewinnen [4]:

$$\frac{\partial P}{\partial \tau} = a_P \nabla^2 P - E \frac{c_m}{c_t} \frac{\partial \theta}{\partial \tau} \tag{5.22}$$

a_P — Koeffizient für die Übertragung des Überdruckes in einem kapillar-porösen Stoff.

Somit besteht das Gleichungssystem zur Beschreibung der instationären θ-, t- und P-Felder im Verlaufe des Trocknungsprozesses aus den Gln. (5.21) und (5.22) sowie der zweiten Gleichung des Systems (5.18).

Die Lösbarkeit des Gleichungssystems ist in erheblichem Maße von den Randbedingungen abhängig, die auf Grund unabhängiger physikalischer Vorstellungen über die Wechselwirkung des feuchten Körpers mit dem ihn umgebenden Medium aufgestellt werden.

Bei der konvektiven Trocknung vollzieht sich der Feuchtetransport innerhalb des Körpers unter dem Einfluß der Gradienten der drei Potentiale θ, t und P. Für diesen Fall lauten die Randbedingungen für den Wärme- und Stoffübergang an der Phasengrenze Trockengut-Trockenmittel:

$$\left.\begin{aligned} & j_t(\tau)|_{Ob} - \lambda_t(\nabla t)|_{Ob} - q j_m(\tau)|_{Ob} = 0 \\ & \lambda_m \left(\nabla \theta + \frac{\delta}{c_m} \nabla t + \delta_F \nabla P \right)_{Ob} = j_m(\tau)|_{Ob} \\ & P|_{Ob} = P_0 \end{aligned}\right\} \tag{5.23}$$

Die erste Gleichung des Systems (5.23) stellt eine Wärmebilanz an der Oberfläche des Körpers dar, an der die Verdampfung der Feuchte stattfindet. Der erste Summand in dieser Gleichung entspricht der durch Konvektion vom Trockenmittel herangeführten Wärmemenge, der zweite Term — der durch Wärmeleitung von der äußeren Oberfläche ins Innere des Trockengutes abgeführten Wärmemenge, während der letzte Summand für die zur Verdampfung der Flüssigkeit an der äußeren Oberfläche des Trockengutes verbrauchte Wärmemenge steht.

Die zweite Gleichung des Systems (5.23) ist eine Bilanzgleichung für die Feuchte an der Oberfläche des Trockengutes. Die unter dem Einfluß der drei Gradienten aus dem Inneren des Stoffes transportierte Feuchtemenge muß der durch konvektiven Stoffübergang von der Oberfläche des Trockengutes in den Strom des Trockenmittels transportierten Feuchtemenge gleich sein. Die letzte Bedingung des Systems (5.23) sagt aus, daß der Gesamtdruck der feuchten Luft an der äußeren Oberfläche des Trockengutes gleich dem im Trockenmittel ist.

Analytische Ergebnisse

Eine analytische Lösung des gesamten Gleichungssystems, das die gekoppelten Wärme- und Stoffaustauschprozesse innerhalb eines feuchten Stoffes beschreibt, ist in allgemeiner Form nicht möglich. Sonderfälle mit entsprechenden Vereinfachungen werden in der Monographie [4] angegeben. Als Beispiel wird die Lösung für instationäre Temperatur- und Feuchteübertragungspotentialfelder in einem kapillar-porösen Körper von Kugelgestalt angeführt.

Für den Wärme- und Stoffaustausch wurden Randbedingungen dritter Art angenommen. Der durch den Druckgradienten hervorgerufene Feuchtetransport wurde vernachlässigt.

Unter diesen Annahmen lauten die entsprechenden Differentialgleichungen und die dazugehörigen Randbedingungen in dimensionsloser Form:

$$\left.\begin{aligned} \frac{\partial T}{\partial Fo} &= \frac{\partial^2 T}{\partial X^2} + \frac{2}{X}\frac{\partial T}{\partial X} - EKo\frac{\partial \Theta}{\partial Fo} \\ \frac{\partial \Theta}{\partial Fo} &= Lu\left(\frac{\partial^2 \Theta}{\partial X^2} + \frac{2}{X}\frac{\partial \Theta}{\partial X}\right) - LuPn\left(\frac{\partial^2 T}{\partial X^2} + \frac{2}{X}\frac{\partial T}{\partial X}\right) \end{aligned}\right\} \tag{5.24}$$

$$\left.\begin{aligned} &\frac{\partial T(1, Fo)}{\partial X} - Bi_t[1 - T(1, Fo)] + (1 - E)\,KoLuBi_m[1 - \Theta(1, Fo)] = 0 \\ &-\frac{\partial \Theta(1, Fo)}{\partial X} + Pn\,\frac{\partial T(1, Fo)}{\partial X} + Bi_m[1 - \Theta(1, Fo)] = 0 \end{aligned}\right\} \tag{5.25}$$

$$T(X, 0) = \Theta(X, 0) = 0 \tag{5.26}$$

$$\frac{\partial T(0, Fo)}{\partial X} = \frac{\partial \Theta(0, Fo)}{\partial X} = 0 \tag{5.27}$$

$Fo = a_t\tau/R^2$
$X = r/R$ — dimensionsloser Radius innerhalb des kugelförmigen Körpers
$T(X, Fo) = (t - t_0)/(t_{Trm} - t_0)$
$\Theta(X, Fo) = (\theta_0 - \theta)/(\theta_0 - \theta^*)$
$Bi_t = \alpha R/\lambda_t$
$Bi_m = \beta R/\lambda_m$
θ^* — Wert des Potentials für den Feuchteübergang bei Gleichgewicht mit dem Trockenmittel

Die Gln. (5.25) stellen die Randbedingungen (5.23) in dimensionsloser Form und für $\nabla P = 0$ dar; die Beschreibung des Wärme- und des Feuchtestromes an der Oberfläche erfolgt in der Form der für den konvektiven Wärme- und Stoffaustausch üblichen Gleichungen:

$$j_t(\tau)|_{Ob} = \alpha(t_{Trm} - t|_{Ob})$$

$$j_m(\tau)|_{Ob} = \beta(\theta|_{Ob} - O_{Trm})$$

t_{Trm}, θ_{Trm} — Temperatur und Potential für den Feuchteübergang im Trockenmittel

Die Bedingung (5.26) fordert zu Prozeßbeginn gleichmäßige Potentialfelder, während die Gl. (5.27) Aussagen über die Symmetrie der gesuchten instationären Felder macht. Für das System (5.24)—(5.27) wurde durch Integraltransformation folgende Lösung gefunden:

$$T(X, Fo) = 1 + \sum_{n=1}^{\infty} \sum_{i=1}^{2} C_{ni} \frac{\sin \nu_i \mu_n X}{X} \exp(-\mu_n^2 Fo) \tag{5.28}$$

$$\Theta(X, Fo) = 1 - \frac{1}{EKo} \sum_{n=1}^{\infty} \sum_{i=1}^{2} C_{ni}(1 - \nu_i^2) \frac{\sin \nu_i \mu_n X}{X} \exp(-\mu_n^2 Fo) \tag{5.29}$$

$$C_{n1} = 2 \frac{(1 - EKoK_1) P_{n2} + EKoQ_{n2}}{\mu_n \psi_n}$$

$$C_{n2} = -2 \frac{(1 - EKoK_1) P_{n1} + EKoQ_{n2}}{\mu_n \psi_n}$$

$$\psi_n = \nu_1 A_{n1} P_{n2} + \nu_2 B_{n2} Q_{n1} - \nu_2 A_{n2} P_{n1} - \nu_1 B_{n1} Q_{n2}$$

$$A_{ni} = [1 + (1 - \nu_i^2) K_1] \cos \nu_i \mu_n - \frac{1}{Bi_t} \nu_i \mu_n \sin \nu_i \mu_n$$

$$B_{ni} = (1 - \nu_i^2) \cos \nu_i \mu_n - \frac{(1 - \nu_i^2) + EKoPn}{Bi_m} \nu_i \mu_n \sin \nu_i \mu_n$$

$$Q_{ni} = \left[1 - \frac{1}{Bi_t} + (1 - \mu_i^2) K_1\right] \sin \nu_i \mu_n + \frac{1}{Bi_t} \nu_i \mu_n \cos \nu_i \mu_n$$

$$P_{ni} = (1 - \nu_i^2) \sin \nu_i \mu_n + \frac{(1 - \nu_i^2) + EKoPn}{Bi_m} (\nu_i \mu_n \cos \nu_i \mu_n - \sin \nu_i \mu_n)$$

$$K_1 = \frac{1 - E}{E} Lu \frac{Bi_m}{Bi_t}$$

$$2\nu_i^2 = \left(1 + EKoPn + \frac{1}{Lu}\right) + (-1)^i \sqrt{\left(1 + EKoPn + \frac{1}{Lu}\right)^2 - \frac{4}{Lu}}$$

die μ_n ergeben sich als Wurzeln der charakteristischen Gleichung

$$P_{n1} Q_{n2} - P_{n2} Q_{n1} = 0$$

Für die gemittelten Potentialwerte erhält man nach Integration der Lösungsgleichungen (5.28) und (5.29):

$$\overline{T}(Fo) = 1 + \sum_{n=1}^{\infty} \sum_{i=1}^{2} D_{ni} \exp(-\mu_n^2 Fo) \tag{5.30}$$

$$\overline{\Theta}(Fo) = 1 - \frac{1}{EKo} \sum_{n=1}^{\infty} \sum_{i=1}^{2} D_{ni}(1 - \nu_i^2) \exp(-\mu_n^2 Fo)$$

$$D_{ni} = 3C_{ni} \frac{\sin \nu_i \mu_n - \nu_i \mu_n \cos \nu_i \mu_n}{\nu_i^2 \mu_n^2} \tag{5.31}$$

Wie man aus den angegebenen Gleichungen entnehmen kann, ist die Ermittlung des instationären Temperatur- und Potentialfeldes für den Feuchteübergang für einen einzelnen kugelförmigen Körper selbst bei den gemachten Vereinfachungen recht aufwendig und kompliziert. Ungleich schwieriger würde die analytische Berechnung realer Trocknungsprozesse, bei denen sich die äußeren Parameter des Trockenmittels in Abhängigkeit von der Intensität der inneren Wärme- und Stoffübergangsprozesse ändern. Außerdem trifft die gemachte Annahme über die Vernachlässigbarkeit der durch den Druckgradienten im Innern des porösen Gutes transportierten Feuchtemenge nicht immer zu, was besonders bei modernen Hochleistungstrocknern der Fall ist. Eine Berücksichtigung von ∇P würde jedoch zu einem aus drei partiellen Differentialgleichungen zweiter Ordnung bestehenden System führen, dessen Lösung wesentlich schwieriger ist. Abb. 5.6 zeigt den auf analytischem Wege ermittelten partiellen Einfluß der *Pn*-, *Ko*- und *Fo*-Zahlen auf den über die Dicke des Körpers gemittelten Wert der dimensionslosen Potentiale $\bar{\Theta}$, $\bar{T}$ und $\bar{P}$. Bereits aus der Abbildung ist zu erkennen, daß alle auf den Trocknungsprozeß Einfluß besitzenden Parameter in komplexer Form miteinander gekoppelt sind.

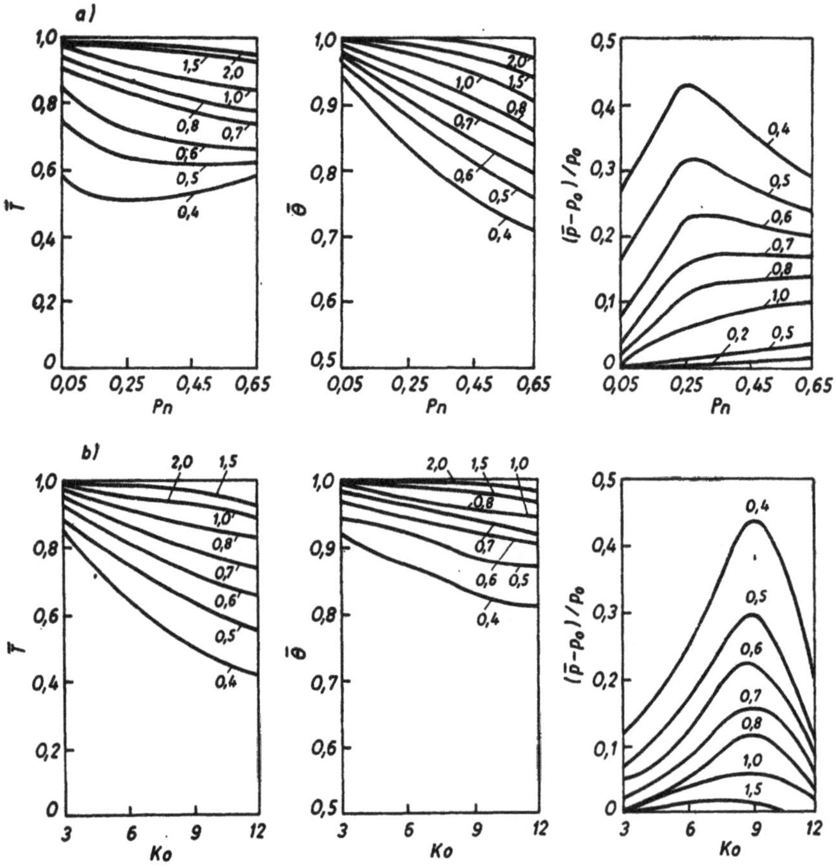

Abb. 5.6. Abhängigkeit der über ein kugelförmiges Teilchen gemittelten Übertragungspotentiale von den Kennzahlen *Pn* (a) und *Ko* (b). Die Zahlenwerte neben den Kurven geben den Wert der Fourier-Zahl *Fo* an.

Die Auswertung der Lösungsgleichungen für einige Sonderfälle des inneren Stoff- und Wärmetransportes bei Berücksichtigung des Filtrationsstromes ergab, daß der innere Druck ein örtliches Maximum aufweist. Das Druckmaximum verlagert sich im Verlaufe des Trocknungsprozesses in der Regel von den äußeren Regionen des Körpers ins Innere.

In einigen Spezialfällen kann der Überdruck im Innern des Trockengutes zum Hauptfaktor des Feuchteübergangs werden. So gibt es eine Trocknungsmethode, die mit variablem Druck arbeitet: Das eintretende feuchte Gut wird unter Überdruck erwärmt. Anschließend erfolgt eine scharfe Druckabsenkung. Infolge der im Prozeßverlauf gespeicherten Wärmemenge setzt über die gesamte Tiefe des Trockengutes eine intensive Verdampfung ein, die zur Ausbildung eines aus dem Innern an die äußere Oberfläche gerichteten starken Filtrationsstromes führt. Die Trocknungsgeschwindigkeit kann in einigen Fällen um eine, ja sogar um zwei Zehnerpotenzen über der der gewöhnlichen Trocknung liegen.

Auch bei einigen anderen Trocknungsmethoden spielt der im Körperinnern auftretende Druckgradient eine erhebliche Rolle. So setzt z. B. bei der Kontakttrocknung im Bereich der unmittelbaren Berührung des feuchten Gutes mit der Heizfläche (> 100 °C) eine intensive Dampfbildung ein. Der entstehende Überdruck pflanzt sich über die gesamte Tiefe des feuchten Gutes fort, dessen Kapillaren zu Beginn des Trocknungsprozesses zum überwiegenden Teil mit Flüssigkeit gefüllt sind. Dadurch erfolgt die Feuchteabfuhr aus dem Trockengut nicht nur in Form von Dampf; ein Teil der in den Poren befindlichen Flüssigkeit wird in Richtung der offenen Oberfläche aus dem Gut herausgepreßt.

Bei der Kontakttrocknung weisen die inneren Temperatur-, Feuchtegehalts- und Druckfelder eine ganz spezielle Form auf, die sich von der bei der konvektiven Trocknung auftretenden unterscheidet. Die Temperaturverteilung ist durch einen monotonen Abfall der Temperaturwerte von der Heizfläche zur äußersten Schicht des Trockengutes hin gekennzeichnet (Abb. 5.7). In gleicher Weise fällt auch der innere Überdruck ab. Der Feuchtegehalt weist hingegen extremalen Charakter auf. Unmittelbar an der Heizfläche ist der Feuchtegehalt des Gutes infolge der intensiven Verdampfung sehr gering. Man kann ihn, mit Ausnahme des Anfangszeitpunktes, praktisch Null setzen. Die Intensität der Dampfbildung ist eine Funktion der örtlichen Temperatur und nimmt mit wachsender Entfernung von der Heizfläche ab. Der Feuchtegehalt weist deshalb in einer bestimmten Entfernung von der Heizfläche ein Maximum auf.

Bei der Kontakttrocknung dünner Schichten von Trockengut ist der Übergang der Feuchte in flüssiger Form weniger einflußreich als der Übergang der Feuchte in Dampfform. Die Geschwindigkeit des äußeren Stoffaustausches spielt bei der Kontakttrocknung eine untergeordnete Rolle. Wesentlich sind der Einfluß der Temperatur der Heizfläche und die Intensität der inneren Dampfbildung.

Die mittlere Trocknungsgeschwindigkeit ist bei der Kontakttrocknung erheblich größer als bei der konvektiven Trocknung, da alle drei einen Feuchtetransport verursachenden Potentiale im Grunde genommen die gleiche Richtung aufweisen. Der Umstand, daß der Gradient des Feuchtegehalts in unmittelbarer Nähe der Heizfläche von entgegengesetztem Vorzeichen ist (Abb. 5.7), hat eher einen positiven, denn negativen Einfluß auf die Geschwindigkeit des Stoffaustausches, weil die Feuchtezufuhr aus dem Bereich höchsten Feuchtegehaltes zur Heizfläche hin den inneren Überdruck aufrecht erhält.

Der innere Druckgradient ist noch bei einer anderen Trocknungsart von wesentlichem Einfluß: Bei der Wärmeabfuhr durch hochfrequente Wechselströme. Diese Trocknungsmethode beruht darauf, daß alle feuchten Materialien in mehr oder minder starkem Maße Dielektrika darstellen (die Dielektrizitätskonstante des Wassers beträgt 80) und sich in einem hochfrequenten Wechselfeld erwärmen. Es handelt sich hierbei übrigens um die einzige Trocknungsart, bei der die Wärmequellen über die gesamte Dicke des Trockengutes verteilt sind.

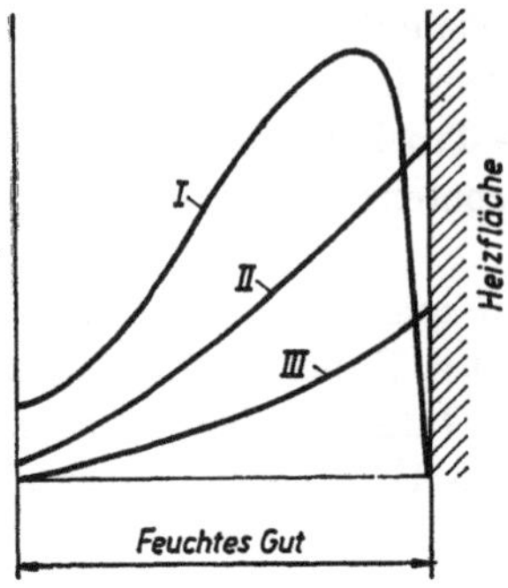

Abb. 5.7. Verteilung des Feuchtegehaltes u (I), der Temperatur $t(II)$ und des Überdruckes $P - P_0$ (III) über die Schicht eines kapillar-porösen Stoffes bei der Kontakttrocknung.

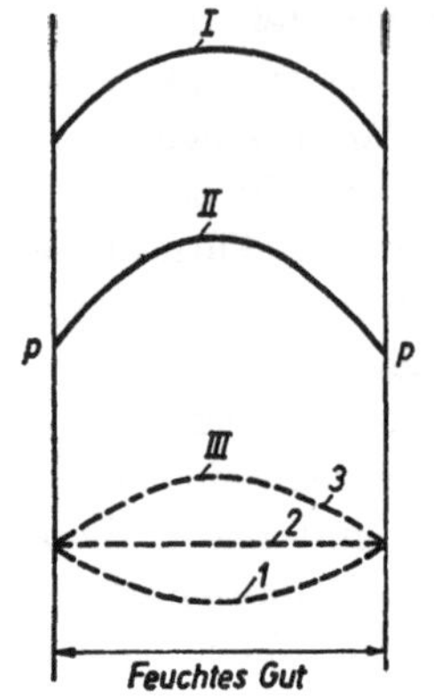

Abb. 5.8. Verteilung von Temperatur (I), Druck (II) und Feuchtegehalt (III) im feuchten Trockengut bei der Hochfrequenztrocknung.

1–3 – Verteilung des Feuchtegehaltes bei zunehmendem Wärmeanfall innerhalb des feuchten Trockengutes.

Bei örtlichen Temperaturwerten über 60 °C führt eine weitere Wärmezufuhr zur inneren Verdampfung und damit zur Bildung eines inneren Überdruckes. Das Druckmaximum befindet sich dabei im Zentrum des Trockengutes. Temperatur- und Druckgradient haben also die gleiche Wirkungsrichtung (Abb. 5.8), weshalb mit Hilfe dieser Trocknungsmethode eine hohe Trocknungsgeschwindigkeit erzielt werden kann.

Experimentelle Ermittlung kinetischer Konstanten

Die experimentelle Ermittlung kinetischer Charakteristika kapillar-poröser Stoffe äßt sich durch zweierlei Methoden verwirklichen: durch stationäre und durch instationäre Methoden. Im ersten Falle dient die Grundgleichung für den Feuchteübergang in Form der Gl. (5.10) für isotherme Bedingungen als Ausgangspunkt:

$$j_m = -a_m \varrho_f \nabla u \tag{5.32}$$

Aus dieser Gleichung läßt sich die Potentialleitzahl a_m berechnen, sofern die restlichen Größen j_m, ϱ_f und ∇u durch Versuche ermittelt wurden. Die Gewinnung der Versuchsdaten geschieht an einem plattenförmigen Probekörper des zu untersuchenden Stoffes, dessen einer Seite durch einen Flüssigkeitskontakt kontinuierlich Flüssigkeit zugeführt wird, während auf der entgegengesetzten Seite die Verdampfung stattfindet.

Durch Thermoelemente, die im feuchten Trockengut eingebettet sind, wird die Temperatur kontrolliert, um die Isothermie des Prozesses einzuhalten.

Nach Erreichen einer stationären Verteilung des Feuchtegehaltes (ein Zeichen dafür ist eine konstante Geschwindigkeit der Feuchteabnahme) wird der Probekörper rasch in einzelne Stücke aufgeteilt, um nach Trocknung und Wägung das Feld des Feuchtegehaltes zu bestimmen. Der Wert des Gradienten ∇u ergibt sich nach der Bestimmung des Feuchtegehaltes jedes einzelnen Probestückes: $|\nabla u| = (u_2 - u_1)/l$. Die Größe l stellt den Abstand zwischen den Mittelpunkten zweier benachbarter Probestücke dar, deren Feuchtegehalt u_2 bzw. u_1 beträgt. Der Feuchtestrom j_m läßt sich im stationären Zustand durch Wägung ermitteln. Bei Kenntnis der Dichte des absolut trockenen Feststoffes läßt sich a_m dann nach Gl. (5.32) berechnen.

Bei geringen Gradienten des Feuchtegehalts läßt sich die Potentialleitzahl a_m als über die gesamte Tiefe des Probekörpers konstant annehmen. Bei einer Wiederholung der Versuche für verschiedene mittlere Feuchtegehalte und verschiedene Temperaturen läßt sich die Abhängigkeit der Potentialleitzahl a_m von u und t ermitteln.

Der Wert des Thermodiffusionskoeffizienten δ wird aus der allgemeinen Gl. (5.10) für den Feuchtestrom bestimmt, wobei alle anderen in diese Gleichung eingehenden Größen bekannt sein müssen. Bei der Versuchsdurchführung ist auf einen konstanten Temperaturgradienten in Richtung des Feuchtestromes zu achten, was durch Erwärmen der Bodenfläche des Probekörpers erreicht werden kann. Nach Erreichen einer stationären Verteilung des Temperatur- und des Feuchtegehaltsfeldes wird der Probekörper rasch in einzelne Teile zerlegt, deren Feuchtegehalt analytisch bestimmt wird. Der numerische Wert des Thermodiffusionskoeffizienten ergibt sich dann aus folgender Beziehung:

$$\delta = \frac{l j_m - a_m \varrho_f (u_2 - u_1)}{a_m \varrho_f (t_2 - t_1)}$$

Stationäre Methoden sind auf alle Arten von Trockengütern (fest, faserförmig, pastenartig, feinkörnig) anwendbar. Der Nachteil der stationären Methoden besteht in der langen Wartezeit, die bis zum Erreichen des stationären Zustandes verstreicht. In manchen Fällen dauert es viele Stunden, bis sich der stationäre Zustand eingestellt hat.

Die instationären Methoden zur experimentellen Ermittlung der Potentialleitzahl feuchter Stoffe unterscheiden sich vom Prinzip her nicht von den in den Kap. 1., 2. und 4. behandelten. Bei der Trocknung ist lediglich der experimentelle Aufwand größer, um die Isothermie innerhalb des zu untersuchenden Stoffes aufrecht zu erhalten [1]. Die Ermittlung der Wärme- und Temperaturleitfähigkeit feuchter kapillar-poröser Stoffe wird durch den Feuchteübergang, der aus dem Temperaturgradienten resultiert, sowie durch mögliche Phasenumwandlungen erschwert. Die so ermittelten Koeffizienten stellen deshalb effektive Größen dar, die summar alle im feuchten Stoff ablaufenden Übertragungsprozesse berücksichtigen. Angaben über die Werte kinetischer Koeffizienten für kapillar-poröse Stoffe lassen sich auch zum Teil der Spezialliteratur [7] entnehmen.

5.4. Vereinfachte Modelle der Trocknungskinetik

Eine Einschätzung der durch die Theorie des inneren Stoff- und Wärmeaustauschs gewonnenen Ergebnisse läßt erkennen, daß die Herangehensweise an die gesamte Problematik in gewissem Grade formalen Charakter trägt: Die vielfältigen Elementarmechanismen des Stofftransports innerhalb eines feuchten kapillar-porösen Stoffes werden durch einen effektiven Gradienten für die Feuchteübertragung ersetzt. Das Differentialgleichungssystem (5.17), (5.21) und (5.22) berücksichtigt nicht alle sich überlagernden Einflüsse der einzelnen Wärme- und Stofftransportarten, wie es, ausgehend von der Thermodynamik irreversibler Prozesse, eigentlich erforderlich wäre. Eine exakte Beschreibung von Wärme- und Stoffaustauschprozessen auf thermodynamischer Grundlage ist bisher recht schwierig, weil die unter 5.2. erwähnten Wechselverhältnisse zwischen den kinetischen Koeffizienten für feuchte kapillar-poröse Stoffe nicht genau eingehalten werden.

Das Differentialgleichungssystem (5.17), (5.21) und (5.22) ist zur Berechnung industrieller Trocknungsanlagen nicht sonderlich geeignet, weil die an und für sich sehr umfangreiche analytische Lösungsprozedur überhaupt nur unter der Annahme konstanter Übergangskoeffizienten möglich ist. Eine derartige Annahme ist aber nur in folgenden Fällen zulässig: Bei einer langsamen Trocknung, wo die Temperatur- und Feuchtegehaltsgradienten nur geringe Werte aufweisen oder bei einer Aufteilung des Trockengutes in hinreichend dünne Schichten, innerhalb derer die o. g. Gradienten nur geringe Werte aufweisen. Die erstgenannte Variante ist auf moderne Hochleistungstrockner nicht anwendbar, da die genannten Bedingungen nicht eingehalten werden. Die zweite Variante ist zwar prinzipiell möglich, bedeutet aber die Anwendung der Lösung des Differentialgleichungssystems (5.17), (5.21) und (5.22) auf jede einzelne Schicht, wobei erschwerend hinzukommt, daß sich die Anfangsbedingungen als Lösungen des Stoff- und Wärmetransportproblems für den vorherigen Zeitabschnitt ergeben (s. Kap. 2.).

Eine zusätzliche Schwierigkeit bei der Anwendung analytisch gewonnener Lösungen für den Trocknungsprozeß besteht im Fehlen einer entsprechenden Datenbank, der man die benötigten Werte für die Übergangskoeffizienten einer größeren Anzahl von Stoffen, die der industriellen Trocknung unterworfen werden, entnehmen könnte. Trotz dieser „Anwendungsfeindlichkeit“ stellt die Theorie des inneren Stoff- und Wärmetransportes gegenwärtig die einzige einheitliche Methode zur Beschreibung der physikalischen Vorgänge des Trocknungsprozesses dar, die auf alle vorkommenden Arten feuchter kapillar-poröser Stoffe anwendbar ist.

Unter großtechnischen Bedingungen bleiben die Parameter des Trockenmittels in der Regel nicht konstant, sondern ändern sich infolge der Wechselwirkung mit dem Trockengut. Deshalb ist auch in den meisten Fällen eine Anwendung der Theorie des inneren Stoff- und Wärmeaustausches auf industrielle Trocknungsprozesse höchst problematisch. Aus dieser Sicht ist das Streben nach der Schaffung einfacherer Modelle für den Trocknungsprozeß feuchter kapillar-poröser Stoffe verständlich.

Bei der konvektiven Trocknung eines sehr feuchten Gutes läßt sich die zu starken Vereinfachungen führende Annahme machen, daß sich die Flüssigkeit innerhalb der porösen Struktur des Trockengutes relativ frei bewegen kann, so daß der Feststoff für den Feuchtetransport praktisch keinen Widerstand darstellt. Die Verdampfung der Flüssigkeit vollzieht sich dabei nur an der äußeren Oberfläche des Trockengutes, der Transport der Feuchte aus dem Innern des Trockengutes an seine äußere Oberfläche erfolgt bereits bei einem äußerst geringen Feuchtegehaltsgradienten. Damit wird die Prozeßgeschwindigkeit bei der Verdampfung der Feuchte an der äußeren Oberfläche des Trockengutes nur eine Funktion der zugeführten Wärmemenge. Die Temperatur des feuchten Trockengutes wird über das gesamte Volumen als konstant angenommen, und zwar wird sie der Temperatur des feuchten Thermometers für die jeweiligen Parameter des Trockenmittels gleichgesetzt. Die Trocknungsgeschwindigkeit ergibt sich dann als Quotient der zugeführten Wärmemenge und der Verdampfungswärme:

$$V\varrho_{Tg}\frac{du}{d\tau} = \alpha F\frac{t - t_f}{q} \tag{5.33}$$

V, F, ϱ_{Tg} — Volumen, Oberfläche und Dichte des Trockengutes
$t, t_f(t, x)$ — Temperatur des Trockenmittels bzw. des feuchten Thermometers
$q(t_f)$ — Verdampfungswärme
x — Feuchte des Trockenmittels

Gewöhnlich ist die Aufheizperiode des feuchten Trockengutes im Vergleich zur eigentlichen Trocknungsperiode sehr klein, so daß man die während der Aufheizperiode entfernte Feuchtemenge vernachlässigen kann. Diese Annahme führt zu folgender Anfangsbedingung für die Differentialgleichung (5.33):

$$u|_{\tau=0} = u_0$$

u_0 — Anfangsfeuchtegehalt des Trockengutes

Sind Temperatur und Feuchtegehalt des Trockengutes zeitlich veränderliche Größen, so ist dies bei der Integration von Gl. (5.33) zu berücksichtigen:

$$u = u_0 - \frac{\alpha F}{\varrho_{Tg}V}\int_0^\tau \frac{t - t_f}{q}\,d\tau \tag{5.34}$$

Lassen sich hingegen die Parameter t, t_f und q als konstant annehmen, so erhält man eine denkbar einfache Abhängigkeit des Feuchtegehalts von der Trocknungsdauer:

$$u = u_0 - \frac{\alpha F}{\varrho_{Tg}V}\frac{t - t_f}{q}\tau \tag{5.35}$$

Die Gln. (5.34) und (5.35) besitzen im Bereich von u_0 bis zum Gleichgewichtsfeuchtegehalt u^* Gültigkeit. u^* stellt den unter den vorliegenden Prozeßbedingungen minimal erreichbaren Feuchtegehalt dar und ist eine Funktion der Parameter des Trockenmittels: $u^* = u^*(t, x)$.

Die zeitliche Abhängigkeit des nach Gl. (5.35) berechneten Feuchtegehaltes wird in Abb. 5.9 dargestellt.

Die Trocknungsgeschwindigkeit bei zeitlich konstanten Parametern des Trockenmittels ist nach Gl. (5.35) über den gesamten Bereich des Trocknungsprozesses vom Feuchtegehalt des Trockengutes unabhängig. Eine derartige Trocknungskinetik mit konstanter Geschwindigkeit tritt bei der Trocknung feindisperser Stoffe mit grobporiger Struktur auf, die dem inneren Feuchtetransport keinen nennenswerten Widerstand entgegensetzt.

Die Gl. (5.35) läßt sich über die zur völligen Trocknung erforderliche Zeit τ_m dimensionslos angeben:

$$\frac{u - u^*}{u_0 - u^*} = 1 - \frac{\tau}{\tau_m} \tag{5.36}$$

Der Wert τ_m ergibt sich aus Gl. (5.35) für $u = u^*$:

$$\tau_m = \frac{u_0 - u^*}{\dfrac{\alpha F}{\varrho_{Tg} V} \dfrac{t - t_f}{q}} \tag{5.37}$$

Der Wärmeübergangskoeffizient α ist von der Wechselwirkung zwischen Trockenmittel und Feststoffoberfläche abhängig. Er läßt sich entweder über Kriterialbeziehungen für den reinen Wärmeaustausch oder durch Gleichungen ermitteln, die den Einfluß der Verdampfung auf die Intensität des Wärmeaustausches zwischen der Oberfläche des Trockengutes und dem Strom des Trockenmittels berücksichtigen.

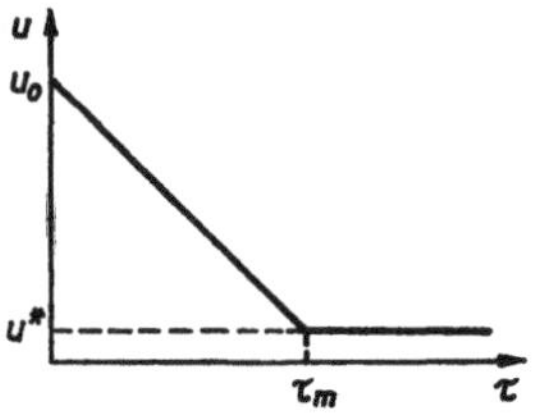

Abb. 5.9. Trocknungskurve für den ersten Trocknungsabschnitt (konstante Trocknungsgeschwindigkeit).

Im folgenden wird ein Modell für die Trocknung feuchter poröser Stoffe erläutert, das in gewisser Hinsicht Ähnlichkeiten mit dem schichtenweisen Abbau bei Extraktionsprozessen und der schichtenweisen Adsorption aufweist. Die kapillar-poröse Struktur des feuchten Gutes sowie die Anfangsverteilung der Feuchte sollen isotrop sein [9]. Die Geschwindigkeit der Feuchteentfernung wird als von zwei Faktoren abhängig angenommen: Dem Wärmetransport und der Filtration der Feuchtedämpfe. Im Verlaufe des Trocknungsprozesses dringt die Verdampfungsfront tiefer in das Innere des Trockengutes ein. Der Wärmetransport zu dieser Front (Abb. 5.10) vollzieht sich auf Grund der Wärmeleitung des trockenen Teils des Gutes. Die zur Front gelangende Wärme wird hier zur Verdampfung aufgebraucht. Infolge der Verdampfung innerhalb der porösen Struktur entsteht ein gewisser Überdruck, unter dessen Einfluß die Feuchtedämpfe von der Verdampfungsfront zur äußeren Oberfläche gelangen (Filtration).

Die Entfernung der Feuchte aus dem Trockengut ist demnach von zwei aufeinanderfolgenden Widerständen abhängig: dem thermischen und dem Filtrationswiderstand. Die Kopplung der Potentiale für den Wärmetransport und die Dampfbildung der Feuchte basieren auf der Annahme, daß an der Verdampfungsfront gesättigter Dampf entsteht, so daß der Dampfdruck von der sich dort einstellenden Temperatur abhängig ist.

Diese Modellvorstellungen werden auf einen kugelförmigen Körper angewendet (Abb. 5.10). Das Temperatur- und das Druckfeld in der trockenen Schicht des Körpers werden als quasistationär angenommen. Die Felder für die Übertragungspotentiale im trockenen Anteil des Körpers werden durch folgende Gleichungen beschrieben:

$$\frac{d^2t}{dr^2} + \frac{2}{r}\frac{dt}{dr} = 0; \quad \frac{d^2P}{dr^2} + \frac{2}{r}\frac{dP}{dr} = 0 \tag{5.38}$$

Bei einer Randbedingung erster Art an der äußeren Oberfläche gilt $t|_{r=R} = t_0$. Der Druck an der äußeren Oberfläche wird dem Gesamtdruck des umgebenden Mediums gleichgesetzt: $P|_{r=R} = P_0$. Nach den oben gemachten Annahmen gilt für die Verdampfungsfront: $t|_\xi = t^*$ und $P|_\xi = P^*$, wobei die funktionelle Abhängigkeit zwischen dem Dampfdruck P^* und der Temperatur t^* durch die Dampfdruckkurve $P^*(t^*)$ gegeben ist.

Die Lösung des Gleichungssystems (5.38) lautet:

$$t = t_0 - (t_0 - t^*) \frac{\xi}{r} \frac{R - r}{R - \xi} \tag{5.39}$$

$$P = P_0 - (P_0 - P^*) \frac{\xi}{r} \frac{R - r}{R - \xi} \tag{5.40}$$

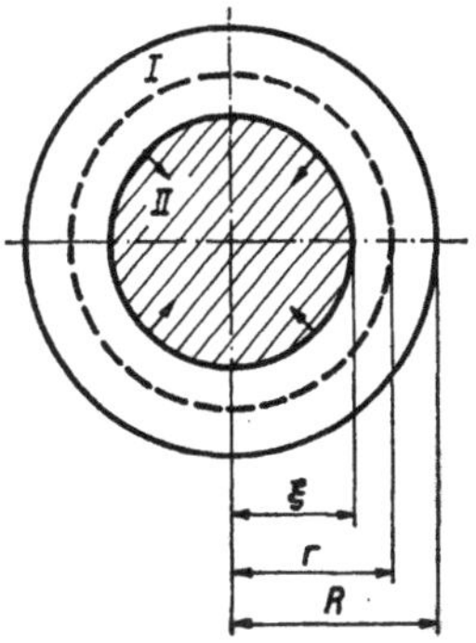

Abb. 5.10. Schematische Darstellung der schichtweisen Wanderung der Verdampfungsfront.
I — trockener Bereich; *II* — feuchter Bereich.

Die Annahme, daß die gesamte zur Verdampfungsfront transportierte Wärmemenge zur Verdampfung der Feuchte aufgebraucht wird, läßt sich mathematisch wie folgt ausdrücken:

$$4\pi\xi^2\lambda_t \left.\frac{dt}{dr}\right|_\xi = \varrho_{Tg} u_0 q \frac{d\xi}{d\tau} 4\pi\xi^2 \tag{5.41}$$

Die gesamte an der Front gebildete Dampfmenge wird auf Grund des Filterprozesses durch die trockene Zone des Materials entfernt:

$$4\pi\xi^2\varrho_D \frac{k}{\mu_D} \left.\frac{dP}{dr}\right|_\xi = 4\pi\xi^2\varrho_{Tg} u_0 \frac{d\xi}{d\tau} \tag{5.42}$$

ϱ_{Tg}, ϱ_D — Dichten des feuchtefreien Trockengutes und des Dampfes
u_0 — Anfangsfeuchtegehalt des Trockengutes
k — Dampfdurchlässigkeit des feuchtefreien Trockengutes
μ_D — Viskositätskoeffizient des Dampfes

Aus den Gln. (5.39)—(5.42) ergibt sich folgende funktionelle Abhängigkeit zwischen Temperatur und Überdruck an der Verdampfungsfront:

$$t_0 - t^* = \frac{kq}{\mu_D \lambda_t} \varrho_D (P^* - P_0) \tag{5.43}$$

Durch Einsetzen der Lösung (5.39) in Gl. (5.41) ergibt sich eine Differentialgleichung zur Ermittlung der Bewegungsgeschwindigkeit der Front in das Innere des Körpers:

$$\xi q \varrho_{Tg} u_0 \frac{d\xi}{d\tau} = \frac{\lambda_t R(t_0 - t^*)}{R - \xi} \tag{5.44}$$

Bei einer gleichmäßigen anfänglichen Feuchteverteilung fällt die Ausgangslage der Front mit der äußeren Oberfläche des Körpers zusammen. Damit ergibt sich folgende Anfangsbedingung für die Gl. (5.44): $\xi|_{\tau=0} = R$. Die Integration der Gl. (5.44) führt zu folgendem Ergebnis:

$$\frac{R\xi^2}{2} - \frac{\xi^3}{3} = \frac{R^3}{6} - \lambda_t \frac{R(t_0 - t^*)}{q\varrho_{Tg}u_0} \tau \tag{5.45}$$

Durch Einführen des dimensionslosen Feuchtegehaltes für einen kugelförmigen Körper $\gamma = (\xi/R)^3$ in die Lösungsgleichung (5.45) erhält man

$$\frac{\gamma^{2/3}}{2} - \frac{\gamma}{3} = \frac{1}{6} - \frac{\lambda_t(t_0 - t^*)}{\varrho_{Tg}u_0qR^2} \tau \tag{5.46}$$

Die zur restlosen Trocknung erforderliche Zeit ergibt sich für $\gamma = 0$:

$$\tau_m = \frac{\varrho_{Tg}u_0qR^2}{6\lambda_t(t_0 - t^*)}$$

Die Abnahme des dimensionslosen Feuchtegehaltes erhält man durch Differentiation der Gl. (5.46):

$$\frac{d\gamma}{d\tau} = \frac{3\lambda_t(t_0 - t^*)\,\gamma^{1/3}}{\varrho_{Tg}u_0qR^2(\gamma^{1/3} - 1)} \tag{5.47}$$

Die beim Aufstellen des Modells gemachten Annahmen werden bei der scharfen Trocknung (hohe Temperaturen des Trockenmittels) grobporiger und stark feuchtehaltiger Stoffe am besten erfüllt, weil hier die zum Aufheizen der bereits trockenen und der noch feuchten Zonen des Trockengutes erforderliche Wärmemenge gegenüber der zur Verdampfung erforderlichen vernachlässigbar ist.

5.5. Methoden zur Verallgemeinerung experimentell gewonnener Daten über die Trocknungskinetik

Die zuverlässigste Art und Weise zur Gewinnung kinetischer Angaben über einen Trocknungsprozeß und den Aufheizvorgang des feuchten Trockengutes besteht im unmittelbaren Experiment bei der Trocknung des betreffenden konkreten Trockengutes. Die Versuchsergebnisse werden dabei meistens in Form graphisch dargestellter Abhängigkeiten des über die Schicht des Trockengutes gemittelten Feuchtegehaltes (u) und der Temperatur des Trockengutes (t_{Tg}) von der Trockenzeit angegeben (Abb. 5.11). Die äußeren Parameter des Trocknungs- und Aufheizprozesses des Trockengutes sind die Temperatur, die Geschwindigkeit und die Feuchtigkeit des Trockenmittels.

Charakteristisch für derartige kinetische Kurven ist die relativ kurze Aufheizperiode des Trockengutes bis fast zur Temperatur des feuchten Thermometers. Im Verlaufe der Aufheizperiode ändert sich der Feuchtegehalt des Trockengutes in der Regel nur unwesentlich. Daran anschließend folgt eine Trocknungsperiode, während der das Trockengut eine konstante Temperatur, und zwar die des feuchten Thermometers, beibehält. Die Trocknungsgeschwindigkeit während dieser Periode ist näherungsweise ebenfalls konstant. Diese Periode konstanter Trocknungsgeschwindigkeit bezeichnet man als ersten Trocknungsabschnitt.

Diesem ersten Trocknungsabschnitt schließt sich eine Periode an, in deren Verlauf die Trocknungsgeschwindigkeit kontinuierlich abnimmt, während die mittlere Temperatur des Trockengutes steigt. Der Feuchtegehalt strebt schließlich dem Gleichgewichtsfeuchtegehalt zu, während sich die Temperatur ebenfalls asymptotisch der Temperatur des Trockenmittels nähert.

Während des ersten Trocknungsabschnittes wird die Trocknungsgeschwindigkeit durch äußere Bedingungen bestimmt, danach hängt die Trocknungsgeschwindigkeit in erheblichem Maße vom Widerstand im Innern des Trockengutes gegenüber dem Feuchtetransport ab.

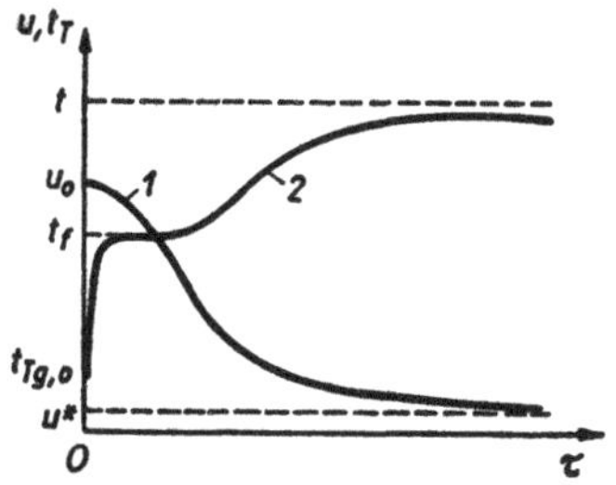

Abb. 5.11. Typische Trocknungs- (*1*) und Aufheizkurve (*2*) eines kapillar-porösen Stoffes.

Experimentelle Ergebnisse über die Trocknungskinetik werden häufig in approximierter Form benutzt. Die konstante Trocknungsgeschwindigkeit im ersten Trocknungsabschnitt wird durch folgende Gleichung beschrieben:

$$-\frac{du}{d\tau} = N \tag{5.48}$$

Die Integration dieser Beziehung mit der Anfangsbedingung $u|_{\tau=0} = u_0$ liefert analog der Gl. (5.35) eine lineare Abhängigkeit des laufenden Feuchtegehaltes von der Trocknungszeit:

$$u = u_0 - N\tau \tag{5.49}$$

Die einfachste Form der Trocknungskurve im zweiten Trocknungsabschnitt ist eine lineare Abhängigkeit der Trocknungsgeschwindigkeit vom laufenden Feuchtegehalt:

$$-\frac{du}{d\tau} = K(u - u^*) \tag{5.50}$$

K — Koeffizient für die Trocknungsgeschwindigkeit während des zweiten Trocknungsabschnittes

Die Integration der Gl. (5.50) liefert im Bereich abnehmender Trocknungsgeschwindigkeit bei Gültigkeit der Anfangsbedingung $u|_{\tau=0} = u_{kr}$ eine exponentiale Abhängigkeit des Feuchtegehaltes im Trockengut von der Trocknungszeit:

$$u = u^* + (u_{kr} - u^*)\, e^{-K\tau} \tag{5.51}$$

u_{kr} — Wert des Feuchtegehaltes, bei dem für einen bestimmten Stoff unter konkreten äußeren Bedingungen der Abschnitt konstanter Trocknungsgeschwindigkeit abgeschlossen ist.

Der Koeffizient K läßt sich graphisch leicht nach der Ermittlung des kritischen Feuchtegehaltes u_{kr} und des Gleichgewichtsfeuchtegehaltes u^*, die ebenfalls anhand der Trocknungskurven erfolgt, bestimmen.

Der numerische Wert von K wird hauptsächlich durch die inneren Übertragungseigenschaften des feuchten kapillar-porösen Gutes bestimmt. Bei einer Änderung der äußeren Bedingungen ändert sich der äußere Widerstand beim Feuchteübergang von der Oberfläche des Trockengutes zum Trockenmittel und damit auch die Trocknungsgeschwindigkeit N im ersten Trocknungsabschnitt. Der kritische Feuchtegehalt, der eine vom Verhältnis des äußeren zum inneren Widerstand abhängende Größe darstellt, ist demzufolge ebenfalls eine Funktion der äußeren Bedingungen.

Eine Analyse experimentell gewonnener Daten über die Trocknungsgeschwindigkeit verschiedener Stoffe gibt Grund zu der Annahme, daß der Koeffizient K im Bereich abnehmender Trocknungsgeschwindigkeit mit der Größe N durch die lineare Beziehung

$$K = \chi N \tag{5.52}$$

verknüpft ist. χ wird als relativer Trocknungskoeffizient bezeichnet und ist von den Stoffeigenschaften des Trockengutes abhängig.

Nach der Gl. (5.52) ist der Einfluß der äußeren Trocknungsbedingungen und der der inneren Stoff- und Wärmeübertragungseigenschaften des Trockengutes im zweiten Trocknungsabschnitt durch getrennte Faktoren beschreibbar. Somit ist der partielle Einfluß von Temperatur, Geschwindigkeit und Feuchtigkeit des Trockenmittels im zweiten Trocknungsabschnitt der gleiche wie bei der konstanten Trocknungsgeschwindigkeit. Die lineare Approximation der Trocknungskinetik im zweiten Trocknungsabschnitt (5.50) ermöglicht die formale Kopplung der Größen K und N aus der Bedingung gleicher Trocknungsgeschwindigkeit am Ende des ersten und zu Beginn des zweiten Abschnittes für $u = u_{kr}$: $N = K(u_{kr} - u^*)$, woraus $K = N/(u_{kr} - u^*)$ und $\chi = 1/(u_{kr} - u^*)$ folgt. Das bedeutet, daß der gesamte Einfluß der inneren Eigenschaften des Trockengutes auf den Trocknungsprozeß in den beiden Größen u_{kr} und u^*, d. h. im kritischen Feuchtegehalt und im Gleichgewichtsfeuchtegehalt enthalten sein muß.

In manchen Fällen ist anhand der experimentell ermittelten Trocknungskurve eine Approximation durch Geradenabschnitte nicht möglich. Die Beschreibung erfolgt dann durch eine einzige, jedoch kompliziertere Abhängigkeit. Als Beispiel sei folgende Gleichung für den Abschnitt abnehmender Trocknungsgeschwindigkeit angeführt:

$$-\frac{1}{N}\frac{du}{d\tau} = \frac{(u - u^*)^m}{A + B(u - u^*)^m} \tag{5.53}$$

A, B, m — experimentell zu bestimmende Konstanten

Verschiedene Autoren [10, 11] nehmen an, daß der Exponent m von der Bindungsart der Feuchte im Trockengut und dessen Feuchteübertragungseigenschaften abhängig ist, während die Konstanten A und B Funktionen von Form und Teilchengröße des Trockengutes sind. Obgleich mit Hilfe der Beziehung (5.53) eine genauere Aproximierung der Versuchsdaten möglich ist, hat diese Verfahrensweise im Vergleich zur Methode des relativen Trocknungskoeffizienten doch einen erheblichen Nachteil: Anstelle eines sind drei Koeffizienten zu bestimmen.

Die Abhängigkeit des Feuchtegehaltes u von der Trocknungszeit τ ergibt sich durch Integration der Gl. (5.53).

Eine weitere Methode zur Verallgemeinerung experimenteller Daten [12] beruht auf der Tatsache, daß experimentell ermittelte Trocknungskurven für ein Trockengut unter verschiedensten Prozeßbedingungen, jedoch bei ein und demselben anfänglichen Feuchtegehalt u_0, praktisch den gleichen Kurvenverlauf besitzen, wenn sie in ein Koordinatensystem $u - N\tau$ übertragen werden (Abb. 5.12). Dieses Verhalten entspricht folgender Gleichung:

$$N_1\tau_1 = N_2\tau_2 = \cdots = N_n\tau_n = (N\tau) = \text{const} \tag{5.54}$$

$\tau_1, \tau_2, \ldots, \tau_n$ — Abschnitte der Trocknungszeit, in deren Verlauf der Feuchtegehalt von u_0 bis zu einem für alle Prozeßbedingungen einheitlichen Wert u abnimmt.

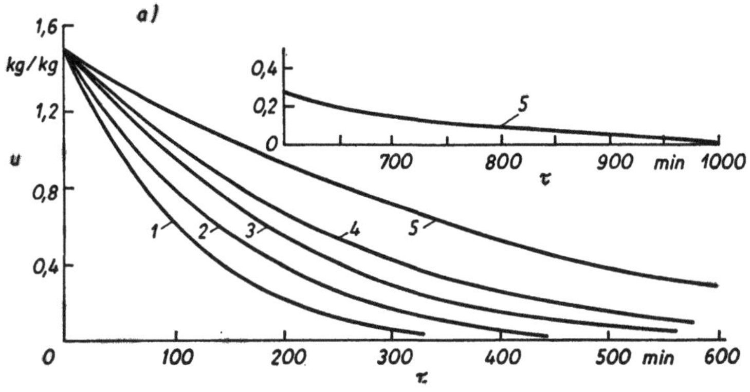

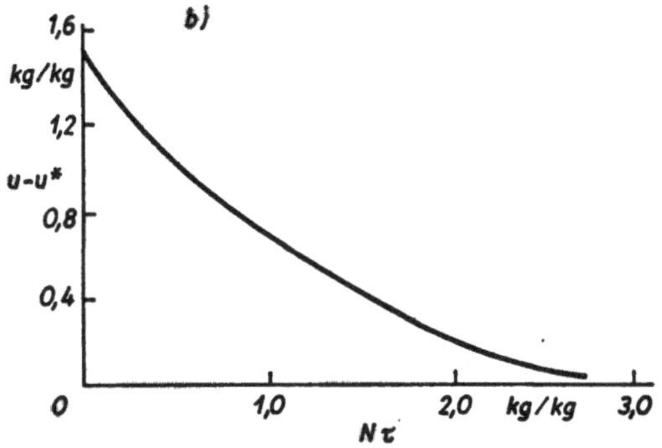

Abb. 5.12. Trocknungskurven von gepreßtem Papier bei verschiedenen Temperaturen und relativen Luftfeuchten (a) und verallgemeinerte Kurve (b).

1 — $t = 90{,}9\,°C$, $\varphi = 3{,}8\%$; *2* — $t = 78{,}5\,°C$, $\varphi = 6{,}1\%$; *3* — $t = 69{,}9\,°C$, $\varphi = 11{,}2\%$; *4* — $t = 59{,}5\,°C$, $\varphi = 12{,}9\%$; *5* — $t = 60{,}8\,°C$, $\varphi = 20{,}6\%$.

Jedem Prozeßregime entspricht ein bestimmter numerischer Wert der Konstanten N in Gl. (5.54). Ist die Abhängigkeit der Trocknungsgeschwindigkeit N im ersten Abschnitt von den Prozeßparametern bekannt, so läßt sich mit Hilfe der verallgemeinerten Kurve eine Schar von Trocknungskurven für den gleichen anfänglichen Feuchtegehalt u_0 konstruieren. Jede Kurve dieser Schar spiegelt die Trocknungskinetik für den vorliegenden Stoff bei bestimmten äußeren Prozeßbedingungen wider.

Für den Fall, daß der anfängliche Feuchtegehalt unter dem kritischen liegt ($u_0 \leqq u_{kr}$), d. h. daß der Trocknungsabschnitt mit konstanter Trocknungsgeschwindigkeit fehlt, läßt sich die auf der Beziehung (5.54) beruhende Methodik der Verallgemeinerung von Trocknungskurven etwas abwandeln:

$$\tau_1/\tau_{m1} = \tau_2/\tau_{m2} = \cdots = \tau_n/\tau_{mn} = (\tau/\tau_m) = \text{const} \tag{5.55}$$

$\tau_{m1}, \tau_{m2}, \ldots, \tau_{mn}$ – Dauer des Trocknungsprozesses zur Absenkung des Feuchtegehaltes von u_0 bis u_{Ausg} unter verschiedenen Prozeßbedingungen (Abb. 5.13).

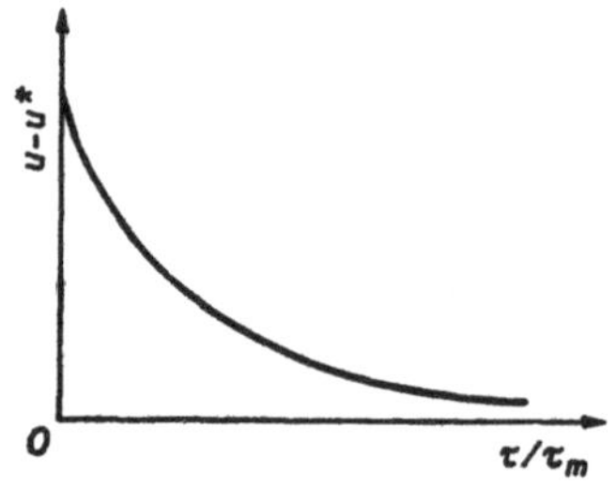

Abb. 5.13. Verallgemeinerte Trocknungskurve in Abhängigkeit von der auf die Trocknungsdauer bezogenen Zeit.

Durch die experimentelle Aufnahme einer Trocknungskurve läßt sich nach Gl. (5.55) die Konstante bestimmen, mit deren Hilfe man die verallgemeinerte Trocknungskurve zeichnet. Aus ihr lassen sich die Trocknungskurven für beliebige Temperaturen, Strömungsgeschwindigkeiten und Feuchtigkeiten des Trockenmittels gewinnen.

Wie bei allen anderen verallgemeinerten experimentellen Methoden ist es auch hier erforderlich, die Gültigkeit der Gln. (5.54) und (5.55) für jeden konkreten Stoff unter den vorgesehenen Prozeßbedingungen experimentell zu überprüfen.

Mit den angeführten Arten der Approximierung und Verallgemeinerung von experimentell gewonnenen Trocknungskurven läßt sich die Trocknungsdauer bis zum Erreichen eines vorgegebenen Feuchtegehaltes leicht bestimmen. Sie ergibt sich als Summe der für die zwei Trocknungsabschnitte erforderlichen Zeiten: $\tau = \tau_I + \tau_{II}$. $\tau_I = \frac{1}{N}(u_0 - u_{kr})$ ist die Zeit, in deren Verlauf das Trockengut vom anfänglichen Feuchtegehalt u_0 bis zum kritischen Feuchtegehalt u_{kr} abtrocknet. Die Dauer des zweiten Trocknungsabschnittes $\tau_{II} = \frac{1}{\chi N} \ln \frac{u_{kr} - u^*}{u_{\text{Ausg}} - u^*}$ umfaßt den Feuchtegehaltsbereich von u_{kr} bis zum vorgegebenen Wert u_{Ausg}.

Der Aufheizprozeß des feuchten Trockengutes ist in erheblichem Maße von der Trocknungskinetik des Prozesses abhängig. Der durch Konvektion, Wärmeleitung und Wärmestrahlung zum Trockengut herangeführte Wärmestrom $j_t(\tau)$ dient zur Verdampfung der Feuchte und zum Aufheizen des Trockengutes. Die Wärmemenge, die zum Aufheizen einer Masseneinheit absolut trockenen Stoffes und der in ihr enthaltenen Feuchte erforderlich ist, beträgt $(c_{Tg} + c_F u)\,\frac{dt_{Tg}}{d\tau}$, während zur Verdampfung der Feuchte eine Wärmemenge von $q\,\frac{du}{d\tau}$ benötigt wird.

Der Wärmestrom, der eine Aufheizgeschwindigkeit von $\frac{dt_{Tg}}{d\tau}$ und eine Trocknungsgeschwindigkeit von $\frac{du}{d\tau}$ einer Volumeneinheit feuchten Trockengutes garantiert, beträgt

$$Q_V = (c_{Tg} + uc_F)\,\varrho_{Tg}\frac{dt_{Tg}}{d\tau} + \varrho_{Tg}q\frac{du}{d\tau} \tag{5.56}$$

Durch Einführen eines Quotienten von Volumen und Oberfläche $V/F = R_V$ läßt sich der für eine Oberflächeneinheit des Trockengutes zuzuführende Wärmestrom wie folgt angeben:

$$j_t = \varrho_{Tg}R_Vq\frac{du}{d\tau}\left(1 + \frac{\bar{c}}{q}\frac{dt_{Tg}}{du}\right) \tag{5.57}$$

$\bar{c} = c_{Tg} + c_Fu$ — spezifische Wärmekapazität des feuchten Trockengutes

Die Trocknungsgeschwindigkeit und die dem Trockengut zugeführte Wärmemenge sind somit Koeffizienten proportional, die von der auf den Feuchtegehalt bezogenen Temperaturänderung des Trockengutes (dt_{Tg}/du) abhängig sind. Die auch als Temperaturkoeffizient des Trocknungsprozesses bezeichnete Größe dt_{Tg}/du ist eine Funktion des mittleren Feuchtegehaltes des Trockengutes und der Bindungsart der Feuchte im Trockengut. Der dimensionslose Ausdruck $\frac{\bar{c}}{q}\frac{dt_{Tg}}{du} = Rb$ (REHBINDER-Zahl) gibt das Verhältnis der Wärmemengen an, die zum Aufheizen des feuchten Trockengutes und zur Verdampfung der Feuchte aufgebraucht werden. Im ersten Trocknungsabschnitt ist die Temperatur des feuchten Trockengutes bei konstanter Trocknungsgeschwindigkeit unveränderlich, die REHBINDER-Zahl nimmt den Wert Null an. Die Abhängigkeit des Temperaturkoeffizienten des Trocknungsprozesses und der REHBINDER-Zahl vom Feuchtegehalt für den zweiten Trocknungsabschnitt, d. h. bei stetig abnehmender Trocknungsgeschwindigkeit, muß experimentell bestimmt werden. Da die zur Verdampfung benötigte Wärmemenge bei sinkender Trocknungsgeschwindigkeit abnimmt und sich die Temperatur des feuchten Gutes in diesem Trocknungsabschnitt erhöht, steigt der Wert von Rb mit sinkendem Feuchtegehalt an. Experimentell konnte nur ein geringer Einfluß der Strömungsgeschwindigkeit und der Feuchtigkeit des Trockenmittels auf die REHBINDER-Zahl nachgewiesen werden [1]. Die Abhängigkeit der REHBINDER-Zahl vom laufenden Feuchtegehalt des Trockengutes und der Temperatur des Trockenmittels läßt sich durch folgende approximierte Ausdrücke angeben:

$$Rb = Ae^{-n(u-u^*)} \quad \text{oder} \quad Rb = A_1(u - u^*)^m$$

n und m sind von der Art und der Form des Trockengutes abhängige Größen, während A und A_1 Funktionen der Temperatur des Trockenmittels sind.

Bei bekannter funktioneller Abhängigkeit der REHBINDER-Zahl vom Feuchtegehalt des Gutes und der Temperatur des Trockenmittels läßt sich die Temperatur des feuchten Trockengutes für jeden beliebigen Zeitpunkt des Trocknungsprozesses ermitteln.

Die Kenntnis der Aufheizkinetik des Gutes im Verlaufe des Trocknungsprozesses ist vor allem zur Berechnung von Parametern des Trockenmittels, insbesondere der Temperatur, erforderlich.

5.6. Experimentelle Methoden zur Gewinnung kinetischer Daten

Die Gewinnung von Angaben über die Trocknungskinetik und den Aufheizvorgang des feuchten Trockengutes ist von der experimentellen Seite her relativ unkompliziert, wenn beim Kontakt der Probe des Trockengutes mit dem Trockenmittel die Parameter des letzteren (Temperatur und Feuchtigkeit) praktisch unveränderlich bleiben. Diese Forderung läßt sich bei der konvektiven Trocknung relativ leicht erfüllen, weil die äußere Oberfläche der Probe meistens nicht so groß ist, als daß sie als merkliche Wärmesenke für das Trockenmittel in Erscheinung tritt. Die Parameter des Trockenmittels lassen sich somit als konstant annehmen.

Schwieriger gestaltet sich die Ermittlung der Trocknungskinetik und des Aufheizvorganges bei dispersen Stoffen mit einer gut ausgebildeten äußeren Oberfläche. Solche Trockengüter nehmen einen beträchtlichen Anteil der vom Trockenmittel mitgeführten Wärme auf, so daß sich dessen Temperatur mit fortschreitender Höhe der Schicht verringert. In solchen Fällen kommt die zu untersuchende Stoffprobe mit Trockenmittel veränderlicher Temperatur in Berührung. Die Temperaturänderung des Trockenmittels muß dann durch die Gesamtheit aller auf den Wärmeaustauschprozeß Einfluß besitzenden Parameter (Größe der Trocknungsoberfläche, Wärmeübergangszahl, Durchsatz an Trockenmittel, spezifische Wärme des Trockenmittels usw.) bestimmt werden. Außerdem ist die Temperatur des Trockenmittels von seiner Strömungsform in der Kontaktzone abhängig. Bei fehlender Rückvermischung (ideale Verdrängung) und konstanter Temperatur des Trockengutes in Strömungsrichtung nimmt die Temperatur des Trockenmittels in exponentialer Form ab.

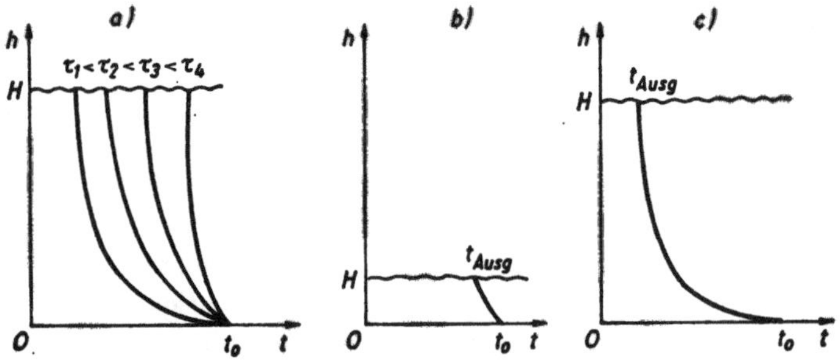

Abb. 5.14. Temperaturprofil des Trockenmittels über die Höhe der Wirbelschicht.
a) diskontinuierliche Trocknung;
b, c) kontinuierliche Trocknung bei geringer bzw. großer Schichthöhe.

Eine zusätzliche Schwierigkeit besteht darin, daß sich die Parameter des Trockenmittels bei abnehmender Trocknungsgeschwindigeit auch zeitlich ändern (Abb. 5.14a), wobei die Form der Änderung von den kinetischen Besonderheiten beim Wärme- und Stoffaustauschprozeß abhängig ist.

Zur Umgehung der aufgezählten Schwierigkeiten kann man die Versuche an einer sehr dünnen Schicht des Trockengutes (Schichthöhe etwa gleich dem Korndurchmesser) durchführen. Die so unter gleichbleibenden äußeren Bedingungen gewonnenen Ergebnisse lassen sich dann auf die arithmetischen Mittelwerte des Trockenmittels übertragen (Abb. 5.14b). Bei der geringen eingesetzten Menge an Trockengut ist es häufig nicht möglich, zur analytischen Bestimmung des Feuchtegehaltes ausreichende Probemengen zu entnehmen. Außerdem sind der Verringerung der Schichthöhe bei der experimentellen Ermittlung der Trocknungskinetik in der Wirbelschicht nach unten hin Grenzen gesetzt, so daß es nicht immer möglich ist, mit Schichthöhen von einem Korndurchmesser zu arbeiten.

Zur Ermittlung der Trocknungskinetik disperser Stoffe in der Wirbelschicht sind mehrere Methoden bekannt.

Häufig arbeitet man mit einer Markierungssubstanz: In einen kontinuierlich arbeitenden Wirbelschichttrockner wird momentan eine nicht zu große Menge gefärbter Teilchen des Trockengutes eingeführt. Der Feuchtegehalt der gefärbten Teilchen muß der gleiche wie der des in den Wirbelschichttrockner eintretenden Trockengutes sein. Die gefärbten Teilchen verteilen sich über das gesamte Schichtvolumen und verlassen es über den Apparateaustritt zusammen mit dem übrigen Trockengut. Hier werden die markierten Teilchen aussortiert und auf ihren Feuchtegehalt untersucht. Zusätzlich wird die Verweilzeit jedes analysierten Teilchens im Trockner registriert. Auf diese Weise gewinnt man die Trocknungskurve, d. h. die zeitliche Abhängigkeit des Feuchtegehaltes im Trockengut.

Die Parameter des Trockenmittels sind zwar über die Schichthöhe veränderlich, bleiben jedoch zeitlich konstant (Abb. 5.14c), da Temperatur- und Feuchtigkeitsprofil des Trockenmittels bei einem stationären Prozeß zeitlich unveränderlich sind. Die mittlere Lufttemperatur läßt sich über den Durchsatz von Trockengut oder Trockenmittel beeinflussen.

Bei der Markierungsmethode sind die gefärbten Probeteilchen während des Versuchs den gleichen Bedingungen wie beim tatsächlichen Trocknungsprozeß unterworfen. Der einzige Unterschied zwischen Experiment und dem echten Trocknungsprozeß besteht somit nur in der Färbung der Probeteilchen.

Namentlich durch diese Methode konnte bewiesen werden, daß sich die Trocknungskurven bei konstanter Temperatur des Trockenmittels für den kontinuierlichen Prozeß stark von denen beim diskontinuierlichen Prozeß unterscheiden (Abb. 5.15), wobei die Eingangstemperatur des Trockenmittels in beiden Fällen die gleiche ist [13]. Neben ihren unbestreitbaren Vorteilen weist die Markierungsmethode auch einige wesentliche Unzulänglichkeiten auf:

1. Die gesamte Probemenge ist vom Umfang her begrenzt, da die Forderung besteht, daß sie bei momentaner Zufuhr keinen merklichen Einfluß auf die Menge des in der Schicht befindlichen Trockengutes besitzen soll. Die am Apparateausgang aussortierte Menge markierter Teilchen liegt dann in einer Größenordnung, die zu einer zuverlässigen analytischen Bestimmung des Feuchtegehaltes oft zu klein ist.

2. Am Apparateausgang müssen die markierten Teilchen möglichst schnell aussortiert werden, um eine Änderung des Feuchtegehaltes zu verhindern. Wie Kontrollversuche für verschiedene Stoffe zeigten [14], kann sich der Feuchtegehalt der aus dem Trockner kommenden Teilchen bereits im Verlaufe einiger Sekunden, also in einem Zeitraum, der zum Aussortieren der markierten Teilchen erforderlich ist, um mehr als 60% ändern. Diese Änderung des Feuchtegehaltes kann je nach den hygroskopischen Eigenschaften des Trockengutes positiv oder negativ sein. Ferner darf die zur Fär-

bung der Teilchen verwendete Substanz keinerlei Einfluß auf die Trocknungskinetik besitzen.

Eine andere Methode zur Ermittlung der Trocknungskinetik wird in [15] vorgeschlagen, bei der der laufende Feuchtegehalt des Trockengutes über Feuchtebestimmungen des abgehenden Trockenmittels bestimmt wird. Eine gewisse Menge des zu untersuchenden feuchten Trockengutes wird momentan in die vorgeheizte Wirbelschicht, in der sich der gleiche, doch absolut trockene Stoff befindet, eingeführt. Das durch die Schicht strömende Trockenmittel erhöht seine Feuchtigkeit demnach nur auf Kosten des eingeführten feuchten Stoffanteils. Die Feuchtigkeit des austretenden Trockenmittels wird kontinuierlich psychrometrisch bestimmt, so daß sich der laufende Feuchtegehalt des Trockengutes über eine Stoffbilanz ermitteln läßt. Bei einer solchen Methodik entfallen die Probeentnahmen und die zeitraubenden Analysen dieser Proben. Dafür treten jedoch andere Mängel auf. Da die psychrometrische Bestimmung der relativen Luftfeuchtigkeit nicht sonderlich empfindlich ist, muß man erhebliche Mengen feuchten Trockengutes in die Schicht einführen, was zu einer merklichen Temperaturänderung des Trokkenmittels beim Durchströmen der Wirbelschicht führen kann. Außerdem unterscheiden sich die Versuchsbedingungen von denen des realen Prozesses darin, daß sich die feuchten Teilchen des Gutes mit bereits vorgetrockneten in Kontakt befinden.

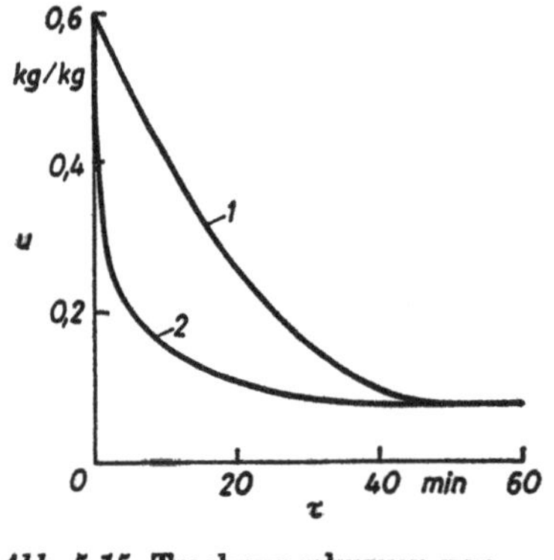

Abb. 5.15. Trocknungskurven von SG-1.

1 – diskontinuierlicher Prozeß; *2* – kontinuierlicher Prozeß.

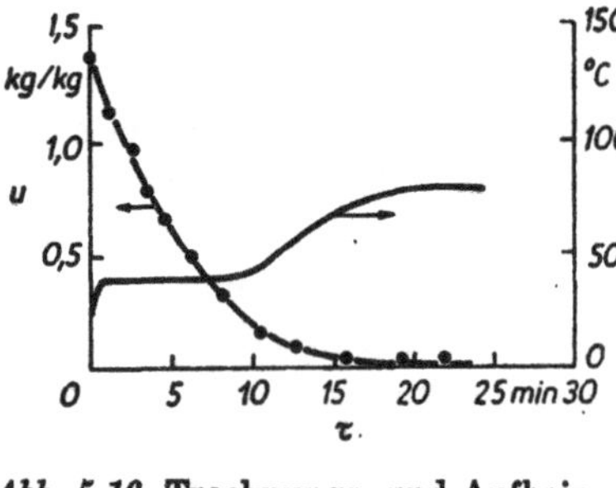

Abb. 5.16. Trocknungs- und Aufheizkurve von Perchlorvinylharz.

Eine vereinfachte Methode zur Gewinnung der Trocknungskinetik eines einzelnen Teilchens feuchten Trockengutes in der Wirbelschicht beruht auf der Annahme der quasistationären Temperaturänderung des Trockenmittels bei der diskontinuierlichen Trocknung einer bestimmten Menge feuchten Trockengutes [16]. Es wird also angenommen, daß die Trocknungsgeschwindigkeit des Teilchens zu jedem Zeitpunkt durch den momentanen, über die Schichthöhe gemittelten Temperaturwert des Trockenmittels gegeben ist, wobei für die Temperatur des Teilchens diese Temperatur angenommen wird. Verständlicherweise wird eine solche Annahme um so besser erfüllt, je feiner die Teilchen des Trockengutes sind.

Das feuchte Trockengut wird momentan in die Wirbelschicht eingebracht; in bestimmten Zeitabständen werden Proben entnommen und auf ihren Feuchtegehalt hin analysiert. Die Temperatur der Wirbelschicht wird kontinuierlich gemessen. Die während des Versuchs ermittelte Trocknungskurve des feuchten Gutes bezieht sich in jedem ihrer Punkte auf verschiedene Temperaturen, die der aufgenommenen Temperaturkurve zu entnehmen sind.

Die weitere Verarbeitung der experimentell gewonnenen Daten kann auf verschiedene Art und Weise erfolgen. Der Differentialquotient $du/d\tau$ in jedem Punkt der Trocknungskurve bezieht sich auf den augenblicklichen Temperaturwert der Wirbelschicht. Somit erhält man eine Abhängigkeit der Form $du/d\tau = f(\tau, t)$.

Am einfachsten gestaltet sich die Weiterverarbeitung der Versuchsergebnisse, wenn sich die Trocknungsgeschwindigkeit in Form zweier Abschnitte darstellen läßt: eines Abschnittes konstanter Trocknungsgeschwindigkeit und eines Abschnittes fallender Trocknungsgeschwindigkeit, die durch die Gln. (5.48) und (5.50) beschrieben werden. Die Konstanten N und K sind von den Prozeßbedingungen abhängig, insbesondere von der Temperatur in der Wirbelschicht. Für den ersten Trocknungsabschnitt mit konstanter Trocknungsgeschwindigkeit besteht die Weiterverarbeitung in der Ermittlung der Temperaturabhängigkeit des Koeffizienten N:

$$N(t) = -\frac{du}{d\tau}$$

Falls sich der Gleichgewichtsfeuchtegehalt des Trockengutes vernachlässigen läßt, vereinfacht sich der Ausdruck für den Geschwindigkeitskoeffizienten im zweiten Trocknungsabschnitt wie folgt:

$$K(t) = -\frac{1}{u}\frac{du}{d\tau} \tag{5.58}$$

Durch die Bestimmung des Differentialquotienten $du/d\tau$ für verschiedene Temperaturen aus der aufgenommenen Versuchskurve läßt sich graphisch die Abhängigkeit $N(t)$ und $K(t)$ ermitteln.

Die beschriebene Methode zur Ermittlung der Trocknungskoeffizienten ist recht einfach, aber dennoch nicht problemlos. So ist die graphische oder numerische Differentiation experimenteller Kurven stets mit Fehlern behaftet. Diese Feststellung trifft besonders auf den Anfangs- und Endabschnitt der Trocknungskurven zu. In der ersten Prozeßphase mit einer hohen Intensität gelingt es nur selten, eine ausreichende Anzahl von Versuchspunkten in sehr kurzen Zeitabschnitten zu gewinnen, während der asymptotische Teil der Trocknungskurve infolge mangelnder Meßgenauigkeit (der Feuchtegehalt ist hier sehr gering) meistens wenig zuverlässig ist.

Derartige Fehler lassen sich bei der integralen Verarbeitung der an einem diskontinuierlich betriebenen Wirbelschichttrockner gewonnenen Versuchsdaten umgehen. Während der Periode konstanter Trocknungsgeschwindigkeit bleibt die Temperatur der Wirbelschicht praktisch konstant. Zur Ermittlung von N wird der lineare Teil der experimentellen Trocknungskurve benutzt. Der sich ergebende Wert des Koeffizienten wird dann dem entsprechenden Temperaturabschnitt auf der Temperaturkurve zugeordnet (Abb. 5.16). Für den zweiten Trocknungsabschnitt liefert die Integration der Gl. (5.58)

$$\ln\frac{u_{kr}}{u} = \int_{\tau_{kr}}^{\tau} K[t(\tau)]\, d\tau \tag{5.59}$$

Die gesuchte Abhängigkeit $K(t)$ läßt sich nach [16] in Form eines Polynoms zweiter Ordnung darstellen: $K(t) = a + bt + ct^2$. Durch Einsetzen dieses Ausdrucks in Gl. (5.59) erhält man:

$$\ln \frac{u_{kr}}{u} = a(\tau - \tau_{kr}) + b \int_{\tau_{kr}}^{\tau} t(\tau)\, d\tau + c \int_{\tau_{kr}}^{\tau} t^2(\tau)\, d\tau \qquad (5.60)$$

Der Wert der Integrale in Beziehung (5.60) läßt sich aus den experimentellen Temperaturkurven nach beliebigen Näherungsverfahren ermitteln. Für einige Versuchspunkte auf der Trocknungs- und der Temperaturkurve (bei jeweils gleichem τ) werden die Größen $\tau - \tau_{kr}$, $\int_{\tau_{kr}}^{\tau} t(\tau) d\tau$, $\int_{\tau_{kr}}^{\tau} t^2(\tau)\, d\tau$ und $\ln \frac{u_{kr}}{u}$ bestimmt. Aus dem entstehenden linearen Gleichungssystem lassen sich dann die Approximationskoeffizienten a, b und c ermitteln. Zur Bestimmung der drei Koeffizienten sind aus mathematischer Sicht drei Versuchspunkte mit verschiedenen Trocknungszeiten ausreichend. Im Interesse einer höheren Genauigkeit arbeitet man jedoch meistens mit einer größeren Anzahl von Versuchspunkten. Das Gleichungssystem wird dann entsprechend umfangreicher, so daß man die Koeffizienten nach der Methode der kleinsten Fehlerquadrate bestimmen kann.

Durch die Wahl eines Polynoms höherer Ordnung für $K(t)$ läßt sich die Genauigkeit ebenfalls steigern.

Aus den in Abb. 5.16 graphisch dargestellten Versuchsdaten wurden die Koeffizienten $N(t)$ und $K(t)$ sowohl nach der Differential-, als auch nach der Integralmethode ermittelt, wobei eine befriedigende Übereinstimmung verzeichnet werden konnte. Die erhaltenen Ergebnisse werden in Abb. 5.17 gezeigt.

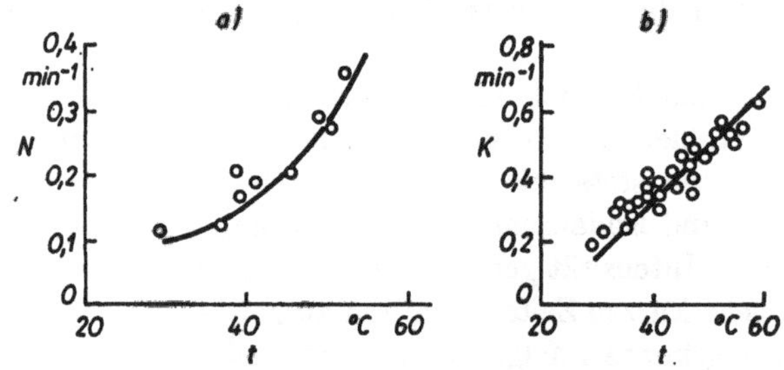

Abb. 5.17. **Abhängigkeit der Geschwindigkeitskonstanten von der Prozeßdauer bei der Trocknung von Perchlorvinylharz.**

Eine weitere Untersuchungsmethode zur Ermittlung der Trocknungskinetik und des Aufheizvorganges disperser Trockengüter in der Wirbelschicht besteht in der diskontinuierlichen Trocknung des zu untersuchenden Stoffes bei Einhaltung einer konstanten mittleren Temperatur des Trockenmittels in den Grenzen der Wirbelschicht [17]. Das Verfahren beruht auf der Annahme, daß Trocknungskinetik und Aufheizvorgang der aufgewirbelten Teilchen bei deren schneller Bewegung in der Schicht nur durch die über die Schichthöhe gemittelten Parameter des Trockenmittels beeinflußt werden, ganz unabhängig davon, welche konkrete Verteilung diese Parameter aufweisen.

Eine zeitlich konstante mittlere Temperatur des Trockenmittels läßt sich bei geringen Schichthöhen einfacher einhalten. Beim Durchströmen der Wirbelschicht ändern sich die Parameter des Trockenmittels nur unwesentlich, so daß man für jeden Parametermittelwert das arithmetische Mittel von Schichtein- und Schichtausgang annehmen kann. Wegen der geringen Stoffmenge in der Wirbelschicht und der damit im Zusammenhang stehenden Beschränkung der zur Verfügung stehenden Probenmenge sind zwei bis drei Versuche zur Aufnahme einer kinetischen Kurve erforderlich.

Bei großen Schichthöhen lassen sich die Mittelwerte für die Parameter des Trockenmittels nur als integrale Mittelwerte bilden. Die in einer hohen Wirbelschicht erhaltenen kinetischen Daten berücksichtigen in integraler Form den Einfluß von Ungleichmäßigkeiten bei der Phasenvermischung, wie die für reale Wirbelschichten typische Bildung von Stauzonen und Gaskanälen.

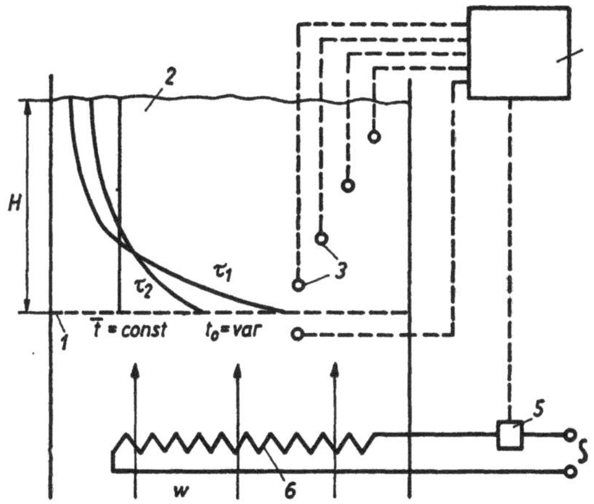

Abb. 5.18. Regelschema zur Regelung der über die Höhe der Wirbelschicht gemittelten Temperatur des Trockenmittels ($\bar{t}$).

1 – Verteilergitter; *2* – Wirbelschicht; *3* – Thermoelemente; *4* – Temperaturregler; *5* – Relais; *6* – elektrische Heizung für das Trockenmittel.

Messung und Regelung der mittleren Temperatur des Trockenmittels erfolgen mit Hilfe äquidistant über die Schichthöhe verteilter Thermoelemente, deren summares Signal auf den Temperaturregler gegeben wird. Bei einer äquidistanten Anordnung der Thermoelemente über die Höhe der Schicht, wie sie in Abb. 5.18 gezeigt wird, ergibt sich die mittlere integrale Temperatur des Trockenmittels als arithmetisches Mittel der Temperaturwerte:

$$\bar{t} = \frac{1}{H} \int_0^H t(h)\, dh = \frac{t_1 + t_2 + t_3 + t_4}{4}$$

Bei nicht äquidistanter Verteilung der Thermoelemente über die Schichthöhe sind bei der Mittelwertbildung entsprechende Gewichtskoeffizienten einzuführen.

Die während des Versuchs kontinuierlich gemessene mittlere Temperatur geht auf den Regler, der durch automatische Änderung der Temperatur des Trockenmittels am Schichteingang die Konstanz der mittleren Temperatur aufrechterhält.

Zur Senkung der Wärmeverluste der Wirbelschicht an die Umgebung wird das Verteilergitter aus wärmeisolierendem Material hergestellt und etwas oberhalb der Metallflansche angebracht.

Die Aufheizkinetik des Gutes wird im Verlaufe des Trocknungsprozesses wie folgt bestimmt: Periodisch werden Proben in kleinen Glasbehältern entnommen, die zur Vermeidung von Wärmeverlusten doppelwandig mit evakuiertem Mantelraum gefertigt sind. Die Temperatur dieser Probe wird mit einem durch den Verschlußdeckel führenden Thermoelement gemessen. Die Behälter werden für jedes konkrete Trockengut vorgeeicht.

Zur Untersuchung der Abhängigkeit der Trocknungskinetik von der Feuchtigkeit des Trockengutes läßt sich die Luftfeuchte im Apparat durch die Regelung der Wasserzufuhr in einen speziellen Verdampfer, der zwischen Heizung und Apparatewand angebracht ist, variieren.

Zur Abkürzung der Versuchsdauer wird die Temperatur des Trockenmittels vor dem Einbringen des Trockengutes etwas höher als die eigentliche Versuchstemperatur gehalten. Die Temperaturüberhöhung läßt sich aus Ergebnissen vorheriger Versuche bestimmen: die Flächen ABO und OMC müssen gleich groß sein (Abb. 5.19). Die sich nach dem Einfüllen des feuchten Trockengutes einstellende mittlere Temperatur wird dann während der Versuchsdauer automatisch eingehalten.

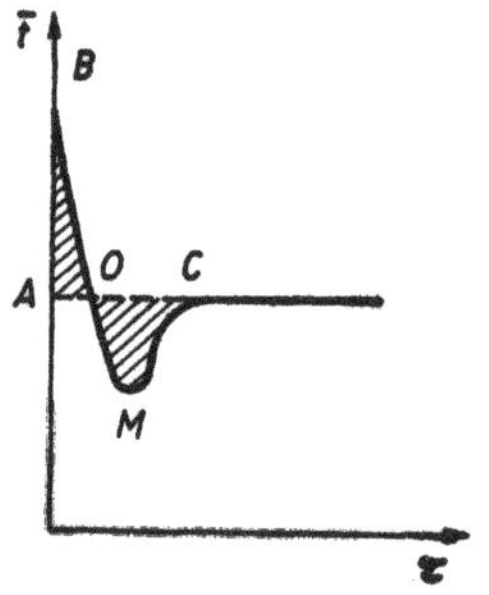

Abb. 5.19. Zeitlicher Verlauf der mittleren Temperatur des Trockenmittels.

Die Möglichkeit, experimentelle Ergebnisse in irgendeiner Form zu verallgemeinern, ist übrigens in keinerlei Weise von der angewendeten Methode zur Gewinnung kinetischer Daten abhängig. In der Praxis lassen sich bei weitem nicht alle für die disperse Stoffe experimentell aufgenommenen Trocknungs- und Aufheizkurven durch die einfachen Ansätze (5.49) oder (5.50) approximieren. Selbst bei der Annahme eines getrennten Einflusses der äußeren Bedingungen und der Bindungsart der Feuchte auf die Trocknungskinetik lassen sich die erhaltenen Versuchsergebnisse nicht immer in Form der Beziehungen (5.52) oder (5.54) darstellen. Man ist deshalb häufig gezwungen, andere Formen der Darstellung von experimentell gewonnenen Trocknungs- und Aufheizkurven disperser Stoffe zu suchen.

Unabhängig von der gewählten Versuchsmethode lassen sich experimentelle Daten über die Trocknungskinetik als funktionelle Abhängigkeit der Trocknungsgeschwindigkeit vom Feuchtegehalt des Trockengutes in Form eines Potenzansatzes darstellen. Eine häufig benutzte Darstellungsweise verknüpft die Trocknungsgeschwindigkeit mit dem laufenden mittleren Feuchtegehalt des Trockengutes in folgender Form:

$$-\frac{du}{d\tau} = K(u - u^*)^n \tag{5.61}$$

Eine solche funktionelle Abhängigkeit ist von der Physik des Trocknungsprozesses aus nicht ableitbar; sie läßt sich nur als eine mögliche Art der Approximierung von Versuchskurven ansehen. Die Koeffizienten K und n sind in der Regel von den äußeren Prozeßbedingungen und von der Art des Trockengutes abhängig. In ähnlicher Weise läßt sich auch die Aufheizkurve approximieren.

Einer experimentell ermittelten Trocknungskinetik wird häufig der Vorzug gegenüber einer auf Modellvorstellungen beruhenden gegeben, weil die Trocknungs- und Aufheizkurven für disperse Stoffe, deren Teilchen eine geometrisch unregelmäßige Form besitzen, keinen größeren experimentellen Aufwand erfordern als solche für Stoffe streng geometrischer Form. Die experimentellen Trocknungs- und Aufheizkurven berücksichtigen in integraler Form die polydisperse Zusammensetzung des Trockengutes und die geometrische Form seiner einzelnen Fraktionen.

Die in Abhängigkeit von den äußeren Parametern gewonnenen kinetischen Daten lassen sich zur Analyse des Trocknungsprozesses unter den verschiedensten Einwirkungsbedingungen des Trockenmittels auf das Trockengut benutzen.

5.7. Berechnung von Apparaten zur Trocknung disperser Stoffe

Mit Hilfe einfacher Modellvorstellungen über den Trocknungsprozeß eines einzelnen Teilchens lassen sich noch relativ leicht handhabbare Gleichungen zur Ermittlung der Hauptparameter des Trocknungsprozesses für verschiedene Varianten der relativen Phasenbewegung im Apparat ableiten.

Gegenstromapparat mit idealer Verdrängung

Die Trocknungskinetik eines einzelnen kugelförmigen Teilchens soll der Gl. (5.48) gehorchen, während für die Temperatur des Trockengutes am Apparateeingang und während des Trocknungsprozesses die des feuchten Thermometers angenommen wird. Die Wärmebilanz für ein infinitesimales Element mit der Schichthöhe dh lautet bei Vernachlässigung von Wärmeverlusten

$$-G_{Tm}c_{Tm}\,dt = V\varrho_{Tg}q\,du \tag{5.62}$$

G_{Tm} — Massendurchsatz des Trockenmittels
c_{Tm} — spezifische Wärmekapazität des Trockenmittels
V — Volumendurchsatz des Trockengutes

Unter der Annahme, daß der Wärmeaustausch zwischen dem Trockenmittel und der Oberfläche der feuchten Teilchen geschwindigkeitsbestimmend für den Trocknungsprozeß ist, nimmt die Oberfläche der im Volumen $S\,dh$ enthaltenen Teilchen folgende Wärmemenge auf: $\frac{6\alpha(1-\varepsilon)}{d}(t - t_f)\,S\,dh$. Diese Wärmemenge wird der linken Seite der Bilanzbeziehung (5.62) gleichgesetzt. Durch Integration des so gewonnenen Ausdruckes erhält man bei Beachtung der Randbedingung $t|_{h=0} = t_0$ eine exponentiale Temperaturabnahme des Trockenmittels:

$$t = t_f + (t_0 - t_f) \exp\left(-\frac{6\alpha(1-\varepsilon)}{G_{Tm} c_{Tm}\, d}\, Sh\right) \tag{5.63}$$

Die von der Oberfläche des feuchten Trockengutes aufgenommene Wärmemenge dient ausschließlich der Verdampfung von Feuchte. Dadurch ändert sich der Feuchtegehalt des Gutes:

$$\frac{6\alpha(1-\varepsilon)}{d}\,(t - t_f)\, S\, dh = V \varrho_{Tg} q\, du$$

Durch Einsetzen des Wertes für t aus Gl. (5.63) und anschließende Integration ergibt sich bei Beachtung der Randbedingung $u|_{h=H} = u_0$ folgende Beziehung zwischen dem Feuchtegehalt des Trockengutes und der laufenden Längenkoordinate des Apparates:

$$u = u_0 - \frac{t_0 - t_f}{V \varrho_{Tg} q}\,(e^{-Bh} - e^{-BH})\, G_{Tm} c_{Tm} \tag{5.64}$$

$$B = 6\alpha\,(1-\varepsilon)\, S/(G_{Tm} c_{Tm}\, d)$$

Für $h = 0$ liefert diese Gleichung den Feuchtegehalt des Trockengutes am Apparateaustritt:

$$u_{\text{Ausg}} = u_0 - \frac{t_0 - t_f}{V \varrho_{Tg} q}\,(1 - e^{-BH}) G_{Tm} c_{Tm} \tag{5.65}$$

Einstufiger Apparat mit idealer Vermischung

Es wird ein kontinuierlicher Trocknungsprozeß für den ersten Trocknungsabschnitt, d. h. bei konstanter Trocknungsgeschwindigkeit, betrachtet. Die Verweilzeitverteilung der dispersen Teilchen in der Trocknungszone ist durch Gl. (1.98) gegeben, während für den Feuchtegehalt eines einzelnen Teilchens in Abhängigkeit von seiner Verweilzeit in der Wirbelschicht Gl. (5.49) Gültigkeit besitzt, wobei für $N = 6\alpha(\bar{t} - t_f)/(q \varrho_{Tg} d)$ zu setzen ist ($\bar{t}$ — über die Schichthöhe gemittelte Temperatur des Trockenmittels).

Aus den Gln. (1.98) und (5.49) ergibt sich für die Verteilung des Trockengutes nach seinem Feuchtegehalt am Apparateaustritt

$$\varrho(u) = \frac{1}{N\bar{\tau}} \exp\left(-\frac{u_0 - u}{N\bar{\tau}}\right) \tag{5.66}$$

$$u^* \leq u \leq u_0$$

Der Stoffanteil, der eine kürzere Zeit als $\tau_m = (u_0 - u^*)/N$ im Apparat verweilt, weist einen uneinheitlichen Feuchtegehalt auf, Gl. (5.66). Dieser Materialanteil läßt sich durch Integration der Verteilung (1.98) in den Grenzen von $\tau = 0$ bis $\tau = \tau_m$ ermitteln:

$$\frac{1}{\bar{\tau}} \int_0^{\tau_m} e^{-\tau/\bar{\tau}}\, d\tau = 1 - e^{-\tau_m/\bar{\tau}} \tag{5.67}$$

Das gleiche Ergebnis erhält man auch durch Integration der Feuchteverteilung (5.66) in den Grenzen von $u = u_0$ bis $u = u^*$.

Der Anteil X trockenen Gutes mit einem Feuchtegehalt von u^* ergibt sich durch Integration der Gl. (5.66) in den Grenzen von τ_m bis ∞:

$$X = e^{-\tau_m/\bar{\tau}} = \exp\left(-\frac{u_0 - u^*}{N\bar{\tau}}\right) \tag{5.68}$$

Der Trocknungskoeffizient N ist eine Funktion der über die Schichthöhe gemittelten Temperatur des Trockenmittels $\bar{t}$. Bei gleichförmiger Verteilung des Trockengutes über die Schichthöhe und idealer Vermischung sind die Prozeßparameter — Feuchtegehalt und Temperatur — an allen Punkten der Wirbelschicht die gleichen. Die Temperatur des noch feuchten Stoffanteils wird mit t_f (Temperatur des feuchten Thermometers) angenommen, die Temperatur des trockenen Stoffanteils wird der mittleren Temperatur des Trockenmittels $\bar{t}$ gleichgesetzt. Letztere Annahme beruht auf Berechnungen der Aufheizzeit für trockene Teilchen mit einem Durchmesser von einigen Millimetern. Sie beträgt weniger als eine Minute, während die mittlere Verweilzeit der Teilchen im Trockner wesentlich größer ist.

Die mittlere Temperatur des Trockengutes läßt sich nach [18] aus den Temperaturen des feuchten und des trockenen Stoffanteils berechnen:

$$\bar{t}_{Tg} = t_f(1 - X) + \bar{t}X \tag{5.69}$$

Durchströmt das Trockenmittel die Schicht im Regime der idealen Verdrängung und wird die Temperatur des Trockengutes konstant mit $\bar{t}_{Tg}$ angenommen, so ergibt sich für die Temperatur des Trockenmittels eine exponentiale Abhängigkeit von der Schichthöhe in Form der Gl. (5.63), in der t_f für die Wirbelschicht durch $\bar{t}_{Tg}$ zu ersetzen ist.

Für die Temperatur des Trockenmittels am Apparateausgang erhält man

$$t_{\text{Ausg}} = \bar{t}_{Tg} + (t_0 - \bar{t}_{Tg})\, e^{-BH} \tag{5.70}$$

Die mittlere Temperatur des Trockenmittels ergibt sich durch Integration des Temperaturprofils (5.63) in den Grenzen der Schicht:

$$\bar{t} = \frac{1}{H}\int_0^H t(h)\, dh = \bar{t}_{Tg} + (t_0 - \bar{t}_{Tg})\,\frac{1 - e^{-BH}}{BH} \tag{5.71}$$

Eine Wärmebilanz führt bei Vernachlässigung der als Wärmeverluste an die Umgebung abgegebenen Wärmemenge zu folgender Gleichung:

$$\begin{aligned} &G_{Tm}[(c_{Tm} + c_D x_0)\, t_0 - (c_{Tm} + c_D x_{\text{Ausg}})\, t_{\text{Ausg}} - q x_{\text{Ausg}}] \\ &+ \varrho_{Tg} V[(c_{Tg} + c_W u_0)\, t_{Tg,0} - (c_{Tg} + c_W \bar{u})\, t_f - (c_{Tg} + c_W u^*)\, X(\bar{t} - t_f)] = 0 \end{aligned} \tag{5.72}$$

In diesem Ausdruck stellt $\bar{u}$ den mittleren Feuchtegehalt des Trockengutes am Apparateausgang dar. Er ergibt sich additiv aus dem Feuchtegehalt des noch feuchten Stoffanteils und aus der Gleichgewichtsfeuchte u des trockenen Anteils:

$$\bar{u} = \int_{u^*}^{u_0} u\varrho(u)\, du + Xu^* = u_0 - N\bar{\tau}\left[1 - \exp\left(-\frac{u_0 - u^*}{N\bar{\tau}}\right)\right] \tag{5.73}$$

Die Feuchte des Trockenmittels am Apparateausgang x_{Ausg} ergibt sich aus der äußeren Feuchtebilanz:

$$V\varrho_{Tg}(u_0 - \bar{u}) = G_{Tm}(x_{\text{Ausg}} - x_0) \tag{5.74}$$

Das mathematische Modell des Trocknungsprozesses in der Wirbelschicht besteht somit bei Erfüllung der gemachten Annahmen aus dem Gleichungssystem (5.68) bis (5.74).

Die Temperatur des feuchten Thermometers und die Gleichgewichtsfeuchte des Trockengutes sind im allgemeinen Funktionen von Temperatur und Feuchte der meist als Trockenmittel eingesetzten Luft, bei der idealen Vermischung der festen Phase sind es Funktionen der Mittelwerte dieser Parameter: $t_f(\bar{t}, \bar{x})$ und $u^*(\bar{t}, \bar{x})$. Die Abhängigkeit $u^*(\bar{t}, \bar{x})$ ist für jedes spezielle Trockengut experimentell zu ermitteln, während $t_f(\bar{t}, \bar{x})$ aus dem Mollier-Diagramm zu entnehmen ist.

Zur Ermittlung der über die Schichthöhe gemittelten Feuchte des Trockenmittels ist die Verteilung von x über die Höhe der Wirbelschicht erforderlich. Zu deren Berechnung werden folgende Überlegungen angestellt: Die dem feuchten Anteil $(1 - X)$ des Gutes innerhalb einer infinitesimal kleinen Schicht mit der Höhe dh zugeführte Wärmemenge dient der Verdampfung von Feuchte und führt damit zu einer Erhöhung der Luftfeuchte um den Betrag dx:

$$6\,\frac{\alpha}{q}\,\frac{1-\varepsilon}{d}\,S(1 - X)\,(t - t_f)\,dh = G_{Tm}\,dx \tag{5.75}$$

Durch Einsetzen der Temperaturverteilung $t(h)$ gemäß Gl. (5.63) in den Ausdruck (5.75) und Mittelung von x über die gesamte Schichthöhe erhält man:

$$\bar{x} = x_0 + \frac{c_{Tm}(1 - X)}{2q}\left[(\bar{t}_{Tg} - t_f)\,B + 2(t_0 - \bar{t}_{Tg})\left(1 - \frac{1 - e^{-BH}}{BH}\right)\right] \tag{5.76}$$

Strömungsgeschwindigkeit des Trockenmittels, Teilchendurchmesser und Dichte des dispersen Trockengutes sowie das freie Volumen der Wirbelschicht lassen sich durch folgende halbempirische Gleichung miteinander verbinden:

$$\frac{wd\varrho_{Tg}(1 + \bar{u})}{\mu} = \frac{\varepsilon^{4,75}Ar}{18 + 0{,}6\,\sqrt{Ar\varepsilon^{4,75}}} \tag{5.77}$$

Die Berechnung eines Wirbelschichttrockners für vorgegebene Werte von u_0, $\bar{u}$ und V führt bei bekannten physikalischen Stoffeigenschaften auf das gekoppelte Gleichungssystem (5.68) bis (5.77). Die Lösung besteht in der Angabe der Schichthöhe und dem erforderlichen Durchsatz an Trockenmittel, wobei dessen Anfangstemperatur von technologischen Gesichtspunkten aus festgelegt wird. Das angegebene Prozeßmodell besitzt zwei Freiheitsgrade [18]. Demzufolge läßt sich der Trocknungsprozeß im für den Feuchtegehalt des Gutes vorgegebenen Bereich durch die verschiedensten Kombinationen der freien Parameter realisieren.

Beispiel 5.1: Ein monodisperses Trockengut, dessen Teilchen von kugelförmiger Gestalt sind, wird kontinuierlich unter folgenden Bedingungen getrocknet: $V = 1{,}79 \cdot 10^{-4}$ m³/s; $\varrho_{Tg} = 10^3$ kg/m³; $t_0 = 200\,°C$; $u_0 = 0{,}55$ kg/kg; $\bar{u} = 0{,}05$ kg/kg.

Die Berechnungsergebnisse in der Abb. 5.20 und der Tab. 5.2 werden als Abhängigkeit der Höhe der Wirbelschicht vom Teilchendurchmesser des monodispersen Gutes bei verschiedenen Werten

Tabelle 5.2

Feuchtegehalt $\bar{u}$ des Trockengutes, kg H_2O/kg abs. trockenes Gut	Schichthöhe H [m] für verschiedene Temperaturen $\bar{t}$ [°C]			
	67,0	74,1	92,1	128,1
0,050	0,42	0,27	0,13	0,043
0,030	1,1	0,60	0,27	0,072
0,015	—	—	1,0	0,16

ür das freie Volumen der Schicht ε und die mittlere Temperatur $\bar{t}$ des Trockenmittels dargestellt. Die explizite Form der Abhängigkeit u^* $(\bar{t}, \bar{x})$ wurde experimentell ermittelt.

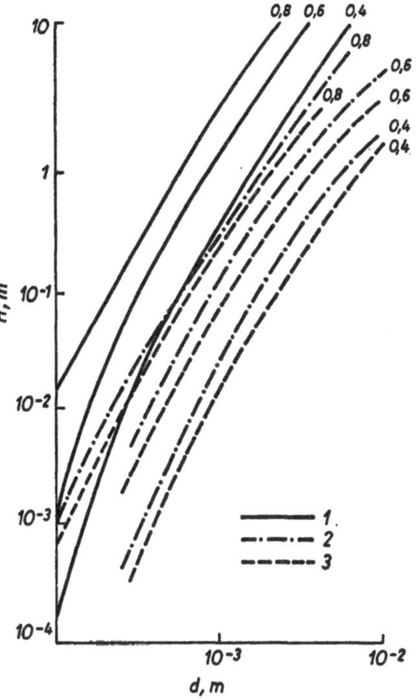

Abb. 5.20. Erforderliche Wirbelschichthöhe H in Abhängigkeit vom Teilchendurchmesser d bei verschiedenen Werten für das freie Volumen (Porosität) ε und die mittlere Lufttemperatur $\bar{t}$.
$1 - \bar{t} = 45$ °C; $2 - \bar{t} = 67$ °C; $3 - \bar{t} = 74{,}1$ °C
Die Zahlenwerte an den Kurven gelten für ε.

Wie die Ergebnisse zeigen, nimmt für steigende $\bar{t}$ (und damit auch t_{Ausg}) die Schichthöhe ab, wobei jedoch der Schichtquerschnitt, der Durchsatz an Trockenmittel (bei $w =$ const) und die zugeführte Wärmemenge anwachsen. Bei niedriger Austrittstemperatur t_{Ausg} ergibt sich zwar der erstrebte geringe Durchsatz an Trockenmittel G_{Tm}, doch ist die Höhe der Schicht dabei so zu vergrößern, daß sich ihre hydrodynamischen Eigenschaften wesentlich verschlechtern. Der Einfluß der Gleichgewichtsfeuchte des Trockengutes sowie deren Abhängigkeit von $\bar{t}$ und $\bar{x}$ auf die Schichthöhe ist für dicht bei u^* liegende Werte von $\bar{u}$ besonders ausgeprägt (Abb. 5.21). Eine Berücksichtigung der Abhängigkeit $u^*(\bar{t}, \bar{x})$ führt bei dem Versuch, den Prozeß bei einem hohen Ausnutzungsgrad der zugeführten Wärmemenge zu realisieren, zu der physikalisch unsinnigen Bedingung $u^*(\bar{t}, \bar{x}) > \bar{u}$. In der Tab. 5.2 werden die Schichthöhen für verschiedene Feuchtegehalte $\bar{u}$ des Stoffes am Apparateausgang angegeben. Die Berechnung der in der Tabelle fehlenden Werte führte auf die obige Bedingung $u^*(\bar{t}, \bar{x}) > \bar{u}$.

Im folgenden wird ein Trocknungsprozeß untersucht, dem die Kinetik (5.50) für $u_0 \leqq u_{kr}$ zugrunde liegt (zweiter Trocknungsabschnitt). Die Integration dieser Gleichung liefert für die Anfangsbedingung $u|_{\tau=0} = u_0$ folgende Beziehung zwischen der Trocknungszeit und dem laufenden Feuchtegehalt:

$$\tau = \frac{1}{K} \ln \frac{u_0 - u^*}{u - u^*} \tag{5.78}$$

Bei idealer Vermischung der festen Phase erhält man bei Berücksichtigung der Gln. (1.98) und (5.78) folgende Verteilung des austretenden Trockengutes nach dem Feuchtegehalt [19]:

$$\varrho(u) = \frac{1}{K\bar{\tau}(u_0 - u^*)} \left(\frac{u - u^*}{u_0 - u^*}\right)^{\frac{1}{K\bar{\tau}}-1} \tag{5.79}$$

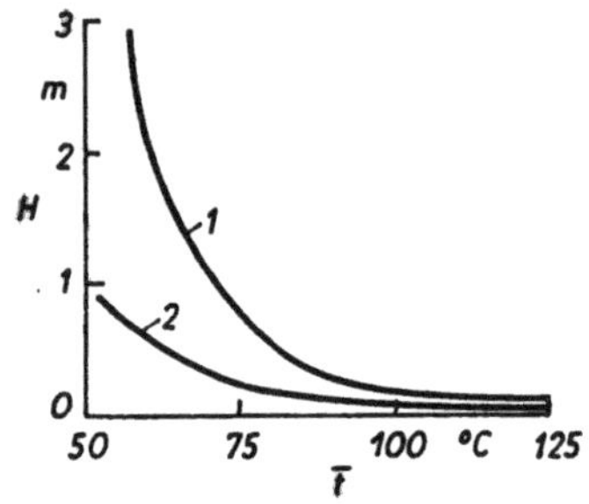

Abb. 5.21. Abhängigkeit der Wirbelschichthöhe H von der mittleren Lufttemperatur $\bar{t}$ für $\dot{V} = 1{,}79 \cdot 10^{-4}\ \mathrm{m^3/s}$, $t_0 = 200\,°\mathrm{C}$, $u_0 = 0{,}55$, $\bar{u} = 0{,}05$, $\varepsilon = 0{,}4$ und $d = 2 \cdot 10^{-3}$ m.

1 — Berechnete Werte für $u^* \neq 0$; 2 — Berechnete Werte für $u^* = 0$.

Der mittlere Feuchtegehalt des Gutes ergibt sich durch Integration über den gesamten Änderungsbereich des Feuchtegrades:

$$\bar{u} = \int\limits_{u^*}^{u_0} u\varrho(u)\, du = \int\limits_{u^*}^{u_0} \frac{u}{K\bar{\tau}(u_0 - u^*)} \left(\frac{u - u^*}{u_0 - u^*}\right)^{\frac{1}{K\bar{\tau}}-1} du = u^* + \frac{u_0 - u^*}{1 + K\bar{\tau}} \tag{5.80}$$

Es wird nun der allgemeinere Fall untersucht, daß nämlich der anfängliche Feuchtegehalt über dem kritischen liegt ($u_0 \geqq u_{kr}$) und die Trocknungskinetik eines einzelnen Teilchens somit in Form zweier Trocknungsabschnitte mit konstanter bzw. abnehmender Trocknungsgeschwindigkeit darstellbar ist. Die Trocknungszeit eines einzelnen Teilchens ist in diesem Falle in folgender Form von seinem laufenden Feuchtegehalt und den Prozeßparametern abhängig:

$$\tau = \frac{u_0 - u_{kr}}{N} + \frac{1}{K} \ln \frac{u_{kr} - u^*}{u - u^*} \tag{5.81}$$

Die Anwendung der Gl. (1.98) führt zu folgender Verteilungsdichte des Trockengutes über den Feuchtegehalt:

$$\varrho'(u) = \frac{1}{N\bar{\tau}} \exp\left(-\frac{1}{K\bar{\tau}} \frac{u_0 - u}{u_{kr} - u^*}\right) \tag{5.82}$$

für $u_0 \geqq u \geqq u_{kr}$

$$\varrho''(u) = \frac{1}{K\bar{\tau}(u - u^*)} \exp\left(-\frac{1}{K\bar{\tau}} \frac{u_0 - u_{kr}}{u_{kr} - u^*}\right) \left(\frac{u_{kr} - u^*}{u - u^*}\right)^{-1/(K\bar{\tau})} \quad (5.83)$$

für $u^* \leqq u \leqq u_{kr}$

Der mittlere Feuchtegehalt des Gutes ergibt sich durch Integration über jeden Trocknungsabschnitt:

$$\bar{u} = \int_{u_{kr}}^{u_0} u\varrho'(u)\, du + \int_{u^*}^{u_{kr}} u\varrho''(u)\, du$$

$$= u_0 - K\bar{\tau}(u_{kr} - u^*) \left[1 - \frac{K\bar{\tau}}{1 + K\bar{\tau}} \exp\left(-\frac{1}{K\bar{\tau}} \frac{u_0 - u_{kr}}{u_{kr} - u^*}\right)\right] \quad (5.84)$$

In den Gln. (5.80) und (5.84) für den mittleren Feuchtegehalt des Gutes sind die Größen K, u_{kr} und u^* von den sich im Prozeßverlauf einstellenden Bedingungen, in erster Linie von den Mittelwerten für Temperatur und Feuchte des Trockenmittels, abhängig. Die Mittelwerte dieser Parameter lassen sich als simultane Lösungen der kinetischen Gleichung für $\bar{u}$, der Wärmebilanz und der Feuchtebilanz des Trockenmittels bestimmen. Zur Komplettierung des Prozeßmodells sind neben der Trocknungskinetik noch Angaben über die Kinetik des Aufheizvorganges der Trockengutteilchen erforderlich.

Für die folgende Untersuchung des Trocknungsprozesses in der Wirbelschicht sollen betreffs des Phasenverhaltens die bereits früher gemachten Annahmen Gültigkeit behalten, die Kinetik wird jedoch in allgemeinerer Form angenommen: $u(\tau, \bar{t})$; $t_{Tg}(\tau, \bar{t})$.

Die Berechnung eines Wirbelschichttrockners führt zu einer Kombination der äußeren Parameter, die die Wärmebilanzgleichung befriedigen müssen. Letztere läßt sich in folgender Form angeben:

$$G_{Tm}(c_{Tm} + c_D x_0)(t_0 - t_{\text{Ausg}}) + \varrho_{Tg} V(c_W + c_{Tg} u_0)$$
$$= \varrho_{Tg} V[(c_D t_{\text{Ausg}} + q)(u_0 - \bar{u}) + \bar{I}] \quad (5.85\text{a})$$

Hierbei liefern die Gleichungen

$$\bar{u} = \int_0^\infty \varrho(\tau, \bar{\tau})\, u(\tau, \bar{t})\, d\tau \quad (5.85\text{b})$$

und

$$\bar{I} = \int_0^\infty \varrho(\tau, \bar{\tau})\, [c_{Tg} + c_W u(\tau, \bar{t})]\, t_{Tg}(\tau, \bar{t})\, d\tau \quad (5.85\text{c})$$

die Mittelwerte für den Feuchtegehalt und die Enthalpie des Gutes am Ausgang aus dem Wirbelschichttrockner [17, 20].

Die Temperatur des Trockenmittels am Apparateausgang wird nach Gl. (5.70) bestimmt, in der $\bar{t}_{Tg}$ durch die über die Schichthöhe gemittelte Oberflächentemperatur der Trockengutteilchen $\bar{t}_{Tg,Ob}$ zu ersetzen ist, weil hier im Gegensatz zum vorherigen einfacheren Modell die Temperatur über die innere Teilchenkoordinate nicht gleichmäßig ist und sich das Trockenmittel nur mit der Oberfläche, deren Temperatur $\bar{t}_{Tg,Ob}$ beträgt, in unmittelbarem Kontakt befindet. Die über die Schichthöhe gemittelte Temperatur des Trockenmittels ergibt sich nach Gl. (5.71), wobei ebenfalls für $\bar{t}_{Tg}$ die mittlere Oberflächentemperatur $\bar{t}_{Tg,Ob}$ zu setzen ist.

Bei Versuchen zur Bestimmung der Trocknungs- und Aufheizkinetik wird die Oberflächentemperatur der Trockengutteilchen nicht direkt gemessen. Man mißt lediglich die mittlere Feststofftemperatur, was sich jedoch als hinreichend erweist, da sich die mittlere Oberflächentemperatur $\bar{t}_{Tg,Ob}$ mit Hilfe der Gln. (5.70) und (5.71) eliminieren läßt:

$$\frac{t_0 - t_{\text{Ausg}}}{t_0 - \bar{t}} = \frac{1 - \exp(-BH)}{1 - \dfrac{1 - \exp(-BH)}{BH}} \tag{5.86}$$

Gl. (5.86) liefert noch eine zusätzliche Beziehung zwischen den Temperaturen t_{Ausg} und $\bar{t}$.

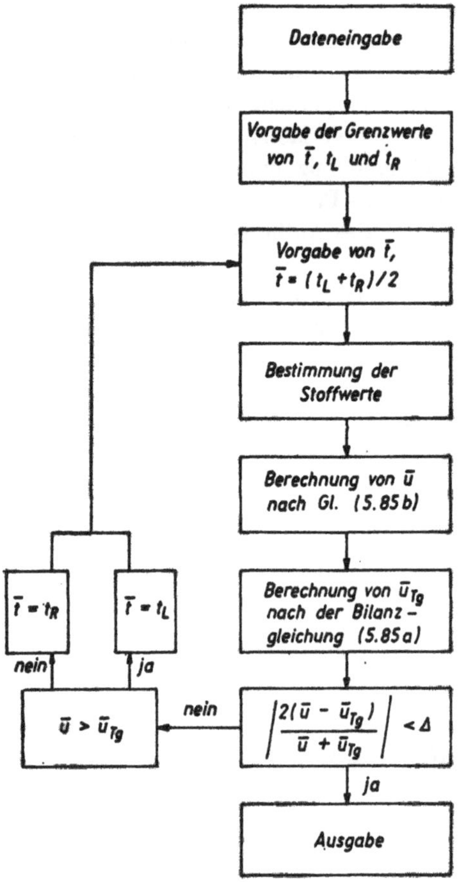

Abb. 5.22. Programmablaufplan zur Berechnung der kontinuierlichen Trocknung in der Wirbelschicht.

Mit Hilfe der Gln. (5.85) und (5.86) lassen sich $\bar{t}$, t_{Ausg} und $\bar{u}$ berechnen. Die Durchsätze an Trockengut $\dot{V}$ und Luft G_{Tm}, die Anfangswerte für die Temperatur des Trockengutes $t_{Tg,0}$ und den Feuchtegehalt der Luft x_0 sowie die mittlere Verweilzeit des Feststoffes $\bar{\tau}$ im Apparat werden dabei als gegeben angenommen. Die Wärmeübergangszahl α wird nach der Gleichung $Nu_t = 2 + 0{,}6Re^{0,5}$ bestimmt, während man das freie Volumen der Schicht nach Gl. (5.77) berechnet.

Zur Berechnung sind ferner Versuchsdaten über die Trocknungs- und Aufheizkinetik des dispersen Stoffes erforderlich.

Die Berechnung besteht in der Ermittlung der Lösung für das Gleichungssystem (5.85) und (5.86) mit Hilfe sequentieller Näherungsmethoden. Abb. 5.22 zeigt den Programmablaufplan zur Berechnung eines einstufigen Wirbelschichttrockners mit Hilfe der EDV.

Die rechnerisch ermittelten Abhängigkeiten des Feuchtegehaltes des Trockengutes am Apparateausgang von allen untersuchten Parametern lieferten eine befriedigende Übereinstimmung mit den experimentell ermittelten. Diese Feststellung läßt sich an dem in Abb. 5.23 gezeigten Beispiel bestätigen.

Das hier angeführte Modell für den Trocknungsprozeß in der Wirbelschicht enthält stark vereinfachende Annahmen und läßt zumindest zwei wichtige Aspekte außer acht: Die ungleichmäßige Verteilung des aufgewirbelten Trockengutes über das Schichtvolumen und die nicht den gemachten Annahmen entsprechende Verweilzeitverteilung der festen Phase. Beide Effekte kompensieren sich jedoch bezüglich ihres Einflusses auf den mittleren Feuchtegehalt des austretenden Trockengutes weitestgehend. Durchläuft ein Teil des Trockenmittels die Schicht in Form von Blasen, so wird der Kontakt zwischen Trockengut und Trockenmittel teilweise eingeschränkt; eine Zunahme von $\bar{u}$ ist die Folge.

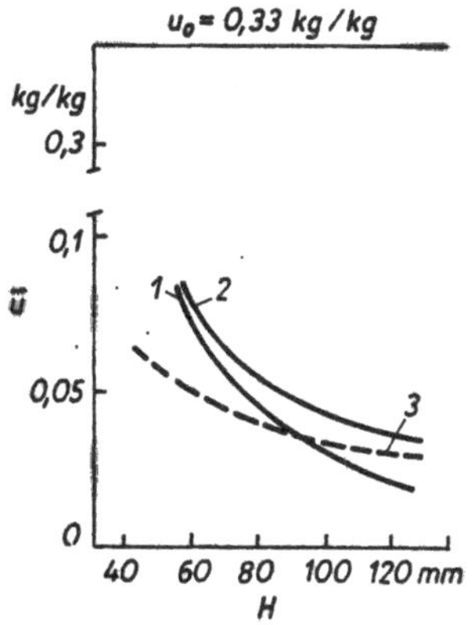

Abb. 5.23. Abhängigkeit der mittleren Feuchte $\bar{u}$ des getrockneten Produkts von der Schichthöhe.

1 – experimentelle Werte; *2* – Berechnung nach kinetischen Daten, die an einer differentiellen Schicht mit idealer Vermischung gewonnen wurden; *3* – Berechnung bei realer Verteilung nach kinetischen Daten, die an einer Schicht realer Höhe gewonnen wurden.

Andererseits steht die angenommene Verweilzeitverteilung des dispersen Feststoffes [Gl. (1.98)] nicht im Einklang mit den Realitäten. Das betrifft vor allem den Feststoffanteil, der nach Gl. (1.98) den Trockner nach sehr kleinen Verweilzeiten wieder verlassen müßte. In der Praxis vergeht jedoch eine gewisse Zeit, bis die frisch in die Wirbelschicht gelangten Teilchen überhaupt am Apparateaustritt angekommen sein können. Dadurch liegt der tatsächlich erzielte Wert von $\bar{u}$ niedriger als der rechnerisch ermittelte. An einer Wirbelschicht mit normaler Höhe gewonnene Daten über die Trocknungs- und Aufheizkinetik berücksichtigen diese eben genannten Erscheinungen.

Für die Trocknungs- und Aufheizkinetik des feuchten Trockengutes sind die Temperatur des Trockenmittels und die Stoffeigenschaften des Trockengutes nicht die alleinigen Einflußgrößen. Ebenfalls von wesentlichem Einfluß auf die Kinetik können die Geschwindigkeit und die mittlere Feuchte $\bar{x}$ des Trockenmittels sowie die Differenz des statischen Druckes ΔP innerhalb der porösen Teilchen vor dem Trocknungsprozeß und in der Wirbelschicht sein. Die explizite Form dieser kinetischen Abhängigkeit muß experimentell ermittelt werden.

Die Werte dieser Parameter können, ebenso wie die Temperatur $\bar{t}$, beim kontinuierlichen Trocknungsprozeß nicht beliebig vorgegeben werden. Sie müssen in Abhängigkeit von den sich einstellenden Prozeßbedingungen ermittelt werden. Man hat also zusätzlich zu den Gln. (5.85) und (5.86) simultan die Bedingungen zu untersuchen, die die Verknüpfung der gesuchten Größen $\bar{x}$, ΔP und w mit den restlichen Parametern bestimmen.

Die Berechnung des mittleren statischen Druckes des Trockenmittels in der Wirbelschicht erfolgt unter der Annahme einer gleichmäßigen Verteilung der festen Phase über die Höhe der Wirbelschicht. Der Druckabfall ist in diesem Falle linear, so daß für den mittleren Druck gilt:

$$\bar{P} = 0{,}5(P_0 + P_{\mathrm{Ausg}})$$

In dieser Gleichung stellen P_0 und P_{Ausg} die statischen Drücke des strömenden Trokkenmittels vor und nach der Wirbelschicht dar. Sie ergeben sich aus der Hydrodynamik des Gasstromes und der Gleichung für den Druckabfall in der Wirbelschicht:

$$P_0 - P_{\mathrm{Ausg}} = H(1 - \varepsilon)\,(\varrho_{Tg} + \varrho_{Tg}\bar{u})\,g$$

Zur Ermittlung des mittleren Feuchtegehaltes des Trockenmittels ist die Kenntnis der Verdampfungsgeschwindigkeit über die Schichthöhe erforderlich. Bei der dominierenden Rolle der inneren, relativ trägen Wärme- und Feuchtetransportprozesse liegt die Annahme nahe, daß sich die Verdampfung aus den sich innerhalb der Schicht rasch bewegenden Teilchen über die gesamte Schichthöhe mit gleicher Intensität vollzieht, unabhängig vom Temperaturprofil der Schicht [17]. In diesem Falle läßt sich die mittlere Feuchte als arithmetischer Mittelwert angeben:

$$\bar{x} = 0{,}5(x_0 + x_{\mathrm{Ausg}}) \qquad (5.87)$$

Mehrstufige Apparate

Für verschiedene Trocknungsprozesse werden mehrstufige Wirbelschichttrockner eingesetzt, um den Einfluß der Rückvermischung zu mindern. Bei kleinerem Gesamtvolumen der Apparatur ist das aus der letzten Stufe austretende Produkt gleichmäßiger getrocknet.

Die Modellierung eines solchen Prozesses wird einfach, wenn man für jede Stufe die gleichen, auf die Trocknungskinetik Einfluß besitzenden Bedingungen annehmen kann.

Zusätzlich soll noch angenommen werden, daß die mittlere Verweilzeit in jeder der n Wirbelschichten gleich groß ist: $\bar{\tau}_i = \bar{\tau}/n$ ($\bar{\tau}$ — gesamte mittlere Verweilzeit in allen n Wirbelschichten).

Zur Ermittlung der Verteilung des Trockengutes nach seinem Feuchtegehalt dient die an anderer Stelle abgeleitete Gl. (1.99) für die Verteilungsdichte der Verweilzeit in einem Apparat mit mehreren gleichen Wirbelschichten. Durch Einsetzen der Trocknungskinetik eines einzelnen Teilchens bei konstanter Trocknungsgeschwindigkeit (erster Trocknungsabschnitt) in diesen Ausdruck ergibt sich die Verteilung des Feuchtegehaltes des Trockengutes am Ausgang aus der n-ten Wirbelschicht [19]:

$$\varrho_n(u) = \frac{n^n}{(n-1)!}\,\frac{(u_0 - u)^{n-1}}{(N\bar{\tau})^n}\,\exp\left(-n\,\frac{u_0 - u}{N\bar{\tau}}\right) \qquad (5.88)$$

Bei einer nach Gl. (5.50) verlaufenden Trocknungskinetik erhält man über die Beziehung (1.99)

$$\varrho_n(u) = \frac{n^n}{(n-1)!} \frac{1}{(K\bar{\tau})^n} \frac{\left(\ln \frac{u_0 - u^*}{u - u^*}\right)^{n-1}}{u - u^*} \left(\frac{u - u^*}{u_0 - u^*}\right)^{n/(K\bar{\tau})} \tag{5.89}$$

Verläuft der Trocknungsprozeß in zwei aufeinanderfolgenden Abschnitten nach der Gl. (5.81), so besteht der Ausdruck für die Verteilung des Trockengutes nach seinem Feuchtegehalt aus zwei Termen [19], die jeweils für ihren Feuchtebereich Gültigkeit besitzen:

$$\varrho_n'(u) = \frac{n^n}{(n-1)!} \frac{1}{(K\bar{\tau})^n (u_{kr} - u^*)} \left(\frac{u_0 - u}{u_{kr} - u^*}\right)^{n-1} \exp - \left(\frac{n}{K\bar{\tau}} \frac{u_0 - u}{u_{kr} - u^*}\right) \tag{5.90}$$

$u_{kr} \leqq u \leqq u_0$

$$\varrho_n''(u) = \frac{n^n}{(n-1)!} \frac{1}{(K\bar{\tau})^n} \left(\frac{u_0 - u_{kr}}{u_{kr} - u^*} + \ln \frac{u_{kr} - u^*}{u - u^*}\right)^{n-1} \frac{1}{u_{kr} - u^*} \times \left(\frac{u_{kr} - u^*}{u - u^*}\right)^{-n/(K\bar{\tau})} \exp\left(-\frac{n}{K\bar{\tau}} \frac{u_0 - u_{kr}}{u_{kr} - u^*}\right) \tag{5.91}$$

$u^* \leqq u \leqq u_{kr}$

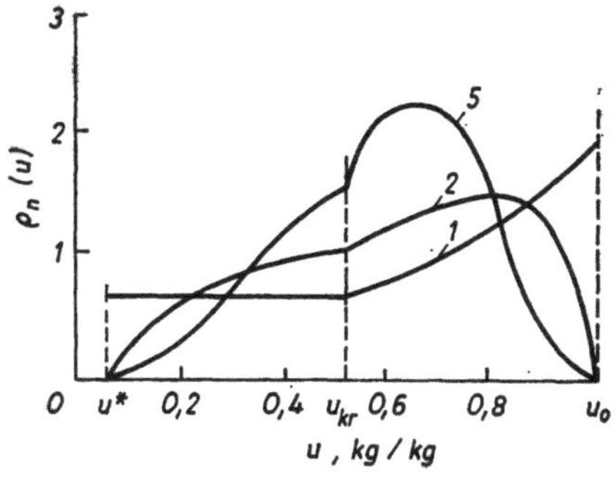

Abb. 5.24. Verteilung des dispersen Gutes nach dem Feuchtegehalt bei $u_0 = 1$, $u_{kr} = 0{,}55$, $u^* = 0{,}05$ und $K\bar{\tau} = 1{,}0$.
Die Ziffern an den Kurven geben den Wert von n an.

Die abgeleiteten Beziehungen (5.88) bis (5.91) besitzen nur dann Gültigkeit, wenn das Trockengut beim Übergang von einer Wirbelschicht zur nächsten seine Feuchteverteilung nicht ändert. Einige Beispiele für die Form der Verteilungen (5.90) und (5.91) sind der Abb. 5.24 zu entnehmen.

Der mittlere Feuchtegehalt am Austritt aus der n-ten Schicht ergibt sich durch Integration der mit dem Faktor u multiplizierten Verteilung $\varrho_n(u)$:

$$\bar{u} = \int_{u^*}^{u_0} u \varrho_n(u)\, du \tag{5.92}$$

Die abgeleiteten Gln. (5.88) bis (5.92) besitzen nur bei gleicher Prozeßkinetik in allen Stufen des Apparates Gültigkeit.

Bei den meisten realen Prozessen lassen sich aber die Parameter der kontinuierlichen Phase in den einzelnen Stufen eines Stoffaustauschapparates nicht beliebig vorgeben, also unabhängig von den Faktoren, die auf die Intensität des Stoffaustauschprozesses von Einfluß sind.

Als erstes soll der Trocknungsprozeß eines monodispersen Trockengutes in einem mehrstufigen Wirbelschichttrockner untersucht werden, wobei für die Trocknungskinetik eine konstante Geschwindigkeit angenommen wird.

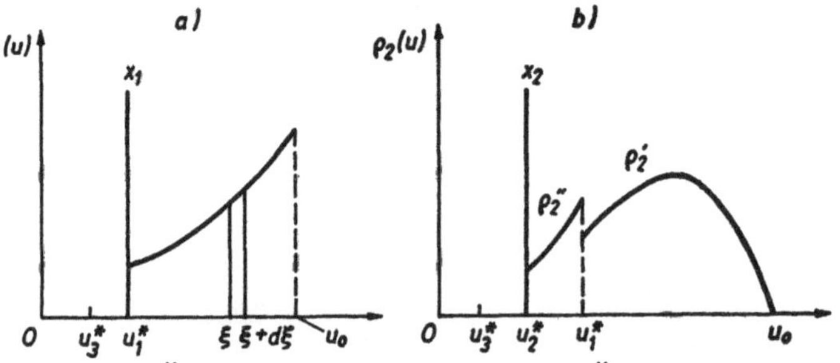

Abb. 5.25. Verteilung des Gutes am Ausgang aus der ersten (a) und aus der zweiten (b) Wirbelschicht bei konstanter Trocknungsgeschwindigkeit und unterschiedlicher Trocknungsintensität in jeder Schicht.

$\varrho_1(u, u_0, A_1) = \varrho_0$ sei die Verteilungsdichte des Trockengutes nach seinem Feuchtegehalt am Ausgang eines einstufigen Wirbelschichttrockners mit idealer Vermischung der festen Phase. Eine der im Kap. 1. angeführten analoge Ableitung liefert folgende Ergebnisse (Abb. 5.25) [21]:

Für die zweite Schicht

$$\varrho_2'(u) = \int_u^{u_0} \varrho_1(\xi)\, \varrho_0(u, \xi, A_2)\, d\xi \qquad u_1^* \leqq u \leqq u_0$$

$$\varrho_2''(u) = \int_{u_1^*}^{u_0} \varrho_1(\xi)\, \varrho_0(u, \xi, A_2)\, d\xi + X_1 \varrho_0(u, u_1^*, A_2) \qquad u_2^* \leqq u \leqq u_1^*$$

$$X_2 = \int_{u_1^*}^{u_0} \varrho_1(\xi)\, \varrho_0(u_2^*, \xi, A_2)\, d\xi + X_1 \varrho_0(u_2^*, u_1^*, A_2) \qquad u = u_2^*$$

Für die dritte Schicht

$$\varrho_3'(u) = \int_u^{u_0} \varrho_2'(\xi)\, \varrho_0(u, \xi, A_3)\, d\xi \qquad u_1^* \leqq u \leqq u_0$$

$$\varrho_3''(u) = \int_{u_1^*}^{u_0} \varrho_2'(\xi) \varrho_0(u, \xi, A_3)\, d\xi + \int_u^{u_1^*} \varrho_2''(\xi)\, \varrho_0(u, \xi, A_3)\, d\xi \qquad u_2^* \leqq u \leqq u_1^*$$

$$\varrho_3'''(u) = \int_{u_1^*}^{u_0} \varrho_2'(\xi)\,\varrho_0(u, \xi, A_3)\,d\xi + \int_{u_2^*}^{u_1^*} \varrho_2''(\xi)\,\varrho_0(u, \xi, A_3)\,d\xi + X_2\varrho_0(u, u_2^* A_3) \qquad u_3^* \leqq u \leqq u_2^*$$

$$X_3 = \int_{u_1^*}^{u_0} \varrho_2'(\xi)\,\varrho_0(u_3^*, \xi, A_3)\,d\xi + \int_{u_2^*}^{u_1^*} \varrho_2''(\xi)\,\varrho_0(u_3^*, \xi, A_3)\,d\xi + X_2\varrho_0(u_3^*, u_2^*, A_3) \qquad u = u_3^*$$

$A_i = 1/(N_i\bar{\tau}_i)$ — kinetischer Parameter für die i-te Schicht
$u_1^* > u_2^* > u_3^*$

Die Ausdrücke für die Feuchteverteilung an den Ausgängen der nächstfolgenden Schicht enthalten eine entsprechend größere Anzahl von Summanden. Die abgeleiteten Gleichungen besitzen für beliebige Formen der Basisverteilungsfunktion $\varrho_0(u)$ Gültigkeit. Bei Annahme einer idealen Vermischung der festen Phase in allen Schichten erhält man durch Einsetzen der Gl. (5.66) anstelle von $\varrho(u)$ in die abgeleitete Gleichung und anschließende Integration: Für die erste Stufe die bereits bekannten Gln. (5.66) und (5.68). Für die zweite Schicht wird:

$$\varrho_2'(u) = \frac{A_1 A_2}{A_1 - A_2}\{\exp[-A_2(u_0 - u)] - \exp[-A_1(u_0 - u)]\} \qquad u_1^* \leqq u \leqq u_0$$

$$\varrho_2''(u) = \frac{A_2}{A_1 - A_2}\{A_1 \exp[-A_2(u_0 - u)] - A_2 \exp[-A_1(u_0 - u_1^*) - A_2(u_1^* - u)]\}$$

$$u_2^* \leqq u \leqq u_1^*$$

$$X_2 = \frac{1}{A_1 - A_2}\{A_1 \exp[-A_2(u_0 - u_2^*)] - A_2 \exp[-A_1(u_0 - u_1^*) - A_2(u_1^* - u_2^*)]\}$$

$$u = u_2^*$$

usw.

Der mittlere Feuchtegehalt des Trockengutes beträgt

$$\bar{u} = \int_{u^*}^{u_0} u\varrho(u)\,du + Xu^*$$

Der mittlere Feuchtegehalt des Trockengutes in der ersten Schicht u_1 wurde bereits an anderer Stelle berechnet, s. Gl. (5.73). Für die zweite Schicht gilt

$$\begin{aligned}\bar{u}_2 = \frac{1}{A_1 - A_2}\Bigg\{&A_1\left[u_0 - \frac{1 - \exp[-A_2(u_0 - u_2^*)]}{A_2}\right] \\ &- A_2\left[u_0 - \frac{1 - \exp[-A_1(u_0 - u_1^*)]}{A_1}\right] \\ &+ \exp[-A_1(u_0 - u_1^*)]\left[1 - \exp\left(-A_2(u_1^* - u_2^*)\right)\right]\Bigg\}\end{aligned} \tag{5.93}$$

Zu wesentlichen Vereinfachungen führt die Annahme $u_1^* = u_2^* = \cdots = u_n^* = u^*$. In diesem Falle erhält man für eine beliebige Anzahl von Stufen folgende Ausdrücke für die Verteilungsdichte und den mittleren Feuchtegehalt:

$$\left.\begin{aligned} \varrho_n(u) &= \prod_{i=1}^{n} A_i \sum_{j=n}^{1} \frac{(-1)^{n-j} \exp\left[-A_j(u_0 - u)\right]}{\prod\limits_{k=1}^{j-1} (A_k - A_j) \prod\limits_{p=j+1}^{n} (A_j - A_p)}; \qquad u^* \leqq u \leqq u_0 \\ X_n &= \sum_{n=1}^{n} \left[\prod_{i=1}^{n} A_i \sum_{j=n}^{1} \frac{(-1)^{n-j} \exp\left[-A_j(u_0 - u^*)\right]}{\prod\limits_{k=1}^{j-1} (A_k - A_j) \prod\limits_{p=j+1}^{n} (A_j - A_p)} \right]; \qquad u = u^* \end{aligned}\right\} \tag{5.94}$$

$$\bar{u}_n = \prod_{i=1}^{n} A_i \sum_{j=n}^{1} \frac{(-1)^{n-j} \left[u_0 - \dfrac{1 - \exp\left[-A_j(u_0 - u^*)\right]}{A_j} \right]}{A_j \prod\limits_{k=1}^{j-1} (A_k - A_j) \prod\limits_{p=j+1}^{n} (A_j - A_p)} \tag{5.95}$$

Diese Beziehungen weisen viele Gemeinsamkeiten mit den zur Berechnung mehrstufiger Wirbelschichtadsorber abgeleiteten Gleichungen auf, da in beiden Fällen die Ableitungen mit Hilfe von Einflußfunktionen vorgenommen wurden und eine ideale Vermischung der festen Phase in jederSchicht vorausgesetzt wurde.

Der numerische Wert des Parameters A ist von der Temperatur und dem Feuchtegehalt des Trockenmittels in jeder Schicht abhängig.

Geht man erneut davon aus, daß im ersten Trocknungsabschnitt (konstante Trocknungsgeschwindigkeit) die konvektive Wärmezufuhr zur Oberfläche der feuchten Teilchen den geschwindigkeitsbestimmenden Prozeßschritt darstellt und daß die Oberflächentemperatur des feuchten Trockengutes gleich der Temperatur des feuchten Thermometers ist, dann erhält man für die erste Wirbelschicht eines mehrstufigen Trockners die bereits für konstante Trocknungsgeschwindigkeit an anderer Stelle abgeleiteten Gleichungen.

Bei der Berechnung der zweiten und der folgenden Stufen ändern sich im Vergleich zur ersten Schicht lediglich die Gleichungen für den mittleren Feuchtegehalt und den Stoffanteil mit dem Gleichgewichtsfeuchtegehalt u^*, d. h. die Gln. (5.94) und (5.95). Der Rechenumfang für die weiteren Schichten nimmt im Verhältnis zu dem für die erste Schicht nicht wesentlich zu, da ja die Parameter der ersten Schicht bereits bekannt sind.

Besonders soll auf den Umstand hingewiesen werden, daß die abgeleiteten Gleichungen bezüglich der Phasenbewegung von Trockengut und Trockenmittel (Gegenstrom, Gleichstrom, Kreuzstrom) invariant sind.

Beispiel 5.2: Es werden die Ergebnisse der Berechnung eines dreistufigen Wirbelschichttrockners angeführt. Die Berechnung erfolgte nach den vereinfachten Gln. (5.94) und (5.95), in denen für die Anfangstemperatur des Trockengutes die Temperatur des feuchten Thermometers gesetzt wurde.

Zur Verdeutlichung des durch Sektionierung erreichbaren Effekts wird die Berechnung auch für einen einstufigen Wirbelschichttrockner mit dem dreifachen Schichtvolumen durchgeführt.

Den Berechnungen liegen folgende Ausgangsdaten zugrunde: $\varrho_{Tg} = 2 \cdot 10^3$ kg/m³; $d = 0{,}5$ mm; $H = 0{,}3$ m; $u_0 = 1{,}0$ kg Feuchte/kg Trockensubstanz; Strömungsgeschwindigkeit der Luft $w = 2$ m/s; $\dot{V} = 2 \cdot 10^{-4}$ m³/(m² · s); $t_0 = 200$ °C; $c_{Tg} = 1{,}26 \cdot 10^3$ J/(kg · grd); $Nu_t = 2 + 0{,}35 \times Re^{0{,}58} + 0{,}03 Re^{0{,}54}$.

Die durch sequentielle Näherung erhaltenen Ergebnisse werden in Tab. 5.3 angeführt.

Die Verteilungsdichte für den Feuchtegehalt des Trockengutes in einem dreistufigen Trockner wird in Abb. 5.26 dargestellt.

Tabelle 5.3

Schicht	ε	$\bar{t}$ [°C]	$\bar{u}$	X	t_{Ausg} [°C]
I	0,69	51,0	0,624	0,089	50,0
II	0,72	51,9	0,243	0,459	50,8
III	0,81	100,0	0,0046	0,985	99,3
I × 3	0,84	71,5	0,030	0,942	70,3

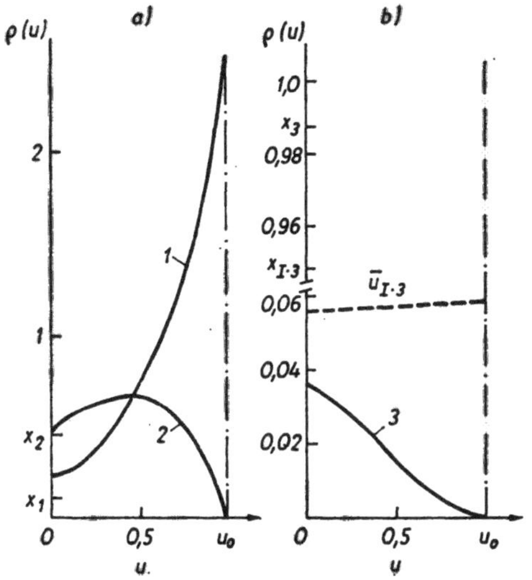

Abb. 5.26. Verteilungsdichte des Trockengutes nach dem Feuchtegehalt für die erste (*1*), die zweite (*2*) und die dritte (*3*) Schicht.

Unterbrochene Linie: Verteilungsdichte für eine Schicht mit dreifacher Querschnittsfläche.

Bei Absenkung des Durchsatzes an Trockengut um 50% [$V = 1{,}0 \cdot 10^{-4}$ m³/(m · s²)] läßt sich bereits mit zwei Schichten ein um über die Hälfte niedriger liegender Feuchtegehalt erzielen. Die Prozeßparameter für veränderte Durchsätze an Trockengut sind in der Tab. 5.4 zusammengestellt.

Einige Variantenrechnungen ergaben, daß zwischen der Endtemperatur des Trockenmittels und dem mittleren Feuchtegehalt des Trockengutes keine eindeutige Abhängigkeit besteht. Diese kinetischen Einflußgrößen sind noch von anderen Prozeßparametern abhängig. Bei geringen Feuchtegehalten am Ausgang wird nicht die gesamte der Schicht zugeführte Wärmemenge zur Feuchteverdampfung aufgewendet (Schichten *I* und *II*).

Tabelle 5.4

Schicht	ε	$\bar{u}$	$\bar{t}$ [°C]	X	t_{Ausg} [°C]
I	0,800	0,254	53	0,538	51,6
II	0,835	0,0020	138	0,994	137,5
I × 2	0,815	0,0089	100	0,982	99,0

Die Ableitung von Berechnungsgleichungen für einen mehrstufigen Trockner mit idealer Vermischung des Trockengutes in jeder Schicht unterscheidet sich bei einer in allgemeinerer Form angenommenen Trocknungs- und Aufheizkinetik prinzipiell nicht von der bereits behandelten [17]. Die kinetischen Ausgangsdaten liegen in folgender allgemeiner Form vor:

$$u(\tau, \bar{t}, u_0, t_{Tg,0}, \bar{x}); \quad t_{Tg}(\tau, \bar{t}, u_0, t_{Tg,0}, \bar{x}) \tag{5.96}$$

Die laufenden Temperatur- und Feuchtegehaltswerte des Trockengutes sind nicht nur von den Mittelwerten des Trockenmittels $\bar{t}$ und $\bar{x}$, sondern auch von den Anfangswerten des Trockengutes u_0 und $t_{Tg,0}$ abhängig.

Der mittlere Feuchtegehalt am Ausgang der ersten Wirbelschicht ergibt sich durch Summation aller Feststoffanteile mit einer zwischen Null und Unendlich liegenden Verweilzeit:

$$\bar{u}_1 = \int_0^\infty \varrho_0(\chi, \bar{\tau}_1)\, u(\chi, \bar{t}_1, u_0, t_{Tg,0}, \bar{x}_1)\, d\chi \tag{5.97}$$

In gleicher Weise erhält man den mittleren Enthalpiewert des Trockengutes:

$$\bar{I}_1 = \int_0^\infty \varrho_0(\chi, \bar{\tau}_1)\, [c_{Tg} + c_W u(\chi, \bar{t}_1, u_0, t_{Tg,0}, \bar{x}_1)]\, t_{Tg}(\chi, \bar{t}_1, u_0, t_{Tg,0}, \bar{x}_1)\, d\chi \tag{5.98}$$

Feuchtegehalt und Temperatur des Trockengutanteils $\varrho_0(\chi, \bar{\tau}_1)\, d\chi$ mit einer Verweilzeit von χ in der ersten Schicht werden folgendermaßen gekennzeichnet:

$$u(\chi, \bar{t}_1, u_0, t_{Tg,0}, \bar{x}_1) = u' \quad \text{und} \quad t_{Tg}(\chi, \bar{t}_1, u_0, t_{Tg,0}, \bar{x}_1) = t'_{Tg}$$

Die Enthalpie dieses Anteils beträgt

$$\varrho_0(\chi, \bar{\tau}_1)\, d\chi\, (c_{Tg} + c_W u')\, t'_{Tg}$$

Der Anteil $\varrho_0(\chi, \bar{\tau}_1)\, d\chi$ wird in der zweiten Schicht mit einer zwischen Null und Unendlich liegenden Verweilzeit verteilt. Feuchtegehalt und Temperatur eines in der zweiten Schicht eine Zeit $\varkappa$ verweilenden Trockengutanteils werden analog bezeichnet:

$$u(\varkappa, \bar{t}_2, u', t'_{Tg}, \bar{x}_2) = u'' \quad \text{und} \quad t_{Tg}(\varkappa, \bar{t}_2, u', t'_{Tg}, \bar{x}_2) = t''_{Tg} \tag{5.99}$$

Die Enthalpie des Anteils $\varrho_0(\chi, \bar{\tau}_1)\, d\chi$ mit einer Verweilzeit χ in der ersten Schicht beträgt am Ausgang aus der zweiten Schicht

$$\varrho_0(\chi, \bar{\tau}_1)\, d\chi \int_0^\infty \varrho_0(\varkappa, \bar{\tau}_2)\, (c_{Tg} + c_W u'')\, t''_{Tg}\, d\varkappa$$

Die Enthalpie des gesamten, die zweite Wirbelschicht verlassenden Trockengutes läßt sich als Enthalpiesumme aller Anteile $\varrho_0(\chi, \bar{\tau}_1)\, d\chi$ über deren Verweilzeit in der ersten Schicht angeben:

$$\bar{I}_2 = \int_0^\infty \varrho_0(\chi, \bar{\tau}_1) \int_0^\infty \varrho_0(\varkappa, \bar{\tau}_2)\, [c_{Tg} + c_W u(\varkappa, \bar{t}_2, u', t'_{Tg}, \bar{x}_2)]\, t_{Tg}(\varkappa, \bar{t}_2, u', t'_{Tg}, \bar{x}_2)\, d\varkappa\, d\chi \tag{5.100}$$

Der mittlere Feuchtegehalt des Trockengutes am Ausgang aus der zweiten Schicht ergibt sich ebenfalls in Form eines Doppelintegrals:

$$\bar{u}_2 = \int_0^\infty \varrho_0(\chi, \bar{\tau}_1) \int_0^\infty \varrho_0(\varkappa, \bar{\tau}_2)\, u(\varkappa, \bar{t}_2, u', t'_{Tg}, \bar{x}_2)\, d\varkappa\, d\chi \tag{5.101}$$

In den Gln. (5.99) bis (5.101) sind die Größen u' und t'_{Tg} Funktionen der laufenden Variablen χ sowie der Parameter des Trockenmittels in der ersten Schicht. Die Werte für die Temperatur und den Feuchtegehalt des Trockenmittels am Ausgang aus der zweiten Schicht lassen sich aus der Wärme- bzw. Stoffbilanzgleichung für die zweite Schicht ermitteln:

$$G_{Tm2}(c_{Tm} + c_D x_0)\,(t_{02} - t_{\text{Ausg}2}) + \varrho_{Tg} V \bar{I}_1 = \varrho_{Tg} V[(q + c_D t_{\text{Ausg}2})\,(\bar{u}_1 - \bar{u}_2) + \bar{I}_2] \qquad (5.102)$$

$$\varrho_{Tg} V \bar{u}_1 + G_{Tm2} x_{02} = \varrho_{Tg} V \bar{u}_2 + G_{Tm2} x_{\text{Ausg}2} \qquad (5.103)$$

t_{02}, x_{02}, G_{Tm2} — Temperatur, Feuchte und Durchsatz des Trockenmittels am Eingang in die zweite Wirbelschicht (für den Gegenstromtrockner haben diese Parameter die gleichen Werte wie am Ausgang aus der ersten Schicht).

Bei erneuter Annahme eines exponentialen Temperaturprofils des Trockenmittels über die Höhe der Wirbelschicht ist die Beziehung (5.86) anwendbar:

$$\frac{t_{02} - t_{\text{Ausg}2}}{t_{02} - \bar{t}_2} = \frac{1 - \exp(-B_2 H_2)}{1 - \dfrac{1 - \exp(-B_2 H_2)}{B_2 H_2}}$$

Analog der Gl. (5.87) erhält man für die mittlere Feuchte des Trockenmittels in der zweiten Schicht

$$\bar{x}_2 = 0{,}5(x_{02} + x_{\text{Ausg}2})$$

Die Berechnungsmethodik für den Trocknungsprozeß in der zweiten Stufe unterscheidet sich somit prinzipiell nicht von der für einen einstufigen Prozeß. Der Rechenaufwand nimmt jedoch wegen der bei der Ermittlung von $\bar{u}_2$ und $\bar{I}_2$ nach den Gln. (5.101) und (5.100) zu lösenden Doppelintegrale erheblich zu.

Als Beispiel wird ein Fall mit einfacher Trocknungs- und Aufheizkinetik betrachtet. Der Einfluß der Anfangstemperatur auf den laufenden Feuchtegehalt und der Einfluß des anfänglichen Feuchtegehaltes auf die Temperatur des Feststoffes sollen vernachlässigbar sein:

$$u(\tau, \bar{t}, \bar{x}) = u^* + (u_0 - u^*)\, e^{-K\tau} \qquad (5.104)$$

$$t_{Tg}(\tau, \bar{t}, \bar{x}) = \bar{t} - (\bar{t} - t_{Tg0})\, e^{-K_t \tau} \qquad (5.105)$$

Der Gleichgewichtsfeuchtegehalt u^* und die Koeffizienten K und K_t, also die Größen, die die Geschwindigkeit der Trocknung und des Aufheizens bestimmen, sind Funktionen der Mittelwerte von Temperatur und Feuchte des Trockenmittels.

In den Gln. (5.104) und (5.105) wird der Einfluß auf die Trocknungs- und Aufheizkinetik für ein Trockengut mit den Anfangsparametern u_0 und t_{Tg0} in einfacher Form beschrieben.

Durch Einsetzen der kinetischen Gleichung (5.104) in die Ausdrücke für den mittleren Feuchtegehalt des Trockengutes (5.97) und (5.101) erhält man:

$$\bar{u}_1 = u_1^* + A_1 \frac{u_0 - u_1^*}{1 + A_1} \qquad (5.106)$$

$$\bar{u}_2 = u_2{}^* + \frac{A_2}{1 + A_2}(u_1{}^* - u_2{}^*) + \frac{A_1 A_2}{(1 + A_1)(1 + A_2)}(u_0 - u_1{}^*) \tag{5.107}$$

$$A_i = 1/(K_i \bar{\tau}_i)$$

Die Indentität der Gln. (5.106) und (5.80) beruht auf gleichen Annahmen bei ihrer Herleitung: In beiden Fällen wurden für die Trocknungskinetik und die Verweilzeitverteilung des feuchten Trockengutes die gleichen Annahmen gemacht.

In gleicher Weise läßt sich der mittlere Feuchtegehalt des Trockengutes für die dritte Wirbelschicht angeben:

$$\bar{u}_3 = u_3{}^* + \frac{A_3}{1 + A_3}(u_2{}^* - u_3{}^*) + \frac{A_2 A_3 (u_1{}^* - u_2{}^*)}{(1 + A_2)(1 + A_3)} + \frac{A_1 A_2 A_3 (u_0 - u_1{}^*)}{(1 + A_1)(1 + A_2)(1 + A_3)} \tag{5.108}$$

Durch Einsetzen der Ausdrücke (5.104) und (5.105) in Gl. (5.98) und anschließende Integration erhält man die mittlere Enthalpie am Ausgang aus der ersten Schicht:

$$\bar{I}_1 = (c_{Tg} + c_W u_1{}^*) \frac{t_{Tg,0} + K_{t1} \bar{\tau}_1 \bar{t}_1}{1 + K_{t1} \bar{\tau}_1} + c_W (u_0 - u_1{}^*) \times \frac{t_{Tg,0} + K_1 \bar{\tau}_1 t_{Tg,0} + K_{t1} \bar{\tau}_1 \bar{t}_1}{(1 + K_1 \bar{\tau}_1)(1 + K_1 \bar{\tau}_1 + K_{t1} \bar{\tau}_1)} \tag{5.109}$$

In gleicher Weise gewinnt man die mittlere Enthalpie am Austritt aus der zweiten Schicht:

$$\begin{aligned} \bar{I}_2 = {} & \frac{c_{Tg} + c_W u_2{}^*}{1 + K_{t2} \bar{\tau}_2} \left[\bar{t}_1 + K_{t2} \bar{\tau}_2 \bar{t}_2 - \frac{\bar{t}_1 - t_{Tg,0}}{1 + K_{t1} \bar{\tau}_1} \right] \\ & + \frac{c_W (u_1{}^* - u_2{}^*)}{1 + K_{t2} \bar{\tau}_2 + K_2 \bar{\tau}_2} \left[\frac{\bar{t}_1 + K_2 \bar{\tau}_2 \bar{t}_1 + K_{t2} \bar{\tau}_2 \bar{t}_2}{1 + K_2 \bar{\tau}_2} - \frac{\bar{t}_1 - t_{Tg,0}}{1 + K_{t1} \bar{\tau}_1} \right] \\ & + \frac{c_W (u_0 - u_1{}^*)}{1 + K_2 \bar{\tau}_2 + K_{t2} \bar{\tau}_2} \left[\frac{\bar{t}_1 + K_2 \bar{\tau}_2 \bar{t}_1 + K_{t2} \bar{\tau}_2 \bar{t}_2}{(1 + K_1 \bar{\tau}_1)(1 + K_2 \bar{\tau}_2)} - \frac{\bar{t}_1 - t_{Tg,0}}{1 + K_{t1} \bar{\tau}_1 + K_1 \bar{\tau}_1} \right] \end{aligned} \tag{5.110}$$

In den Gln. (5.104) bis (5.110) sind die Größen $u_1{}^*$, K_1 und K_{t1} von den Parametern der ersten Schicht $\bar{t}_1$ und $\bar{x}_1$ abhängig, während $u_2{}^*$, K_2 und K_{t2} Funktionen von $\bar{t}_2$ und $\bar{x}_2$ sind. Ein entsprechender Ausdruck für $\bar{I}_3$ läßt sich in gleicher Weise ableiten.

Die Gleichungen zur Bestimmung des mittleren Feuchtegehaltes und der mittleren Enthalpie des Trockengutes sind für jede beliebige Führung des Trockengut- und des Trockenmittelstromes gültig. Am einfachsten gestaltet sich die Verknüpfung zwischen den einzelnen Schichten bei der Kreuzstromtrocknung, da hier die Parameter des in jede Schicht eintretenden aufgewirbelten Trockengutes von der Arbeitsweise des Trockners unabhängig sind. Unterschiedlich für die folgenden Schichten sind lediglich die entsprechenden Gleichungen zur Bestimmung der Größen $\bar{u}$ und $\bar{I}$.

Der Programmablaufplan für ein Programm zur Berechnung eines dreistufigen Trockners mit Hilfe eines elektronischen Rechners wird in Abb. 5.27 angegeben. Ein Vergleich der berechneten Werte mit experimentellen, an einem dreistufigen Gegenstromtrockner aufgenommenen Daten erfolgt in der Abb. 5.28.

5.8. Entwässerung von Lösungen, Suspensionen und Pasten in der Wirbelschicht

Solche Stoffe werden in der Wirbelschicht oder auf ähnliche Weise (Sprudelschicht, Zirkulationsschicht) entwässert, wobei ein granuliertes oder ein pulverförmiges Produkt angestrebt wird.

Falls das trockene Gut als Granulat vorliegen soll, realisiert man den Trocknungsprozeß meist in der Wirbelschicht, wobei der Feststoff der Wirbelschicht ausschließlich

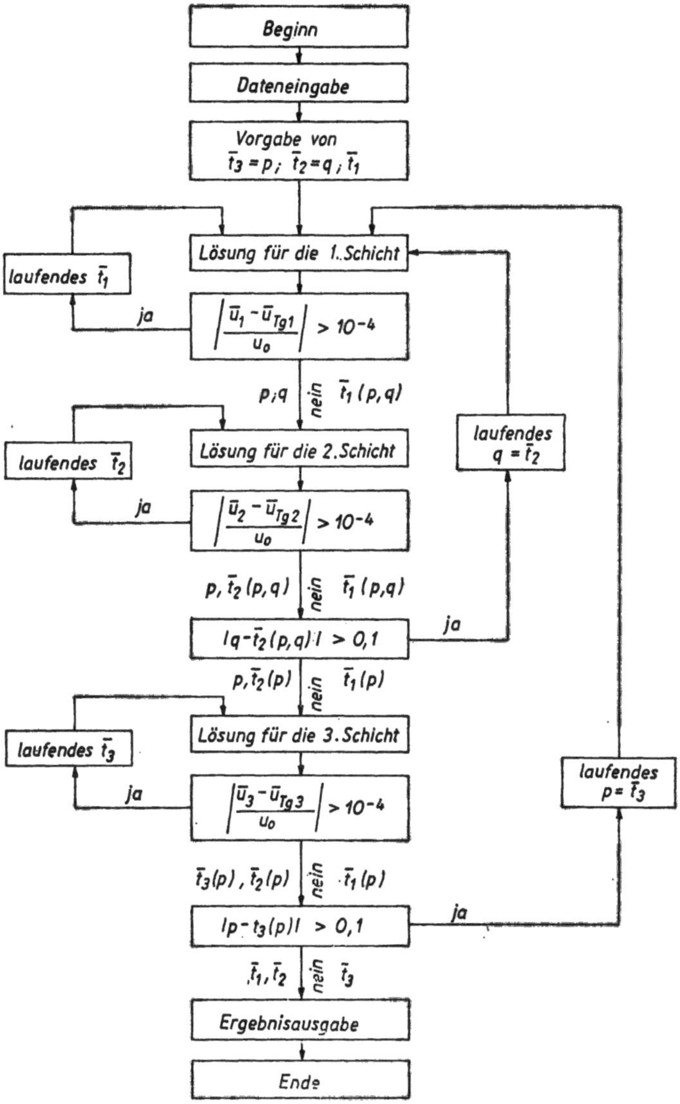

Abb. 5.27. Programmablaufplan zur Berechnung eines aus drei Sektionen bestehenden Apparates.

aus dem Trockengut besteht. Wird ein relativ feindisperses Produkt gewünscht oder handelt es sich um temperaturempfindliche und viskose Trockengüter (Gelatine, Gerbstoffe, Farbstoffe), so empfiehlt sich eine Trocknung zusammen mit einem Inertstoff (Sand, Fluorplastegranulat u. a.).

Im letztgenannten Fall verläuft der Trocknungsprozeß wesentlich gleichmäßiger, weil die Wirbelschicht überwiegend aus dem Inertstoff besteht, dessen Eigenschaften sich im Verlaufe des Trocknungsprozesses nicht ändern.

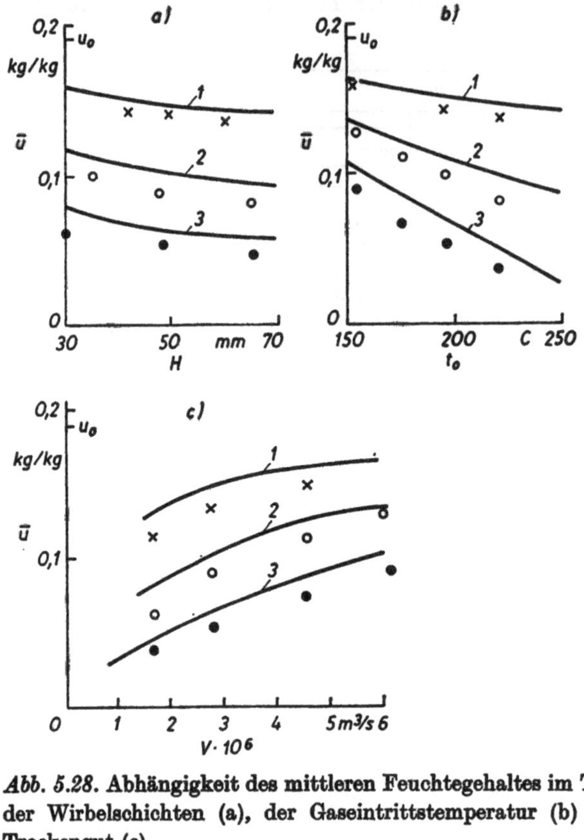

Abb. 5.28. Abhängigkeit des mittleren Feuchtegehaltes im Trockengut von der Höhe der Wirbelschichten (a), der Gaseintrittstemperatur (b) und dem Durchsatz an Trockengut (c).

1, 2, 3 – Numerierung der Schichten.

Bei der apparativen Gestaltung des Trocknungsprozesses ist vor allem auf eine intensive Vermischung der Teilchen in der Aufgabezone zu achten. In dieser Beziehung ist die Trocknung in der Zirkulationsschicht von Vorteil, da die Maßstabsübertragung bei derartigen Trocknern unproblematisch ist (s. Abschn. 5.9.). Sie besitzen deshalb eine gute Perspektive.

Entwässerung bei Anfall eines granulierten Produkts

Granulate lassen sich ohne Zusammenkleben lagern und sind wegen der geringen Staubentwicklung gut verarbeitbar. Handelt es sich bei dem Granulat um ein Zwischenprodukt und besitzt es gute Festigkeitseigenschaften, so läßt sich die anschließende technologische Weiterverarbeitung in der Wirbelschicht durchführen (Rösten, Schmelzen usw.).

Mathematische Beschreibung

Bei der mathematischen Beschreibung eines solchen Prozesses ist zu berücksichtigen, daß die sich in der Wirbelschicht befindlichen Teilchen ständig ihre Größe ändern und sich mit verschiedenen Geschwindigkeiten in einem veränderlichen Temperaturfeld bewegen. Am Verteilergitter kommen sie mit dem heißen Gasstrahl in Berührung, gelangen unter leichter Abkühlung in die oberen Regionen der Schicht, wo sie mit relativ kalter Lösung benetzt werden. Die stetige Anlagerung von Feststoff auf der Teilchenoberfläche führt zu mehreren derartigen Zyklen bei gleichzeitiger intensiver Vermischung. Die Bedingungen für jedes einzelne Teilchen in der Schicht lassen sich somit als einheitlich annehmen, wodurch man bei der mathematischen Beschreibung eine mittlere Wachstumsgeschwindigkeit der Granulatteilchen einführen kann.

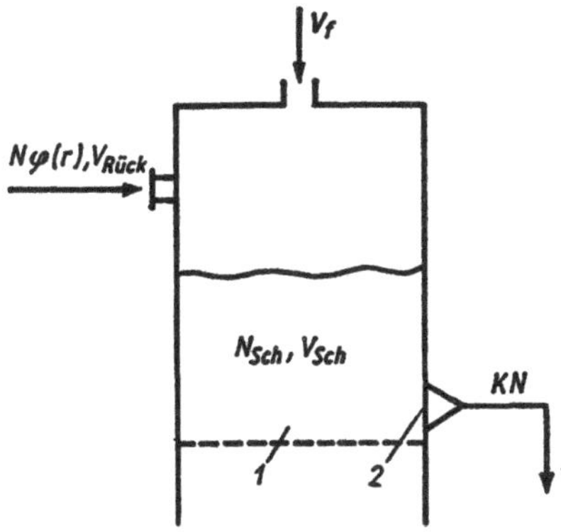

Abb. 5.29. Schematische Darstellung der Stoffströme bei der Entwässerung von Lösungen in der Wirbelschicht.
1 – Wirbelschichtapparat; *2* – Dosator.

Neben dem Wachstum der Granulatkörner laufen in der Schicht Prozesse ab, die zu einer Änderung der Teilchenanzahl in der Schicht führen: Eine Agglomeration infolge Zusammenklebens und der Bruch von Teilchen infolge zu großer Wärmespannungen (bei unporösen Stoffen). In manchen Fällen kann der Bruch von Teilchen auch durch die starke Ausdehnung des in ihnen enthaltenen Dampfes (bei porösen Stoffen) verursacht werden.

Zur Realisierung eines kontinuierlichen Prozesses wird ein Teil der Granulatkörner als Endprodukt aus der Schicht abgezogen. Dieser Anteil wird durch Einblasen speziell zerkleinerten Gutes oder auch durch Rückführung der feinen Fraktionen des abgezogenen Produkts kompensiert. In einigen Fällen bildet sich auch in der Schicht eine ausreichende Menge feiner Teilchen, so daß sich der Prozeß stabilisiert. Der Prozeß ist stabil, wenn die Teilchenanzahl, die Verteilung des Granulats nach dem Durchmesser und die Gesamtmasse der festen Phase in der Wirbelschicht konstant sind. Das mathematische Prozeßmodell muß demzufolge die Verteilungsfunktion der Granulatteilchen nach ihrem Durchmesser enthalten und außerdem solche Faktoren berücksichtigen, die die Stabilität des Prozesses bestimmen, da industrielle Trockner dieser Art nur im stabilen

Bereich arbeiten können. Das prinzipielle Schema eines Entwässerungsprozesses mit nichtselektiven Produktaustrag geht aus der Abb. 5.29 hervor. In [22] wird zur Berechnung der Verteilungskurven nach dem Teilchendurchmesser von einer Bilanz der Teilchenanzahl ausgegangen, wobei äußere (Rückführung, Produktaustrag) und innere (Bruch, Abrieb) Quellen berücksichtigt werden. Die Gleichung hat folgende Form:

$$\frac{\partial \varrho(r, \tau)}{\partial \tau} + \frac{\partial}{\partial r}(\Lambda \varrho) = -K\varrho(r, \tau) + N\varphi(r) \tag{5.111}$$

Der erste Term der linken Gleichungsseite von (5.111) berücksichtigt die zeitliche Änderung der Teilchenanzahl, der zweite — die infolge ihres Wachstums. Das erste Glied der rechten Gleichungsseite beschreibt die durch den Produktaustritt hervorgerufene Änderung der Teilchenanzahl, während der letzte Term die durch Rückführung bedingte Änderung der Teilchenanzahl angibt. In dieser Gleichung bedeuten:

$\varrho(r, \tau)$	— Verteilungsdichte der Teilchen nach ihrem Radius
$\Lambda = \frac{\partial r}{\partial \tau}$	— lineare Wachstumsgeschwindigkeit der Granulatteilchen (häufig wird sie als von r unabhängig angenommen, die Wachstumskinetik ist dann von nullter Ordnung)
$K = N/N_{Sch}$	— Koeffizient
N	— auf die Zeit bezogene Anzahl der abgezogenen Teilchen
N_{Sch}	— Gesamtzahl der Teilchen in der Schicht

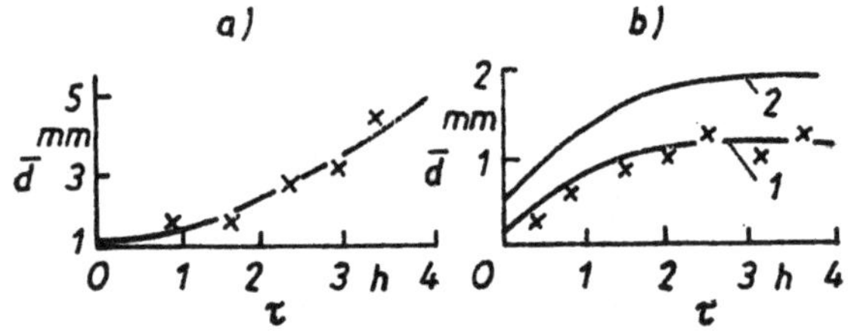

Abb. 5.30. Zeitliche Abhängigkeit des mittleren Granulatdurchmessers in der Schicht.
a) bei Überwiegen des Wachstums bereits vorhandener Granulatteilchen
b) bei Stabilisierung des Bildungsprozesses der Granulatteilchen und ihres Wachstums
1 — Laboranlage; *2* — Industrieanlage.

Für den stationären Prozeßzustand wird $\partial \varrho(r, \tau)/\partial \tau = 0$. In diesem Falle wird bei kontinuierlichem Abzug von Produkt eine konstante Teilchenanzahl durch äußere oder innere Quellen gewährleistet.

Abb. 5.30 zeigt das zeitliche Wachstum des mittleren Teilchendurchmessers $\bar{d}$ in der Schicht, beginnend bei einem bestimmten Anfangsdurchmesser $\bar{d}_0$: Die Kurve *a* gilt für die Entwässerung von Harnstoff- und Nitrophoskalösungen. Hier vollzieht sich keine Bildung von Granulationszentren bzw. ist sie unzureichend, so daß $\bar{d}$ kontinuierlich wächst. Der stabile Zustand kann nur durch eine Rückführung erreicht werden. Bei den Kurven *b* (Ammonsalpeter, Natronlauge, Natriumchlorid) wird der stationäre Zustand erreicht. Die Anzahl der als Endprodukt abgezogenen Teilchen wird durch die Bildung neuer infolge Bruchs kompensiert [23, 24].

Das auf die Zeit bezogene Volumen V_f an fester Phase, das mit der Lösung in den Apparat gegeben wird und sich an den Granulatteilchen niederschlägt, beträgt:

$$V_f = \int_0^\infty \Lambda(\tau) \cdot 4\pi r^2 \varrho(r, \tau)\, dr \tag{5.112}$$

Die Konstanz des Teilchenvolumens in der Schicht wird durch folgende Beziehung dargestellt:

$$V_{Sch} = \int_0^\infty \frac{4}{3} \pi r^3 \varrho(r, \tau)\, dr = \text{const} \tag{5.113}$$

Aus den Gln. (5.111) bis (5.113) lassen sich die unbekannten Größen $\varrho(r, \tau)$, $\Lambda(\tau)$ und K für stationäre und instationäre Prozesse bei gegebener Zufuhr an fester Phase V_f durch die Lösung, bekannter Rückführung $N\varphi(r)$ und gegebenem Schichtvolumen V_{Sch} bestimmen. Voraussetzung ist, daß die der Schicht zugeführte Wärmemenge zur Verdampfung der mit der Lösung eingebrachten Feuchtemenge ausreichend ist. Für $r = 0$ ist $\varrho(r = 0, \tau) = 0$, während für $r \to \infty$ $\varrho(r, \tau)$, $r\varrho(r, \tau)$, $r^2\varrho(r, \tau)$ und $r^3\varrho(r, \tau)$ hinreichend schnell gegen Null streben, da Teilchen mit dem Nulldurchmesser und mit unendlich großem Durchmesser nicht vorhanden sind, ungeachtet dessen, daß die Integration formal in den Grenzen von 0 bis ∞ erfolgt. Das abgeleitete Gleichungssystem ist sowohl auf instationäre, als auch auf stationäre Prozesse mit Rückführung anwendbar.

a) Instationärer Prozeß mit Rückführung

Aus dem Gleichungssystem (5.111) bis (5.113) lassen sich einige Schlußfolgerungen ziehen [22]:

1. Es gilt

$$K = \frac{V_f + V_{\text{Rück}}}{V_{Sch}} = \text{const} \tag{5.114}$$

d. h. die Geschwindigkeitskonstante K für die Austragung ist bei vorgegebenen Stoffströmen konstant. Für $V_{Sch} = \text{const}$ wird

$$V_f + V_{\text{Rück}} = V_{\text{Austr}} \tag{5.115}$$

Die Größe

$$\frac{V_{Sch}}{V_f + V_{\text{Rück}}} = \frac{V_{Sch}}{V_{\text{Austr}}} = \frac{1}{K} = \bar{\tau} \tag{5.116}$$

stellt somit die mittlere Verweilzeit der festen Phase im Trockner dar.

2. Die zeitliche Änderung der Teilchenanzahl beträgt

$$\frac{dN}{d\tau} = -KN_{Sch} + N \tag{5.117}$$

3. Für das erste Moment der Verteilungsfunktion $M_1 = \int_0^\infty r\varrho(r, \tau)\,dr$ gilt die Differentialgleichung

$$\frac{dM_1}{d\tau} = -KM_1 + \Lambda N_{Sch} + N\bar{r}_{\text{Rück}} \tag{5.118}$$

$\bar{r}_{\text{Rück}} = \int_0^\infty r\varphi(r)\,dr = \text{const}$ – mittlerer Teilchenradius in der Rückführung

Der mittlere Teilchenradius in der Wirbelschicht beträgt

$$\bar{r}(\tau) = \frac{1}{N_{Sch}} \int_0^\infty r\varrho(r, \tau)\,dr = \frac{M_1}{N_{Sch}} \tag{5.119}$$

(bei Normierung der Verteilungsfunktion $\varrho(r, \tau)$ auf die Gesamtanzahl der Teilchen).

Unter Hinzuziehung der Ausdrücke (5.117) und (5.119) läßt sich die Gl. (5.118) folgendermaßen umformen (für $K = N/N_{Sch}$ und $dN/d\tau = 0$):

$$\frac{d\bar{r}}{d\tau} = \Lambda - \frac{N}{N_{Sch}} (\bar{r} - \bar{r}_{\text{Rück}}) \tag{5.120}$$

Wie die Gl. (5.120) ausweist, ist die Änderungsgeschwindigkeit für den mittleren Radius der Granulatteilchen $d\bar{r}/d\tau$ im allgemeinen Fall nicht gleich der Änderungsgeschwindigkeit für den Radius jedes einzelnen Teilchens.

4. Für die lineare Wachstumsgeschwindigkeit der Granulatkörner gilt

$$\frac{d\Lambda}{d\tau} = K\Lambda - \frac{N \cdot 4\pi(\bar{r}_{\text{Rück}})^2}{V_f} \Lambda^2 - \frac{8\pi}{V_f} N_{Sch}\bar{r}\Lambda^3 \tag{5.121}$$

$\bar{r}_{\text{Rück}} = \int_0^\infty r^2\varphi(r)\,dr = \text{const}$ – mittlerer quadratischer Radius der durch die Rückführung eingebrachten Teilchen.

Anhand der Differentialgleichungen (5.117), (5.120) und (5.121) läßt sich die zeitliche Änderung der Teilchenanzahl N_{Sch}, ihres mittleren Halbmessers $\bar{r}$ und der linearen Wachstumsgeschwindigkeit Λ ohne Hinzuziehung der Verteilungsfunktion $\varrho(r, \tau)$ bestimmen.

b) Stationärer Prozeß mit Rückführung

Gl. (5.111) nimmt für eine stationäre Verteilungsfunktion $\varrho_*(r)$ folgende Form an:

$$\Lambda_* \frac{d\varrho_*(r)}{dr} = -K\varrho_*(r) + N\varphi(r) \tag{5.122}$$

Die Gesamtanzahl der Teilchen in der Schicht beträgt

$$N^*_{Sch} = \int_0^\infty \varrho_*(r)\,dr = \frac{N}{K} = N\bar{\tau} = \frac{NV_{Sch}}{V_f + V_{\text{Rück}}} \tag{5.123}$$

In dieser Gleichung stellt $\bar{\tau}$ die mittlere Verweilzeit der über die Rückführung in den Apparat gelangenden Teilchen dar.

Der mittlere Teilchenradius in der Schicht ergibt sich aus Gl. (5.120) für $d\bar{r}/d\tau = 0$:

$$\bar{r}_* + \bar{r}_{\text{Rück}} + \Lambda_* \frac{N}{N^*} \bar{r}_{\text{Rück}} + \frac{\Lambda_*}{K} = \bar{r}_{\text{Rück}} + \Lambda_* \bar{\tau} \tag{5.124}$$

Aus dieser Gleichung folgt, daß der mittlere Teilchenhalbmesser $\bar{r}_*$ am Apparateausgang um das Produkt von mittlerer Verweilzeit im Apparat $\bar{\tau}$ und der linearen Wachstumsgeschwindigkeit Λ_* größer ist als der mittlere Teilchenradius $\bar{r}_{\text{Rück}}$ in der Rückführung. Dieses Produkt $\Lambda_*\bar{\tau}$ stellt somit den mittleren Zuwachs der Teilchen dar.

Aus der Beziehung (5.122) für $d\Lambda/d\tau = 0$ sowie den Gln. (5.123) und (5.124) läßt sich ein Ausdruck zur Ermittlung der linearen Wachstumsgeschwindigkeit Λ_* der Granulatteilchen unter stationären Bedingungen ableiten:

$$\Lambda_* \left[K - \frac{N \cdot 4\pi \bar{r}^2_{\text{Rück}}}{V_f} \Lambda_* - \frac{8\pi N}{V_f K} \left(\bar{r}_{\text{Rück}} + \frac{\Lambda_*}{K} \right) \Lambda_*^2 \right] = 0 \tag{5.125}$$

Die Verteilungsdichte der Granulatkörner nach ihrem Radius ist durch folgende Gleichung gegeben:

$$\varrho_* = \frac{K}{\Lambda_*} \exp\left(-\frac{Kr}{\Lambda_*}\right) \int_0^r \varphi(r_{\text{Rück}}) \exp\left(-\frac{K}{\Lambda_*} r_{\text{Rück}}\right) dr_{\text{Rück}} \tag{5.126}$$

Aus dieser Gleichung geht hervor, daß die fraktionelle Zusammensetzung des Granulats in der Schicht von der Form der Verteilungsfunktion in der Rückführung $\varphi(r_{\text{Rück}})$ und von den Prozeßparametern abhängig ist, die Einfluß auf den Exponenten K/Λ_* besitzen.

Zur Erzielung eines möglichst monodispersen Produkts wird bei der Entwässerung von Lösungen das den Apparat verlassende Granulat durch einen Separator gegeben [23]. Abb. 5.31 zeigt die prinzipielle Wirkungsweise einer solchen Vorrichtung.

In die aus granuliertem Produkt bestehende Wirbelschicht wird die zu entwässernde Lösung mit einer Feststoffmenge V_f kontinuierlich eingespeist. Die Produktentnahme erfolgt über eine Dosiervorrichtung, die einen Teilstrom zum Separator passieren läßt, wo die groben Granulatkörner ($r > r_{Gr}$) abgetrennt und aus dem System ausgeschleust werden (N_2), während die feinen Anteile dem Apparat wieder zugeführt werden.

Zur Aufrechterhaltung eines stabilen Prozeßregimes wird dem Apparat über die Rückführung eine bestimmte Menge feiner Teilchen N mit einer Zusammensetzung $\varphi(r_{\text{Rück}})$ zugeleitet. Erleichternd gilt die Annahme, daß sich infolge Bruches oder Abriebs keine neuen Granulationszentren bilden; ebenso soll die Agglomeration von Teilchen ausgeschlossen werden.

Das Gleichungssystem zur Beschreibung der Verteilungsfunktion $\varrho(r, \tau)$ für einen instationären Prozeß mit Rückführung unter Berücksichtigung des Teilchenwachstums auf Grund des mit der Lösung eingebrachten Feststoffes V_f und des Produktaustrittes lautet bei idealer Arbeitsweise des Separators

$$\frac{\partial \varrho}{\partial \tau} + \Lambda(\tau) \frac{\partial \varrho(r, \tau)}{\partial r} = -K\theta(r - r_{Gr})\, \varrho(r, \tau) + N\varphi(r) \tag{5.127}$$

$$V_f = 4\pi\Lambda(\tau) \int_0^\infty r^2 \varrho(r, \tau)\, dr \tag{5.128}$$

mit

$$\theta(r - r_{Gr}) = \begin{cases} 0 \text{ für } r < r_{Gr} \\ 1 \text{ für } r \geqq r_{Gr} \end{cases} \tag{5.129}$$

$\Lambda(\tau)$ — lineare Wachstumsgeschwindigkeit des Granulats in der Schicht (die Wachstumsgeschwindigkeit wird mit nullter Ordnung, also unabhängig von der Teilchengröße, angenommen: $\partial\Lambda(r, \tau)/\partial r = 0$).

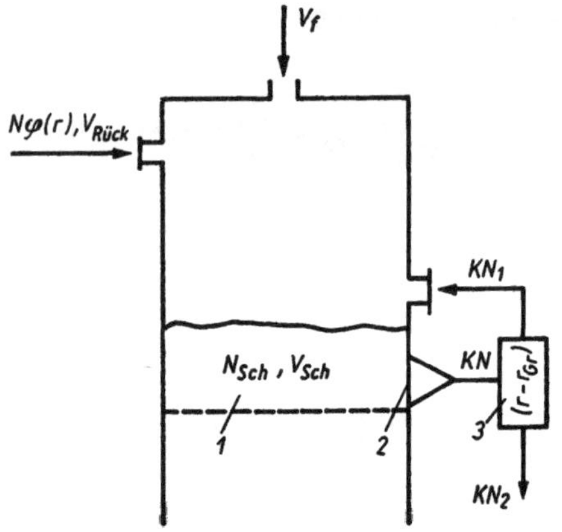

Abb. 5.31. Schematische Darstellung der Stoffströme bei der Entwässerung von Lösungen in der Wirbelschicht bei selektivem Produktaustritt.

1 — Wirbelschichtapparat; *2* — Dosator; *3* — Separator.

Für $\varphi(r)$ werden folgende Annahmen gemacht: $\varphi(0) = 0$ und $\varphi(r \to \infty) \to 0$. Die Verteilung $\varphi(r)$ ist auf Eins normiert:

$$\int_0^\infty \varphi(r) dr = 1$$

$$\frac{4}{3}\pi N \int_0^\infty r^3 \varphi(r)\, dr = V_{\text{Rück}} < +\infty \tag{5.130}$$

Der vom Dosator zum Separator abgezweigte Stoffstrom soll dem Feststoffvolumen im Apparat proportional sein:

$$V_{\text{Dos}} = K V_{Sch}(\tau) \tag{5.131}$$

Für einen vorgegebenen Wert von K lassen sich mit Hilfe des Gleichungssystems (5.127) und (5.128) $\varrho(r, \tau)$ und $\Lambda(\tau)$ für instationäre Prozesse mit selektivem Austrag von Granulatkörnern vorgegebener Größe ermitteln, wenn die Größen V_f, N, $\varphi(r)$, K und r_{Gr} bekannt sind und die Anfangsbedingung

$$\varrho(r, 0) = \varrho_0(r) \tag{5.132}$$

erfüllt wird.

Bei stationärer Prozeßführung hat die Bilanzgleichung für die Anzahl der Granulatkörner folgende Form:

$$\Lambda_* \frac{d\varrho_*(r)}{dr} = -K\theta(r - r_{Gr})\,\varrho_*(r) + N\varphi(r) \tag{5.133}$$

Die allgemeine Lösung dieser Gleichung lautet für die Randbedingung $\varrho_*(0) = 0$.

$$\varrho_*(r) = \frac{N}{\Lambda_*} \int\limits_0^r \exp\left[-\frac{K}{\Lambda_*} \int\limits_{r'}^r \theta(r'' - r_{Gr})\,dr''\right] \varphi(r')\,dr' \tag{5.134}$$

Durch Integration der Funktion $\varrho_*(r)$ in den Grenzen von 0 bis r_{Gr} und von r_{Gr} bis ∞ lassen sich die Anzahl N_1 der in den Apparat zurückgeführten Teilchen, deren mittlerer Halbmesser $\bar{r}_1$ und deren Volumen V (für $r < r_{Gr}$) sowie die Anzahl N_2 der den Apparat verlassenden Teilchen, deren Volumen V_2 und $\bar{r}_2$ (für $r \geqq r_{Gr}$) bestimmen. Aus diesen Größen lassen sich die Gesamtanzahl der Teilchen im Apparat N_{Sch}, ihr mittlerer Durchmesser $\bar{r}$ und das Feststoffvolumen der Schicht V_{Sch} berechnen. In [22] wird nachgewiesen, daß der stationäre Prozeßzustand nur bei Einhaltung folgender Ungleichung aufrecht erhalten werden kann:

$$V_f + \frac{4}{3}\pi N p_3 > \frac{4}{3}\pi N r_{Gr}^3 p_0 \tag{5.135}$$

Diese Ungleichung sagt aus, daß die mit der Lösung und über die Rückführung in den Apparat gelangenden Feststoffmengen hinreichend groß sein müssen, um ein Wachstum aller rückgeführten Teilchen über den Grenzradius r_{Gr} zu gewährleisten.

Für kleine Werte Λ_* läßt sich folgende Näherungsgleichung zur Ermittlung von Λ_* benutzen:

$$\Lambda_* \approx K\left[\frac{V_f - \frac{4}{3}\pi N(r_{Gr}^3 p_0 - p_3)}{4\pi N(r_{Gr}^2 p_0 + q_2)}\right] \tag{5.136}$$

Nach den für die Arbeitsweise des Dosators gemachten Annahmen — s. Gl. (5.131) — beträgt die Anzahl $N_{Gr}(\tau)$ der das System verlassenden Teilchen $KN_2(\tau)$, während ihr Volumen gleich dem Durchsatz des Granulators ist: $V_{Gr}(\tau) = KN_2(\tau)$. Für den stationären Prozeß gilt:

$$N_{Gr*} = KN_2 = N \tag{5.137}$$

$$V_{Gr*} = KV_2 = V_f + \frac{4}{3}\pi N(p_3 + q_3) = V_f + V_{\text{Rück}} \tag{5.138}$$

Unter Berücksichtigung der Beziehung

$$N_{Sch} = N_1 + N_2 = \int\limits_0^{r_{Gr}} \varrho_*(r)\,dr + \int\limits_{r_{Gr}}^{\infty} \varrho_*(r)\,dr = \frac{N}{\Lambda_*}(r_{Gr}p_0 - p_1) + \frac{N}{K}$$

erhält man für die mittlere Verweilzeit der rückgeführten Teilchen im System

$$\bar{\tau}_0 = \frac{N_*}{N} = \frac{[r_{Gr} - (p_1/p_0)]\, p_0}{\Lambda_*} + \frac{1}{K} = \bar{\tau}_1 p_0 + \bar{\tau}_2 \qquad (5.139)$$

$\bar{\tau}_1$ – mittlere Verweilzeit der Teilchen mit einem Radius $r < r_{Gr}$ bis zum Erreichen des Grenzwertes r_{Gr}

$\bar{\tau}_2$ – mittlere Verweilzeit von Teilchen mit einem Halbmesser $r \geqq r_{Gr}$

p_i, q_i $(i = 0, 1, 2, \ldots)$ – Momente der Verteilungsfunktion für das Granulat in der Rückführung

Es sollen nun die Bedingungen zur Gewinnung eines möglichst monodispersen Granulats untersucht werden. Dabei wird ebenfalls eine ideale Arbeitsweise des Separators vorausgesetzt, so daß sich in der Rückführung keine Teilchen mit einem über r_{Gr} liegenden Radius befinden $[\varphi(r) = 0$ für $r > r_{Gr}]$. Die Verteilungsfunktion $\varrho_*(r)$ für $r \geqq r_{Gr}$ der das System verlassenden Teilchen wird auf Eins normiert

$$\varrho_*(r) = \frac{K}{\Lambda_*} \exp\left[-\frac{K}{\Lambda_*}(r - r_{Gr})\right] \qquad (5.140)$$

Für den mittleren Radius der aus dem System ausgeschleusten Teilchen erhält man

$$\bar{r}_2 = \frac{\Lambda_*}{K} + r_{Gr} \qquad (5.141)$$

Für die Dispersion der Verteilung $\varrho_*(r)$ gilt:

$$\sigma_2 = \bar{r}_2^{\,2} - r_{Gr}^2 = (\Lambda_*/K)^2 \qquad (5.142)$$

Aus den Beziehungen (5.141) und (5.142) folgt, daß für $(\Lambda_*/K) \to 0$ gilt: $\bar{r}_2 > r_{Gr}$ und $\sigma_2 \to 0$. Zur Gewinnung eines möglichst monodispersen Produkts muß folglich die Größe Λ_*/K einen kleinen Wert annehmen. Sie wird aus Gl. (5.136) bei vorgegebenen Stoffströmen für die Lösung V_f und die Rückführung $N\varphi(r)$ und einem vorgegebenen Wert für r_{Gr} ermittelt. Für kleine Werte Λ_*/K erhält man nach Gl. (5.136) folgenden Näherungswert:

$$\frac{\Lambda_*}{K} \approx \frac{V_f - \frac{4}{3}\pi N(r_{Gr}^3 - \bar{r}_{\text{Rück}}^3)}{4\pi N r_{Gr}} \qquad (5.143)$$

$\bar{r}_{\text{Rück}}^3$ – kubischer Mittelwert des Teilchenradius in der Rückführung

Aus der Gl. (5.143) lassen sich die Bedingungen ablesen, die zu einem monodispersen Endprodukt führen: Die Anzahl N der rückgeführten Teilchen vorgegebener Verteilung $\varphi(r)$ muß möglichst große Werte annehmen. Dabei nimmt der durch den Dosator gehende Stoffstrom erheblich zu. Um ein konstantes Schichtvolumen im Apparat aufrecht zu erhalten, muß die Häufigkeit des Stoffdurchgangs durch den Separator erhöht werden. Zu ähnlichen Rückschlüssen gelangte man auch in den Arbeiten [23, 24], in denen allerdings im Unterschied zu dem hier angeführten Beispiel eine Wachstumskinetik erster Ordnung angenommen wurde (d. h. die sich an einem Granulatteilchen niederschlagende Feststoffmenge ist dem Volumen des Teilchens proportional). Durch Einführen einer differentiellen Verteilungsfunktion nach dem Volumen der rückgeführten Granulatteilchen $U_{\text{Rück}}(v_{\text{Rück}})$ ergab sich folgende Gleichung für deren Verteilung $U(v)$ am Apparateausgang:

$$U(v) = \frac{G_{\text{Rück}}}{G_f} \int\limits_{v_{\text{Rück,min}}}^{v_{\text{Rück,max}}} \frac{v_{\text{Rück}}}{v^{1+(G_{\text{Rück}}/G_f)}} U_{\text{Rück}}(v_{\text{Rück}})\, dv_{\text{Rück}} \tag{5.144}$$

Für den Sonderfall, daß monodisperses Gut mit einem Teilchenvolumen v_0 zurückgeführt wird, nimmt diese Gleichung folgende Form an:

$$U(v) = \frac{G_{\text{Rück}}}{G_f} \frac{v_0^{G_{\text{Rück}}/G_f}}{v^{G_{\text{Rück}}/G_f}} \tag{5.145}$$

Bei einer Sichtung des Gutes am Apparateausgang und Rückführung aller Teilchen, deren Volumen $v \leqq v_{Gr}$ ist, erhält man unter Vernachlässigung von Zerstörungs- und Abriebeffekten für die Verteilung am Apparateausgang

$$U_{\text{Ausg}}(v) = \omega \frac{v^{\omega}}{v^{1+\omega}} \tag{5.146}$$

$$\omega = \frac{1}{\left(\frac{G_f}{G_{\text{Rück}}} - 1\right) \frac{v_{\text{Rück,äq}}}{v_{Gr}} - 1} \tag{5.147}$$

$$\frac{1}{v_{\text{Rück,äq}}} = \int\limits_{v_{\text{Rück,min}}}^{v_{\text{Rück,max}}} \frac{U_{\text{Rück}}(v_{\text{Rück}})}{v_{\text{Rück}}} dv_{\text{Rück}} \tag{5.148}$$

$v_{\text{Rück,äq}}$ – äquivalentes Volumen der über die Rückführung in den Apparat gelangenden Granulatteilchen.

Aus der Stoffbilanzgleichung ergibt sich folgende Beziehung:

$$\frac{G_{\text{Sep}}}{G_f + G_{\text{Rück}}} = \frac{1}{\frac{G_f}{G_{\text{Rück}}} \frac{v_{\text{Rück,äq}}}{v_{Gr}} - 1} \tag{5.149}$$

$K_{\text{Sep}} = \frac{G_{\text{Dos}}}{G_f + G_{\text{Rück}}}$ – Separationskoeffizient

$G_{\text{Dos}}, G_{\text{Sep}}, G_f, G_{\text{Rück}}$ – Durchsätze im Dosator, im Separator, am Apparateeingang und in der äußeren Rückführung.

In der Abb. 5.32 wird die Abhängigkeit der Größe $\frac{G_{\text{Dos}}}{G_f + G_{\text{Rück}}}$ vom Parameter $v_{Gr}/v_{\text{Rück,äq}}$ für verschiedene Werte von $G_f/G_{\text{Rück}}$ dargestellt. Die angegebenen Kurvenzüge wurden nach der Gl. (5.149) berechnet. Wie der Abbildung zu entnehmen ist, wächst bei einer Annäherung von v_{Gr} an den Wert $v_{Gr,\max}$ (ihm entsprechen die unterbrochenen Geraden) der Durchsatz am Separator. Bei einer Sichtung des austretenden Gutes und Rückführung der feinen Fraktionen kann der äußere Rückführungsstrom wesentlich verringert werden. Unter bestimmten Bedingungen kann bereits nur durch die innere Rückführung (d. h. der aus dem Separator kommenden feinen Fraktionen) der stabile Prozeßzustand erreicht werden.

Experimentelle Untersuchungen

In der Gleichung zur Beschreibung des stationären Prozesses mit Rückführung und ohne Sichtung des austretenden Gutes treten zwei Konstanten auf, nämlich Λ und K, wobei K in der Regel vorgegeben wird.

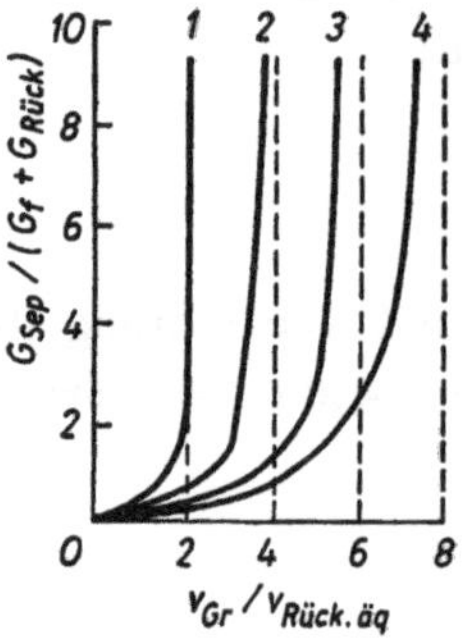

Abb. 5.32. Rechnerisch ermittelte Abhängigkeit des relativen Massendurchsatzes durch den äußeren Separator von der Größe $v_{Gr}/v_{\text{Rück,äq}}$.
Die Ziffern an den Kurven geben den Wert von $G_f/G_{\text{Rück}}$ an.

Durch Vorgabe der Rückführung läßt sich die Wachstumsgeschwindigkeit der Granulatteilchen an Hand experimentell gewonnener Verteilungskurven $\varrho(r)$ der Teilchen in der Wirbelschicht ermitteln. Dazu ist die Lösung der Gl. (5.122) bezüglich $\varrho\Lambda$ erforderlich. Sie lautet in allgemeiner Form [22]:

$$\varrho\Lambda = (\varrho\Lambda)_{r_0} + \int_{r_0}^{r} \Phi(\xi)\,d\xi - K\int_{r_0}^{r} \varrho(\xi)\,d\xi \tag{5.150}$$

Aus dieser Lösungsgleichung läßt sich Λ in expliziter Form als Funktion von r angeben. Drückt man die Quellenfunktion (äußere Rückführung) $\Phi(r)$ durch die spezifische Teilchenzuführung N und die Verteilungsdichte $\varphi(r)$ in der Rückführung

$$\Phi(r) = N\varphi(r) \tag{5.151}$$

aus und nimmt den Teilchenstrom $(\varrho\Lambda)_{r_0}$ zu Beginn der Betrachtungen mit $(\varrho\Lambda)_{r_0} = 0$ an, so erhält man für $\Lambda(r)$

$$\Lambda(r) = \frac{1}{\varrho(r)} \int_{r_0}^{r} [N\varphi(\xi) - K\varrho(\xi)]\,d\xi \tag{5.152}$$

$\varphi(\xi)$ und $\varrho(\xi)$ — experimentell gewonnene Verteilungen der Granulatkörner nach ihrem Radius.

Durch Einsetzen der experimentell gefundenen $\varrho(r)$, $\varphi(r)$ und N in die Gl. (5.152) läßt sich die Wachstumskinetik für Teilchen mit einem beliebig vorgegebenen Durchmesser ermitteln.

Die Anwendung der Gl. (5.152) ist mit der Erfüllung einer Reihe von Bedingungen verbunden: Da die entnommenen Proben repräsentativ für die fraktionelle Zusammensetzung in der Schicht sein sollen, lassen sich die Versuche nur an einer größeren Anlage vornehmen (um durch die Probenahme nicht die Prozeßbedingungen zu ändern); ferner muß der Prozeß im stationären Zustand betrieben werden. Außerdem ist die Kenntnis der Form der Quellenfunktion für die Bildung der Granulationszentren erforderlich.

Zur Klärung des bei der Bildung neuer Zentren für einen rückführungsfreien Prozeß gültigen Mechanismus wurden die experimentell ermittelten Verteilungskurven $\varrho(r)$ mit Hilfe statistischer Methoden ausgewertet [22].

Die an Anlagen verschiedener Größe (auch an Industrieanlagen) aufgenommenen Verteilungskurven werden in Abb. 5.33 gezeigt. Aus diesen Abbildungen geht hervor, daß eine Verteilungskurve mit zwei Maxima typisch ist, und zwar unabhängig von der Art der Lösungseinspritzung (oberhalb, seitlich oder unterhalb der Schicht) und der Konstruktion der verwendeten Düse.

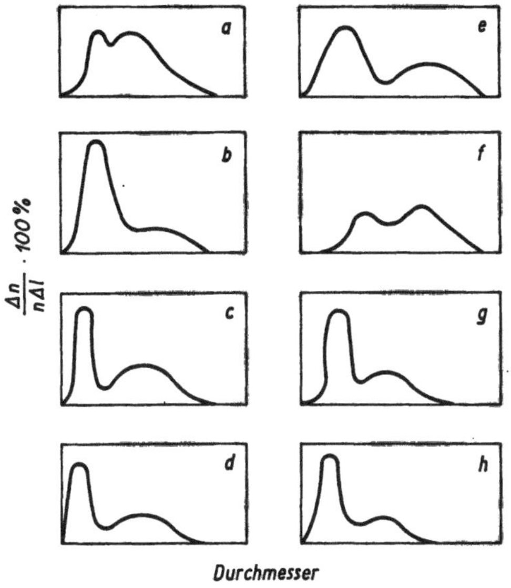

Abb. 5.33. a—h. Typische Formen von Verteilungskurven [22].

Die zwei Maxima charakterisieren das dynamische Gleichgewicht des Systems, in dem die Prozesse des Teilchenwachstums und der Zerstörung von Teilchen ablaufen. Das Maximum im Bereich feiner Fraktionen deutet auf eine Quelle neuer Granulationszentren im System der inneren Rückführung hin, die ihre Ursache in der Zertrümmerung relativ grober Teilchen hat. Ist bei einem kontinuierlich geführten Prozeß die Anzahl der sich so bildenden feinen Teilchen zu gering, um die Anzahl der das System verlassenden Teilchen zu kompensieren, so wird das dynamische Gleichgewicht des Systems gestört. Zur Stabilisierung des Prozesses ist entweder eine äußere Rückführung erforderlich oder man ist gezwungen, die Prozeßparameter derart zu ändern, daß das dynamische Gleichgewicht des Systems wieder hergestellt wird.

Granulationsprozesse ohne Rückführung werden in der Industrie am häufigsten angewendet. Sie erfordern jedoch die Wahl eines bestimmten technologischen Regimes zur Gewährleistung des stationären Betriebszustandes der Anlage. Zur Untersuchung der Gesetzmäßigkeiten bei der Granulatbildung eines rückführungsfreien Prozesses läßt sich von der Kontinuitätsgleichung mit Quellen und Senken ausgehen, die die Gesetzmäßigkeiten und den Mechanismus des Prozesses berücksichtigen [22]:

$$\frac{\partial \varrho}{\partial \tau} + \frac{\partial(\Lambda \varrho)}{\partial r} = \psi(r, \varrho) - K\varrho \qquad (5.153)$$

Im Gegensatz zur Gl. (5.111) für einen Prozeß mit Rückführung, in der sich die Quelle $\varphi(r)$ vorgeben ließ, ist das bei $\psi(r, \varrho)$ nicht möglich. Diese Quelle ist von den Prozeßparametern und vom Mechanismus der Bildung neuer Granulationszentren abhängig. Untersuchungen ergaben, daß die Bildung neuer Granulationszentren auf der Zerstörung grober Granulatteilchen beruht, die entweder durch Wärmespannungen (unporöses Trockengut) [22, 26] oder durch Überdruck des sich in den Poren bildenden Dampfes hervorgerufen wird.

Zur Ableitung einer Gleichung für die Quellenfunktion werden folgende Begriffe eingeführt: $(\Lambda/K) = r_0$ und $y = (r/r_0)$. Die Verteilungen für das austretende Produkt und die sich bildenden Teilchen lassen sich dann in folgender Form angeben:

$$\varphi(y) = r_0 \varrho(r) \tag{5.154}$$

$$Q(y) = r_0 q(r) \tag{5,155}$$

Damit ergibt sich für die Gl. (5.153) folgende endgültige Form:

$$Q(y) = \varphi(y) + \frac{d\varphi(y)}{dy} \tag{5.156}$$

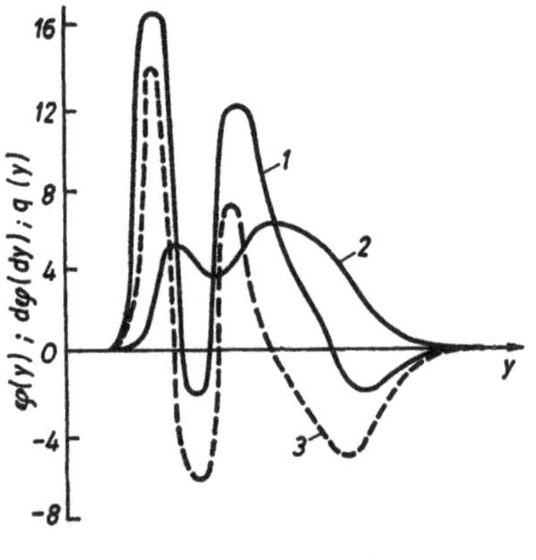

Abb. 5.34. Form der Quellenfunktion (*1*) bei anfänglich bimodaler Verteilung (*2*) der Teilchen in der Schicht nach dem Durchmesser.
Die Kurve *3* wurde durch graphische Differentiation der Kurve *2* gewonnen.

Zur Ermittlung der Quellenfunktion $Q(y)$ ist die experimentell gewonnene Abhängigkeit $\varphi(y)$ (Kurve *2* in Abb. 5.34) graphisch zu differenzieren (Kurve *3*). Anschließend wird die Summenkurve gezeichnet (Kurve *1*). Wie der Abb. 5.34 zu entnehmen ist, weist die Quellenfunktion ebenso wie $\varphi(y)$ zwei Maxima auf, was darauf schließen läßt, daß grobere Granulatteilchen zerstört werden, wobei Teilchen unterschiedlicher Größe entstehen. In Abhängigkeit von der Menge der zertrümmerten Teilchen und der in diese Fraktion gelangenden Bruchstücke befinden sich auf der Summenkurve der Quellenfunktion ein oder mehrere Abschnitte mit negativen Werten. Es konnte nachgewiesen werden [26], daß bereits geringfügige Temperaturänderungen in der Schicht zu einer erheblichen Zerstörung von Teilchen führen. Dadurch verringert sich die Anzahl der groben Granulatkörner in der Schicht, und dementsprechend verringert sich auch der Wert der negativen Quelle im Bereich grober Teilchen.

Im allgemeinen entsteht bei der Zerstörung von Granulatkörnern ein breites Kornspektrum. Bei der Modellierung wird jedoch vereinfachend angenommen, daß bei der Zerstörung eines Teilchens zwei verschieden große Bruchstücke entstehen [22].

Ausgehend von einer Bilanz der Teilchenanzahl im System wird die Quellenfunktion betrachtet. In den interessierenden Bereich mit einem Teilchenvolumen v gelangen Teilchen, die beim Bruch solcher Teilchen gebildet werden, deren Volumen $u > v$ ist. Aus diesem Bereich scheiden Teilchen aus, deren Volumen sich infolge Bruches auf ω und $v - \omega$ verringert.

Nimmt man für den Bruch der Teilchen ein Gesetz erster Ordnung an, so läßt sich die auf die Zeit bezogene Bilanz für die Teilchenanzahl in diesem Bereich in folgender Form angeben:

$$\frac{\partial f}{\partial \tau} + \frac{\partial(\Lambda f)}{\partial v} = 2 \int_{u=0}^{u=\infty} p(u, v) f(u) \, du - \int_{\omega=0}^{\omega=v} p(v, \omega) f(\omega) \, d\omega - Kf \tag{5.157}$$

$p(u, v) = p(u, u - v)$ — symmetrische Wahrscheinlichkeit für den Bruch eines Teilchens mit dem Volumen u in zwei gleiche Teile mit den Volumen v und $u - v$ (die Ziffer „2" vor dem Integral deutet auf die Symmetrie hin).

Durch Integration der Gl. (5.157) in den Grenzen von 0 bis ∞ erhält man unter Beachtung von $\Lambda f(0) = 0$ und $\Lambda f(\infty) = 0$ folgende Beziehung [22]:

$$\int_0^\infty \Pi(u) f(u) \, du = KN \tag{5.158}$$

$\Pi(u)$ — totale Wahrscheinlichkeit für den Bruch von Teilchen mit einem Volumen u.

Zur Lösung der Gl. (5.157) sind neben den Größen K und Λ die kinetischen Konstanten für den Bruchprozeß erforderlich. Letztere lassen sich nur auf experimentellem Wege ermitteln.

Zur Ermittlung der Verteilungsfunktion wurde in [22] die Gl. (5.157) bei Annahme einiger idealisierender Vereinfachungen für den Bruchvorgang gelöst: Teilchen mit einem Volumen $u < u_0$ werden nicht zerstört, während von Granulatkörnern mit einem Volumen $u > u_0$ bei jedem Zyklus innerhalb der Wirbelschicht, also bei ihrer Bewegung von der heißen Zone in der Nähe des Verteilergitters bis zur kalten Einspritzzone (innerhalb der Zeit $\bar{\tau}$), ein kleines Volumenstückchen $v_0 \ll u_0$ abgesprengt wird, so daß ein Volumen von $u - v_0$ verbleibt. Für einen solchen Bruchvorgang erhält man eine Verteilungskurve mit zwei Maxima, die auch experimentell nachgewiesen wurde.

In der Arbeit [22] werden ferner Methoden zur experimentellen Bestimmung der kinetischen Konstanten für den Bruchvorgang angegeben, die von den Gleichungen für den instationären Prozeß ausgehen (bei Einspritzung von Wasser in die Schicht). Außerdem wird der Einfluß des Teilchenwachstums (für den stationären Prozeß bei Einspritzung von Lösung) auf diese Konstanten untersucht.

Im folgenden wird der Einfluß der Prozeßparameter auf die Granulatbildung für rückführungslose Prozesse untersucht.

Es konnte festgestellt werden [22], daß eine Temperaturerhöhung bei der Entwässerung von Salzlösungen zu einer Abnahme des mittleren Teilchendurchmessers in der Schicht führt (Abb. 5.35a). Theoretische Untersuchungen des Spaltprozesses von Granulatteilchen bei wiederholter Änderung ihrer Oberflächentemperatur zeigten, daß die maximalen Wärmespannungen, die den Bruch der Teilchen bedingen, von der Amplitude der Temperaturschwankungen des Mediums an der Teilchenoberfläche $(t_1 - t_2)/2$

abhängig sind, d. h. auf die Intensität des durch Wärmespannungen hervorgerufenen Spaltprozesses ist das Temperaturgefälle zwischen der Aufheizzone in der Nähe des Verteilergitters und der Einspritzzone von Einfluß. Da durch dieses Temperaturgefälle auch die Temperatur in der Schicht festgelegt ist, führt eine Temperaturerhöhung in der Wirbelschicht zu einer Abnahme des mittleren Teilchendurchmessers.

Bei Zunahme der spezifischen Aufsprühung ist die entgegengesetzte Tendenz zu beobachten — das Granulat wird grobkörniger (Abb. 5.35b). Den gleichen Einfluß übt auch eine Konzentrationserhöhung der eingespritzten Lösung aus (Abb. 5.35c). Diese Feststellung läßt sich mit der Verringerung der mittleren Verweilzeit des Trockengutes in der Schicht und der damit verbundenen Abnahme der Anzahl von Temperaturwechseln (Zyklen) erklären.

Bei größer werdenden Schichthöhen nimmt die mittlere Verweilzeit $\bar{\tau}$ zu, der Bruchprozeß wird intensiver (Abb. 5.35d).

Der Koeffizient für die Austraggeschwindigkeit wird wie folgt definiert:

$$K = \frac{G_f}{G_{Sch}} = \frac{G_f}{Sh\varrho_{Sch}} \tag{5.159}$$

S — Querschnitt des Verteilergitters. Er ergibt sich als Quotient aus dem Trockenmitteldurchsatz (wird aus der Stoff- und Wärmebilanz berechnet) und der Strömungsgeschwindigkeit des Trockenmittels.

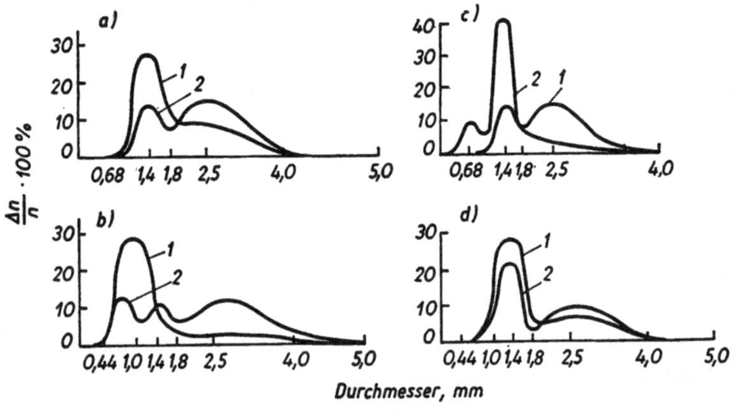

Abb. 5.35. Einfluß von Prozeßparametern auf die granulometrische Zusammensetzung bei der Entwässerung von Salzlösungen.

	Kurve *1*	Kurve *2*
a) Temperatur in der Schicht, °C	180	220
b) spezifische Benetzung (t_{Sch} = 330 °C), [m³/(m² · h)]	1,0	1,7
c) Lösungskonzentration bei konstanter Temperatur und konstantem Gewicht der Schicht, [%]	28	12
d) hydrodynamischer Widerstand der Schicht (oder Höhe), [Pa]	3700	2900

Der Koeffizient für die Austraggeschwindigkeit K ist der Strömungsgeschwindigkeit des Wärmeträgers proportional und charakterisiert somit den Wärme- und Stoffaustauschprozeß in der Wirbelschicht. Demnach wird auch die fraktionelle Zusammensetzung des Granulats in der Schicht, die von K abhängig ist, durch die gleichen Parameter charakterisiert, die zur Berechnung von Wirbelschichtapparaten dienen. Für die Entwässerung mineralsalzhaltiger Lösungen in Sprudelschichttrocknern ohne Verteilergitter und einer Sichtung des austretenden Gutes werden in [27] der Einfluß der Prozeßparameter auf die Granulationskinetik angegeben und Gleichungen zur Berechnung eines derartigen Trockners bei Vorgabe eines Korndurchmessers für das Endprodukt abgeleitet.

Zur Untersuchung des Einflusses der Prozeßparameter in einem relativ breiten Änderungsbereich wurde ein hitzebeständiges Salz — Kaliumchlorid — gewählt.

Die Versuche zeigten, daß eine Zunahme der Strömungsgeschwindigkeit des Gases (auf den zylindrischen Teil des Apparatequerschnittes bezogen) zu einem Anwachsen des mittleren Durchmessers der Granulatteilchen in der Schicht und am Apparateaustritt führt, und zwar als Folge einer Zunahme des minimalen Durchmessers der in der Schicht vorkommenden Teilchen. Eine verstärkte Zufuhr an Lösung führt zu einer feineren Struktur des Granulats in der Schicht und am Apparateausgang. Diese Tendenz läßt sich mit der kapillar-porösen Struktur des KCl-Granulats erklären: Die Lösung gelangt im unteren Teil der Kernströmung des Wärmeträgers auf erhitzte Granulatkörner. Ist deren Wärmeinhalt zur Verdampfung des auf der Oberfläche befindlichen Lösungsmittels nicht ausreichend, so kühlen sich die Teilchen ab und die überschüssige Feuchte dringt ins Granulatinnere ein. Beim sich anschließenden Kontakt mit dem heißen Wärmeträger führt die plötzliche Verdampfung im Innern des Granulatteilchens zu seiner Zerstörung. Bei verstärkter Zufuhr an Lösung erhöht sich die Anzahl der Teilchen, die erst völlig durchfeuchtet und anschließend erhitzt werden. Die Bruchhäufigkeit nimmt damit zu, eine Abnahme des mittleren Durchmessers der Granulatteilchen in der Schicht ist die Folge.

Der Einfluß des Lösungsdurchsatzes auf den Granulationsprozeß läßt sich durch die spezifische Feuchtebelastung darstellen, die als Quotient der zu verdampfenden Feuchtemenge und der Masse des in der Schicht befindlichen Granulats definiert ist:

$$g_F = G_{fl}/G_{Sch}$$

Eine Absenkung der Gasgeschwindigkeit im Trockner oder eine Erhöhung des Lösungsdurchsatzes erfordern bei sonst gleichbleibenden Bedingungen eine Temperatursteigerung des in den Apparat eintretenden Gasstromes. Die Aufheizgeschwindigkeit des feuchten Granulats nimmt dadurch zu, so daß der Bruchprozeß des Granulats in der Schicht intensiviert wird.

Der Einfluß der Temperatur in der Wirbelschicht auf den Granulationsprozeß wird in der Abb. 5.36 gezeigt (für w = const und g_F = const). Die Kurve hat die Form einer asymptotischen Parabel; sie weist bei $t_{Sch} \approx 120\,°C$ ein Minimum auf. Der asymmetrische Kurvenverlauf resultiert aus der Änderung der Wahrscheinlichkeit für die völlige Durchfeuchtung und die anschließende Aufheizung der Granulatteilchen bei Änderung der betrachteten Parameter: Bei einer Temperaturabsenkung steigt die Wahrscheinlichkeit für die Durchfeuchtung der Granulatkörner, während die Wahrscheinlichkeit ihres Aufheizens geringer wird. Bei gleichen Wahrscheinlichkeiten besitzt die Anzahl der

Teilchen, die dem Zyklus der völligen Durchfeuchtung und des Aufheizens der gesamten Teilchenmasse unterworfen sind, ebenso wie die Intensität des Bruchprozesses der Granulatkörner in der Schicht, einen maximalen Wert. Diesem Punkt entspricht das Minimum der Kurve $\bar{d}_{Sch} = f(t_{Sch})$.

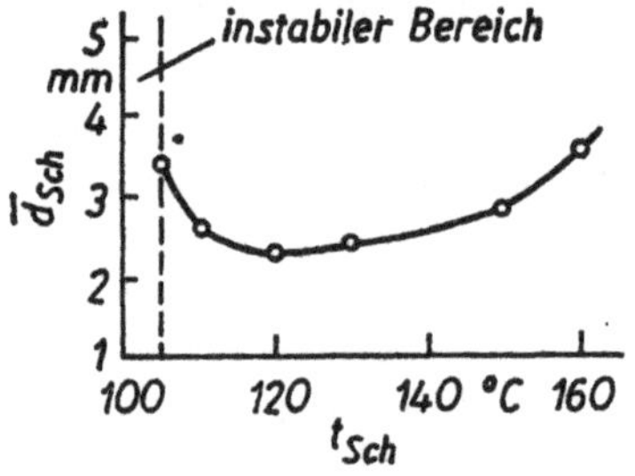

Abb. 5.36. Abhängigkeit des mittleren Teilchendurchmessers in der Schicht $\bar{d}_{Sch}$ von der Schichttemperatur t_{Sch}.

Die Konzentration der eingespritzten Lösung hat im Konzentrationsbereich von 16 bis 24% keinen Einfluß auf den mittleren Durchmesser des ausgetragenen Granulats. Eine weitere Absenkung der Lösungskonzentration bis zu 8% führt zu einer erheblichen Zunahme der Verweilzeit im Apparat, zu Abrieberscheinungen und einer Formänderung der Teilchen. Sie nehmen mehr und mehr eine plättchenförmige Gestalt an und lassen sich nicht mehr durch Sichtung aus der Schicht austragen. Die plättchenförmigen Teilchen reichern sich in der Schicht an und führen schließlich zum Verlust der Stabilität des Prozesses. Aus den Versuchsdaten konnten folgende empirische Gesetzmäßigkeiten abgeleitet werden:

$$\bar{d}_{Sch} = 16{,}8 w^{1{,}57} g_F^{-0{,}77} \left(\frac{T_{Sch} - T_0}{T_0}\right)^{1{,}17} \tag{5.160a}$$

$$\bar{d}_{Pr} = 14{,}7 w^{1{,}35} g_F^{-0{,}61} \left(\frac{T_{Sch} - T_0}{T_0}\right)^{0{,}85} \tag{5.160b}$$

T_{Sch} — Schichttemperatur
$T_0 = 273$ K
$\bar{d}_{Sch}$ — mittlerer Granulatdurchmesser in der Schicht, [mm]
$\bar{d}_{Pr}$ — mittlerer Granulatdurchmesser des Produkts, [mm]

Die Abweichung zwischen den Versuchsergebnissen und den nach den Gln. (5.160a) und (5.160b) berechneten Werten lag unter $\pm 5\%$.

Die angegebenen Gleichungen besitzen für $t_{Sch} \geqq 130$°C, eine Lösungskonzentration von 16 bis 24%, eine Separationshäufigkeit von $K_{Sep} \geqq 20$ und $\Gamma \approx 5\%$ Gültigkeit. Es bedeuten:

$$K_{Sep} = G_{Dos}/G_{Pr}$$

G_{Dos} — Durchsatz am Dosator
G_{Pr} — Produktdurchsatz
Γ — Verhältnis zwischen oberem und unterem Schichtquerschnitt, [%]

Die fehlende direkte Proportionalität zwischen $\bar{d}_{Pr}$ und $\bar{d}_{Sch}$ hat in der zunehmenden Asymmetrie der Verteilung bei abnehmendem Granulatdurchmesser in der Schicht ihre Ursache. Die Lage von $\bar{d}_{Pr}$ auf den Verteilungskurven ändert sich dabei praktisch kaum

(K_{Sep} = const). Die Lage von $\bar{d}_{Sch}$ verschiebt sich, dem Maximum auf den Verteilungskurven folgend, zum Bereich kleinerer Werte hin. Somit nimmt der Quotient $\bar{d}_{Pr}/\bar{d}_{Sch}$ zu.

Bei Sprudelschichtapparaten mit kreisförmigem Querschnitt, deren Vorteil gegenüber den Wirbelschichttrocknern vor allem in einem aktiveren hydrodynamischen Regime im unteren Apparateteil besteht, ist eine Maßstabsübertragung mit Schwierigkeiten verbunden. Demgegenüber stellt die Maßstabsübertragung beim Entwässerungsprozeß von Lösungen in Granulatoren mit Zirkulationsschicht kein Problem dar. Abb. 5.37 zeigt

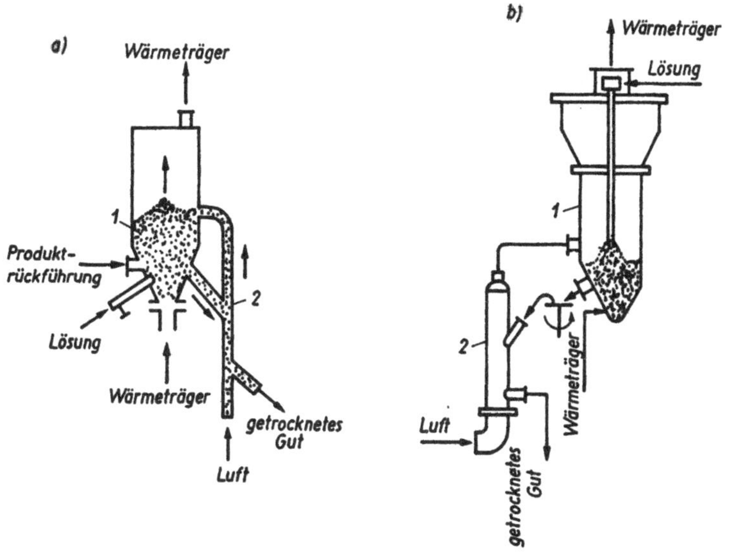

Abb. 5.37. Schematische Darstellung von Trocknern mit nach oben zunehmendem Querschnitt und einer Klassiereinrichtung vor dem Produktaustritt.

a) Sprudelschichttrockner;
b) Zirkulationsschichttrockner;
1 — Trockner; *2* — Separator.

einen derartigen Apparat mit einem luftbetriebenen Sichter [28, 29]. An dieser Anlage wurden Versuche mit einer 50%igen Lösung des Natriumsalzes der m-Benzoldisulfonsäure (NBDS) und einer 24%igen KCl-Lösung gefahren, die über großkalibrige Düsen in die Schicht gesprüht wurden. Über Siebanalysen des der Schicht entnommenen Granulats wurden folgende Verteilungsparameter berechnet: Der mittlere Teilchendurchmesser, der nach der Teilchenmasse gemittelte Teilchendurchmesser und die Standardabweichung. Für das Endprodukt wurden der mittlere Durchmesser und die spezielle Körnungscharakteristik berechnet. Die Kurven für die Verteilungsdichte wurden an Hand der Massen der einzelnen Fraktionen erstellt.

Die experimentelle Untersuchung der Arbeitsweise des Separators erfolgte in Verbindung mit einem Zirkulationsschichtgranulator. Der Einfluß der Größe $K_{Sep} = G_{Dos}/G_{Pr}$ auf den Granulationsprozeß wurde mit Hilfe experimenteller Daten über folgende, auf theoretischem Wege abgeleitete Gleichung untersucht [28]:

$$K_{Tr} = \frac{\ln \sqrt{d_i/d_{Gr}} \left(\frac{1}{p_1(d_i)} - 1 \right)}{1 - \sqrt{d_i/d_{Gr}}} \tag{5.161}$$

$p_1(d_i)$ — Wahrscheinlichkeit für den Übergang der Teilchen ins Produkt
d_{Gr} — Grenzdurchmesser [mm]
d_i — laufender Durchmesser
$K_{Tr} = \frac{w_{Gr} \cdot l}{2D}$ — die Trennschärfe des Separators charakterisierender Koeffizient
l — Länge der Trennzone
D — stochastischer Koeffizient, der den Grad der Unordnung bei der Teilchenbewegung berücksichtigt
w_{Gr} — Luftgeschwindigkeit im Separator

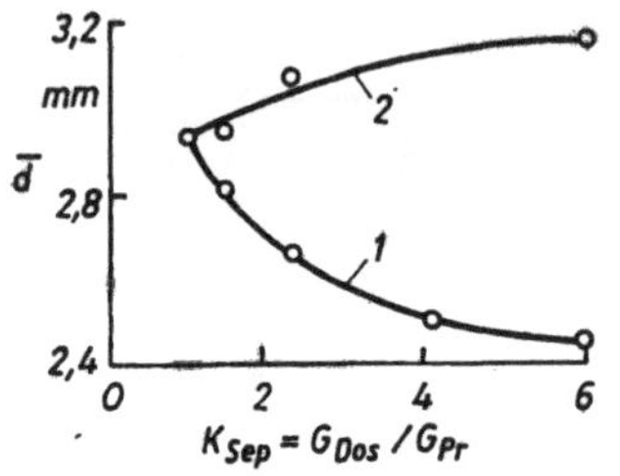

Abb. 5.38. Einfluß der Separationszahl auf die granulometrische Zusammensetzung bei der Entwässerung einer NBDS-Lösung.
1 — $\bar{d}_{Sch}$; *2* — $\bar{d}_{Pr}$.

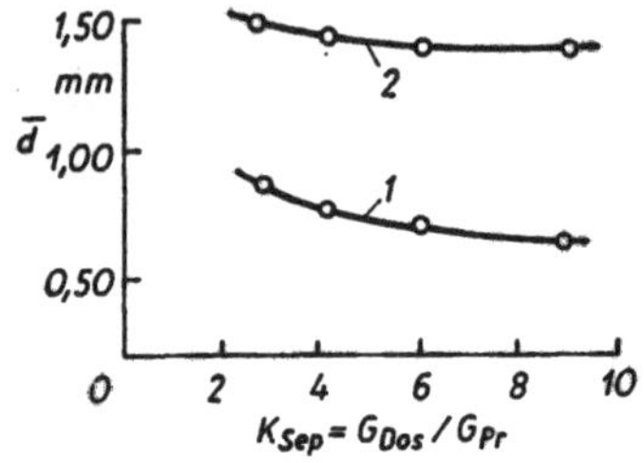

Abb. 5.39. Einfluß der Separationszahl auf die granulometrische Zusammensetzung bei der Entwässerung einer KCL-Lösung.
1 — $\bar{d}_{Sch}$; *2* — $\bar{d}_{Pr}$.

Bei der Auswertung der Trennkurven nach Gl. (5.161) wurde für d_{Gr} der experimentelle Wert gesetzt, während der Trennfaktor K_{Tr} über die experimentell gewonnenen Kurven bestimmt wurde.

Bei Verringerung von G_{Dos} und sonst gleichbleibenden Parametern ändert sich die Form der Trennkurve; der Trennfaktor nimmt ab. Von besonderem Interesse ist der Einfluß der Separationszahl K_{Sep} auf die granulometrische Zusammensetzung in der Schicht und am Apparateausgang, weil diese Größe während des Versuchs unmittelbar bestimmt wird. Es konnte nachgewiesen werden, daß der Einfluß von K_{Sep} auf das Kornspektrum stoffabhängig ist. Bei der Granulierung von NBDS führt eine Verringerung der Separationszahl K_{Sep} zu nur sehr geringen Veränderungen der granulometrischen Zusammensetzung in der Schicht und am Apparateausgang, der Prozeß verläuft auch ohne Sichtung noch stabil (Abb. 5.38). Demgegenüber ist die Kornverteilung bei der Entwässerung von Kaliumchlorid (Abb. 5.39) nur im Bereich von $K_{Sep} = 8{,}9$ bis 5,9 ($K_{Tr} \doteq 10{,}5$ bis 8,55) praktisch konstant. Eine weitere Absenkung von K_{Sep} bis 2,7 (K_{Tr} bis 5,1) führt hingegen zu beträchtlichen Änderungen des Kornspektrums: Die Menge der grobkörnigen Fraktionen nimmt auf Kosten der feinen erheblich zu.

Der Einfluß der Temperatur in der Schicht auf den mittleren Teilchendurchmesser ist je nach Stoffart verschieden: Während bei der Trocknung von NBDS der mittlere Teilchendurchmesser mit steigender Temperatur abnimmt (Abb. 5.40), wird bei Kaliumchlorid der entgegengesetzte Verlauf festgestellt (Abb. 5.41). Ähnliche Tendenzen gelten nicht nur für die Temperatur, sondern, wie unten ausgeführt wird, auch für einige andere Parameter. Dieses unterschiedliche Verhalten läßt sich mit dem verschiedenartigen Mechanismus der Bildung von Granulationszentren erklären, der ja in erster Linie eine Funktion der physikalisch-chemischen Eigenschaften der zu entwässernden Salze ist. Bei NBDS führt eine Temperaturerhöhung der Schicht und damit auch des eintretenden Wärmeträgers zu größeren Temperaturschwankungen, die größere Wärmespannungen im einzelnen Korn hervorrufen. Damit steigt die Wahrscheinlichkeit für das Bersten eines Teilchens, so daß die Masse der feinen Fraktionen zunimmt.

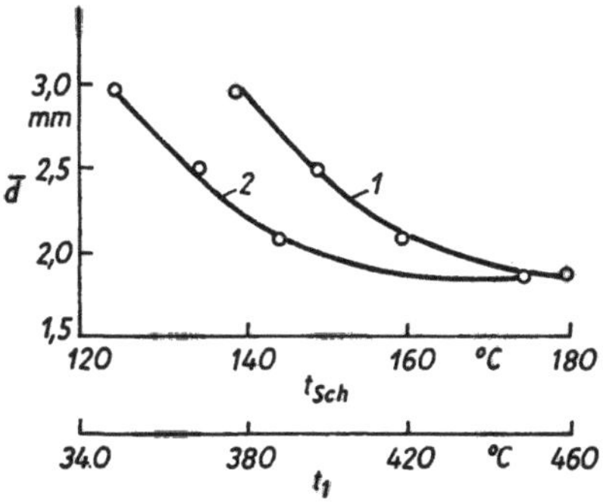

Abb. 5.40. Abhängigkeit des mittleren Teilchendurchmessers in der Schicht ($\bar{d}_{Sch}$) und des Produkts ($\bar{d}_{Pr}$) von der Temperatur in der Schicht (t_{Sch}) und der Lufteintrittstemperatur (t_1) bei der Entwässerung einer NBDS-Lösung ($G_{Rück} = 0{,}025$ m³/h; $w = \text{const}$).

1 — t_{Sch}; 2 — t_1.

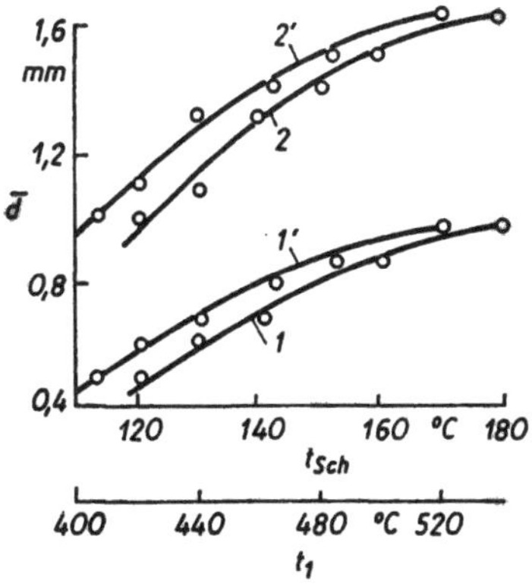

Abb. 5.41. Abhängigkeit des mittleren Teilchendurchmessers in der Schicht (d_{Sch}) und des Produkts (d_{Pr}) von der Temperatur in der Schicht (t_{Sch}) und der Lufteintrittstemperatur (t_1) bei der Entwässerung einer KCl-Lösung ($G_{Rück} = 0{,}01$ m³/h; $w = \text{const}$).

1, 1' — Schicht; 2, 2' — Produkt; 1, 2 — t_{Sch}; 1', 2' — t_1.

Die Zunahme des mittleren Teilchendurchmessers beim Kaliumchlorid hat andere Ursachen: Mit einer Erhöhung der Temperatur in der Schicht nimmt die Wahrscheinlichkeit für die totale Durchfeuchtung eines einzelnen Teilchens ab, während die Wahrscheinlichkeit des Aufheizens zunimmt. Die Zahl an Teilchen, die der totalen Durchfeuchtung und anschließend dem Aufheizen ihrer gesamten Masse unterworfen werden, nimmt jedoch ab. Da aber gerade dieser Vorgang für den Bruchprozeß eine entscheidende Rolle spielt, ist eine Zunahme der groben Fraktionen zu beobachten.

Der Einfluß des Durchsatzes an Lösung auf die Prozeßdurchführung wurde durch Änderung der mittleren Verweilzeit des Granulats in der Schicht untersucht, wobei bei erheblichem Abrieb die durch den Gasstrom ausgetragene Stoffmenge berücksichtigt wird. Bei erhöhter Lösungszufuhr von NBDS tritt, ebenso wie bei der Entwässerung von Mineralsalzlösungen in der Wirbelschicht [22], eine Verschiebung zu feineren Fraktionen hin auf. Diese Tendenz kommt auch in der Abb. 5.42 zum Ausdruck. Bei der Entwässerung von KCl-Lösung in der Sprudelschicht ist der umgekehrte Effekt zu beobachten: Das Produkt wird grobkörniger (Abb. 5.43). In diesem Falle läßt sich der Einfluß der Durchsatzsteigerung auf den Granulatbildungsprozeß offensichtlich nicht nur mit der Änderung der mittleren Verweilzeit erklären. Die Durchsatzsteigerung ist bei sonst gleichbleibenden Parametern nur über eine Temperatursteigerung des zugeführten Wärmeträgers realisierbar. Dabei nimmt automatisch die Temperaturdifferenz zwischen der Aufheizzone (das sind die Schichtregionen in der Nähe des Gitters) und der Abkühlzone (Einspritzzone der Lösung) zu. Auch die Wahrscheinlichkeit der Befeuchtung der Granulatteilchen in der Einspritzzone und die Wahrscheinlichkeit der Agglomeration in dieser Region wachsen. Je nach Einfluß der einzelnen Faktoren sind, wie schon bei der Untersuchung des Einflusses der Schichttemperatur, die verschiedensten Auswirkungen auf die fraktionelle Zusammensetzung des Produkts möglich.

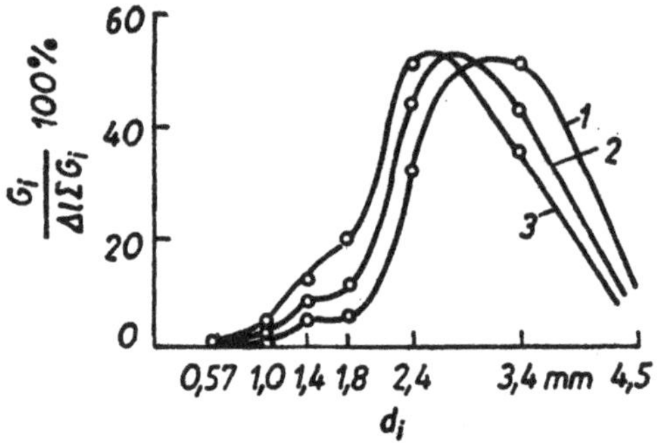

Abb. 5.42. Einfluß des Lösungsdurchsatzes (NBDS) auf die granulometrische Zusammensetzung (t_{Sch} = 160°C; w = const).

	Kurve *1*	Kurve *2*	Kurve *3*
$G_{Rück}$, m³/h	15,5	20,8	25
$\bar{d}_{Sch} = \bar{d}_{Pr}$, mm	2,94	2,73	2,53

d_i — Maschenweite des Siebes, mm.

Eine zunehmende Strömungsgeschwindigkeit des Wärmeträgers führt sowohl in der Schicht, als auch im Produkt zu feinerer Körnung. Durch die damit im Zusammenhang stehende intensivere Durchmischung nimmt die Neigung zur Agglomeration ab. Außerdem wird der Abrieb gefördert und auch die durch Wärmespannungen verursachten Bruchvorgänge nehmen infolge der erhöhten Häufigkeit des Aufheiz- und Abkühlvorganges zu.

Eine Vergrößerung der Schichthöhe bei sonst gleichbleibenden Bedingungen ist gleichbedeutend mit einer Zunahme der in der Schicht gespeicherten Wärmemenge. Die Intensität der Durchmischung nimmt ab, wodurch, noch begünstigt durch die größere Verweilzeit, die Wahrscheinlichkeit der Agglomeration wächst. Diese Effekte führen bei NBDS, dessen Bruchmechanismus in erster Linie auf Wärmespannungen beruht, zu

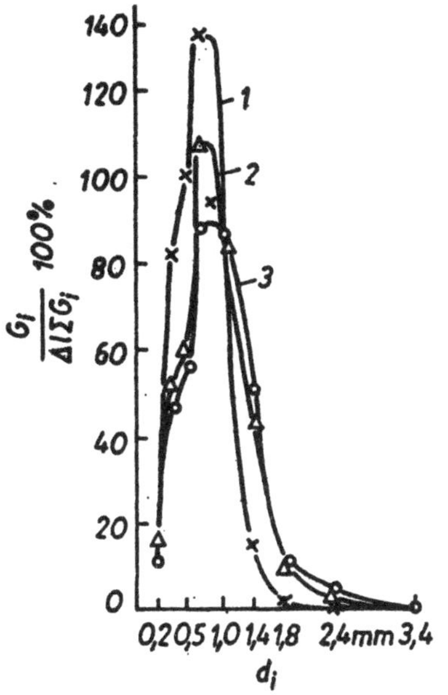

Abb. 5.43. Einfluß des Lösungsdurchsatzes (KCl) auf die granulometrische Zusammensetzung (t_{Sch} = 140 °C; w = const).

	Kurve 1	Kurve 2	Kurve 3
$G_{Rück} \cdot 10^3$, m^3/h	10	18	22
d_{Sch}, mm	0,67	0,78	0,83

d_i — Maschenweite des Siebes, mm.

einem feineren Korn. Beim Kaliumchlorid, bei dem die Zerstörung der Teilchen vor allem auf den sich bei der Verdampfung im Korninneren ausbildenden Überdruck zurückzuführen ist, ist eine Verschiebung zu groben Fraktionen hin zu beobachten.

Die Auswertung von Versuchsdaten führte zu folgender Gleichung:

$$Fo = A \left(\frac{t_1 - t_L}{t_L}\right)^m Ko^n K_{\text{sep}}^q \tag{5.162}$$

Mit ihrer Hilfe lassen sich der mittlere Granulatdurchmesser in der Schicht ($\bar{d}_{Sch}$) und des Produktes ($\bar{d}_{Pr}$) berechnen.

Die numerischen Werte der Koeffizienten und Exponenten in den Gln. (5.162) und (5.166) für NBDS und KCl sind der Tab. 5.5 zu entnehmen.

Tabelle 5.5

Stoff	Gleichung	A	m	n	q	mittlerer Granulat-durchmesser
NBDS	(5.162)	$15{,}48 \cdot 10^4$ (für $h_{Sch} = 0{,}3$ m)	−0,7	−2,0	0,3	$\bar{d}_{Sch} = \bar{d}_{Pr}$
NBDS	(5.166)	77	−0,8	−0,5	−0,1	$\bar{d}_{Sch} = \bar{d}_{Pr}$
KCl	(5.162)	$4 \cdot 10^2$	−2,0	2,26	0,37	$\bar{d}_{Sch}$
KCl	(5.166)	2,7	−1,4	0,85	0,6	$\bar{d}_{Sch}$
KCl	(5.162)	$12 \cdot 10^3$ (für $h_{Sch} = 0{,}222$ m)	−2,0	1,42	0,1	$\bar{d}_{Pr}$

Gl. (5.162) ist in folgenden Bereichen anwendbar:

a) NBDS: $Ko = 28$ bis 50; $\dfrac{t_1 - t_L}{t_L} = 2{,}88$ bis 4,06 (für $t_L = 90\,°C$); $K_{\text{Sep}} = 1$ bis 6

b) KCl: $Ko = 65$ bis 104; $\dfrac{t_1 - t_L}{t_L} = 17{,}75$ bis 36,75 (für $t_L = 20\,°C$); $K_{\text{Sep}} = 2{,}7$ bis 8,9

Zur Beschreibung des Kornspektrums der Schicht und des Produktes (ohne Windsichtung) wurde für die Entwässerung und Granulierung von NBDS auf theoretischem Wege [28, 29] folgende Γ-Verteilung ermittelt:

$$p(d_i) = \frac{b^a}{(a-1)!} (d_i - d_{Kv})^{a-1} \exp\left[-b(d_i - d_{Kv})\right] \tag{5.163}$$

a, b — Verteilungsparameter
d_{Kv} — experimentell zu ermittelnde Koordinatenverschiebung
d_i — laufender Durchmesser

Das erste Moment dieser Verteilung stellt den mittleren Korndurchmesser der Schicht $\bar{d}_{Sch}$ dar und läßt sich durch die Verteilungsparameter angeben:

$$M_1 = \bar{d}_{Sch} = \frac{a}{b} \tag{5.164}$$

Für das zweite Moment gilt

$$M_2 = \frac{\sqrt{a}}{b} = \sigma \tag{5.165}$$

Die Verteilungsparameter sind von den Prozeßbedingungen abhängig. An Hand experimenteller Daten wurde zu ihrer Bestimmung folgende Gleichung aufgestellt:

$$b = A \left(\frac{t_1 - t_L}{t_L}\right)^m Ko^n K_{\text{Sep}}^q \tag{5.166}$$

Der Verteilungsparameter a wird nach Gl. (5.164) berechnet, wobei sich der berechnete Wert $\bar{d}_{Sch}$ aus Gl. (5.162) ergibt.

Der Vergleich mit den Versuchsergebnissen erfolgt nach der Beziehung $p(d_i) = G_i / \left(\Delta l \sum G_i\right)$. Hierin bedeuten

G_i — Massenanteil der i-ten Siebfraktion
Δl — Fraktionsbreite

Beispiel 5.3: Es sollen der mittlere Granulatdurchmesser und die Verteilung der granulometrischen Zusammensetzung in der Schicht bei der Entwässerung von NBDS in einem Zirkulationsschichtapparat bestimmt werden, aus dem das Produkt ohne vorherige Windsichtung ausgetragen wird. Gegeben sind folgende Prozeßparameter:

Durchsatz an Lösung	$G_i = 840$ kg/h
Konzentration der Lösung	$x = 50\%$ ($u_1 = 50\%$)
Lösungstemperatur	$t_L = 90\,°C$
Eintrittstemperatur des Wärmeträgers	$t_1 = 410\,°C$
Temperatur in der Schicht	$t_{Sch} = 150\,°C$
Austrittstemperatur des Wärmeträgers	$t_2 = 140\,°C$
Ausbeute an Granulat	82% (18% fallen als Feinkorn und Staub in speziellen Staubfiltern an)
Schichthöhe	$h = 0{,}3$ m
Temperaturleitzahl des reinen NBDS	$a = 1{,}1 \cdot 10^{-7}$ m²/s
spezifische Wärmekapazität von NBDS	$c = 997$ J/kg · grd
optimale Feuchtebelastung (aus Versuchen)	$g_F = 3{,}7$ kg/kg Schicht · h

Der mittlere Granulatdurchmesser in der Schicht (und des Produkts) $\bar{d}$ wird aus der Fourier-Zahl berechnet, die sich unter Benutzung der Tab. 5.5 aus Gl. (5.162) ergibt:

$$Fo = 15{,}48 \cdot 10^4 \left(\frac{410 - 90}{90}\right)^{-0{,}7} \cdot 41{,}6^{-2{,}0} = 36{,}81$$

$$Ko = \frac{r u_1'}{c(t_{Sch} - t_L)} = \frac{2260 \cdot 10^3 \cdot 1}{997(150 - 90)} = 41{,}6; \qquad K_{Sep} = 1$$

Für die Granulatmenge in der Schicht gilt

$$G_{Sch} = G_{fl}/g_F = 420/3{,}7 = 113{,}5 \text{ kg}$$

Die mittlere Verweilzeit beträgt

$$\bar{\tau} = \frac{G_{Sch}}{0{,}82 G_{fl}} = \frac{113{,}5 \cdot 3600}{0{,}82 \cdot 420} = 1190 \text{ s}$$

Für den mittleren Granulatdurchmesser ergibt sich

$$\bar{d} = \sqrt{\frac{a\bar{\tau}}{Fo}} = \sqrt{\frac{1{,}1 \cdot 10^{-7} \cdot 1190}{36{,}81}} = 0{,}0019 \text{ m} \mathrel{\hat{=}} 1{,}9 \text{ mm}$$

Die Berechnung der zu erwartenden granulometrischen Zusammensetzung in der Schicht (und des Endprodukts) erfolgt nach Gl. (5.163). Die benötigten Parameter a und b ergeben sich aus Gl.

(5.164) bzw. der Gl. (5.166) unter Verwendung der in Tab. 5.5 angegebenen Parameterwerte:

$$b = 77\left(\frac{410 - 90}{90}\right)^{-0,8} \cdot 41,6^{-0,5} = 4,21$$

$$a = b\bar{d} = 4,21 \cdot 1,9 = 7,96; \qquad d_{Kv} = \bar{d}/4,8 = 1,9/4,8 = 0,394 \text{ mm}$$

Der Wert 4,8 wurde experimentell ermittelt.

Die zu erwartende Korngrößenverteilung für die Schicht und das Endprodukt ist der folgenden Zusammenstellung zu entnehmen:

d_i	0,72	1,02	1,4	1,8	2,4	3,4	4,5
$\frac{G_i}{\Delta l \sum G_i}$	2,0	7,0	25	58	54	22	1,0

Trocknung auf Inertkörpern

Bei der Trocknung von Lösungen, Suspensionen und pastenförmigen Trockengütern in einer aus Inertkörpern bestehenden Wirbelschicht stellt die Granulation nur ein Zwischenstadium dar. Das Trockengut bildet an der Oberfläche der Inertkörper eine Kruste, die durch die Zusammenstöße der Teilchen untereinander zerstört und vom Wärmeträger bis zu speziellen Staubabscheidern transportiert wird. Eingehendere Untersuchungen [23, 30] zeigten, daß eine Durchmessererhöhung des Inertkörpers (Glas- oder Porzellankugeln u. a.) auf 6 bis 12 mm zu einer Korngröße des Produkts von etwa 300 μm führt, das in Schuppen- oder Kornform anfällt. In diesem Falle erhöht sich die Effektivität der Staubabscheider beträchtlich, der Durchsatz an Trockengut läßt sich erhöhen.

Bei einer solchen Trocknungsmethodik wird das Trockengut nicht überhitzt. Die Verweilzeit des Gutes in der Trocknungszone liegt im Bereich einiger Minuten, so daß dieses Trocknungsverfahren auf temperaturempfindliche Stoffe, wie Pigmente, Farbstoffe, Produkte der Chlorindustrie u. a. anwendbar ist [23, 30].

Da die Zusammenstöße der Inertkörper zu einer ständigen Zerstörung des sich bildenden Films trockenen Gutes (Oberflächenerneuerung) führen, verläuft der Prozeß im großen und ganzen im Bereich konstanter Trocknungsgeschwindigkeit, so daß sich die Wärmeübergangszahl nach folgender Gleichung berechnen läßt [31][1]:

$$Nu_t = 5,97 \cdot 10^{-2} Ar^{-0,438} Re^{2,0} Gu^{0,61} \left(\frac{H_0}{d}\right)^{-1} \tag{5.167}$$

Bei den zum Aufstellen dieser Gleichung durchgeführten Versuchen wurde folgender Änderungsbereich der Ähnlichkeitskennzahlen überprüft:

$$0,31 \cdot 10^6 \leq Ar \leq 5 \cdot 10^6; \quad 40 \leq \frac{H_0}{d} \leq 55; \quad 935 \leq Re \leq 1700; \quad 0,18 \leq Gu \leq 0,292$$

$Gu = \frac{T_{tr} - T_f}{T_{tr}}$ — GUCHMAN-Zahl

T_{tr}, T_f — Temperaturen des trockenen bzw. feuchten Thermometers des Psychrometers, [K]

[1] Anmerkung der Bearbeiter:
Siehe E. O. REHER, Wiss. Zeit. TH Leuna—Merseburg 9 (1967), Heft 1, S. 41—47; E. O. REHER und R. GROBLER Chem. Technik 22, Heft 7 (1970), S. 404.

Der Wärmeübergangskoeffizient α wurde über die zur Verdampfung der Feuchte an der Oberfläche der Glaskugeln erforderliche Wärmemenge berechnet. Für die mittlere Temperaturdifferenz wurde der logarithmische Mittelwert der Temperaturdifferenz zwischen Eintritts- und Austrittstemperatur des Gases und der Temperatur an der Teilchenoberfläche (Temperatur des feuchten Thermometers) gesetzt. Bei der Berechnung der Reynolds-Zahl wurde die Strömungsgeschwindigkeit der Luft am Trocknereingang benutzt, da die beim Umströmen der Teilchen auftretende Geschwindigkeit nur schwer bestimmbar ist. Der bei der Reynolds-Zahl stehende Exponent nahm den Zahlenwert 2,0 an. Die Proportionalität zwischen α und dem Quadrat der Strömungsgeschwindigkeit weist darauf hin, daß im vorliegenden Falle (Trocknung einiger Pigmente und Farbstoffe in der Sprudelschicht) die Prozeßgeschwindigkeit durch die Kinetik des Abriebs des trockenen Gutes von der Kugeloberfläche bestimmt wird.

In anderen Fällen (Tocknung von Pasten und hochviskosen Lösungen) bedeckt das feuchte Trockengut die Inertkörperoberfläche nicht in Form eines Films, sondern befindet sich zwischen den Inertkörpern (Kupfer-Nickel-Katalysatoren, Bariumferrite). Die Oberfläche des Trockengutes ist um mindestens eine Zehnerpotenz größer als die des Inertkörpers, so daß der Prozeß wesentlich intensiver abläuft. Der Inertkörper hat hier nur die Funktion einer Umwälzung der pastösen Teilchen, um eine Klumpenbildung auszuschließen. Weitere Einzelheiten über derartige Trocknungsprozesse an Inertkörpern sind der Literatur zu entnehmen [32, 33].

Die Trocknungsgeschwindigkeit bei der Wirbelschichttrocknung an Inertkörpern ist beträchtlich größer (ein bis zwei Zehnerpotenzen) als in Zerstäubungstrocknern, so daß die erstgenannten Trocknerarten wesentlich kleinere Abmessungen aufweisen. Einige vergleichende Daten werden in der Tab. 5.6 angeführt [23].

Aus den Angaben der Tab. 5.6 geht hervor, daß man zur Trocknung von Farbstoffsuspensionen an Inertkörpern in der Sprudelschicht mit wesentlich geringeren Apparateabmessungen auskommt, als es bei der Zerstäubungstrocknung der Fall wäre.

Bei der Trocknung an Inertkörpern besteht die Wirbelschicht praktisch aus monodispersem Material, so daß man für diese Trocknungsmethode gewöhnliche Wirbelschichttrockner mit über die Höhe konstantem Querschnitt benutzen kann [26]. Vorteilhafter ist jedoch der Einsatz von Trocknern mit nach oben zunehmendem Querschnitt, also von Sprudel- und Zirkulationsschichttrocknern [23].

Tabelle 5.6

Farbstoff	Trocknerart	Feuchte [%]		Temperatur [°C]		spez. Leistung $\left[\frac{\text{kg Feuchte}}{\text{m}^3\ \text{Trocknerraum} \cdot \text{h}}\right]$	
		Anfangsfeuchte	Endfeuchte	Eintritt	Austritt	bez. auf Trockenmasse	bez. auf Feuchte
Dispersgelb 6″Z″	Zerstäubungstr.	71,6	2,0	190	100	0,88	1,6
	Sprudelschichttr.	81,0	3,2	220	85	85	250
Indigofarbstoff Hellgrün	Zerstäubungstr.	72,6	2,8	190	95	0,51	1,3
	Sprudelschichttr.	75	3,3	210	70	82,5	215

Im Hinblick auf die Automatisierung von Trocknern stellt die Temperatur des austretenden Wärmeträgers einen wichtigen Parameter dar, da ihre Änderung von Einfluß auf den Feuchtegehalt des Produkts ist. Im Rahmen eingehender Untersuchungen [34] wurde für die Trocknung pastöser Stoffe (Kupfer- Nickel-Katalysatoren, einige spezielle Lacke und Farben) der Einfluß einiger Prozeßparameter auf die Feuchte des Endprodukts in Form folgender Regressionsgleichung ermittelt:

$$y = b_0 + b_1X_1 + b_2X_2 + b_3X_3 + b_4X_4 + b_{12}X_1X_2 + b_{14}X_1X_4 + b_{24}X_2X_4 \tag{5.168}$$

$X_i = \frac{x_i - x_{i0}}{x_i}$ — Parameter der Regressionsgleichung

x_i — tatsächlicher (dimensionsbehafteter) Wert des vorliegenden Parameters

x_{i0} — Grundniveau des tatsächlichen Wertes des Parameters

$x_1(t_1)$ — Lufteintrittstemperatur, [°C]

$x_2(t_2)$ — Luftaustrittstemperatur, [°C]

$x_3(V)$ — Luftdurchsatz (bei 20 °C), [m³/h]

$x_4(G_{Sch})$ — Inertkörpermenge, [kg]

$y(u_2)$ — Endfeuchte des Trockengutes, % der Gesamtmasse

Die Zahlenwerte der Koeffizienten in Gl. (5.168) wurden in der Tab. 5.7 für einige untersuchte Stoffe zusammengefaßt. Ferner werden die Versuchsfehler und die Schätzwerte für die Koeffizienten der Regressionsgleichung angegeben.

Zumindest für die vier untersuchten Stoffe läßt sich die Aussage machen, daß die Luftaustrittstemperatur von allen Prozeßparametern den größten Einfluß auf die Endfeuchte des Produkts besitzt (das 3,5- bis 6fache des Einflusses der restlichen Parameter). Der Einfluß von $x_1(t_1)$, $x_3(V)$ und $x_4(G_{Sch})$ ist relativ unbedeutend. Von den Wechselwirkungen sind X_1X_3, X_2X_4 und X_3X_4 von erheblichem Einfluß.

In [30] wird ein mathematisches Modell für die Trocknung von Lösungen an Inertkörpern in der Sprudelschicht angegeben, mit dessen Hilfe sich die minimale und die maximale Belastung des Trockners ermitteln lassen. Über diese Modellvorstellungen konnte gezeigt werden, daß sich durch Variation der Größe der Inertkörperteilchen (und damit des Abriebs des getrockneten Films) der Durchsatz in weiten Grenzen beeinflussen läßt.

Tabelle 5.7

Koeffizienten	Kupfer-Nickel-Katalysator	roter Lack SKB	roter Lack S	alkohollöslicher gelber Lack
b_0	19,38375	14,6	1,6825	2,98
b_1	0,46375	3,0675	−0,1075	0,985
b_2	−5,13375	−8,265	−0,495	−2,54
b_3	1,17875	0,17	−0,3675	0,755
b_4	−1,08375	−1,5075	0,62	−1,16
b_{12}	0,66125	−2,3475	0,38	−1,055
b_{24}	−0,29125	0,48	0,3725	1,16
b_{14}	0,07125	−1,14	0,043	−0,785
Versuchsfehler	0,4755	2,646	0,1681	0,185
Koeffizienten-schätzwert	0,244	0,575	0,1455	0,152

5.9. Konstruktive Besonderheiten bei der konvektiven Trocknung

Konstruktion und Gestaltung von Trocknungsanlagen werden in der Fachliteratur [23, 35] eingehend behandelt, so daß in diesem Abschnitt lediglich eine kurze Beschreibung einiger perspektivreicher konvektiver Trocknertypen erfolgt. Diese Trocknungsmethode ist in der Industrie am weitesten verbreitet, weshalb auch einige Ausführungen über ihre weiteren Entwicklungstendenzen gemacht werden, die hauptsächlich in der Schaffung und Ausnutzung eines aktiven hydrodynamischen Regimes bestehen.

Die Wirbelschichttrocknung hat in letzter Zeit besonders bei Prozessen mit großen Durchsätzen erheblich an Bedeutung gewonnen. Wirbelschichttrockner werden in den verschiedensten Abmessungen hergestellt — von Laboranlagen bis zu Großtrocknern (mit kreisförmigem oder rechteckigem Querschnitt) mit einer Gitterfläche bis zu 16 m². In der chemischen Industrie hat die Trocknung in der Wirbelschicht (bzw. Sprudelschicht oder Zirkulationsschicht) in jüngster Zeit einen starken Aufschwung genommen.

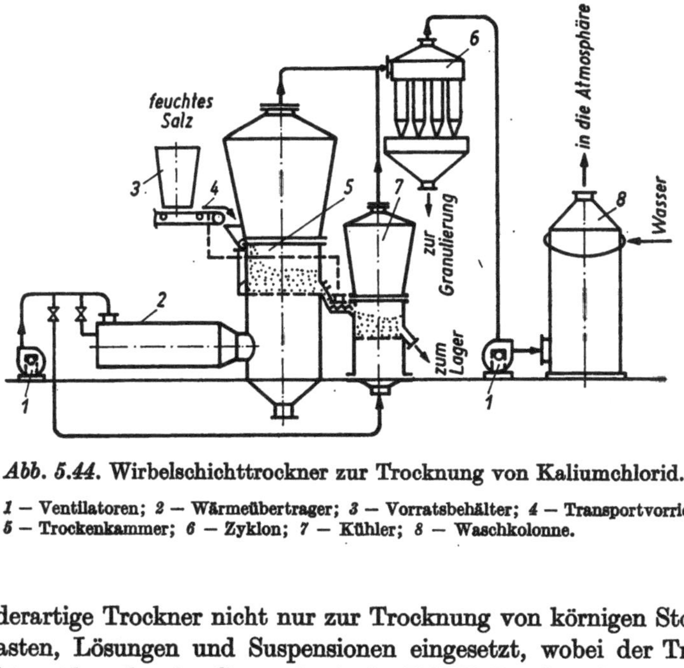

Abb. 5.44. Wirbelschichttrockner zur Trocknung von Kaliumchlorid.

1 — Ventilatoren; *2* — Wärmeübertrager; *3* — Vorratsbehälter; *4* — Transportvorrichtung; *5* — Trockenkammer; *6* — Zyklon; *7* — Kühler; *8* — Waschkolonne.

So werden derartige Trockner nicht nur zur Trocknung von körnigen Stoffen, sondern auch für Pasten, Lösungen und Suspensionen eingesetzt, wobei der Trend zu Großanlagen nicht zu übersehen ist. So werden in der UdSSR Trockner für Kaliumchlorid mit einer Leistung von mehr als 100 t/h betrieben (Abb. 5.44) [36], in den USA sind Trockner für Phosphorerze mit einem Durchsatz von 265 t/h in Betrieb [23]. Abb. 5.45 zeigt einen Wirbelschichttrockner zur Trocknung von Aluminiumhydroxid mit einer Leistung von 200 t/d. Als Besonderheit ist hier vor allem das zweiachsige Rührwerk anzusehen. Durch entgegengesetzte Drehrichtung beider Achsen sorgen die Rührblätter nicht nur für eine intensive Durchmischung, sondern auch für den Materialtransport [38]. In Kanada, einem Haupthersteller mineralischer Dünger, wurden in einigen Betrieben die bei der Trocknung von KCl früher üblichen Trommeltrockner durch Wirbelschichttrockner ersetzt.

Nach den bisher in der chemischen Industrie und im Maschinenbau mit Wirbelschichttrocknern gewonnenen Erfahrungen ist das Gasverteilergitter ein Schwachpunkt dieser Trockner. Bei Eintrittstemperaturen von > 600 °C ist die Funktionsdauer des Gitters nur sehr begrenzt, während bei niedrigeren Temperaturen keine Schäden auftreten. Diese Korrosionserscheinungen werden vor allem durch starke Schwankungen des Durchsatzes, der Feuchte des Trockengutes und der granulometrischen Zusammensetzung des Trockengutes begünstigt. Es bilden sich Stauzonen, innerhalb derer das Gitter aufgeheizt und schließlich zerstört wird. Diese Feststellung deckt sich mit der Tatsache, daß alle Wirbelschichtprozesse sehr empfindlich gegenüber Parameteränderungen sind,

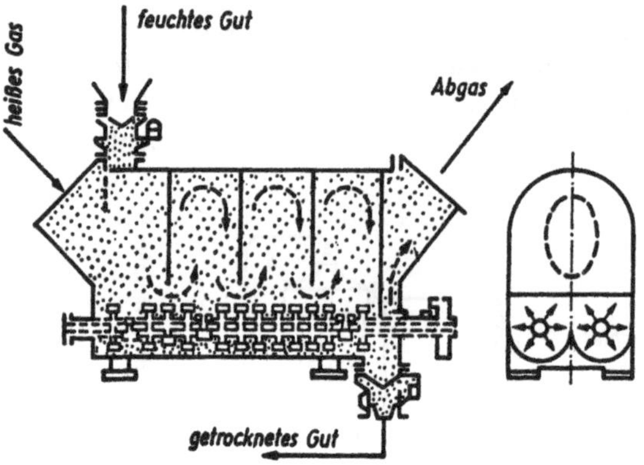

Abb. 5.45. Mit zweiachsigem gegenläufigen Rührwerk ausgerüsteter Wirbelschichttrockner für die Trocknung von Aluminiumhydroxid.

wobei im Falle der Trocknung Temperatur und Durchsatz des Wärmeträgers an erster Stelle stehen. Deshalb sind vollautomatisierte Wirbelschichttrockner erstrebenswert. Außerdem muß die Absaugvorrichtung für den Wärmeträger so bemessen sein, daß die Strömungsgeschwindigkeit in der Schicht mit den berechneten übereinstimmen. Das hydrodynamische Regime in Gitternähe muß hinreichend aktiv sein, es darf nicht zur Ausbildung von Stauzonen kommen. Diese Forderung ist beim Einsatz einfacher perforierter Böden nicht in allen Fällen zu erfüllen. Häufig haben sich Schlitzböden bewährt, da sie zu einer längs des Gitters gerichteten Bewegungsrichtung des Gutes führen und so die Bildung von Stauzonen ausgeschlossen wird.

Eine weitere Möglichkeit zur Gewährleistung eines aktiven hydrodynamischen Regimes besteht in einer Querschnittserweiterung des Apparates nach oben (Sprudelschicht, Zirkulationsschicht). Derartige Apparate werden hauptsächlich bei der Trocknung von Lösungen, Suspensionen und sehr feuchtem körnigen Trockengut eingesetzt, also in solchen Fällen, in denen die Teilchen auch an der Oberfläche durchfeuchtet sind und so leicht untereinander verkleben können oder an den Apparatewandungen bzw. am Gitter zu Verkrustungen führen können. Faserige Stoffe lassen sich in einfachen Wirbelschichtapparaten nicht verwirbeln. Hierzu ist die Schaffung einzelner Zonen in der Schicht erforderlich, in denen die Feststoffkonzentration geringer ist, die Bewegungsgeschwindigkeit der Teilchen höher liegt und wo die Bildung von Stauzonen in Gitternähe unterbunden wird. Abb. 5.46a zeigt einen Sprudelschichttrockner. Er wird hauptsächlich zur

Trocknung von Lösungen und Pasten eingesetzt. Als Mangel dieser Trocknerart sind die bei der Maßstabsübertragung auftretenden Schwierigkeiten anzusehen. Der abgebildete Apparatetyp ist bis zu einem Durchmesser von maximal 1,6 m realisierbar.

Eine Weiterentwicklung der Sprudelschichtapparate stellen Apparate mit einer Zirkulationschicht dar (Abb. 5.46b) [39]. Die Zufuhr des Wärmeträgers erfolgt über ein seitlich perforiertes Gitter und führt zu einer organisierten Stoffbewegung ohne jegliche Stauzonenbildung. Durch Parallelschaltung einer entsprechenden Anzahl von Sektionen stellt die Maßstabsübertragung kein Problem dar.

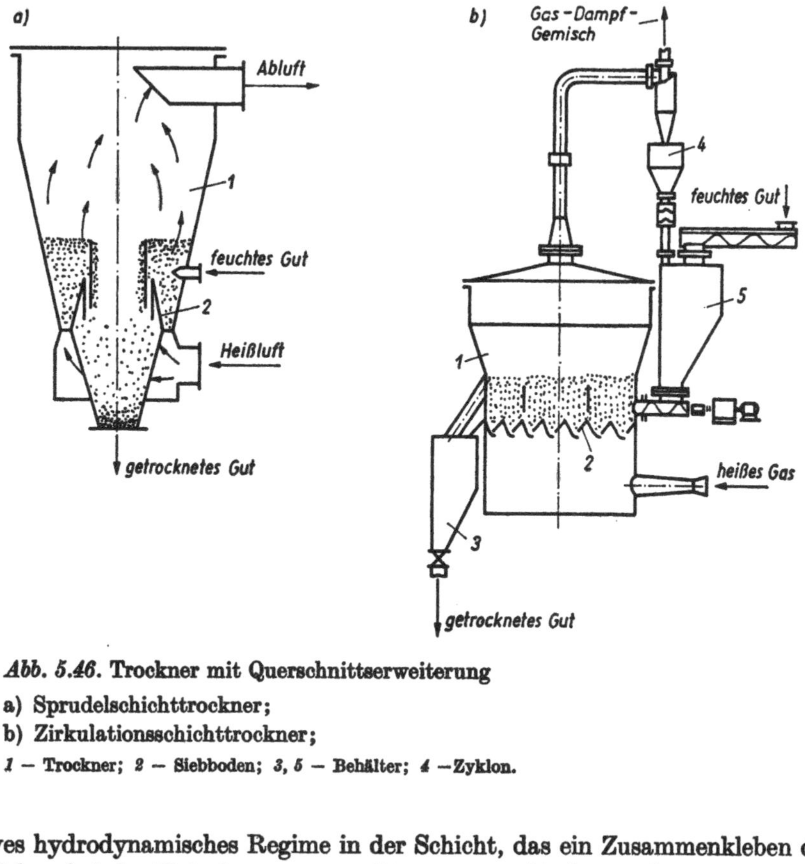

Abb. 5.46. Trockner mit Querschnittserweiterung
a) Sprudelschichttrockner;
b) Zirkulationsschichttrockner;
1 – Trockner; *2* – Siebboden; *3*, *5* – Behälter; *4* – Zyklon.

Ein aktives hydrodynamisches Regime in der Schicht, das ein Zusammenkleben der Granulatteilchen bei der Entwässerung von Lösungen verhindert und eine Maßstabsübertragung ermöglicht, läßt sich in einem Wirbelschichtapparat mit örtlichen Sprudelzonen schaffen [40]. Das Schema eines derartigen Apparates ist der Abb. 5.47 zu entnehmen. Durch spezielle Düsen, die das Verteilergitter durchstoßen, werden Lösung und Heizgas in die Wirbelschicht geleitet, so daß sich lokale Sprudelzonen ausbilden. Der Wärmeträger, dessen Temperatur von der Temperatur in der Schicht nur wenig abweicht, gelangt über das Verteilergitter in den Apparat.

In jüngster Zeit werden kombinierte Trockner zur Trocknung von Stoffen eingesetzt, die Oberflächenfeuchte und innere Feuchte enthalten. In der ersten Trocknungsstufe (Aerofontänen-, Zyklon- oder pneumatischer Trockner) wird bei hohen Temperaturen und großen Strömungsgeschwindigkeiten die Oberflächenfeuchte der Teilchen entfernt (erster Trocknungsabschnitt). In der zweiten Stufe (Wirbelschichttrockner mit der erforderlichen Verweilzeit) wird dann das Gut bis zur vorgegebenen Endfeuchte getrocknet, wobei sich die Temperatur des Wärmeträgers für temperaturempfindliche Trockengüter senken läßt. Die Verwirbelungszahl liegt zwischen 2 und 3. In der ersten Trocknungsstufe sind auch Wirbelschicht-, Sprudelschicht- und Zirkulationsschichttrockner einsetzbar, die bei hohen Verwirbelungszahlen betrieben werden (bis 10).

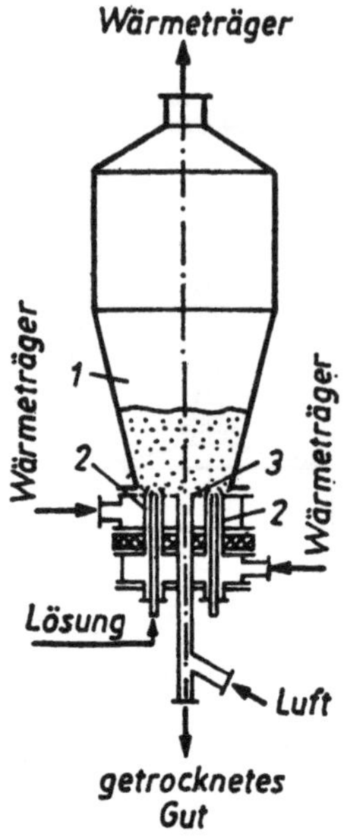

Abb. 5.47. Apparat zur Entwässerung von Lösungen wärmeempfindlicher Stoffe.

1 — Trockenkammer; *2* — Düsen; *3* — Gasverteilergitter.

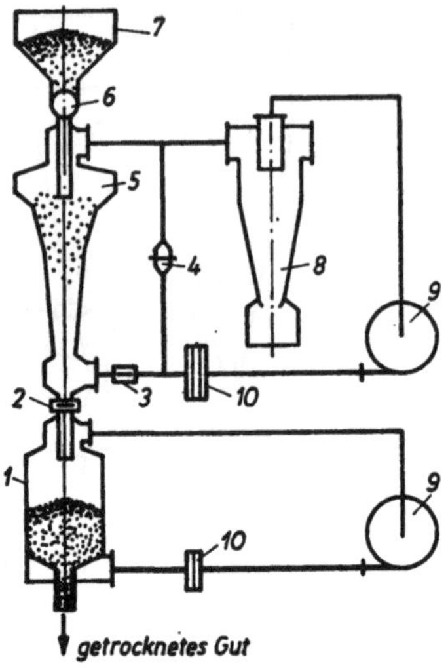

Abb. 5.48. Kombinierte Trocknungsanlage des Typs ICHTI.

1 — Wirbelschichttrockner; *2* — Entleerungsventil; *3*, *4* — Einwegventile; *5* — Zyklontrockner; *6* — Dosierventil; *7* — Vorratsbehälter; *8* — Zyklon; *9* — Ventilatoren; *10* — Wärmeübertrager.

Als Beispiel einer derartigen Kombination von Trocknern dient die in Abb. 5.48 gezeigte Anlage. Sie besteht aus einem Zyklon- und einem Wirbelschichttrockner [41]. Im Jahre 1967 wurden in den USA die bis dahin bei der Trocknung von Polyvinylchlorid üblichen Trommeltrockner durch kombinierte Trockner, bestehend aus einem pneumatischen und einem Wirbelschichttrockner, ersetzt. Beide Trockner arbeiten dabei unabhängig voneinander (Abb. 5.48). Der Vorteil der kombinierten Anlage besteht vor allem in einer besseren Ausnutzung der zugeführten Wärme.

Einen Mangel bei der Verwirbelung durch den Gasstrom stellt die intensive Zirkulation der Teilchen über die gesamte Schicht dar, wodurch die Schaffung eines Kreuzstromes erschwert wird. Dieser unerwünschte Effekt läßt sich durch Einbauten, aber auch durch die Anwendung geringer Schichthöhen in Apparaten mit einem relativ großen Verhältnis von Länge zu Breite (5 bis 10) weitestgehend ausschließen. In diesem Zusammenhang ist die Vibrationswirbelschicht von Interesse. In der Vibrationswirbelschicht herrscht die Vibrationsbewegung gegenüber der Schichtbewegung vor, die Teilchen bewegen sich deshalb in vertikaler Richtung zueinander. Im Apparat herrscht somit ein Regime idealer Verdrängung, die Trocknung der einzelnen Teilchen vollzieht sich gleichmäßig. Da die Schichthöhe begrenzt ist (in der Regel übersteigt die Schichthöhe 200 mm nicht), stößt die Schaffung von Großanlagen auf Schwierigkeiten. Dennoch sind Vibrationswirbelschichttrockner in speziellen Fällen von besonderem Interesse: Bei der Trocknung temperaturempfindlicher Stoffe oder bei der Vakuumtrocknung, wenn das Trockengut empfindlich gegen Abrieb ist [42].

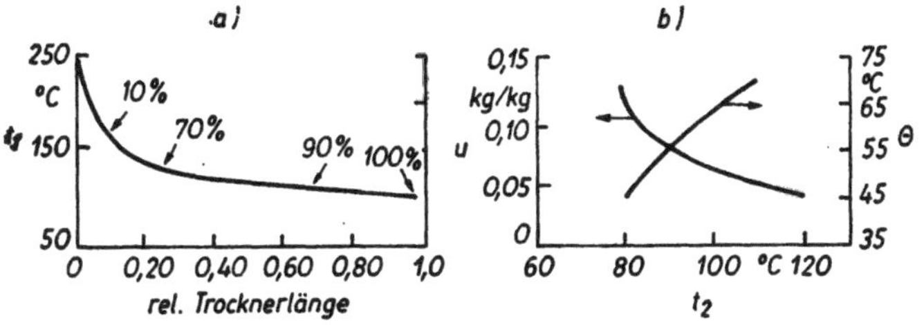

Abb. 5.49. a) Abhängigkeit der Lufttemperatur und der verdampften Feuchtemenge (%) über die Höhe eines pneumatischen Trockners;
b) Abhängigkeit zwischen dem Feuchtegehalt des Trockengutes u, seiner Temperatur θ und der Luftaustrittstemperatur t_2.

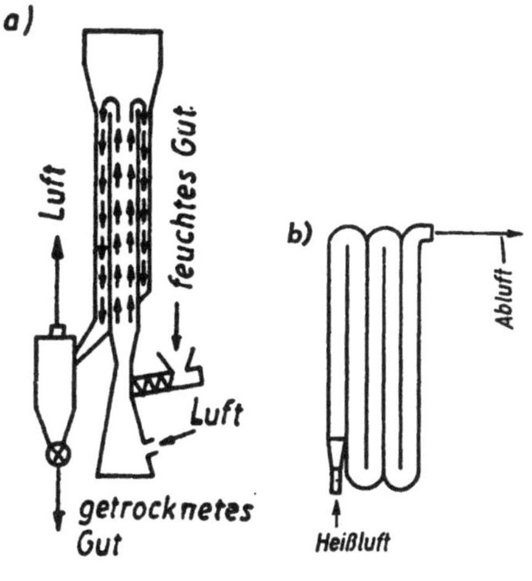

Abb. 5.50. Pneumatischer Trockner
a) der Form „Rohr im Rohr";
b) als „Rohrschlange".

Pneumatische Trockner befinden sich schon seit langem erfolgreich im Einsatz. Exakte Methoden zu ihrer Berechnung konnten bisher jedoch noch nicht entwickelt werden. Der Grund hierfür liegt offensichtlich in der Tatsache, daß die Verweilzeit des Trockengutes nur Sekunden beträgt und die Triebkraftverhältnisse längs des Trockners stark schwanken. Gleichzeitig ändern sich auch die physikalischen Eigenschaften des Trockengutes. Wie aus der Abbildung 5.49a hervorgeht, werden 55% der Gesamtfeuchte im ersten, nur 20% der Länge betragenden Trocknerabschnitt entfernt. In diesen Trocknern, die nur zur Entfernung der freien Feuchte geeignet sind, nimmt die Temperatur des Wärmeträgers im ersten Teil des Apparates stark ab (Abb. 5.49a). Aus diesem Grunde lassen sich trotz der hohen Anfangstemperaturen auch wärmeempfindliche Güter trocknen. Nach dem Entfernen der Oberflächenfeuchte wird die Prozeßgeschwindigkeit durch die innere Diffusion limitiert. Die Temperatur θ des Trockengutes steigt an, doch erreicht sie infolge der Verdampfung an Feuchte (bei $u_2 > 0$) nicht die Temperatur des Wärmeträgers (Abb. 5.49b). Über die Gasaustrittstemperatur ist der Prozeß demnach regelbar. Durch Zirkulation lassen sich derartige Trockner auch zur Trocknung

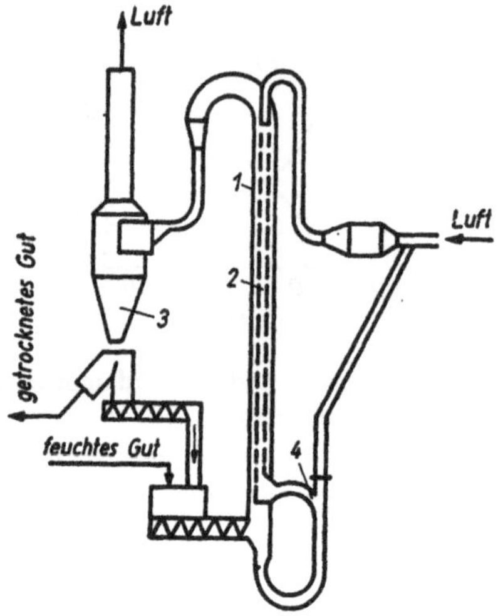

Abb. 5.51. Pneumatischer Trockner mit innerer Heizung.

1 – äußeres Rohr; *2* – inneres Rohr; *3* – Zyklon; *4* – Mischvorrichtung für Kalt- und Warmluft.

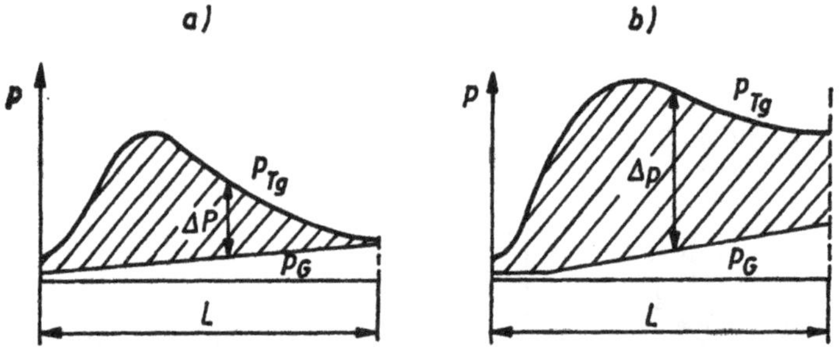

Abb. 5.52. Darstellung der Triebkraft Δp des Stoffaustauschprozesses über die Trocknerhöhe.

a) gewöhnlicher pneumatischer Trockner;

b) pneumatischer Trockner mit innerer Heizung.

hochfeuchter Stoffe, so z. B. von Pasten und Lösungen einsetzen, so daß man teilweise auf kostspielige Zerstäubungstrockner verzichten kann. Um die Verweilzeit bei begrenzter Rohrlänge zu erhöhen, werden diese Trockner auch in der Form „Rohr im Rohr" (Abb. 5.50a) oder als „Rohrschlange" (Abb. 5.50b) gefertigt. Zur Verhinderung des starken Triebkraftabfalls über die Apparatehöhe wird das durch den Ringraum von unten nach oben strömende Trockengut (Abb. 5.51) aufgeheizt. Die hierfür erforderliche

Wärmemenge wird vom gasförmigen Wärmeträger, der durch das innere Rohr geführt wird und dessen Temperatur etwas über der für das Trockengut zulässigen Temperatur liegt, aufgebracht. Die etwas abgekühlte Luft gelangt dann von unten in den Trockner, bei Bedarf ist ein Zumischen von Kaltluft möglich. Die Trocknung selbst erfolgt im Ringraum. Eine Temperaturerhöhung um 15 °C am oberen Ende des Ringraumes führt zu einer erheblichen Zunahme der Triebkraft des Prozesses (s. Abb. 5.52). In einzelnen Fällen läßt sich eine Kontaktzeiterhöhung auch durch feste oder drehbare schraubenförmige Einbauten erzielen, wobei eine Mantelheizung möglich ist.

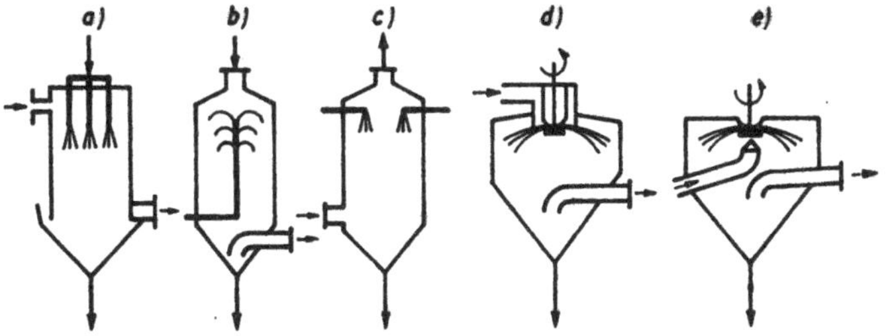

Abb. 5.53. Schemata von Zerstäubungstrocknern.

Düsenzerstäubung: a) Gleichstrom;
b) Sprudeltrockner (Mischstrom);
c) Gegenstrom;

Schleuderscheibenzerstäubung: d) Luftzufuhr oberhalb der Zerstäubungszone;
e) Luftzufuhr unterhalb der Zerstäubungszone.

Zerstäubungstrockner werden hauptsächlich zur Trocknung wärmeempfindlicher Güter eingesetzt, da die Verweilzeit in der Trockenkammer nicht höher als 40 Sekunden liegt und bei einer Prozeßführung im Gleichstrom das mit dem heißen Trockenmittel in Kontakt kommende Trockengut höchstens die Temperatur des feuchten Thermometers annehmen kann.

Von der Stromführung her lassen sich Zerstäubungstrockner in Gleichstromtrockner (Abb. 5.53a), Sprudeltrockner (Abb. 5.53b) und Gegenstromtrockner (Abb. 5.53c) einteilen. Im letzteren Fall wird das Trockenmittel gewöhnlich dem oberen Apparateteil zugeführt, während das Trockengut von unten nach oben zerstäubt wird. Als Besonderheiten derartiger Apparate sind anzusehen: Die Aufeinanderfolge von Gegenstrom und Gleichstrom der versprühten Lösung, die zweimalige Ausnutzung der Apparatehöhe, eine Zone der instationären Bewegung der Tropfen und eine Zone, in der die Tröpfchen ihre Bewegungsrichtung umkehren, ihre Bewegungsgeschwindigkeit praktisch Null ist. In den Trocknerabschnitt mit der höchsten Temperatur und der maximalen Triebkraft gelangen große Tropfen. Mit der Abwärtsbewegung des Trockenmittels kommt dieses mit immer kleineren Tröpfchen in Kontakt. Die feinsten Teilchen mit einer bereits gut entwickelten Oberfläche gelangen nur noch in geringe Höhen und befinden sich hier mit Trockenmittel im Kontakt, das ein geringes Potential aufweist. In Sprudeltrocknern wird demzufolge das Trocknungspotential am besten ausgenutzt. Durch ihre relativ große Verweilzeit sind sie besonders dann zu empfehlen, wenn an die Gleichmäßigkeit der Trocknung erhöhte Ansprüche gestellt werden. Trockner mit Zerstäubungsscheiben

(Schleuderscheiben) haben wegen des in horizontaler Richtung beträchtlichen Zerstäubungsbereichs (Abb. 5.53d, e) im Verhältnis zu Trocknern mit Düsenzerstäubung wesentlich größere Abmessungen. Abb. 5.54 zeigt das Schema eines durchsatzintensiven Trockners mit Düsenzerstäubung, bei dem die Zuführung der Suspension in verschiedenen Höhen erfolgt. Durch Zuführung eines verwirbelten Teilstromes des Wärmeträgers in den unteren Apparateteil wird das getrocknete Gut gesichtet: Die groben Teilchen werden abgetrennt und gelangen in den Behälter mit der Ausgangslösung. Derartige Trockner werden bei großen Durchsätzen eingesetzt, wenn ein möglichst monodisperses Produkt angestrebt wird.

Die Betriebskosten liegen bei der Zerstäubungstrocknung im Vergleich zu anderen Trocknungsarten höher, bei steigendem Durchsatz nimmt die Rentabilität schneller als bei anderen Trocknerarten zu.

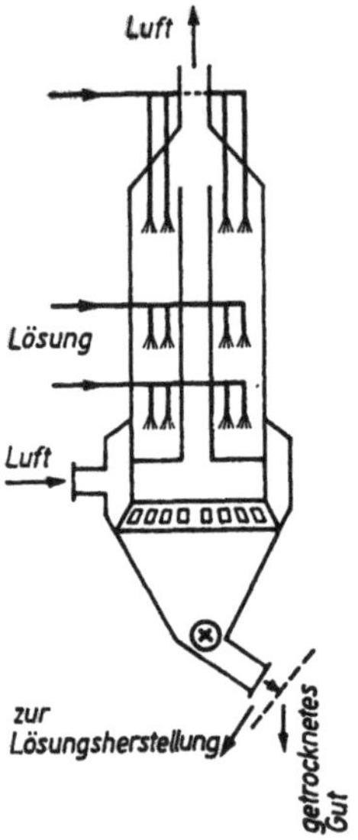

Abb. 5.54. Zerstäubungstrockner mit über die Höhe verteilter Suspensionszuführung und einer Klassiereinrichtung. Die groben Granulatteilchen werden wieder gelöst.

Der theoretische thermische Wirkungsgrad ist bei der konvektiven Trocknung wie folgt definiert:

$$\eta_{th} = \frac{t_1 - t_2}{t_1 - t_U}$$

t_1, t_2 — Eintritts- bzw. Austrittstemperatur des Wärmeträgers
t_U — Umgebungstemperatur

In der Praxis werden etwa 85—90% des theoretischen Wirkungsgrades erreicht.

Abb. 5.55 zeigt den Einfluß einiger Prozeßparameter auf den Wirkungsgrad (a) und auf das Volumen der Trockenkammer (b). Hohe Wirkungsgrade lassen sich bei hoher Eintrittstemperatur und einer hohen Konzentration des eintretenden Trockengutes erzielen.

Die industrielle Entwicklung erfordert die Schaffung von Zerstäubungstrocknern hoher Kapazität, so daß deren Abmessungen weiter zunehmen werden. Deshalb ist der

Fortsetzung von Forschungsarbeiten zur Intensivierung des Stoff- und Wärmeaustauschs in Trocknern und zur Vervollkommnung der Zerstäubungstechnik (so daß die Abmessungen von Zerstäubungstrocknern nicht mehr proportional dem Durchsatz zunehmen) erhöhte Aufmerksamkeit zu schenken. Ferner sollte nach Möglichkeiten gesucht werden, Zerstäubungstrockner durch Wirbelschichttrockner mit Inertkörpern zu ersetzen.

Üblich ist die Kopplung der Zerstäubungstrocknung mit anderen Prozessen, so z. B. dem Rösten. Dabei werden kombinierte Apparate eingesetzt, in denen mehrere thermische Prozesse ablaufen: Trocknung und Dehydrierung o. a. Die Vorteile derartiger Apparate bestehen in der Verringerung der Anzahl von Zwischenoperationen, einer kompakten Anlagengestaltung und einem hohen thermischen Wirkungsgrad.

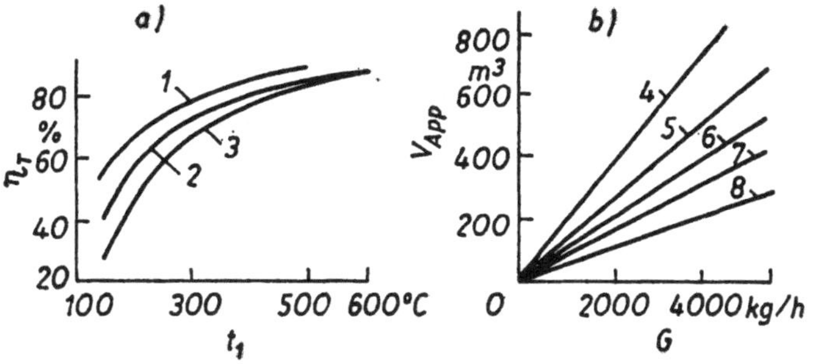

Abb. 5.55. Einfluß verschiedener Prozeßparameter auf η_{th} und V_{App}.

a) Einfluß von Lufteintritts- und Luftaustrittstemperatur (t_1 und t_2) auf η_{th};
b) Einfluß der Lufteintrittstemperatur t_1 und der verdampften Feuchtemenge G auf das erforderliche Volumen der Trocknerkammer V_{App} ($t_2 = 100\,°C$).

Werte von t_2 (°C): *1* — 80; *2* — 100; *3* — 130;
Werte von t_1 (°C): *4* — 200; *5* — 250; *6* — 300; *7* — 400; *8* — 600.

In der chemischen und der Lebensmittelindustrie sowie im Maschinenbau und in anderen Industriezweigen sind Trommeltrockner zur Trocknung feuchter Schüttgüter immer noch weit verbreitet, obgleich sich mit der pneumatischen und der Wirbelschichttrocknung effektivere Verfahren anbieten. Der Grund hierfür liegt in der Anfälligkeit der letztgenannten Trocknerarten gegenüber Parameterschwankungen. Die höhere Effektivität bezieht sich nur auf konstante Prozeßparameter während des Betriebs. Trommeltrockner hingegen reagieren weniger empfindlich auf Parameterschwankungen. Mit entsprechenden Einbauten versehen sind sie auch zur Trocknung feinkörniger Güter geeignet. Bei der Trocknung polydisperser Güter mit geringem Schüttgewicht (Holzmehl, Torf) wird zur Erzielung eines höheren Füllstandes (Verweilzeitsteigerung) eine geneigte Aufstellung der Trommel (Zufuhr des Trockengutes an der erhöhten Seite) empfohlen [43]. Durch diese Maßnahme läßt sich der Durchsatz bei besserem thermischen Wirkungsgrad um das 2- bis 3fache steigern.

Bei der Schaffung von Trocknern großer Kapazität ist nicht nur der Weg der Apparatevergrößerung einzuschlagen, es ist auch an einer Intensivierung des Stoff- und Wärmeaustausches zu arbeiten, um so die auf das Apparatevolumen bezogene entfernte Feuchte zu erhöhen.

Auch wird der Anwendungsbereich von Trocknern vielfältiger. So werden beispielsweise pneumatische Trockner zur Entwässerung von Lösungen und Pasten durch Rezirkulation benutzt; einige Modifikationen der Wirbelschichttrockner sind praktisch universell einsetzbar (z. B. Zirkulationsschichttrockner). In ihnen lassen sich nicht nur körnige und faserige Schüttgüter mit beliebigem Feuchtegehalt, sondern auch Lösungen, Pasten und Suspensionen trocknen.

Eine wesentliche Effektivitätssteigerung läßt sich durch die Automatisierung industrieller Trocknungsanlagen erzielen. Das betrifft vor allem Wirbelschichttrockner, die gegenüber Änderungen in der Fahrweise empfindlich sind.

Literatur

[1] A. V. Lykov, „*Teplo- i massoobmen v processach suški*", Gosėnergoizdat, Moskau/Leningrad 1956

[2] K. A. Denbigh, „*Thermodynamics of Steady State*", Methnen and Co, London 1951

[3] I. Prigoshin, „*Vvedenie v termodinamiku neobratimych processov*" (Übersetzung aus dem Englischen), Verl. IL, Moskau 1960

[4] A. V. Lykov, Ju. A. Michajlov, „*Teorija teplo- i massoperenosa*", Gosėnergoizdat, Moskau/Leningrad 1963

[5] B. M. Smol'skij, „*Vnešnij teplo- i massoobmen v processach suški*", Verl. BGU, Minsk 1957

[6] P. D. Lebedev, „*Rasčet i proektirovanie sušil'nych ustanovok*", Gosėnergoizdat, Moskau/Leningrad 1963

[7] L. M. Nikitina, „*Termodinamičeskie parametry i koefficienty massoperenosa vo vlažnych materialach*", Verl. „Ėnergija", Moskau 1968

[8] M. K. Kuatbekov, P. G. Romankov, V. F. Frolov, TOChT, 7, 3, 429–431 (1973)

[9] V. E. Babenko, Ju. A. Buevič, N. M. Šejšuk, TOChT, 9, 2, 274–277 (1975)

[10] G. K. Filonenko, P. D. Lebedev, „*Sušil'nye ustanovki*", Gosėnergoizdat, Moskau/Leningrad 1952

[11] G. K. Filonenko, V. K. Kossek, In „*Teplo- i massoperenos*" Bd. 5, Verl. „Ėnergija", Moskau 1966

[12] V. V. Krasnikov, „*Konduktivnaja suška*", Verl. „Ėnergija", Moskau 1973

[13] V. A. Popov, Autoreferat zur Promotion am LTI „Lensowjet", Leningrad 1966

[14] A. I. Volkov, Autoreferat zur Promotion am LTI „Lensowjet", Leningrad 1970

[15] V. Vaneček, R. Drobohlav, M. Markvart, „*Fluidized Bed Drying*", Leonard Hill, London 1965

[16] V. E. Babenko, A. A. Ojgenblik, Ė. M. Žiganova u. a., ŽPCh, 44, 3, 563–568 (1971)

[17] V. Ju. Bakrenev, P. G. Romankov, V. F. Frolov, ŽPCh, 45, 9, 2099–2101 (1972)

[18] V. F. Frolov, P. G. Romankov, TOChT, 7, 2, 291–293 (1973)

[19] V. F. Frolov, P. G. Romankov, ŽPCh, 35, 1, 80–89 (1962)

[20] V. Ju. Bakrenev, V. F. Frolov, P. G. Romankov, ŽPCh, 46, 3, 678–680 (1973)

[21] V. F. Frolov, P. G. Romankov, ŽPCh, 44, 8, 1797–1803 (1971)

[22] O. M. Todes, Ju. Ja. Kaganovič, S. P. Nalimov u. a., „*Obezvoživanie rastvorov v kipjaščem sloe*", Verl. „Metallurgija", Moskau 1973

[23] P. G. Romankov, N. B. Raškovskaja, „*Suška vo vzvešennom sostojanii*" (2. Aufl.), Verl. „Chimija", Leningrad 1968

[24] N. A. Šachova, Chim. prom., Nr. 7, 459–462 (1967)

[25] V. E. Babenko, A. A. Ojgenblik, P. G. Romankov u. a., TOChT, 3, 6, 837–845 (1969)

[26] O. M. Todes, Ju. Ja. Kaganovič, S. P. Nalimov u. a., TOChT, 2, 3, 405–412 (1968)

[27] E. G. Nikušin, N. B. Raškovskaja, I. N. Taganov u. a., ŽPCh, 44, 9, 2001–2009 (1971)

[28] E. O. Sul'g, P. G. Romankov, N. B. Raškovskaja u. a., TOChT, 5, 5, 728–734 (1971)

[29] E. O. SUL'G, D. T. MITEV, N. B. RAŠKOVSKAJA u. a., ŽPCh, 43, 10, 2204–2209 (1970)
[30] T. A. SOLOV'EVA, V. E. BABENKO, A. A. OJGENBLIK, TOChT, 6, 4, 407–416 (1972) und 7, 3, 373–381 (1973)
[31] E. O. REHER, P. G. ROMANKOV, N. B. RAŠKOVSKAJA, In „*Processy chimičeskoj technologii*", Verl. „Chimija", Moskau/Leningrad 1965; ŽPCh, 40, 10, 2276–2280 (1967)
[32] V. Ė. LISAJ, B. A. KOSTICYN, V. N. URAZOVSKAJA, „*Processy chimičeskoj technologii*", Verl. „Chimija", Moskau/Leningrad 1965
[33] M. F. MASLOVSKIJ, M. A. VINOGRADOVA u. a., Gesammelte Arbeiten des Gincvetmeta, Metallurgizdat, Nr. 19, S. 267 (1962)
[34] A. D. MINCEV, P. G. ROMANKOV, N. B. RAŠKOVSKAJA, ŽPCh, 42, 5, 1092–1099 (1969); 42, 9, 2150–2152 (1969)
[35] A. S. GINZBURG, „*Osnovy teorii i techniki suški piščevych produktov*", Verl. „Piščevaja promyšlennost'", Moskau 1973
[36] JU. JA. KAGANOVIČ, A. G. ZLOBINSKIJ, „*Promyšlennye ustanovki dlja suški v kipjaščem sloe*", Verl. „Chimija", Leningrad 1970
[37] Chem. Process., 30, 11, 28–49 (1967)
[38] Chem. Eng., 74, 24, 88–90 (1968)
[39] D. T. MITEV, P. G. ROMANKOV, N. B. RAŠKOVSKAJA, Patent 208539, Bjull. izobret., 1968, Nr. 3
[40] S. M. DANOV, G. L. GROŠEV, A. A. SOKOLOVSKIJ u. a., Patent 201233, Bjull. izobret., 1967, Nr. 17
[41] V. N. KISEL'NIKOV, Autoreferat zur Habilitation, Iwanowo 1971
[42] V. A. ČLENOV, N. V. MICHAJLOV, „Vibrokipjaščij sloj", Verl. „Nauka", Moskau 1972
[43] V. E. KUCAKOVA, Chim. i neft. mašinostr., Nr. 10, 13–14 (1971)

6. Sachwortverzeichnis

Bei Fragen zur Produktsicherheit wenden Sie sich bitte an:
If you have any questions regarding product safety,
please contact:

Walter de Gruyter GmbH
Genthiner Straße 13
10785 Berlin
productsafety@degruyterbrill.com